✦ 생물 1타강사 **노용관**

편입생물 비밀병기

메디컬 편입생물 전범위 기출주제

손글씨 필기노트

노용관 편저

도서출판 **오스틴북스**

차례 contents

생물 1타강사 **노용관**

메디컬 편입 생물
전범위 기출주제
손글씨 필기노트

한권으로 끝내는 메디컬(의치한약수) 편입 나만의 祕密兵器

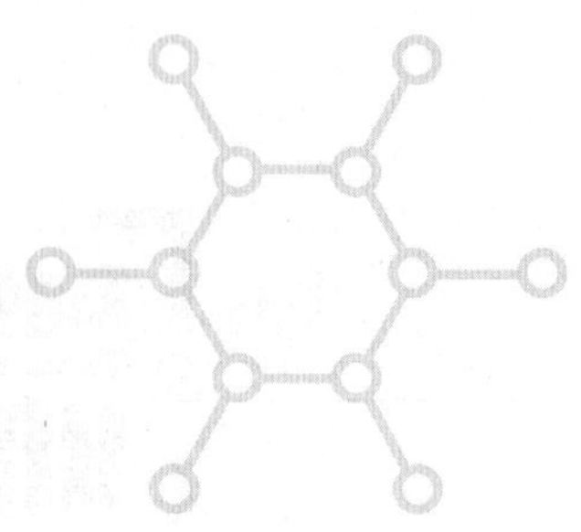

생물 1타강사 **노용관**

메디컬 편입 생물
전범위 기출주제
손글씨 필기노트

한권으로 끝내는 메디컬(의치한약수) 편입 나만의 祕密兵器

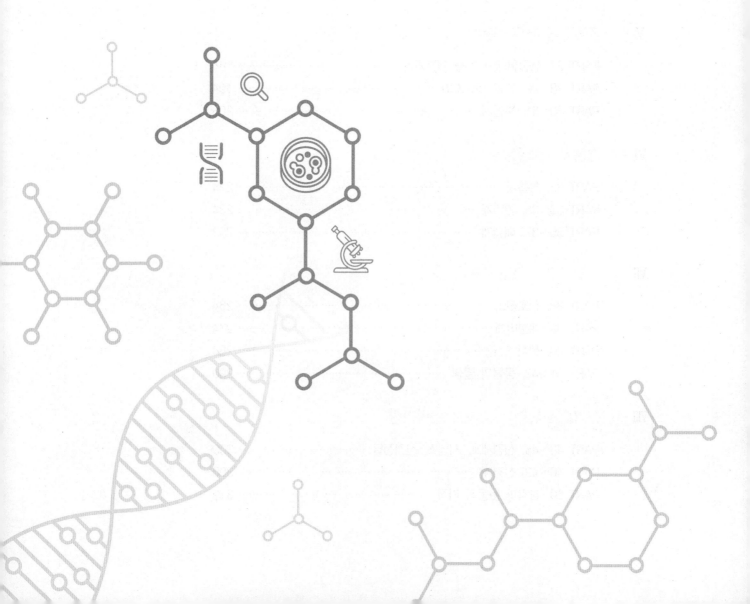

생물의 특징 ~ 생물의 출현과 진화

PART 01. 생물의 특징.

01-1. 생물의 특징.

1. 체계성

핵산 → 세포 →(기능동일) 조직 →(다른기능) 기관 →(유사기능) 기관계 → 개체 → 개체군 →(이종) 군집 →(환경) 생태계

(세포: 동일 유전자 발현)

핵: 유전자 "유전적 동가성" "차별적발현"

생명체 ← → 생태

① 조직특이성

A cell / B cell — 유전자 1 2 3 4

∴ 동일유전자 차별적발현으로 A, B cell 기능 다르다.

→ 기능획득 ⇒ 한 유전자에 대해 기능동일

ex> 하나의 기관은 여러 기관계 포함가능
이자 → 소화계 (소화효소분비) → 내분비계 (인슐린, 글루카곤)

a. 창발적특성 : 1+1 = 2+α ⇒ 체계성 하위단계에 없던게 상위단계에 有 ex> 기관 → 기관계 / 이자 소화계 / 복수기능 O ×

b. 환원주의 : 분리하여 분석하는 것 ⇒ 생물체 분석에는 분리한 한계 有 (분해시 기능상실)
∴ 전체로 보고 판단해야함. But. 분리 안하면 분석불가

c. 시스템생물학 : 연관성과 체계성 → ∴ 환원주의적접근 + 전체시스템으로 보강하여 분석

2. 공통성속의 다양성

: 모든생물은 유전적으로 연관되어 있고 진화한다. ← 공통조상으로부터 유래. ex> (척신동물의 심모 / 기관지세포의 섬모) 동일 9+2 구조

*진화

A. B. C … 유전자 →(환경변화) A 선택, 적응↑ 자연선택 →(시간의 흐름) A 多 소진화 ⇒ 유전자빈도증가 →(축적) A′ 대진화 ⇒ 새로운 개체등장

(→ 환경의 변화가 개체의 "표현형"을 선택)

1) 종의 분류

: 생물학적 종 — 생식능력이 있는 자손형성.

A+B → Ⓒ → 생식능력 X. 자손번식 X 라면 A와 B는 이종관계

※ "영역 - 계 - 문 - 강 - 목 - 과 - 속 - 종"

② 3영역 - 고세균☆

2) 생물의 3영역
- 진정세균영역 — 원핵생물 (세포소기관 핵막 X), 30S 50S 70S 리보솜
- 고세균영역 (극한환경세균) — ex> 극호염균, 극호열균 ⇒ 불안정한 환경서식으로 안정성 추구 ∴ 진핵특성 有
- 진핵생물영역 — 40S 60S 80S 리보솜, 핵막 O.

진정세균 / 호기성세균 / 남세균 / 진핵 / 고세균 / 고세균 — 식물, 원생생물, 동물 (→ 종다양성최대 → 다세포)

cf) 계통수 — 뿌리 (공통조상), 파생형질 ①, ②, 상단 (최근종)

파생형질 ← 환경변화에의 적응. 공유가지 100% 일치시 "자매종" 공유가지 多을 수록 유연관계 유사 시간의 흐름을 알수 없으며 분기된 순서만 알수있다.

- 고세균과 진핵의 공통점 ① 인트론 ② 히스톤 ③ Met.

- 고세균과 진정세균의 공통점 ① 오페론 ② 환형DNA ③ RNA pol 1개

- 고세균만의 특징 ① 인지질 단일층 ② 에테르결합 ③ 펩티도글리칸 X. ④ 곁가지 달린 탄화수소

- 특징비교

	진정세균	고세균	진핵생물
핵막	X	X	O
막성소기관	X	X	O
펩티도글리칸층	O	X 유사펩티도글리칸 (β-1,3)	X
막지질			
히스톤결합DNA	X	일부O	O
환형 DNA	O	O	X
RNA pol	1개	1개	여러개 (식물 5개, 동물 3개)
개시 aa	fMet	Met	Met
인트론	X	O	O
항생제(SM, CP)	민감	X	X

③ 게놈진화 3) 게놈진화

- 초기게놈진화 : 이용되는 유전자 양적증대 : 유전자이용률 ↑ + 반복서열 少
- 후기게놈진화 : 정교한발현 조절 : 유전자이용률 ↓ + 반복서열 多

④ 물질대사 3. 물질대사과정 (=에너지 대사과정)

1) 동화과정 ex. 광합성 / 이화과정 ex. 호흡.

2) 물질대사

① 단계적, 연속적 반응

$A \rightleftarrows \alpha \rightleftarrows \beta \rightarrow \gamma \cdots \rightarrow B$ (ㄱ, ㄴ, ㄷ, ⊖) : 최종생성물은 비가역 1단계 억제.

② 연계 : ATP사용의 이유 → 비자발적 반응을 자발적 반응으로 바꾸기 위해서

i) 상호연계: 저 → 고 (ATP → ADP), 고 → 저

ii) 매개자연계: 고 →(이화) 저·아세틸CoA(매개자) →(동화) 고

A(고E) → B(저E), E방출 ↓ ADP+Pi → ATP합성

ex) 글루탐산 + NH_3 → 글루타민 $\Delta G=3.4$

ATP → ADP + Pi $\Delta G=-7.3$

비자발 → 자발 $\Delta G=-3.9$

③ 효소: 자발적 반응을 빨리 일어나도록 촉매작용 함.

⑤ 항상성유지기작 4. 자극과 반응.

: 외부환경의 변화 → 반응을 통해 상쇄 → 내부환경을 일정하게 유지하기 위한 기작

(Hr, 자율신경. 간뇌시상하부가 조절)

- 체온: 36.5°C
- 혈당량: 200mg/100ml
- 삼투압: 0.9%

- 항상성 조절기작.
  - (-) feedback : 최종산물이 비가역 1단계 억제 (알로스테릭)
  - (+) feedback : 생성물이 반응을 촉진 → 연쇄기작. ex) 고농도 에스트로겐

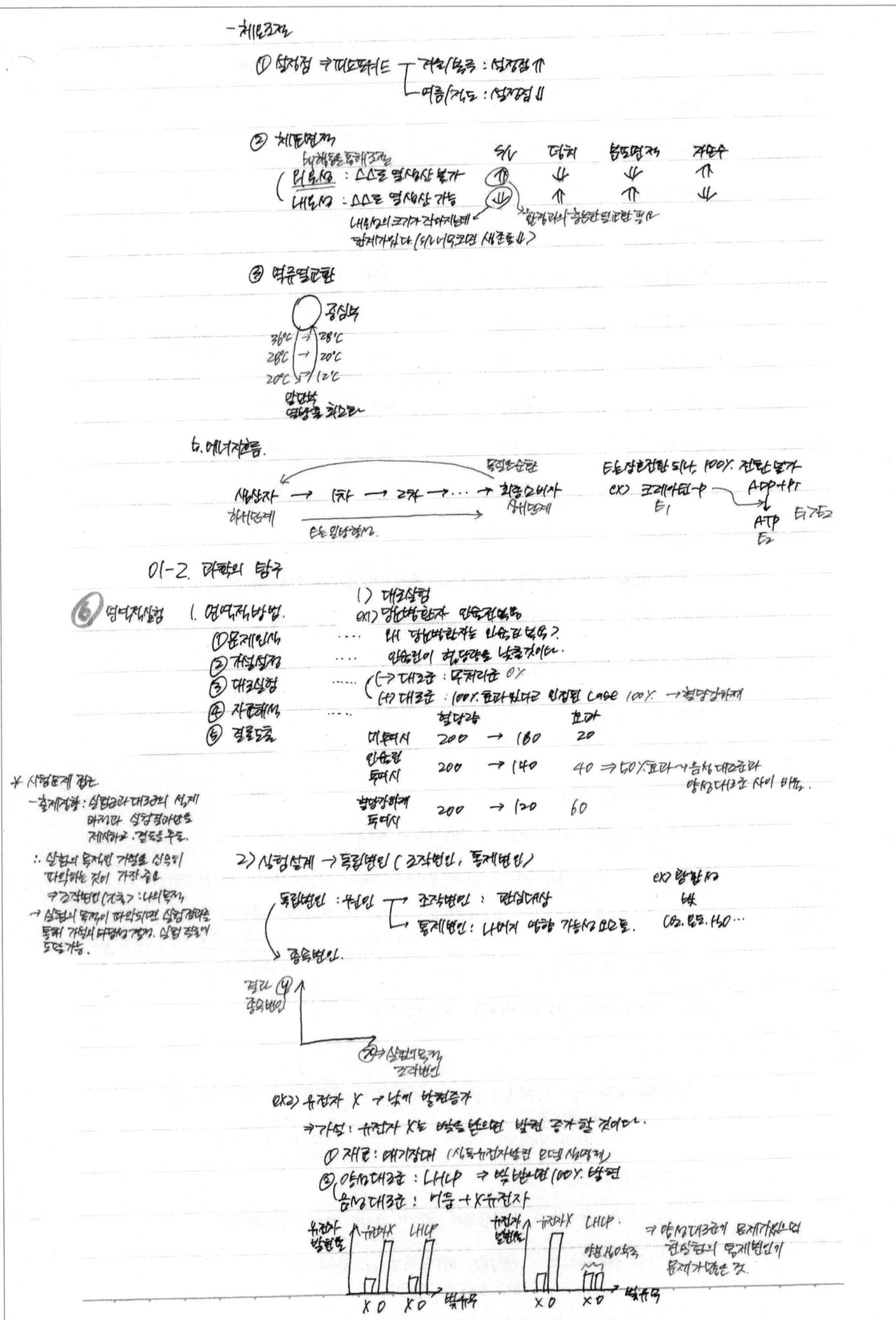

\- 체온조절

① 설정점 → 피드백 ┬ 겨울/발열 : 설정점 ⇑
└ 여름/해열 : 설정점 ⇓

② 체표면적
(행동을 통해 조절)
외온성 : ΔΔ로 열생산 불가
내온성 : ΔΔ로 열생산 가능

	S/V	덩치	몸표면적	자손수
외온성	⇑	⇓	⇓	⇑
내온성	⇓	⇑	⇑	⇓

내온성의 크기가 커지는데 한계가 있다. (S/V 너무 크면 생존율 ⇓)
환경과의 충분한 열교환 필요

③ 역류열교환

중심부
36°C → 28°C
28°C → 20°C
20°C → 12°C
말단부
열손실 최소화

6\. 에너지흐름.

생산자 → 1차 → 2차 → … → 최종소비자
하위단계 → 상위단계
물질은 순환
E는 일방향성.

E는 상호전환 되나, 100% 전환 불가
ex) 크레아틴-P → ADP+Pi → ATP
E_1 > E_2

01-2. 과학의 탐구

⑥ 연역적실험 1. 연역적방법.

1) 대조실험
ex1) 당뇨병환자 인슐린투여

① 문제인식 …. 왜 당뇨병환자는 인슐린 부족?
② 가설설정 …. 인슐린이 혈당량을 낮출 것이다.
③ 대조실험 …… (-) 대조군 : 무처리군 0%
(+) 대조군 : 100% 효과 있다고 인정된 case 100% → 혈당강하제
④ 자료해석 ….
⑤ 결론도출

	혈당량	효과
미투여시	200 → 180	20
인슐린 투여시	200 → 140	40 ⇒ 50% 효과 → 음성대조군과 양성대조군 사이 비교.
혈당강하제 투여시	200 → 120	60

* 시험문제 접근
\- 출제경향 : 실험군과 대조군의 설계 과정과 실험결과만을 제시하고 결론을 추론.
∴ 실험의 목적인 가설을 신속히 파악하는 것이 가장 중요
→ 조작변인(가로축) : 나의 목적
→ 실험의 목적이 파악되면 실험결과를 통해 가설의 타당성 검정. 실험 결론에 도달 가능.

2) 실험설계 → 독립변인 (조작변인, 통제변인)

독립변인 : 원인 ┬→ 조작변인 : 관심대상
└→ 통제변인 : 나머지 영향 가능성 요소들.
→ 종속변인.

ex) 광합성
빛
CO_2, 온도, H_2O…

결과 (Y) 종속변인
(X) → 실험의 목적 조작변인

ex2) 유전자 X → 낮에 발현증가
⇒ 가설 : 유전자 X는 빛을 받으면 발현 증가할 것이다.
① 재료 : 애기장대 (식물 유전자 발현 모델 생명체)
② 양성대조군 : LHCP ⇒ 빛 받으면 100% 발현
음성대조군 : 어둠 + X유전자

유전자 발현량 — 유전자X, LHCP — X O, X O — 빛 유무
유전자 발현량 — 유전자X, LHCP — 양성 대조군 — X O, X O — 빛 유무
⇒ 양성대조군이 문제가 있으므로 전 실험의 통제변인이 문제가 있는 것.

* Ames Test.

: 독성 TEST ~ 약 시판전에 1상 TEST 수행가능여부 TEST.

1> 실험설계

① his 영양요구주 (his⁻) 준비.

② his 무첨가 최소배지에 his 영양요구주 도말.

③ 배지에 무처리 / 용매 / 용매 + X / 용매 + acridine. (→ 양성대조군 : 삽입성물질 → 틀변환돌연변이유발.)

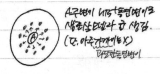

④ 각 배지에서 colony 수 측정.

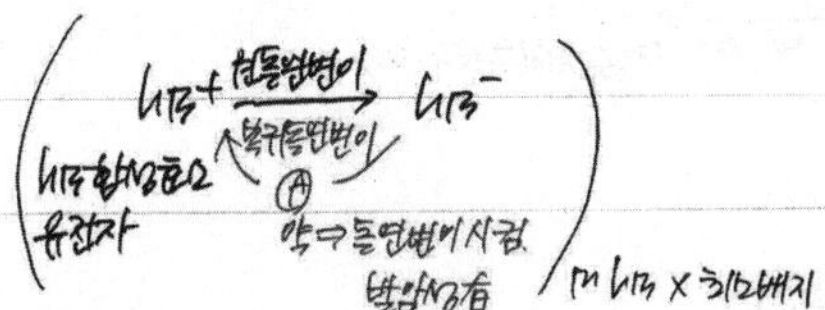

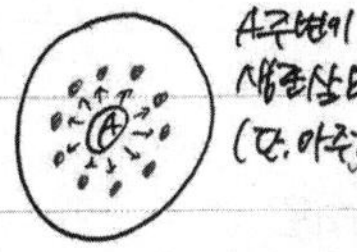

2> 결과.

	콜로니 (복귀돌연변이)	처리효과 (콜로니)
무처리	10	자연돌연변이 (10)
용매처리	30	→ 자연(10) + 용매(20)
물질X	80	자연(10) + 용매(20) + X(50)
acridine	130	자연(10) + 용매(20) + acridine(100)

3> 결론.

① (-)대조군 자연 10 / X 50 / (+)대조군 acridine 100 ⇒ 물질X는 양성대조군에 비해 약 효과. 돌연변이 유발능력 有

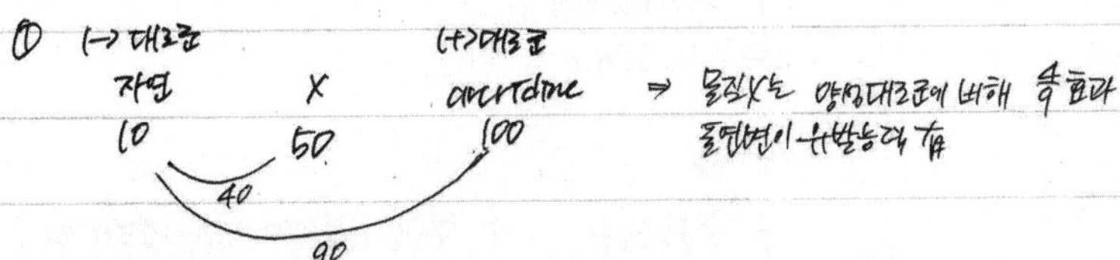

② 염기첨가 돌연변이를 유발하는 acridine에 의해 다수의 복귀돌연변이 형성 되었으므로, 최초의 인위적 돌연변이는 염기결실 돌연변이

0I-3. 생물체 구성요소

⑦ 생물적 방사성 동위원소

1. 동위원소 (α, β선 : 추적 / γ선 : 파괴

① ^{3}H : β선. 핵산정량에 사용 (³H 방사선량 = 핵산의 양, 37°C, T)

② ^{14}C · β선. 유기물추적 ex> PET, 포도당추적 (→ 암세포 추적, 뇌세포 활성정도 추적)

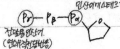

③ ^{32}P : β선. DNA 추적 (Pγ — Pβ — Pα : 인산디에스테르결합 추적; 전달용 인산기 (인산화전달반응))

④ ^{35}S : β선. 단백질추적 ex> 개시 aa(Met) 추적

⑤ ^{18}O : 광합성시 산소기원 추적. ex> $CO_2 + H_2O^* \rightarrow$ 포도당 $+ O_2^*$ → 산소의 기원은 H_2O.

⑥ ^{15}N : 질량수 동위원소 ex> DNA의 반보존적 복제

⑦ ^{125}I : β + γ선 → 추적&파괴 역할 : 갑상선기능항진증 ^{125}I 복용시 갑상선 세포 파괴.

*pulse-chase

: 2분간 $^{14}CO_2$ 주입후 차단 → $^{12}CO_2$에서 배양 ⇒ 일시투여후 중지해야 추적가능

: 방사선 표지의 변동으로 대사경로, 대사속도, 반감기, 세포내 물질이동, 세포분열 주기 각기의 경과시간 등을 알아낼수있다.

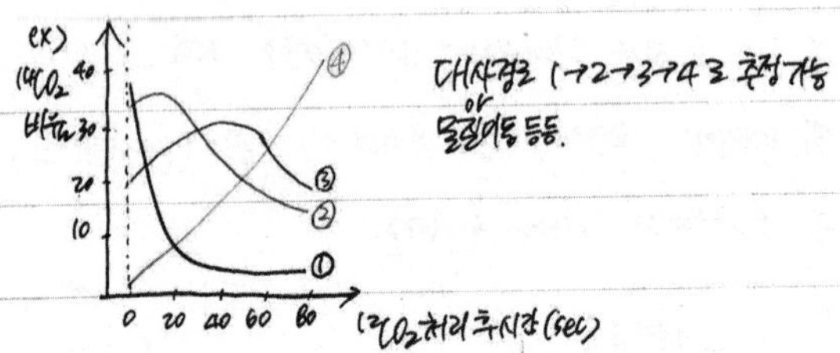

대사경로 1→2→3→4로 추정가능 or 물질이동 등등.

2. 유기물

다량원소 : C.H.O.N >99.99%
미량원소 : I_2, Fe… <0.01% ⇒ 반드시 '必' I_2 부족시 티록신↓ →(-)피드백→ TRH. TSH↑ 갑상선비대증유발

01-4. 화학결합.

⑧ 생체내 화학결합

	(단백질3차구조유지 의의)	B.E		
① 원자	공유결합	50~110	1등	이황화결합은 β-ME, DTT 나머지는 SDS, Triton X-100
	이온결합	3~7	2등 세포내물로 취약.	
② 분자	수소결합	3~7	3등	
	반데르발스인력	1~2		
	소수성상호작용	1		

i) 공유결합

극성공유결합 : ↑. 친수성, 반응성↑. 단기에 방출에 ㈜ (C=O, C-OH…) E함유↓
비극성공유결합 : ↑. 지용성, 반응성↓. 장기에 방출에 ㈜ (C-C, C-H…), E함유↑

ii) 이온결합

: 생체내 이온결합력 ⇓ ∵ pH, 염농도, 열에 민감 → 항상성유지필요.
→ 구조파괴시 기능상실, 소수성기 드러남.
ex) 히스톤(+) - DNA이중나선(-)

*NEM : -SH에 비가역적결합(공유결합)

① *NEM → DTT → NEM : -SH가 표적화

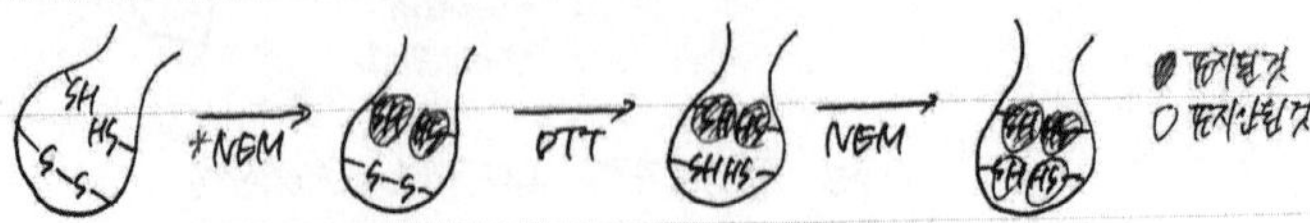

② NEM → DTT → *NEM : -S-S- 표적화

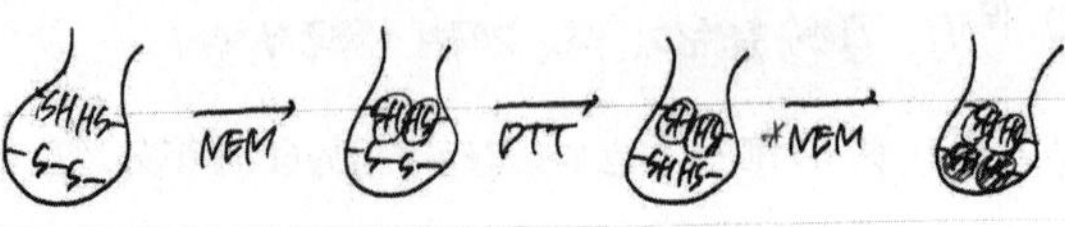

01-5. 물의특성과 pH

* 생명체 < $\frac{1}{3}$ 고체물질 / $\frac{2}{3}$ 액체 < $\frac{2}{3}$ 세포내액 / $\frac{1}{3}$ 세포외액 < $\frac{3}{4}$ 세포사이액 / $\frac{1}{4}$ 혈액

1. 물의특성

① 밀도 ⇒ 수중생태계 보존가능

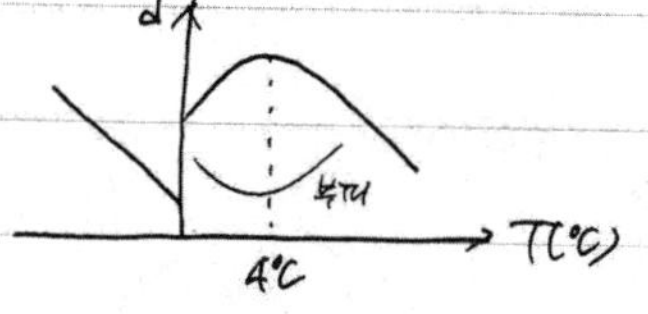

(그래프: d, T(℃), 4℃, 부피)

② 표면장력 ⇒ 폐포표면 보충. 기체교환요도로 물 필요. 폐포 찌그러지지 않도록 계면활성제 필요

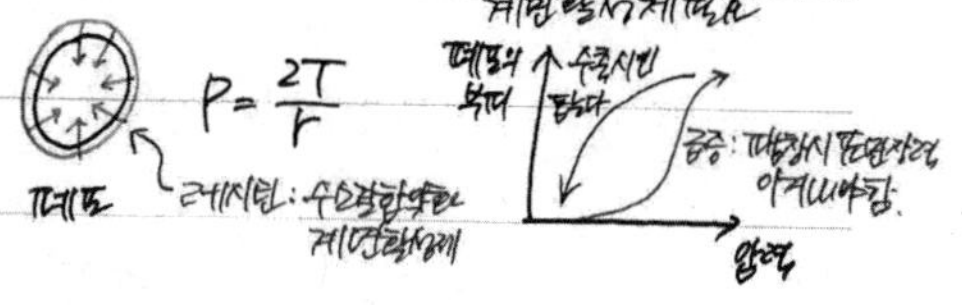

$P = \frac{2T}{r}$

폐포, 레시틴 : 수용액중에서 계면활성제

(그래프: 폐포의 부피, 압력, 수중시간 팽창, 공중 : 팽창시 표면장력 이겨내야함)

2. pH 조절과 완충계

* pH와 pKa의 관계 : 적정pH가 중요 (체내 7.41~7.45 정상)

(1) pH↓ — aa, H⁺ H⁺, H⁺증가로 반발력 발생, 정전기적 인력 약화 → pKa 기능상실 (3차구조파괴)

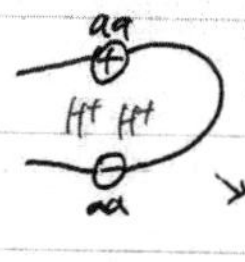

(2) pH↑ — aa, H⁺ 감소로 강한 인력 작용 → pKa 기능상실

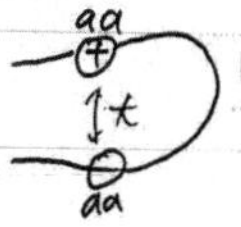

⑨ pH 1. 완충 ① HCO_3^- ② aa
2. H-H식
3. 산염기불균형

(1) 완충계

① HCO_3^-

a. 근위세뇨관 — HCO_3^- + H^+ → H_2CO_3 → CA → H_2O + CO_2 → CO_2 + H_2O → C.A → H_2CO_3 → H^+ + HCO_3^-, Cl^-, Na^+, 모세혈관 (HCO_3^- 완충). 내강 정단부 기저부

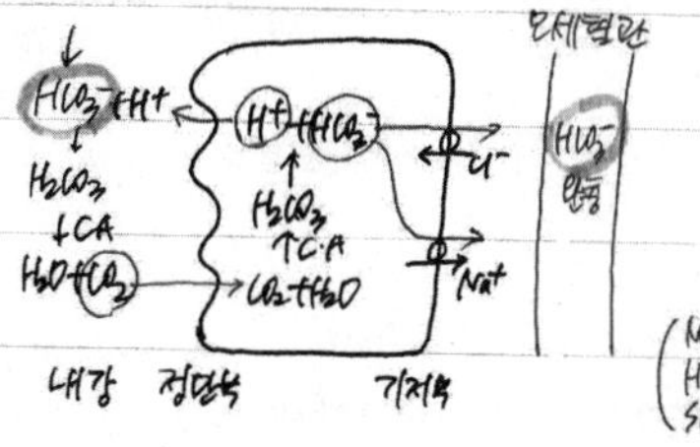

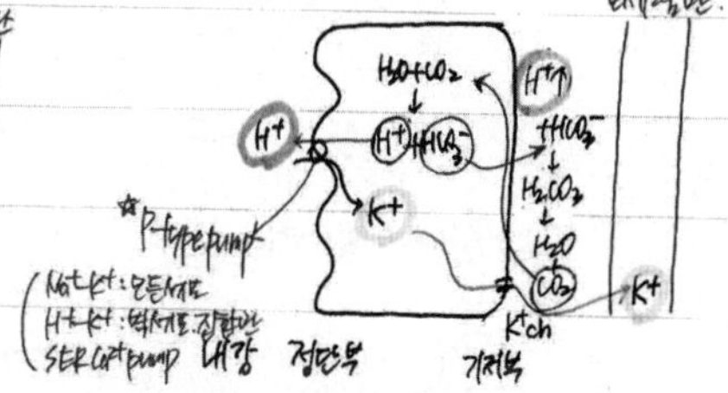

b. 원위세뇨관, 집합관 — H_2O + CO_2 → H^+ + HCO_3^-, H^+, K^+, H^+ + HCO_3^- → H_2CO_3 → H_2O → CO_2, K^+ch, K^+, 모세혈관.
☆ H^+-K^+ pump
(Na^+/H^+ : 근위세뇨관, H^+/K^+ : 원위세뇨관, 집합관, 5ER Ca^{2+}pump) 내강 정단부 기저부

:H^+가 들어가서 나오려다 K^+ 많아짐
⇒ H^+와 K^+는 함께 간다 생각.

* 고칼륨혈증 — (그래프: -60, -80) 5 휴지전위 올라 상승 촉진, K^+ch K^+배출 ↓, =휴지전위 증가, 역치 계속 넘기어 심장 계속 뛰고 사망.

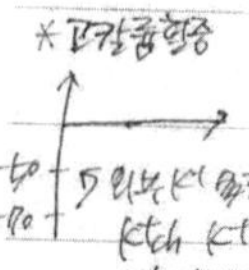

ex) ㄱ. 대사성 산증 → 고칼륨혈증
ㄴ. 대사성 알칼리증 → 저칼륨혈증.
ㄷ. 고알도스테론혈증 → 저칼륨혈증 → 대사성 알칼리증.

cf) 대기중 CO_2↑ (by 화석연료)

용해 — 바다

$H_2O + CO_2 \rightleftarrows H_2CO_3$
$H_2CO_3 \rightleftarrows H^+ + HCO_3^-$
CO_3^{2-} (in 바다) → 완충 HCO_3^-

$Ca^{2+} + CO_3^{2-}$↓ $\rightleftarrows$ $CaCO_3$↓ 석회암지대파괴

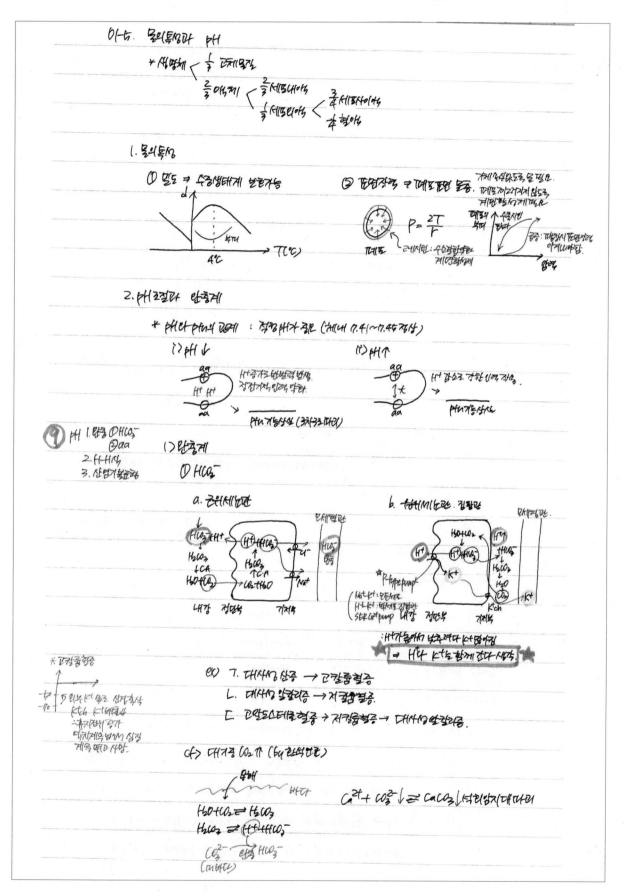

② aa : 아미노산은 고유의 등전점 (pI)을 갖는다.

*aa 수용액 존재형태 (pH7)

$H_3N^+ - C(R)(H) - COO^-$

	pH 1	7	14
(-) 산성	+1	0 -1	-2
중성	+1	⓪	-1
(+) 염기성	+2	+1 0	-1

pI : aa의 순수전하 0인지점

* 완충구간
(
pK_1 : $-COOH \rightarrow -COO^- + H^+$
pK_R : 곁사슬에 의한 완충
pK_2 : $-NH_3^+ \rightarrow -NH_2 + H^+$
pH 급변지점 : 등전점 pI
)

a. 글리신 (중성) — pK_1, pI, pK_2 — [OH]

b. 글루탐산 (산성) — pK_1, pI, pK_R (곁사슬 COOH), pK_2 — [OH]

c. 리신 (염기성) — pK_1, pK_2, pI, pK_R (곁사슬 NH_3^+) — [OH]

중성 aa $pI = \frac{pK_1 + pK_2}{2}$

산성 aa $pI = \frac{pK_1 + pK_R}{2}$

염기성 aa $pI = \frac{pK_2 + pK_R}{2}$

리신은 $pK_R > pK_2$
히스티딘은 $pK_2 > pK_R$ 암기X

2) H-H 식 : 수용액 속 존재형태 파악가능.

*아스피린 → C.O.X 억제 → 프로트롬빈 생성 억제로 혈전예방 아라키돈산 $\xrightarrow{C.O.X}$ P.G : 통증, 발열, 위점막 형성.

$$pH = pKa + \log \frac{[A^-]}{[HA]}$$

위	2	3.5	HA form > A^- form : 단순확산 ↑	세포막 사이 비교하는 흡수력 위 > 소장이나, 소장이 표면적↑. 모세혈관 분포↑
소장	8	3.5	HA form < A^- form : 단순확산 ↓	

3) 산염기 불균형.

		CO_2	HCO_3^-
정상	pH=7.4~7.45	40mmHg	24mmEq/ml
case 1.	pH=7.6	60mmHg	60mmEq/ml
case 2	pH=7.6	20mmHg	20mmEq/ml
case 3	pH=7.2	20mmHg	20mmEq/ml
case 4	pH=7.2	60mmHg	60mmEq/ml

sol'n) case1 ⇒ pH=7.6 : 알칼리증. CO_2↑ : 보상기작 HCO_3^-↑ : 원인 → 대사성 알칼리증. ex) 구토

case2 ⇒ pH=7.6 : 알칼리증. CO_2↓ : 원인 HCO_3^-↓ : 보상기작 → 호흡성 알칼리증 ex) 과호흡

case3 ⇒ pH=7.2 : 산증 CO_2↓ : 보상기작 HCO_3^-↓ : 원인 → 대사성 산증 ex) 설사

case4 ⇒ pH=7.2 : 산증 CO_2↑ : 원인 HCO_3^-↑ : 보상기작 → 호흡성 산증 ex) 기도막힘, 천식

PART 02. 세포구성유기물

02-1. 유기물과 세포구성

☆유기물의 특징

1. 안정성 : C-C, C-H 비극성공유결합 (△E·N차이)

2. 다양성 : 다양성으로 인해 특이성 존재 가능

3. E저장 용이성

02-2. 유기물의 다양성

1. 이성질체

① 구조이성질체 : 포도당 vs 과당

② 기하이성질체 : cis-Retinal → trans-Retinal
펩타이드결합 $-\underset{H}{N}-\overset{O}{C}-$ trans

③ 거울상이성질체 : 체내 당 D form
당백질 L form ← 아미노아실 tRNA 합성효소가 L form 인식
☆생물체의 효소나 단백질은 입체이성질체 구분능력有
ex) 파킨슨병 : B.B.B 수용체가 L-Dopa만 인식가능 ∴ L-Dopa만 치료제 가능
Thalidomide : 시험관 내 R form → 체내 S form ⇒ 부작용

<출제포인트>

1. 탄수화물
① 단당류
② 이당류
③ 다당류
-복합다당류 : GAG
-당인식 ptn : Hemagglutinin

2. 지질
① 중성지방
② 인지질
③ 스테로이드
④ 지용성비타민

3. 단백질
① 아미노산
② 단백질 입체구조
③ 변성과 복원
④ 단백질 분석방법

4. 핵산
① 안정성
② DNA 이중나선 구조
③ 핵산변성
④ DNA 재생역학

2. 작용기

① -OH (hydroxyl기, alcohol)
a. 친수성↑ ex) Tyr (소수성 ⌬ 친수성 OH) "양친매성"
b. 인산화가능
- Tyr : TKR. 처음엔 Tyr 인산화
- Ser, Thr) 신호전달 ptn
(신호분자 → 시작신호만 Tyr; A → A-P, B → B-P … 중간 인산화신호는 Thr. Ser)
c. NT부착가능 : 3'-OH

② $-\overset{O}{C}-$ (carbonyl기)
- $-\overset{O}{C}-H$: 알데히드기 ⇒ 반응성↑ : 산화잘됨, 불안정성 → $Cu^{2+} \to Cu^{+}$ 베네딕트 펠링. ($Ag^{+} \to Ag(s)$ 은거울)
- $-\overset{O}{C}-$: 케톤기 ⇒ 반응성↓

③ $-\overset{O}{C}-OH$ (carboxyl기) $\overset{-H^+}{\rightleftarrows}$ $-\overset{O}{C}-O^-$ 산의역할

④ $-NH_2$ (amino기) $+H^+ \to -NH_3^+$ 염기역할

⑤ $-PO_4^{2-}$ (Phosphate기, 인산기) → 물질활성화 / 신호전달 / 물질사이연결 / 고E결합(ATP)

⑥ $-CH_3$ (Methyl기)
a. $\overset{CH_3}{CG}$ 프로모터 : 응축(프로모터발현X)
b. 제한효소 : 대장균 스스로를 보호하기위해 자기 DNA 메틸화 (제한효소작용부위)
c. $\overset{CH_3}{A}$ 주형 / C 잘못결합 : 복제시 교정수선진행할때 메틸화로 주형구분.

⑦ -SH (설프히드릴기, thiol) Cys O-SH HS-O Cys
↓ H제거(산화) / 환원 by β-ME, DTT
O-S-S-O
3차구조결합중 가장 강력한 "이황화 결합"

02-3. 생체고분자

* 단위체와 결합의 종류

			단위체	결합
공유결합 중합체	1등	단백질	아미노산	펩티드결합
	2등	핵산	뉴클레오티드	인산이에스테르결합
	3등	탄수화물	단당류	글리코시드결합
소수성상호작용을 통한 거대응집체 형성. → 진정한 의미의 중합체 X.	4등	지질	글리세롤+지방산	에스테르결합. → 동물의 E 저장수단 (중성지방)

1. 탄수화물
① 단당류
② 이당류
③ 올리고당
④ 6탄당유도체-변형당
⑤ 다당류
⑥ 복합다당류
⑦ hemagglutinin

1. 탄수화물

1-① 1) 단당류

(1) 알도오스 vs 케토오스

	알도오스	케토오스
C3	글리세르알데히드	디히드록시아세톤
C5	리보오스	리불로오스
C6	포도당, 갈락토오스	과당

(2) 구조

H–C=O, C–OH, HO–C, C–OH, C–OH, C–OH ← epimer → H–C=O, C–OH, HO–C, HO–C, C–OH, C–OH

포도당
직선형, 교체불안

갈락토오스

↕

고리형, 수용액상 (생체내 all 고리)

anomer
수용액에서 상호전환 가능함.

α포도당
: 불안정, 저장용

β포도당
: 안정, 구조용

1-② 2) 이당류

(+) 베네딕트반응 : 청록색 → 황적색
요오드반응 : 적갈색 → 청남색
뷰렛반응 : 청남색 → 보라색
수단III반응 : 선홍색 → 적색

엿당 : 포 + 포 (α1 → α4)
젖당 : 포 + 갈 (β1 → β4)
설탕 : 포 + 과 (α1 → β2)

참고)
엿당 (α, α)
젖당 (β, β)
설탕 (α, β)

*유당불내증
: 락타아제 부족으로 대장균에 의한 젖당 분해시 분해산물로 인해 삼투↑ 설사유발

* 자유알데히드기 有 : 환원당 → 포. 갈. 과. 엿. 젖
無 : 비환원당 → 설탕 다당류.
↳ 체관물질 이동

(+) 환원당
: 은거울반응 ($Ag^+ \to Ag_{(s)}$), 베네딕트반응 ($Cu^{2+} \to Cu^+$)

1-③ 3) 올리고당

: 당단백질, 당지질의 인식분자로서의 기능이 존재 세포 외부 등

: 합성 by glucosyl transferase

(A형 : Fucose + N-Acetylgalactosamine
(B형 : Fucose + Galactose.

스핑고지질 / N-AG : A형 / Fucose. Galactose : B형

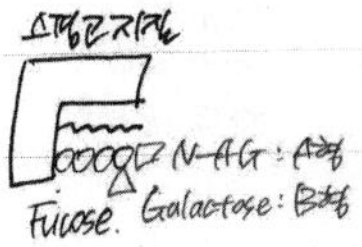

1-④ 4) 6탄당 유도체 – 변형당. 구조는 참고.

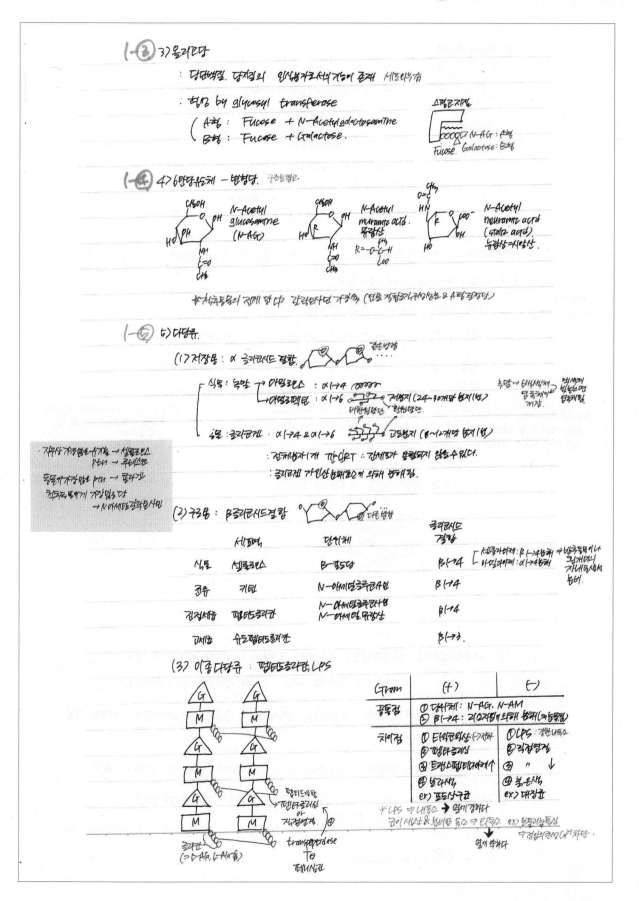

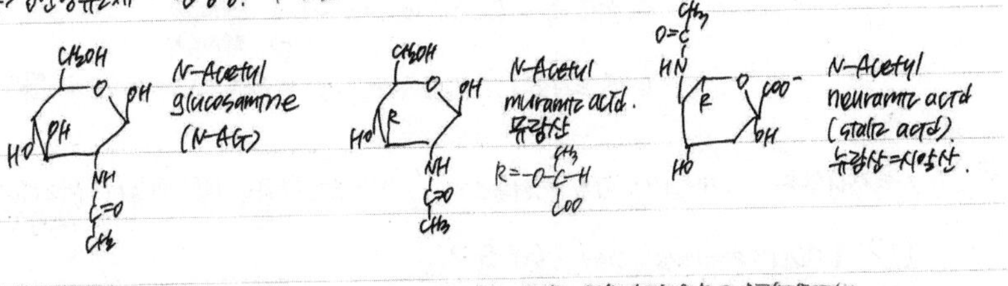

CH2OH, OH, HO, NH, C=O, CH3 — N-Acetyl glucosamine (N-AG)

CH2OH, OH, R, HO, NH, C=O, CH3 — N-Acetyl muramic acid. 무람산 R=-O-C-H (CH3, COO)

CH3, O=C, HN, R, COO⁻, OH, HO — N-Acetyl neuramic acid (sialic acid). 뉴람산=시알산.

※ 척추동물의 신체 뼈 다당 : 갈락토사민 가장 多 (연골 결합조직, 관절 윤활 & 세포 결합점 등)

1-⑤ 5) 다당류.

(1) 저장용 : α 글리코시드 결합. (같은 방향)

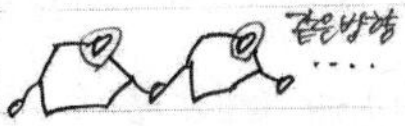

식물 : 녹말 → 아밀로스 : α1→4
→ 아밀로펙틴 : α1→6 저분지 (24~30개당 분지1번) 나선형이면 된다 / 한 번에 분해
녹말 → 단세포체 압축해서 저장. 다세포체 분해 빨리되면 압축하기.

동물 : 글리코겐 : α1→4 & α1→6 고분지 (8~12개당 분지1번)

: 전체분지가 까맣다 : 간세포가 분해되지 않을 수 있다.

: 글리코겐 가인산분해효소에 의해 분해됨.

- 자연상 가장 많은 유기물 → 셀룰로스
- Ptn → 루비스코
- 동물에게 가장 많은 ptn → 콜라겐
- 척추동물에게 가장 많은 당 → N아세틸갈락토사민

(2) 구조용 : β 글리코시드 결합 (다른 방향)

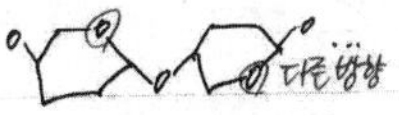

	세포벽	단위체	글리코시드 결합
식물	셀룰로스	β-포도당	β1→4
균류	키틴	N-아세틸글루코사민	β1→4
진정세균	펩티도글리칸	N-아세틸글루코사민 N-아세틸무람산	β1→4
고세균	슈도펩티도글리칸		β1→3.

[셀룰라아제 : β1→4 분해 / 아밀라아제 : α1→4 분해] → 반추동물이나 흰개미는 자체적으로 세포 분비.

(3) 이종다당류 : 펩티도글리칸, LPS

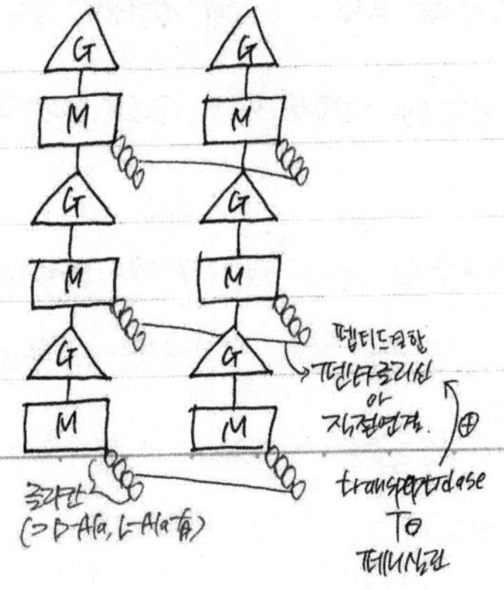

G M G M G M (펩티도글리칸 구조) — 펩티드결합 / 펜타글리신 or 직접연결. ⊕ / transpeptidase 또는 페니실린 / 콜라겐 (D-Ala, L-Ala 등)

Gram	(+)	(−)
공통점	① 단위체 : N-AG, N-AM ② β1→4 : 라이소자임에 의해 분해 (파손효과)	
차이점	① 타이코익산 (−)전하 ② 펜타글리신 ③ 트랜스펩티데이스에 作 ④ 보라색 ex) 포도상구균	① LPS : 강한 내독소 ② 직접연결 ③ " ↓ ④ 붉은색 ex) 대장균

+ LPS ⇒ 내독소 → 열에 강하다
균이 사멸 & 분비된 독소 ⇒ 외독소 ex) 보툴리눔 독소 ⇒ 신경의 근육 G에 차단. ↓ 열에 약하다

4) Gram 염색법

Gram (+) 보라색 / Gram (-) 붉은색

1. 가열 : 고정 (관찰용이)
2. 크리스탈 바이올렛 (염기성 염색약 : (+). 보라색)

⊖ 타이코익산 / 펩티도글리칸층 / 크리스탈바이올렛 타이코익산과 강하게 결합. / LPS

3. I_2처리 : 크리스탈 바이올렛 적용고정
4. 에탄올 : 탈색 ⇒ Gram (-) 탈색O, (+) 탈색X
5. 사프라닌 (염기성염색약 : (+). 붉은색) : Gram (-) 염색

1-6 6) 복합다당류 : 여러개의 당을 합쳐놓은 것. 정보를전달하는 탄수화물이 pth이나 지질이 공유결합하여 생물학적 활성물질 형성한 것

(1) Glycosaminoglycan (GAG)

난자형성하는 경 / 과정반응시 고농축GAG多

: 이당 단위가 반복되어 중합된 선형중합체

: 일부 잔기 ($-OSO_3^-$ 황산, $-COO^-$ 카르복실기)들로 (-)전하를 지녀,

반발력을 최소화하기위해 GAG 분자는 용액 중 곧게 뻗은 입체형태로 존재

ex) 히알루론산, 콘드로이틴 황산염, 케라탄 황산염, 헤파란 황산염.

히알루로니다아제 : 정자의 첨체속 有. 난자의 젤리층(GAG)을 분해.

세포밖 단백질이 부착하여 프로테오글리칸 형성.

→ 헤파린 : 혈관내피에 존재. 항응고제 → 트롬빈과 항트롬빈 사이 비가역적 결합촉진

트롬빈 헤파린 항트롬빈

: 윤활작용. 충격완화효과 ↑

* 골지체당화과정 → 2차당화 N당화.

RER.

정상pth

콘드로이틴 / 케라탄

cis / medial / trans

(2) 프로테오글리칸 : 음전하반발로 윤활성↑. 충격흡수. 골지체 2차당화로 형성.

세포들 사이 결합기능 담당. 특히 연골조직에 풍부 (충격완화)

(3) 당단백질 : pth + 올리고당. 프로테오글리칸과는 달리 소량의 올리고당이 세포막단백질과 결합.

1. 종류 : Ab. FSH.LH
2. 역할 : 보호. 정보인식 올리고당으로 pth의 ☆(인식 자리) 구조다양성과 안정성을 증가시킨 물질.

(4) 당지질 : 주로 지질+일부 당. 혈액형결정, 축삭절연체 (미엘린수초)

ex) ganglioside (시알산 有) : 뇌의 pth 발달과기(?)에 관여 → 분해효소↓ = T-S 테이색스 질병.

LPS (lipopolysaccharide)

5) 렉틴 : 당인식 ptn

① selectin : 면역세포를 상처자리에 고정시켜줌.

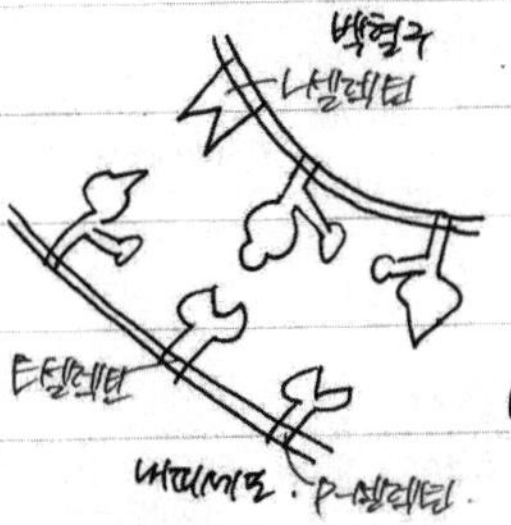

백혈구 – L셀렉틴

E셀렉틴

내피세포 : P-셀렉틴.

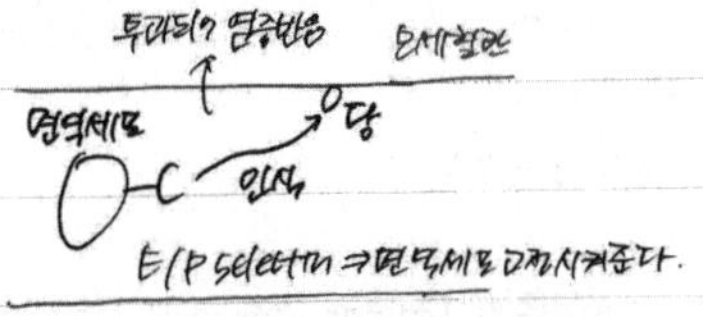

투과되어 염증반응 – 모세혈관

면역세포 – 인식 – 당

E/P selectin → 면역세포 고정시켜준다.

백혈구는 L셀렉틴만 갖고 E/P는 수용체 有

② 렉틴 : 대장균 선모에 有

렉틴수용체 : 당인식 수용체

핌브리아 (선모)

{ 동종 : 세포나 과 집합
{ 이종 : 기생.

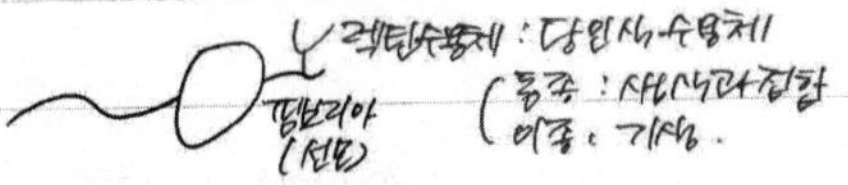

1-⑰ ③ 헤마글루티닌 (hemagglutinin) : 헤마글루티닌의 인식작용으로 시알산이 부착

헤마글루티닌(HA), 인식, 시알산, 뉴라미니다아제, Inf, 세포

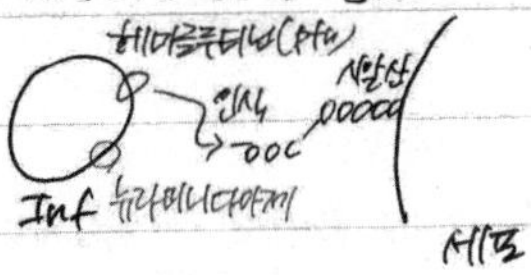

뉴라미니다아제가 시알산과의 글리코시드 결합 끊고 세포내로 virus 유입시킴.

타미플루 : 타미플루 뿌리시 세포 외부에 virus 축적되어있음.

2. 지질

2. 지질
① 중성지방
② 인지질
③ 스테롤
④ 스테로이드
⑤ 지용성비타.

2-① 1) 중성지방 : 글리세롤 + 지방산×3 → 저장형 지질 (by 아세틸CoA 유입)

① 지방산 + 알부민

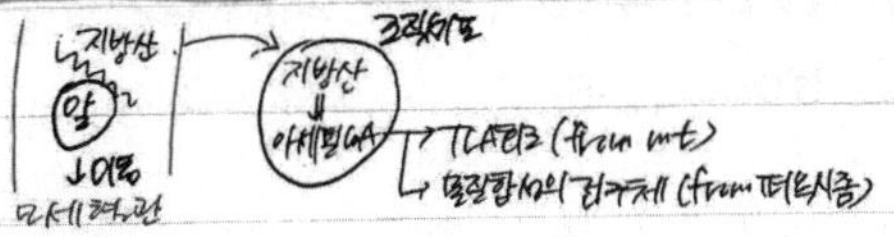

지방산, 알, 알부민, 모세혈관, 근육세포, 지방산 ↓ 아세틸CoA → TCA회로 (유리 ind.) → 콜레스테롤의 전구체 (from 피루브산)

② 지방산의 비교

{ 포화 : 분자간 인력↑, mp.bp↑, 고체. 동물성지방 ex) 스테아르산 (C18)
{ 불포화 (C18) : 〃 ↓, mp.bp↓, 액체, 식물성기름. 리놀레산, 리놀렌산 (C18) 불포화도 2 3

⇒ 환경적응 { 극지방 : 불포화↑↑
{ 적도지방 : 포화↑↑

2-② 2) 인지질 : 생체막 구성성분

① 인지질

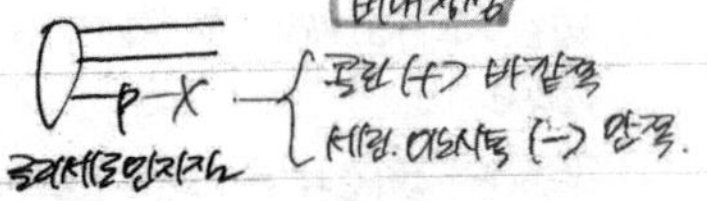

비대칭성

{ 콜린 (+) 바깥쪽
{ 세린, 이노시톨 (-) 안쪽.

글리세롤인지질

distribution in membrane

	in	out
콜린		▬
세린	▬	
이노시톨	▬	

② 당지질

: 인대신 당이 결합.

: 식물은 인제한으로 인지질 대신 당지질↑

→ 틸라코이드막에도 多. 물질투과 제한.

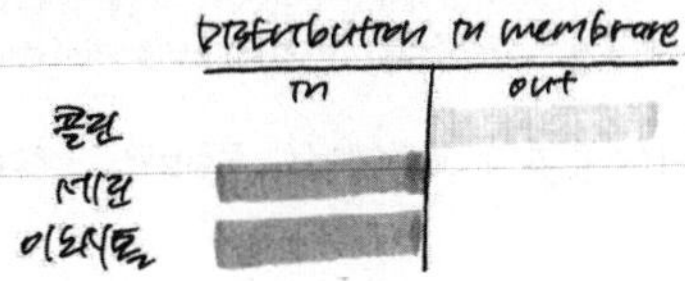

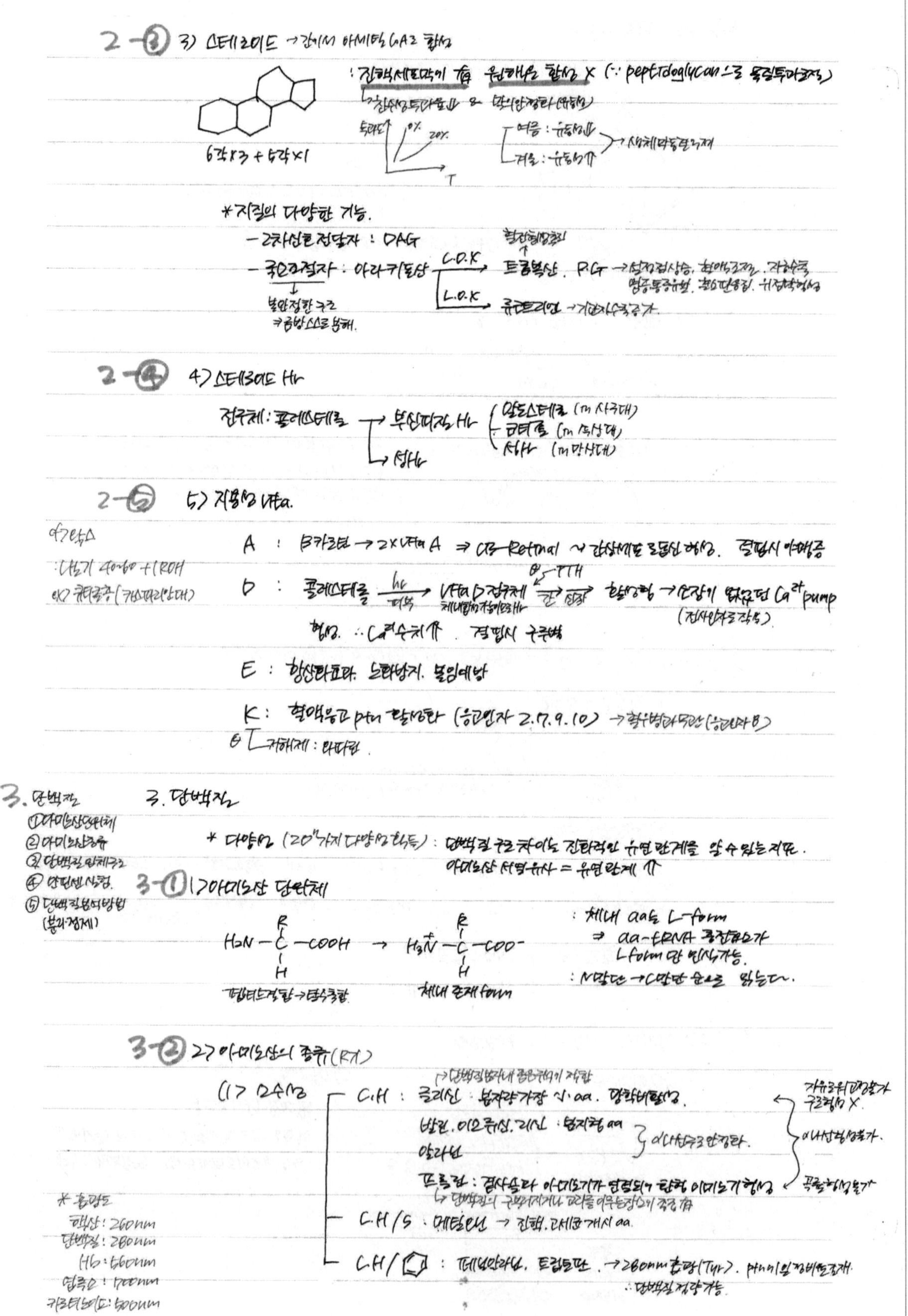

2-③ 3) 스테로이드 → 간에서 아세틸 CoA로 합성

: 진핵세포막에 有, 원핵세포 합성 X (∵ peptidoglycan으로 물질투과조절)
→ 친수성 투과율 ⇓ & 막의 안정화 (유동성)

6각×3 + 5각×1

여름 : 유동성 ⇓, 겨울 : 유동성 ⇑ → 생체막 유동성 조절

* 지질의 다양한 기능.
- 2차 신호전달자 : DAG
- 국소조절자 : 아라키돈산 —C.O.X→ 트롬복산, P.G → 혈압상승, 혈액응고, 자궁수축, 염증통증유발, 혈소판응집, 위점막형성
  —L.O.X→ 류코트리엔 → 기관지수축증가.
  (국소조절자 ↓ 불안정한 구조 ⇒ 금방 스스로 분해.)

2-④ 4) 스테로이드 Hr

전구체 : 콜레스테롤 → 부신피질 Hr (알도스테론 (in 사구대), 코티솔 (in 속상대), 성Hr (in 망상대))
→ 성Hr

2-⑤ 5) 지용성 Vita.

A : β카로틴 → 2×Vita A ⇒ CIS-Retinal ~ 간상세포 로돕신 형성. 결핍시 야맹증

D : 콜레스테롤 —hr / 피부→ Vita D 전구체 (체내합성 가능하므로 Hr) → 간 → 신장 (⊕ PTH) → 활성형 → 소장에 있는 Ca^{2+} pump 형성 (전사인자로 작용). ∴ Ca^{2+} 수치 ⇑. 결핍시 구루병

E : 항산화효과. 노화방지. 불임예방

K : 혈액응고 pro 활성화 (응고인자 2.7.9.10) → 혈우병과 무관 (응고인자 8)
⊖ 저해제 : 와파린.

3. 단백질

* 다양성 (20가지 다양성 획득) : 단백질 구조 차이는 진화적인 유연관계를 알 수 있는 지표. 아미노산 서열 유사 = 유연관계 ⇑

3-① 1) 아미노산 단량체

$H_2N-C(R)(H)-COOH \rightarrow H_3N^+-C(R)(H)-COO^-$

펩티드결합 → 탈수축합. 체내 존재 form

: 체내 aa는 L-form ⇒ aa-tRNA 중합효소가 L form만 인식 가능.
: N말단 → C말단 순으로 읽는다.

3-② 2) 아미노산의 종류 (R기)

(1) 소수성
- C.H : 글리신 : 분자량 가장 小 aa. 광학비활성. (→ 단백질 분자내 좁은 공간에 적합)
  발린, 이소류신, 류신 : 분지형 aa, 알라닌 } α나선구조 안정화.
  프롤린 : 곁사슬과 아미노기가 연결되어 환형 이미노기 형성 (→ 단백질의 구부러지거나 꼬리를 이루는 장소에 주로 有)
  (자유로운 회전 불가 구조형성 X. α나선 형성 불가. 곡률 형성 불가)
- C.H/S : 메티오닌 → 진핵, 고세균 개시 aa.
- C.H/⬡ : 페닐알라닌, 트립토판. → 280nm 흡광 (Tyr). protein의 정제 빛흡수재. ∴ 단백질 정량 가능.

3. 단백질
① 아미노산 단량체
② 아미노산 종류
③ 단백질 입체구조
④ 단백질 시험.
⑤ 단백질 분리방법 (분리정제)

* 흡광도
핵산 : 260nm
단백질 : 280nm
Hb : 560nm
엽록소 : 700nm
카로티노이드 : 500nm

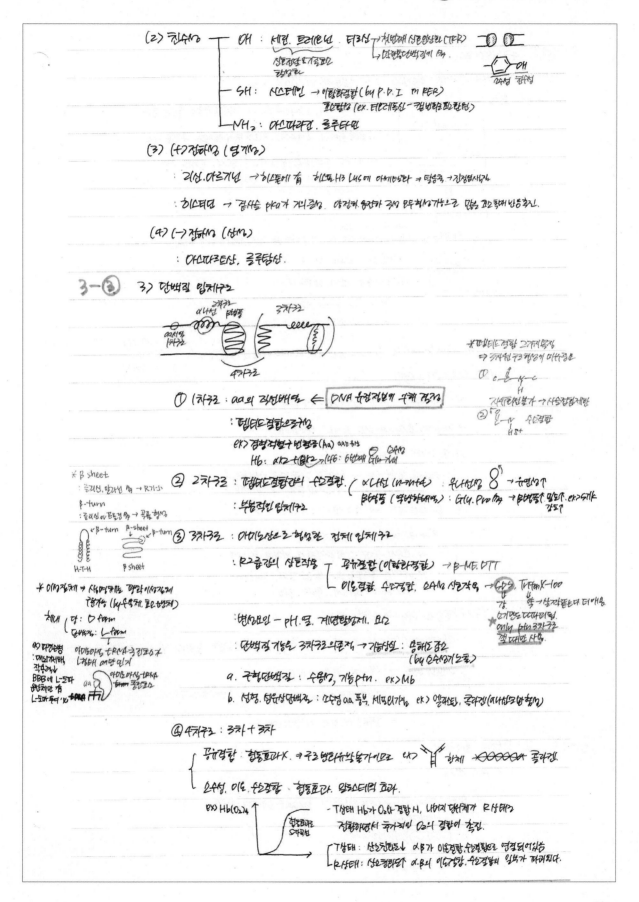

(2) 친수성 — OH : 세린, 트레오닌, 티로신 → 치밀체에 신호인산화 (TKR) / → 많은 단백질이 有.
상호작용하기 쉬움 효과 친수성
— SH : 시스테인 → 이황화결합 (by P.D.I in RER)
— NH_2 : 아스파라긴, 글루타민

(3) (+) 전하성 (염기성)

: 리신, 아르기닌 → 히스톤에 有 히스톤 H3 Lys에 아세틸화 → 탈응축 → 진정염색질

: 히스티딘 → 곁사슬 pKa가 거의 중성. 양전하, 음전하 둘 다 형성 가능 → 많은 효소 촉매 반응 촉진.

(4) (−) 전하성 (산성)

: 아스파르트산, 글루탐산.

3-③ 3) 단백질 입체구조

αα서열 1차구조, α나선 2차구조 β병풍, 3차구조, 4차구조

*펩티드결합 그거의특징 ⇒ 3차원 구조 형성에 미치는 영향
① 자유회전불가 → 사슬접힘제한
② 수소결합

① 1차구조 : aa의 직선배열 ⇐ DNA 유전정보에 의해 결정

: 펩티드결합으로 형성

ex) 겸형적혈구빈혈증 (Aa) aa는 위치
Hb : α2 + β2 → (6: 6번째 Glu → Val)

*β sheet
: 글리신, 알라닌 多 → R기 小
β-turn
: 글리신 or 프롤린 多 → 곡률 형성

② 2차구조 : 펩티드결합간의 수소결합. (α나선 (n→n+4) : 유나선형 → 유연성↑
β병풍 (역방향 ...) : Gly, Pro 多 → β병풍↑ 밀도↑, 강도↑

: 부분적인 입체구조

H-T-H, β-turn, β-sheet, β sheet

③ 3차구조 : 아미노산으로 형성된 전체 입체구조

: R그룹간의 상호작용 ┬ 공유결합 (이황화결합) → β-ME, DTT
└ 이온결합, 수소결합, 소수성 상호작용 → SDS, TritonX-100 강, 약 → 상관없는 다 대애용.

★ 이거만드는 때때 (어닐 pH 3차구조 ... 때만 사용.

* 이성질체 → 상명체는 광학이성질체 구분가능 (by 수용체, 효소반응)
체내 (당 : D form
단백질 : L form

ex) 파킨슨병 : 대뇌기저핵, 작용↓ BBB에 L-도파 운반체만 有 L-도파 투여 ...
아미노아실-tRNA 합성효소가 L형태 aa만 인지

: 변성요인 − pH, 열, 계면활성제, 요소

: 단백질 기능은 3차구조의존적 → 기능상실 : 응집도 증가 (by 소수성기 노출)

a. 구형단백질 : 수용성, 기능 ptn. ex) Mb

b. 섬유상단백질 : 소수성 aa 풍부, 세포외기질, ex) 엘라스틴, 콜라겐 (α나선으로 형성)

④ 4차구조 : 3차 + 3차

{ 공유결합 : 협동효과 X. → 구조변화유발불가이므로 ex) 항체, 콜라겐.
소수성, 이온, 수소결합 : 협동효과, 알로스테릭 효과.

ex) $Hb(O_2)$% 협동효과로 S자곡선

- T상태 Hb가 O_2와 결합시, 나머지 단위체가 R상태로 전환하면서 추가적인 O_2의 결합이 촉진.

[T상태 : 산소친화도↓ α.β가 이온결합, 수소결합으로 연결되어있음
R상태 : 산소친화도↑ α.β의 이온결합, 수소결합의 일부가 파괴된다.

3-④ 4) 변성과 복원.

: 3차구조 파괴시 기능상실. → 변성요인제거시 스스로 복원.

용해도 (y축), pH (x축: 4.8 ~ 5.8), 곡선: 10mM, 1mM, 4M

염 소량 투여 시, (1mM→10mM) 친수성 강화로 용해도 증가

염 과량 투여 시, (→4M) 염으로 둘러 싸이므로 용해도 감소

pH가 적정 pH (pI)보다 ↑ or ↓ 일 시, 용해도 증가

등전점 pI 전후로 전하를 띠므로 용해도⇑

∴ 등전점은 찾을 수 있다.

(1) 샤페론

a. 샤페로닌 : h.s.p 60. 70. 90 (heat shock ptn 분자량 → 안정화.) → 단백질을 변성요인으로부터 격리

⇒ 단백질은 스스로 3차구조 복원.

if. 3차구조 복원 안 될 시,

ptn ——→ 분해

↑ 유비퀴틴부착 ← 프로테아좀이 인식&분해.

(E4 샤페로닌)

b. Ptn Disulfide Isomerase : RER에서 이황화결합형성.

↗ 부착리보솜에서 ptn (분비용/막/리소좀 ptn)만 이황화결합 有

↘ 핵/mt/엽록체/ 사용 ptn는 자유리보솜에서 합성되므로 이황화결합 X.

(2) 안핀센의 실험

⇒ "DNA가 ptn의 3차구조를 지정한다"

⇒ ptn에 요소. β-ME 투여로 변성시킴.

① 요소제거 → β-ME 제거 (O)

: 3차구조 복원가능 → 나머지 결합들도 순서 복원 후 주변성요인을 복귀시키므로

② β-ME제거 → 요소제거 (X)

: 3차구조 복원이 제대로되지 않음.

→ 요소에 의해 이황화결합이 방해를 받으며,

→ 나머지 결합들도 복원 안되기 않으므로 주변성요인 복원에 무리가 있다.

(3) 잘못접힌 ptn으로 인한 질병

알츠하이머 (기억상실증, 대뇌피질수축증) : 신경섬유응집체, 노인반 cf) 아밀로이드 플라크 → 알츠하이머 진단기준

해면상뇌증
- 광우병 (PrPc → PrPsc)
- 크로이펠트 야콥병 (프리온)
- 쿠루병 (식인종 → 사람뇌섭취)

) 전염성프리온단백질

3-⑤ 5) 단백질 분석방법.

(1) ptn 정제

a. 투석 : 염제거 → 변성요인 제거, by self 3차구조 회복

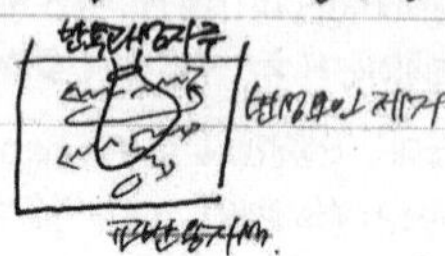

b. 염석.

: 단백질 혼합액에 염을 가하여 단백질 침전.

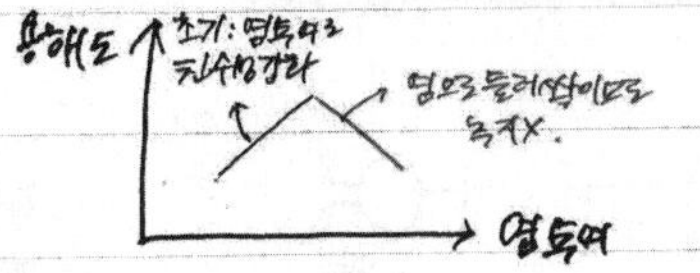

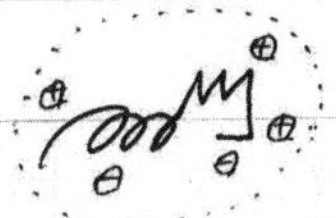

용해도 / 초기: 염농도 ↑ 시 용해도 증가 / 염농도 올라갈수록 용해도 ↓ / 염농도

용해도 증가 (salt in)

용해도 감소 (salt out) : 염 따라 차이로 ptn 자체 분리.

(2) 컬럼 크로마토그래피. : 고정상과의 친화도에 따른 속도차 ↑. 컬럼 길이 ↑ → 분리능 증가.

a. Gel 여과 크로마토그래피. : ptn의 분자량과 크기로 분리.

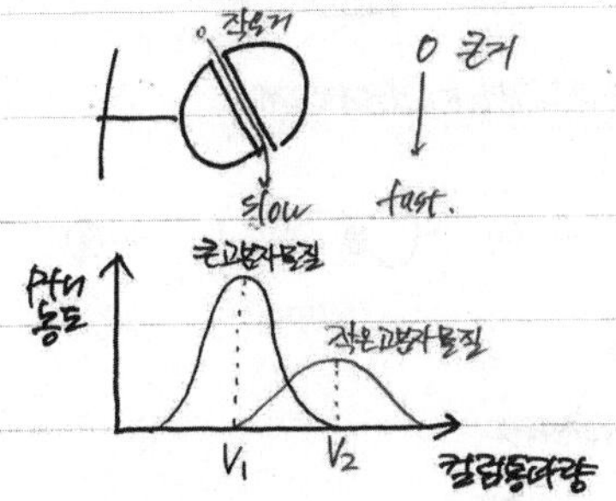

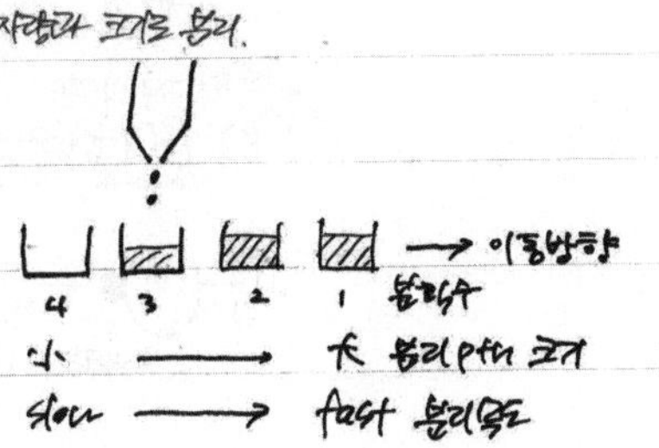

작은 것 / 큰 것 / slow / fast.

4 3 2 1 분획수 → 이동방향

小 ⟶ 大 분리 ptn 크기

slow ⟶ fast 분리속도

ptn 농도 / 큰 고분자 물질 / 작은 고분자 물질 / V_1 V_2 / 컬럼 용리량

b. 이온교환 크로마토그래피 : ptn의 순전하 이용, pH 값 조정으로 원하는 aa / ptn 분리 가능.

pH=6 약한결합

pH=8 센결합

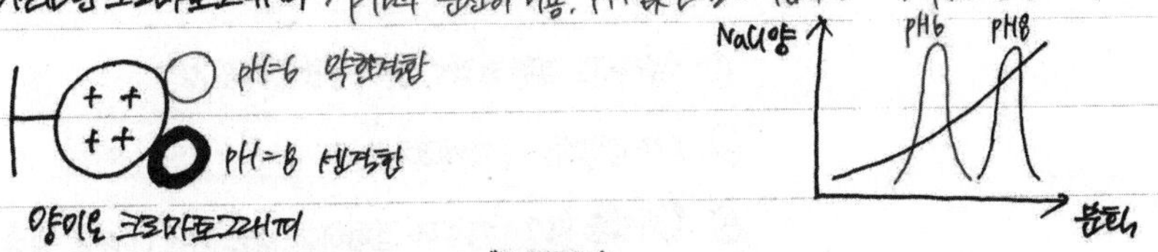

양이온 크로마토그래피
= 음이온 교환 크로마토그래피

* 산성 ← → 염기성 / (+) ptn (−)

NaCl 투여 / 염투여 시 결합이 약한순에서 강한순으로 ptn 용출

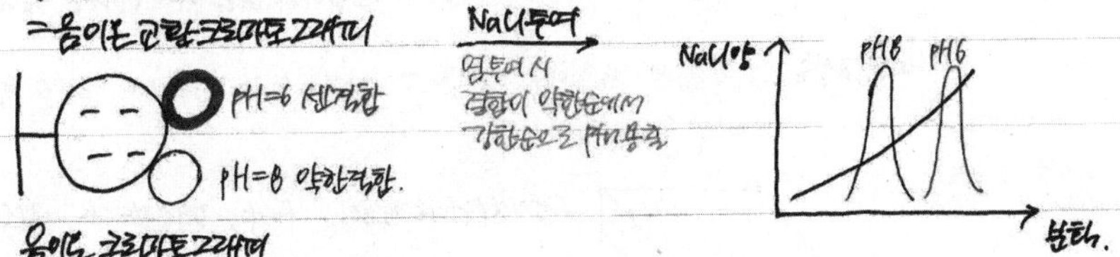

NaCl양 / pH6 pH8 / 분획

pH=6 센결합

pH=8 약한결합.

NaCl양 / pH8 pH6 / 분획.

음이온 크로마토그래피
= 양이온교환 크로마토그래피.

또는

* pI (등전점) : aa or ptn의 순전하가 0이 되는 pH (고유값)

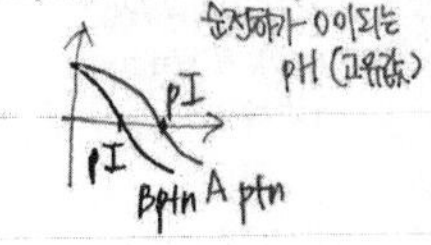

pI / B ptn A ptn

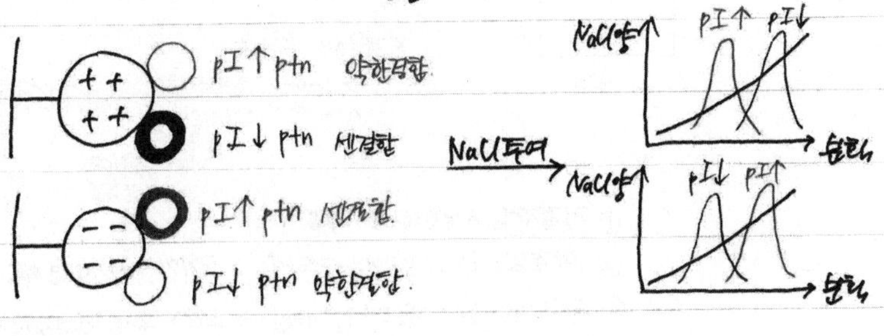

pI↑ ptn 약한결합.

pI↓ ptn 센결합.

NaCl 투여

NaCl양 / pI↑ pI↓ / 분획

pI↑ ptn 센결합.

pI↓ ptn 약한결합.

NaCl양 / pI↓ pI↑ / 분획

예시) 양이온교환수지 = 음이온수지 (+)성↑ 결합력↑

pI 小 ⟶ 大

아미노산 농도 / ① ② ③ / t 용출시간

⇒ V_+ / pH / − / ① ② ③

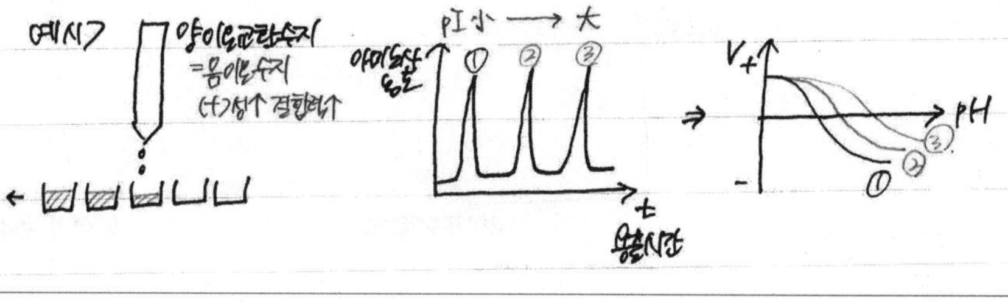

c. 친화성 크로마토그래피 : ptn과 특정물질과의 친화도 이용, 컬럼결합물질과 목적 ptn과 친화도가 높을수록 회수율이 좋으나 너무 강할 경우 용출이 어려워 회수율 감소.

기질 — 효소 ptn 정제 / 수용체 — 리간드 ptn 정제 / 항체 — 항체결합 ptn 정제 … 다양. 염을 사용하여 유출 관심대상은 후기 분획에 나옴.

i) His-tag-Ni^{2+} 친화성 크로마토그래피

Ni^{2+} — His-tag 단백질 → Ni^{2+}와 결합하는 물질 넣어서 His-tag 분리.

☆분자생물학 파트

ii) GST 융합단백질 - 글루타티온 친화성 크로마토그래피

① 글루타티온 ← GST X (GST 융합단백질) → ② X와 결합하는 Y → ③

→ ④ 처리 자유 글루타티온 → 용출

① 글루타티온 결합 컬럼에 GST 융합단백질 접착

② X와 결합하는 Y 단백질 처리 ⇒ X와 Y 사이의 친화도

③ 완충액을 넣어 컬럼과 결합하지 않은 ptn (Y 외) 용출

d. 전기영동 : 하전된입자의 이동을 이용. bn 절편크기에 따른 분리. 3차구조의 영향을 받으면 안되므로 βME / SDS 처리

* SDS (Sodium dodesyl sulfate) : 강한 양친매성 → 순기만 다 따라 됨. Only 단백질 3차구조 깰 때만 쓴다.

Triton X-100 : 매우 약한 양친매성 → 살짝 떨궈준다. 자주 사용

→ 적지상 (Stacking gel) : fast, 매질밀도 ↓ ∴ 밀식이 좋다

→ 이동상 (Running gel) : slow (핵산 : 아가로스겔 / 단백질 : PAGE (polyacrylamide gel electrophoresis) (bis — 〃)

(−) 끌림 ↓ (+)

* 겔

* 겔 (gel, 탄수화물)

—▷—▷—▷ △—△—△ 중합되어 시킴 with TEMED → Hole 폴리아크릴아마이드 + 비스아크릴아마이드 두물질이 연결되어 구멍형성.

↳ Hole 형성한다. 교차연결 촉진

① 정전기적, 상호인력으로 예외.

② 매질밀도 ⇑ = 홀크기 ↓. 저항 ↑ : 크기가 작은 절편 이동시킬 때 사용. → 안그럼 통과해버림

③ 매질밀도 ⇓ = 홀크기 ↑. 저항 ↓ : 크기가 큰 절편 이동시킬때 사용 → 안그럼 전개 안됨.

log 분자량 ↑ / 전기영동 이동거리 →

분자량을 모르는 ptn의 전기영동결과

전기영동시간 ↑ or 겔의 밀도 ↓

→ 분자량을 아는 ptn의 이동거리 & 분자량 그래프 → 와 unknown ptn의 결과를 비교하여 분자량 예측

e. 2차원전기영동 : pI별 / 분자량별 분리가능

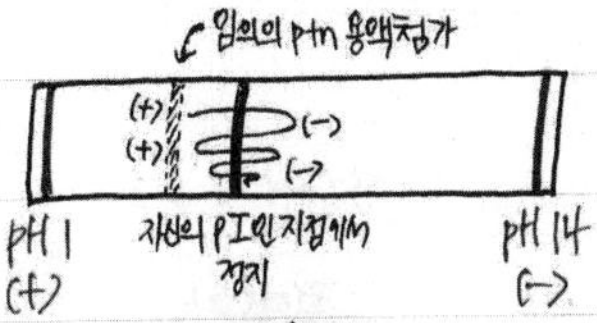

↙ 임의의 ptn 용액첨가

(+) (+) (−) (−)

pH 1 (+) 자신의 pI인 지점에서 정지 pH 14 (−)

⇒ pI는 ptn의 고유값이므로 3차구조 유지해야함

⇓ 전기영동

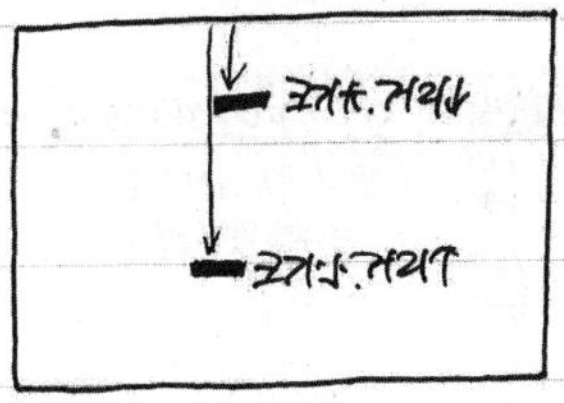

크기↑, 거리↓

크기↓, 거리↑

⇒ 따라서, pH 경사로 분리후 전기영동시 βME, SDS로 3차구조 깨고 전기영동.

4. 핵산

① 안정성
② DNA 이중나선의 구조
③ 고세균의 변성을 막는 기작
④ 핵산변성
⑤ DNA의 재생

4. 핵산

1) 핵산의 구성성분

(1) 뉴클레오티드 (NT) : 5탄당 + 인산기 + 염기 → E전달자 : ATP, GTP … (3 인산기) / 2차신호전달자 : cAMP, cGMP … / 효소의 보조인자 : NAD⁺, FAD, ATP …

a. 5탄당 : RNA → 리보오스 / DNA → 데옥시리보오스 → 리보오스보다 O 하나 적다.

OH — δ^+C−Oδ^- 불안정. ↓ 변종多 : RNA바이러스 多

H — C−H 소수성 안정.

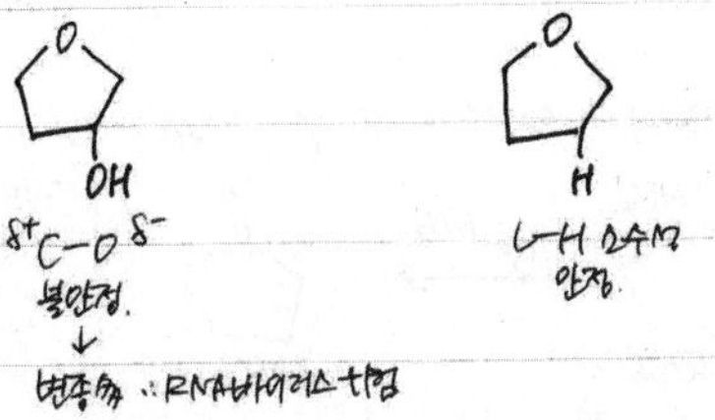

b. 인산기 : (−)전하, 산성, 히스톤과 정전기적 인력으로 결합.

c. 염기

: 염기서열 → 유전정보

: 약염기성

: 수소결합 → 소수성 상호작용

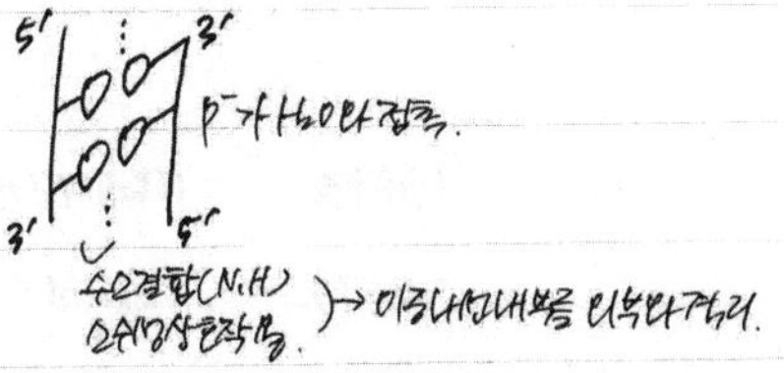

5' 3' / 3' 5' — P⁻가 H_2O와 접촉. 수소결합(N, H) 소수성상호작용 → 이중나선내부를 이루며 결합.

: 흡광도 : 260nm

(단일-다중 … 결합기 (예. ing. 多))

⇒ 흡광도세기 : 단일NT > ss DNA > ds DNA (단, 동일길이일 시)

: 종류 : 퓨린 : A, G / 피리미딘 : C, T(U)

(2) 결합 : 3'-OH 신장, 자발적발열반응. → 3'OH, 5'인산 3개 필요

DNA pol / RNA pol 수소제거

Ⓟ Ⓟ Ⓟ−C — γ β α — 자발적 발열반응

인산이에스테르 → pol : ATP 사용 X / ligase : ATP 사용 O

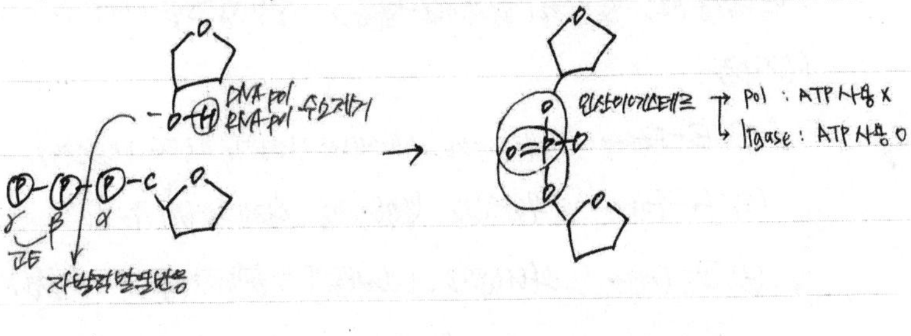

4-①

2) 핵산의 안정성

(1) pH

	염기 (pH 7↑)	산 (pH 7↓)
DNA	① ssDNA로 분리	절편화
RNA	② 절편화	절편화

① DNA는 pH 7 이상 알칼리에서 ssDNA로 분리 → 정보의 순서는 바뀌지 않으므로 안정성

5' 3' / 3' 5' ⇄ 분리 → 5' 3' / 3' 5'

[OH⁻]↑로 H+ 제거 ⇒ 수소결합 와해

② RNA는 알칼리에서 스스로 가수분해.

(2) 사용염기 : DNA–T / RNA–U

[시토신(C) —($-NH_2$)→ 우라실(U)]

"시토신의 탈아미노화"

⇒ 돌연변이 빈도 가장 ↑

RNA의 경우 U를 쓰므로 돌연변이 인지 X ⇒ 불안정성

DNA의 경우 T를 쓰므로 돌연변이 인지 O ⇒ 수복기작 작동 ⇒ 안정성.

(3) 구조

	DNA	RNA
1차구조	디옥시리보뉴클레오티드 서열 : A.T.G.C	리보뉴클레오티드 서열 : A.U.G.C
2차구조	이중나선 (반보존적복제, 유전정보보존 / 친수성환경, 핵산가수분해효소로부터 격리)	RNA 머리핀 구조 (고리 / 줄기)
3차구조	×	RNA 리보자임
4차구조	×	여러 RNA 분자 간의 연합.

(↓ 출현빈도 감소)

3) DNA 이중나선구조

: 역평행구조, 홈 일정 (피리미딘–퓨린), 상보성 결합 (A/T. G/C)

(1) 종류

4-②

① B-Form : 우나선성. 생체내 안정적 형태 (일반적)

② A-Form : 우나선성, 불안정형. 실제 형성이 존재 X (탈수시 형성되는 구조) (DNA-RNA ds구조 / RNA-RNA ds구조 에 有) ⇒ 형성X 구조.

③ Z-Form : 좌나선성. GC비율↑ ⇒ 응축되어있다 → 발현X 프로모터에 有

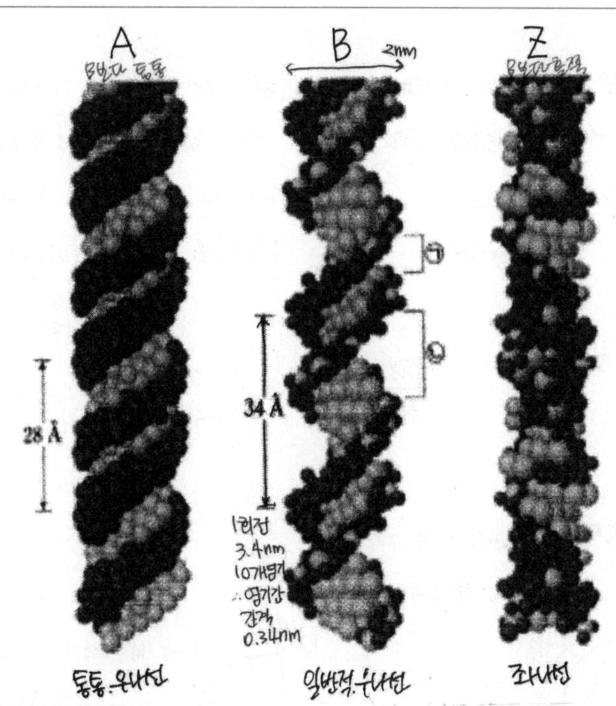

(2) 주홈과 부홈

① 주홈 : 염기상노출이 용이. 전사인자 결합.

② 부홈 : 인산이에스테르 결합 용이. 히스톤 결합.

(3) 샤가프 법칙 : 퓨린계 염기의 양과 피리미딘계 염기의 양은 같다 ∴dsRNA 제도 성립

: A=T, G≡C ∴ A+G의 수 = T+C의 수와 동일

→ 샤가프법칙 성립시 예외없이 ds DNA, 염기비율 바뀔 시 생명체 바뀜.

4-②

* 고세균(호열균)의 DNA 변성을 막는 기작

① GC 비율↑

② 히스톤 有

③ 좌나선 증가로 열로 인한 변성을 최소화.

4-④ (4) 핵산 변성 측정 방법.

– 변성요인 : pH, 열.. → 변성요인 제거시 다시 재생

① 흡광도 측정 : 260nm 질소염기의 흡광(단일-이중-단일-이중…)

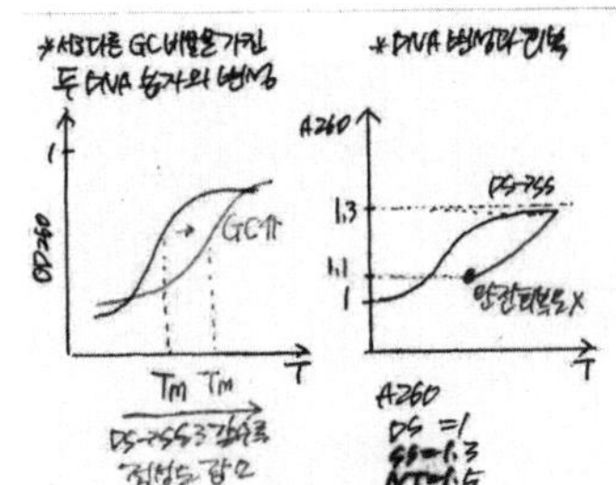

☆ 상대흡광도와 핵산의 정성분석. (A260)

: 처음 핵산의 상대적 흡광도를 A260=1.0으로 환산.

변성 또는 복원요인 첨가 후 흡광도 변화비율을 상대적으로 결정.

∴ 핵산의 양은 무관하고 형태적 변화만 예측가능.

cf) 절대흡광도로 핵산 정량분석 가능. (OD260)

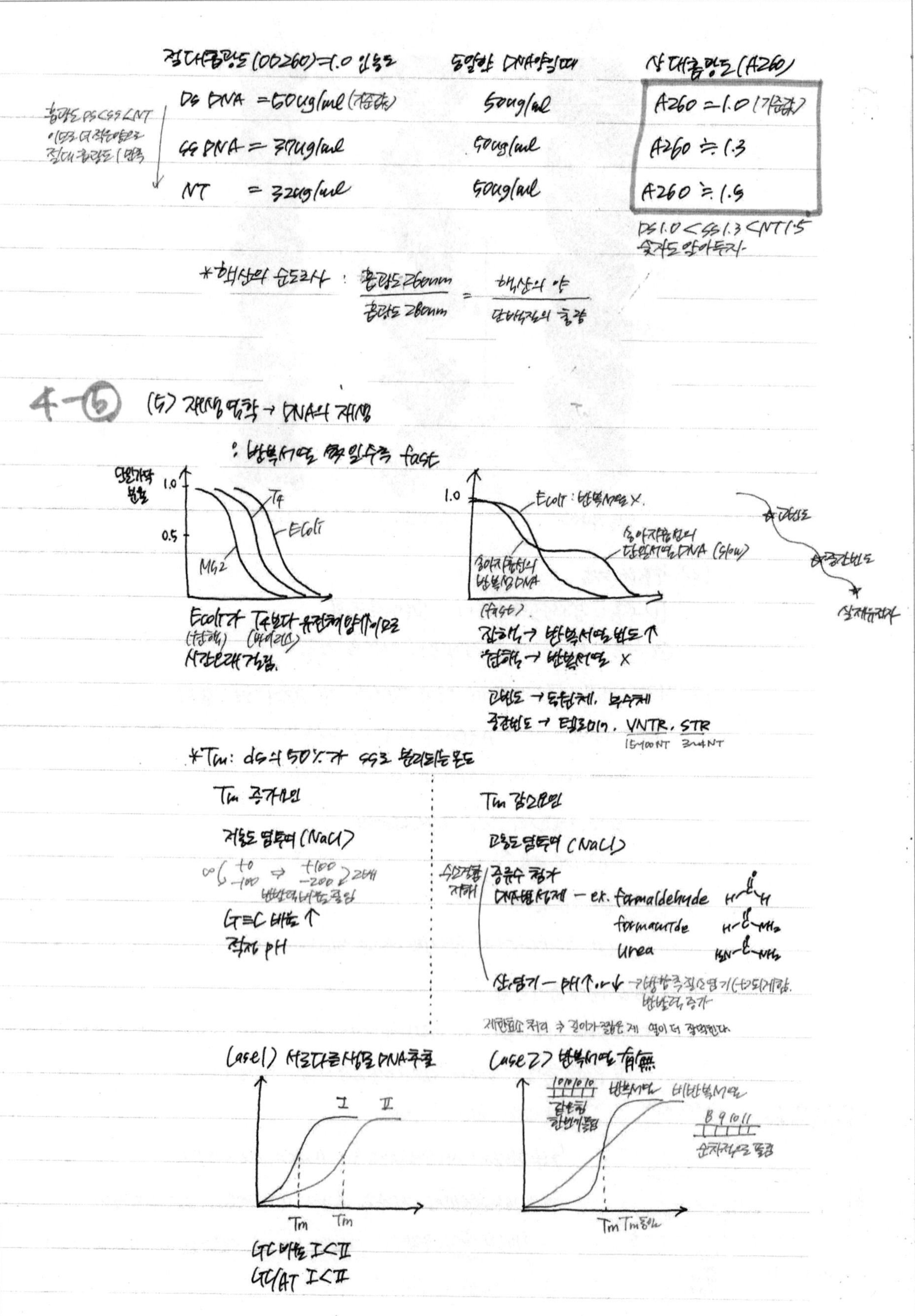

절대흡광도(OD260)=1.0 인 농도
동일한 DNA양일때
상대흡광도(A260)
DS DNA = 50ug/ml
SS DNA = 37ug/ml
NT = 32ug/ml
50ug/ml
A260 = 1.0
A260 ≒ 1.3
A260 ≒ 1.5
DS1.0 < SS1.3 < NT1.5
*핵산의 순도검사 : 흡광도 260nm / 흡광도 280nm = 핵산의 양 / 단백질의 흡광
4-⑤ (5) 재생역학 → DNA의 재생
: 반복서열 일수록 fast
1.0
0.5
T4
E.coli
MS2
E.coli가 T4보다 유전체 양↑이므로 시간 오래 걸림.
E.coli : 반복서열 X.
진핵 → 반복서열 빈도↑
원핵 → 반복서열 X
고빈도 → 동원체, 부수체
중간빈도 → 텔로미어, VNTR, STR
*Tm: ds의 50%가 ss로 분리되는 온도
Tm 증가요인
Tm 감소요인
고농도 염류 (NaCl)
G≡C 비율↑
적정 pH
formaldehyde
formamide
urea
Case1) 서로다른생물 DNA추출
Ⅰ Ⅱ
Tm Tm
GC비율 Ⅰ<Ⅱ
Case2) 반복서열 有無
Tm

PART 03. 세포막의 구조와 기능

<출제포인트>

1. 유동모자이크막
2. 막지질 구성종류
3. 인지질 이중층의 비대칭성
4. 막의 유동성 영향요인
5. Flip-Flop
6. 소수성지표
7. 막단백질 유동성.

03-1. 세포막. *격리 + 선택적 투과*

① * 유동모자이크 막

- 인지질 이중층 : 격리
- 막관통단백질 : 선택적투과.

03-2. 막의 구조와 기능

1. 막구조

(1) 기능 : 외부와 격리된 친수성 내부. 항상성 유지.

(2) 구성

a. 이중층

b. 지질. 단백질. 탄수화물로 구성

c. 비대칭성 有

d. 극성물질 비투과. 비극성 물질 투과.

(3) 막지질 배열

: 인지질이중층. 리포좀. 미셀

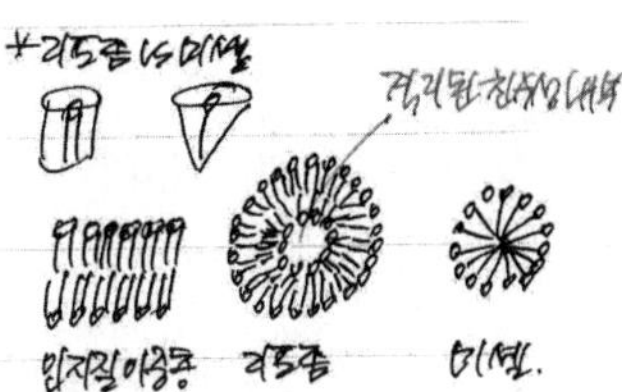

② 2. 막지질 구성 종류

a. 인지질

① 글리세롤 인지질

- 외부 : 콜린, 스핑고미엘린.
- 내부 : 세린. 이노시톨. 에탄올아민

② 스핑고지질

→ 스핑고신

→ 스핑고미엘린 : 유동성↓ → 지질뗏목을 구성, 수용체 정렬 역할.

b. 당지질 ―스핑고지질 : 인식분자

N-Acetylgalactosamine : A형

Galactose : B형

당

Fucose.

① 이노시톨 : 2차신호전달자

② 세린 : 조기세포사 결정.
세린이 바깥쪽으로 향할 시
(비대칭성 소실) 세포예정사
∴ flip-flop을 통한
비대칭성 유지 중요

3. 인지질 이중층의 비대칭성

a. 인지질은 양쪽막 모두 존재하나 한쪽이 더 많다. 인지질 R그룹 비대칭
But. 콜레스테롤은 골고루 분포

b. 단백질분포 상이

c. 탄수화물 : 외부에만 有

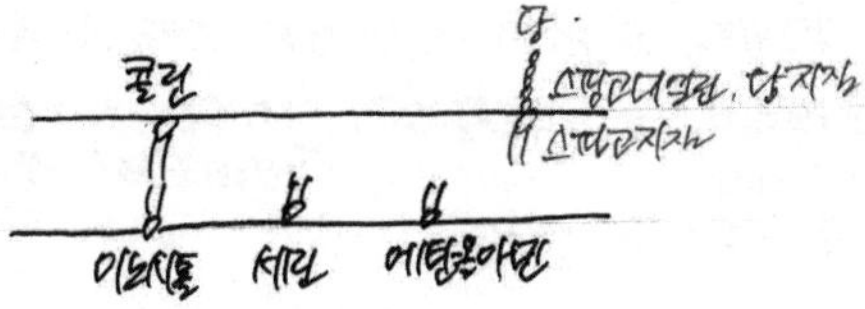

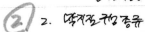

4. 막의 유동성에 영향을 끼치는 요인

지방산길이↑ or 지질뗏목(스핑고지질) 有

a. 지방산 길이 ↑. 유동성 ↓ : 소수성 상호작용

b. 불포화지방산 ↑. 유동성 ↑ 스테아르산 vs 리놀레산 vs 리놀렌산

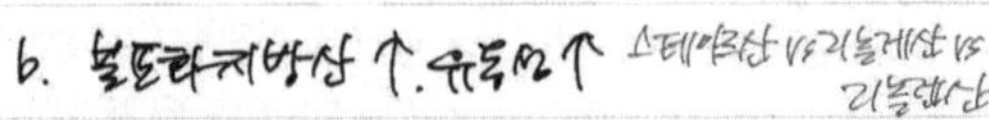

유동성↓

c. 스핑고지질 ↑. 유동성↓

d. 콜레스테롤 : 막유동성 완충으로 막안정화 / 친수성 투과↓

e. 온도 Tm

- 생체막 Tm : 상전이 (고체→겔) 가 일어나는 온도.
  - ⇒ 겔상태에서만 유동성 有이므로 Tm 이상에서 유동성파악
- 핵산 Tm : 50%의 ds DNA가 ss DNA로 분리되는 온도.

* 막 Tm 영향요소

Tm↑
- 지방산길이↑
- 스핑고지질↑
- 콜레스테롤↑

cf) 운반체는 구조변화가 수반되므로 운반체가 작용하기위해선 Tm이상 온도여야함.

* 막지질 조성의 변화
- 극지방 : 불포화지방산 비율↑
- 적도지방 : 포화지방산 비율↑

5. Flip-Flop

- 좌우유동 : 10^6번/s
- 상하유동 : 플립파아제에 의해서만 가능하며 특이적이고 에너지 의존적

① 막의 비대칭성 유지를위해
- a. 외부 : 콜린 / 내부 : 에탄올아민. 세린. 에탄올아민
- b. 당단백질 전하 (외 : + / 내 : −)

② 막의 길이 신장이 일어나기 위해

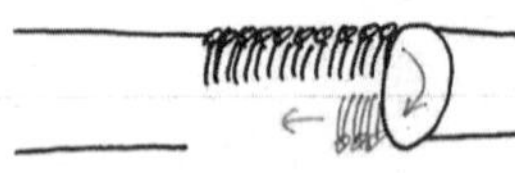

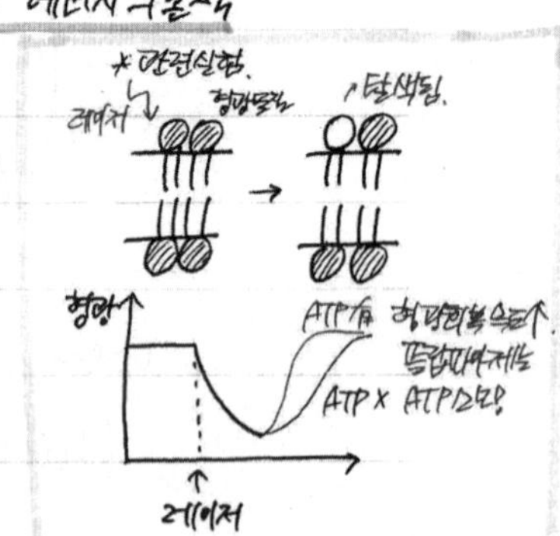

③ 당의 비대칭성을 유지하기위해

6. 막단백질

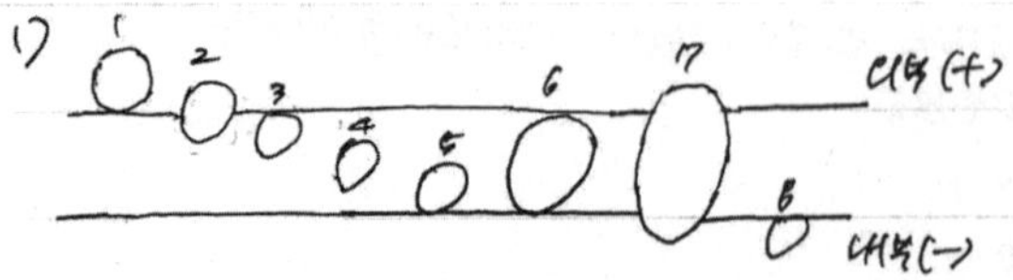

(1, 8) 표재성 ⇒ 정전기적 상호인력 → pH변화, 염변화, 가열, 요소투여 등으로 분리 가능

(2~7) 내재성 ⇒ 소수성 상호작용력 → 계면활성제 (ex. SDS, Triton X-100) → 막관통 횟수 확인.
α나선구조를가질시 안정화 (발린.류신.이소류신.알라닌)
☆ 소수성지표

초대세 ⑥ 2) 소수성 지표 → 내재성 단백질만 가능.

: 정확한 관통형태는 알 수 없으나, 내재성 단백질이 생체막을 몇 번 관통하는지 확인 가능.

: 물을 막관통단백질로 접근시킨다는 가정하에 자유에너지의 변화

*막 관통횟수 확인

→ 소수성 지표
① SDS 처리로 막단백질 분리
② (SDS 처리 시) ① ②
소수성 부위만 남아있음
→ 물 접근 시 E로 막관통 횟수 확인 가능.
= 소수성 지표

두번 통과한 건 맞지만 방향성은 알 수 X

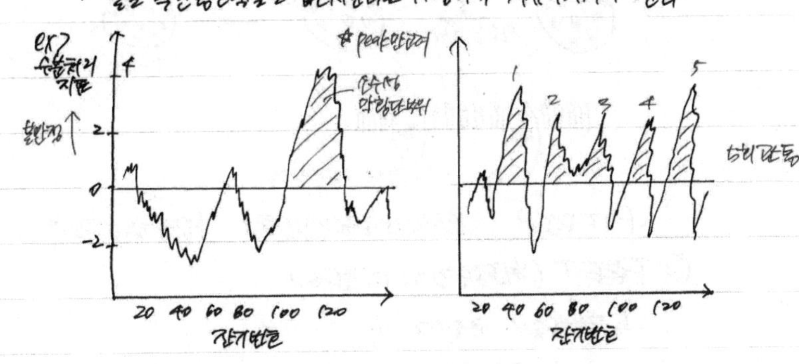

* Alkaline Phosphate와 같이 나옴. ⇒ 세포 바깥 부분에만 활성.

ex) 아미노산별 막 관통 나선 내 선호위치

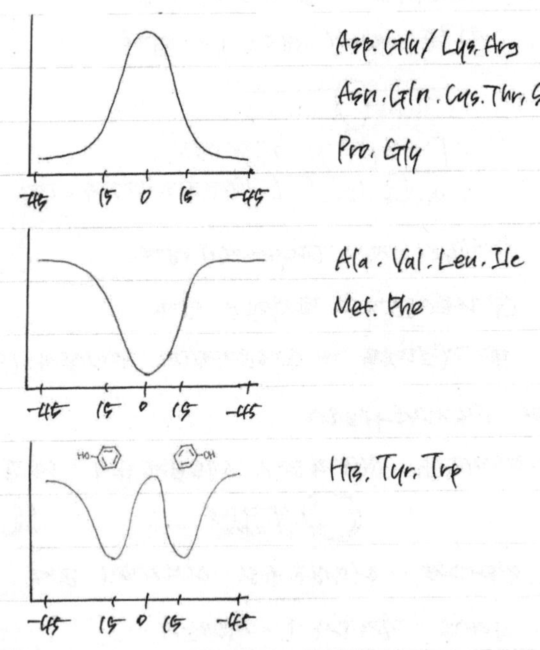

Asp. Glu / Lys. Arg
Asn. Gln. Cys. Thr, Ser
Pro. Gly

Ala. Val. Leu. Ile
Met. Phe

His. Tyr. Trp

3) 생체막 단백질의 기능

: 생체막 단백질은 α나선구조 가질 때 안정.

- 통로, 수용체의 역할
- TKR : 효소의 역할
- 고정역할 (ex 피브로넥틴 → 콜라겐 고정)
- 인식역할 (당단백질)

4) 막단백질의 유동성

(1) 막단백질의 유동성 검사

① FRAP : 형광항체 표지 → 레이저 부분표백 → 형광회복 관찰

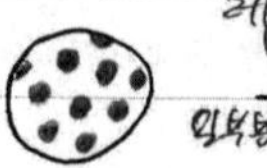
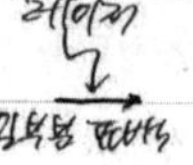

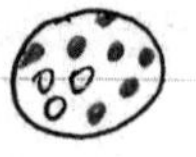

cf) FRIP : 표백한 주변부 관찰로 형광감소 관찰

② FRET (형광공명에너지전달)

: 두 단백질의 근접성

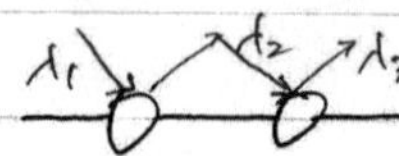

$\lambda_1 < \lambda_3$

(2) 막단백질 이동을 제한하는 기전

① 막단백질이 세포골격에 연결

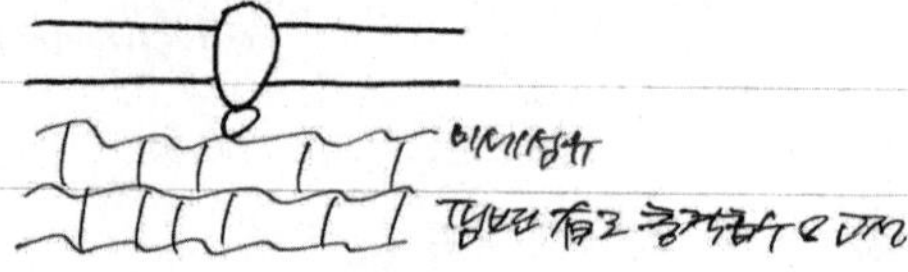

② 세포외 기질에 막단백질이 연결

③ 다른세포표면 단백질에 연결

④ 지질뗏목 → 스핑고지질 多, 지방산 길이 ↑

17. 기타 생체막 구성요소

a. 미세섬유 : 세포막 고정, 세포모양 유지, 막 표면적 증가

소장융털 형태유지.

b. 인테그린 : 신호전달 유도. 세포외기질에 고정

c. 콜라겐 : 충격흡수 ↑. 형태유지

피브로넥틴 (발생 : 축삭의 길이신장)

프로테오글리칸

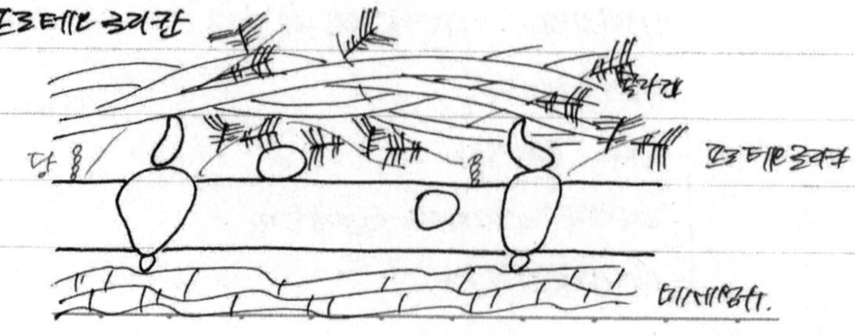

d. 당

① 당지질 : 세포전체 인식 (ABO지질에만 有)

② 당단백질 : 막관통 단백질 인식용.

→ 바깥면에만 有

* 당의 비대칭성 → RER에서 1차당화

Mannose

세포질에서 당화

플립파아제에 의해 뒤집힘.

ptn co-translation

단백질에 당전이 ⇒ 1차당화과정.

cf) HIV → glycoprotein (g.p) 120, 41번 사용.

Th의 CD4인식

Th의 CCR5 인식

두가지 수용체 인식하므로 정확성↑

↳ AIDS치료제

: 마라비록 : g.p41 ⟶ CCR5 인식불가

: 선천적으로 CCR5 無

⇒ AIDS 저항성 有

HIV

CD4 CCR5 Th

cf) 막의 합성과 측면성

: 소낭의 외포로 막이 신장

* 막단백질 기능 요약도(참고)

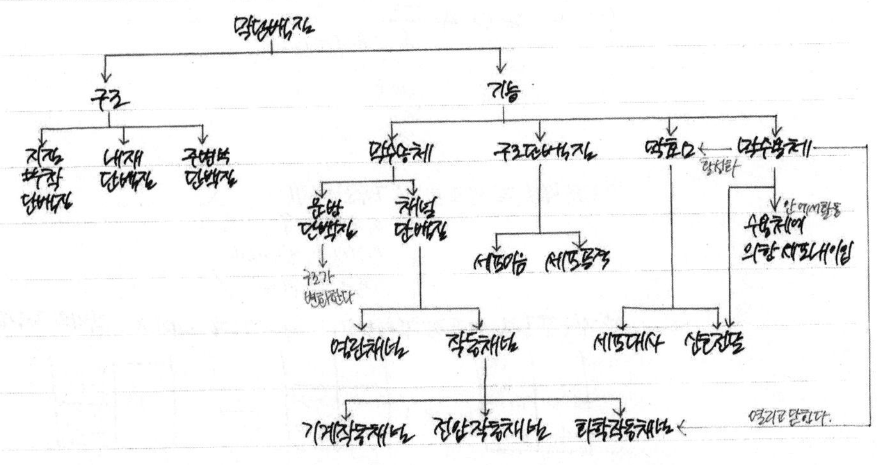

PART 04. 생체막 수송.

*종류

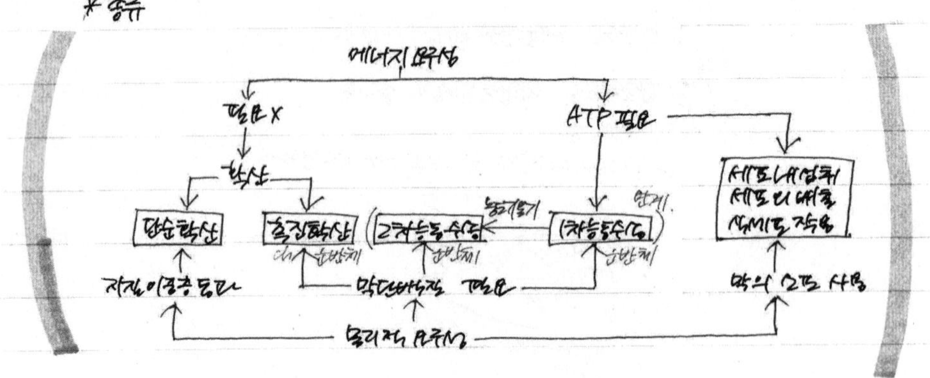

* 막단백질 : 기능 – 구조 / 효소 / 수용체 / 수송체

- 막수송단백질
  - → 통로 운반체 : 전기화학적 기울기 이용. 특이성 ↓. fast
    - ↗ 작동채널 : 신호에 반응개폐
    - ↘ leak ch : 항상 open
  - → 수송체, 펌프 : ATP 사용. 전기화학적 기울기 역행. 특이성 ↑. slow

"세포에서 여러 종류의 막수송 단백질들은 일종의 통합된 체제로 작동"

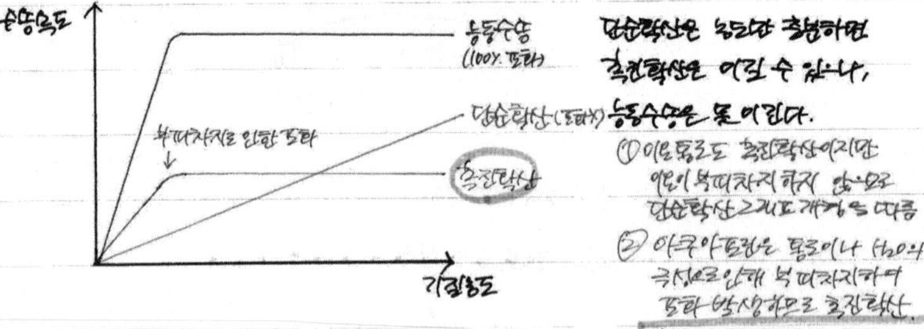

단순확산은 농도와 촉진하면 촉진확산은 이길 수 있으나, 능동수송은 못 이긴다.

① 이온통로도 촉진확산이지만 이온이 복제차지 하지 않으므로 단순확산 그래프 개형을 따름

② 아쿠아포린은 통로이나 H_2O의 극성으로 인해 복제차지하여 포화 발생하므로 촉진확산.

> 운반체 (촉진확산)는 효소와 비교 잘됨.
> $V_0 = \frac{V_{max} S}{K_m + S}$ → M-M 그래프.

04-1. 막을 통한 물질 이동

1. 단순확산 → 수동적, 농도 고 → 저로 이동, 평형까지 이동, T↑ 확산속도↑. E사용 X. 용질의 이동.

*Fick의 확산법칙

$$Q = \varepsilon D A \frac{\Delta C}{l}$$

- A ↑ 이동면적
- ΔC → 농도차
- l → 통과거리
- D 상수
- ε ↓ 물질의 특성 → 소수성 ↑, 크기 ↓, 친수성 ↓) ε ↑

⇒ 단순확산 잘 될 조건 (확산길이 ↓, 이동면적 ↑, 소수성 ↑. 친수성 ↓, 이동물질크기 ↓.)

⇒ 친수성용질 → 동적평형상태 : 전체평형 의미 X. 각각의 평형이 의미 O

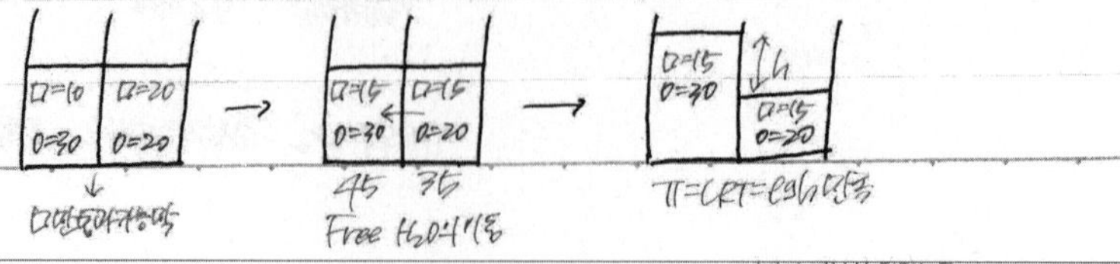

→ 불투과성 용질로 인한 긴장성 (tonicity) → 불투과성 용질의 농도로 측정.

2. 삼투 → 수동적. Free H_2O의 이동. E사용X. 농도 저→고 평형까지 이동. (단순확산 slow / 촉진확산 fast (by 아쿠아포린)

* 흡수력

압력
삼투압
흡수력
팽윤상태 : 흡수력 제로
팽압 → 식물만 有
1
1.3
상대부피 → 변화하는 X.
식물은 최대 30%까지 크기가 늘어날 수 있다

① 용액의 삼투압 - OsmM로 비교 → 체내 300 OsmM

	저장액	등장액	고장액
동물세포	용혈	부피변화X	쭈글쭈글
식물세포	팽윤	시든상태	원형질분리

3. 촉진확산 → E사용X. 농도 고→저 (물의 경우 농도 저→고). 특이성 有, 포화(Vm)-이온/운반체-친수성물질

① AQP
- 4개의 작은 소단위체
- 6번의 관통부위 (6+2)
- 모든 생명체가 소유 (식물, 동물, 진정세균 ...)

cf> 구멍有 4개의 소단위
소단위체상 6+2
외
내

② GLUT → 수동적, 선택적 (D형 포도당만 결합 & 통과 가능 → ∴ 체내 당은 D form)

포도당 수용체 위치상
외
내
기질결합장소
6-7번째 관통부위
인산화부위 (Hexokinase 기능有) : 포도당 → 포도당-6-인산
∴ 농도차 유지로 촉진확산↑

i) 농도차구배로 인한 포도당유입

GLUT
[포도당]外↑
[포도당]안↓

ii) 농도차 유지를 위해 Hexokinase or GLUT의 인산화

GLUT
포도당
ATP
ADP
G6P
글리코겐
해당과정

구분	발현세포	Km		
GLUT 1	적혈구 & 정상세포	1mM		세포 내로 포도당의 지속적인 촉진확산.
GLUT 2	간, 췌장, 소장	10~20mM	친화도는 떨어지나 모든 포도당기 분포	과량의 혈당을 조절 & 저장. 췌장유입 포도당은 인슐린 분비 촉진
GLUT 3	뇌	1mM		B.B.B에 有 뇌세포로 포도당 촉진확산.
GLUT 4	근육, 지방세포	5~10mM	친화도는 높으나 정상상태로 분포	인슐린에 의해 세포막 삽입, 잉여 혈당의 저장.
GLUT 5	소장			과당의 수송. 소장의 유일한 촉진확산

* 통로(ch) : 용질의 크기와 전하 선택성 有 … ex. 이온통로

: 개폐방식
- 기질의존성
- 전압의존성
- 기계의존성
- leak ch.

: 운반단백질보다 1000배 가량 빠름.

ex) 니코틴성 ch - 기질의존성통로 : 외부 Na^+가 유입되기도 하지만 내부 K^+가 유출되기도 한다.

Ach, Na^+ → (+)이온통과를 위해 내부음성aa Asp, Glu → (-) aa.

운반체 : 결합부위 결합물질만 통과. 선택성↑ ← 구조적 특이성. 일치성. ES복합체와 유사

+교환수송체

ex) HCO_3^- - Cl^- 교환체 : 조직세포에서 CO_2를 더 빨아오기 위해

CO_2 → $CO_2 + H_2O$ → H_2CO_3 → $H^+ + HCO_3^-$

조직세포 / 혈관

평형이동으로 CO_2 지속유입 가능.

Cl^- / HCO_3^-

cf) 시스테인뇨증 : 시스테인 흡수에 운반체 필요. But. 운반체 유전자 결함시 시스테인 오줌으로 배출.

4. 능동수송 - E사용☆

* Na^+ 이용한 수송

① Na^+-K^+ pump : 전기화학적 기울기 유발

② Na^+와 공동수송

③ Na^+-H^+ 교환체 / Na^+-Ca^{2+} 교환체

세포pH유지 / 근육이완촉진

pH↑, pH↓, H^+, Na^+, 정상세포

Na^+는 H^+를 수용하기 위한 수단

외, 내, $3Na^+$, $2K^+$, Ca^{2+}, Na^+

세포내 $[Ca^{2+}]$↓ 되면

칼모듈린 - Ca^{2+} (평활근)

트로포닌 - Ca^{2+} (골격근, 심장근)

∴ 이완된다.

1) 1차능동수송 → 양방향성. ATP 없을 시 촉진확산체로 작용.

(1) P-type pump

: ATP의 인산기 Ⓟ를 사용해서 운반체 구조변화 (E는 사용x)

ex) Na^+-K^+ pump : 전기화학적 기울기 형성

전위배대차 (안(-). 밖(+))

이온농도배대차 (안 : K^+↑, 밖 : Na^+↑)

H^+-K^+ pump : 벽세포, 집합관에 有

SER의 Ca^{2+} pump

cf) Ouabene : 1차능동체 차단

$3Na^+$

ATP + H_2O

ADP + Pi + H^+

Na^+, K^+ - ATP 에이스

$2K^+$

와베인

(2) V-type pump

: ATP 분해 E를 사용

ex) H+ pump (동물세포의 : 전기화학적 기울기 (신경, 세균, 곰팡이)
동물 : 리소좀의 H pump / 식물 : 액포의 H pump

* 박테리오로돕신
: 빛에 의해 H+ pumping 하는 광펌프

(3) F-type pump

: ATP synthase → ATP 직접 사용하여 H+ pump로 사용되기도

2) 2차능동수송 (연계작용)

: ATP 사용으로 전기화학적 기울기 유발 (1차능동수송)

→ 이온의 농도차 이용한 확산 → 친수성 물질 흡수가능 (농도역행)

ex) 식물세포 : H+ pump로 [H+] 차이 형성후 H+-설탕 공동수송

소장상피 : Na+-K+ pump로 [Na+] 차이 형성후 Na+-포도당 공동수송

→ 이온부족으로 포도당 흡수 안될 시 설사. → 포도당+Na투여로 치료

예제) 2차능동수송

구분	농도
내	100mM Na^+ 2mM ATP
외	10mM Na^+ 5mM K^+ 2mM ATP

⇒ 내부 K+가 없으므로 Na+를 내부로 한번 유입후 작동을 멈춘다.

cf) Na+ 이온 기울기를 이용한 2차능동수송의 경우, [Na+]의 차이가 이미 매우 大 ∴ 2차능동수송 진행해도 막차이 변화 X.

5. 세포외 배출 & 세포내 섭취 : 집단수송.

1) 세포외 배출작용 : 내막계를 통한 물질의 분비 & 성장하는 세포

⇒ 외포 >> 내포 : 성장하는 세포, 막의 길이 신장

2) 세포내 섭취작용

(1) 식세포작용

(2) 음세포작용

(3) 수용체 매개 내포작용 ☆

a. LDL (Low Density Lipoprotein)
콜레스테롤 + 단백질 → 친수성 단백질 붙여서 콜레스테롤 저어

① ApoB 48, LDL, LDL 수용체

② 다이나민 결합 (GTP 사용)
클라트린 어댑틴 + 클라트린의 작용으로 내포
어댑틴 (단일층가)

③ 탈피복

④ 재활용
pH 낮으므로 pH 감소로 수용체와 분리.
endosome : 내포작용을 통해 생성된 소낭이면서 H+ pump 존재함.
골지체
가수분해효소에 만노스-6-P 붙어서 endosome과 결합 → 리소좀으로 변화
→ 콜레스테롤 제거

b. Transcytosis : 내포작용 소낭의 막관통

ex> IgA 분비기작

ex. 소장상피세포

IgA 단량체 (미결합) → 모세혈관 / 기저부 / 정단부 / 소장내강

J chain으로 이량체로 분비의 작용.

☆ c. BCR (B cell receptor : Bcell 항원수용체) : IgD

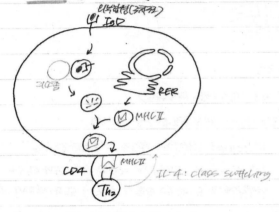

비특이항원(3차구조), IgD, 리소좀, RER, MHCII, MHCII, CD4, Th2, IL-4 : class switching

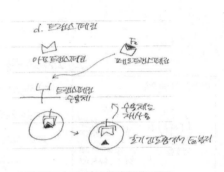

d. 트랜스페린

아포트랜스페린, Fe, 페로트랜스페린, 트랜스페린 수용체, 수용체는 재사용, 초기 엔도좀에서 분리

cf> 가족성고콜레스테롤 혈증.

: LDL수용체 유전자 돌연변이로 LDL 내포작용 ⇓

→ 혈중콜레스테롤 ⇑ → 세포내 콜레스테롤 ⇓

→ 막합성을 위해 간에서 콜레스테롤 합성 ⇑ → 혈중 콜레스테롤 농도 ⇑⇑

+ Ionophore : 고→저로 이온농도차 따라

① mobile : K^+ → Valinomycin , H^+ → DNP

② ch 형성 : Thermogenin → 짝풀림단백질

ex> Valinomycin

막간공간 pH, O_2공급

정상. Valinomycin X 일때. → 회복이 빠르다.

Valinomycin O 일때.

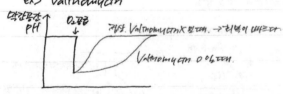

→ why?

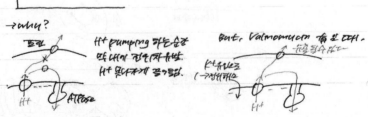

H^+ pumping 하는 순간 막 내에 전위차 유발. H^+ 못나가게 끌어당김.

ATPase, H^+

But, Valinomycin 有 일 때.

K^+유입으로 (→전위해소)

cf> 박테리오로돕신

: 빛 의존 능동수송. 광수소펌프 : 광합성 세균에 有

PART 5. 대사과정과 효소

<출제포인트>

1. 효소구성요소
   - 복합효소
   - 동위효소

2. 효소반응속도론
   - M-M eq.
   - Lineweaver-Burk plot.
   - 응용 - W-H식

3. 효소활성조절
   - 억제제
   - 알로스테릭

*인트로

- 세포내 물질대사는 ATP를 이용하여 비자발적 반응을 자발로 변화시키는 연계반응
  - ⇒ 세포내 에너지운반체 : 1.3 BPGA. PEP. 크레아틴..
  - ⇒ 세포내 고에너지전자 운반체 : NADH. $FADH_2$. NADPH
- 효소는 반드시 기질과 결합해야 작용이 가능하다.
  - ⇒ ES복합체 구성해야함.
  - ⇒ 효소는 ptn이므로 3차구조 일치성 필요
  - ⇒ 기질특이성 有 → 기질과 효소활성부위 결합.
- 활성부위 : 효소의 기질 결합부위
  - ⇒ ES 복합체 형성
    - 열쇠와 자물쇠 : 1:1 반응
    - 유도적합설 : 효소의 구조가 기질에 맞춰서 변할 수 있다.

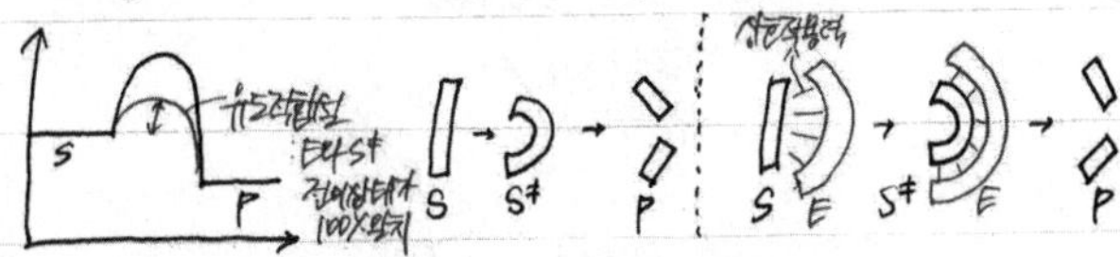

  - ⇒ 활성부위의 촉매작용 ① 기질배열 ② Strain : 전이상태 안정화 ③ 반응환경조성 ④ 촉매반응에 직접참여 → NAD^+, FAD등 조효소가 직접 각각 반응에 참여
  - ⇒ Ea만 낮출뿐 반응속도나 평형농도엔 영향X.
  - ⇒ 단계적 작용으로 최종 수득률↑

1. 효소의 구성요소

1-① 1) 복합효소

(1) 주효소 : ptn → 열과 pH에 약하다

(2) 보조인자 : ES 복합체 형성을 돕는다. 비단백질 부위

- 보결분자단 (ᄀ보결족) : 효소와의 영구적 결합 (공유결합)으로 효소의 구조 완성.
  - ex. 금속이온 : Ca^{2+}, Mg^{2+}, Fe^{2+} …
  - ex. 혈액응고기작 프로트롬빈 → 트롬빈 (↑ 트롬보플라스틴), 프로트롬빈, Ca^{2+}
- 조효소 : 유기물 ex. vitamin, NAD^+, FAD

기질 → $2H^+ + 2e^-$ 방출 → 탈수소효소 (FAD → $FADH_2$)

기질 → H^+, $H^+ + 2e^-$ → 탈수소효소 (NAD^+ → NADH)

즉, 탈수소효소의 조효소 (NAD^+, FAD)가 H도 받아주고 ES 복합체 형성도 돕는다.
→ 주효소 활성화 가능도움

(그림: 탈수소효소 / 기질 조효소)

1-② 2) 동위효소 (=동질효소 = isozyme)

: 같은 반응을 촉매하지만 아미노산 서열이 다른 효소. 다른 유전자에서 발현됨.

: 서로 다른 조직이나 발달단계에서 환경에 가장 적합한 동위효소가 기능한다.

ex) Hexokinase Ⅰ

: 근육, 지방

주변 [Glucose]↓ ∴ g 거의 안들어온다.

g → (GLUT4) → g → (Ⅰ, Km↓) → g-6-p (⊖ 되먹임)

∴ 가끔 들어오는 glucose를 확실히 붙잡기 위해 Hexokinase Ⅰ은 Km↓ (친화도↑) & g-6-p에 의해 음성피드백 받음.

Hexokinase Ⅳ

: 간.

간문맥 [g]↑

g → (GLUT2) → g → (Ⅳ, Km↑) → g-6-p → F-6-p (해당과정, 글리코겐 합성), 글리코겐, 5탄당인산회로

⊖ 핵으로 격리시킴.

: 간세포는 glucose 유입량이 매우 ↑

∴ Km (친화도↓)↑ 여도 된다. g-6-p에 직접 억제받지 않고 F-6-p↑ 일 시, (g-6-p는 이미 매우 높은 상태) 음성피드백 받아 핵으로 격리된다.

ex) LDH (젖산탈수소효소)

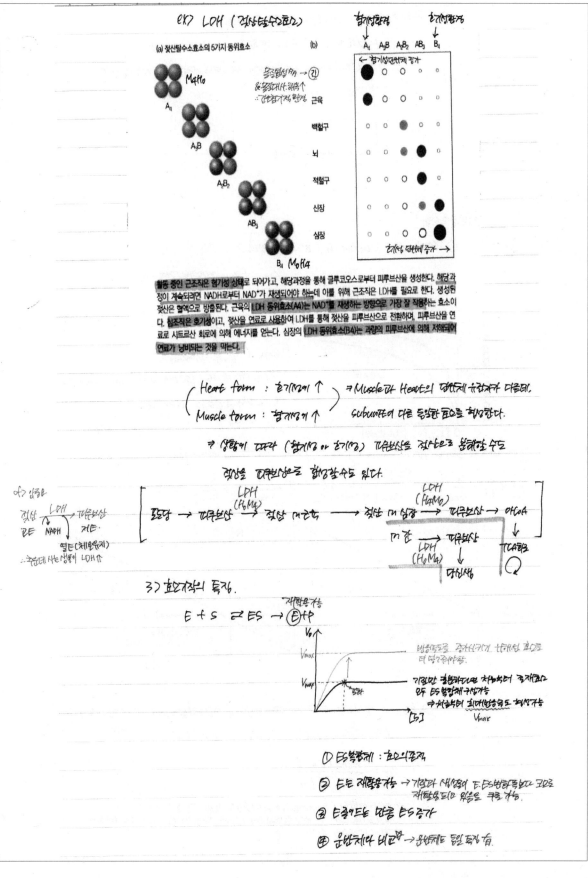

(a) 젖산탈수소효소의 5가지 동위효소

A_4 M4H0

A_3B

A_2B_2

AB_3

B_4 M0H4

(b)

혐기성환경 ↓ A_4 · A_3B · A_2B_2 · AB_3 · 호기성환경 ↓ B_4

← 혐기성단위체 증가

간 (물질합성 多 & 물질대사: 해독↑ ∴ 간은 혐기적 환경)

근육

백혈구

뇌

적혈구

신장

심장

호기성 단위체 증가 →

활동 중인 근조직은 혐기성 상태로 되어가고, 해당과정을 통해 글루코오스로부터 피루브산을 생성한다. 해당과정이 계속되려면 NADH로부터 NAD^+가 재생되어야 하는데 이를 위해 근조직은 LDH를 필요로 한다. 생성된 젖산은 혈액으로 방출된다. 근육의 LDH 동위효소(A4)는 NAD^+를 재생하는 방향으로 가장 잘 작용하는 효소이다. 심조직은 호기성이고, 젖산을 연료로 사용하여 LDH를 통해 젖산을 피루브산으로 전환하며, 피루브산을 연료로 시트르산 회로에 의해 에너지를 얻는다. 심장의 LDH 동위효소(B4)는 과량의 피루브산에 의해 저해되어 연료가 낭비되는 것을 막는다.

Heart form : 호기성에 ↑
Muscle form : 혐기성에 ↑
⇒ Muscle과 Heart의 단위체 유전자가 다르며, subunit이 다른 동일한 효소를 형성한다.

⇒ 상황에 따라 (혐기성 or 호기성) 피루브산을 젖산으로 분해할 수도 젖산을 피루브산으로 합성할 수도 있다.

[포도당 → 피루브산 —LDH (H_0M_4)→ 젖산 in 근육 ——→ 젖산 in 심장 —LDH (H_4M_0)→ 피루브산 → 아CoA → TCA회로
in 간 —LDH (H_0M_4)→ 피루브산 → 당신생]

ex) 심장
젖산 —LDH→ 피루브산
고E NADH 저E
열E (체온유지)
∴ 추운데 사는 생물이 LDH ⇑

3) 효소작용의 특징.

E + S ⇄ ES → Ⓔ + P (재활용가능)

V_0 / V_{max} / V_{max} / [S]

반응속도를 증가시키기 위해선 효소를 더 넣어줘야함.

기질만 충분하다면 처음부터 존재효소 모두 ES복합체 구성가능
⇒ 처음부터 최대반응속도 형성가능 (V_{max})

① ES복합체 : 효소의 존재

② E는 재활용가능 → 기질과 생성물의 E·ES변화폭보다 크므로 재활용되고 있음을 추론 가능.

③ E줄어드는 만큼 ES증가

④ 운반체와 비교 → 운반체도 동일 특징 有.

* 효소조절효과 – 효소반응에 영향을 주는 요인 :

: pH나 온도의 영향 : "구조의 변화" ⇒ ES복합체 영향

↳ 최적 조건 = 3차구조 가장 잘 형성되는 지점. = ES복합체 잘형성.

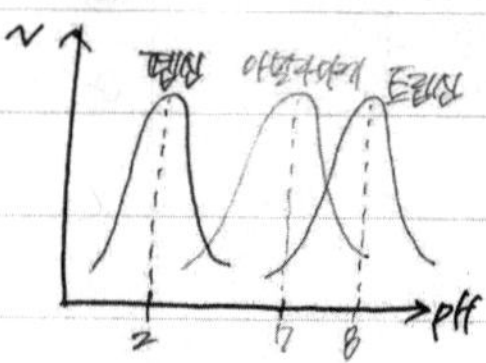

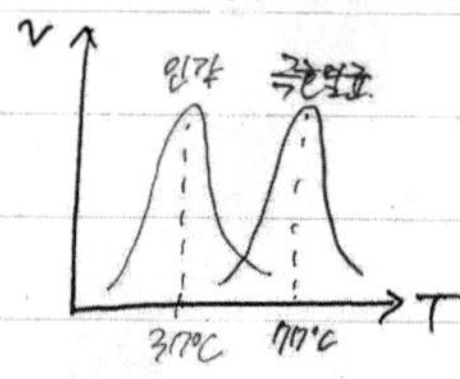

2. 효소반응속도론

2-① 1) Michaelis–Menten 식 (효소 반응속도론)

$$v_0 = \frac{V_{max}[S]}{K_m + [S]}$$

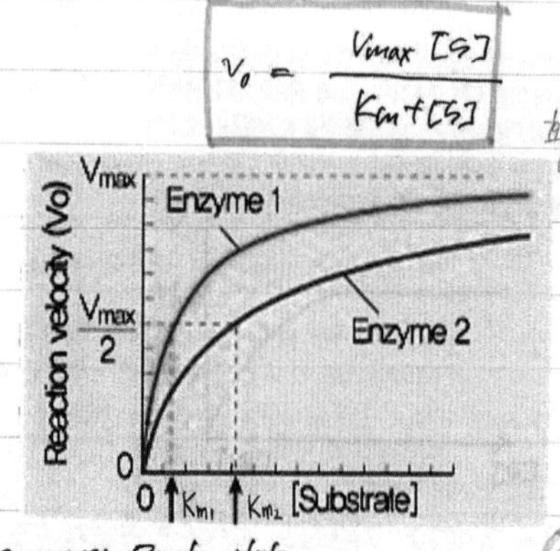

K_m : $\frac{1}{2}V_{max}$ 형성하는 기질의 농도 (효소별 상수)

(K_m↑ E와 S 친화도↓
K_m↓ E와 S 친화도↑)

V_{max} (기질⇑ $V_0 = V_{max}$
K_m⇓ $V_0 = V_{max}$)

⇒ K_m 매우 커라도, [S]가 ∞라면 V_0부터 V_{max} 가능

⇒ K_m 매우 작을때도 $V_0 = V_{max}$

↳ K_m ≈ 0 근접.

② 2) Lineweaver-Burk plot.

$$\frac{1}{v} = \frac{K_m}{V_{max}}\left(\frac{1}{[S]}\right) + \frac{1}{V_{max}}$$

* 외우지말고 그래프 값들보고 그때그때 따라 활용 있도록 하자 (M-M식으로 유도)

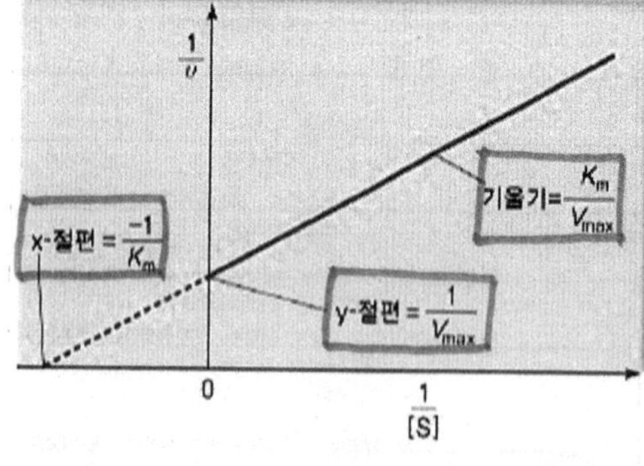

③ 3) Woolf–Hanes plot.

$$\frac{[S]}{v} = \left(\frac{1}{V_{max}}\right)[S] + \frac{K_m}{V_{max}}$$

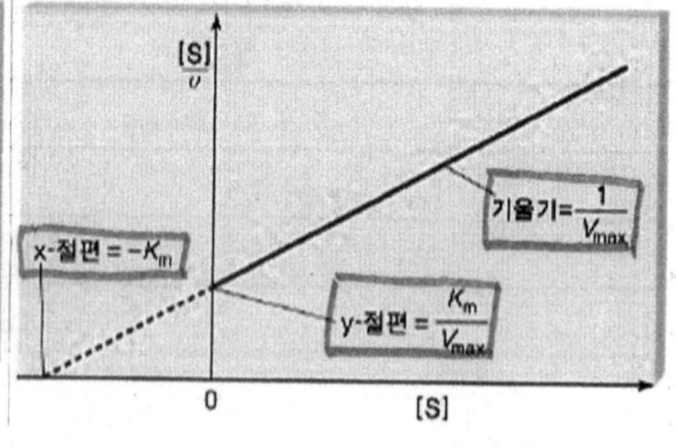

4) k_{cat} : 존재하는 E가 모두 ES 복합체를 형성하였을 때, E+P 전환속도. (속도상수)

ES $\xrightarrow{k_{cat}}$ E+P $\quad V_{max} = k_{cat}[E_t]$

$$V_0 = \frac{k_{cat}[E_t][S]}{K_m + [S]}$$

⇒ 대사전환수 (turnover number)라도 불림. 효소가 기질로 포화되었을 때 한 개의 효소분자에 의해서 단위시간당 생성물로 바뀌는 기질 분자수를 의미

↱ 효소의 순도를 나타내 주는 척도

- 특이활성도 (specific activity) : 단백질 1mg 당 효소 단위수 → 효소만 존재하는 경우 농도 달라도 동일

- k_{cat}/K_m : 특이성상수 (specificity constant) ⇒ 효소의 속도와 효율성을 평가하는데 이용

[S] ≪ K_m 일 때

$$V_0 = \frac{k_{cat}}{K_m}[E_T][S]$$

촉매효율 (K_m↓ : ES 복합체↑ / k_{cat}↑ : 전환율↑) 일수록 촉매효율↑

3. 효소활성조절

3-①

1) 억제제 (=저해제)

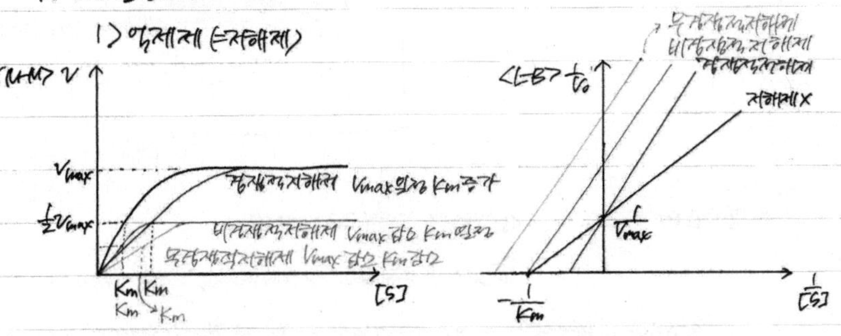

$$v_0 = \frac{V_{max}[S]}{K_m + [S]} \qquad \frac{1}{v_0} = \frac{K_m}{V_{max}}\left(\frac{1}{[S]}\right) + \frac{1}{V_{max}}$$

(1) 비가역적 억제제 : 효소와 억제제 사이 공유결합 형성

- Sarin gas ⇒ Ach. esterase 의 활성부위 Ser 잔기 (R기)에 공유결합
  ⇒ Ach 분해불가 = 부교감흥분상승 ⇒ 호흡불가, 심정지.
- 페니실린 ⇒ 트랜스펩티데이스 작용불가 → 펩티도글리칸 형성불가
  ∴ 그람(+) 민감 그람(−) 저항성 有(외막)

cf) 복어독 (효소억제는 X) → 전압의존성 Na^+ ch 억제 → 뉴런작용불가. 정E

(2) 가역적 억제제

	경쟁적	비경쟁적	무경쟁적
정의	효소의 활성부위를 기질과 공유	효소의 다른자리에 결합하여 활성부위 구조변형.	ES 복합체에 결합하여 생성물 형성 방해
메커니즘	E+S ⇄ ES → E+P + I ⇅ EI	E+S ⇄ ES → E+P + ⇅ I ⇅ EI + S ⇄ ESI	E+S ⇄ ES → E+P +I ⇅ ESI
V_{max}	일정 작용가능 효소 개수는 일정	⇓ 작용가능 효소개수 감소의 결과.	⇓ ES 복합체 제거로 예상보다 P 감소. 평형이동하여 친화도는 증가하는 셈이나, 생성물이 덜나오므로 V_{max} 감소.
K_m	⇑ 친화도 감소효과 [S]⇑ 일 시 V_{max} 가능	일정	⇓

(3) 억제제 예시

a. 글리벡 : bcl-abr의 Ras 인산화 (TKR 처럼 작용) 작용 억제

b. 스타틴 : HMG-CoA $\xrightarrow[\text{⊣ 스타틴 (경쟁적저해)}]{\text{HMG-CoA reductase}}$ 메발론산 → 콜레스테롤

c. 이부프로펜 : C.O.X ⊣ 이부프로펜 (경쟁적저해) : 해열제

d. 말론산 : 숙신산 탈수소효소의 경쟁적저해제 : 숙신산과 구조유사.

3-② 2) 알로스테릭

* 비경쟁적 저해제 vs 알로스테릭 효소.

⇒ 둘다 효소의 다른자리에 결합하여 효소의 활성부위 구조를 변화시키므로 유사하다.

⇒ 알로스테릭 효소는 비경쟁적 억제제보다 특이성이 좋으며, 선택적 조절가능

⇒ 여러개의 단위체로 구성 ⇒ 협동효과 발생

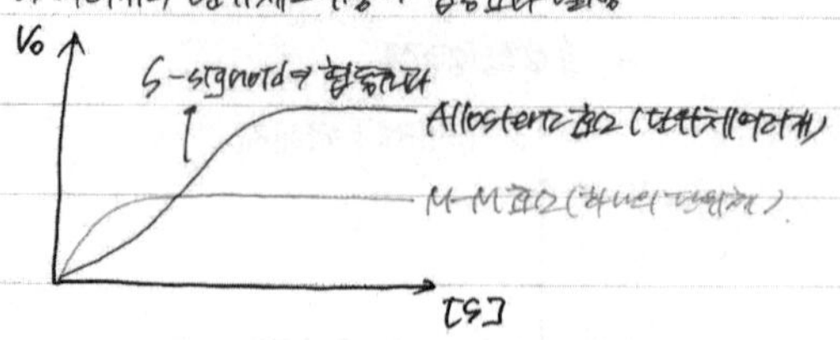

* 알로스테릭 효소 : 활성부위 3차구조 가변적

: 물질대사 조절효소 → 음성피드백 조절 "비가역 1단계 조절"

[활성자 : 반응물↑ → 효소의 조절부위(알로스테릭 부위) 결합 → 효소의 활성형 안정화

억제자 : 생성물↑ → 〃 → 효소의 비활성형 안정화

cf> 기질 그 자체가 조절자인 경우(homotropic)와 다른 종류의 대사산물인 경우(heterotropic)가 존재한다.

- 협동성 : 기질과 결합 발생시, 나머지 활성부위가 기질과 결합에 수월한 구조로 변화

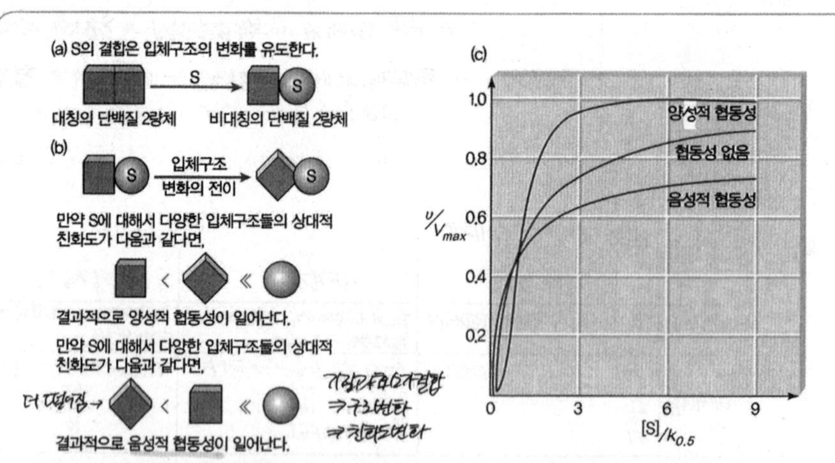

(a) 유도적합에 의해서, S의 결합은 결합된 소단위체에 입체구조 변화를 유도할 수 있다. (b) 소단위체 상호작용이 서로 긴밀히 동반되어 있는 경우에는, 한 소단위체에 S가 결합하면 다른 소단위체의 입체구조 변화가 유도될 수 있어서, S에 대한 친화도가 더 크거나 더 작은 입체구조를 갖는다. 즉, 리간드에 의해 유도된 한 소단위체의 입체구조 변화는 인접한 소단위체에 영향을 줄 수 있다. 이러한 효과는 결합되어 있지 않은 아미노산 잔기의 배열을 변화시킴으로써 이웃하는 펩타이드 도메인들 사이로 전이될 수 있다. (c) 4개의 동일한 소단위체를 가지고 있으며 각 소단위체 당 리간드 결합부위가 하나씩 있는 단백질에 리간드를 결합시킬 때의 이론적 곡선. 최대결합 비율을 [S]/K0.5에 대한 함수로 도표화하였다.

ex> PFK-1 : 해당의 비가역 1단계 조절 알로스테릭 효소.

F-6-P →(PFK-1) F-1,6-bisP
↑⊕
F-2,6-bisP

PFK-2	FBPase-2
인슐린 인산기제거 PFK-2 활성	ⓟ 글루카곤, EPI 인산기붙임. FBPase-2 활성.

3) 기타조절

a. 대사경로조절 5가지 방식 ③,④만 참고.

① 알로스테릭조절

② 효소의 농도조절

③ 가역반응을 촉진하는 2개의 다른효소이용.

i) 같은효소 양방향성

$CO_2 + H_2O$

탄산 탈수효소 ↓ ↑ 탄산 탈수효소

H_2CO_3

: 단일효소가 양방향작용시 반응은 평형상태로 이동

ii) 다른효소 일방향성

포도당 + PO_4^{3-}

헥소키나아제 ↓ ↑ 포도당6인산분해효소

포도당6인산

: 다른효소로 정반응, 역반응 조절시, 더욱 정교한 조절이 가능.

④ 세포 소기관들로 효소 고립

ex) Hexokinase Ⅳ

⑤ ATP/ADP 비율 일정유지.

b. 조절단백질에 의한조절 : 효소활성조절 ex) 칼모듈린

c. 가역적 공유결합성 변형에 의한 조절 : Ser. Thr. Tyr 의 -OH 인산화 or 특정부위 메틸화로 효소의 활성조절

PART6. 생물의 출현과 진화.

<출제포인트>

1. 생물탄생의 기원 – 생물속생설
2. 생명단위체형성 – 밀러와 유리의 실험.
3. 거대분자출현가작 – RNA world.
4. 최초의 세포기원
5. O₂혁명.
6. 세포내공생설.
7. 3역6계
8. 세포연구방법 ┬ 현미경
　　　　　　　　└ 생화학적 연구방법.
9. 원핵세포의 특징.

1. 생물탄생의 기원

1) 자연발생설 부정

(1) 레디의 실험 – 파리가 노출된 고기에서만 구더기 발생

(2) 파스퇴르의 실험 – 자연속생설 : 생물은 오로지 다른 생물로부터 형성.
생명이 없는 환경은 생명이 없는 상태로 머무른다.

cf) 운석유래설 → 아미노산, L,D 혼재 & 동위원소비율 상이 ∴ 아님.

2. 밀러와 유리의 실험

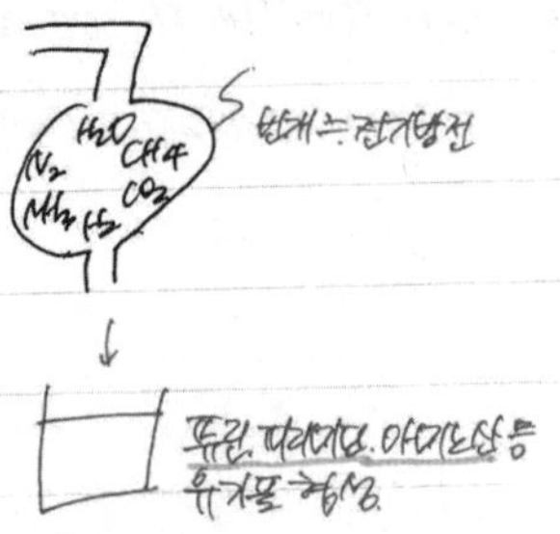

(반응기: H_2O, CH_4, N_2, CO_2, NH_3, H_2 — 번개는 전기방전 ↓ 푸린, 피리미딘, 아미노산 등 유기물 형성)

④ 뒷받침 증거
① 밀러와 유리의 실험기구 L,D form이 혼재된 aa이 형성되었으나, 환경적으로 L-form 선택된 것
⇒ 방해석으로 이루어진 바위
⑤ 화산폭발
$CO_2/NH_3/H_2S/SO_2$ 추가실험 → Vit B6, B5, B3 (판토텐산)(NAD)
→ 카르복시산 (숙신산, 젖산)
→ 리보오스 형성.

3. 거대분자 출현가작.

화학반응(물질대사) 우선 (유산실험등로 확증 가능)
: 구획화 → 독자적인 화학변화 → 핵산과 단백질 등장 → 핵산의 복제 및 생화학 반응을 촉매하는 능력진화

복제자우선 (RNA world)
: 유전물질인 핵산 우선적으로 형성 → 중합체형성 → 다른 화학적 반응촉매 (ex. mRNA → Prot)
(NT구성이 / 이단백질중 / 일부 촉매작용이 적합한 모양을 가진 것이)
: 환경에 가장 잘 적응한 분자 생존 & 번식 → 살아있는 세포의 출현

다량체 (A B C D E F G H I J K) ↗ 화학변화우선 (물질대사) → 구획화된 변화 → 복제자의 출현 → (APQRS 복제자 / 물질대사)
↘ 복제자우선 ABCDEF 결합 → 자기복제 ABCDEF / ABCDEF → 변화 ABCDEF 복제자 / ABCDEF 물질대사를 위한 촉매
↓
(ABCDEF 복제자 / 물질대사 촉매)

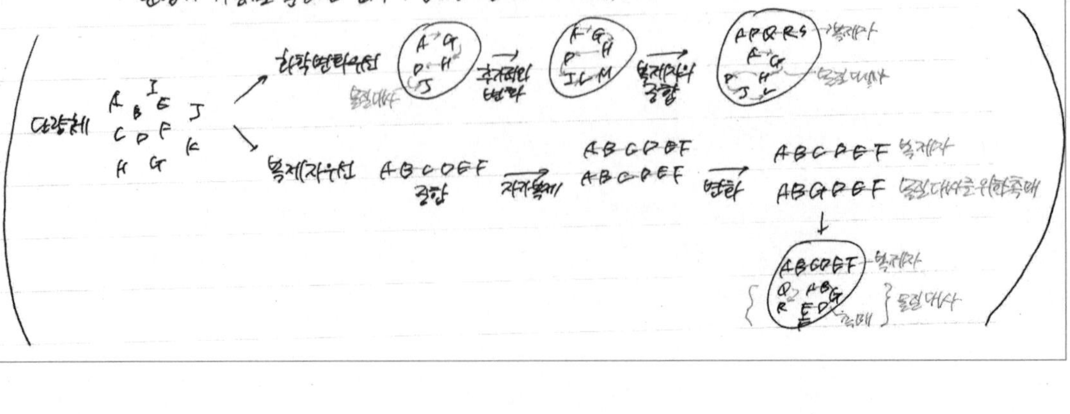

\+ 복제자 우선 모델의 문제점

- 핵산 중합체는 생명 이전의 합성실험에서 관찰 X
- (현존 생물의 유전물질인 DNA는 자가촉매 분자가 아니다.)

2에 대한 해답

\+ RNA world

- RNA : 자신의 염기서열도 有 + 고유한 3차 구조 有 ∴ 자기복제 + 단백질 합성 가능.
  (유전물질) (리보자임)
- 레트로바이러스 (ex. HIV) : 역전사효소 有 ∴ RNA로부터 DNA가 합성되었다.

DNA RNA RNA Ptn / DNA mRNA Ptn

리보오스, 염기, 인산이 모여 RNA 형성 → 일부 RNA 분자는 복제능력 획득 → RNA 분자가 촉매 Ptn 형성 → ds RNA가 이후 ds DNA로 진화한다 → 현재의 DNA 중심원리 형성.

하지만! RNA의 불안정성으로 인해 복제우선설 설명불가.

*리보자임

: 짧은 RNA → 긴 RNA로의 촉매작용 有

5′ 3′ → 5′ 3′ 3′ 5′ 5′ → 5′ 3′ → 5′ 3′ 3′ 5′

4

4. 최초의 세포기원

원시세포 ⇒ 마이크로좀 : 외부환경과 구분되는 내부 화학적 환경

마이크로좀(원시세포) → 원핵세포(종속영양) 유기물 고갈 → 독립영양생물 출현 황세균 → 홍세균 → 남세균 → O₂ 혁명

* 진핵생물의 등장.

원핵 —O_2 축적 O_2 형성→ 라디칼 자극 →

기존의 유기물 고갈로 광합성세균이 등장했을 것이다. (ex. 남세균, 홍세균, 황세균) ↳ O_2 발생, 결국 산소독성

가운데로 보호하기 위해 크기↑ ⇒ S/V는 ↓

$\propto l^2$ $\frac{S}{V} = \frac{1}{l}$ ↑↓ $\propto l^3$

세포부피가 클수록 부피에 비해 충분한 교환을 하려면 표면적 감소↑.

(S/V ↑ 위해) 물질교환을 위해 함입 →

O· 라디칼 또 공격 → 산소제거수단 필요.

호기성세균(S.O.D) 거처필요.

→ "진핵생명체" 등장 우연이 아닌 필연

5

5. O_2 혁명.

환원성기체 —전기자극→ 유기물 → 종속영양생명체 → 유기물 소진 → 독립영양생명체(남세균)

→ O_2 혁명. → O_3 ⇑ → 육지생활 ⇒ 종다양성.

6. 세포내 공생설 → 진핵의 미토콘드리아(Mt) 엽록체가 원핵의 특징을 보유.

a. 세균성 DNA : 환형 DNA, 세균유사 프로모터 & RNA pol → 항생제 민감.

b. 세균성 리보솜 : 70s 리보솜, fMet-tRNA로 번역개시

c. 이중막 : 내막은 카디오리핀 함유로 세균세포막과 유사. 전자전달계 함유.

17. 3영역 (읽어보기)

<table>
<tr><th>구분</th><th>상동염색체</th><th>자손다양성</th><th>세포분열</th><th>유전물질</th><th>분자생물적 특징</th></tr>
<tr><td rowspan="3">원핵세포
(진정세균)</td><td rowspan="3">X</td><td rowspan="3">돌연변이
플라스미드
접합</td><td rowspan="3">빠름
(다수자손)</td><td rowspan="3">단일의 환형
핵양체</td><td>DNA안정화 기작↓ : Intron 및 히스톤 (X)</td></tr>
<tr><td>DNA 길이↓ : 폴리시스트론, SD서슬</td></tr>
<tr><td>단백질 번역속도↑ : f-MET으로 개시</td></tr>
<tr><td rowspan="3">진핵세포</td><td rowspan="3">O</td><td rowspan="3">상동염색체
접합</td><td rowspan="3">느림
(소수자손)</td><td rowspan="3">다수의 선형
염색체</td><td>DNA안정화 기작↑: Intron 및 히스톤 (O)</td></tr>
<tr><td>DNA길이↑ : 모노시스트론, G-모자</td></tr>
<tr><td>단백질 번역속도↓: MET으로 개시</td></tr>
</table>

고세균 : 열악한 환경에서 DNA를 안정화 시키기 위해 일부 Intron과 히스톤 단백질을 포함하여 진핵세포로 진화하면서 돌연변이를 최소화 하기위해 진핵세포는 다량의 인트론과, 히스톤 단백질을 증가시켰을 것이다

분자적 방법에 따른 계통분석은 생명체를 세 영역으로 분류한다.

<table>
<tr><th>2단계분류</th><th>3단계분류</th><th>5단계분류</th><th colspan="2">특징</th></tr>
<tr><td rowspan="2">원핵생물</td><td>진정세균</td><td rowspan="2">모네라계</td><td colspan="2">1. 세포벽(PG), 70S리보솜
2. 단세포(무성생식)
- 단일환형 DNA + 플라스미드
- 단일 RNA Pol + 시그마 + 오페론
- Fmet 개시</td></tr>
<tr><td>고세균</td><td colspan="2">1. 진핵세포기원
- RNA Pol2와 유사/전사인자/MET시작/인트론 + 히스톤/70S리보솜
2. 열악한 환경 적응
- 세포벽, DNA의 G+C의 비율증가
3. 단세포
- 단일 환형 DNA + 플라스미드 + 오페론</td></tr>
<tr><td colspan="2" rowspan="4">진핵</td><td>원생생물계</td><td>원생동물과 조류</td><td rowspan="4">1. 고세균
2. 세포내 공생
3. 다세포
- 상동염색체, 플라스미드(X) 다수 선형DNA</td></tr>
<tr><td>식물계</td><td>세포벽과 엽록체</td></tr>
<tr><td>균계</td><td>키틴질 세포벽 종속영양</td></tr>
<tr><td>동물계</td><td>세포벽 없음, 종속</td></tr>
</table>

| 세포구성 유기물의 종류와 특징 |

	진정세균	고세균	진핵세포
세포벽	O	O(pesudon)	O(세포벽,키틴)
막성세포소기관	x	x	O
세포막	O(인지질 이중층)	에테르 결합을 함	O(인지질 이중층)
DNA	환형의 DN	환형 DNA	선형 DNA
`히스톤, 인트론	x	O	O

* 고세균 : 히스톤을 갖는다 → 유전체를 자손에게 넘겨 줌.

8. 세포연구방법.

8-① 1) 현미경.

(1) 광학현미경.

a. 제한요소

① 배율 : 접안렌즈 × 대물렌즈 = 최대 1000배
(접안렌즈 ×10, 대물렌즈 ×4/×10/×20/×40/×100)

10μm → 대물마이크로미터 한눈금 길이는 고정.
2μm
접안마이크로미터 한눈금 길이
관찰대상의 크기 = 8μm

	저배율	고배율
작동거리	⇑	⇓
시야	⇑	⇓
밝기	⇑	⇓
	밝고 전체적 형태 관찰 ~> 세포전체	어둡고 자세하게 좁은면적확대 ~> 세포 2개만

② 대비효과 : 염색법.

*기타 염색약 : 야누스그린B
골지체 염색약 : 오스뮴산

- 염기성염색약 : (+) 메틸렌블루 - 동물세포 핵
  - 아세트산카민 - 식물세포 핵
  - 크리스탈바이올렛 - Gram(+)
  - 사프라닌 - Gram(-)
  - 헤마톡실린 - 핵 보라색
- 산성염색약 : (-) 에오신 - 세포질 붉은색

③ 해상력 = $\frac{0.61\lambda}{n\sin\theta}$

(n=1 공기 / n=1.5 오일) 오일처리시 해상력↓ Good

(적색 / 청색) λ↓ 해상력↓

6. 세포관찰순서 ① 고정 : 살아있을 때와 같은 상태유지 (에탄올 : 살아있는 상태 / 가열 : 죽은상태)

ex. 에탄올 : 아세트산 = 1:1

ex. 포르말린, 글루타르알데히드 → 인접분자의 아미노기간의 비가역적인 교차연결 형성으로 고정

② 슬라이드 글라스 만들기

i) 탈수 (에탄올) 세포관찰을 위해 파라핀 등에 담궈 고체화시킨 뒤 매우 얇게 절단해야 한다. 파라핀은 비극성이나, 세포를 채우고 있는 건 대부분 수용성이므로 전처리로 알콜탈수 필요

ii) 자일렌 처리 → 투명화
파라핀과도 친하고 H_2O와도 친하다.
: 알코올이 물을 밀어낸 자리에 자일렌이 알코올을 밀어내고 파라핀유입.

iii) 파라핀 절단.

iv) 염색.

(2) 형광현미경.

a. 간접적 면역세포화학법.

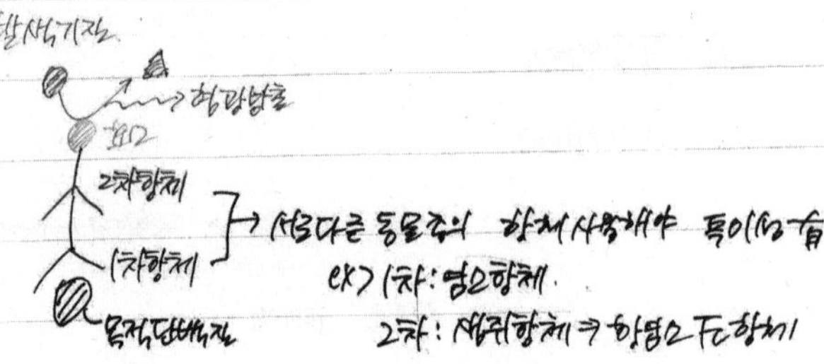

→ 서로 다른 동물종의 항체 사용해야 특이성 ↑.

ex) 1차 : 염소항체

2차 : 쥐항체 → 항염소 Fc항체

b. FRET : 두 단백질 근접성. 멀리 → 푸른색.

λ_1 보라 ↘ ↗ λ_2 파랑 ↘ ↗ λ_3 초록.　　$d_1 < d_3$

8-3. 2) 생화학적 연구방법

(1) 차별적 원심분리

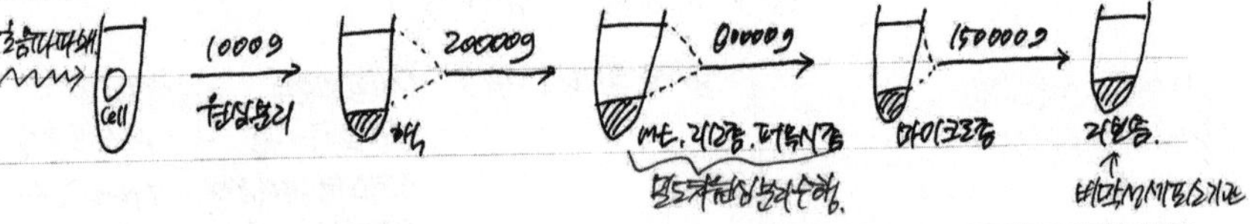

(2) 밀도차 원심분리 (=등밀도 원심분리)　　(3) 설탕농도차 원심분리

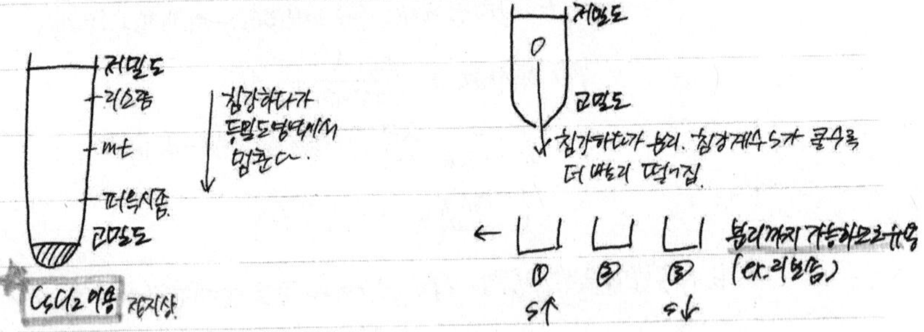

* 세포소기관 분리순서

① 동물세포 : 핵 → Mt, 리소좀, 퍼옥시좀 → 마이크로좀 (소포체, 골지체) → 리보솜.

② 식물세포 : 세포벽 → 핵 → 엽록체 → Mt → 소포체, 골지체 → 리보솜.

9. 원핵생물의 특징.

1) 원핵세포의 일반적 특징

a. 크기 : 진핵세포보다 작음. (1~5μm. 진핵은 10~100μm) cf> 마이코플라즈마(폐렴균) 0.1~1.0μm

b. 세포소기관. 세포골격섬유 없음 비막성 세포소기관인 리보솜은 有

c. 원형질막 : 전자전달계 有. ATP합성. * S-layer: 고세균만의 특징. 단백질막. (세포벽 대신)

세포벽 : 펩티도글리칸, 삼투에 대한 방어작용

d. 협막 : 외부로부터의 보호작용 → 극한환경에서 견딜 수 있게 해줌.

(=피막=capsule) → ex. 극호열균. 극호염균.

e. 염색체 : 히스톤 없음. 환형 DNA. 응축된 상태로 존재 (핵양체) → HU단백질과 결합.

플라스미드 : 환형 DNA. 여분의 DNA로 단백질이 되지 않는 DNA

⇒ housekeeping 유전자결여 → 기본유전자 (ex. 액틴, 튜불린, 모든세포에서 표현되는 유전자 등..) : 전기영동시 음성대조군으로 자주쓰임.

A B 대조군

f. 편모 : 플라젤린. 프로펠러운동(회전운동)

섬모 : 동종과 작용 → 생식과 관련.
이종과 작용 → 기생

진핵 vs 원핵

편모 파동운동, 채찍운동 정자 → 튜불린중합체(9+2) ATP소모

섬모 노젓기운동 짚신벌레

편모 회전운동. 프로펠러운동. 섬모 대장균 → H+농도차

g. 영양방식 : 광독립, 화학독립, 광종속, 화학종속.

2) 원핵세포의 구조

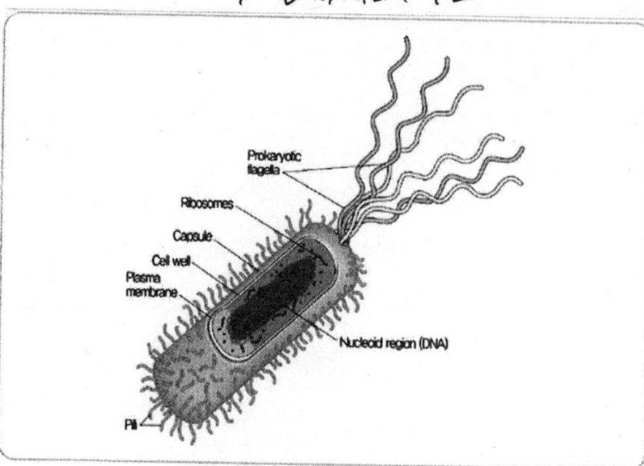

a. 내부

: 핵양체 & 리보솜 (비막성 세포소기관)
핵막이 없으므로 같이존재. 전사와 번역이 동시에 일어난다

* 리보솜. → rRNA + ptn 덩어리

큰소단위체 50S: 23S rRNA★, 5S rRNA / 작은소단위체 30S: 16S rRNA → 70S

60S: 28S rRNA★, 5S rRNA, 5.8S rRNA / 40S: 18S rRNA → 80S

★ → 리보자임 : 펩티드전이반응

b. 외부

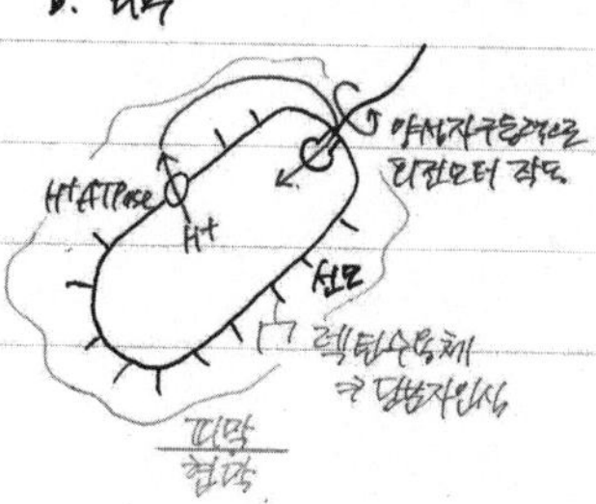

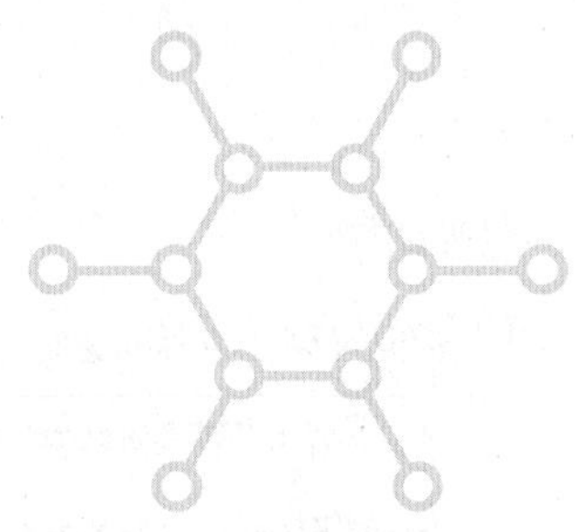

생물 1타강사 **노용관**

메디컬 편입 생물
전범위 기출주제
손글씨 필기노트

한권으로 끝내는 메디컬(의치한약수) 편입 나만의 祕密兵器

진핵세포의 구조와 특징 ~ 멘델유전과 유전계산

PART 07. 진핵세포의 구조와 특징

PART 08. 세포내 물질대사 1 – 세포호흡

PART 09. 세포내 물질대사 2 – 생합성과 대사조절

PART 10. 세포내 물질대사 3 – 광합성

PART 11. 세포분열 종류와 특성

PART 12. 멘델유전 + 유전기본

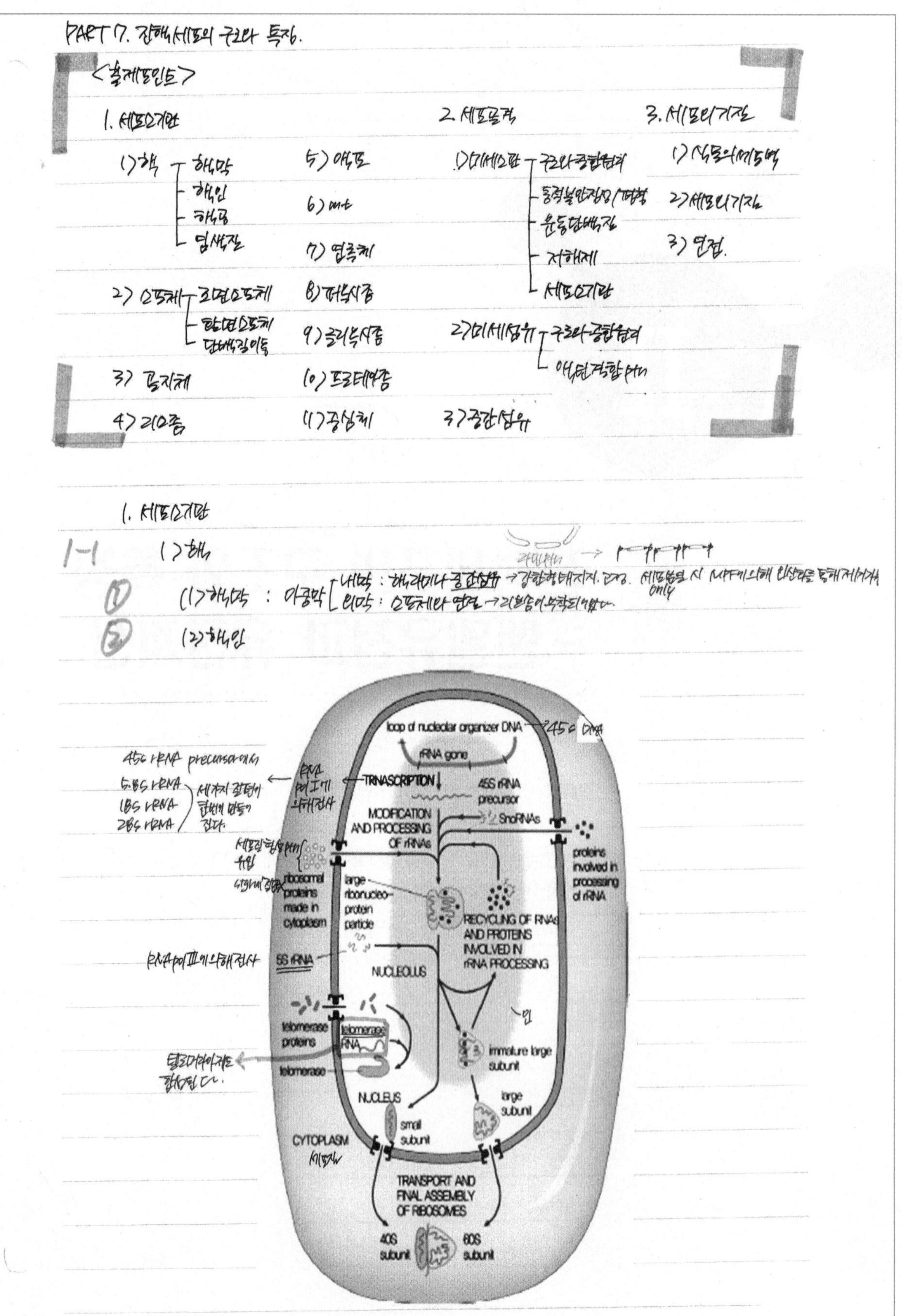

PART 7. 진핵세포의 구조와 특징.

<출제포인트>

1. 세포소기관
- 1) 핵 - 핵막 / 핵인 / 핵공 / 염색질
- 2) 소포체 - 조면소포체 / 활면소포체 / 단백질의 이동
- 3) 골지체
- 4) 리소좀
- 5) 액포
- 6) mt
- 7) 엽록체
- 8) 퍼옥시좀
- 9) 글리옥시좀
- 10) 프로테아좀
- 11) 중심체

2. 세포골격
- 1) 미세소관 - 구조와 중합원리 / 동적불안정성/평형 / 운동단백질 / 저해제 / 세포소기관
- 2) 미세섬유 - 구조와 중합원리 / 액틴결합 pro
- 3) 중간섬유

3. 세포외기질
- 1) 식물의 세포벽
- 2) 세포외기질
- 3) 연접.

1. 세포소기관

1-1 1) 핵

① (1) 핵막 : 이중막 [내막 : 핵라미나 중간섬유 → 강한형태지지. 고정. 세포분열 시 MPF에의해 인산화를 통해 제거가능 only
외막 : 소포체와 연결 → 리보솜이 부착되어있다.

라민단백

② (2) 핵인

③ (3) 핵공복합체 : 핵과 세포질 사이를 왕복할 수 있는 유일한 통로, 8량체 단백질

- 작은 극성분자, 이온 → 자유롭게 이동
- 단백질 및 RNA 등 거대분자 → GTP & 에너지 필요

(NES + Exportin
(NLS + Importin) → signal 절단 X
신호　　수용체

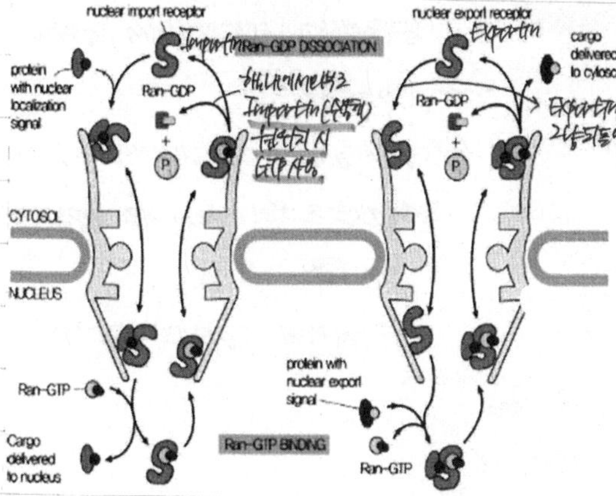

nuclear import receptor Importin
Ran-GDP DISSOCIATION
protein with nuclear localization signal
Ran-GDP
핵내에서 떨어져 Importin(수용체) 분리시 GTP 사용.
CYTOSOL
NUCLEUS
Ran-GTP
Cargo delivered to nucleus
Ran-GTP BINDING

nuclear export receptor Exportin
cargo delivered to cytosol
Ran-GDP
Exportin은 그냥 되돌아감.
protein with nuclear export signal
Ran-GTP

<들어올때>　　　　<나갈때>

④ (4) 핵 염색질 : 히스톤 + DNA (이질 / 진정) 염색질 : 응축 (메틸화, 탈아세틸화) : 탈응축 (탈메틸화, 아세틸화)

1-2 2) 소포체 … 내막계

① (1) 조면소포체 (RER)

- 시스터나 단일막구조, SRP 수용체 有

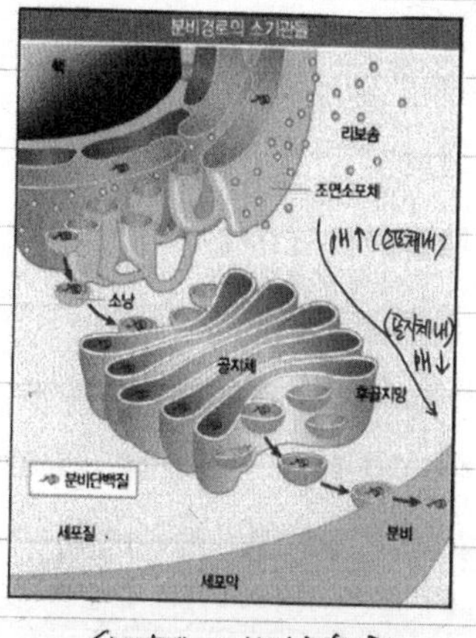

분비경로의 소기관들
리보솜
조면소포체
pH↑ (소포체내)
소낭
(골지체내) pH↓
골지체
후골지망
분비단백질
세포질
분비
세포막

<내막계 ptn 분비 모식도>

- 부착리보솜 有 : 단백질 합성 (막ptn, 리소좀ptn, 분비ptn)
- 샤페론 : PDI (Protein Disulfide Isomerase) 가 이황화결합 형성.

cf) 칼넥신 : 적합한 구조형성 → 칼넥신 작용 X 일시, ptn 형성 다음단계로 진행X. 골지체로 이동불가.
이름으로 판단X.
ex) 낭포성섬유증 (상염색체 열성) : 점막상피세포의 Cl⁻ 수송 ptn의 결함

a. 단백질 합성 및 분비과정

① 개시 Met (= signal로 작용) + SRP → ② SRP 수용체결합 후 signal 절단 & 번역과 동시 유입 → ③ 이황화결합 (by PDI) 형성
④ 1차 당화 → ⑤ 소낭으로 골지체 전달

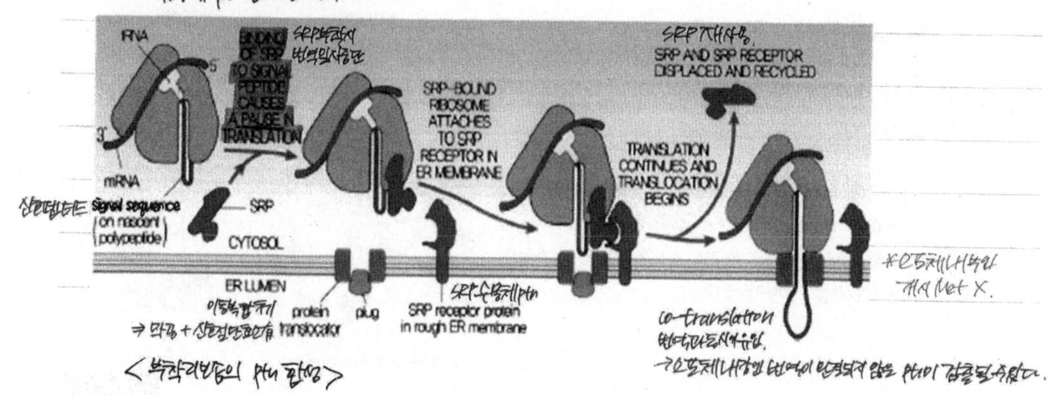

<부착리보솜의 ptn 합성>

b. 단백질의 당화 : N-당화

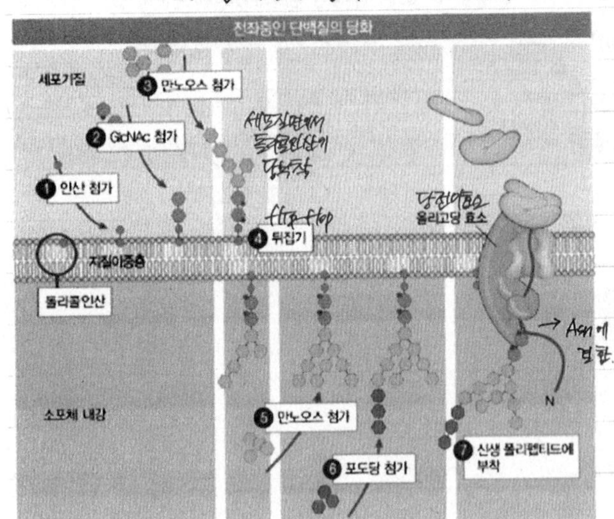

① 돌리콜인산에 세포질면에서 당부착

② flip-flop

③ 당전이효소 (RER내부에만 有) 에 의해 돌리콜인산으로부터 Asn기로 전달되므로 "N-당화" 라고 함.

⇒ 1차당화. 골지체로의 주소부여

c. 단백질접힘 : by 샤페론(PDI) + 칼넥신(참고)

: 제대로 안접힐 시 샤페론에 의해 유비퀴틴 붙고 세포질 방출. 프로테아좀에 의해 분해.

② (2) 활면소포체 (SER)

- 관상구조, SRP수용체 X. ∴ 단백질 합성 X.

a. 탄수화물 대사 : 글리코겐 분해 (간에 SER 多)

① glucose-6-phosphatase ② glycogen phosphorylase

g ← g-6-p 비환원말단 한개씩 작용.

*활면소포체 사용단백질 결합리보솜이 합성.

b. 지질합성 : 중성지방, 인지질, 스테로이드 및 담즙산의 생합성.

포화→불포화지방산 전환 ⇒ 첨가중합반응으로 지방산길이신장

c. Ca^{2+} 저장 : Ca^{2+} ATPase 有 ∴평상시 세포질의 $[Ca^{2+}]$↓, SER내로 pumping

→ Ca^{2+} 방출시 2차신호전달 or 근육세포일 시 수축유발. (근소포체)

d. Cyt P-450 : 해독작용 (지용성) → (수용성) 에 수산기붙여 체외배출

③ (3) 단백질의 이동

- 부착: Co-translation (in RER)
- 자유: Post-translation → 번역완결후 유입 / -S-S- 없음. 잘풀린다.
  - → 핵: 3차구조 유지 ex. 히스톤 ptn, 리보솜 ptn, pol
  - → Mt: 3차구조 파괴 ex. TCA, β산화효소
  - → 엽록체: 3차구조 파괴 ex. 전자전달계 ptn
  - → 퍼옥시좀: 3차구조 유지

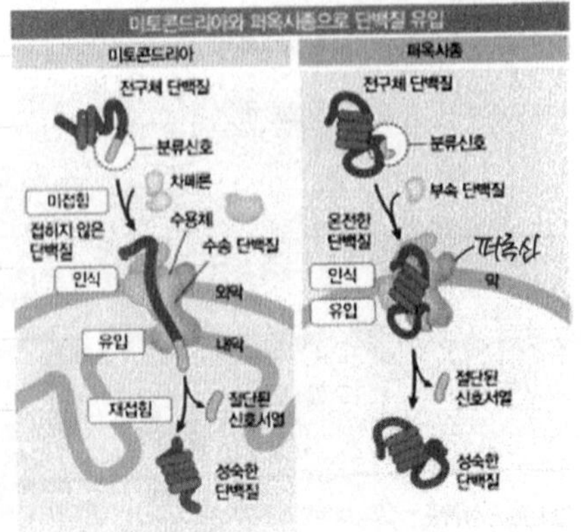

<3차구조 파괴&유입> <3차구조 유지&유입>

신호서열의 발견

분자량 1 2 3

큼

작음

* 신호서열

① 에, : signal 절단 X.

② Mt: signal 절단하면서 동시에 이중막 통과

③ 엽록체 : 1st signal 절단 → 이중막 통과

2nd signal 절단 → 틸라코이드막 통과.

1-3 3) 골지체

① 2차당화과정

ex1) 인지질이 골지. 세린첨가

ex2) 결합조직의 GAG (Glycosaminoglycan,

② 분류 (sorting)

a. 항상적 분비경로

b. 조절분비경로

c. 리소좀.

③ 유미입자 합성

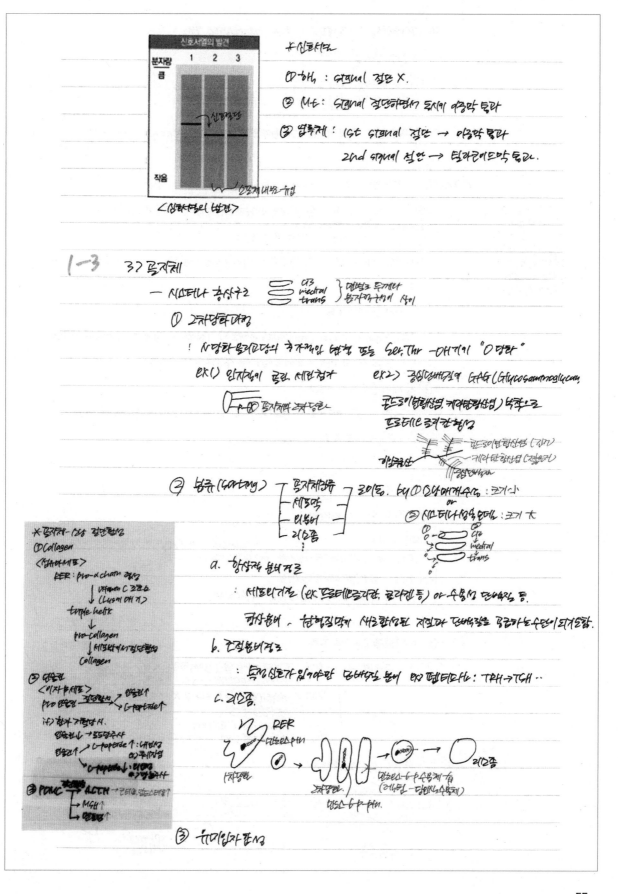

④ 다당류합성 (식물세포) : 펙틴, 헤미셀룰로오스 합성

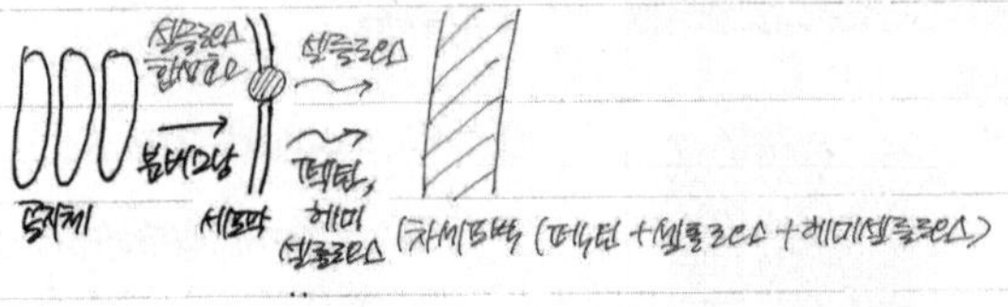

(세포벽 형성 그림: 골지체 → 분비소낭 → 세포막, 셀룰로오스, 펙틴, 헤미셀룰로오스 → 1차세포벽 (펙틴 + 셀룰로오스 + 헤미셀룰로오스))

⑤ 정자의 첨체 : 골지체 기원. 가수분해효소 함유 ex. 히알루로니다아제 → 첨체반응. 난자 투명대 다당체 분해

1-4 4) 리소좀 : 고립단일막 기관 → 골지체로부터 출아되어 형성 (=내막계). 동물세포에만 有

- 단일막구조, H+ ATPase 有 → 내부 산성유지 (pH 5~6), 가수분해효소 有 (from 골지체 mannose-6-P)
- 자가포식 : 노화세포소기관 제거 / 타가포식 : 식세포작용 ex. 큰포식세포, 호중구.
- 1차 리소좀 (from 골지) + 엔도좀 (H+ pump 有인 내포소낭) = 2차 리소좀 (진짜리소좀)

* 동물세포에는 있지만 식물세포에는 없는 것 ⇒ 리소좀 / 중심체 / 편모
* 식물세포에는 있지만 동물세포에는 없는 것 ⇒ 엽록체 / 중심액포 / 세포벽 / 원형질연락사

+ 리소좀 저장질병.

① T-S 테이삭스 질병
: Hexosaminidase (ganglioside 분해효소) 기능저하 or 결핍 → ganglioside 축적
→ 신경세포 리소좀 터짐 → 뇌세포 손상 → 정신박약 → 시력상실.

② 폼페병 (간, 제근 세포)
: 글리코겐 분해효소 결핍 → 간, 근육의 리소좀 내 글리코겐 축적 → 리소좀 터짐
→ 간, 근육세포 손상

1-5 5) 액포 : 식물의 리소좀
- H+ ATPase 有, 단일막구조
- 식물 부피유지
- 삼투농도유지 : Cl-, Na+ 등 이온저장 ex) CAM식물 → 말산 저장 / 염생식물 → 수분흡수
- 수분유지 : 벨레인 ex. 안토시아닌
- 자기유지 : H+ 로 산성 (동물로부터 보호) 쿼터 소만.

1-6 6) Mt : 세포호흡, β산화 진행

(1) 구조 : 이중막구조
- 외막 : 포린단백질 有 (친수성물질의 투과가 자유롭다) ↳ 세포질에 따른 단백질 / 외막 Mt 기질의 pH ↑.
- 내막 : 카디오리핀 : 물질투과성 X ∴ 운반체 이용 단순선택적 투과
 - 전자전달계 有
 - 크리스타 구조 : 표면적 ↑
- 기질 : 자가 환형 DNA, 자가 70S 리보솜 有 (원핵생물의 증거) 자가 tRNA도 有. But, 대부분 핵으로부터 전사 & 세포질 번역 후 유입.

* Mt 내막 공동운반체
(그림: 피루브산, 공동수송, 인산, 역방향수송, H+, ADP, ATP, 시트르산, 말산, 아스파르트산, OAA, ch)

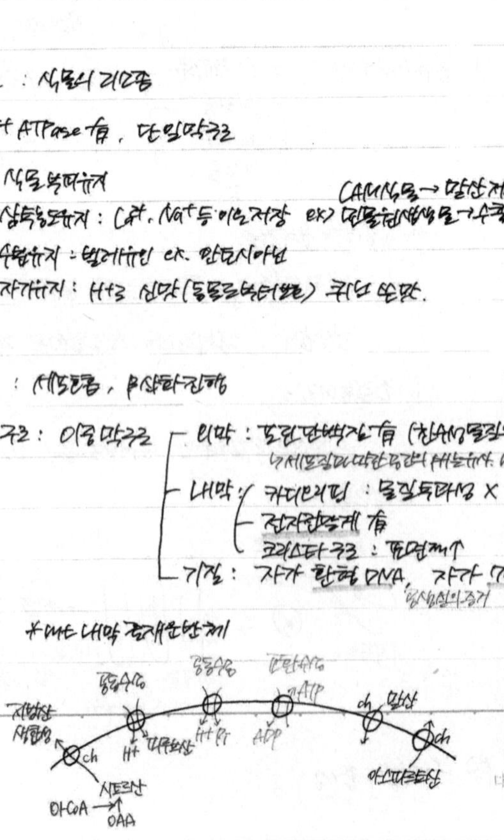

* H+ 이동 특징
(그림: 외막, mt 내막, H+, 카디오리핀, H+ pump, 내막 안쪽 투과 X)

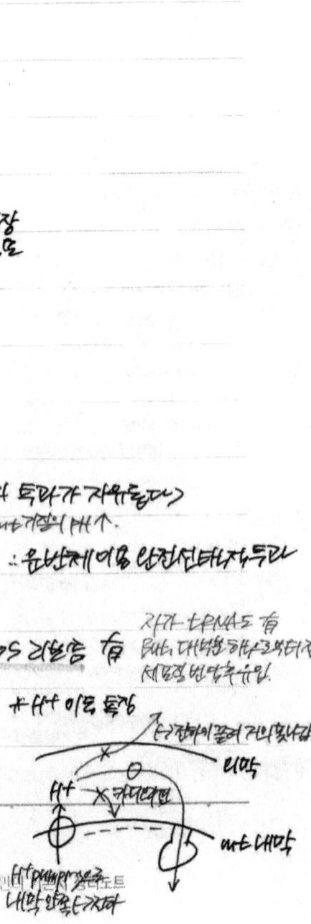

(2) 특징

① 모계유전: 정자의 mt는 수정란 유입 X. (회피 시 용해)

② 독자적인 자가증식

1-7 7) 엽록체

(1) 구조: 이중막

(→ 틸라코이드 막단백질 pth.)

명반응: 틸라코이드 막 ⇒ 그라나 (막 겹쳐 有 → 광합성 색소)

암반응: 스트로마 → 70S 리보솜 (환형 DNA 有)

(2) 색소체

- 엽록체
- 잡색체 (→ 색소) ex) 꽃잎의 색깔
- 백색체 (≒ 녹말체 → 녹말립) : E저장
  ↳ 빛 받으면 엽록체로 분화

ex) 무, 감자 → 빛 받으면

땅

빛 안 받은 부분 백색체

1-8 8) 퍼옥시좀

(1) 구조: 단일막

(2) 기능

① β산화: 지방산 → 아세틸CoA 형성. → TCA 회로

* β산화 수행
  - 동물
    - mt 수행 아세틸CoA → E 대사에 사용 (TCA 회로)
    - 퍼옥시좀 수행 아세틸CoA → 물질합성의 전구체
  - 식물: 오직 퍼옥시좀에서 모두 수행

② 해독

간이나 신장의 퍼옥시좀은 → 혈액으로 유입된 독성물질 산화로 비활성화. 에탄올 25% 정도 아세트알데히드로 전환.

a. 산화효소에 의해 H_2O_2 생성 → $H_2O + O\cdot$ 위험. (산소라디칼 발생 시)

∴ $2H_2O_2 \xrightarrow{Catalase} 2H_2O + O_2$

⇒ 구획화로 H_2O_2 생성과 Catalase를 이용한 안전한 분해 가능.

b. 광호흡 중 글리콜산 경로 (글리콜산 → 글리옥실산)에 관여

1-9 9) 글리옥시좀.

* 퍼옥시좀 ⇄ 글리옥시좀 (→ 어둠 or 유식물, ← 빛) ~ 식물의 상황에 따라 변환 가능.

: 변형된 퍼옥시좀. → 광합성 불가일 때 변형 (유식물, 배젖 or 어둠)

: 퍼옥시좀 대비 글리콜산 경로 효소 활성이 매우 작다 → 글리옥시좀은 광호흡에 참여 X

★ 글리옥실산 회로

: 지방산 —β산화→ 아세틸 CoA ⟹ 당 → 동물은 글리옥시좀이 없으므로 지방산으로부터 당합성 불가.

* 글리옥실산회로 : Mt의 TCA가 멈추지 않도록 유지

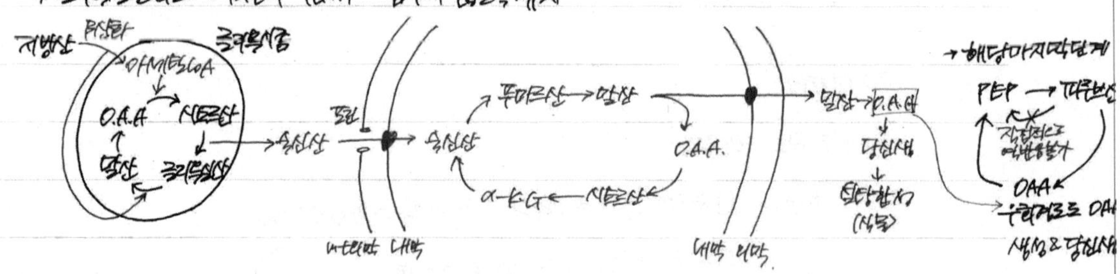

(10) 프로테아좀.

: 잘못접힌 단백질 + 유비퀴틴 ([illegible]) → 프로테아좀이 인식 & 분해

: 내부항원 분해 & MHC Ⅰ 제시.

(11) 중심체 → 미세소관파트참고

2. 세포골격

* 특징

	미세섬유	미세소관	중간섬유
구조	두 가닥의 꼬인 액틴나선 액틴나선은 액틴소단위체의 중합체	속이 빈 관. 여러 튜불린 분자들로 이루어진 13개의 기둥으로 구성	Coiled and coil 두꺼운 케이블로 꼬인 섬유성 단백질
모식도	(−) (+) ↕7nm 액틴단량체	(+) (−) ↕25nm β단량체 α단량체	↕8~12nm
단백질 소단위체	액틴	튜불린 (α+β) 이량체	세포에 따라 다른 단백질 관여
주요기능	· 세포모양유지 (장력에 견디는 요소) · 세포모양변타 · 근육수축 · 세포질유동 (原식물) · 세포이동 (위족) · 세포분열 시 함입	· 세포모양유지 (압력에 저항) · 세포의 이동 (편모, 섬모) · 세포분열 시 염색체의 이동 (방추사) · 세포소기관의 이동 선로	· 세포모양유지 (장력에 견디는 요소) · 핵과 여러 소기관 고정 · 핵막층 형성

↑ 미세섬유·미세소관: 운동단백질이 필요함.

2-1 1) 미세소관

① (1) 구조와 중합원리

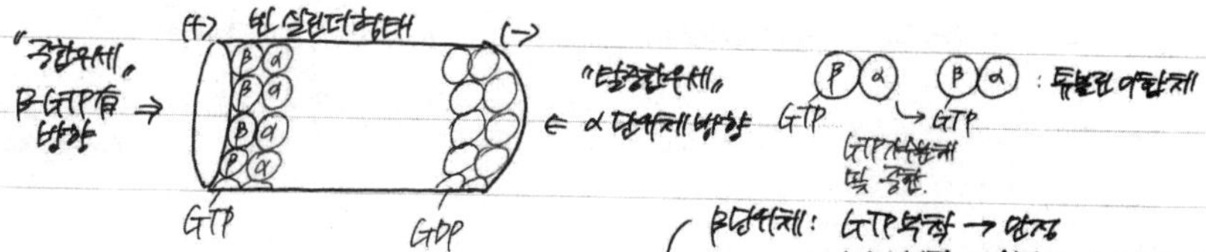

"중합우세" β-GTP와 방향 ⇒ (+) 빈 실린더 형태 (−) ⇐ α 단백체 방향 "탈중합우세"

GTP GDP

β α β α : 튜불린 이합체
GTP → GTP
GTP 가수분해 때 중합

β단위체: GTP 부착 → 안정
GDP 부착 → 불안정 → 불안정한 상태로 중합. ∴ 순차적 탈중합 발생.
α단위체: GTPase 기능 有

② (2) 미세소관의 동적불안정성 / 동적평형

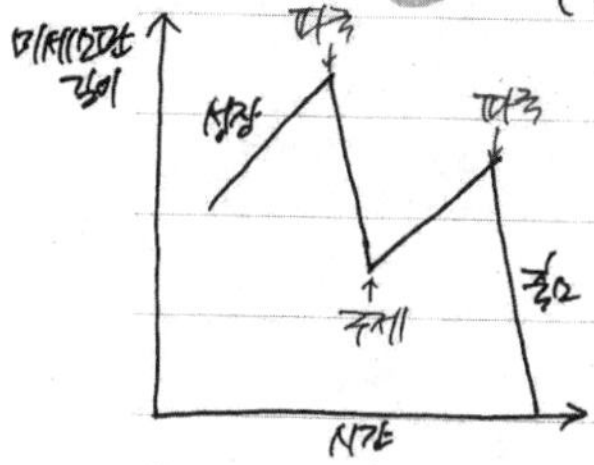

미세소관 길이 / 성장 / 파국 / 구제 / 파국 / 감소 / 시간

구제는 매우 드물다. 대부분이 구제되기전 해체

① 동적불안정성

∴ 불안정해진 GDP 결합 튜불린 이합체로 구성.

⇒ (+) 말단 한층의 GTP 결합 튜불린 이합체가 존재시 미세소관은 계속 성장하고, GDP 결합 튜불린 노출 시 미세소관은 빠르게 해체된다. (파국)
탈중합중인 미세소관이 GTP결합 튜불린 결합 시 미세소관은 구제 된다.

② 동적평형

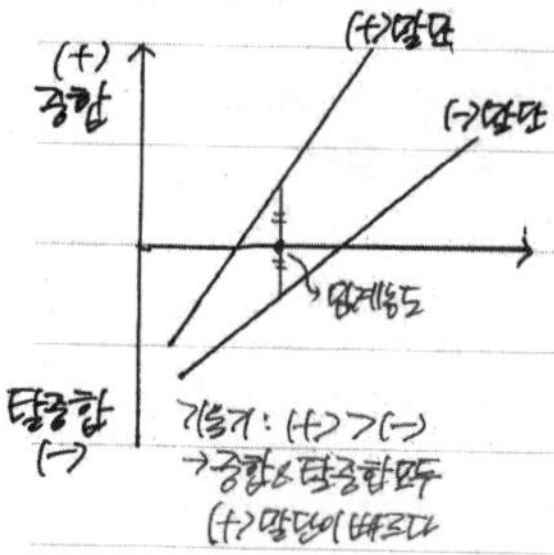

(+) 중합 / 탈중합 (−) / (+)말단 / (−)말단 / 임계농도
기울기: (+) > (−)
→ 중합&탈중합 모두 (+)말단이 빠르다

: 임계농도
⇒ (+)말단 중합 / (−)말단 탈중합) 균형유지
→ 동적평형

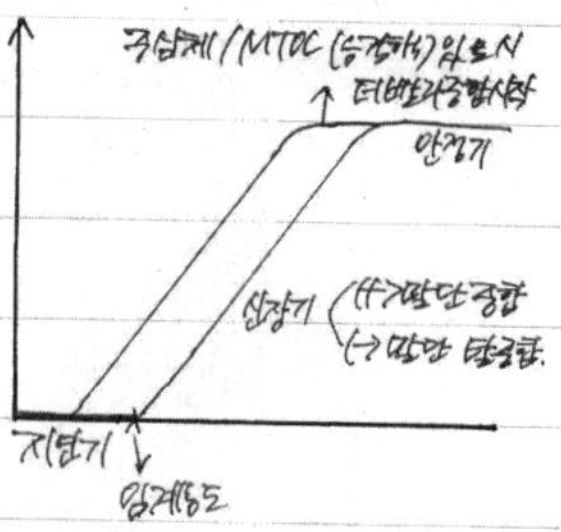

중심체 / MTOC (수거단위) 있으면 더 빠르게 중합시작
안정기
성장기 ((+)말단 중합 / (−)말단 탈중합
지연기
임계농도

③ (3) 운동단백질 : ATP요소

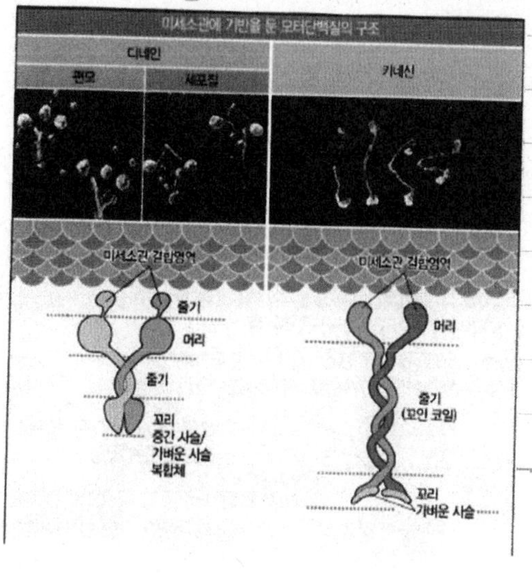

미세소관에 기반을 둔 모터단백질의 구조
디네인 | 키네신
편모 | 세포질
미세소관 결합영역 | 미세소관 결합영역
줄기 / 머리 / 줄기 / 꼬리 중간 사슬/ 가벼운 사슬 복합체 | 머리 / 줄기 (꼬인 코일) / 꼬리 / 가벼운 사슬

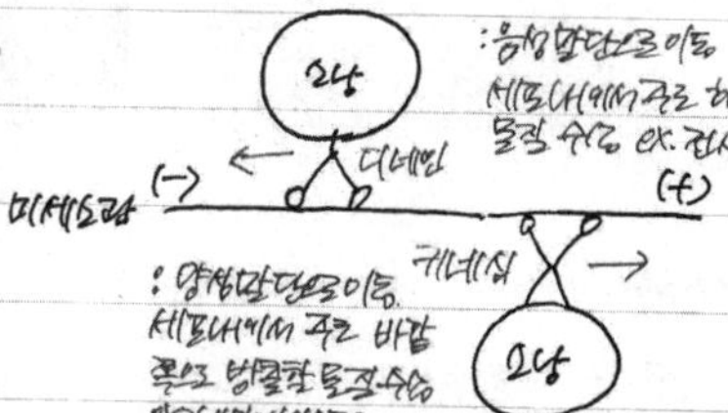

소낭 / 디네인 / 미세소관 (−) ← (+) / 키네신 → / 소낭

: (−)말단으로 이동. 세포내에서 중심으로 향하는 물질 수송 ex. 전사 인자, 핵소체

: (+)말단으로 이동. 세포내에서 주로 바깥 쪽으로 방출할 물질 수송. 타가세포의 시스템, 소낭 수송.

세포 (핵)
축삭: 키네신 / 디네인 (−) (+) — 미성된 미세소관이 미완성하게 시켜짐.

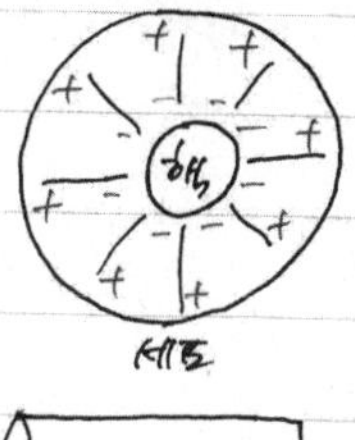

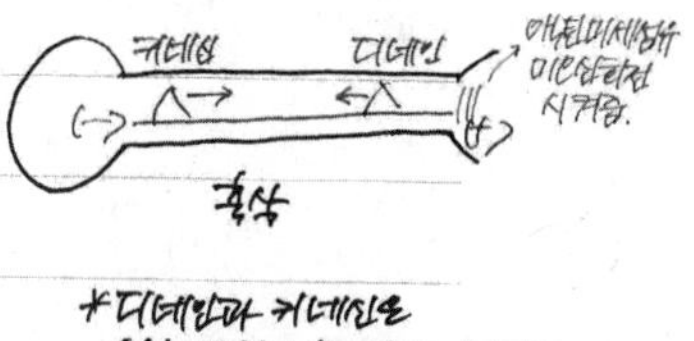

* 디네인과 키네신은 소낭이 동시에 붙어있다 (각각 붙어 있는 경우도 有). 단, 문제출제시 다르게 그려준다.

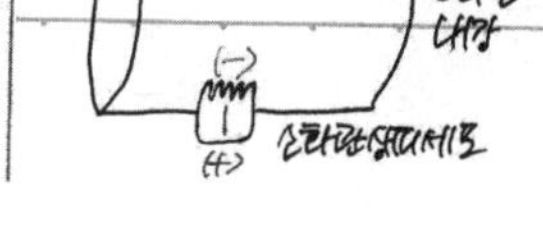

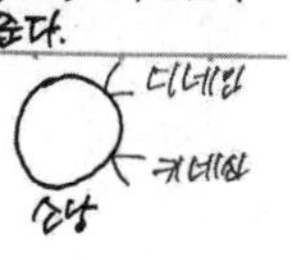

소낭 / 디네인 / 키네신
섬모 내부 / (−) (+) 섬모 기저세포

④ (4) 저해제

- 택솔 : 탈중합저해제. 세포분열억제 & 배추형성억제 X ⇒ 항암제로 사용.
- 콜히친 : 중합저해제.
  - 배수체 형성 ⇒ 식물품종개량
  - 세포분열에 STOP, 혼중구억제 ⇒ 종기관찰 가능. 항암제 사용불가

⑤ (5) 세포소기관

미세소관 → 중심립 (9+0구조)

식물은 중심립 X
MTOC로 명명
(Microtubule Organizing Center)

미세소관 27개
삼합체 × 9개

중심립 → 5개복제 → 중심립×2 → 중심체 —길이신장→ 방추사

*중심체 : 응력해 역할
(-) 말단은 중심체 내에서 안정화되고
(+) 말단에서만 신장.
(+) 말단은 다른 단백질에 의해 선택적 안정화로 세포 극성화.

성상체 : 중심체에서 방추사의 길이신장이 있는 것.

중심립 → 세포표면 방향 → 기저체 (9+0) —길이신장→ 편모, 섬모 (9+2구조)

미세소관 20개
이합체 × 9 + 단일체 × 2

* 편모, 섬모의 운동

편모 축사의 구조
세포체
편모
바깥쪽 이중관
B관
A관
중심쌍
안쪽 주머니
방사상 살
넥신
안쪽 디네인팔
바깥쪽 디네인팔
원형질막
단면
길이방향 모습
바깥쪽 이중관
방사상 살

- 편모 : 파동운동, 채찍운동. 길이가 길다.
- 섬모 : 노젓기운동. 길이가 짧다.

넥신 (+)
디네인
(-)

(-) 미세소관 배열에 따른 식물의 생장
길게생장
넓고 짧게생장

2-2 2) 미세섬유

① (1) 구조와 중합원리

세포칼라신 : 중합억제 → (+) 단위체 : 액틴단량체 (-) ← 자스플라키놀라이드 : 탈중합억제

ATP 액틴단량체
- ATP : 안정
- ADP : 불안정.

필라민 단백질에 의해 교차연결된 망상구조 ⇒ 인장강도 ↑

① 망상구조 : 강력한 지지작용, 지탱작용, 형태유지 ex) 소장융모
미세융모
② 미오신과의 상호작용 : 수축력 有
- 식물 : 세포질 유동현상 (세포벽 有 이므로)
- 동물 : 세포의 형태변화 (위족운동) ex) 아메바, 백혈구

액틴 미오신 없는 부위 (졸 형태) 세포 수축시 확장
미오신 수축
인테그린 有 (동물의 막단백질)
미세섬유가 → (겔 형태) : 수축환의 작용 (세포질분열)
시토칼라신 처리시 세포질분열 불가. 다핵세포형성

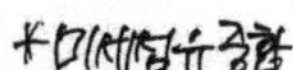

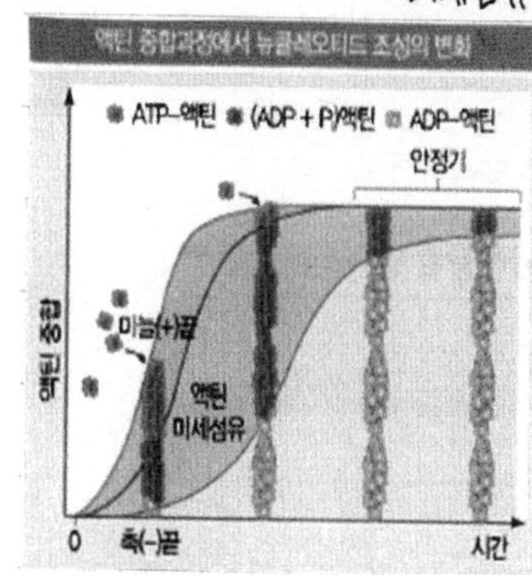

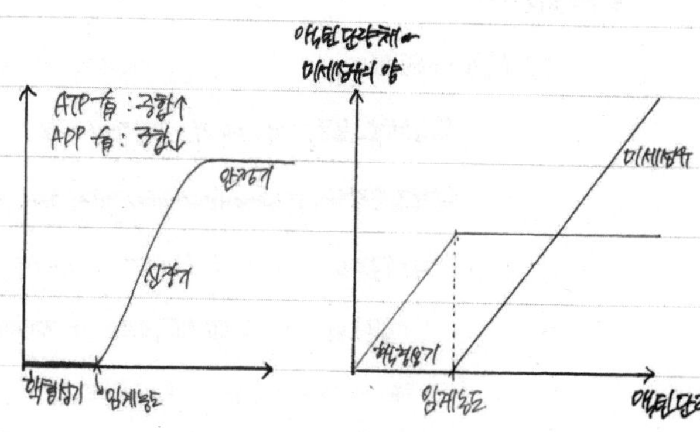

② (2) 액틴결합 ptn (이름암기필요X. 이런단백질이 있구나 정도만.)

① 프로필린 : 액틴결합 도움.

② 티모신 : 〃 방해

③ 필라민 : 액틴간 교차결합형성 → 망상구조

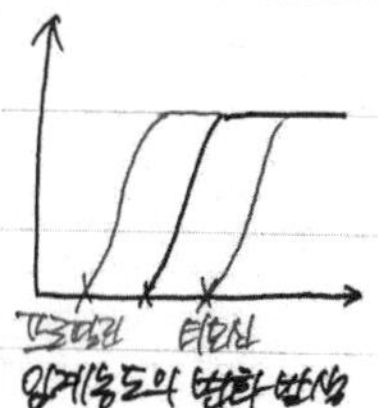

2-3 3) 중간섬유

- 구조 : (N말단 구형단백질 + α-helix 지역 + C말단 구형단백질) X2

→ 이합체 + 이합체 → 4합체 X 8개 : coiled and coil → 매우 안정 절편화 X

분해재조립이 쉬워도 중간섬유는 분해 X.

- 종류
  - 핵라민 : 핵내막 ⇒ 세포분열 시 인산화로 파괴 (by MPF)
  - 비멘틴 : 근육구성 ⇒ 찢길 수 있다. ex. 운동섬유
  - 케라틴 : 연접 ⇒ 데스모좀 구성
  - 신경섬유 (뉴로필라멘트) : 뉴런 축삭구성.

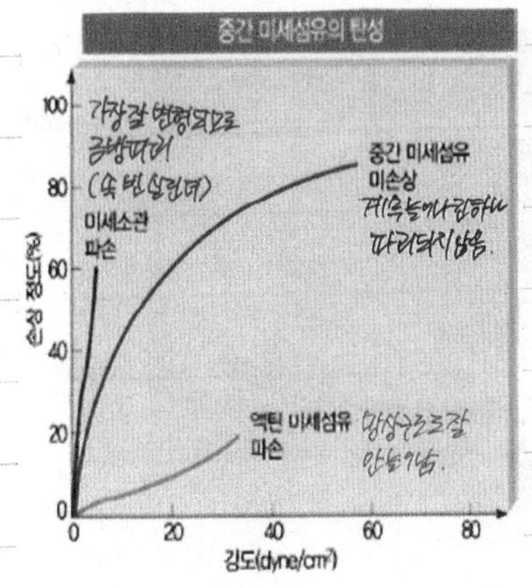

3. 세포외기질

3-1 1) 식물의 세포벽

: 식물세포 보호, 형태유지, 팽압에 의한 수분흡수 조절

: 원형질연락사 (plasmodesmata) 에 의해 세포간 물질과 환경교신 가능.

(1) 1차세포벽 → 아직살아있는세포 : 유세포, 후각세포, 체관세포 등

: 셀룰로스 + 헤미셀룰로스 + 펙틴

세포막의 셀룰로스합성효소 / from 골지체

: 세포의 팽창방향과 1차세포벽의 방향은 수직

(2) 2차세포벽 → 죽은세포 : 후벽세포, 물관세포 / 세포벽의 병원체 감수성 감소

: 1차 + α (리그닌 : 목재화)

: 죽은상태 ⇒ 전도과정. 단단함

: 단단한 내부구조 형성

(3) 중엽 (중간라멜라)

: 세포판에 의해 형성 펙틴 多

중간라멜라
1차세포벽
2차세포벽

3-2 2) 세포외기질

- 프로테오글리칸 (GAG) : 히알루론산 + 중심 단백질 + 콘드로이틴/케라탄 황산염 (다당)
  - ex) 연골 - 콘드로이틴황산염 : 충격흡수 / 동맥혈관벽 - 헤파린 : 혈전방지
  - ⇒ 황산염 (-) 전하 → 척력 작용. ∴ 자석형으로 배열되어 충격흡수 및 지속적인 물의흐름 형성.
- 콜라겐 : 3중나선구조 ⇒ 강한충격흡수
- 인테그린 : 막관통 단백질 ⇒ 외부신호 → 내부신호 전달
- 피브로넥틴 : 연결단백질 ⇒ 콜라겐을 세포막에 고정

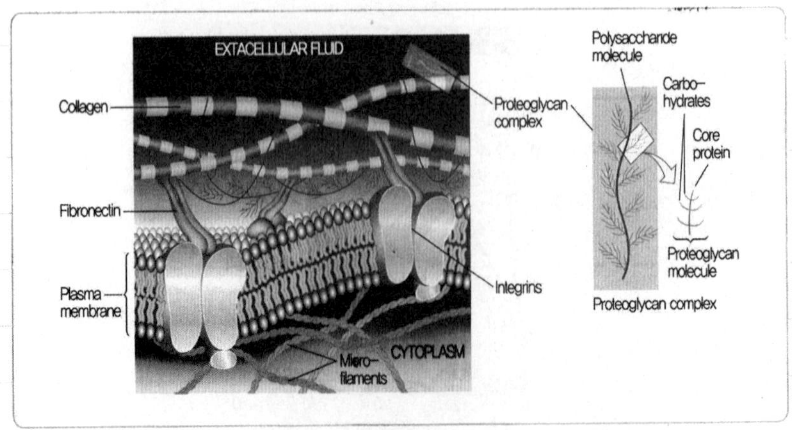

3) 연접

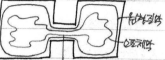

(1) 식물 : 원형질연락사 (plasmodesmata)

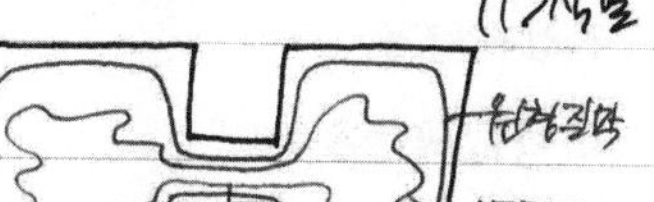

→ 원형질막. 소포체막이 세포끼리 직접 연결

→ 크기가 큰 물질 (ptn, RNA)도 통과가능 → 고분자들은 세포골격섬유를 따라 이동 활성물질 필요.

→ H_2O, 이온등 자유롭게 통과

→ 이동통로 (Desmotubule)의 크기는 이동물질 종류에 따라 바뀐다.

(2) 동물

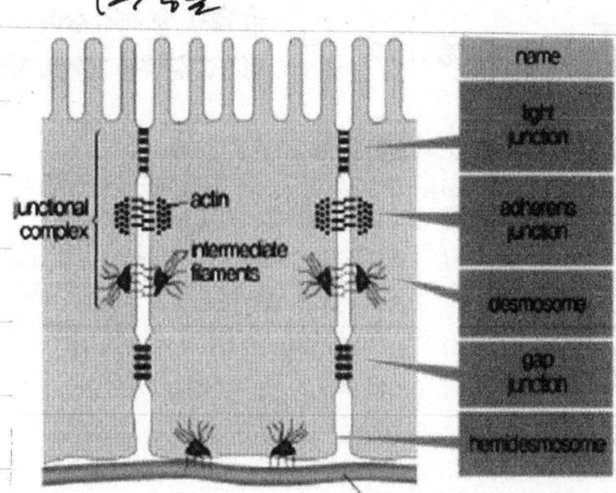

: 밀착연접
: 부착연접
: 데스모좀
: 간극연접
: 헤미데스모좀

① 밀착연접 : 세포층 연결유지 (정단부 / 기저부), 이온누출방지 (방수)

② 데스모좀 : 강력한 고정, 카드헤린 & 플라코글로빈 有

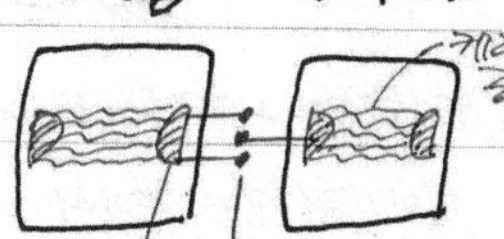

: 암세포화시, 데스모좀 사라짐.
∴ 혈중 $[Ca^{2+}]$ ↑ → 다가역증

카드헤린의 종류는 동일해야함. 안그러면 부착력 ↓ ex) 척삭의 신경판형성.

③ 헤미데스모좀 : 기저막고정. 카드헤린 대신 인테그린 사용.

④ 간극연접 : Na^+ 이동통로. 크기가 작은 이온 & 양분 이동
↳ 전기적 시냅스 (양방향성). 심장근 有. 동물배아 有.

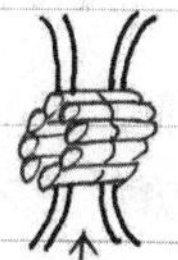

⑤ 부착연접 : 플라코글로빈 + 액틴 미세섬유

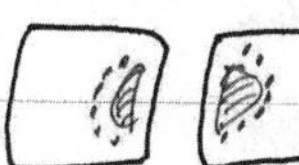

PART 08. 세포내 물질대사 1 – 세포호흡.

〈포인트〉

1. 이화작용	3. 오탄당인산화경로	6. 전자전달계
2. 해당과정	4. 피루브산의 산화	7. 발효와 혐기호흡.
1) E투자기	5. TCA회로	8. 다른에너지원의 이용.
2) E회수기	1) 기본회로	
3) 해당과정의조절 (Hexokinase, PFK-1	2) 연계회로	

1. 이화작용

* 호흡 : 유기물 분해

유기물 →(산화) e⁻ e⁻ e⁻ e⁻ → CO_2, H_2O ⇒ 유기물의 단계적 산화 ⇒ 탈수소효소
(E↑)　　　　　　　　　　　　　　　(E·N 小 → E·N 大 물질로)
　　　　　　　　　　　　　　　　　전자운반체의 단계적 환원 ⇒ NAD^+, FAD.

체내에 탈전자효소는 없으므로 탈수소효소 사용

∴ 2H 방출 → H^+ + H^+ + 2e⁻ + NAD^+ → NADH + H^+
　　　　　　　(H⁻ (Hydride))
　　　　→ 2H + FAD → $FADH_2$

→ 고에너지 전자 2개 운반
→ ATP 생성을 위해 저장된 E
⇒ 세포호흡의 목적.

NAD^+ : 니코틴아마이드 아데닌 다이뉴클레오타이드 (B_3 : 나이아신 유도체)

FAD : 플라빈 아데닌 다이뉴클레오타이드 (B_2 : 리보플라빈 유도체)

⇝ 탈수소효소의 조효소

* ATP 생성기작.

1) 기질수준의 인산화 (해당, TCA회로) → 유기 인산의 자리옮김으로 ADP → ATP로 인산화

(기질)–Ⓟ → ADP ↓ 인산기직접전달ATP

ex) 1,3 BPGA →(kinase; ADP → ATP) 3PGA.
PEP →(″) 피루브산

2) 화학삼투적 인산화 (전자전달계 & ATP synthase)

- 광인산화 : 빛에 의해 고E 전자형성 ($H_2O \xrightarrow{h\nu} 2H^+ + \frac{1}{2}O_2 + 2e^-$)
- 산화적인산화 : 유기물의 분해에 의해 고E 전자형성.

⇒ 양성자 구동력 & ATP synthase를 이용한 ATP 형성 기작.

H^+ H^+ H^+ / ADP ATP

〈정리〉	화학삼투적 인산화	기질수준의 인산화
E원	수소이온의 농도차	유기물
수행방식	[H^+]확산 & ATP synthase	인산기전이
작용효소	ATP synthase	kinase
일어나는 곳	전자전달계	해당과정, TCA회로

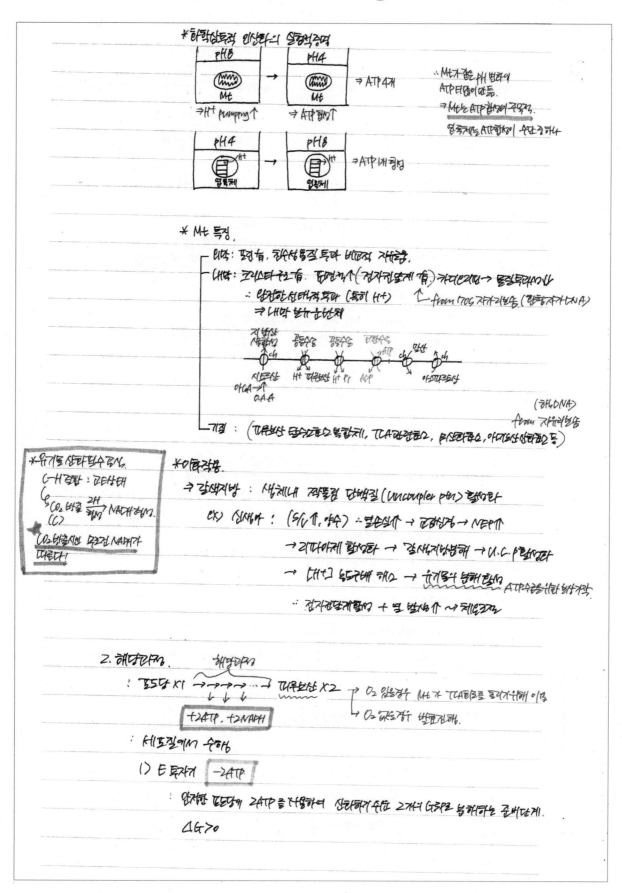

*화학삼투적 인산화의 실험적증명

pH8 → pH4 (Mt) ⇒ ATP 4개
⇒ H^+ pumping ↑ ⇒ ATP 합성 ↑

pH4 → pH8 (엽록체, H^+) ⇒ ATP 1개 형성

∴ Mt가 같은 pH 범위의 ATP 더 많이 만듦.
⇒ Mt는 ATP 합성이 주목적.
엽록체는 ATP 합성이 수단 중 하나

*Mt 특징.

- 외막 : 포린 有. 친수성물질 투과 비교적 자유로움.
- 내막 : 크리스타 구조 有. 표면적↑ (전자전달계 有) 카디오리핀 → 물질투과성↓↓
  ↑ from 70S 자가리보솜 (핵항자가 DNA)
  ∴ 완전한 선택적 투과 (특히 H^+)
  ⇒ 내막 운반 운반체
  - 지방산 / 새합성 — 시트르산 (아CoA → O.A.A)
  - 공동수송 — H^+ 피루브산
  - 공동수송 — H^+ Pi
  - 교환수송 — ATP / ADP
  - 말산 — 아스파르트산
- 기질 : (피루브산 탈수소효소 복합체, TCA 관련효소, β산화효소, 아미노산산화효소 등)
  (핵 DNA) from 자유리보솜

*유기물 산화 필수 공식.
C-H 결합 : 고E상태
C → CO_2 방출 (C) —2H 제거→ NADH 형성.
★ CO_2 방출시엔 무조건 NADH가 따른다!

*이화작용.
→ 갈색지방 : 생체내 짝풀림 단백질 (uncoupler ptn) 활성화
ex) 신생아 : (S/V ↑, 양수) ∴ 열손실↑ → 교감신경 → NEP↑
→ 리파아제 활성화 → 갈색지방분해 → U.C.P 활성화
→ $[H^+]$ 농도구배 해소 → 유기물의 분해 활성 (ATP 수급을 위한 보상기작)
∴ 전자전달계 활성 + 열 발생↑ ⇝ 체온조절

2. 해당과정.
: 포도당 ×1 → → → → … → 피루브산 ×2 (해당과정)
↓ ↓ ↓
+2ATP, +2NADH
- O_2 있을경우 Mt가 TCA 회로를 돌리기 위해 이동
- O_2 없을경우 발효진행.

: 세포질에서 수행
1) E 투자기 −2ATP
: 안정한 포도당에 2ATP를 사용하여 산화하기 쉬운 2개의 G3P로 분해하는 준비단계.
$\Delta G > 0$

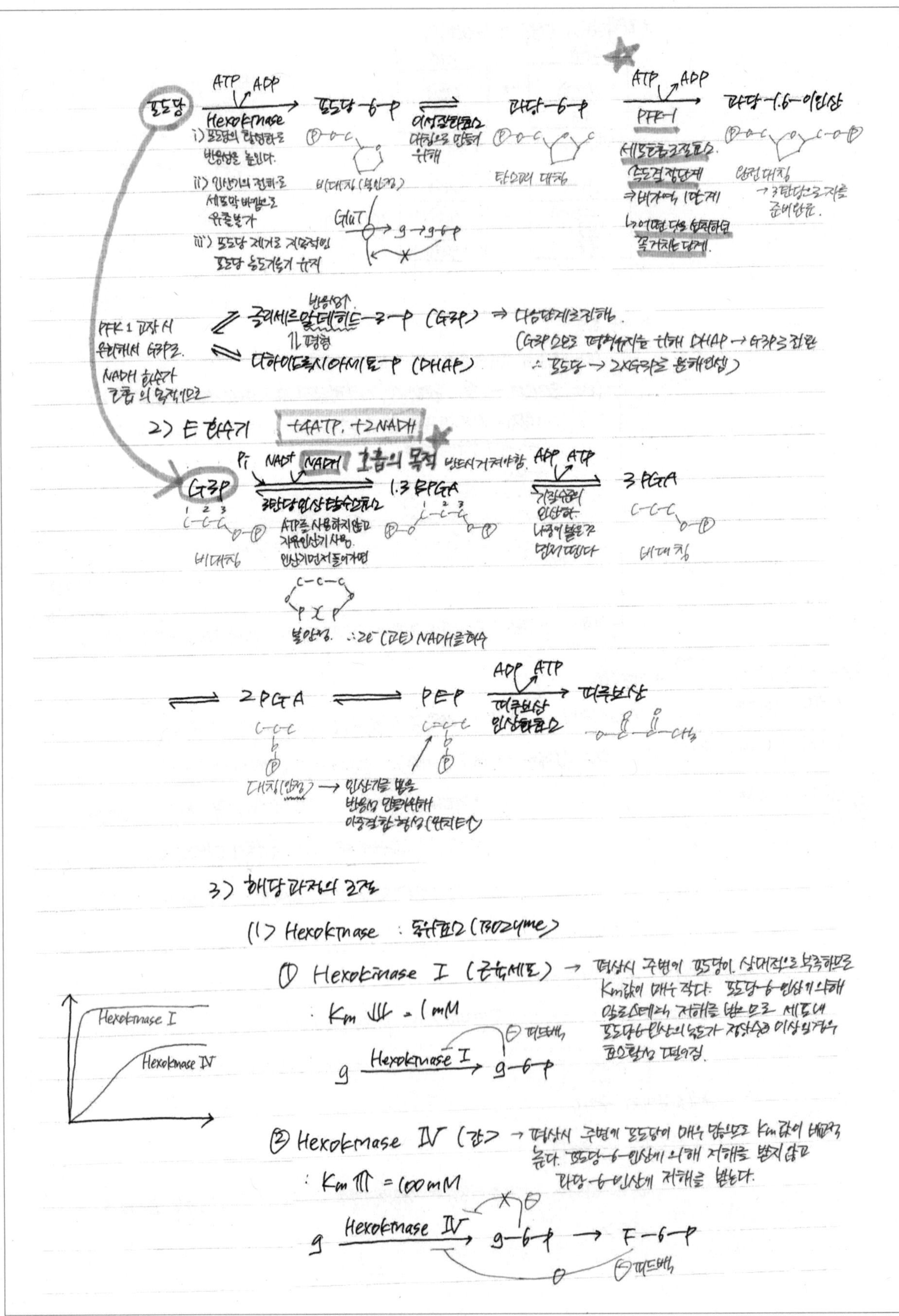

포도당
ATP ADP
Hexokinase
포도당-6-P
이성질화효소
과당-6-P
ATP ADP
PFK-1
과당-1,6-이인산
2) E 회수기
+4ATP, +2NADH
G3P
1,3 BPGA
3 PGA
2 PGA
PEP
피루브산
3) 해당과정의 조절
(1) Hexokinase : 동위효소 (isozyme)
① Hexokinase I (근육세포)
Km ↓↓ = 1mM
Hexokinase I
g-6-p
② Hexokinase IV (간)
Km ↑↑ = 100mM
Hexokinase IV
F-6-P

(2) PFK-1

F-6-P —(ATP → ADP, PFK-1)→ F-1.6-BP

알로스테릭효소 ⇒ 비가역, 1단계 조절☆

① PFK-1의 ATP 결합부위가 두 부위

a. Km 작은부위 ⇒ ATP 활성부위 (ES복합체형성) : 기질로서 ATP가 붙음.

b. Km 큰부위 ⇒ 조절부위 : ATP 多일 때 알로스테릭 억제

c. 반응물 : PFK-1 활성증가

ex) NAD^+↑ / ADP.AMP↑ / Ca^{2+}↑

d. 생성물 : PFK-1 활성감소

ex) NADH↑ / ATP↑ / 시트르산↑

시트르산이 PFK-1의 알로스테릭 저해제이므로 해당과정과 시트르산회로는 연계되어있다

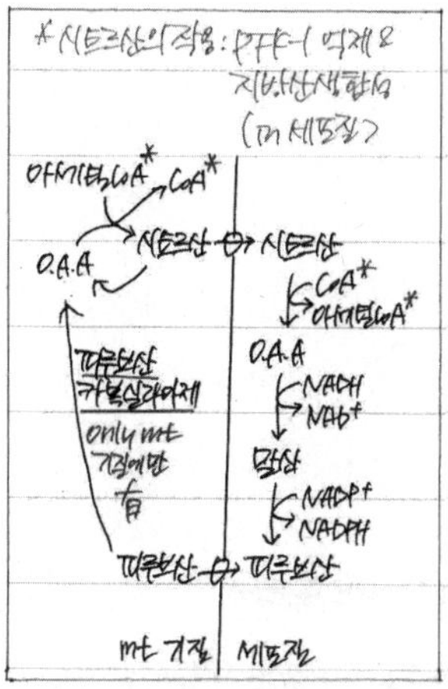

* 시트르산의 작용 : PFK-1 억제 & 지방산생합성 (in 세포질)

아세틸CoA* → CoA*
O.A.A → 시트르산 → 시트르산
시트르산 → CoA*, 아세틸CoA* → O.A.A
O.A.A → (NADH → NAD^+) → 말산
말산 → ($NADP^+$ → NADPH) → 피루브산
피루브산 → 피루브산
피루브산 카복실라아제 (only mt 기질에만 有) → O.A.A

mt 기질 | 세포질

② F-2.6-BP : PFK-1 알로스테릭 활성자 : F-6-P에 대한 친화력 강화

i) F-6-P, ATP 有여도 F-2.6-BP 없는경우 PFK-1 활성 X
ii) F-2.6-BP 혈중농도가 수준 반영.

PFK-2	FBPase 2

Ⓟ 인산기 有 : FBPase 2 활성 ← Epi. 글루카곤

無 : PFK-2 활성. ← 인슐린.

F-6-P —(PFK-2)→ F-2.6-BP

*PFK-1 알로스테릭 조절 관련 그래프

① ATP 농도에 따른 PFK-1 활성.

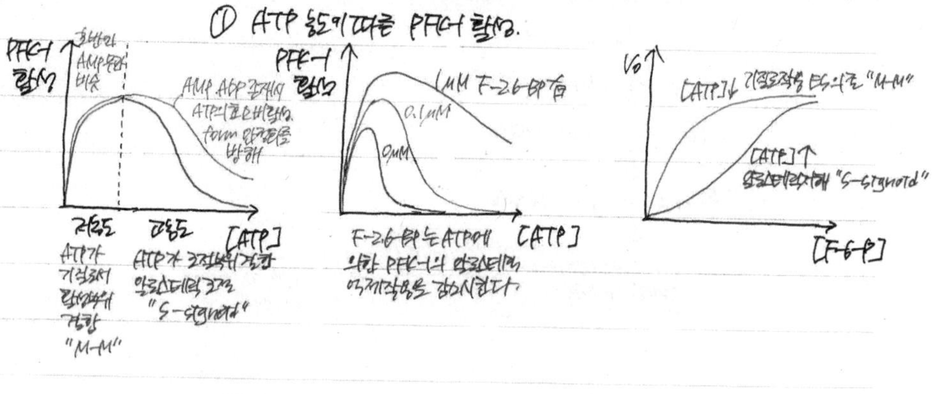

② F-2.6-BP 유무에 따른 해당/당신생 조절

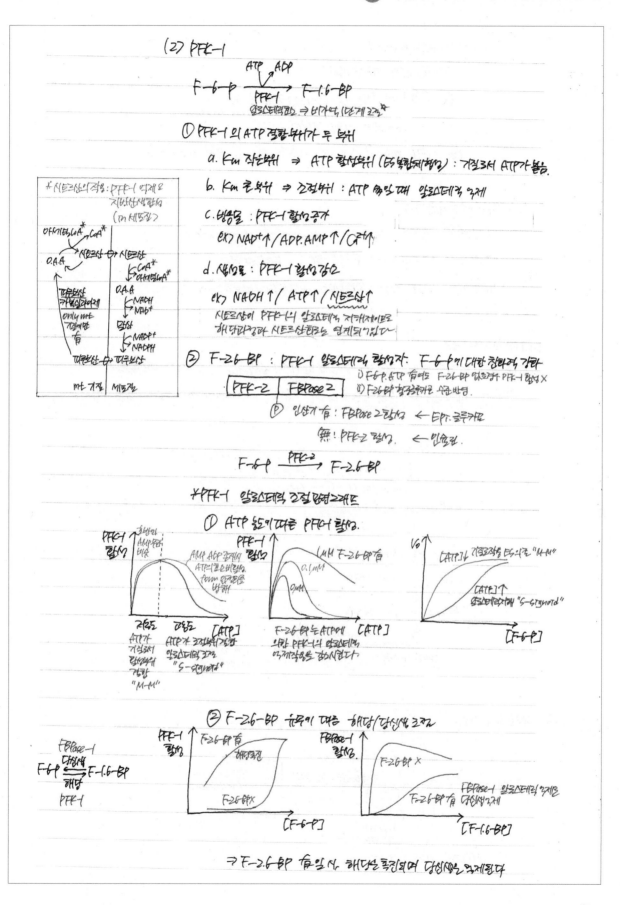

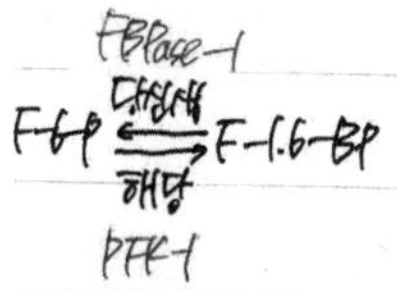

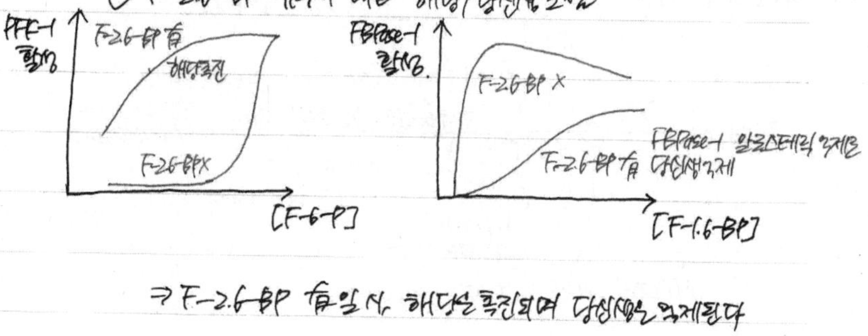

⇒ F-2.6-BP 有일 시, 해당은 촉진되며 당신생은 억제된다

(3) 피루브산 키나아제

: 해당과정 최종조절자

① 인산화시 비활성 (by 글루카곤, EPI)

② F-1,6-BP에 의해 활성.

③ ATP, 아세틸 CoA, 긴 지방산, 알라닌 등에 의해 억제.

↳ 포도당 알라닌회로 참고

4) 해당과정 역반응효소

1단계 : g ← G-6-P : glucose-6-phosphatase

3단계 : F-6-p ← F-1,6-BP : FBPase-1

10단계 : PEP ←✕ 피루브산 직접가는 역반응효소는 X.

↖ O.A.A ↙ : 미토기질 거쳐서 전환.

3. 5탄당 인산화 경로

: 기본적인 목적은 핵산 복제시 5탄당 단위체 합성이나 궁극적인 주요 목적은 PFK-1 활성불가시 우회경로로 G-3-P 형성. & NADPH 획득으로 지방산 생합성에 이용

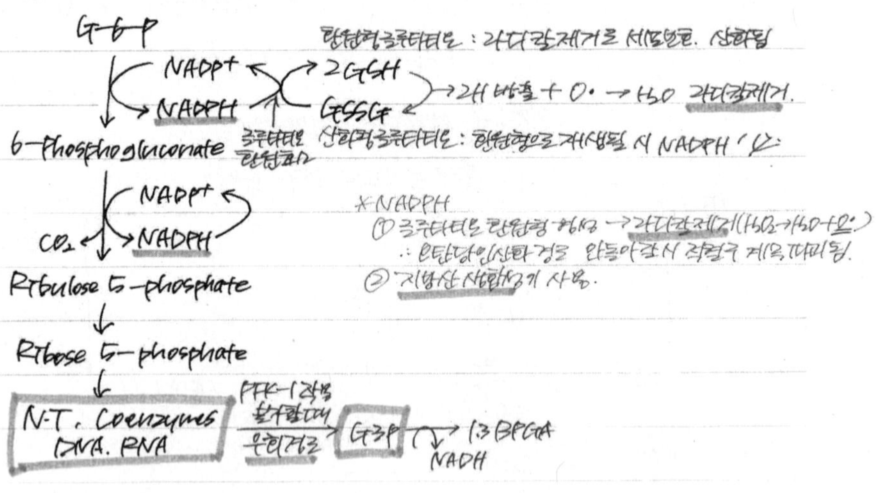

4. 피루브산의 산화 +2CO2, +NADH (포도당 1분자당)

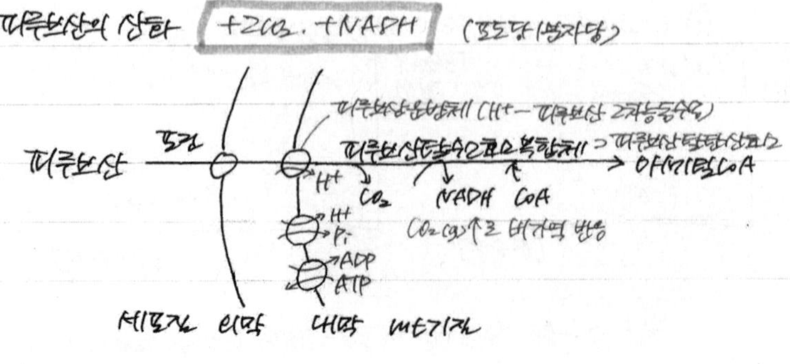

(4) TCA회로
= 시트르산회로
= 구연산회로
= 크렙스회로

5. TCA회로 +6NADH, +2$FADH_2$, +4CO_2, +2ATP (포도당1분자당)

1) 기본 cycle. (in 미토기질)

아세틸CoA (C_2)
→ 시트르산 (C_6) → CO_2, NADH
→ α 케토글루타르산 (C_5) → CoA, CO_2, NADH
→ 숙시닐CoA (C_4) → Pi, GDP → GTP, ADP → ATP (기질수준의 인산화)
→ 숙신산 (C_4) → FAD → $FADH_2$
→ 푸마르산 (C_4)
→ 말산 (C_4) → NADH
→ 옥살로아세트산 (C_4)

⇒ C 2개 내보내므로 유기물의 완전분해

8아CoA → CO_2(g)↑
O.A.A　O.A.A
유입된 아세틸CoA의 C가 바로 방출되는건 아니다.

a. TCA회로의 조절

① NAD^+/NADH : 반응물 NAD^+↑ ⇒ TCA회로 활성
생성물 NADH ↑ ⇒ TCA회로 억제

② ADP/ATP/Ca^{2+} : 반응물 ADP↑ / 생성물 ATP↑ / Ca^{2+}↑이면 근수축↑.
∴ E 많이 필요
∴ 해당↑, TCA회로↑

③ 숙시닐CoA, 아세틸CoA↓ → TCA회로 억제.

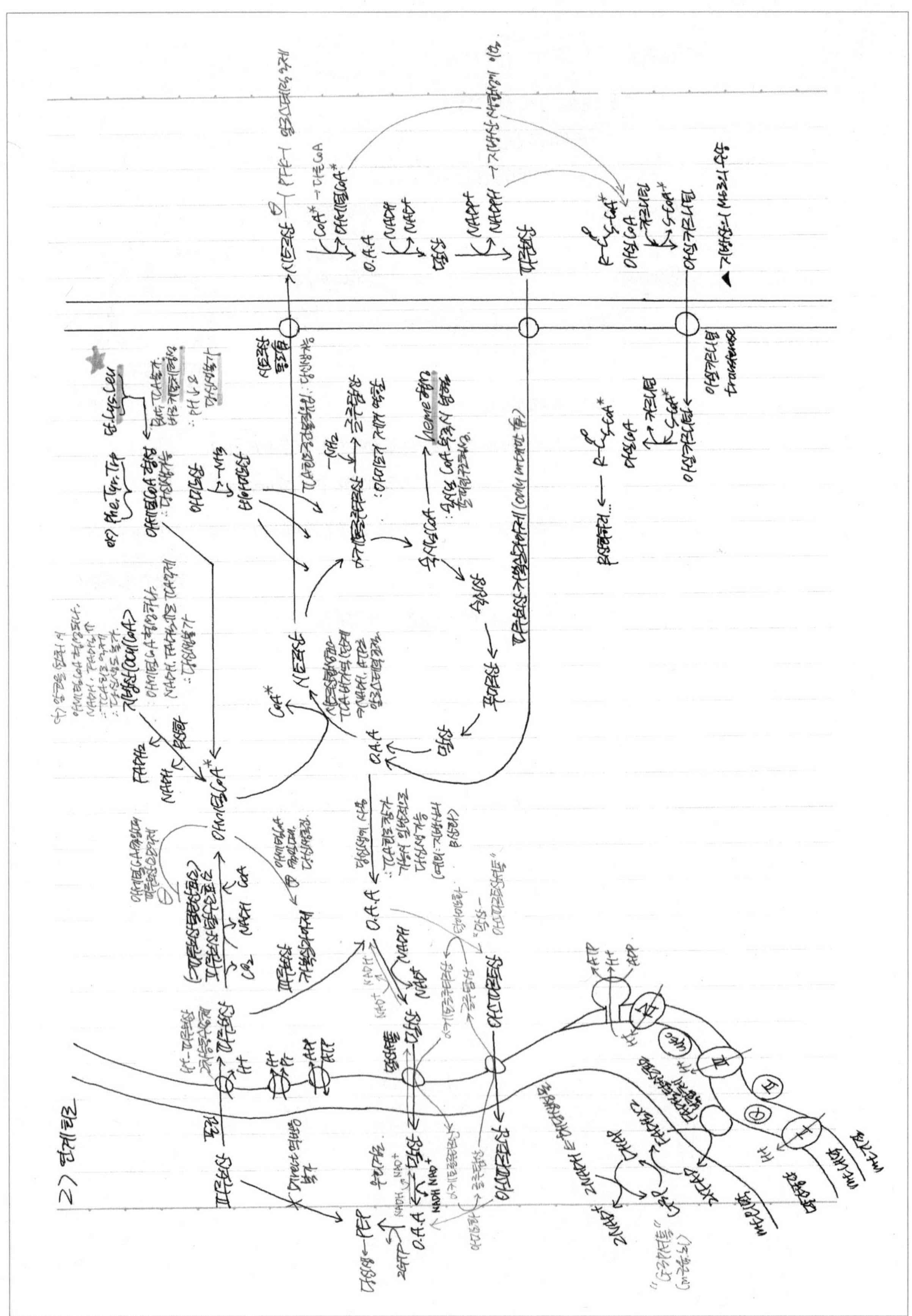

2) 간세포
피루브산
PEP
O.A.A
아세틸CoA*
시트르산
NADH
NADPH
말산

6. 전자전달계.

양성자 기울기

사이아나이드, 아지이드, 탄소, 일산화물

UQ

복합체 Ⅰ

복합체 Ⅱ

NADH-보조효소 Q 환원효소

보조효소 Q-사이토크롬 c 환원효소

복합체 Ⅲ

석신산-보조효소 Q 환원효소

사이토크롬 c 산화효소

ATP 생성효소

$\frac{1}{2}O_2 + 2H^+$

H_2O

석신산

NADH

올리고마이신

로테논, 아이탈, 데메롤

동반작용억제제 :
2, 4-디이나이트로페놀, 디이큐마롤, FCCP

몇 가지 동반작용억제제들의 구조. 이 분자들은 미토콘드리아 내막을 가로지르는 양성자 농도기울기를 흩뜨리므로 전자전달과 ATP 생성효소 반응 사이의 탄탄한 동반작용을 파괴한다.

▲ 전자전달계 & 저해제 모식도.

1) 전자전달계 복합체 : 각각의 복합체는 독립적으로 有. (이동속도. 방향)

∴ TCA회로와 전자전달계는 짝반응(=연계반응)이다. TCA회로의 NADH, $FADH_2$ 공급 ↓ & 전자전달계 억제시 NADH ↑, $FADH_2$ ↑ NAD^+ ↓ FAD ↓ 로 TCA도 STOP.

- Ⅰ : NADH 탈수소효소 복합체 $NADH \rightarrow NAD^+ + H^+ + 2e^-$ → 유비퀴논 환원
- Ⅱ : 숙신산 ($FADH_2$) 탈수소효소 복합체 $FADH_2 \rightarrow FAD + 2H^+ + 2e^-$
- Ⅲ : cyt c 환원효소 복합체
- Ⅳ : cyt c 산화효소 복합체

2) 가동성운반체

막을 따라 빠르게 이동하여 복합체들 사이로 전자운반.

- Q (유비퀴논) : M/t 내막존재 중 유일한 지수성비타민 (pro 아님) — $2H^+ + 2e^-$ 와 결합하여 $2e^-$ 만 복합체 Ⅲ에 전달
- cyt c : M/t 막간공간 존재. 친수성 pro.

3) 전자전달원리: 전기음성도 小 → 大 (최종 전자수용 : O_2)

$NADH \rightarrow Ⅰ \rightarrow Q \rightarrow Ⅲ \rightarrow cyt\,c \rightarrow Ⅳ \rightarrow O_2$

$FADH \rightarrow Ⅱ \nearrow$

cyt b, cyt c, cyt a

Fe^{2+} / Fe^{3+} — Fe^{3+} / Fe^{2+} — Fe^{2+} / Fe^{3+}

4) ATP synthase

ATP, α, OSCP, ADP + P_i, 축, H^+, b_2, C_{10-15}, a, H^+

F₁ → α×3 + β×3 6량체.

$4H^+ \rightarrow 1ATP$ ($3H^+ \rightarrow$ ATP 분리, $1H^+ \rightarrow P_i$ 수송)

F_0 → 올리고마이신에 의해 억제되는 부위

1. 반쪽채널 통해 H^+ 확산 & 회전자 결합 → 반달이 H^+ 유입
2. H^+ 척력 → 회전자 회전
3. 회전 후 분리 H^+ 반쪽채널 통해 M/t 기질로 유입.
4. 축을 통해 연결된 β 단위체 활성

ADP + Pi-β → ATP-β (ES 복합체) 형태로 有

ADP, Pi → ATP, $3H^+$ → + ATP

$3H^+$ 가 ATP 분리

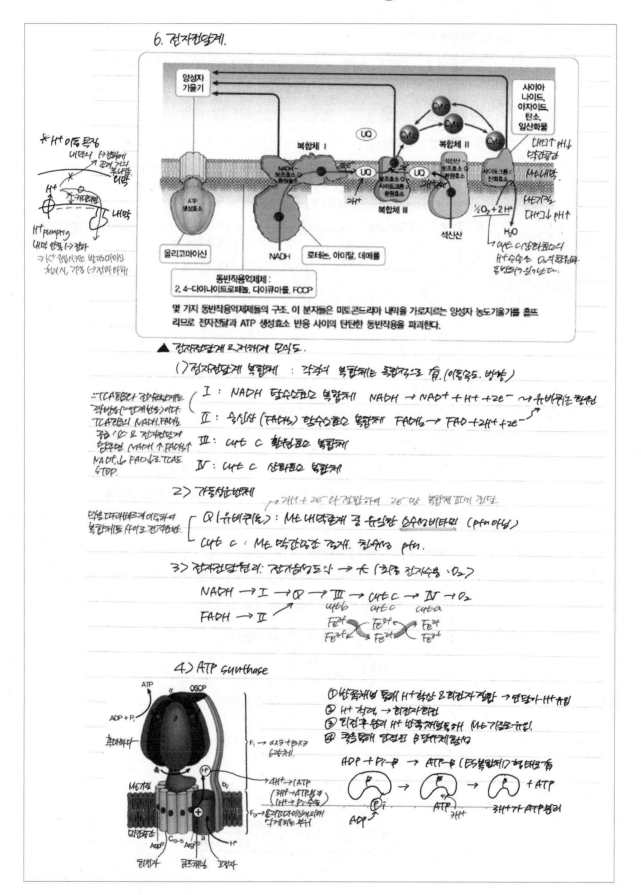

5) 전자전달계 억제제

① 복합체 I : 로테논, 아미탈 ⇒ $FADH_2$에 의해 잠깐은 ATP 생성하나 결국 TCA회로 STOP.

∴ 전자전달계 STOP

② 복합체 II : 말론산

③ 복합체 III : 안티마이신

④ 복합체 IV : CN (시안화물, 청산가리), CO 존재.

IV 中 가장 작은 cyt a3 억제 ∴ 소량으로도 대단한 억제

시안화물보다 약하다. 많은 양을 마셔야 죽음

⑤ ATP 합성효소 : 올리고마이신

⑥ DNP (짝풀림단백질 : uncoupling ptn) : 수소농도차 해소 ATP↓ 보상 기작으로 전자전달계

∴ 유기물 분해↑, 열 방출↑.

※ 짝풀림 ptn
- 인공물질 : DNP
- 체내형성 : 갈색지방

*세포호흡 정리
숙신산 투여 = $FADH_2$
말산 투여 = NADH.

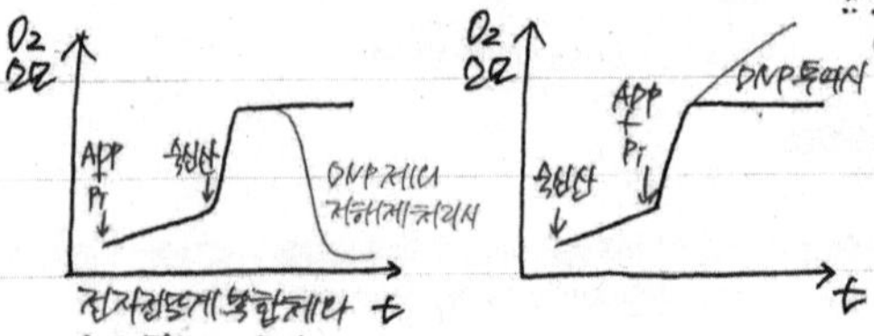

O_2 소모
ADP Pi
숙신산
DNP 제거
저해제 처리시
t
O_2 소모
ADP Pi
숙신산
t

전자전달계 복합체나 ATP 합성효소의 억제

DNP 투여시 ⇒ H^+농도차↓, ATP 합성량↓, 유기물 분해↑

6) ATP 생성량

	NADH	$FADH_2$	ATP
해당과정	2		2
TCA회로	8	2	2
총 ATP 합성량	25 or 30	3 or 4	4

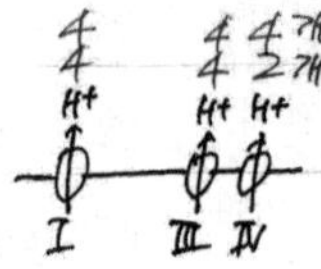

4 4 4개
4 4 2개로 계산 시. (문제제시)
H^+ H^+ H^+
I III IV

∴ 포도당 1분자로 32 or 38 최대 생성 가능

→ 실제로 그만큼 못함.

why? ① H^+ - 피루브산 2차능동수송에 H^+ 낭비

② 셔틀 : 세포질에서 생성된 2NADH를 셔틀을 통해 Mt 기질로 이동

a. 말산 - 아스파르트산 셔틀 (m. 간, 심장) 가역반응.

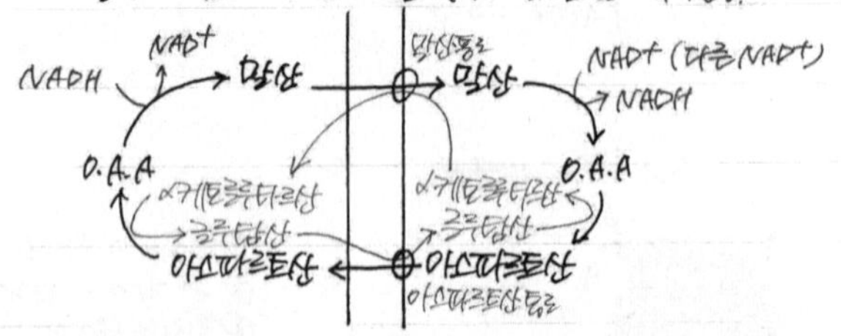

NADH
NAD^+
말산
말산 통로
말산
NAD^+ (다른 NAD^+)
NADH
O.A.A
α케토글루타르산
글루탐산
아스파르트산
O.A.A
α케토글루타르산
글루탐산
아스파르트산
아스파르트산 통로

b. 글리세롤 3P (G3P) 셔틀 : E 사용 급할 때 이용 (m 근육, 뇌)

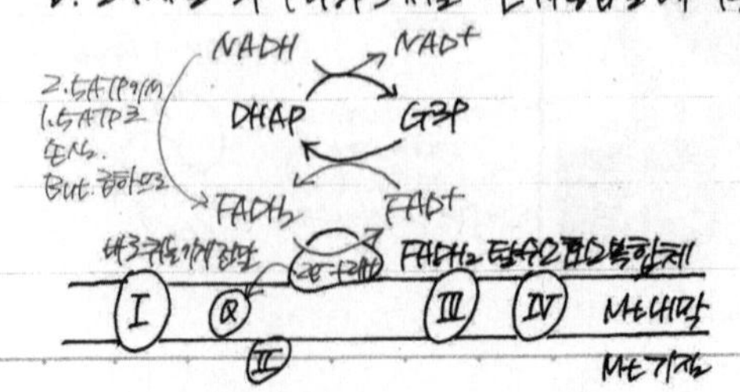

NADH
NAD^+
DHAP
G3P
$FADH_2$
FAD^+
2.5ATP 대신 1.5ATP로 손실. But 급하므로
$FADH_2$ 탈수소효소 복합체
I
Q
II
III
IV
Mt 내막
Mt 기질

7. 발효와 무기호흡.

* 호흡

- 유기호흡 : 전자의 최종수용체가 O_2
- 무기호흡 : 일부 세균은 혐기적조건에서 호흡. O_2이외의 물질 (CO_2, fe^{3+}, 푸마르산, 질산염, 아질산염, 산화질소, 황, 황산염 등)을 최종전자수용체로 사용.

1) 발효 : 최종전자수용체가 유기물임.

(1) 젖산발효.

코리회로 : 근육의 과도한 운동으로 형성된 젖산이 휴식시 간에서 당신생을 통해 포도당으로 전환됨. 이 포도당이 혈류를 통해 근육으로 돌아와 글리코겐 회복.

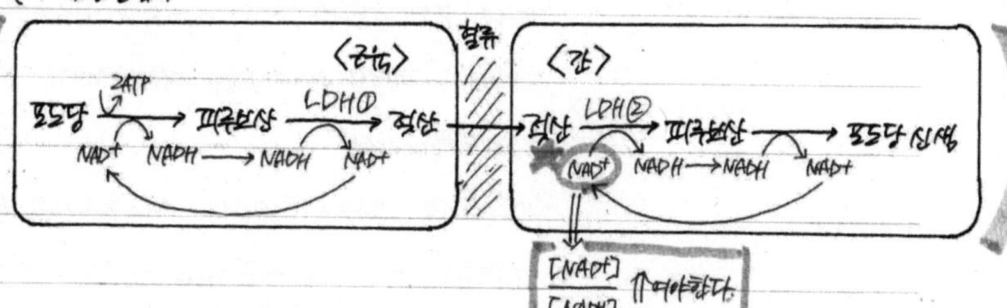

$\frac{[NAD^+]}{[NADH]}$ ↑되어야한다.

+LDH (동위효소)

① 근육 : 혐기성상황 → Muscle form A_4 : 피루브산 $\xrightarrow{LDH}$ 젖산

② 간 : 혐기성상황 → Muscle form A_4 : 젖산 $\xrightarrow{LDH}$ 피루브산 → 당신생

③ 심장 : 호기성상황 → Heart form B_4 : 젖산 $\xrightarrow{LDH}$ 피루브산 → 아세틸CoA → TCA회로

(2) 에탄올발효 (사람X, 참고) : 효모 ⇒ 조건혐기성 진핵생명체 O_2부족시.

포도당 $\xrightarrow[2NAD^+\ 2NADH]{2ATP}$ 피루브산 $\xrightarrow[\text{탈탄산효소}]{CO_2}$ 아세트알데히드 $\xrightarrow[2NADH\ 2NAD^+]{}$ 에탄올

cf) 에너지 생성 방식에 따른 생물의 구분.

① 절대호기성 : 유산소호흡

② 조건혐기성 : 평소엔 유산소 O_2부족, 과운동시 발효.

③ 절대혐기성 : NO_3^-, SO_4^{2-} 무산소호흡.

④ 미호기성 : 저산소호흡

8. 다른 에너지원의 이용.

cf) 알코올 섭취시
에탄올 $\xrightarrow{NADH}$ 아세트알데히드 $\xrightarrow{NADH}$ 아세트산
∴ NADH ↑↑ TCA STOP.
당신생 불가.

1) 지질의 산화 : β산화 ⇒ 지방산으로부터 다량의 아세틸CoA 형성되므로 지방산은 생체내 주요 에너지원. But. 과도한 β산화시 NADH↑, $FADH_2$↑로 TCA회로 STOP.

$R-\underset{\beta}{CH_2}-\underset{\alpha}{CH_2}-\overset{O}{\overset{\|}{C}}-S-CoA$ (Acyl CoA) $\xrightarrow[FAD\ \to\ FADH_2]{}$ $R-CH=CH-\overset{O}{\overset{\|}{C}}-S-CoA$ → $R-\overset{OH}{\overset{|}{C}H}-CH_2-\overset{O}{\overset{\|}{C}}-S-CoA$

$\xrightarrow[NAD^+\ \to\ NADH]{}$ $R-\overset{O}{\overset{\|}{C}}/\overset{S-CoA}{}CH_2-\overset{O}{\overset{\|}{C}}-S-CoA$ ⟶ $R-\overset{O}{\overset{\|}{C}}-S-CoA$ (Acyl CoA) + $CH_3-\overset{O}{\overset{\|}{C}}-S-CoA$ (아세틸 CoA)

<β산화 E계산법>

ex) C_{16} 팔미트산. → β산화 7회 수행.

⇒ 아세틸CoA 8개 → 3NADH, 1FADH, 1ATP) ×8

- $FADH_2$ 7개
- NADH 7개

⇒ ∴ $FADH_2$ 15개 → 15×1.5 ATP

NADH 31개 → 31×2.5 ATP.

ATP 8개

총 ATP 108개

*케톤체

: 기아나 제1당뇨병의 경우, 간세포내 O.A.A가 당신생을 위해 과도하게 소비되어 지방산 분해산물인 아세틸CoA가 TCA회로로 유입되지 못하고 케톤체형성한다.

: 케톤체는 간에서 형성되어 뇌/근육/심장/신장 에서 에너지원으로 쓰임.

: 케톤체 축적 시, 혈류 pH↓ ⇒ 쇼크. 기절.

i) 기아

: 포도당 대신 O.A.A (뇌를 위한) 당신생에 사용.

지방산 —β산화→ 아세틸CoA ⇑ ⤳ 케톤체

ii) 과식

: 포도당 급작스럽게 ⇑ → 아세틸CoA⇑ 준비되어있던 O.A.A 소진

∴ 나머지 케톤체형성

iii) 당뇨1형

: 인슐린 부족으로 세포들의 당흡수↓ 혈당↑.

But, 세포내 당은 낮으므로 간세포 당신생 수행.

O.A.A 소진하고 β산화↑로 케톤체 형성.

2) 단백질의 산화

: 여분의 aa 존재 or 극심한 기아 or 제1형 당뇨병 일 시 단백질 산화.

(1) 포도당-알라닌회로

: 극심한 기아 시, 근육조직의 작용. aa를 연료로 사용할 경우, α-KG 소진. ∴ TCA회로 작동기 문제발생. ∴ 임시방편

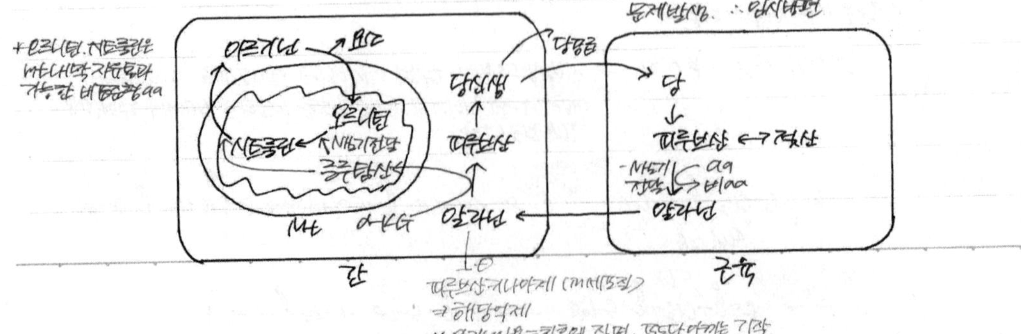

⊥⊖
피루브산키나아제 (M세포질)
→ 해당억제
∵ 알라닌사용=회로에 직면. 포도당 아끼는 기작.

(2) 요소회로 (간세포)

NH3 (암모니아. 암모늄이온형태로 존재)

ATP 소모 2ATP → 2ADP

카바모일인산

Pi

오르니틴 → 시트룰린

Mt기질

Mt

시트룰린

오르니틴

요소회로

아스파르트산

AMP

요소

아르기닌

아르기니노숙신산

푸마르산

TCA

원형질

간

아미노산

아미노산 대사 효소

질소

요소 회로

요소

글루코오스 신생합성

글루코오스

글리코겐 합성

코티솔

→ 오랜시간 단식. aa를 E로 씀. (혈당 아끼기 위해)

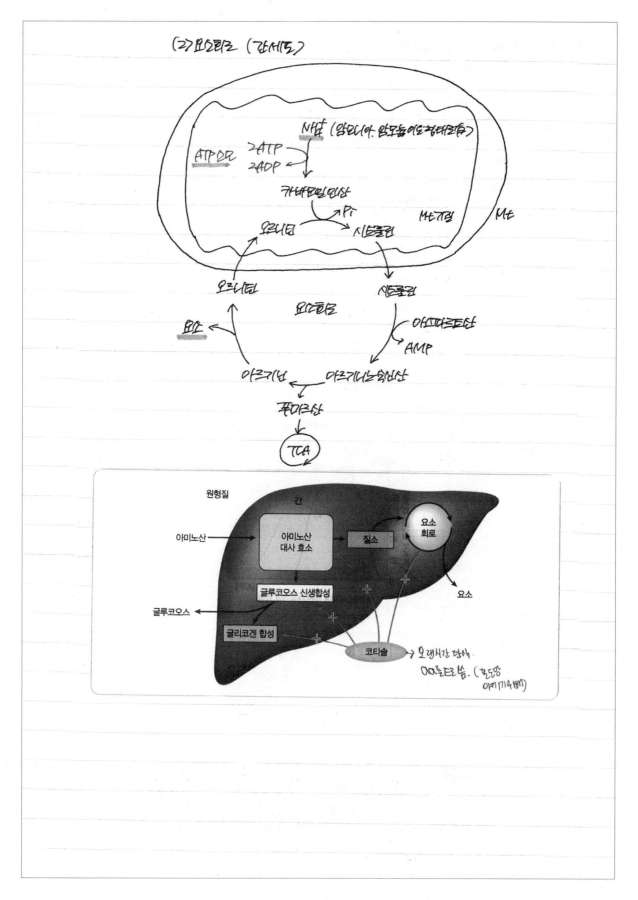

PART 9. 세포내 물질대사 2 - 생합성과 대사조절.

<포인트>

1. 당신생
2. 지질의 생합성.

1. 당신생

* 해당 비가역 단계

1 : g —Hexokinase→ g-6-p

3 : F-6-p —PFK-1→ F-1.6-BP

10 : PEP —피루브산 키나아제→ 피루브산

* 역과정 (for 당신생)

g ←glucose-6-phosphatase— g-6-p

F-6-p ←FBPase-1— F-1.6-BP

PEP ←✕— 피루브산

O.A.A ← 우회경로

1) 당신생 과정

In MC

피루브산 → 피루브산 (in MC)

피루브산 탈수소효소 → 아세틸CoA (CO₂, NADH, CoA)

⊖ 아세틸CoA 많으면 피루브산 탈수소효소 억제

⊕ 아세틸CoA 많으면 당신생 촉진.

피루브산 카복실라아제

✗ Direct 역반응 불가.

PEP ← 2GTP ← O.A.A (PEP 카복시 인산화효소)

O.A.A ✕ 못나감

NADH → NAD⁺

말산 ← 말산 (말산 통과)

⇒ 당신생 과정 in 세포질

g —Hexokinase→ g-6-p (⊖ in 근육) ⇌ F-6-p —PFK-1→ F-1.6-BP ⇌ PEP —피루브산 키나아제→ 피루브산

g ←g-6-phosphatase— g-6-p

F-6-p ←FBPase-1— F-1.6-BP (⊖ F-2.6-BP)

F-2.6-BP : 해당촉진, 당신생억제 (⊕ PFK-1)

⊖ 아세틸CoA, ATP, 알라닌에 의해 억제 / 글루카곤, Epi에 의해 인산화시 억제

PEP ← 2GTP ← O.A.A (PEP 카복시 인산화효소)

O.A.A ← 피루브산 (피루브산 카복실라아제 (in MC) ↑⊕ 아세틸CoA)

해당	당신생
-2ATP / +4ATP	-4ATP / +2ATP -2GTP

∴ 총 6NTP 사용 ⇒ 에너지 흡수 공급.

간세포의 $\frac{[NAD^+]}{[NADH]}$ 비 높은 경우 당신생 자동진행

☆ [NAD⁺] ↑

*글리코겐 대사조절.

In 간 : 글루카곤에 의해
In 근육 : Epi, Ca²⁺, AMP 등
→ glycogen phosphorylase kinase 활성화
⇒ 글리코겐 분해유도

2) 다른 에너지원의 당으로의 전환

(1) 단백질 : 리신과 류신을 제외하고 (→바로 케톤체 형성) Mt 내에서 유기산으로 전환된 뒤 TCA 합류 → 당신생

(2) 지질 : 대부분의 지방산은 당신생 불가 (아세틸CoA 뿐이나 NADH, FADH₂ 뿐으로 TCA 불가)

But, 글리세롤은 G3P로 전환가능 & 글리옥시좀은 지방산을 당으로 전환가능.

*글리옥실산회로 : Mt의 TCA가 멈추지 않도록 유지

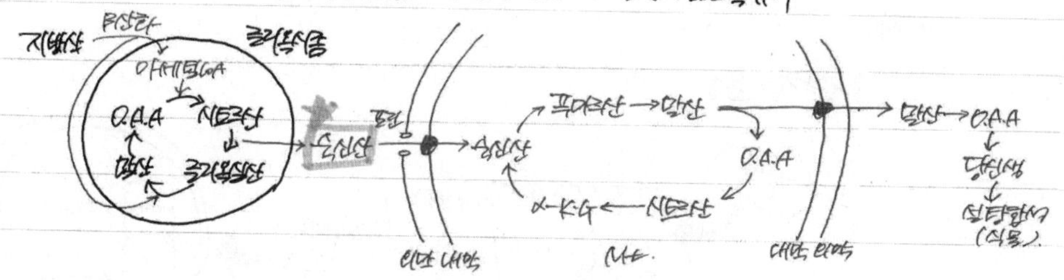

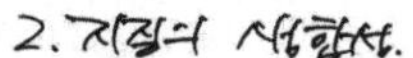
2. 지질의 생합성.

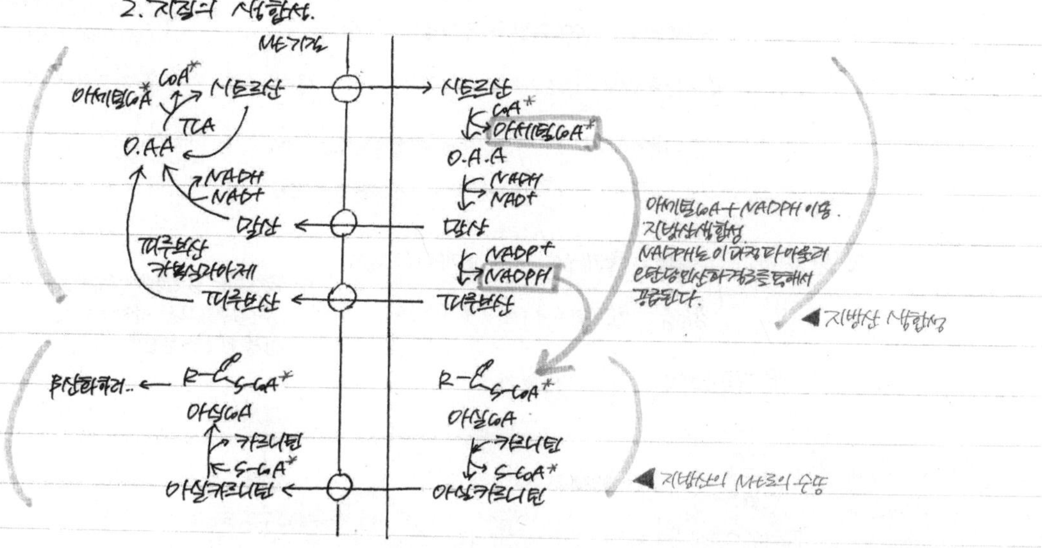

a) 지방산의 연장 : 팔미트산으로부터 긴 지방산 형성 | In 활면소포체, Mt
∴ C16 리놀레산, 리놀렌산은 필수지방산
(=) (≡)

In SER : C−C 포화 ⇒ C=C 불포화 : 첨가중합가능.

b) 불포화화 : SER & 엽록체에 有

참고) *지질대사 세포소기관 기능.

① 세포질 : NADPH 생성 (5탄당인산화회로, 말산효소)
지방산 합성 (아실CoA)

② Mt : 아세틸CoA 형성.
케톤체 합성.
β산화 (동물만)

③ 엽록체 : NADPH, ATP 생성.
지방산합성

④ 퍼옥시좀 : β산화

⑤ SER : 지방산 길이신장
지방산 불포화

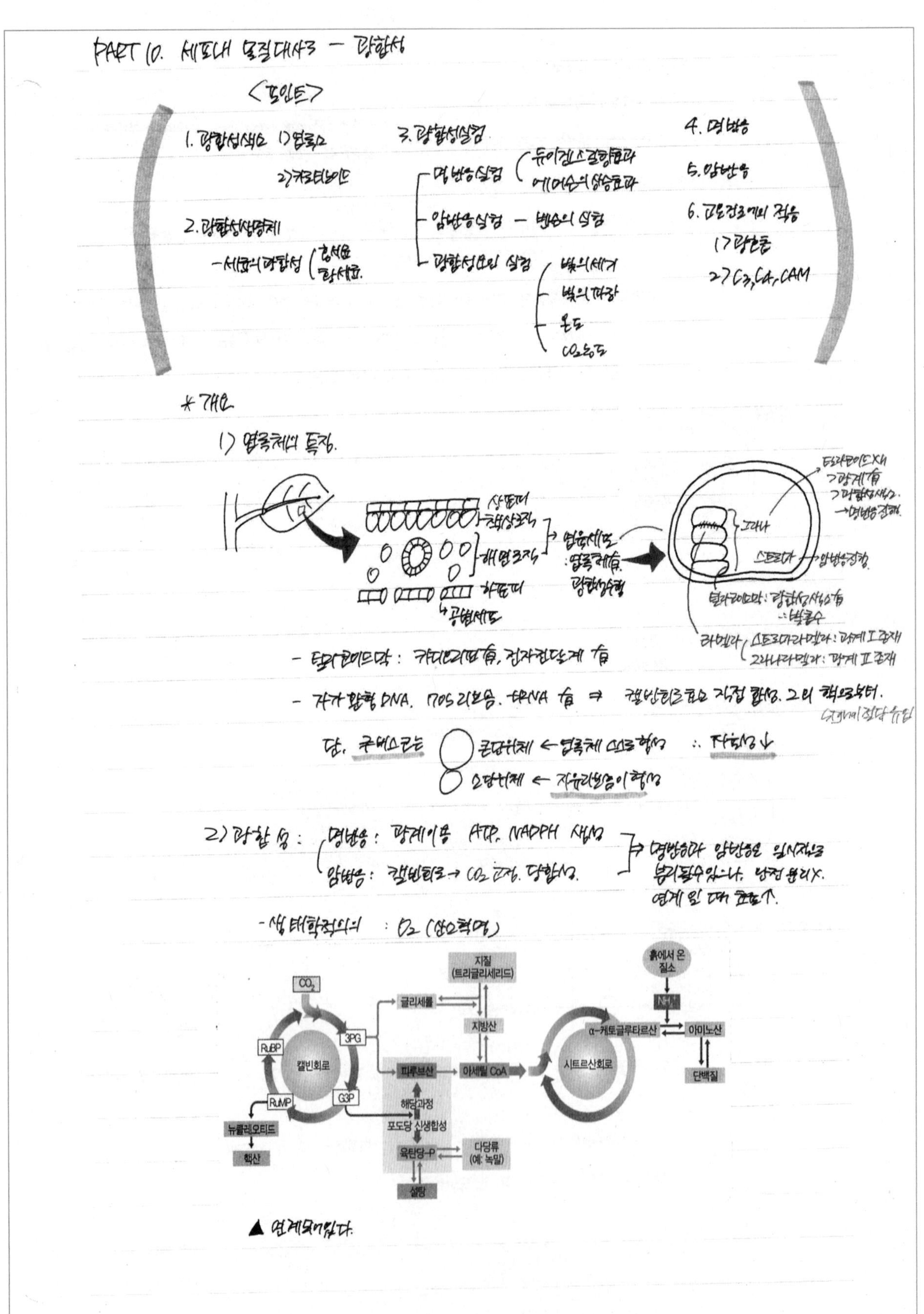
PART 10. 세포내 물질대사3 – 광합성
<포인트>
1. 광합성색소 1) 엽록소
2) 카로티노이드
2. 광합성생명체
– 세균의 광합성 (홍색균, 녹색균.
3. 광합성실험
– 명반응실험 – 에머슨의 상승효과
– 암반응실험 – 벤슨의 실험
– 광합성요인 실험 – 빛의 세기, 빛의 파장, 온도, CO2 농도
4. 명반응
5. 암반응
6. 고온건조에의 적응
1) 광호흡
2) C3, C4, CAM
* 개요
1) 엽록체의 특징.
상표피
책상조직
해면조직
하표피
공변세포
엽육세포 : 엽록체 有, 광합성 수행
그라나
스트로마 – 암반응 진행
틸라코이드막: 광합성색소 有
라멜라
– 틸라코이드막 : 카로티노이드 有, 전자전달계 有
– 자가 환형 DNA, 70S 리보솜, tRNA 有 ⇒ 캘빈회로 효소 직접 합성. 그 외 핵으로부터.
2) 광합성 : 명반응 : 광에너지 이용 ATP, NADPH 생성
암반응 : 캘빈회로 → CO2 고정, 당합성.
→ 명반응과 암반응은 일시적으로 분리될 수 있으나, 완전 분리X. 연계 될 때 효율↑.
– 생태학적 의의 : O2 (산소혁명)
CO2
RuBP
3PG
캘빈회로
G3P
RuMP
뉴클레오티드
핵산
글리세롤
지질 (트리글리세리드)
지방산
피루브산
아세틸 CoA
해당과정
포도당 신생합성
육탄당-P
다당류 (예: 녹말)
설탕
시트르산회로
흙에서 온 질소
NH4+
α-케토글루타르산
아미노산
단백질
▲ 연계되어있다.

1. 광합성 색소

(1) 엽록소

a. 구조 : 테트라 피롤 구조 → 흡광 발색 (670~700nm 구간 흡광) / 소수성 꼬리 (피톨) : 막 내에 단백질과 간접적으로 부착.

b. 종류 : 엽록소 a, b

c. 기능 : 광수확

포르피린 고리

보결족 : Mg^{2+}

엽록소 a : 메틸기
엽록소 b : 알데히드기

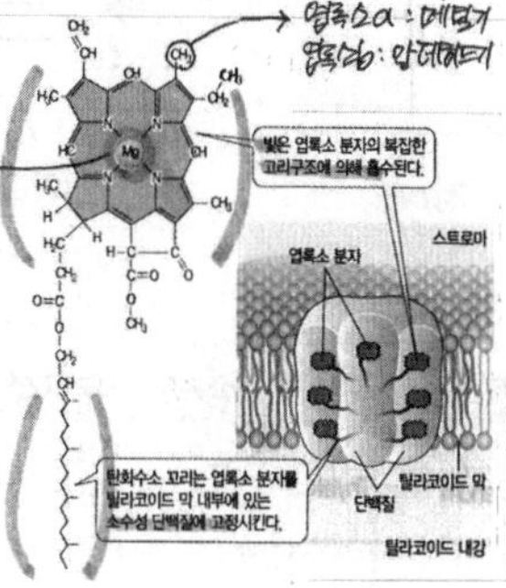

빛은 엽록소 분자의 복잡한 고리구조에 의해 흡수된다.

소수성 꼬리 : 피톨

탄화수소 꼬리는 엽록소 분자를 틸라코이드 막 내부에 있는 소수성 단백질에 고정시킨다.

엽록소 분자 / 스트로마 / 틸라코이드 막 / 단백질 / 틸라코이드 내강

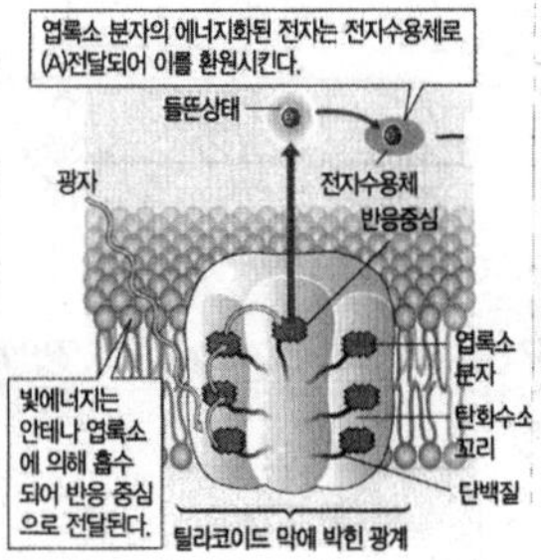

엽록소 분자의 에너지화된 전자는 전자수용체로 (A)전달되어 이를 환원시킨다.

들뜬상태 / 광자 / 전자수용체 / 반응중심 / 엽록소 분자 / 탄화수소 꼬리 / 단백질

빛에너지는 안테나 엽록소에 의해 흡수되어 반응 중심으로 전달된다.

틸라코이드 막에 박힌 광계

(적색 & 청색계열) 대체로 흡수스펙트럼과 작용스펙트럼 유사

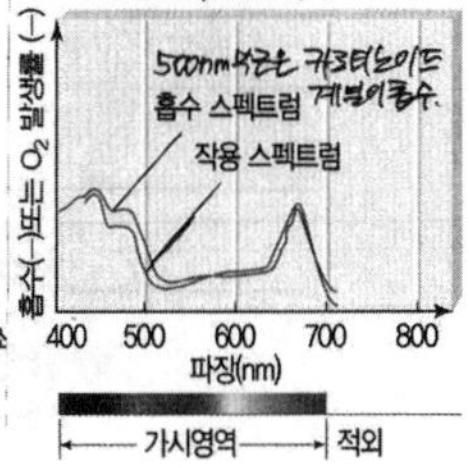

흡수 또는 O_2 발생률 (→)

500nm 부근은 카로티노이드 계열이 흡수.

흡수 스펙트럼 / 작용 스펙트럼

400 500 600 700 800

파장(nm)

가시영역 / 적외

(2) 카로티노이드

a. 종류 : 크산토필, 카로틴

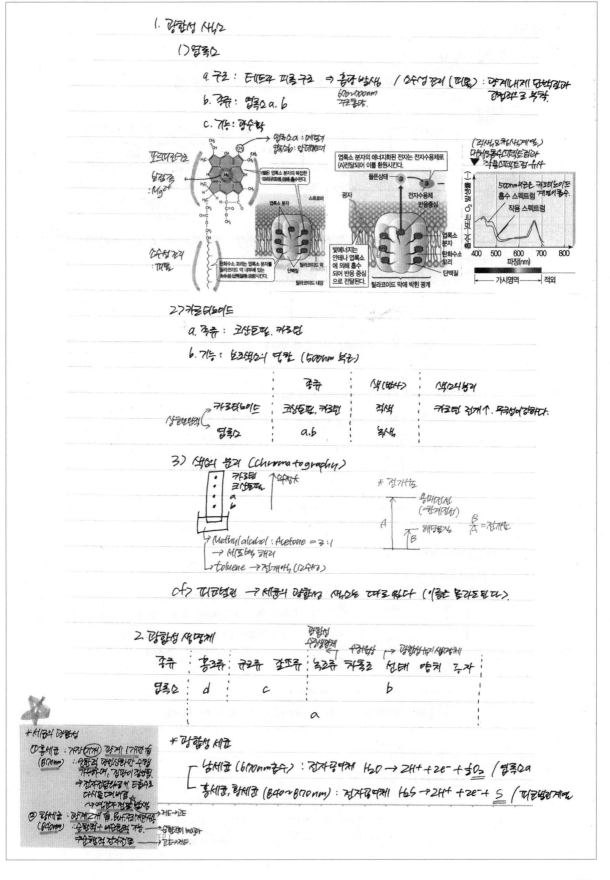

b. 기능 : 보조색소의 역할 (500nm 부근)

	종류	색(반사)	색소의 분리
카로티노이드	크산토필, 카로틴	적색	카로틴 전개↑. 무극성이 강하다.
엽록소	a, b	녹색	

상호보완적

3) 색소의 분리 (Chromatography)

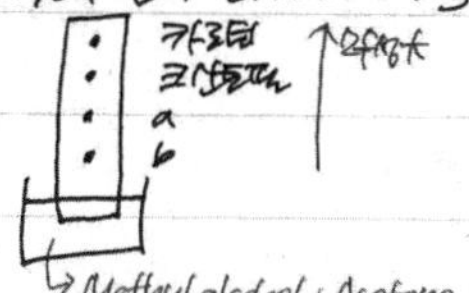

카로틴 / 크산토필 / a / b — 무극성↑

→ Methyl alcohol : Acetone = 3 : 1 → 세포벽 해리

→ toluene → 전개액 (극성↓)

* 전개율

용매전선 (=한계전선)

해당물질

A / B

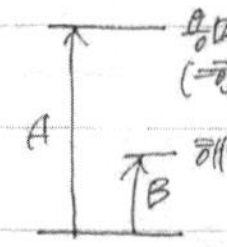

$\frac{B}{A}$ = 전개율

cf) 피코빌린 → 세균의 광합성 색소는 따로 있다 (이름은 몰라도 된다).

2. 광합성 생명체

광합성 수중생명체 ← 수중생활 ↱ → 광합성 육지생명체

종류	홍조류	규조류 갈조류	녹조류 차롤로 선태 양치 종자
엽록소	d	c	b
	a		

* 세균의 광합성

① 홍세균 : 가장 간단 광계 1개만 有 (870nm) ∴ 순환적 광인산화만 수행 가능하며, 집광이 잘 안됨. → 전자전달 과정에 E 흡수로 다시 돌아와버림 ↳ 여기전자 전달 발생 → 저E → 고E

② 황세균 : 광계 2개 有. 원시적 구조(계면 사용) (840nm) ∴ 순환적 + 비순환적 가능. → 순환적이 major → 비순환적 전자전달 → 고E → 저E.

* 광합성 세균

남세균 (670nm 흡수) : 전자공여체 $H_2O \rightarrow 2H^+ + 2e^- + \frac{1}{2}O_2$ / 엽록소 a

홍세균, 황세균 (840~870nm) : 전자공여체 $H_2S \rightarrow 2H^+ + 2e^- + S$ / 피코빌린계열

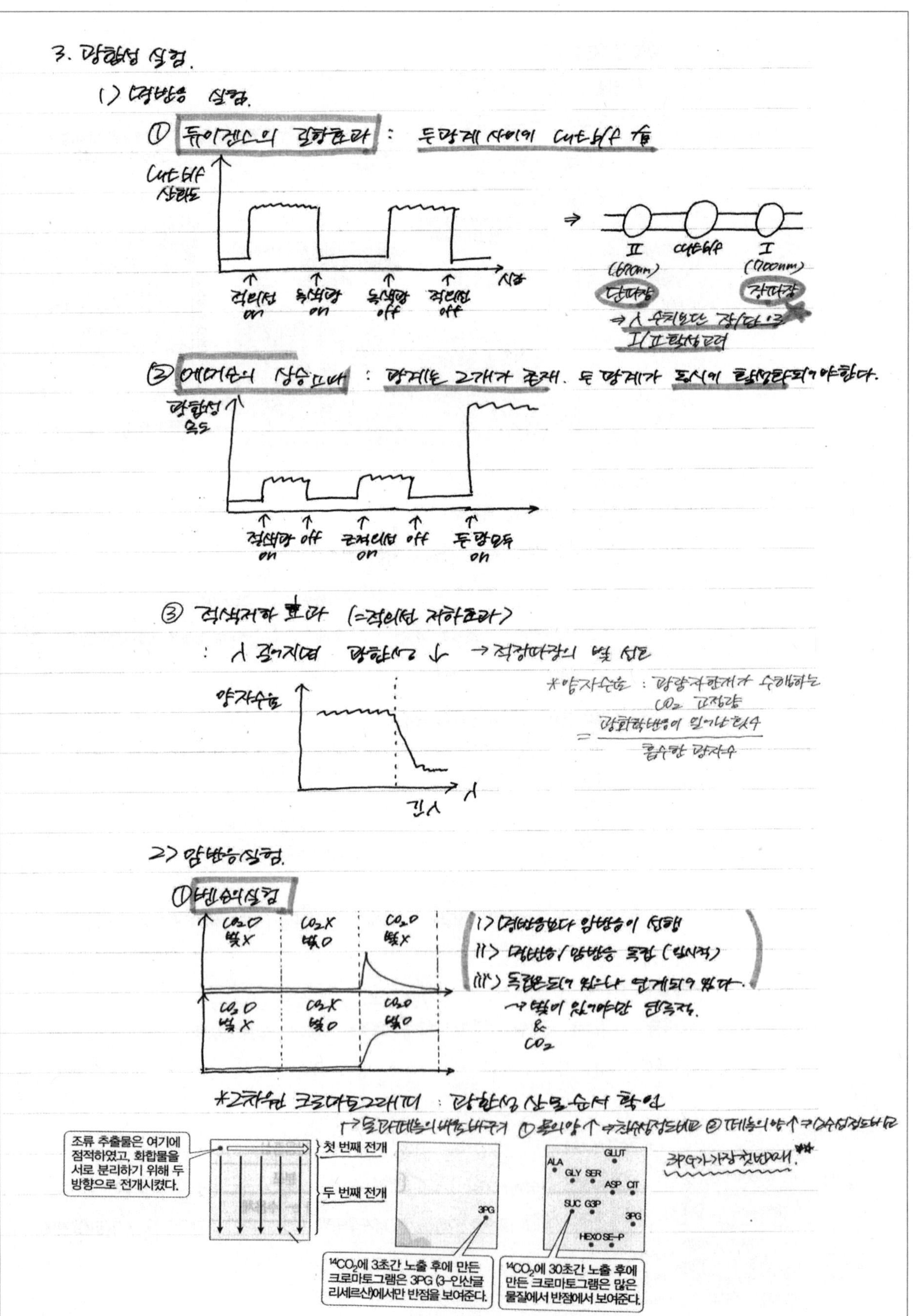
조류 추출물은 여기에 점적하였고, 화합물을 서로 분리하기 위해 두 방향으로 전개시켰다.
첫 번째 전개
두 번째 전개
3PG
$^{14}CO_2$에 3초간 노출 후에 만든 크로마토그램은 3PG (3-인산글리세르산)에서만 반점을 보여준다.
$^{14}CO_2$에 30초간 노출 후에 만든 크로마토그램은 많은 물질에서 반점에서 보여준다.

3) 광합성 영향요인 실험

(1) 빛의 세기

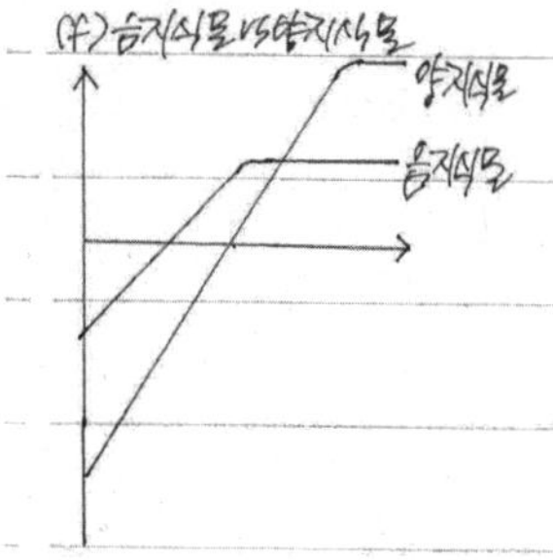

(+) 음지식물 vs 양지식물

양지식물

음지식물

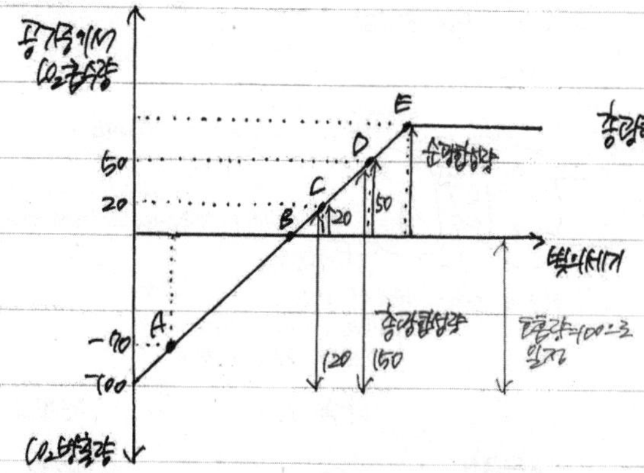

공기중에서 CO_2 흡수량

E

D

C

B

A

50

20

-70

-100

20

50

120

150

순광합성량

총광합성량

호흡량 100으로 일정

빛의 세기

CO_2 방출량

총광합성량 = 순광합성량 + 호흡량.

i) 빛 X 일 시, 광합성 수행 X. 호흡만 진행 ~ (CO_2 100 방출)

ii) 빛 A : 광합성량 < 호흡량 (CO_2 방출 70 + 광합성에 재활용 30) 세포가 생산한 CO_2

iii) 빛 B : "보상점", 광합성량 = 호흡량

iv) 빛 C : 광합성량 > 호흡량 (외부로부터 CO_2 흡수)

v) 빛 E 이후 : 빛의 세기↑여도 더이상 광합성량 증가 X ⇒ 광포화점 (엽록소의 한계)

(2) 빛의 파장

: 엽록소 a, b는 청색/적색 계열 흡수↑. 녹색 흡수 X

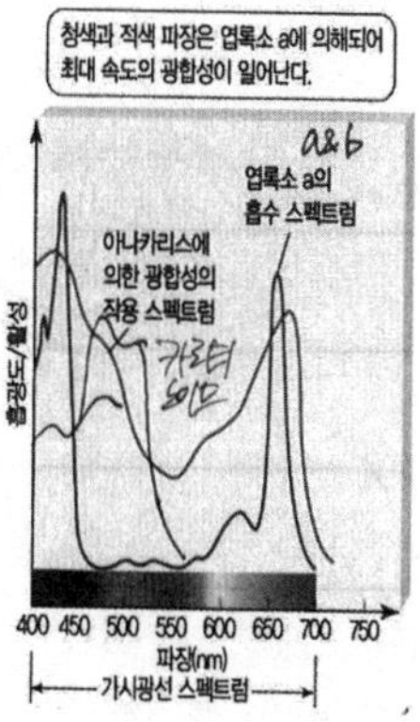

청색과 적색 파장은 엽록소 a에 의해되어 최대 속도의 광합성이 일어난다.

a&b

엽록소 a의 흡수 스펙트럼

아나카리스에 의한 광합성의 작용 스펙트럼

카로티노이드

흡광도/활성

400 450 500 550 600 650 700 750

파장(nm)

가시광선 스펙트럼

→ a, b의 흡수스펙트럼과 광합성 작용스펙트럼 대체로 일치

⤷ 광합성은 엽록소에 의존

⇒ 카로티노이드 계열 : 500nm 영역 보충흡수 ∴ 전 파장 흡수 가능

⤷ 엽록소보다 양자수율↓

(3) 온도

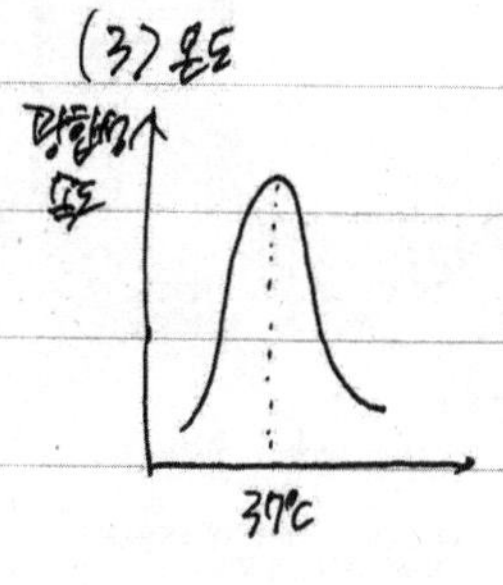

광합성 속도

37℃

(4) CO_2 농도

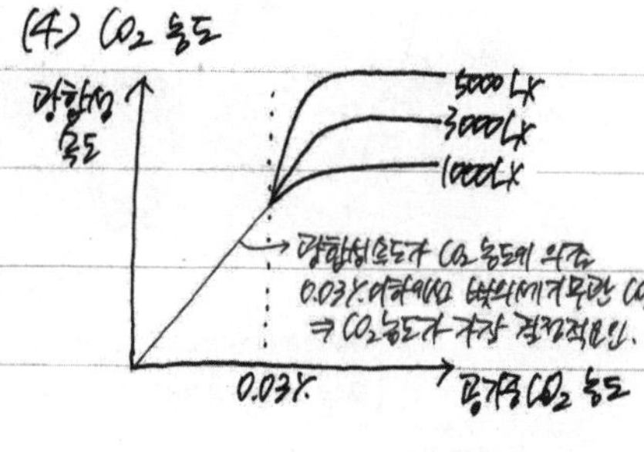

광합성 속도

5000Lx

3000Lx

1000Lx

→ 광합성속도가 CO_2 농도에 의존

0.03% 이하에서 빛의 세기 무관 CO_2 농도에만 의존

⇒ CO_2 농도가 가장 결정적 요인.

0.03%

공기중 CO_2 농도

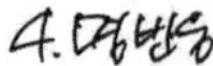

4. 명반응

1) 명반응 : H_2O의 광분해 전자 + 빛 E로 ATP와 NADPH 합성.

a. 장소 : 틸라코이드

b. 광계

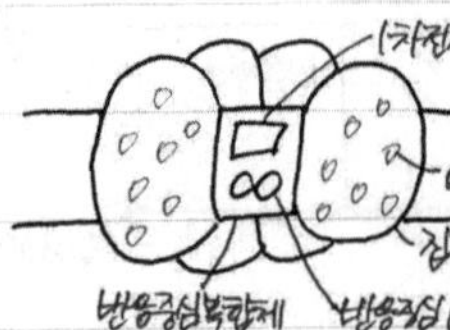

(+) 반응중심a
: P680, P700 모두 동일한 엽록소a이나 각기다른 단백질과 결합한 것이 두 색소내 전자 분포에 영향을 미치고 빛흡수에 미세한 차이를 보이게 된다.

	광계 Ⅰ	광계 Ⅱ
반응중심	P700 E↓	P680 E↑
1차e수용체	필로퀴논	페오피틴
위치	스트로마라멜라	그라나라멜라

→ 반응중심에서 E다른 빛을 흡광하므로 1차전자수용체도 달라질 수밖에 없다.

(+) 틸라코이드
라멜라 구조
그라나라멜라 (⊃광계Ⅱ)
스트로마 라멜라 (⊃광계Ⅰ)

c. 광인산화 vs 산화적인산화

	광인산화	산화적 인산화
H^+/e^- 공급	H_2O	유기물
E 공급	빛	유기물
H^+의 이동	스트로마 → 루멘 → 스트로마	Mt 기질 → 막간공간 → Mt 기질
최종 e 수용	$NADP^+$	O_2
ATP 합성효소	F_0F_1	CF_0CF_1

* 화학삼투적 인산화 비교

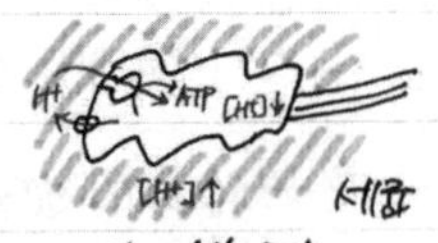

H^+수송 안→밖→안 / 안→밖→안 / 밖→안→밖 (틸라코이드기준)

2) 전자의 흐름.

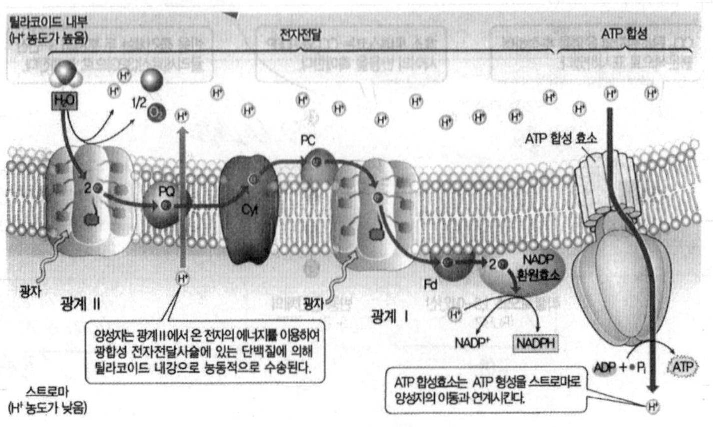

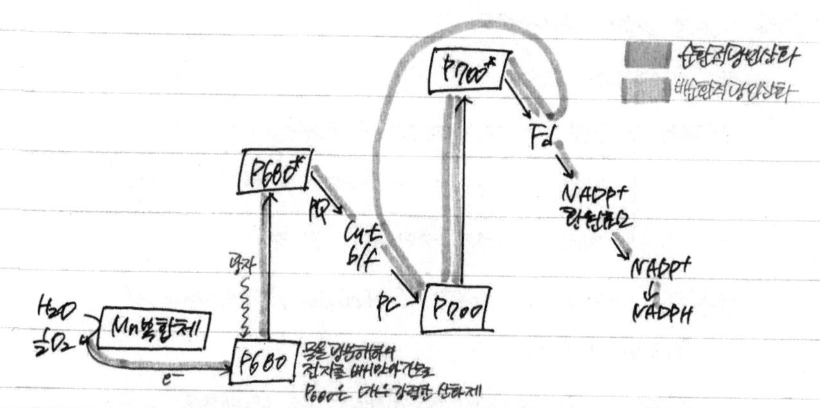

	순환적	선형
광계	I	II → I
생성물	ATP	NADPH, ATP
물의분해	×	○
발생상황	맑고 건조한 날 (=광호흡)	평상시
	ATP 합성 보충목적	ATP, NADPH 생성목적.

i) 광계 II - Mn복합체 : 물 분해

$$H_2O \xrightarrow{\text{Mn복합체}} 2H^+ + 2e^- + \frac{1}{2}O_2$$

ii) $2e^-$ → 광계 II 반응중심(P680) → 1차 전자수용체 (페오피틴)

iii) 고E 전자 수송 (EMC : Electron Mobile Carrier) : PQ 플라스토퀴논

iv) Cyt b/f 복합체 : H^+ pumping

v) 저E 전자수송 (EMC) : PC 플라스토시아닌.

vi) 광계 I 반응중심 (P700) → 1차 전자수용체 (필로퀴논)

vii) 필로퀴논 → Fd (페레독신, EMC) → $NADP^+$ 환원효소 : $NADP^+ + H^+ + 2e^- \rightarrow NADPH$
고E 전자수송

(광계 II의 E → H^+ pump → ATP
  광계 I의 E → NADPH
→ 암반응 캘빈회로에 이용.

3) 명반응억제제

[광계 I : 파라쿼트 → e^-가 $NADP^+$에 이동하는 단계 억제
  광계 II : DCMU → 광계 II에서 플라스토퀴논으로의 전자전달 억제

5. 암반응 : CO_2를 고정하여 유기물합성

a. 장소 : 스트로마

b. 주요과정
- 고정 : CO_2 + RuBP → PGA×2
- 환원 : 1.3BPGA → ($NADPH$ → $NADP^+$) → G3P (저E → 고E)
- 재생 : G3P → RuMP → RuBP

c. 루비스코 (RubisCO : RuBP / Carboxylase / Oxygenase)

: CO_2고정 단계 효소.

: 대기중 $P_{O_2} \gg P_{CO_2}$이지만 CO_2 친화도↑이므로 CO_2와 반응.

But. P_{O_2} 매우↑라면 경쟁적억제제로 작용 ∴ O_2와 반응.

i) 핵 의존적 → 핵에의해 통제받고있다.
- 큰 소단위체 : by self. 70S리보솜. 자가DNA
- 작은소단위체 : by 자유리보솜 핵DNA. mRNA 효소가 핵에서 유래. post-translation (sb-signal만 절단)

ii) 루비스코 활성화

① Mg^{2+} 流 ② 스트로마 pH↑ ⇐ 빛이있을 때!! (명반응↑ 스트로마 pH↑)
2개에 H^+ 방출하고 활성형으로 전환.

∴ 암반응도 빛에의해 조절됨.

d. 그 외 캘빈회로 관련효소들. → 빛에의해 활성화. ∴ 빛있을때 암반응↑.
- 산화형 : −S−S− 비활성화
- 환원형 : −SH HS− 활성화

◀ 빛 流입시,
해당억제 → 당신생촉진

◀ 어두울시,
당신생억제. 해당촉진
∴ 밤에 오히려 활성화된다.

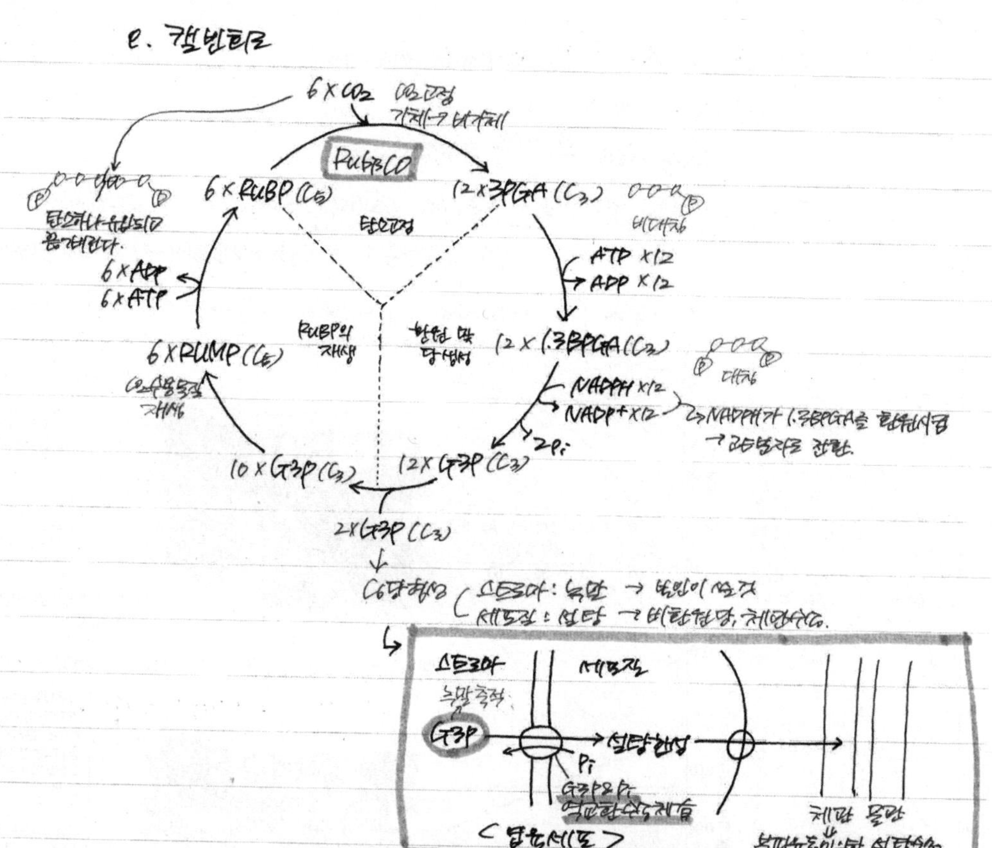

6. 고온건조에의 적응

1) 광호흡. ⇒ "낭비회로". 글리콜산은 PGA를 전환시켜주므로 보존회로라고 불리기도하나, 생장을 저해하므로 아예 안하는게 이득.

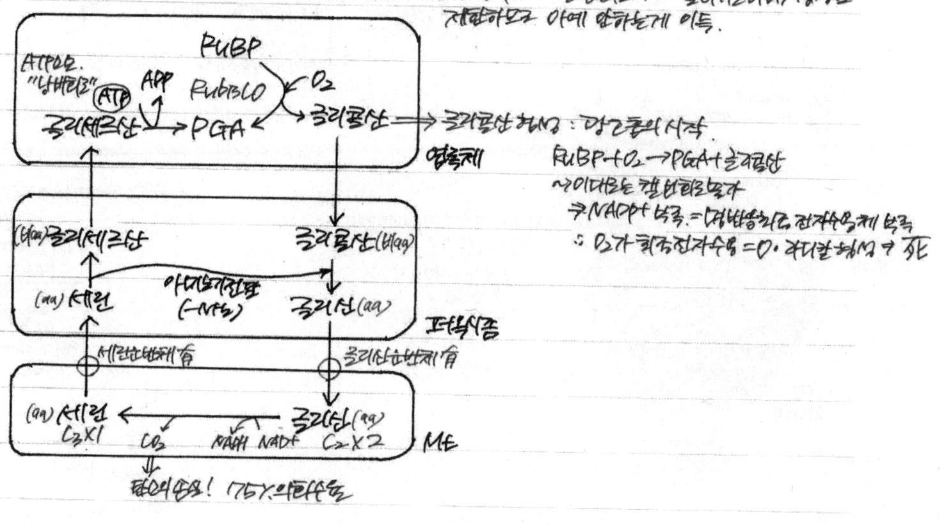

2) C_3, C_4, CAM. → CO_2를 고정시킨 물질의 탄소수로 구분

(1) C_3 ex) 벼, 밀, 대두

: $RuBP + CO_2 \xrightarrow{RuBisCO} 2 \times PGA\ (C_3)$

⇒ 덥고 건조한 날 : 기공 close, CO_2 유입 X. But, 광계 II의 물분해 계속적 가능.

∴ O_2↑, 광호흡↑ ⇒ C_3는 광호흡 일어나기 쉬우므로 온대지역 서식

* C_3 vs C_4 ⇒ 극한상황에는 C_4가 강하나, CO_2 농도 & 적정온도에선 C_3에게 진다.

C₄ 식물 / C₃ 식물 — CO_2 동화($\mu mol\ m^{-2}\ s^{-1}$)
(A) 세포 내 CO_2 분압, Ci(Pa)
(B) 주변 CO_2 농도, Ca(Pa)
CO_2 보상점 : C_4가 적은양의 CO_2로 반정도됨.

(A) C_3 잎에서 세포의 배열
위쪽 표피
엽육세포는 루비스코를 가지며, CO_2를 RuBP로 고정하여 3PG를 만든다.
엽맥
다발집세포는 엽록체와 루비스코가 거의 없다. 이 세포는 CO_2를 고정하지 않는다.
스펀지 모양의 엽육세포
아래쪽 표피

CO_2 동화($\mu mol\ m^{-2}\ s^{-1}$)
(A) 포화 CO_2 농도
(B) 주변 CO_2 농도
온도(℃)

양자수율 흡수한 양자당(mol CO_2)
Encelia californica(C_3 식물)
Atriplex rosea(C_4 식물)
잎의 온도(℃)

(B) C_4 잎에서 세포의 배열 → 엽육세포가 유관속초세포 주변에 배열되어
엽육세포는 PEP 카복실화효소를 가지며, 이 효소는 CO_2와 PEP가 4-탄소 분자인 옥살로아세트산을 형성하는 반응을 촉매하고, 이 옥살로아세트산은 말산으로 전환된다.
다발집세포는 루비스코 주위에 CO_2를 농축하는 변형된 엽록체를 가진다.
엽육세포에서 다발집세포로 CO₂ 펌프작용은 두 세포의 가까운 근접으로 인하여 가능하다.

(2) C_4 ex) 옥수수, 사탕수수 ⇒ 고온건조 적응진화

: 장소의 분리 → 엽육세포 : 공기 중 CO_2 고정
→ 유관속초세포 : 캘빈회로

The C_4 pathway
엽육세포 — Mesophyll cell
PEP carboxylase
CO_2 → 호흡시 기공 open
Oxaloacetate(4C) — NADPH → NADP⁺
PEP(3C)
Malate(4C)
ADP / ATP ×2 → 유관속초세포에서 순환적 광인산화로 공급 ⇒ 유관속초세포에는 광계 I만 있음 (∴ 물분해에 의한 O_2 생성도 X) ⇒ 광호흡 X.
※ C_4가 광호흡만 해도 (?) 상당하게 해야하므로 ...
원형질 연락사 ←
NADP⁺ / NADPH 공급
Bundle-sheath cell
Pyruvate(3C)
CO_2
ATP는 유관속초세포의 순환적 광인산화로 공급
Calvin cycle
Sugar
유관속초세포
Vascular tissue

: 효소의 변화 → RuBisCO 사용시 O_2와 결합한 뒤 광호흡 → RuBisCO 대신 "PEP carboxylase" 사용 ⇒ CO_2 고정효과↑ (Km↓)

* PEP carboxylase 활성조절 (참고)
덜 활성
PEP carboxylase kinase
빛 O ↓ ↑ 빛 X
더 활성
PEP carboxylase kinase
ATP → ADP
PEP carboxylase —Ser—OH (덜 활성) → PEP carboxylase —Ser—P (더 활성)
Pi ← H_2O
⊣ 말산

말산 마다시, 새로운 시작을 강하게 다시제

(3) CAM 식물 ex) 선인장, 파인애플 → 초고온건조 적응

시간의 분리
→ 밤 → 기공 open. 짧은 시간동안 CO_2 고정. 말산으로 저장
→ 낮 → 기공 close. 명반응과 함께 광합성 수행

CAM은 명계Ⅱ 有.
명계Ⅱ를 없애는 억제도 X.
명관통하면 사망

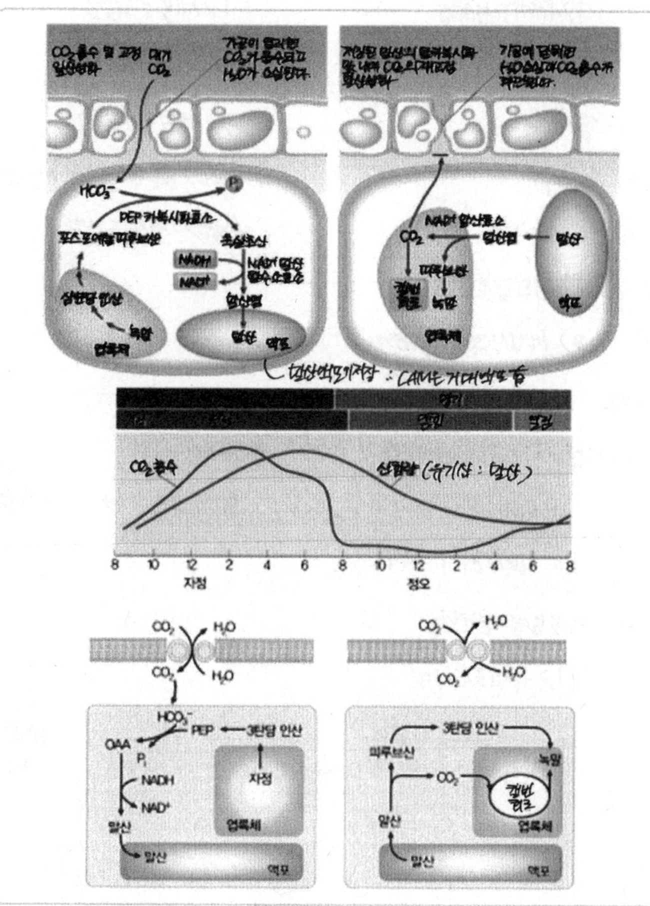

<보충>

	C3 식물	C4 식물	CAM 식물
캘빈회로의 사용	사용	사용	사용
첫 번째 CO_2 수용체	RuBP	PEP	PEP
CO_2 고정효소	루비스코	PEP 카복실화효소	PEP 카복실화효소
CO_2 고정의 첫 번째 산물	3PG(3-탄소)	옥살로아세트산(4-탄소)	옥살로아세트산(4-탄소)
카복실화효소의 CO_2에 대한 친화력	적당함	높음	높음
잎의 광합성 세포	엽육세포	엽육세포와 다발집세포	커다란 액포를 가진 엽육세포
광호흡	강함	취소	취소
	순환적+비순환	순환적 광인산화의 비율이 높다.	C3와 동일. 단, 밤동안 다량축적해둔 말산으로부터 낮에 CO_2 공급하므로 상대적으로 광호흡 ↓

PART 11. 세포분열 종류와 특징

<포인트>

1. 세포분열 연구방법
   1) 유세포분석법
   2) 핵형분석
2. 염색체구조
3. 분열기
   1) 방추사
   2) 분열필요단백질
   3) 비정상적인 세포분열
4. 세포주기 & 검문지점
   1) 세포주기실험
   2) 검문지점
   3) 세포주기조절
5. (참고) 감수분열 - 생활사
6. (참고) 체세포분열

1. 개요

1) 분열 : 세포는 분열신호가 있어야 분열한다.

- 내부신호 : 당치↑, S/V↓, 물질교환↓ ⇒ ∴세포분열 ⇒ S/V↑
- 외부신호 : GF

2) 세포분열 연구방법

(1) 유세포분석법

a. 원리 (참고)

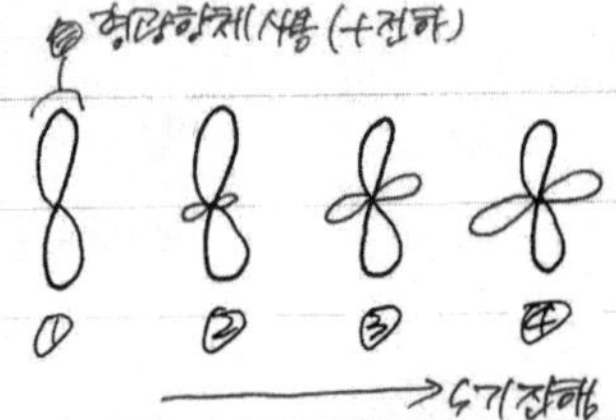

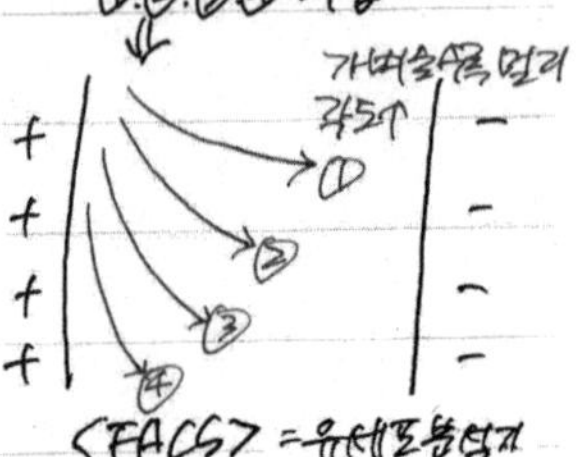

- hydroxy urea : G1 ⇸ S ∴G1에서 all STOP

b. 결과

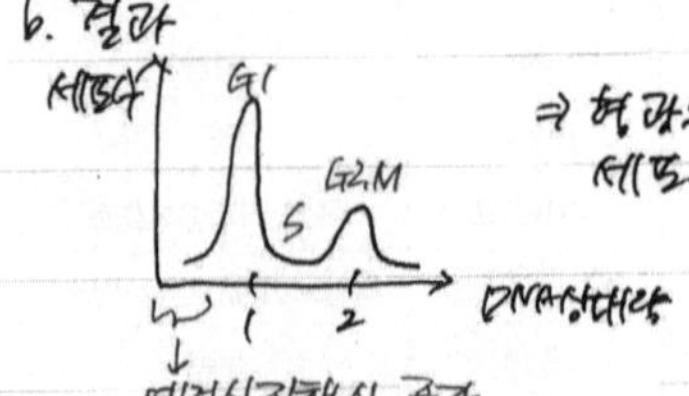

⇒ 형광의 세기에 따라 세포수 count.

(2) 핵형분석 : 염색체 개수와 구조이상 분석

① 혈액 (→백혈구) 준비
② PHA용액 : 백혈구 아세포로 전환
③ 콜히친 처리
④ 저농도처리 : 적혈구.혈소판 용혈 (백혈구는 용혈 X)

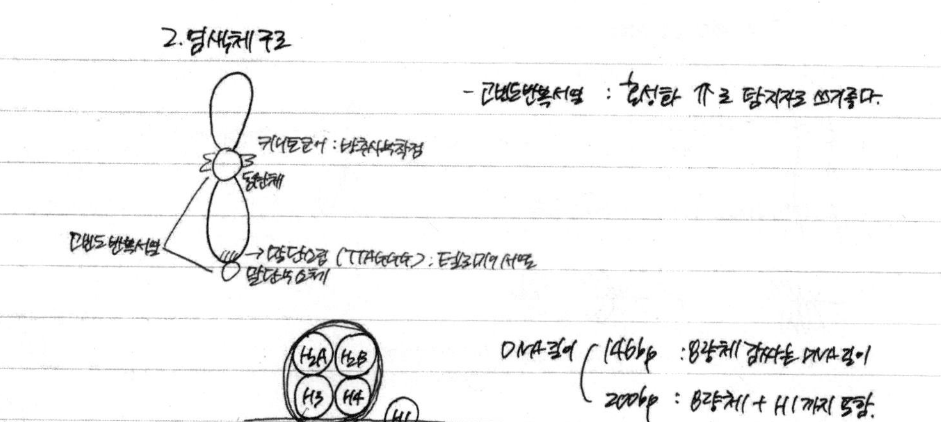

3. 분열기

(1) 방추사

- 동원체 방추사 : 염색체를 이동
- 극성 방추사 : 세포 길이 신장
- 성상체 방추사 : 중심체 양극 이동

※ 전기→후기 염색체 이동 원동력
① 운동단백질 : 디네인
② 흐름 : 성상체 & 디네인.

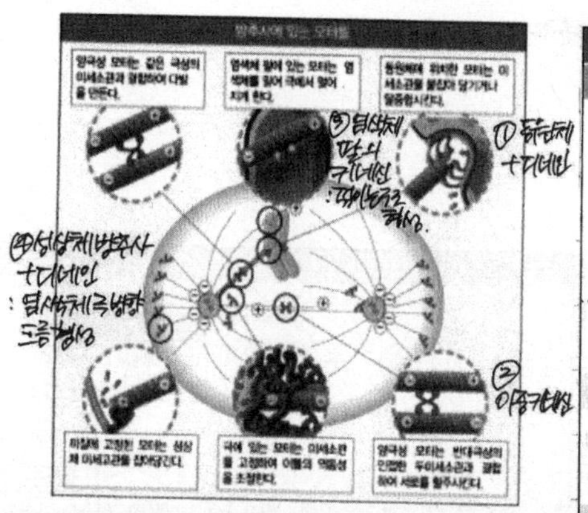

방추사는 미세소관에 작용하는 모터분자들로 채워져 있다. 이들 분자와 미세소관 사이의 특이한 상호작용은 방추사를 형성하고 움직임을 만들고 힘의 생성에 필요로 한다. 화살표는 모터가 이동하는 방향을 가리킨다.

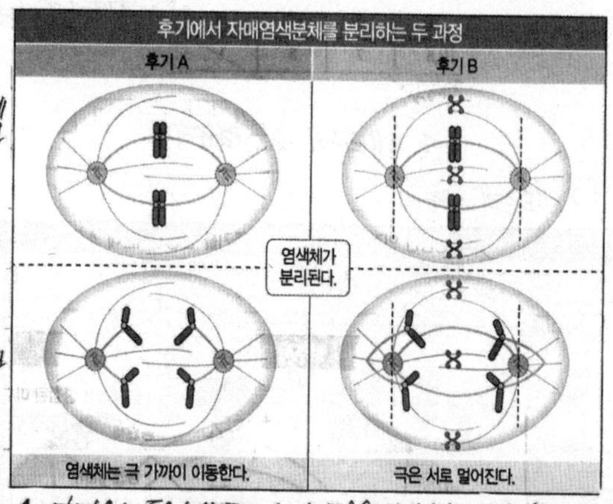

▲ 후기 A : 동원체 방추사 + 디네인 (탈중합) & 미세소관 흐름 → 염색체 분리
후기 B : 극성 방추사 + 키네신 → 세포 수직 길이 신장, 세포질 분열 준비

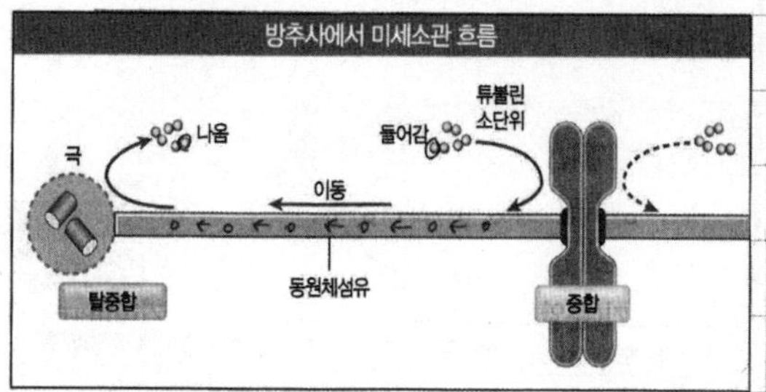

▲ 미세소관의 흐름

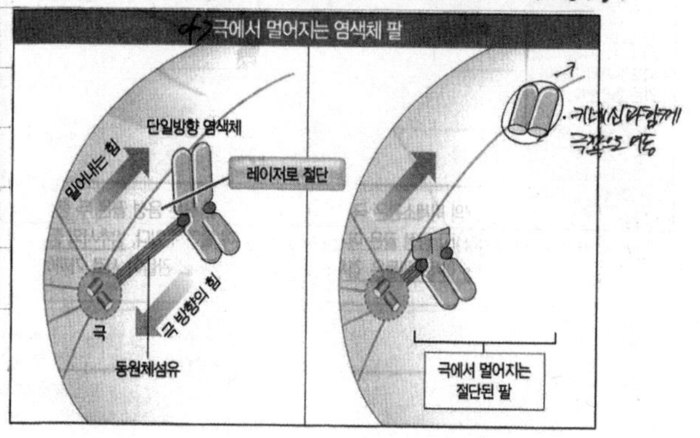

2) 분열필요 PH1

<전기> ⇒ 간기가 세포들이 제기능을 할 수 있으므로 세포활성기이다. 분열기인 세포기능 에 STOP

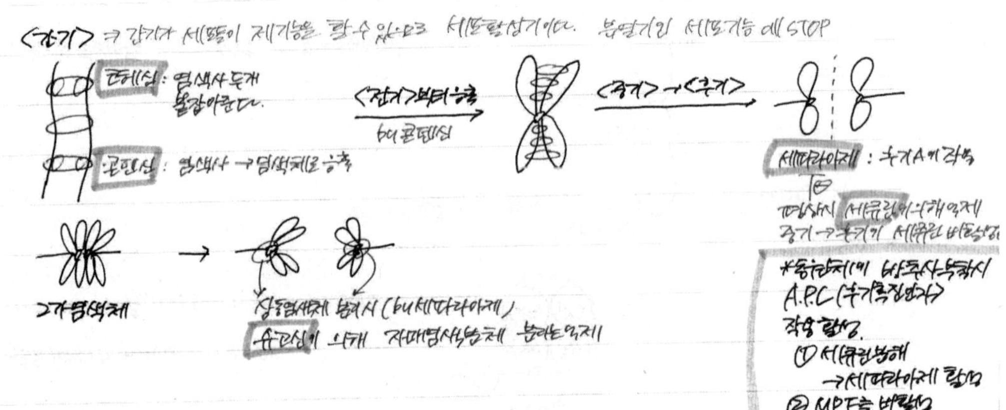

3) 비정상적인 세포분열

: 핵분열기와 세포질분열기는 독립이다.

① 세포질 분열이 없는 경우

: 분열기 세포에 사토칼라신 처리시 다핵체형성

② 핵 분열이 없는 경우

: 상동염색체의 분리가 잘안일어남 ⇒ 거대염색체 (=다사염색체) 형성

ex) 초파리 침샘유전자 ⇒ Puff 구조 형성.

4. 세포주기 & 검문지점.

1) 세포주기 연구

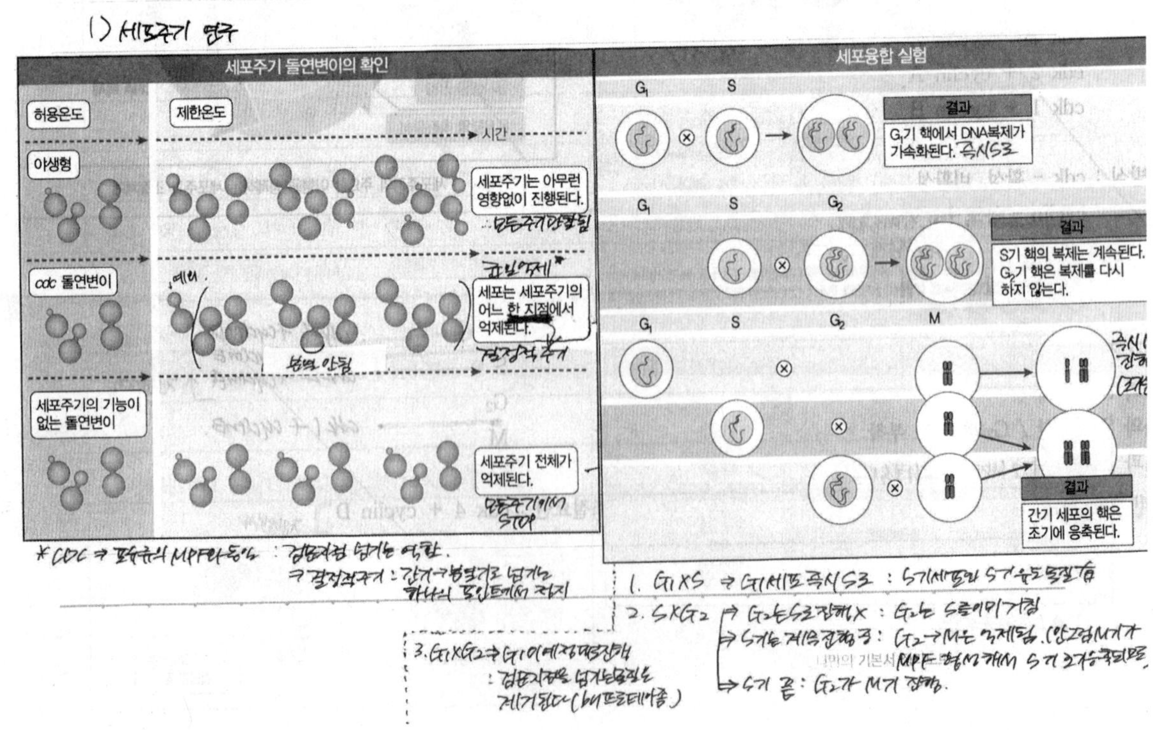

2) 검문지점

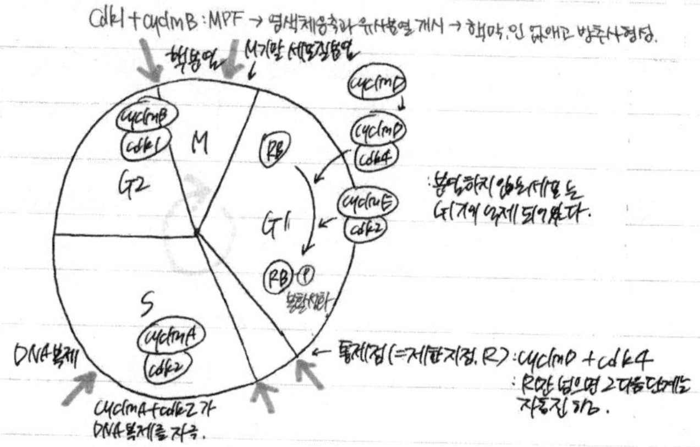

Cdk1 + cyclin B : MPF → 염색체응축과 유사분열 개시 → 핵막, 인 없애고 방추사형성.

핵용해 / M기말 세포질분열

M, G2, G1, S

cyclin B / cdk1

RB, cyclin D, cyclin D / cdk4, cyclin E / cdk2

: 분열하지 않는 세포들은 G1기에 억제되어있다.

RB-P 불활성화

S: cyclin A / cdk2

DNA복제

통제점(=제한지점, R) : cyclin D + cdk4
: R만 넘으면 그 다음 단계는 자동진행.

cyclin A + cdk2가 DNA복제를 자극.

cdk는 기준이 있고, cyclin 양으로 세포분열조절.

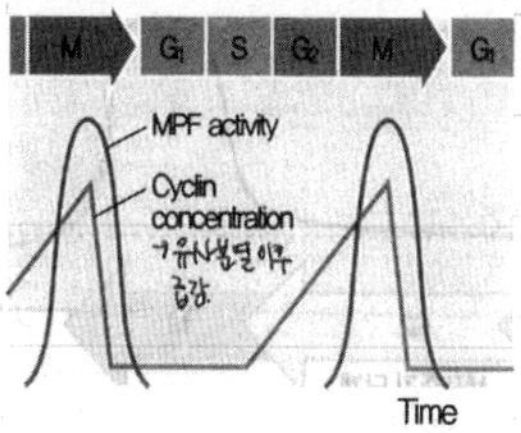

M / G1 / S / G2 / M / G1

MPF activity

Cyclin concentration
↑ 유사분열 이후 급감

Time

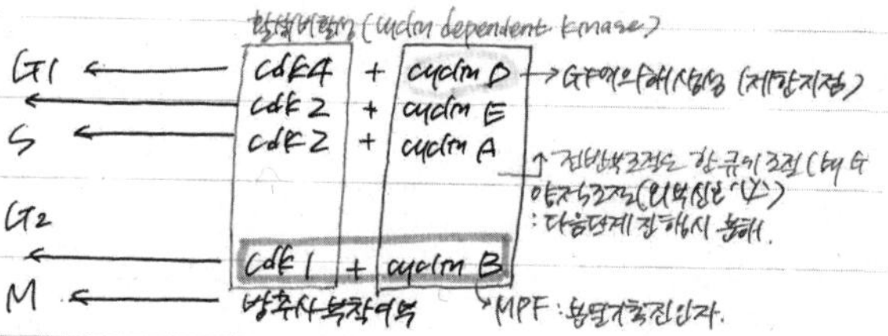

활성단백질 (cyclin dependent kinase)

G1 ←	cdk4	+	cyclin D	→ G1에의 제시점 (제한지점)
←	cdk2	+	cyclin E	
S ←	cdk2	+	cyclin A	
G2				
←	cdk1	+	cyclin B	→ MPF : 분열촉진인자.
M ←	방추사 부착여부			

3) 세포주기조절 * Cyclin + cdk

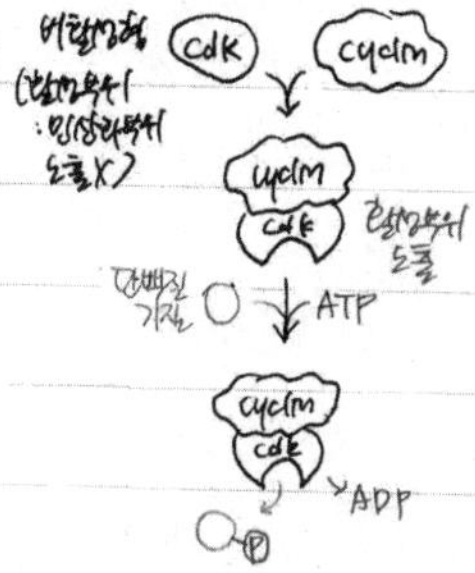

비활성화 (활성부위 : 인산화부위 노출X) — cdk, cyclin → cyclin/cdk 활성부위 노출 → 단백질 기질, ATP → ADP, P

cyclin은 제거
cdk는 재활용된다.

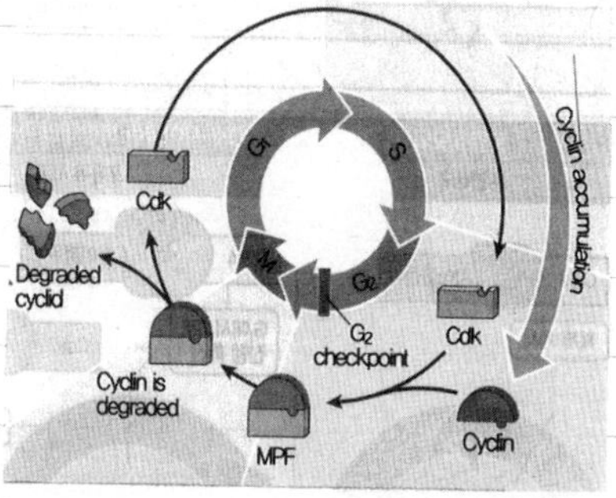

Cyclin accumulation
G1 / S / G2 / M
Cdk
Degraded cyclin
G2 checkpoint
Cyclin is degraded
MPF
Cyclin

* Cyclin + cdk의 조절

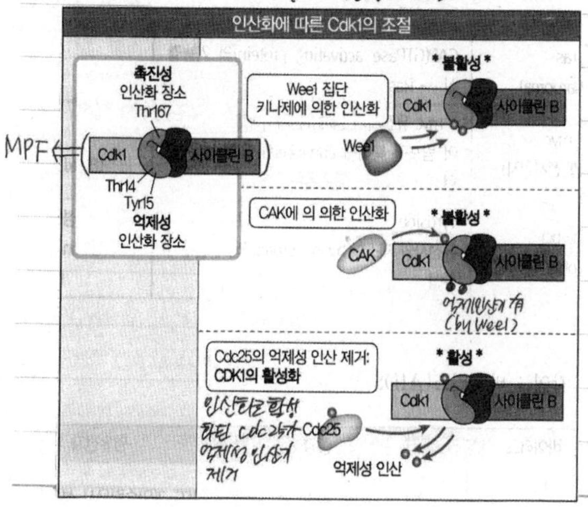

인산화에 따른 Cdk1의 조절

촉진성
인산화 장소
Thr167

MPF ⟸ Cdk1 / 사이클린 B

Thr14
Tyr15
억제성
인산화 장소

Wee1 집단 키나제에 의한 인산화 — * 불활성 * — Cdk1 / 사이클린 B — Wee1

CAK에 의 의한 인산화 — * 불활성 * — CAK — Cdk1 / 사이클린 B — 억제인산기 有 (by Wee1)

Cdc25의 억제성 인산 제거: CDK1의 활성화 — * 활성 * — Cdk1 / 사이클린 B

인산화로 활성화된 cdc25가 억제성 인산기 제거 — Cdc25 — 억제성 인산

MPF (cyclin B + cdk1)

① wee1 → MPF에 억제인산기 부착하여
MPF 억제

② CAK (Cdk Activating Kinase)
→ MPF에 활성화 인산기 부착
But, Wee1에 의한 억제인산기 부착된 상태이므로 작용억제

③ cdc25 → 억제인산기 탈인산화
∴ MPF 활성화

④ 활성화된 MPF는 cdc25를 인산화하여 활성화시키고 Wee1 억제 ⇒ 더 많은 MPF 활성화
⇒ MPF의 양성피드백.

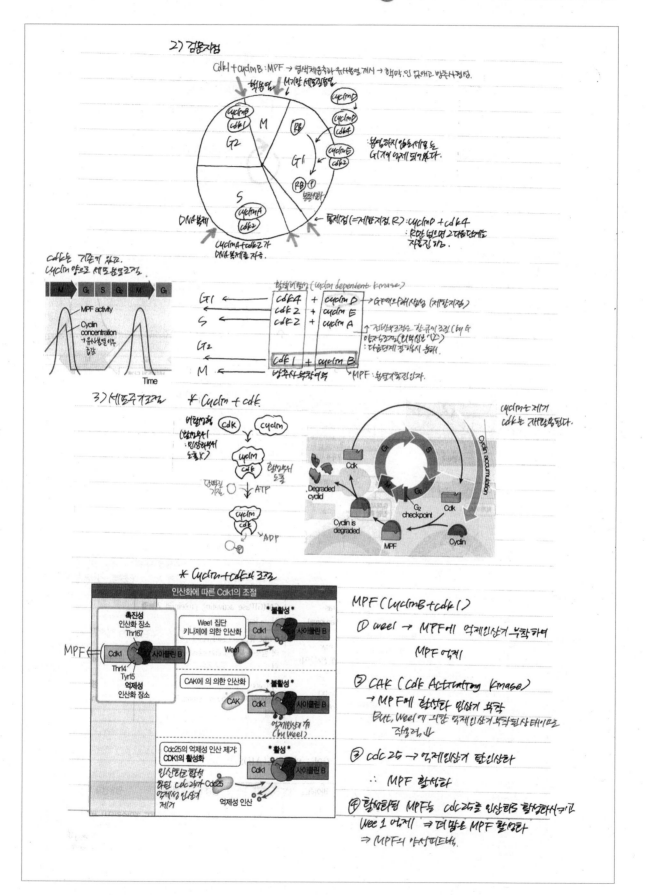

MPF의 기능

(1) 핵막 소실 (2) 염색체 응축 (3) 방추사 신장 (4) 세포 형태 고정

전기~중기의 현상	MPF의 기능	특징
염색체 응축	히스톤 탈아세틸화 촉진	유전자 발현불가
핵막소실	핵막의 lamin 중간섬유 해체	핵막소실로 방추사의 염색체 부착
방추사 중합	$\alpha+\beta$ tubulin의 중합촉진	염색체의 중기판 배열
세포막 고정	액틴과 미오신단백질 억제	핵분열 동안 세포형태 고정

※ MPF는 후기촉진인자(APF)에 의해 억제되므로 후기~말기현상은 MPF의 기능과 반대로 유발된다.

분열기→후기 진행시 APF작용↑ MPF비활성화

→수축환형성X → 세포질분열기 일어나지않음

<조절기작>

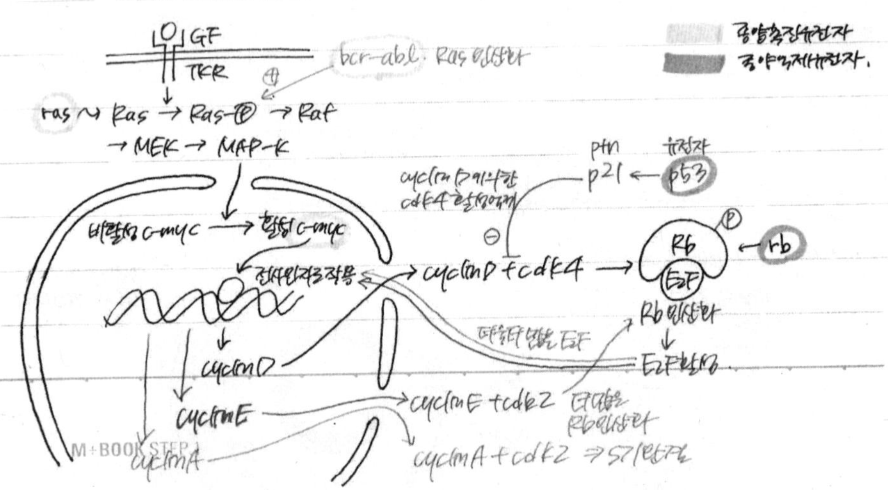

5. (참고) 감수분열

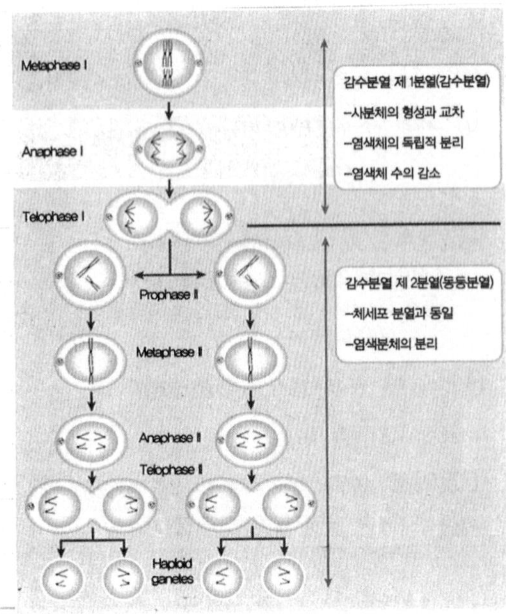

① 2회분열 연속진행 → 간기 X, 1분열 중→후기 넘어갈 시, MPF비활성 X.

② 2가염색체 : 감수분열의 다양성형성 (2n→n : 2^{23} 가지, 교차)

<생활사>

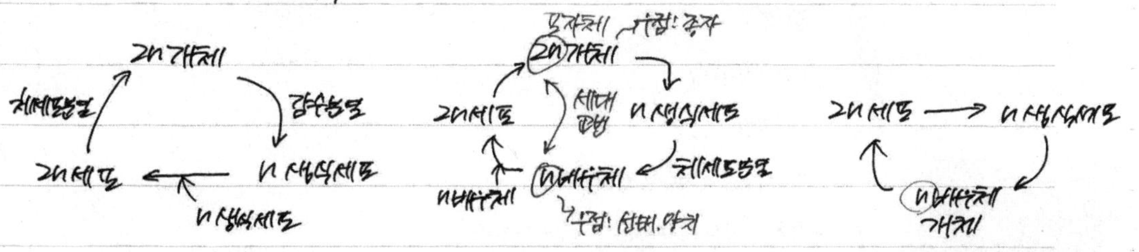

2n 개체 → 감수분열 → n 생식세포 → 2n 세포 ← n 생식세포 → 체세포분열 → 2n 개체

<동물의 생활사>

포자체 — 구성: 종자
(2n) 개체 → n 생식세포 → 체세포분열 → (n) 배우체 — 구성: 씨방, 약치
n 배우체 → 2n 세포 → (2n) 개체
세대 교번

<식물의 생활사>

2n 세포 → n 생식세포 → (n) 배우체 개체 → 2n 세포

<원생생물과 균류>
곰팡이

⇒ 개체 해석

① 동물 : 2n (개체)

② 식물 : 2n (포자체) / n (배우체)

③ 원생생물 (균류, 조류) : n (개체)

6. 체세포분열주기 (참고) → 핵분열과 세포질 분열이 분리되어 있구나 정도만 알면 된다.

간기
세포활성기
탈응축상태
전사 및 번역 가능

- G1 : S기 준비 ('NT 준비, 자유리보솜에서 DNA pol 만들어서 다시 핵으로 수송)
- S : DNA 복제 / 중심체 복제
  반보존적 — 9+0
- G2 : 분열기 준비 (튜불린 단백질, 방추사 수집)

분열기
염색체 고도응축
유전자 발현 X.

- 전기 : 염색체 응축, 인 소실, 중심체 양극 이동, 방추사 형성.
- 전중기 : 핵막 소실, 동원체에 방추사 부착.
- 중기 : 적도판 배열
- 후기 : 세파라아제 작용으로 염색분체 이동.
- 말기
  - 초 : 인, 핵막 재형성, 염색체 탈응축, 방추사 모두 탈중합
  - 후 : 세포질분열
    - 동물 : 수축환 (미세섬유 + 미오신) 밖 → 안으로 수축
    - 식물 : 세포판 형성, 안 → 밖으로 형성.

PART 12. 멘델유전 + 유전기본

<포인트>

퍼넷사각형

분지법

*특징과 형질
양특(모양) → 특징
둥글다 주름지다 → 형질

형질 R r 특징

* 유전자(gene): 유전정보의 단위

표현형(phenotype): 겉으로 드러나는 형질

유전자형(genotype): 겉으로 드러나지 않는 형질. 유전정보 대립인자의 복합 ex) AA, Aa, aa

대립인자(allele): 한 유전자 좌위(locus)에 올 수 있는 여러 유전자 형태

동형접합성(homozygous): 한 쌍의 유전자형이 서로 동일한 대립인자로 구성된 것

이형접합성(heterozygous): " 다른 "

* 멘델의 법칙

- 우열의 법칙: 부모의 표현형 중 한 형질만 표현 (우성>열성)
- 분리의 법칙: 대립유전자 둘 중 한 개만 자손에게 전달
- 독립의 법칙: 서로 다른 형질을 결정하는 대립유전자는 서로 간 영향 X

⇒ P 순종 ↓ F_1 → 자가교배시 만족하면 멘델여러

* 자가교배 & 검정교배

1. 자가교배(=잡종교배):

P: RRYY × rryy (순종)

F_1 RrYy 자가교배

1) 퍼넷사각형

	RY	rY	Ry	ry		
RY	O	O	O	O	우우	9
rY	O	△	O	△	열우	3
Ry	O	O	□	□	우열	3
ry	O	△	□	◇	열열	1

R_Y_ : R_yy : rrY_ : rryy
= 9 : 3 : 3 : 1

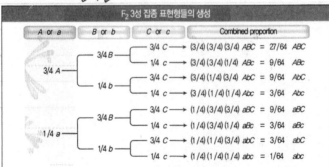

2) 분지법:

F_2 3성 잡종 표현형들의 생성

A or a	B or b	C or c	Combined proportion
3/4 A	3/4 B	3/4 C	(3/4)(3/4)(3/4) ABC = 27/64 ABC
		1/4 c	(3/4)(3/4)(1/4) ABc = 9/64 ABc
	1/4 b	3/4 C	(3/4)(1/4)(3/4) AbC = 9/64 AbC
		1/4 c	(3/4)(1/4)(1/4) Abc = 3/64 Abc
1/4 a	3/4 B	3/4 C	(1/4)(3/4)(3/4) aBC = 9/64 aBC
		1/4 c	(1/4)(3/4)(1/4) aBc = 3/64 aBc
	1/4 b	3/4 C	(1/4)(1/4)(3/4) abC = 3/64 abC
		1/4 c	(1/4)(1/4)(1/4) abc = 1/64 abc

MEMO

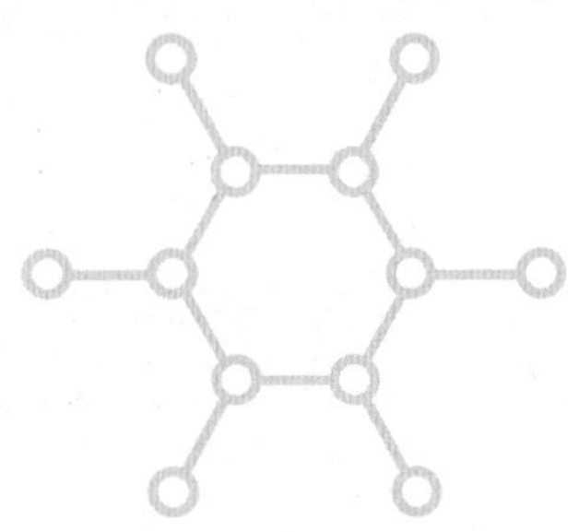

생물 1타강사 **노용관**

메디컬 편입 생물
전범위 기출주제
손글씨 필기노트

한권으로 끝내는 메디컬(의치한약수) 편입 나만의 祕密兵器

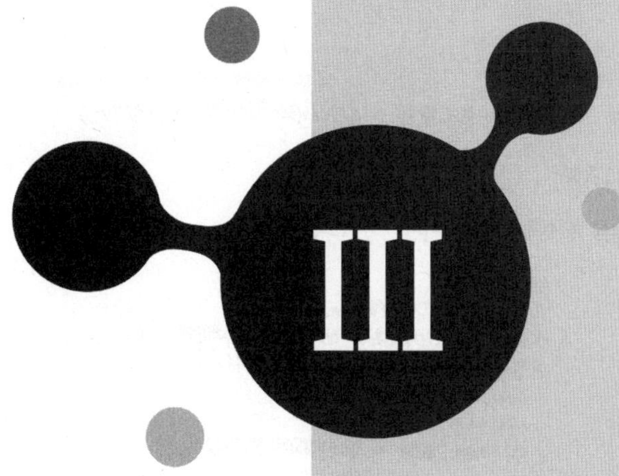

멘델 유전의 예외~ 유전자 돌연변이와 수리

PART13. 멘델 유전의 예외

<포인트>

상위 — 바오체

각인 — 모계(영향유전

1. 공동우성 : 우열관계가 명확하지 않아 두 유전자 모두 표현 ex) ABO 혈액형 / MN 혈액형 (AB는 발현 → A와 B의 형체가 대등)

2. 불완전우성 (=중간유전 =부분우성) : 대비

: 대비되는 형질들간의 교배에서 자손의 표현형이 부모형의 2가지 다 표

닮지않은 중간형인경우

P : RR × rr
붉은색, 흰색

F_1 : Rr 분홍색
↓ 자가교배

F_2 : RR : Rr : rr = 1 : 2 : 1
붉 : 분 : 흰 = 1 : 2 : 1
→ 표현형과 유전자형의 비 동일.

* 멘델의 예외인 요인
① 부모(유전형 "제3의 표현형" 발생
② 양적유전 ⇒ 표현형적 측면 ex) 색유전, 수용체유전.
③ 표현형의 비와 유전자형의 비가 동일 (1:2:1)
멘델은 3:1
→ 수용체 유전 양적요인의 예시
ex) 가족성 고콜레스테롤 혈증 (상염색체 우성질환) H.

HH Hh hh

Hh → mild 한 병증 ⇒ 제3의 표현형 ∴ 표현형적 입장으로는 중간유전
↳ 유전학적 (분자적) 입장에서는 공동우성 (H도 h도 발현되므로)

3. 복대립유전 : 상동염색체 한 좌위 (locus)에 대립되는 유전자 종류 3개 이상

ex) A.B.O 　 눈신토끼털색 $C > C^{ch} > C^{h} > c$

4. 상위 : 서로다른 형질을 결정하는 독립된 유전자가 영향을 줄수있는것

* 하위유전 : 유전자의 영향을 받지 않는 표현형

ex) P : BBEE (검정) × bbee (노랑)
색소침착불가

F_1 : BbEe × BbEe

F_2 : B_E_ : B_ee : bbE_ : bbee
9 : 3 : 3 : 1
검정 　 노랑 　 갈색 　 노랑 ⇒ 9 : 3 : 4의 표현형.

ex) 혈액형판정

A형표준혈청 (항B항체)	B형표준혈청 (항A항체)	
○ −	○ −	O형
⊛ +	○ −	B형
○ −	⊛ +	A형
⊛ +	⊛ +	AB형

ex) 봄베이 혈액형

P : Hh (AB형) — Hh (O형)

F_1 : A형 — hh O형 (BO), B형

B형

정상 적혈구 — Fucose부착 → O형 (유전자 H필요.)
N-AG : A형
갈락토스 : B형.

적혈구 — Fucose부착 × (hh)

봄베이 O형 (실제 O형 X) : 유전자는 A or B형이더라도 A/B항원부착 불가로 응집검사결과로는 O형임.

∴ A.B 유전자보다 H가 상위인 유전자이다.

* 상위성: 하나의 유전자나 유전자쌍이 다른 유전자나 유전자쌍의 발현을 가로막거나 변형시키는 현상.

- 유전자는 먼저 필요한 게 상위 ex) 개털색소침착 유전자 E, Fucose부착유전자 H
- 신호는 뒤에 있는 게 상위 ex) A→B→C 일 때 C는 무조건 필요.

5. 다인자유전: 서로 다른 두 개 이상의 유전자가 하나의 표현형 결정

⇒ 양적유전, 중간유전의 특성을 갖는다. + 환경 → 정규분포

P: AABBCC × aabbcc

⇓ 어두운 피부색 ⇓ 밝은 피부색

F_1: AaBbCc → 중간색 ⇒ 중간유전, 양적유전의 특성.

└ 자가교배

F_2

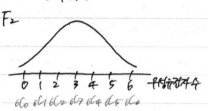

0 1 2 3 4 5 6 우성유전자수

$_6C_0$ $_6C_1$ $_6C_2$ $_6C_3$ $_6C_4$ $_6C_5$ $_6C_6$

6. 다면발현

: 유전자 1개 변화로 여러 표현형의 변화

ex) 겸형적혈구 빈혈증 → 빈혈/면역계↓/심장마비 …

7. 반성유전

: X염색체 열성질환 ex) 색맹, 혈우병, 근위축증.

↳ 여성은 보인자(X'X)이거나 유상(X'X')

*상반교잡.

: 부모의 표현형 바꾸어 보아라.

→ 결과 동일 시, 성무관 ex) 둥근/주름진 완두

→ 결과 다를 시, 성 유관 유전자.

ex) 초파리 눈색

P:	붉은눈 수컷 × 흰눈 암컷	흰눈 수컷 × 붉은눈 암컷
F_1:	붉은눈 암컷 + 흰눈 수컷	붉은눈만 有
⇒ P:	$X^RY \times X^wX^w$	$X^wY \times X^RX^R$
F_1:	X^RX^w, X^wY	X^RX^w, X^RY

∴ 성연관유전자이며 R > W 임을 알 수 있다.

* 가계도 푸는 법

① 우열 판단.

우성유전병 열성유전병

② Y염색체 질환 (안나옴)

③ X염색체 우성일까? 아빠와 딸 확인

i) 아빠 병 → 딸 정상

⇒ 다음단계로

ii) 아빠 병 → 딸 병

X염색체 우성 꼴

④ X염색체 열성일까? 남자비율 > 여자비율 (같은세대에서 비교)

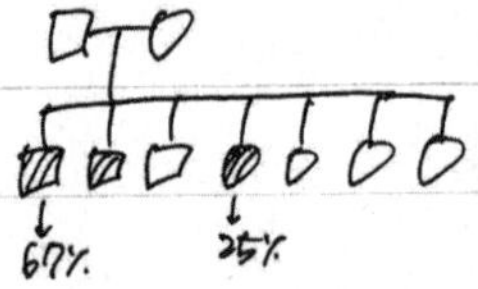

X염색체 열성 꼴 ⇒ 엄마 질환이면 아들 100% 질환

⑤ 남자비율 < 여자비율

⇒ 상염색체 우성 or 열성으로 풀이.

B) 치사유전 : 표현형의 우열과 치사의 우열이 다르다.

F_1 : Aa × Aa → 순종 치사일 수 있으므로 바로 F_1부터 시작.

F_2	AA	Aa	Aa	aa	
A우성치사	×	×	×	o	→ 헌팅턴 질병.
Ⓐ열성치사	×	o	o	o	→ 표현형 2:1의 분리비 형성.
a우성치사	o	×	×	×	
a열성치사	o	o	o	×	
A불완전우성치사	×	기형	기형	o	→ 연골발육부전증.

A열성치사 외엔 출제 확률 down

ex) 낭포성 섬유증 — 표현형은 우성이나 치사로는 열성

ex) 쥐털색

Y (표현형 : 황색 우성 / 치사유전자 : 열성.) 두가지로 작용.

YY Yy Yy yy

死 生

노랑 노랑 회색

∴ 2 : 1

* 우성치사 ★★

: 대개 40세 이후 발병 ex) 헌팅턴 Dz.

why? (CAG)n 반복서열 → 감수분열 중 염색체의 특정

반복서열 부분은 복제 도중 DNA pol 탈락.

⇒ 유전적 예상현상 : 세대를 거칠수록 좀 더 빠른 나이에 심각하게

발현될 것이다.

9. 각인

: 부모의 성별에 따라 메틸화와 탈메틸화 변화 (유전자 한쪽의 메틸화 = 각인)

ex) c-myc → 모계각인만 有 : 엄마가 줄 때 림프종 X, 아빠가 줄 때 O

ex) 프래더윌리 (PW) 증후군 / 엔젤만 증후군

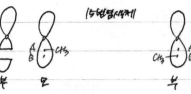

15번염색체

A B CH_3 부 모 / CH_3 A B 부 모

유전자 하나의 메틸화를 성별에 따라 결정

부계결실, 모계각인 (A유전자) : A기능X ⇒ P-W증후군

모계결실, 부계각인 (B유전자) : B기능X ⇒ 엔젤만증후군.

ex) IgF2 (인슐린유사성장인자) 유전자

: IgF2 모계각인 X. 부계각인 (메틸화)으로 발현된다.

CTCF — Insulator에 CTCF 부착으로 인해 결합 불가. IgF2 발현 X

IgF2 | | Insulator | // | Enhancer ⇒ 모계 유전자형태

구조유전자

⇒ 부계는 Insulator에 메틸화 ∴ CTCF 부착X. → 결합&전사 가능.

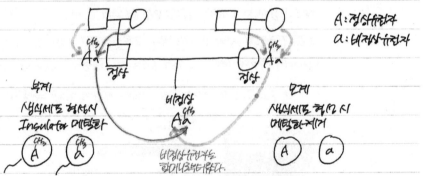

A : 정상유전자

a : 비정상유전자

CH_3 Aa 정상 / CH_3 Aa 정상

비정상 CH_3 Aa

부계 생식세포 형성시 Insulator 메틸화

CH_3 A, CH_3 a

모계 생식세포 형성 시 메틸화 제거

A, a

비정상유전자는 할머니로부터 왔다.

10. 모계영향유전 ⇒ 핵 밖에 존재하는 유전자

1) Mt 유전 → 난자속 Mt 그대로 유전

cf) Mt는 대기의 이분법 자가복제

정자 / Mt 난자

: Mt 개수 다수 존재 → 균일분열 X ∴ 예측어렵다.

: 엄마질병이라도 자식은 정상일 수 있으며, 아빠는 영향 줄 수 X.

: 물질대사 활발 장기 Mt 多 ∴ 이상증세 가능성↑.

⇒ 역치값 이상이어야 질병발현

2) 세포질유전 → 초기발생이 매우 중요.

- 초기발생: 난할과정 ⇒ 전사할 시간적 여유 X.

∴ mRNA로 세포질 유전 ☆ 모계가 유전자 D를 유전했다면 자손은 무조건 D를 물려받는 표현형이 있다

ex) 달팽이 때각유전

: D유전자 발현 시 우나선 아닐 시 좌나선

i) P: 알(모) ◎우 DD × 정자(부) ◎좌 dd

F1: ◎우 Dd 자가교배

F2: ◎ ◎ ◎ ◎ 모두 우

DD Dd Dd (dd) 유전자형 좌만

모계에 D 있으므로 모두 우나선

ii) P: 알(모) ◎좌 dd × 정자(부) ◎우 DD

F1: ◎좌 Dd 자가교배 (유전자형에 X. 모계를 따른다)

F2: ◎ ◎ ◎ ◎ 모두 우

10. 바소체

① only 포유류만 바소체 걸린다.

② X염색체의 양적보정 : 메틸화로 X 하나 응축 ∴ 발현X.

⇒ X염색체 1개만 남기고 모두 바소체 ex) XX. XO. XY. XXX. XXY

③ XIST 유전자 발현 : 바소체의 모든 유전자가 발현 안하는 것은 아니다.

(X Inactivation center) XIST 유전자가 발현이 되어야만 응축가능 & 바소체형성

↳ XIST mRNA가 X염색체와 상보적결합 ⇒ 응축

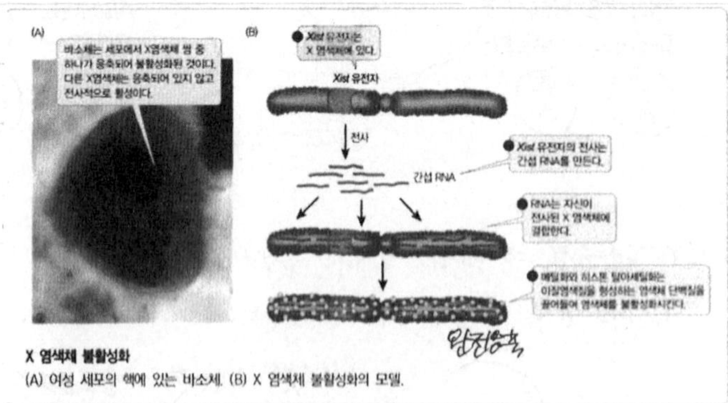

X 염색체 불활성화
(A) 여성 세포의 핵에 있는 바소체. (B) X 염색체 불활성화의 모델.

④ 리온가설: 바소체는 무작위적으로 걸린다.

a. 세포마다 바소체 다르므로 보인자 개념 가능

ex) 혈우병 (XX*) : 응고인자 8 형성가능

질병유전자에 바소체 → 보인자

⑤ 바소체는 기능이 있는 정상세포 내(핵)에서만 걸린다

= 유전자발현가능 세포 ⇒ 백혈구는 혈액내 떠돌아다니므로 바소체 안걸림.

⑯ 생식세포형성시 바소체 풀림.

자손 (♀ : 다시 바소체 무작위로 감김. (배발생초기)
(♂ : 바소체 X.

⑰ 암세포 모두 바소체 동일

⇒ 한번 바소체는 체세포 분열시엔 동일하게 바소체 유지.

11. 종성유전

: 성에 따라 표현형의 비율이 바뀐다.

ex) 사슴뿔유전자

H → ♀ 열성, ♂ 우성
Hh → ♀ : 뿔X, ♂ : 뿔O

ex) 대머리유전자

Bb → ♂ : 대머리, ♀ : 정상

유전자B : 5α-reductase 발현 (여자는 에스트로겐이 막음)
T → D.H.T
테스토스테론 → 더 강한 남성호르몬

12. 상염색체 유전

1) 상염색체 우성

ex) 열성 돌연변이 질병 유전자
A ⓐ
→ 기능상실 돌연변이
우성 돌연변이 질병 유전자
Ⓐ a
→ 기능획득

<출제형태>

부모질병 ■ → 정상자식 □ = 우성질환
→ Y우성 : 아빠질병 = 아들 100% 질병 ∴ 출제X
→ X우성 : 아빠질병 = 딸 100% 질병
→ 상염색체 우성 : 위 두개 아닐 때 모두

<질병예시>

a. 헌팅턴질병 : 우성치사 → 발현 시 죽음

(CAG codon 반복서열 多 → 반복서열 복제도중 DNA pol 실수)

→ 세대를 거듭할수록 반복서열 하나↑ → 증세가 심해짐, 더 이른 나이 발병.
(3인세대 1/2 발현대)

b. 연골발육부전증 : 불완전우성치사

AA	Aa	aa
죽음	난쟁이	정상

c. 가족성고콜레스테롤혈증 → LDL수용체 매개 내포작용 ↓↓ → 수용체 유전자 이상

→ 심장질환 조기발현

AA	Aa	aa
고콜레스테롤혈증	비교적 콜레스테롤혈증	정상

→ 불완전우성유전, 표현형 중간유전

(수용체 유전자 / 색소 → 영향유전)

2) 상염색체 열성

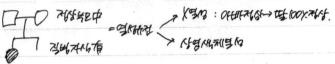

□┬○ 정상부모中
 │
● 질병자식 有

=열성유전 → X열성 : 아빠정상 → 딸 100% 정상.
→ 상염색체열성

<질병예시>

a. 페닐케톤뇨증(PKU) : 유전자돌연변이로 인한 효소기능장애 (미스센스돌연변이)

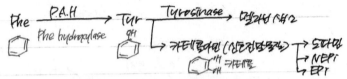

Phe —P.A.H (Phe hydroxylase)→ Tyr —Tyrosinase→ 멜라닌 생성
Tyr → 카테콜아민 (신경전달물질) → 도파민, NEPi, EPi (카테콜)

⇒ PAH 기능불가로 Tyr 합성불가 & 페닐피루브산 축적
신경독성, BBB통과가능 태아, 유아기 노출시 정신박약

(+) 신경미엘린은 성장기 끝날시 다 자라고 들어감.
∴ 성인은 페닐피루브산 축적되어도 무관

ex) 엄마 aa, PKU 有 ⇒ 어릴때 Phe 섭취X Tyr 주사로 정상생활
⇒ 정상남편 만나 Aa(정상)아이 출산
⇒ 아이는 PAH 有이나, 엄마몸에서 만들어진 페닐피루브산으로 인해 정신박약.

b. 알비노증

(+) 겸형적혈구의 모든 헤모글로빈이 비정상이어서 적혈구내 증식된 다 이모이 세포밖으로 빠져나가므로 병원충이 대사적 장애를 받는다. Aa는 빈혈증상이 치명적이지 않으므로 말라리아 유행지역에서 헤테로가 생존유리
[일반지역: AA > Aa >> aa
[말라리아: Aa > AA >> aa

c. 겸형적혈구 빈혈증 : Aa의 이점으로 말라리아지역 유전자 빈도 유지가능.

d. 낭포성섬유증

폐포 → Cl^-, Cl^-, Cl^-
폐포바깥으로 Cl^- 지속분비 & 축적
∴ 점도↑, 호흡불가

e. 테이삭스 질병 (T-S)

AA 정상, Aa mild, aa T-S
표현형적 공우성 : 유전자적 공우성 → A (정상발현 유전자) a (T-S발현 유전자) ⇒ 둘다발현됨 인식.

(3. 표현형적발현

1) 침투도 : 돌연변이 유전자형을 가진 집단 내에서 그 표현형이 드러나는 정도

Aa × Aa 교배 if A우성질환 일시.

AA Aa Aa aa
200명中 $\frac{3}{4}$ = 150명 발병 기댓값 → 실제 120명 발병 $\frac{120}{150}$ = 침투도

2) 발현도 : 한 개체에서 발현되는 돌연변이 표현형의 정도 정도

ex) 초파리 eyeless 유전자有 → eyeless ~ 정상 초파리까지 다양하게 발현

3) 온도민감성 돌연변이

- 허용온도 : 발현 정상
- 제한온도 : 발현 상이

PART 14. 염색체 돌연변이

<포인트>

1. 갯수이상
   - 이수성
   - 배수성

2. 구조이상
   1) 결실
   2) 중복
   3) 역위 — 편동원체성 역위 / 협동원체성 역위
   4) 전좌 — 십자가형 / 불균등유전자교환 / 가족성 다운증후군

1. 갯수이상

1) 이수성 : 갯수이상 → 비분리현상

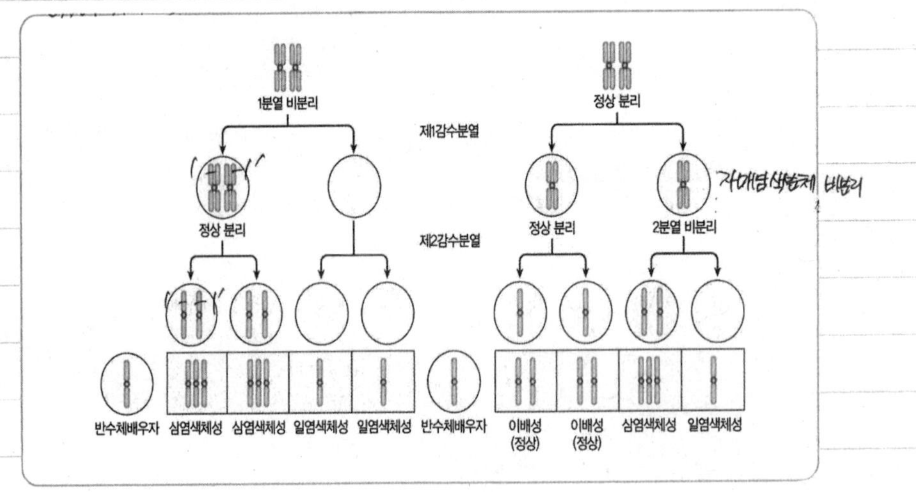

<염색체수이상 질병예시> - 참고

증후군	핵상	성별	염색체이상
다운증후군	2n+1=47	♀ : 45 + XX ♂ : 45 + XY	21번 3개
파타우증후군	2n+1=47	♀ : 45 + XX ♂ : 45 + XY	13번 3개
에드워드증후군	2n+1=47	♀ : 45 + XX ♂ : 46 + XY	18번 3개
터너증후군	2n-1=45	♀ : 44 + X	X
클라인펠터증후군	2n+1=47	♂ : 44 + XXY	XXY
초남성증후군	2n+1=47	♂ : 44 + XYY	XYY
초여성증후군	2n+1=47	♀ : 44 + XXX	XXX

2) 배수성 : 염색체 세트수가 변한 것 (3n, 4n…)

홀수의 배수성인 경우 자체 유성생식 불가 → 짝수배수체만 가능

ex) 콜히친 처리 → 식물의 품종개량.

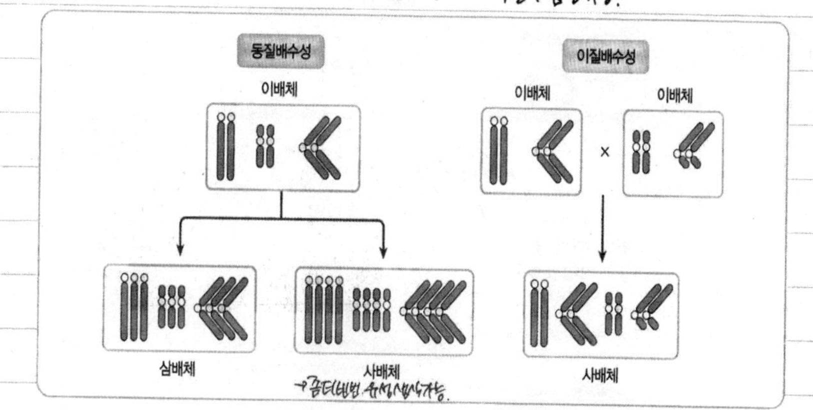

① 동질배수체 : 같은 종의 반수체 염색체가 늘어난 것.

⇒ 복제된 염색체 세트 부모종과 동일

② 이질배수체 : 다른 종으로부터 염색체가 조합된 것.

⇒ 신종형성의 기작.

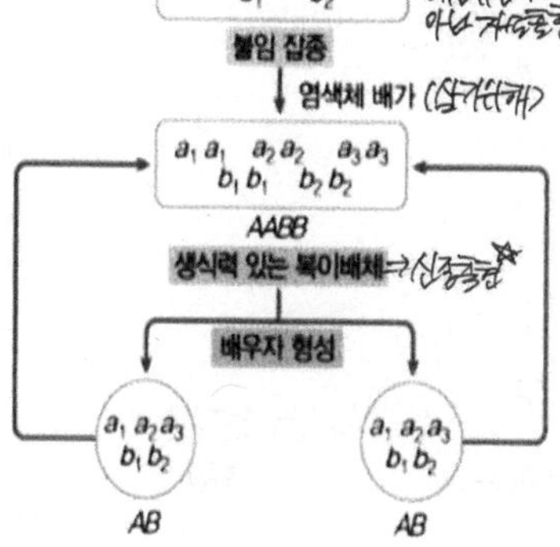

2. 구조이상

- 결실 : 염색체 일부가 손실된 상태
- 중복 : 염색체 일부가 더해진 상태
- 역위 : 염색체 일부가 절단되었다가 다시 뒤집혀 연결된 상태
- 전좌 : 염색체 일부가 비상동염색체로 전이된 것.

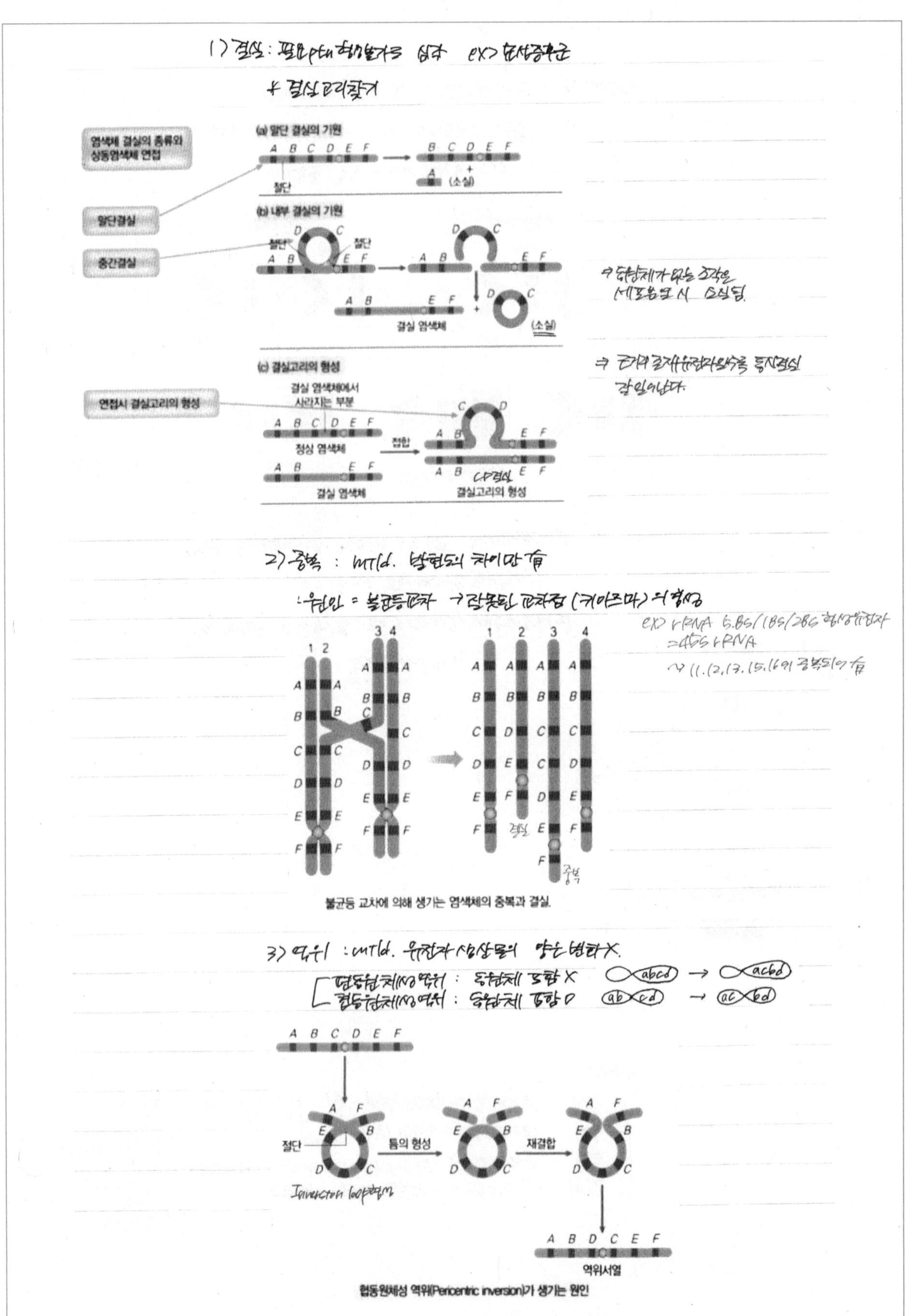
염색체 결실의 종류와 상동염색체 연접
말단결실
중간결실
연접시 결실고리의 형성
(a) 말단 결실의 기원
A B C D E F
절단
B C D E F
A
(소실)
(b) 내부 결실의 기원
D C
절단
절단
A B
E F
결실 염색체
(소실)
(c) 결실고리의 형성
결실 염색체에서 사라지는 부분
A B C D E F
정상 염색체
접합
A B E F
결실 염색체
결실고리의 형성
1 2
3 4
A B C D E F
A B C D E F
A B D E F
A B C C D E F
A B C D E F
불균등 교차에 의해 생기는 염색체의 중복과 결실.
A B C D E F
절단
틈의 형성
재결합
A B D C E F
역위서열
협동원체성 역위(Pericentric inversion)가 생기는 원인

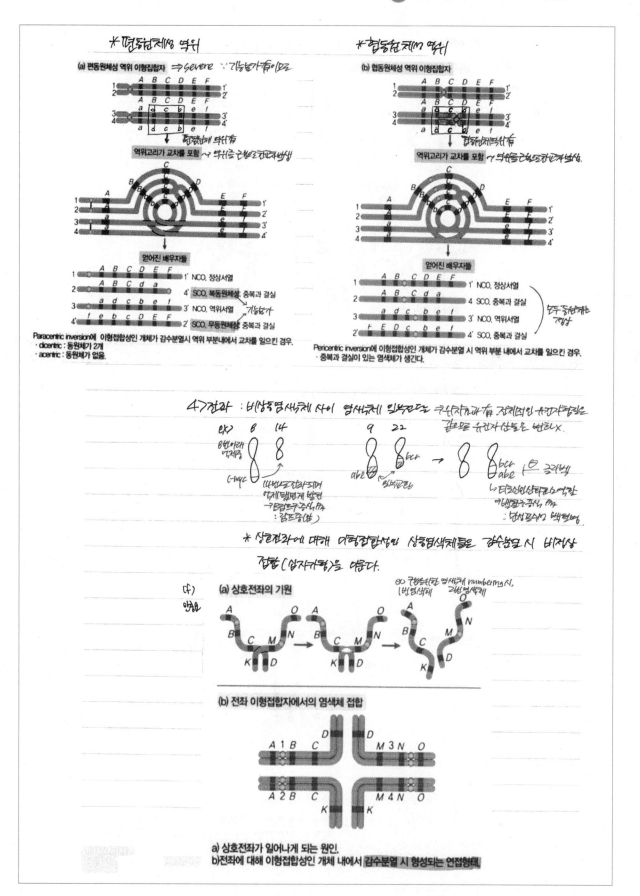

*편동원체성 역위

(a) 편동원체성 역위 이형접합자 ⇒ severe ∵ 기능불가능이므로

1 A B C D E F 1'
2 2'
A B C D E F
3 a d c b e f 3'
4 4'
a d c b e f

편동원체 밖에 있음

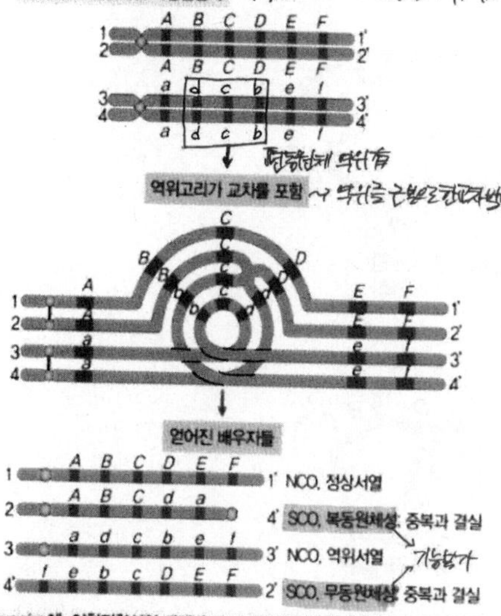

역위고리가 교차를 포함 ~ 역위를 근본으로 한 교차 발생

1 A B C D E F 1'
2 2'
3 a b c d e f 3'
4 4'

얻어진 배우자들

1 A B C D E F 1' NCO, 정상서열
2 A B C d a 4' SCO, 복동원체성: 중복과 결실
3 a d c b e f 3' NCO, 역위서열
4' f e b c D E F 2' SCO, 무동원체성 중복과 결실 (기능없다)

Paracentric inversion에 이형접합성인 개체가 감수분열시 역위 부분내에서 교차를 일으킨 경우.
· dicentric : 동원체가 2개
· acentric : 동원체가 없음.

*협동원체성 역위

(b) 협동원체성 역위 이형접합자

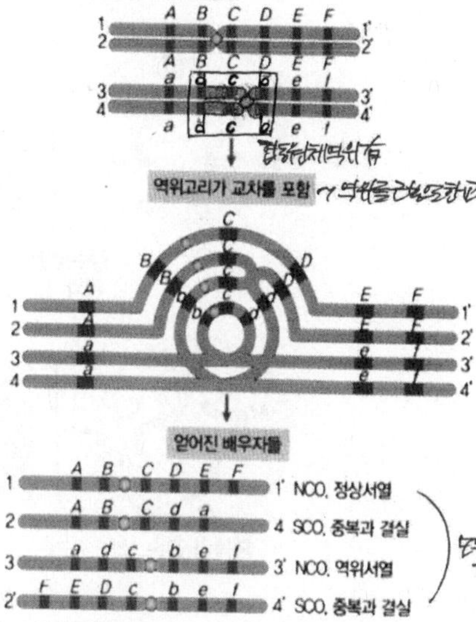

1 A B C D E F 1'
2 2'
A B C D E F
3 a b c d e f 3'
4 4'
a d c b e f

협동원체 역위 있음

역위고리가 교차를 포함 ~ 역위를 근본으로 한 교차 발생.

1 A B C D E F 1'
2 2'
3 a b c d e f 3'
4 4'

얻어진 배우자들

1 A B C D E F 1' NCO, 정상서열
2 A B C d a 4 SCO, 중복과 결실
3 a d c b e f 3' NCO, 역위서열
2' F E D c b e f 4' SCO, 중복과 결실

모두 동원체는 정상

Pericentric inversion에 이형접합성인 개체가 감수분열 시 역위 부분 내에서 교차를 일으킨 경우.
· 중복과 결실이 있는 염색체가 생긴다.

4) 전좌 : 비상동염색체 사이 염색체 일부분 교환 → 유전자 교환 있음 전체적인 유전자 함량은 같으므로 유전자 산물은 변화 X.

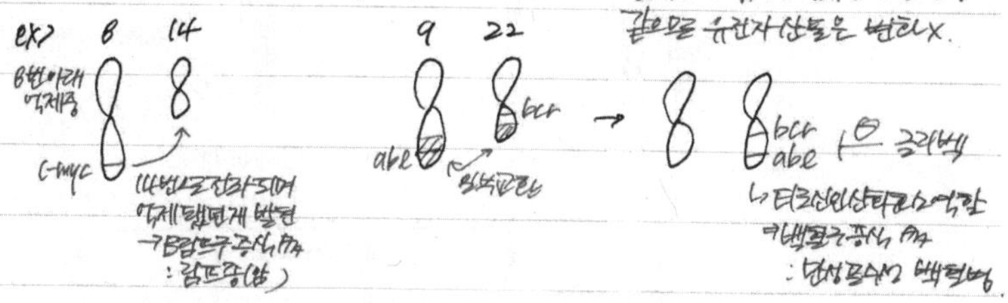

ex) 8 14 — 8번 아래 억제 중 c-myc → 14번으로 전좌되어 억제 덜 되게 발현 → 림프구 증식 ↑ : 림프종(암)

9 22 — abl, bcr → 일부교환 → bcr-abl 단백질 ↳ 티로신인산화효소 역할 → 백혈구 증식 ↑ : 만성골수성 백혈병

* 상호전좌에 대해 이형접합성인 상동염색체들은 감수분열 시 비정상 접합 (십자가형)을 이룬다.

cf) 안중요

(a) 상호전좌의 기원

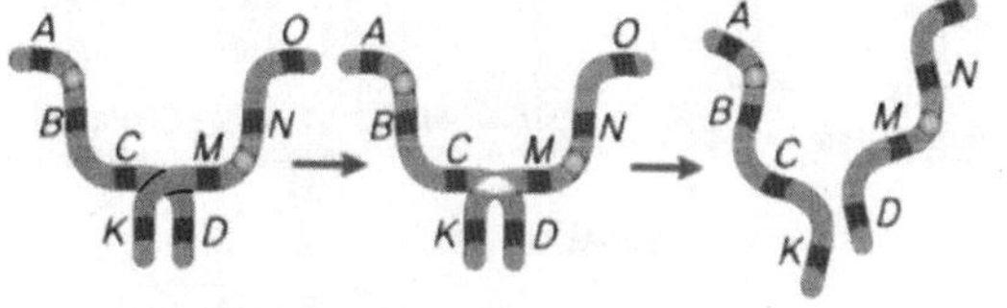

ex) 구분을 위한 염색체 numbering 시, 1번 염색체, 2번 염색체

A B C M N O K D

(b) 전좌 이형접합자에서의 염색체 접합

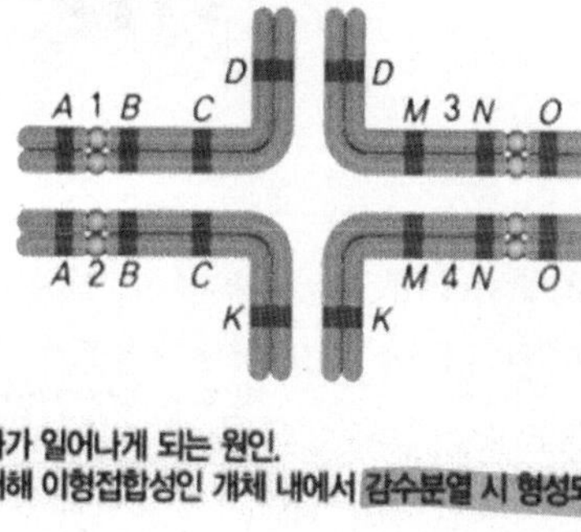

A 1 B C D — D M 3 N O
A 2 B C K — K M 4 N O

a) 상호전좌가 일어나게 되는 원인.
b)전좌에 대해 이형접합성인 개체 내에서 감수분열 시 형성되는 연접형태.

* 배우자 형성시 불균형한 유전적 조성 발생.

cf) 안정표

(나) 배우자 형성시의 분리 패턴

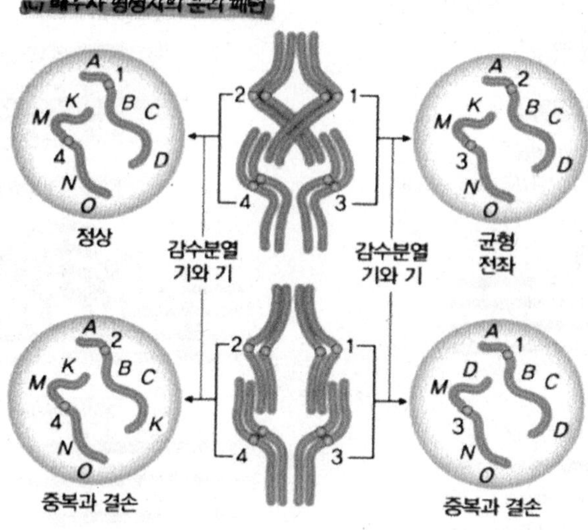

* 전좌의 예시 - 가족성 다운증후군

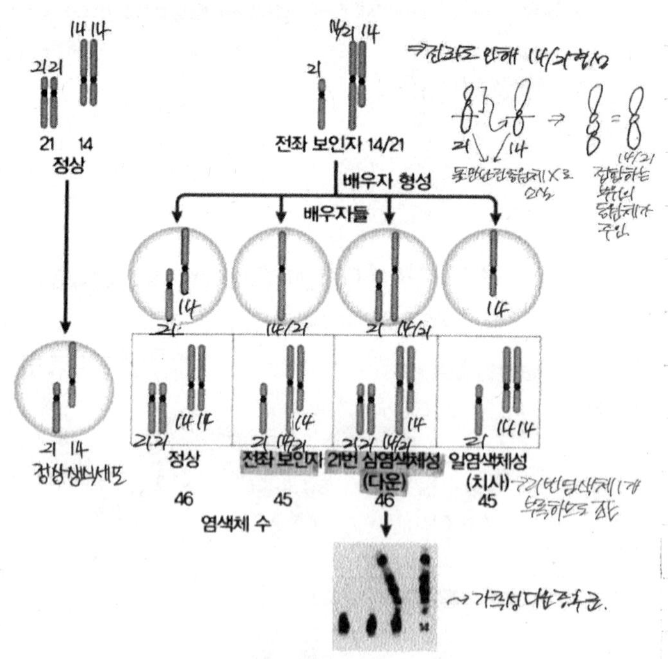

*다운증후군

- 일반 → 21 비분리 홀수 염색체수이므로 감수분열 불가. 체세포분열은 가능
- 가족성다운증후군 → 염색체 수 짝수이므로 생식가능.
- 모자이크성 → 난할 체세포분열 시 일부 비분리 → 21번 3개
  - → ∴ 세포가 다운증후군 세포 / 정상세포로 나뉘어져있다. 정상세포 有이므로 생식가능. 자녀는 무조건 정상 (짝수 염색체 보유 세포만 감수분열 가능이므로)

PART 15. 연관과 염색체 지도

<포인트>

1. 교차율 구하기
   - 유전자 2개짜리
     ⇒ 잡종의 자가교배 → 퍼넷사각형
   - 유전자 3개이상
     ⇒ 잡종의 검정교배 < 이중교차 / 형질전환 (PART 16)

2. 지도작성 시리즈 中
   - HFR
   - 교차율 구하기
   - 형질전환. 형질도입

1. 개요

* 연관 : 한 염색체에 존재하는 서로다른 두 유전자 사이의 관계.

A ⊖ ⊖ a   A ⊖ ⊖ a
B ⊖ ⊖ b   b ⊖ ⊖ B

상인연관   상반연관

* 교차 : 감수 제 1분열 전기 2가염색체 접합시 교차발생 ⇒ 불완전연관.

⤳ 교차율 구할시 연관 & 잡종을 전제

2. 연관과 교차

1) 연관

: 양성잡종 (AaBb)의 자가교배

① 독립

A_B_ : A_bb : aaB_ : aabb = 9 : 3 : 3 : 1

② 상인연관

형성가능 생식세포종류 AB ab

AB 우우 우우

ab 우우 열열

3 : 0 : 0 : 1

③ 상반연관

Ab aB

Ab 우열 우우

aB 우우 열우

2 : 1 : 1 : 0 | 완전연관인 경우의 비율

But, 출제 ex ⤳ 946 : 473 : 470 : 3 나올수 없는게 나와버림 ⤳ 교차발생의미.

약 2 : 1 : 1 → 상반연관

2) 교차

- 교차율 = $\frac{\text{예상치 못한 자손 수 小}}{\text{전체 자손 수}}$ ⇒ 교차는 유전을 넘을수 없다. 50% 가 상한선

독립일때 AB : Ab : aB : ab
1 : 1 : 1 : 1 ⇒ 교차율 50% 최대

교차율 구하기

출제 type I) 유전자 2개일 때

cf> 특이case.
If 6:3:3:1 인데 (임의의 비율일)
연관 아니라면. 치사유전자 있을 수
있으니 고려. → 문제상 많다

(1) 잡종의 자가교배 ⇒ 퍼넷사각형 ★ 99.9% 상반출제

	1 AB	n Ab	n aB	1 ab
1 AB	1	n	n	1
n Ab	n	n^2	n^2	n
n aB	n	n^2	n^2	n
1 ab	1	n	n	①

① 안나와야 될게 나왔다. (상반 2:1:1:0)

★ $\frac{1}{4n^2+8n+4} = \frac{열성 수}{전체자손 수}$

교차율 $\frac{1}{n+1}$

(2) 검정교배 ⇒ 표현형 관찰로 유전자형 분리비 도출

$$교차율 = \frac{적은자손수}{전체자손수}$$

→ 단순히 계산만 하면 구해지므로 출제 X.

ex> AaBb x aabb 검정교배시

A_B_ : A_bb : aaB_ : aabb = 9 : 1 : 1 : 9 였다면

상인연관에 교차율 $\frac{2}{20} \times 100 = 10\%$

출제 (type II) 유전자 3개 이상일 때

↗ 이중교차 or
↘ 염색지도 ⇒ PART 15

★ *** 이중교차**

1) 이중교차의 의의

20% 25%
A B C / a b c →(1회교차)→ A b c / a B C →(2회교차)→ A b C / a B c

결과적으로 이중교차 발생시 가운데 유전자만 바뀜.

교차율 A~B : $\frac{1}{5}$ B~C : $\frac{1}{4}$ 이중교차 $\frac{1}{20}$ ★ 빈도가 가장 적다.

다중교차의 확률은 각각의 독립된
단일교차 확률의 곱과 같다.

* 이중교차 교차율 구하기

<초파리 삼점검정교배>

[3회피트]초파리의 굽은 날개(cu), 검은 몸(e), 암갈색 눈(se) 유전자는 서로 연관되어 있다. 표는 유전자형이 cu e se / + + + 인 암컷과 유전자형이 cu e se / cu e se인 수컷을 교배하여 얻은 자손(F_1)의 수를 나타낸 것이다. 삼점검정교배

(순서 무관함) 암컷 생식세포: + + +, cu e se, cu e +, + e +, + e se, cu + se, cu + +, + + se

표현형	자손(F_1) 수
① 정상	281
② 굽은 날개, 검은 몸, 암갈색 눈	309
③ 굽은 날개, 검은 몸	112
④ 검은 몸	87
⑤ 검은 몸, 암갈색 눈	16
⑥ 굽은 날개, 암갈색 눈	73
⑦ 굽은 날개	24
⑧ 암갈색 눈	98
합계	1000

상호계급분류: (①,②) (④,⑥) (⑤,⑦) (③,⑧)

STEP 1) 상호계급분류 : 숫자 유사한 표현형끼리 grouping

(①,②) (③,⑧) (④,⑥) (⑤,⑦)

STEP 2) 부모형 결정 : 가장 많은 수의 배우자를 생산한 유전자 찾기

(+ + + / cu e se) 부모형. (아직은 순서 무관함)

STEP 3) 가운데 유전자 고르기 → 단독교차종 빈도수 가장 낮은 것 = 이중교차 = 가운데 유전자

(+ e se / cu + +) 그룹이 빈도수 가장 낮으므로 단독 교차된 cu가 가운데 라는 뜻이다.

⇒ (+ + + / e cu se) 가 진짜 부모형

STEP 4) e–cu / se–cu / 이중교차 등 문제에서 필요로 하는 교차율 구하기

i) e–cu (④,⑥) + (⑤,⑦) = e–cu 간 전체교차횟수
(④,⑥): 단일교차, (⑤,⑦): 이중교차

∴ 160 + 40 = 200 ∴ 20% 교차 ⇒ 20cM

ii) se–cu : (③,⑧) + (⑤,⑦)
210 + 40 = 250 ∴ 25% 교차 ⇒ 25cM

iii) 이중교차율 = i × ii = 5%

Q. 왜 이중교차 구할 때, 위 도표로 $\frac{40}{1000}$ = 4% 라고 안하고, e–cu와 se–cu의 교차율을 곱해서 따로 구할까?

A. 간섭현상 때문이기 때문임. 위 유전자의 이중교차율은 5%로 50개체가 나와야하나, 실제로 40개체 발생. ⇒ 실제 자손이 단일교차율로 계산된 기대치보다 적다 = "양성간섭"

유전자지도 그리기

- 교차율을 이용, 유전자간 거리를 알 수 있다.

교차율 1% = 1CM (센티모건)

- 유전자지도 (=염색체지도) : 멀리 있을수록 교차 ↑
- 협질전환 (PART 16) : 가까울수록 동시교차 ↑

예제) A.B.C 유전자는 같은 염색체에 연관

〈검정교배결과〉 검정교배로 인한 (abc)는 생략.

	ABC	Abc	aBC	ABc	abC	abc	총
개체수	343	102	98	63	57	337	1000

① 부모찾기 A~B, B~C, A~C 모두 상인연관.

② 교차율계산 A~B $\frac{200}{1000}$=20% B~C $\frac{120}{1000}$=12% A~C $\frac{320}{1000}$=32%

③ 유전자지도작성

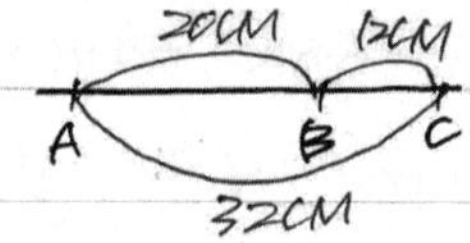

주의) A~C 거리가 멀기에 교차 ↑ → 교차가 안 일어난 것과 같다 (이중교차로 원위치 회복될 수 있으므로)
⇒ 교차측정복귀

∴ A~C 교차율은 A~B, B~C 간의 단일교차율을 합해서 구하는 것이 더 정확 **실제보다 과소평가(=덜 관찰) 될 수 있다.**

ex) A 10 B 20 C / 27

→ 2교차를 계산되었을 시, A~C 유전자거리는 27보다 30에 가깝다

※ 간섭

예상치 = 실제 : 간섭 X

예상치 - 실제 > 0 : 양의 간섭 → 예상치보다 적은 이중교차 발생

예상치 - 실제 < 0 : 음의 간섭 → 〃 높은 〃

PART 16. 세균과 파지의 지도작성

<포인트>

1. 기본개념
   1) 기하급수적 성장
   2) 배지

2. 세균에서의 접합
   1) 레더버그와 테이텀의 실험
      → 재조합의 증거
   2) 데이비스의 U자관실험
      → 세균접합 시도
   3) 세균접합의 필수요소
      → F^-, $RecA^+$

3. 세균의 유전자전달기작
   1) 형질전환
   2) 형질도입

4. 유전자 지도작성 ☆
   - 교차율 구하기
   - Hfr
   - 다중교차의 확률계산

1. 기본개념

1) 기하급수적 성장 : 지연기 → 로그성장기 → 안정기

- 지연기 : 처음 접종후 성장이 매우 느린 시기
- 로그성장기 : 분열 증식을 통한 지수적 성장. 배가시간 20분.
- 정체기(=안정기) : 영양분과 산소의 제한으로 세포가 분열을 멈추는 시기
  → 양분과 O_2 ↑ ⇒ 정체기를 미룰 수 있다.

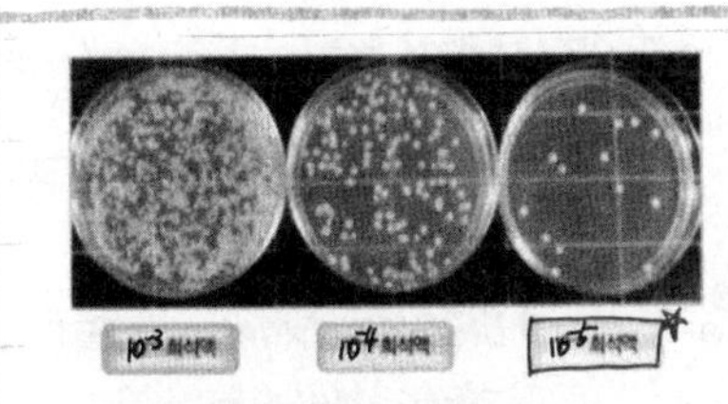

*연속희석법 → 최고 10^5 희석
: 평판배지에 콜로니가 너무 많을 경우 원배양액을 연속적으로 희석하여 평판배지에 편 다음 집락을 형성시킴.
집락수 × 희석배수 = 원배양액의 세균수

a. 단세포로 개수측정
- 세균 → colony
- 바이러스 → plaque

유전자 ○A ○C ○D ○B
콜로니 — 시작세포 1개의 증식결과 콜로니 1개에 존재하는 세균의 유전자는 모두 동일 (한형 one)

b. 파지나 세균은 f_1 - 계산 X, X_1 수 계산으로 한다.
plaque $10^2 \to 10^5$일 때 $\frac{10^5}{10^2} = 10^3$ → 방출량.

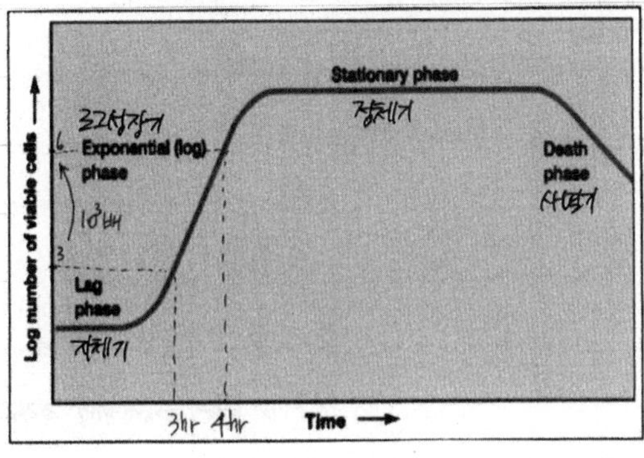

c. 세균세포의 배가시간은 20분이다.
왼쪽 그래프처럼 3→6으로 2배됐으니 배가시간이 1시간이냐? (X)
log scale 이므로 $10^3 \to 10^6$인 것.

d. 세균수 세기 = 흡광도 이용
: 잠복기(=정체기), 성장기, 정체기는 되나, 사멸기의 흡광도측정으로 세지 않는다.
⇒ 사체에서 발생되는 흡광도가 훨씬 많으므로

* 돌연변이

돌연변이유발물질 有 → 집중성

자연돌연변이 → 균일성.

2) 배지.

① 최소배지 – 포도당. 무기염류. 비오틴

② 보충배지 – 영양요구주 확인 시 사용 ⇒ 형질전환 시 사용.

ex) $Trp^+ \rightarrow Trp^-$: Trp 영양요구주 세균

최소배지 → 死 / 보충배지 (+Trp) → 生

대장균 수가 충분히 많다는 의미 → 따라서 대장균에 의해서 제한받지는 X ⇐

③ LB배지 – 대장균 최적화 배지 ex) yeast 추출물

④ 완전배지 (agar) – a.a 20개 모두 有 + 프로톤. 펩톤 (영양보충물질)
↳ 무조건 生

2. 세균에서의 접합.

(1) 레더버그와 테이텀의 실험 – 다중영양요구주의 변화 ⇒ 세균접합에 의한 형질전환. 재조합의 증거

필수영양요소 합성을 못하는 돌연변이 : 다중돌연변이체 ⇐

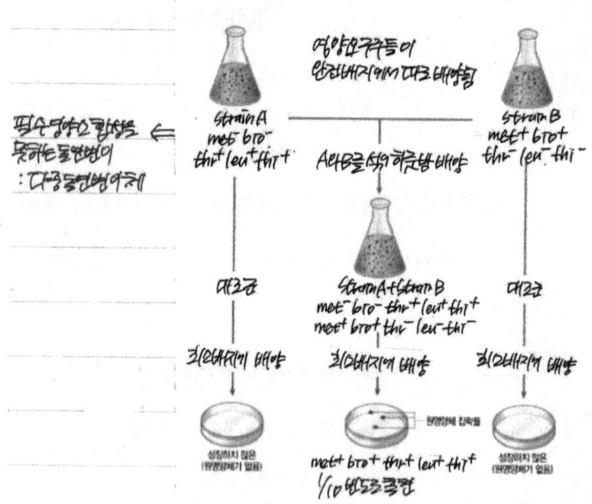

⇒ 다중돌연변이체1 사이에 최소배지에서도 생장하는 개체가 생겨남.

⇒ 다중돌연변이체이므로 역돌연변이의 가능성은 희박하다.

∴ 두 균주 사이에 유전자 재조합 추론된다.

(2) 데이비스 U자관 실험

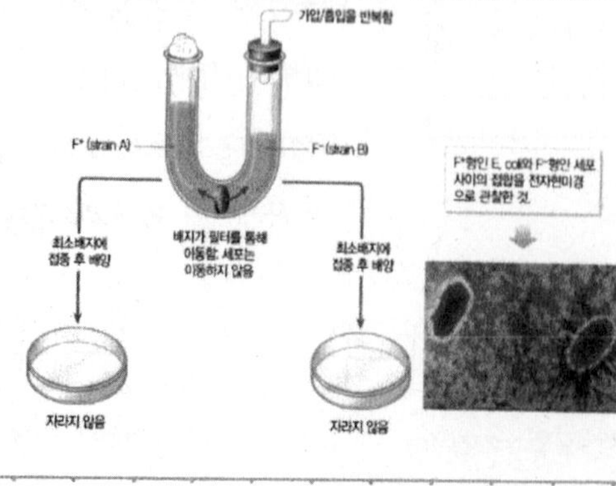

⇒ 두 영양요구주를 필터로 나뉘진 공통의 배지에서 자라게 하면 유전적 재조합이 발생하지 않으며 원영양체도 생기지 않는다.

⇒ 세균 사이의 물리적 접촉이 접합을 통한 유전자 전달에 필수적이다.

(3) 세균 접합의 필요 요소.

① F^+ 균주와 F^- 균주

: $F^+ \rightarrow F^-$로 일방적 DNA 제공 ⇒ 접합결과 $F^+ \times 2$

cf) Plasmid 내 인자(factor)

i) R factor
: 항생제 저항성 획득

R ex) Amp^R, TC^R

ii) F factor
: 성선모 형성

F 항상 접합은 F^+ & F^- 사이만 가능.
(F^+F^+ / F^-F^- 불가)
$F^+ \times F^- \rightarrow F^+ \times 2$

② Rec A 단백질

: DNA 가닥교환 촉진. $recA^-$ 돌연변이의 경우 재조합률 1000배 정도 감소.

☆ 수여자의 조건 : F^-, rec^+ 일 때, 수용능 ↑

3. 세균의 유전자 전달기작.

1) 형질전환 → 세균의 직접 접합 필요

: 기존의 세균에 없던 외부 DNA 주입.

ㆍ근거리 유전자일수록 동시에 형질전환이 잘된다. → 형질도입도 마찬가지

ex)

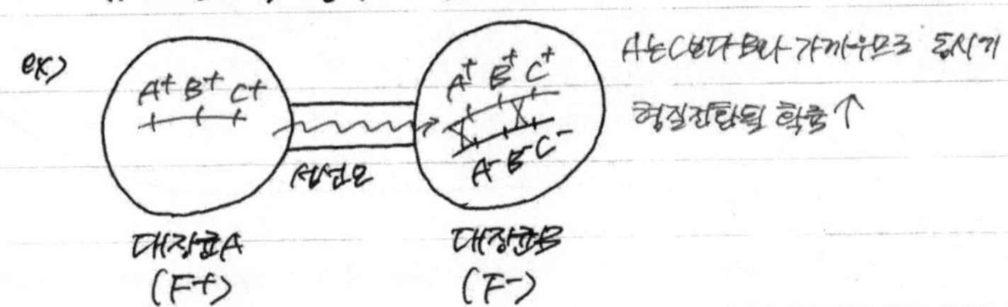

A는 C보다 B나 가까우므로 동시에 형질전환될 확률 ↑

ex)

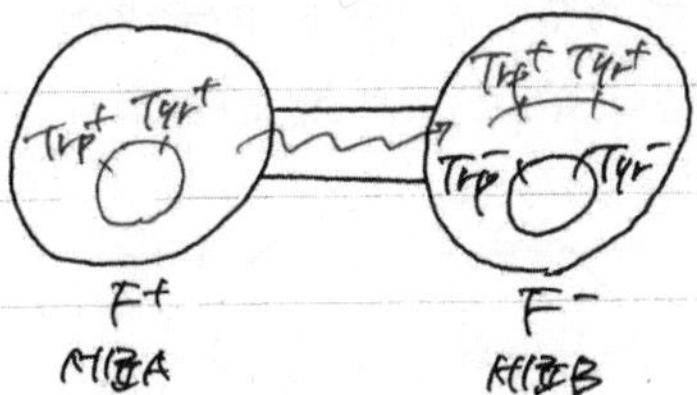

1: 최소배지
2: Trp 보충배지
3: Tyr 보충배지
4: Trp + Tyr 보충배지

	1	2	3	4	
a	O	O	O	O	→ B : Trp^+Tyr^+ → 동시에 전환된 것.
b	X	O	X	O	→ B : Trp^-Tyr^+
c	X	X	O	O	→ B : Trp^+Tyr^-
d	X	X	X	O	→ B : Trp^-Tyr^-

If a 40개 b 4개 c 4개이면 두 유전자간 가깝다.
a 1개 b, c 多일 때 두 유전자간 멀다.
동시 형질전환

2) 형질도입 → 세균간 직접접합 필요 X. 도입은 반드시 파지 사용.

* 러더버그와 진더의 실험 ⇒ 세균의 직접접합도 불가능하므로 형질도입의 증거

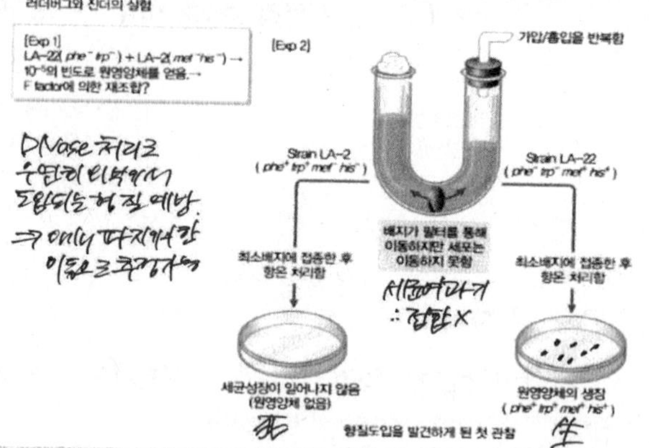

1) 일반형질도입 : 독성파지 사용. (T_1, T_2, T_4 파지)

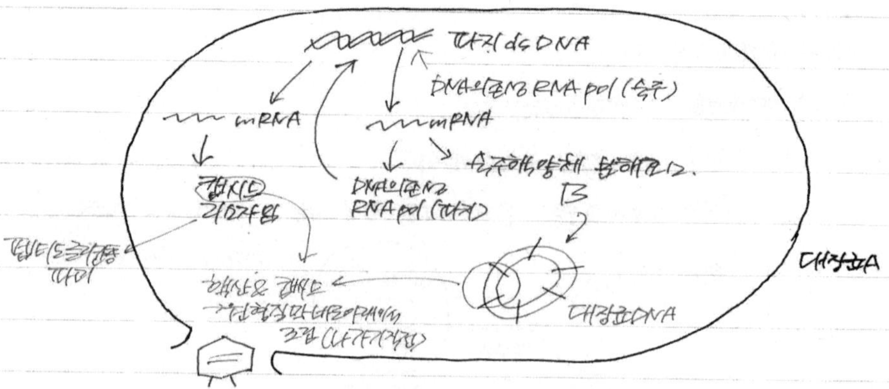

숙주의 절편화된 핵산을 새로운 캡시드가 싸서나간다. → 새로운 숙주 (대장균B) 감염.

⇒ 새로운 숙주의 유전체는 파괴불가. 교차에 의한 형질도입만 가능.

(why? 자신의 DNA 유X 이므로. 대장균의 DNA 유 다)

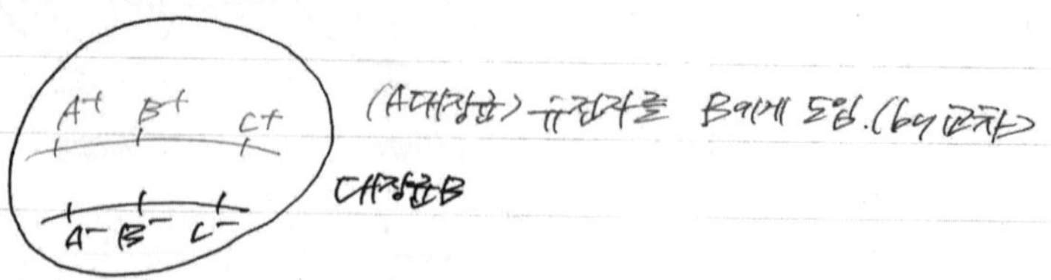

② 특수형질도입 : 온건성파지 (ex. λ 파지)

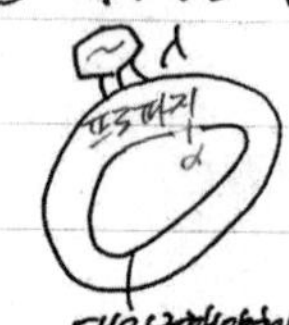

대장균 증식시 같이증식

Budding 때문으로 나갈 때 우연히 주변의 대장균 α 같이 갖고나감.

삽입

온건성파지로 인해 α유전자 형질도입 가능.

cf) 파아지 생장의 측정 — 용균반 분석법

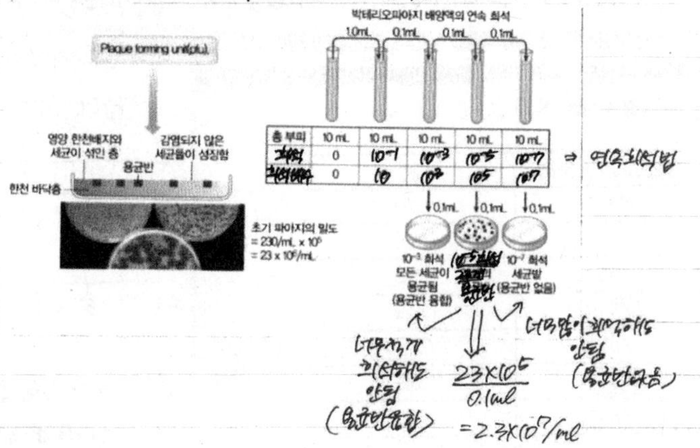

4. 유전자 지도 작성

1) Hfr

: Hfr? High frequency recombination : 고빈도 재조합균주. 유전적 공여체로 작용.

-특별한 F+ : F인자를 아예 염색체로 넣어버리니까 재조합 빈도↑

1. Hfr 세포에는 F인자가 세균 염색체에 삽입되어 있음. Hfr 세포에도 F 인자의 유전자가 있으므로 접합통로를 형성하여 F⁻ 세포로 DNA를 전달할 수 있음
2. F 인자의 특정 지점에서 단일 가닥이 끊어지고 접합통로를 통하여 이동하기 시작함. 공여 세포와 수여 세포 모두에서 복제가 진행되어 이중가닥이 형성됨
3. 접합 통로는 보통 전체 염색체와 나머지 F 인자의 DNA가 완전하게 전달되기 전에 떨어져 나감. DNA 재조합이 일어나 전달된 조각과 수여 세포의 염색체 사이에서 상동 유전자가 서로 교환됨 교차 (← F인자는 마지막에 전달하므로 전달 안 될 수도 있다.)
4. 수여 세포의 염색체에 삽입되지 않은 DNA 조각은 세포 내 효소에 의해 분해됨. 이러한 과정을 거쳐 수여 세포는 F 인자는 없으나 공여세포의 일부를 포함하는 재조합 세포로 바뀜. 수여 세포는 재조합된 F⁻ 세포가 됨

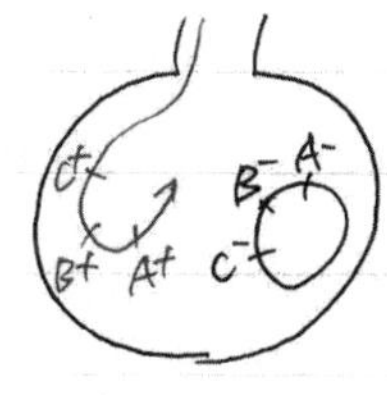

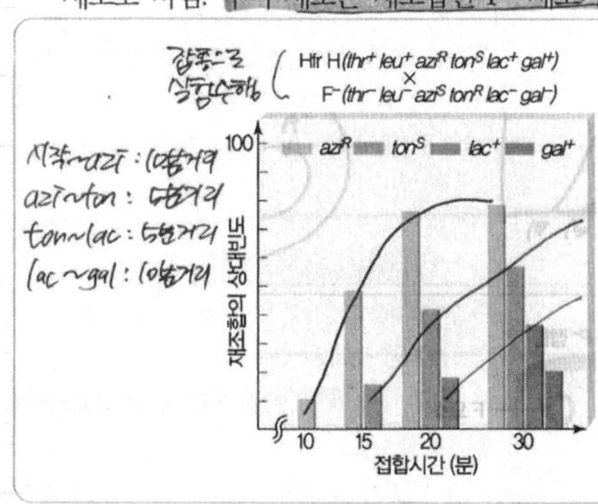

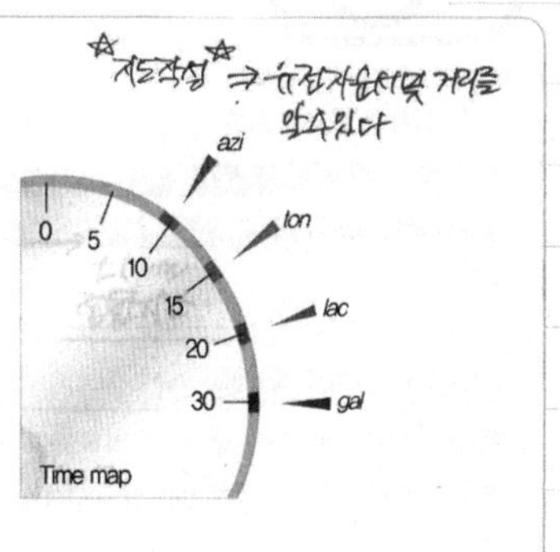

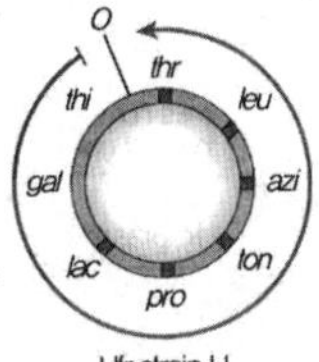

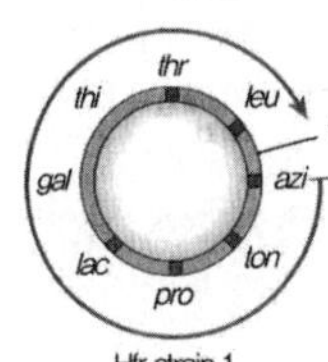

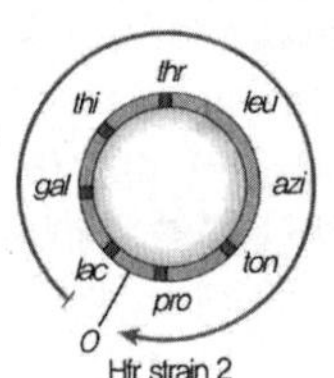

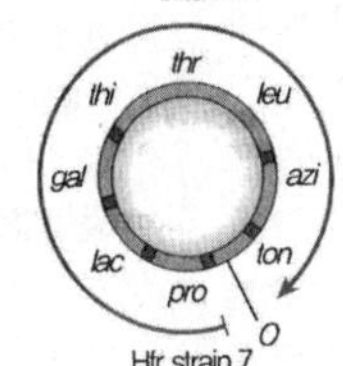

F인자 삽입위치에 따라 다양한 순서 가능하나, F인자는 항상 마지막에 온다.

세균의 유전자 지도는 형질전환 방법에 의해 작성할 수 있다. 표는 유전자형이 $a^+b^+c^+$인 세균의 DNA를 추출하여 다양한 길이의 DNA 절편을 만들어 유전자형이 $a^-b^-c^-$인 세균을 형질전환시킨 결과를 나타낸 것이다.

형질전환체의 유전자형	비율(%)
$a^+b^-c^-$	2.50
$a^-b^+c^-$	3.50
$a^-b^-c^+$	2.30
$a^+b^+c^-$	0.75
$a^-b^+c^+$	0.01
$a^+b^-c^+$	3.00
$a^+b^+c^+$	0.05

이에 대한 설명으로 옳은 것만을 <보기>에서 있는 대로 고른 것은?

보기

ㄱ. 세 유전자 중 가운데에 위치한 유전자는 b^+이다.
ㄴ. 세 유전자 중 거리가 가장 가까운 두 유전자는 b^+와 c^+이다.
ㄷ. 표의 형질전환체는 교차(crossover) 횟수가 짝수일 때 만들어진다.

▍자료해석

형질전환을 통한 세균 간의 유전자 전달 과정

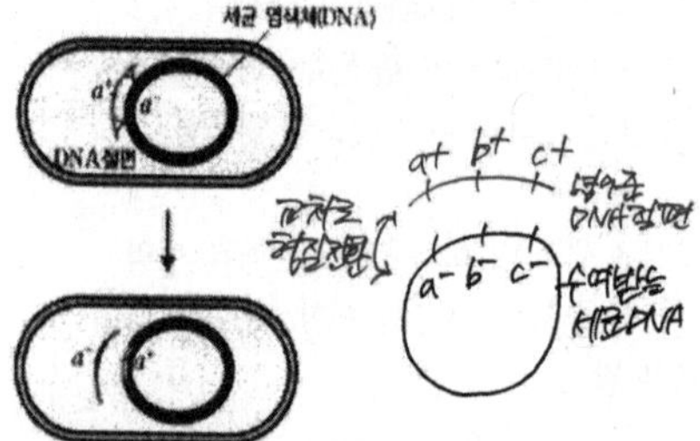

$a^+b^+c^+$ 세균의 유전자 지도 작성

- 유전자형이 $a^+b^+c^+$인 세균에서 만들어지는 DNA 절편은 7종류로, 원형 DNA이므로 유전자의 순서는 크게 중요하지 않다.
  → a^+, b^+, c^+, a^+b^+, b^+c^+, c^+a^+, $a^+b^+c^+$
- 서로 가까이 위치한 유전자는 공동으로 형질전환될 가능성이 높다. 따라서 비율이 가장 낮은(0.01%) $a^-b^+c^+$ 유전자형을 통해 b^+-c^+의 거리가 가장 멀리 떨어져 있음을 알 수 있다.
- 또한 $a^+b^+c^-$(0.75%)와 $a^+b^-c^+$(3.00%)의 비율을 비교하면 a^+는 b^+보다 c^+에 더 가깝게 위치함을 알 수 있다.
- 세균의 $b^-a^-c^-$에 $b^+a^+c^+$ DNA 절편이 도입되면 $a^+b^+c^+$ 유전자형을 갖는 형질전환체가 만들어질 수 있다. 이 비율은 0.05%이므로, b^+와 c^+ 사이의 거리는 a^+를 포함한 방향(0.05%)이 반대 방향(0.01%)보다 가까울 것이다. 즉, 세균의 유전자 지도는 다음과 같이 그려진다.

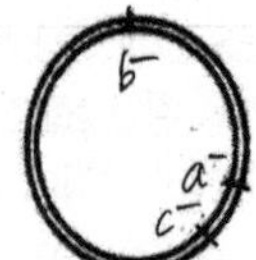

▍정답해설

ㄷ. 세포 내로 도입된 선형 DNA상의 유전자는 세균의 원형 DNA와 상동인 부위에서 나란히 배열한 후 짝수 번의 교차가 일어나야 비로소 세균의 염색체 DNA 상의 유전자와 교환될 수 있다.

▍오답해설

ㄱ. 도입된 DNA 절편을 기준으로 봤을 때, a^+가 가운데에 위치하는 유전자이다.

ㄴ. 세 유전자 중 거리가 가장 가까운 두 유전자는 a^+와 c^+이다.

▍개념잡기

(1) 유전자 a^+와 b^+는 연관되어 있다. (○)
유전자 a^+와 b^+는 동일 DNA 분자 상에 존재하므로 연관되어 있다고 말할 수 있다.

(2) 유전자형이 $a^-b^+c^+$인 형질전환체는 4번의 교차를 통해 만들어진 것이다. (○)
a^+가 가운데에 위치하는 유전자이므로 $a^-b^+c^+$인 형질전환체가 만들어지기 위해서는 4번의 교차가 일어나야 한다.

(3) <실험 과정>에서 세균 DNA 대신에 사람 염색체 DNA를 이용해도 유사한 결과가 나타날 것이다. (×)
사람 염색체 DNA에는 세균에서와 같은 유전자가 없을 것이므로 상동재조합이 일어나지 못해 세균을 형질전환시킬 수 없다.

PART 17. DNA와 RNA의 구조

*중심원리 – 출제포인트

① 복제 ↻ DNA —③ 전사→ mRNA (④ 가공) —⑤ 번역→ ptn → co-translation / post-translation

② 유전자코드설

⑥ 돌연변이

⑦ ptn 이동

⑧ 원핵, 진핵의 유전자발현조절

⑨ 바이러스 B.T.

1. DNA가 유전물질이라는 증거

1) 그리피스

R : 지질다당체로 Rough / 비병원성균

S : 다당체 → 매끈 / 지질다당체 노출↓ → 면역노출↓

폐렴쌍구균

R형균 → 쥐 → 生

S형균 → 쥐 → 死

가열S형균 → 쥐 → 生

가열S형균 + R형균 → 쥐 → 死 → S형균관찰됨

(A물질) (형질전환)

2) 에이버리 (물질 A 규명)

a. 단백질분해효소 → 死 S형균 관찰

b. 탄수화물, 지질분해효소 → 死 S형균 관찰

c. DNA분해효소 → 生 R형균 관찰.

3) 허쉬-체이스

대장균 + 파지 (^{32}P, ^{35}S) → 대장균내에서 ^{32}P검출 → DNA가 유전물질.

*추가적 증거

① 세포당 염색체수 ↔ DNA양 간 상관관계 有

② 생식세포 DNA량이 체세포의 절반, S기 DNA 2배

③ 흡광 (260nm → 돌연변이 증가 O / 280nm → 돌연변이 증가 X) ⇒ DNA가 유전자다.

2. 반보존적 복제 (원핵&진핵 모두)

^{15}N 배지에서 대장균 증식 → ^{14}N 배지에서 대장균 복제 (Pulse-chase)

0세대: 15-15

1세대: 14-15

2세대: 14-14 (점점 두꺼워짐), 14-15 (일정량보존)

	0세대	1세대	2세대
보존적	15-15	14-14, 15-15	
반보존적	15-15	14-15	14-14, 14-15
분산적	15-15	14-15	14-14, ~~14-15~~보다 작은것 → 약 14-14로 수렴

3. RNA의 구조

: 단일가닥. 리보오스, A.C.G.U, rRNA

: 종류 – rRNA / tRNA / mRNA / snRNA / telomerase RNA / antisense RNA

- → 원핵: 5S, 16S, 23S
- → 진핵: 5S, 5.8S, (18S, 28S) 설탕농도차 원심분리

cf> 핵산 혼성기술 – 분자혼성화

: 염기서열의 유사성 정도 측정으로 유전자 추적 및 위치규명

: 방사성 표지 및 형광표지탐침 사용 → 고빈도 반복서열 표지하는 것이 좋다. (ex> 동원체)

PART. 18. DNA 복제와 합성

1. 복제원점 (origins). 복제분기 (forks). 복제단위 (unit)

(1) 복제원점 : GC↓. AT↑

① 복제분기 (replication fork) : 복제분기점은 복제원점의 양방향 ∴ 복제원점 ×2

② 레플리콘 (replicon. 복제단위) : 한번의 복제가 합성할 수 있는 단위 (개시-신장-종결)

(2) 복제의 특징

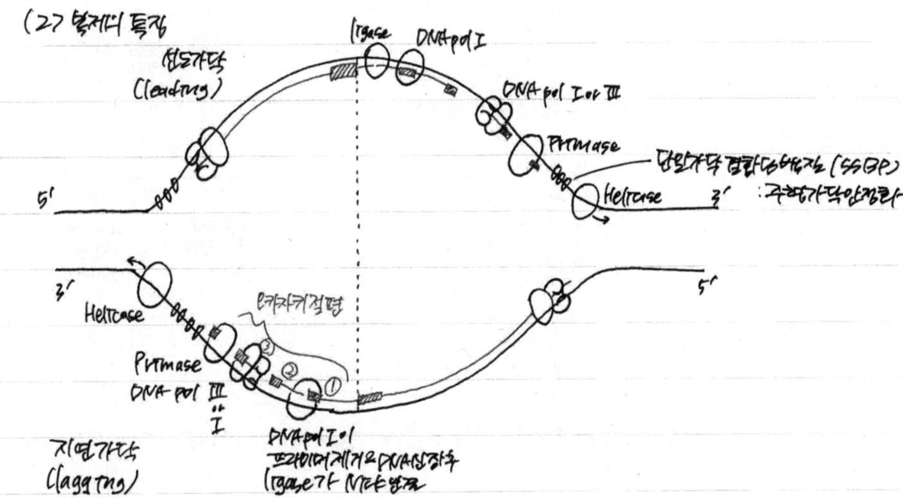

(3) 복제원점 조사

: 원핵, 하나의 복제원점. 진핵, 여러개 복제원점 (∴ 레플리콘 수도 많)

ex) 효모 (진핵)

: 원점인식복합체 (ORC) 원래의 ORC결합자리에 ORC 항상결합하고 있음.

→ ARS 서열과 결합ptn. G1기에 형성. S기에 합성 개시

kinase가 ORC 인산화 : 진행. cdk2.

2. 개시 (원핵)

: DS→SS로 일부 풀어야함. DNA pol이 SS에 부착가능하므로

① 복제원점

i) Ori... : 공통서열을 찾아야함 (AT多) → ori서열 (9mer × 4 + 13mer × 3 의 반복) 암기X. 아~그렇구나.

: DnaA → 공통서열인식하여 DNA 이중가닥 분리

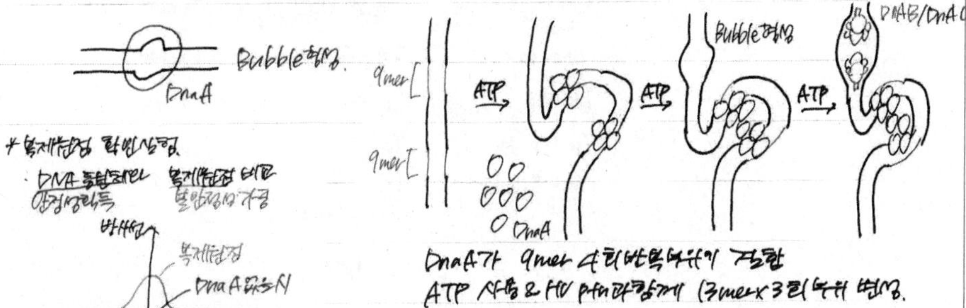

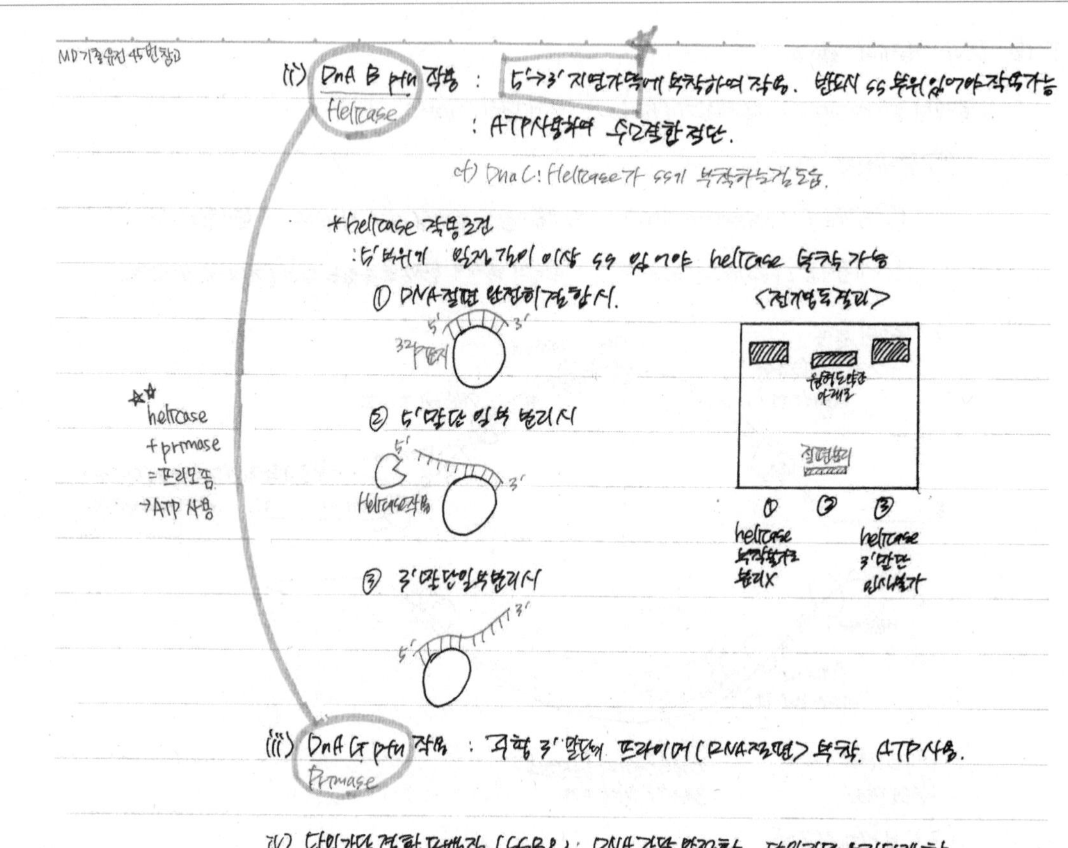

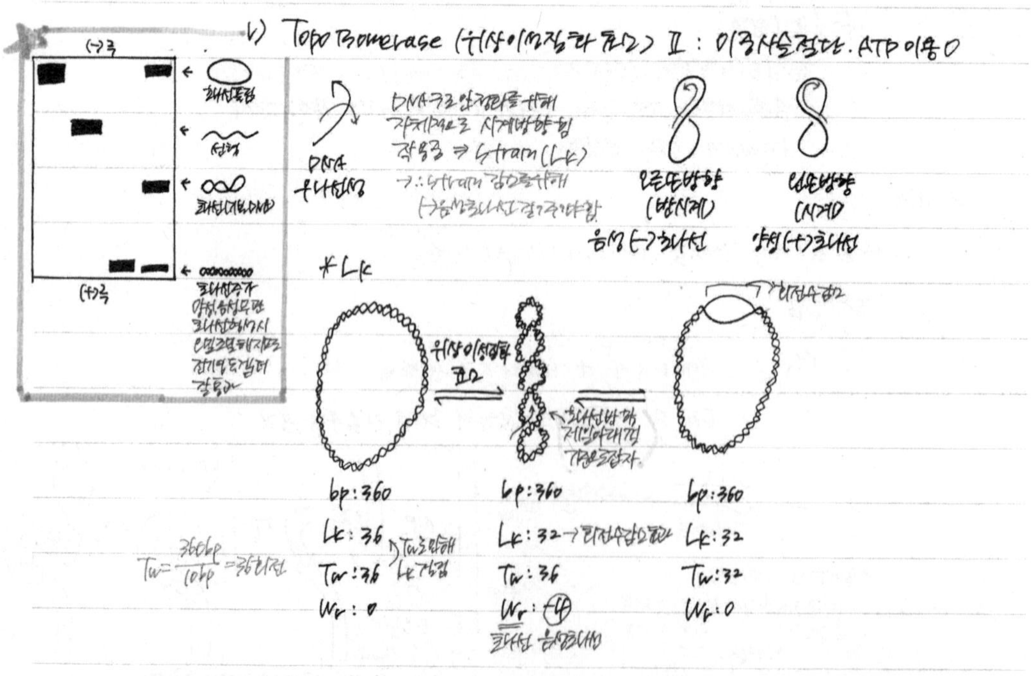

3. 신장 (원핵)

1) DNA pol 정리 (원핵)

		DNA pol I	DNA pol III	
대오단편체 : 클레나우절편	3'→5' exonuclease 활성	O	O	→ 교정수선기작 ↓ methylation 주형 판단의 기준
	5'→3' polymerase 활성	O	O	
소오단편체 ←	5'→3' exonuclease 활성	O (→ 지연가닥의 프라이머 제거한다.)	×	

→ 공합절제하다 RNA primer와 만나면 분리됨.

※ DNA pol III의 소단위들
- α 5'→3' pol
- ε 3'→5' exon
- β β클램프
- τ 이량체로결합 γ/pol III 이량체조절

* 클레나우 절편 (클레나우절편)

: DNA pol I 에서 5'→3' exonuclease 활성제거

∴ DNA pol I → DNA pol III 효과

↳ 클레나우절편 사용시 지연가닥 신장불가 ∴ 여러개의 절편만 有

5'→3' pol, 3'→5' exon, 3개의 단위체 2개만 有인 절편.

2) Nick Translation (지연가닥의 신장)

방사능 세기 / 설탕 농도차 / A / B

원심분리 위로부터의 거리 A→B 일정시간경과후 오카자키 절편이 연결되어 무거워져서 검출된다.

오카자키절편 / 지연가닥 / RNA primer / DNA pol I / 3' / 5'

① 5'→3' exonuclease
② 5'→3' polymerase (ATP 사용 X)

→ 5' 3' 5' 3' / 3' 5'

↓ RNA NTP 하나씩 제거하고 dNTP 삽입시키며 진행 / Nick

→ ligase 가 Nick 연결 (ATP 사용)

3) DNA 가닥의 동시합성.

: DNA pol III 이량체가 두 가닥 동시에 합성.

primer / β클램프 → sliding clamp 형성 / DNA pol III 이량체 / SSBP / Helicase. / gyrase → 꼬임완화 / primer

4. 종결 (진핵)

* 주형말단의 특성 — 진핵, 선형DNA : 주형 3'말단부 지연가닥 일부신장불가.

3'] 마지막 프라이머 제거. 5' / 5' 3' 주형 지연가닥 → 3'] 5' / 5' 3' → 3' 5' / 5' 3' 점점 짧아진다 → 노화

⇒ 중요 유전자 보호를 위해 DNA 말단 중간반도반복서열 (5'TTAGGG3') 약 1000~5000번

↓ 범유상 척추동물 이상 有 하위단계는 변형된 반복서열 有 ex) 아메바는 5 반복서열로 이루어져 有

☆텔로미어 보호기작들 *Telomerase

: 역전사효소기능 有, RNA절편 (3'AAUCCCC5') 有

→ 감수분열시 활성. 생식세포는 텔로미어 회복

→ 체세포분열 ⇒ 정상세포, 줄기세포… → 지속분열세포

5' 3'
…CCCUAA CCCUAA
…GGGATT GGGATT
3' 5'
텔로머라아제

*텔로미어 길이짧아짐 → 정상세포
길이불변 → 암세포 (예정사 X)

* Tetra G

: 머리핀구조로 분해효소접근억제 및 텔로미어 복제를 가능하도록 함.

5' 지연가닥주형 TTGGGG 3'
3' 5' 프라이머자리
→
5' TT GGGG Tetra G
T T
3' 5' 3' GGGG

텔로머라아제가 TTGGGG서열첨가시 머리핀구조형성

머리핀구조 잘려나감.
→ TTGGGG TTGGGG
T T
AACCCC AAGGGG
→ TTGGGG
AACCCC

머리핀구조의 3'말단에 추가되며 말단복 회복.

PART 19. 염색체의 구조와 조직화

출제포인트

1. 특수화된 염색체 (Puff / 램프브러쉬)
2. 염색체 구조
3. 반복서열

*인트로

1. 바이러스와 세균의 염색체
   - 바이러스 : 한 가닥 혹은 두 가닥의 DNA or RNA 분자
     머리구조 내에 有
   - 세균 : 두 가닥의 DNA 분자
     Hu 단백질 + DNA
     뉴클레오이드 (nucleoid) 로 압축

2. 미토콘드리아와 엽록체의 염색체 (진핵 : 반복서열 O / 원핵 : 반복서열 X)
   - 미토콘드리아 DNA : 환형 이중 DNA, 히스톤 X, 인트론 X, 반복서열 X,
     핵 DNA의 유전자에서 만들어지는 효소를 사용하여 복제 &
     단백질 생산 → 공동작업.
   - 엽록체 DNA : 미토콘드리아보다 크다. 환형 이중 DNA. 마찬가지로 핵과 공동작업

1. 특수화된 염색체 : DNA의 조직화

1) 다사염색체 ⇒ 핵분열 없이 염색체 반복적 복제

: 거대한 크기로 염색체 관찰을 위한 모델제공. ex) 초파리 침샘염색체

: 염색소립 (chromomere, 염색립) 패턴 有 (응축부위)

1-① : **Puff** : 다사염색체 염색소립의 국소적 풀림 ☆ 응축된 구조의 국소적 풀림 ⇒ 특수염색체 구조로 유전자발현 수월

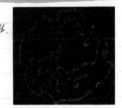

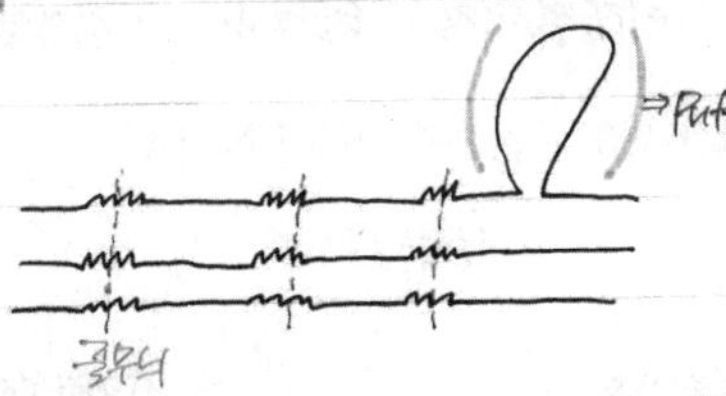

1-② 2) **램프브러쉬 염색체** (양서류의 난모세포 혹은 생식세포에 특이적으로 풀린 구조 → 키아즈마에 의해 상동염색체가 붙어있는 형태)

: 생식세포 감수분열 전기에 염색체 상태에서 응축된 DNA 구조 일부 풀린다.

⇒ 전사인자 접근 수월 ⇒ 유전자 발현 ↑ → 발생중인 세포의 대사활성 지시.

: 인접고리 (Puff와 유사한 특징) (lateral loop : 전사활성부분) 형성.

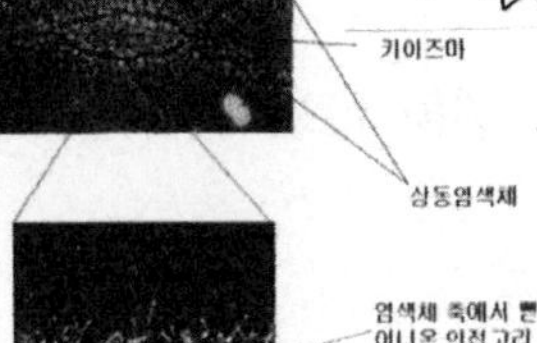

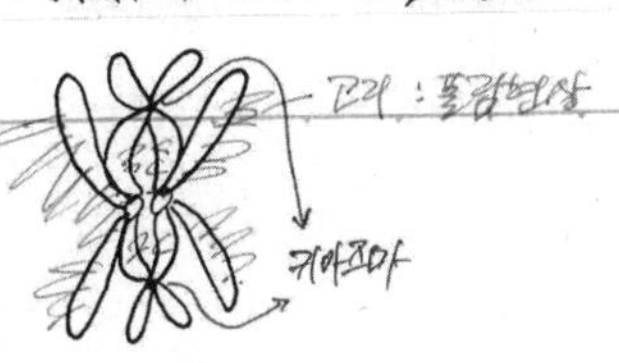

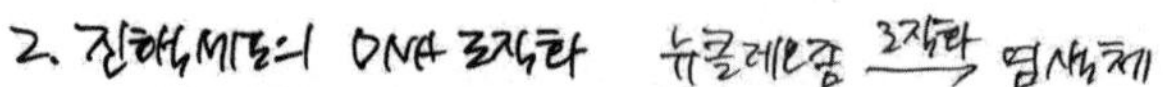

* DNA연계 단백질 : 히스톤과 비히스톤들

1). 크로마틴 구조와 뉴클레오좀. (chromatin 염색질)

- 엔도뉴클레아제처리 → 이질 염색질 : 안 잘림.

→ 진정염색질 : 잘림. → 200bp DNA 생성.

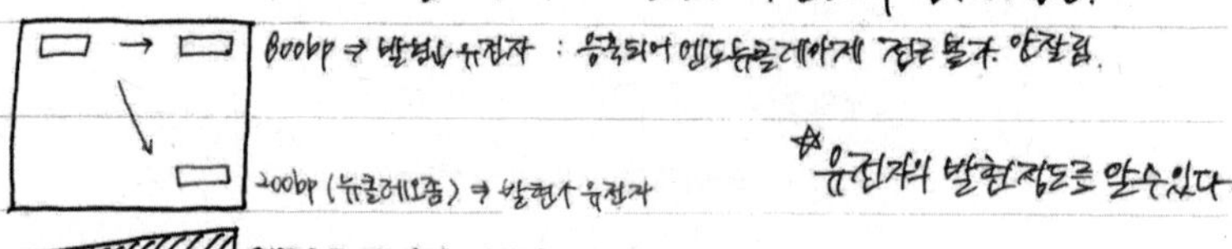

☆ 유전자의 발현정도를 알수있다.

엔도뉴클레아제 처리농.

2) 히스톤 단백질

cf) 솔레노이드

: 30nm 염색질 섬유. DNA 압축비율 증가.

뉴클레오솜 핵심입자

146 bp : 히스톤 팔량체 감싸는 NT

H2A H2B H3 H4

연결자(linker)

H1

200bp : 팔량체 + 연결 히스톤 H1

※ 이합체상태로 ⇒ 8량체

→ Lys, Arg ↑↑ ∴ (+)전하 ↔ DNA (-)와 정전기적 인력

3) 이질염색질

: 간기에도 응축되어있는 상태

: 유전자가 거의 없고 있어도 활성억제

: S기에 진정염색질보다 나중에 복제 → 전사와 복제 모두 S기

: 염색체의 구조적 통일성과 이동에 관여

ex. 동원체, 텔로미어, Y염색체, 불활성 X염색체

: 위치효과 - 이질염색질 : 발현↓ - 진정염색질 : 발현↑

4) 반복서열 ← 의미 X 반복, pseudo (위) 유전자 : 유전자는 가지고 있지만 발현하지 않는다.

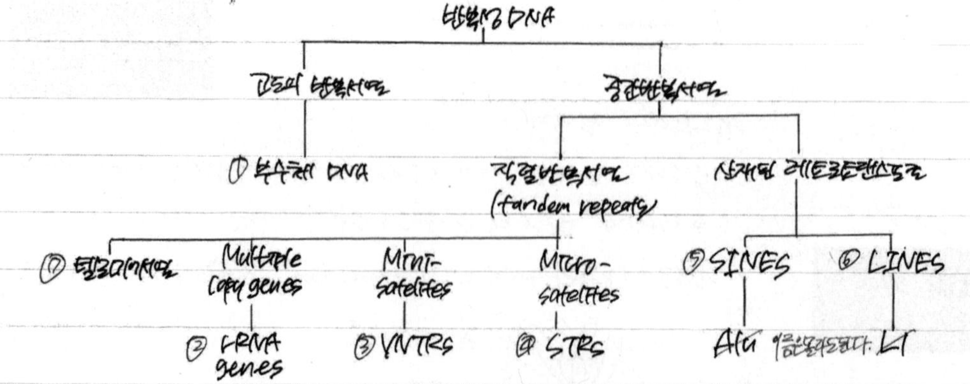

(1) 고빈도 반복서열

① 동원체, 부수체

: CEN → 동원체 서열

→ 분열시 방추사가 부착하는 키네토코어 형성.

→ 동원체

→ 부수체 (고도반복된 위성 DNA)

(2) 중등빈도 반복서열 → 실제 유전자간 거리 유지

② Multiple copy genes (중간반복성 다중유전자들)

: 의미있는 반복서열

: 11, 12, 13, 14, 15, 21, 22번 염색체에 유전자 반복 → 사람 ?인것

→ rRNA 형성

45S pre rRNA (by RNA pol I) 가공 → 18S, 28S, 5.8S

cf) 1번 염색체에서만 5S rRNA 형성 (by RNA pol III)

③ VNTR (Variable number tandem repeat) → 소부수체 (minisatellite)로 불림

(15~100bp (암기 No))n 반복 → DNA fingerprint

④ STR (Short tandem repeat) → 미소부수체 (microsatellite)

(2~4)n

⑦ 텔로미어 서열

* 전이인자 (트랜스포존) → 움직이는 DNA.

⑤ SINEs (Short interspersed element) : Alu

⑥ LINEs (Long 〃) : L1

이름 안 중요

ex)

L1

↓

mRNA

↓ RT 역전사효소

cDNA

잘라붙이는 게 아닌 역전사물을 삽입 → 그래야 이득이 된다.

cf) 사람 유전자는 다른 진핵생물과 상동성 有 이나

반복서열 → 트랜스포존 (전이인자)로 인한 돌연변이 有

(3) 반복서열 관련실험.

① 침강평형 원심분리 (밀도차 원심분리)

: 밀도차에 따라 두 그룹의 DNA로 분리됨. < main band : 주서열 / satellite band : 복수체 밀도↓

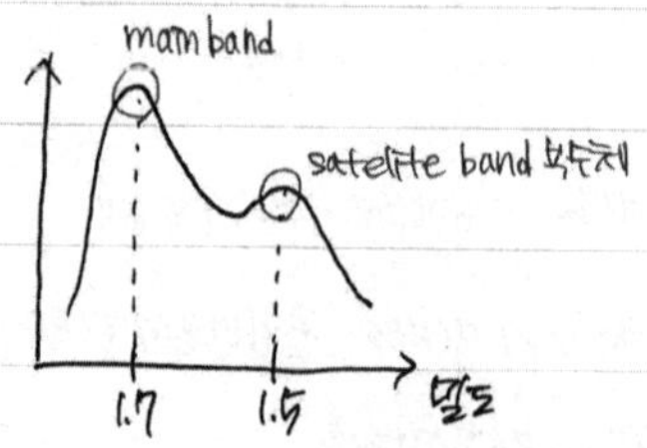

② 재결합 동역학 연구 (재생역학) : 반복서열有 재생 fast. PART 2. 핵산참조

③ 현장분자혼성화 (제자리혼성화) : 혼성화탐침시 반복서열로 하는게 Good

ex)

동원체 혼성화

위성 DNA, 복수체 혼성화

PART 20-1. 유전자의 암호와 전사

1. 인트로

* DNA (주형)	Triplet code	AGA	wobble 1:多 ↓	코돈 61개 (UGA. UAA. UAG 제외) 종결코돈
DNA (비주형)	Triplet code	TCT		안티코돈 45개
mRNA	Codon	UCU		aa 20개
tRNA	Anti-codon	AGA		
aa		Ser		

*Wobble 가설 (동요현상)
: 안티코돈의 첫번째 염기와 코돈의 세번째 염기 사이 유연성 有
∴ 코돈의 세번째 염기 돌연변이율 ↑
ex> 변형된 염기 이노신

(1) 유전암호의 특징

- 하나의 코돈 → 하나의 아미노산 1:1 대응 역은 성립 X
- 하나의 아미노산은 여러 암호에 의해 지정될 수 있다.
- 개시코돈 (AUG) & 종결코돈 (UAA. UAG. UGA) 有
- 중첩되지 않는다 *Virus만 중첩됨 (하나의 코돈이 6번 중첩)
- 거의 모든 생물이 동일암호 사용 (보편적. Universal)

개시 aa
진핵: Met
원핵: f-Met.

*Virus 유전자
① 중첩 공복
② 겹쳐진 유전자
: 전사 개시부위가 다른 두 유전자가 특정염기서열 지역에서 겹침

① (2) 시험관내 번역체계 ∵ 코돈의 지정 aa를 찾는 것.

① 원핵생명체 유전자 발현과 동일. → 가공 X. 5'cap & 3'tailing X. ∴인트론 X

요구조건: 리보솜(70S). aa. tRNA ··· (∴세균추출물준비)

+ 폴리뉴클레오티드 인산화효소 : DNA주형 없이 인위적으로 mRNA 합성가능.

② AUG (개시코돈)으로 시작 안해도 된다.

③ 특이 NT 조성 바꾸기.
ex> A or C

가능한 틀 3개.
··· AACAACAACAACAAC ···
AAC. ACA. CAA.

조성	가능코돈	특정코돈 형성확률	최종 %
3A	AAA	$(1/6)^3 = \frac{1}{216} = 0.4\%$	0.4%
2A:1C	AAC. ACA. CAA	$(5/6)(1/6)^2 = 5/216 = 2.3\%$	2.3×3 = 6.9%
1A:2C	ACC. CAC. CCA	$(5/6)^2(1/6) = 25/216 = 11.6\%$	11.6×3 = 34.8%
3C	CCC	$(5/6)^3 = 125/216 = 57.9\%$	57.9%
			total 100%

확률에 따른 mRNA의 합성 ↓

번역 ↓

Lys	<1%	AAA 확실.	
Gln	2%	2A:1C	
Asn	2%	2A:1C	
Thr	12%	1A:2C	
His	14%	1A:2C, 2A:1C	
Pro	69%	CCC 2C:1A	0% 채우려면 wobble CCC 사용

로 추정.

④ 삼중자 결합분석 → 합성된 RNA 서열이 맞는 aa 확인.

투여 (A* B C tRNA)

리보솜 RNA

여과지 → 여과지에서 방사능 검출시 A아미노산 서열 맞음

여과액 → 여과액에서 방사능 검출시 A아미노산 아님.

2. 전사

* Polymerase.

a. 종류

*pol의 작용

고정 Mg^{2+}

pol이 나 대주면 자발적반응으로 인산이에스테르결합형성.

- DNA 의존성 DNA polymerase : single strand에 부착. ss를 주형으로 새로운 ds 합성. 반보존적 복제
- DNA 의존성 RNA polymerase : double strand에 부착. 단일방향성 전사. RNApol
- RNA 의존성 DNA polymerase : 역전사효소
- RNA 의존성 RNA polymerase : virus.

b. RNA pol의 특징

단, RNA pol는 프라이머를 필요로 하지 않음.

- 5'→3' 방향 중합 ∴ 가존의 3'-OH에 신장
- 보결족 Mg^{2+} 사용. 핵산중합효소들은 다 Mg^{2+} 보결족 사용.

) DNA pol 도 동일.

- RNA pol이 DNA 인식할 수 있는 프로모터 숨어나 혼자 찾기 힘듦.
  ∴ 보조인자 필요 < 원핵 : σ인자 / 진핵 : 전사인자복합체 (보편전사인자)
- RNA pol은 부가단백질 (ex. Helicase, Gyrase…) 필요 X
- 3'→5' Exonuclease 기능 X. ∴ 미스매치 ↑ → Good. 분해가 잘된다. 필요 없어진 경우 쉽게 분해

c. RNA pol의 종류.

i) 원핵 : $\alpha_2\beta\beta'+\sigma$ < $\alpha_2\beta\beta'$: 핵심중합효소 / $\alpha_2\beta\beta'\sigma$: 완전중합효소 ; β β' : 전사활성부위 / σ : 프로모터 인식

→ 30S pre-rRNA $\xrightarrow[\text{가공}]{\text{process}}$ 16S, 23S, 5S rRNA, tRNA.

→ mRNA

ii) 진핵 : RNA pol Ⅰ (→ 핵인에 존재) : rRNA ⇒ 45S pre-rRNA $\xrightarrow[\text{가공}]{\text{process}}$ 28S, 18S, 5.8S rRNA

Ⅱ : mRNA

Ⅲ : tRNA, 5S rRNA.

] mt RNA 전사

1) 개시

(1) 공통서열 → 원핵의 σ인자, 진핵의 전사인자 (TF Ⅱ)가 인식 ⇒ 프로모터서열
(σ → Pribnow 박스)

① 원핵 { -10 : TATAAT
　　　　 -35 : TTGACA

upstream ← 　 → downstream
전사되는 첫번째염기 +1 (0은 X), 그 상대부는 - 부여.

5' → 　 -1 : +1 　 3' 비주형 (센스)
TAAT
ATTA
3' 　 5' 주형 (안티센스)
5' UAAU

(주) 주로 비주형에서만 따진다. (비주형이 정보이므로)

: 강한 프로모터 (정확한 TATAAT 서열) 일수록 전사개시 ↑ → 유전자 조절

: -35부위 돌연변이 시, 전사량 급감.

② 진핵 -25 : TATA BOX.

(2) 보조인자

① 원핵 : σ인자 → $\alpha_2\beta\beta'$와 일시적으로 결합체 구성. 프로모터서열을 인식하여 $\alpha_2\beta\beta'$가 DNA에 결합하는 것을 돕고 8~12NT 전사 후 분리되어 재사용된다.

↳ σ인자 인식 상보서열 부위
AACTGT 　 ATATTA
TTGACA 　 TATAAT
5' 　 3'
-35 　 -10

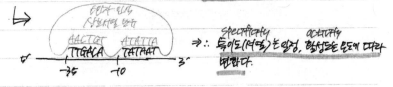

⇒ ∴ 특이도(서열)는 일정, 활성도는 온도에 따라 변한다.
(specificity, activity)

↳ σ → σ →
σ 분리 & 순환

$\alpha_2\beta\beta'$와 σ 1:1 반응 X 약 1 : 0.

if) A : B = 1:1 일 때,
A 더 첨가시, 속도 불변
B 더 첨가시, 속도 변할 경우
A → σ
B → $\alpha_2\beta\beta'$

② 진핵 : 보편 전사인자

TF Ⅱ D : TATA BOX 인식
A, B
F : RNA pol Ⅱ 프로모터에 부착
E
H : RNA pol Ⅱ의 CTD (C-terminal domain) 인산화
: 프로모터에서 pol 출발

* D, F, H는 결손시 전사급감 다른건 결손되도 멀쩡하다.

* CTD (Carboxy Terminal Domain)
: 가공복합체 운반. ⇒ ∴ 전사와 가공이 동시에 일어난다.

*EMSA (Electromobility shifting assay)

naked DNA	all	-D	-F	-H	-A or B or E

(-)

(+)

↓ 모든전사인자 복합체다 붙기있는상태

↓ all과 같다. 서 mam 영향X.

2) 신장 : 5'→3' 방향

3) 종결

① 원핵

- ρ의존성 종결 : ρ ⇒ 가수분해의 기능有 (ATPase 활성), 머리핀 O or X
  - 역반복서열 다음 U 염기 나타나지않는것이특징.
  - $V_\rho > V_{\alpha_2\beta\beta'}$
  - 머리핀이나 기타이유로 $\alpha_2\beta\beta'$ 속도↓되면 ρ인자가 따라잡아 DNA-RNA 사이를 가수분해시, DNA, RNA, RNA pol 모두 해리.
- ρ비의존성종결 : 머리핀 ( ), 역반복서열 다음 AT 나열 서열

* 2가대칭서열

5' ACGAC GTCGT 3'

3' TGCTG CAGCA 5'

AT서열

5' ACGAC GUCGU

머리핀구조형성시 RNA pol 분리

② 진핵 : 전사종결신호 AAUAAA 이후 약 40bp 더 전사 후 Endonuclease (Rat I)로 절단 후 3' poly A-tail 부착.

* 진핵생물과 원핵생물에서 유전자 발현의 차이점

특징	원핵	진핵
전사와 번역	세포질에서 동시에 일어남	핵에서 전사 후 세포질에서 번역
유전자구조	인트론 X	인트론 O
mRNA 가공	가공 X	인트론제거, 5'cap, 3' poly A-tailing
mRNA 수명	짧다	길다
암호화부위	폴리시스트론성	모노시스트론성

↙가공복합체 필요

3. 가공 → 진핵: CTD에 의해 핵 내에서 전사와 동시에 가공 후 세포질로 방출

* rRNA : 45S pre-rRNA → 28S, 18S, 5.8S rRNA
  mRNA : 5'cap, 3' poly A tailing, 인트론 제거
  tRNA : 3', 5' 말단 일부 제거

} 모두 리보자임이 의한 가공 과정 필요 (protein & Mg^{2+} 있을 때 작용↑)

cf> 원핵과 진핵의 가공.

	rRNA	mRNA	tRNA
원핵	O	X	O
진핵	O	O	O

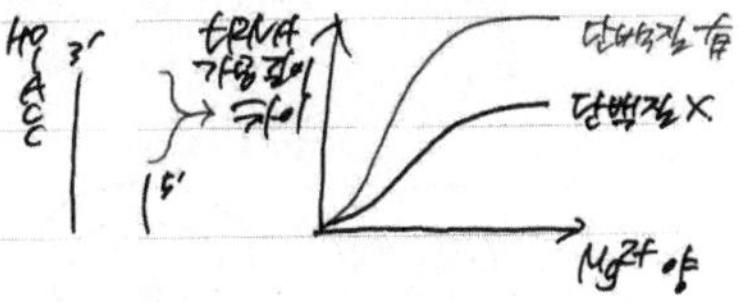

* 전사 : pre-mRNA (exon + intron) 형성

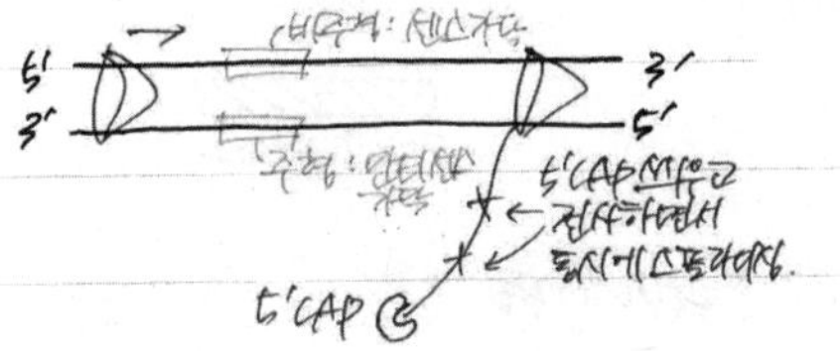

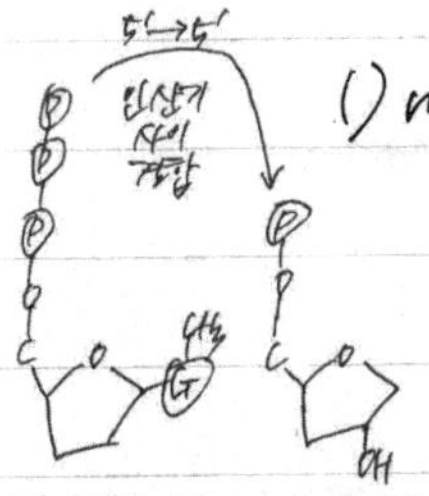

5'→5' 연결 7-methyl GTP capping

1) mRNA (가공완료)

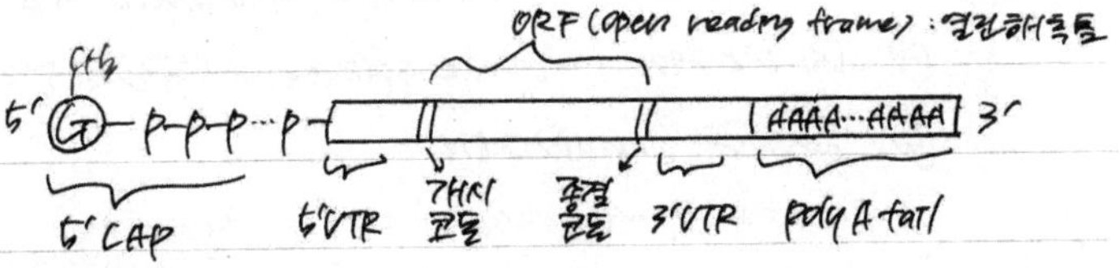

① 5'CAP : 7-methylguanosine 부착. (by CTD에 결합되어있는 효소)

a. Cap Binding Ptn : 5'CAP에 결합

⇒ 핵공탈출 도움 + 리보솜 찾게 하며.

→ 리보솜의 CAP 결합자리에 CAP이 정확히 붙어야 5'UTR과 리보솜 결합가능.

5'CAP & 3' poly A tail ⇒ NES

b. 보호작용 : nuclease로부터 보호

② 3' poly A tailing

: 3' poly A tail 있어야만 번역 개시 가능.

: 분해효소로부터 보호. 핵→세포질 이동에 관여.

: AAUAAA 종결서열 후 10~35NT 전사 수행 & 종결.

RNA pol Ⅱ CTD와 연관된 효소복합체 → endonuclease (Rat I) 절단 후 poly A tail 부착.

⇒ 핵 바깥으로 나감. 준비 완료 & 번역 가능.

ex> 모계영향 유전자 (세포질 mRNA)

⇒ poly A tailing이 덜 되어 있다.

∴ 세포질 내에서 번역되지 않고 있다가 수정 시 정자 유입신호로 A 더 붙여서 전사활성 가능

* 히스톤 mRNA는 poly A tail 없이도 기능수행 가능.

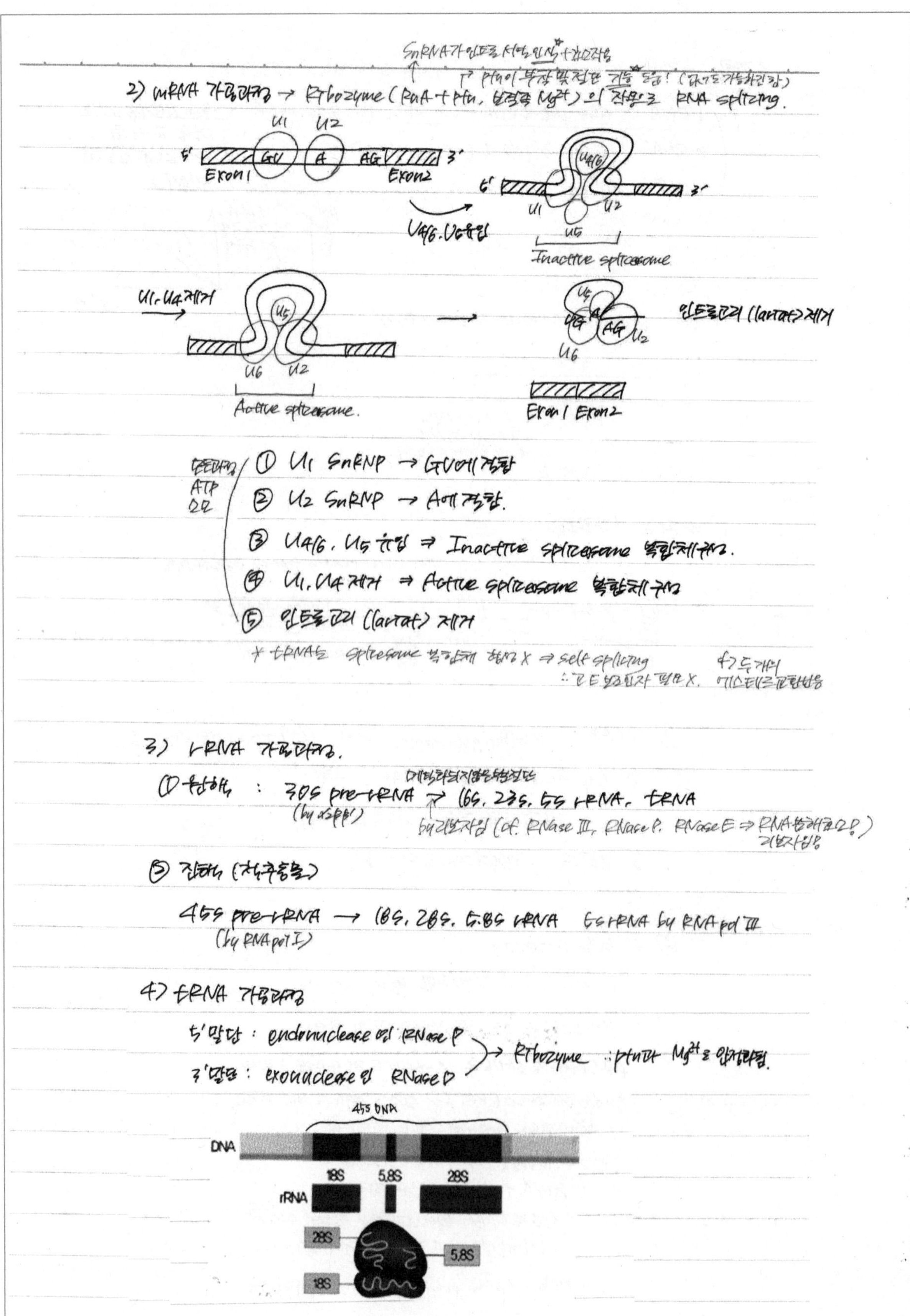

2) mRNA 가공과정 → Ribozyme (RNA + Pro, 보조효소 Mg2+)의 작용으로 RNA splicing.
U1
U2
5'
GU
A
AG
3'
Exon1
Exon2
U4/6. U5 유입
U4/6
U1
U2
U5
Inactive spliceosome
U1. U4 제거
U5
U6
U2
Active spliceosome
인트론고리 (lariat) 제거
Exon1 Exon2
① U1 snRNP → GU에 결합
② U2 snRNP → A에 결합.
③ U4/6. U5 유입 ⇒ Inactive spliceosome 복합체 구성.
④ U1. U4 제거 ⇒ Active spliceosome 복합체 구성
⑤ 인트론고리 (lariat) 제거
* tRNA는 spliceosome 복합체 형성 X ⇒ self splicing
3) rRNA 가공과정.
① 원핵 : 30S pre-rRNA → 16S, 23S, 5S rRNA, tRNA
② 진핵 (척추동물)
45S pre-rRNA → 18S, 28S, 5.8S rRNA 5S rRNA by RNA pol III
(by RNA pol I)
4) tRNA 가공과정
5'말단 : endonuclease인 RNase P
3'말단 : exonuclease인 RNase D
Ribozyme
45S DNA
DNA
18S
5.8S
28S
rRNA
28S
5.8S
18S

5) 인트론 찾기 + 대체가공

① E1 I1 E2 I2 E3 I3 DNA

↓

E1 E2 E3 mRNA DNA

I1 I2 I3

- 인트론 찾기
: 가공된(인트론 제거) 된 mRNA와 DNA 혼성시, 인트론 부분은 고리를 형성한다.

⇒ 고리 개수 = 인트론 개수.

② ㄷ

I1 I2 I3 I4 I5
E1 E2 E3 E4 E5 E6 ⇒ E1 E2 E4 E5 E6

대체가공이 일어났음을 알 수 있다.

* 대체가공. 대체 RNA 스플라이싱

5'CAP Exon1 Intron1 Exon2 Intron2 Exon3 AAAA···
5'UTR 3'UTR

U1과 U2의 잘못된 부착으로 Exon2도 같이 잘려나감

③ 염색체의 결실고리

A B C D E ⇒ 결실 X 가닥

A C E ⇒ 결실(B,D) 가닥.

6) RNA 편집

* Apo-B

소장 : 유미입자 + Apo-B-48

간 : VLDL, LDL + Apo-B-100

⇒ Apo-B-48.

: 49번째 코돈 CAG → UAG (C가 U로 탈아미노화)

가이드 RNA가 정확한 위치로 인도해준다.

∴ 종결서열 되어버리므로 48개까지만 aa 합

*폴리리보솜 : 한번의 전사에 여러번의 번역.

전사체를 여러번 번역
- → 진핵 : 진핵은 전사체를 잘 만드므로 폴리리보솜 비효율적 (출제X)
- → 원핵 : 원핵은 전사체 한번 만들기 힘드므로 폴리리보솜이 효율적

예제.

RNA pol

㉠ ㉡ ㉢ ㉣

- 원핵생명체 : 전사와 번역 동시에
- ㉠→㉡ 방향 전사
- ㉠ : 3' ㉡ : 5' ㉢ : N말단
  ㉣ : 5'UTR
-

PART 20-2. 번역. → 원핵, 진핵생물

<출제포인트>

1. 번역의 주인공 1) mRNA ① IRES ② 시스트론.
2) tRNA – 아미노아실 tRNA 합성효소
3) rRNA & 리보솜.

2. 단백질의 유전적 정보서 1) 물질대사 경로
2) 1유전자 1효소설

1. 번역의 주인공

1) mRNA

(1) UTR : 비번역부위

① 5'UTR : 리보솜의 작은 소단위체에 결합 (RBS : Ribosome binding site)

② 3'UTR : mRNA 수명과 관련

ex) 원핵 / 진핵

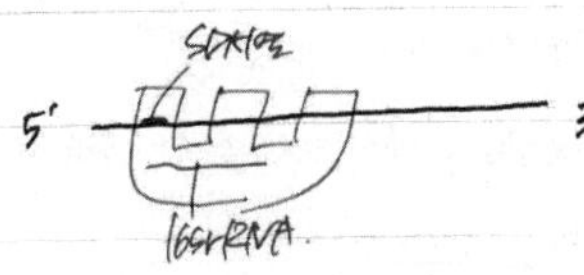

1-1)-① (2) IRES (Internal Ribosome Entry Site) : rRNA 결합자리.

아 [환형 DNA 5'→3' 방향성 X 이므로 방향성 나타내기 위해 주입
번역개시에 필요한 서열 (SD서열 아 코작서열) 주입했음을 뜻함

② (3) 시스트론

[5'UTR (개시코돈 ~ 종결코돈 ORF) 3'UTR]

→ 폴리시스트론 : 원핵
→ 모노시스트론 : 진핵

ex) ppp 5' ORF 3' OH 폴리시스트론
5'UTR 3'UTR 5' 3' 5' 3' 5' 3'
4개의 번역부위, SD서열 有.

5'CAP 5'UTR exon 1 2 3 ·· 4 3'UTR 3' AAAAA···
ORF.

2) tRNA. → 원핵: rRNA와 동시 형성 / 진핵: RNA pol III 의 의해 형성.

(1) 구조

: 2D - 클로버형태　3D - L자형구조

HO 3' / 5' / 단일가닥 짧다.

: CCA-OH에 aa를 에스테르결합

(1-2) (2) 아미노아실 tRNA 합성효소 (transferase)

① A.A + ATP → A.A-AMP + 2Pi

A.A-AMP + tRNA → A.A-tRNA + AMP

아미노아실tRNA합성효소의 작용.

② 기질 : AMP / tRNA (45개) / a.a (20개)

tRNA: 덜 critical ∴ 2~3개의 안티코돈가능.

a.a: critical (aa 20개 합성효소 20개. 1:1 정확매칭) ⇒ 오류시 돌연변이이므로 매우 민감.

+ tRNA 특이염기 - 이노신

: 안티코돈의 첫번째염기. 코돈의 세번째염기 여러가지와 결합가능.

3' / 5' / I / 5' / 3' / C A U ⇒ wobble

3) rRNA & 리보솜

* 진핵. rRNA
5S → RNA pol III에 의해 인 밖에서 전사후 핵인에서 조립 (반염색체에 有)
5.8S, 18S, 28S → RNA pol I 에 의해 핵인에서 전사. 11, 12, 13, 14, 15, 21, 22 염색체에 有 ⇒ 의미있는 반복.

① 진핵 80S
- 대단위체 : 리보솜 - 60S / rRNA - 5S, 5.8S, 28S rRNA
- 소단위체 : 리보솜 - 40S / rRNA - 18S rRNA

② 원핵 70S
- 대단위체 : 리보솜 - 50S / rRNA - 5S, 23S rRNA
- 소단위체 : 리보솜 - 30S / rRNA - 16S rRNA

(28S rRNA, 23S rRNA: 리보자임 펩티딜전이반응) (18S rRNA, 16S rRNA: 5'UTR과 결합) (23S rRNA ⊖: 클로람페니콜 23S rRNA 기능억제)

③ 항생제
스트렙토마이신(SM) → 잘못된 aa 주입. 미스매치유발
테트라사이클린 (T.C) → aa 주입 X
클로람페니콜 → 23S rRNA의 펩티딜전이반응 억제
에리스로마이신 → tRNA 방출저해
퓨로마이신 → P자리 tRNA 제거 ⇒ 원핵, 진핵 모두 작용 가능

* tRNA가 rRNA 중 가장 많고 안정하므로 계통 연구 구분에 사용가능.

3역 (고세균 / 진핵 / 진정세균)

2. 번역 개시 – 신장 – 종결

cf) cycloheximide : 번역저해제

1) 번역 개시 (by IF & GTP)

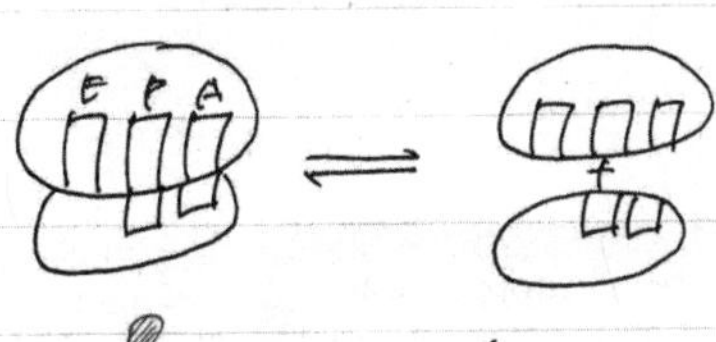

① IF-3 : 작은소단위체와 결합해서 큰소단위체 분리

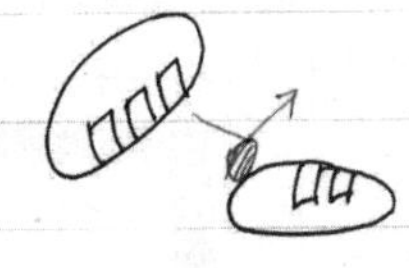

② IF-1 : A자리로 유입 ⇒ 작은소단위체안정화 ⇒ tRNA가 미리들어오는것 방지

③ IF-2 :

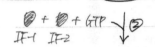

a. mRNA를 작은소단위체에 결합 (5'UTR → 16S rRNA, 5'AUG3' P자리에) tRNA주입 (5'CAU3' = fMet – tRNA)

b. IF-3 분리 / 큰소단위체를 작은소단위체와 결합.

c. GTP사용하여 IF-1과 IF-2 함께분리.

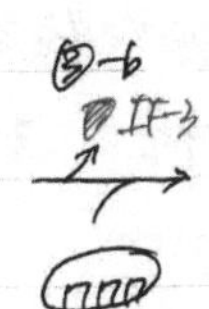

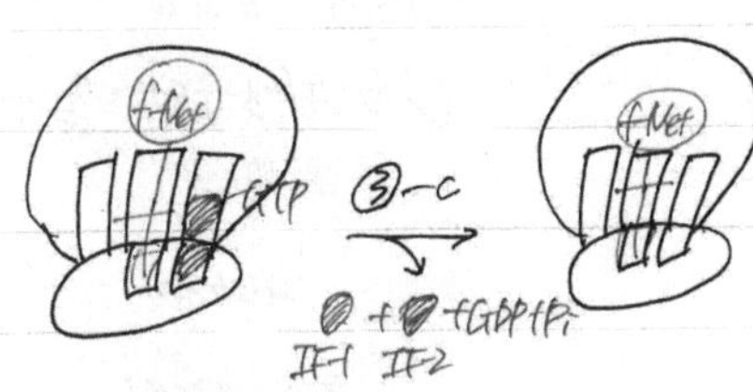

2) 번역 신장

: 펩티드결합 형성 → 신장인자 (EF : Elongation Factor)의 도움필요.

① EF-Tu : 새로운 tRNA를 A자리에 주입. GTP 사용 O.

② EF-Ts : Tu재활성화. GTP사용 X

③ EF-G : A자리에 존재하는 tRNA를 P자리로 이동. GTP사용 O.

Tu-GTP → Tu-GDP → Tu-Ts → Tu-GTP

② Ts가 GTP 쓰는것 X. GTP에 의해 대체당한것

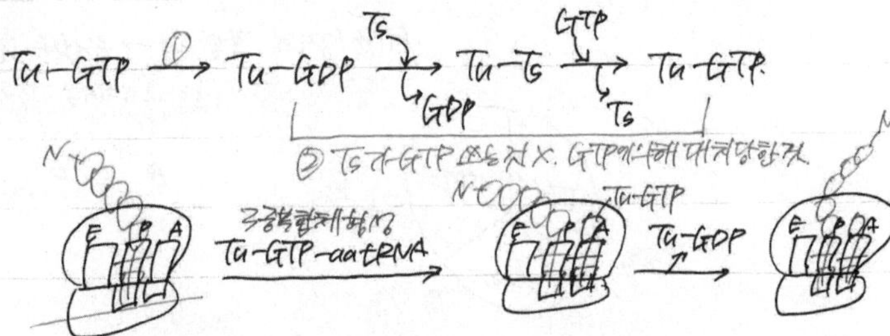

4) 번역종결

UAA
UGA
UAG
) 등장 시 방출인자 결합 : tRNA 유사체 ⇒ 가수분해효소 기능함. ∴ 다분리시킴

3. 단백질의 유전적 중요성

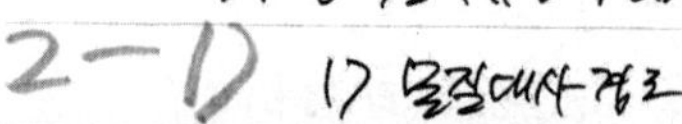

1) 물질대사 경로

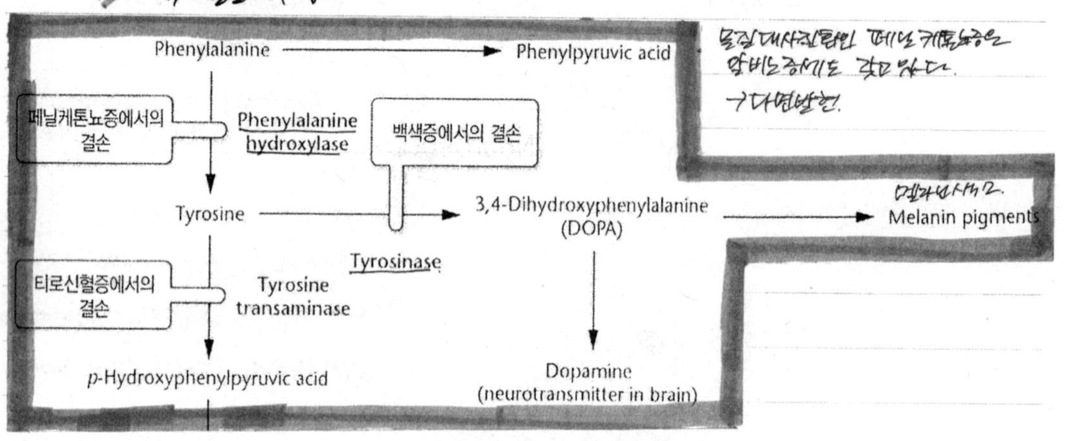

물질대사질환인 페닐케톤뇨증은 알비노증세도 갖고 있다.
→ 다면발현.

2) 1유전자 1효소설 → 1유전자 1폴리펩티드가설로 변환.

2-2)-① ① 물질합성 순서 : 첨가시 많이 생존한 물질부터 뒤에서 순차적으로 위치

ex) 붉은빵곰팡이

	야생형	돌연변이 I	II	III
최소배지	O	X	X	X
최소+오르니틴	O	O	X	X
최소+시트룰린	O	O	O	X
최소+아르기닌	O	O	O	O

결론: MM $\xrightarrow{I}$ 오르니틴 $\xrightarrow{II}$ 시트룰린 $\xrightarrow{III}$ 아르기닌

② ② 상보성검정 : 유전자 작용순서 → 유전자 확인가능

: 세균 성장이 잘 일어남 → 유전자 먼저배치

⇒ 두개씩 배합시 (둘다 돌연변이일 경우만) 살아있는게 먼저있는 유전자.

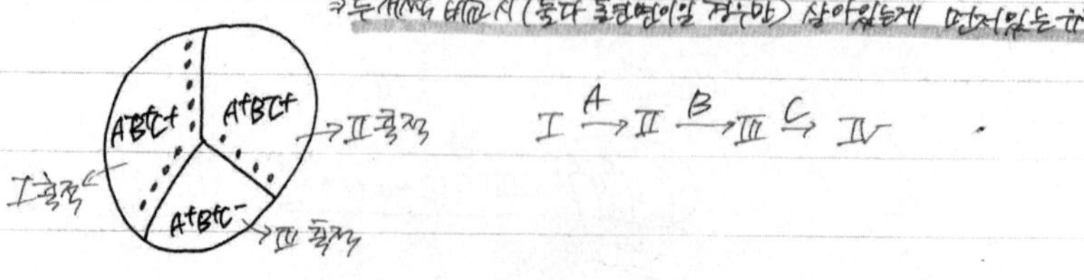

PART21. 유전자 돌연변이와 수리.

<출제포인트>

1. 돌연변이 분류
   ⇒ 자연돌연변이 vs 유도돌연변이
2. 자연돌연변이의 원인
   ① 복제오류
   ② 호변이성
   ③ 탈아미노화
3. 유도돌연변이의 원인
   ① 염기유사체
   ② 알킬화제
   ③ 삽입성 물질
4. 온도민감성 돌연변이
5. Ames Test
6. 트랜스포존 - 전이인자.

1. 돌연변이의 분류.

- 자연돌연변이 vs 유도돌연변이
- 생식세포 돌연변이 vs 체세포 돌연변이 → 돌연변이 발생장소의 차이
- 기타 : 영양요구성 돌연변이. ex) $His^+ \to his^-$
  - 조절돌연변이 ex) I^S / O^C → 오페론 파트 참고
  - 조건적 돌연변이 ex) 온도민감성돌연변이 (T.S : Temperature sensitive) ex)
  : Only 표현만 결정 (허용온도 25℃ 돌연변이 발현 x Trp^+ / 제한온도 37~40℃ o trp^-)

(1) 자연돌연변이 vs 유도돌연변이.

: 빈도의 차이

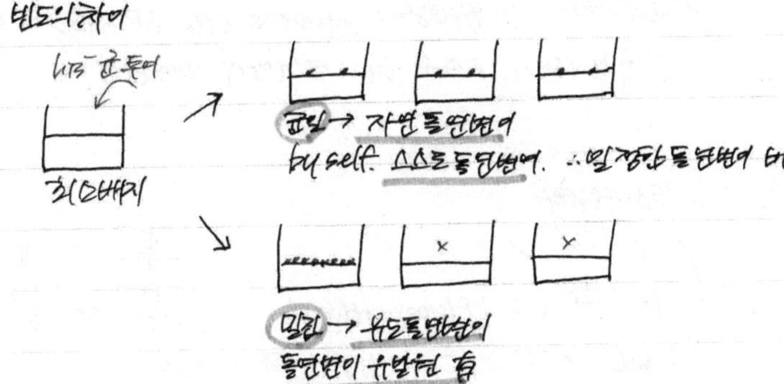

2. 자연적 돌연변이의 발생

: 드물고 생물마다 다양하게 나타남. 수리기작 (3'→5' exonuclease)의 효율성이 떨어질 때 발생가능.

① 원인 1. DNA 복제 오류

a. 잘못된 뉴클레오티드 삽입.

b. DNA pol 교정기능 有여도 실수가능.

② 원인2. 복제시 미끄러짐

- 주형 DNA 한가닥이 고리형성시 복제위치 이동.
- DNA중합효소가 미끄러져 뛰엄뛰엄 복제진행

⇒ 새로운가닥에 결실들이 생김 → 삽입이나 결실유발

2-① - 반복서열 (돌연변이 hot spot) 존재 : (CAG)n ⇒ 헌팅턴병. DNA미소부수체 (micro-satellite)-STR

⇒ 유전적 예상현상 : 세대를 거듭할수록 반복서열 증가

∴ 점점 어린나이에 발병하고 심각해질 수 있다.

2-② ③ 원인3. 호변변환

염기 (아미노 : A.C ←호변이→ 이미노
염기 (케토 : G.T ←→ 엔올

—Ⓐ— —A—이미노 —G—
 ‖ ‖ ⫴
—T— —C— —C—

변화된염기상태의 다른염기와 결합

점돌연변이 발생
퓨린 → 퓨린
피리미딘 → 피리미딘) 염기전이 돌연변이 transition

cf) 퓨린 ↔ 피리미딘 : 염기전환 돌연변이 transversion

④ 원인4. DNA의 손상

a. 탈퓨린화 : 비퓨린성부위 (Apurinic site. AP site) → 이루어짐

DNA 분자내의 A또는 G의 염기만이 떨어진상태

→ 끊어짐
→ 복제중지

2-③ b. 탈아민화

C —NH₂→ U
A —NH₂→ Hx (Hypoxanthine)
5-mC → T ⇒ DNA도 항상 안정한건 아니다.
(메틸시토신)

—G— → —U— → —T—
—C— → —A— → —A—

—A— → —Hx— → —G—
—T— → —C— → —C—

3. 유도돌연변이의 발생

돌연변이 유발물질	예	유발기작
물	가수분해	탈아미노화
산화제	NO₂	탈퓨린화
염기유사체	브로모우라실(Bu)	티민유사체 → 염기치환
알킬화제	EMS	알킬아제 첨성변화 → 염기치환
삽입성물질	아크리딘오렌지	삽입 or 결실
자외선	자외선	피리미딘이량체
이온화방사선	X선, 감마선	절단화.

—?STOP.

3-① ① 원인 1. 염기유사체 Bu : 5-브로모우라실 → 티민유사체

P-P-P-C (오탄당)-Bu

5-브로모데옥시유리딘 (BRDU)

—A— / —T— → —A— / —Bu— keto → —G— / —Bu— enol → —G— / —C—

3-② ② 원인 2. 알킬화제 EMS (Ethyl methyl sulfonate) → ★ 케토의 엔올화

케토 → 엔올 효과 有 = 호변이체 형성효과

(R: methyl or ethyl)

—C— / —G— → EMS처리 → —T— / —G— Et → —T— / —A—

3-③ ③ 원인 3. 삽입성 형광물질

- 아크리딘오렌지
- Propidium iodide
- EtBr
- 프로플라빈 (Proflavin)

: 격자이동 돌연변이를 유발 (삽입 or 결실)

삽입성물질에 의한 구조변화

∴ 염기삽입 or 결실 쉬워짐 → 틀이동 돌연변이 유발↑

⇒ DNA 정량시 사용 (DNA 상태 상관없이 아무때나 삽입 가능하며, 균일하게 삽입됨)

∴ 형광양↑ = DNA양↑

BRDU (브로모데옥시유리딘)를 잡는 형광항체 ⇒ Only DNA 복제시 (S기)에만 형광확인가능.

④ 원인 4. 자외선, 방사선

: NT. 염기, 이중나선 등 파괴. DS구조 변화시킴.

4\. 4. 온도민감성 돌연변이 (Only 효모)

(허용온도 (25℃~30℃) : 돌연변이 표현 X → 정상표현형

(제한온도 (37℃~40℃) : 〃 O → 다양한 수준의 변모

ex) Leu^+, Arg^+, His^{TS}

: Leu^+, Arg^+, His^+

: Leu^+, Arg^+, His^-

\+ DNA 염기서열변화 돌연변이

① 염기치환 (1st. 2nd → 염기변화시 aa 변화↑

(3rd → wobble 현상으로 염기 변화하여도 aa변화 X

a. 침묵 : 염기변화하여도 aa변화X. → wobble.

b. 중립 : 기능동일 aa로 변화 ex) Lys→Arg

c. 미스센스 : 기능이 다른 aa로 변화 ex) Glu → Val (⊖ → 소수성) 겸형적혈구빈혈증

d. 넌센스 : 종결코돈으로 변화.

② 틀변환 (3염기쌍 변화 : Mild (틀은 안변하고 ±1 aa만 변화하므로)

(결실 or 첨가 (a. 미스센스 : 모든 aa변화

(b. 넌센스 : 종결코돈 형성

참고)

*넌센스 돌연변이 억제

1. 억제 tRNA의 형성 : tRNA 유전자 돌연변이 발생시 종결코돈과 상보적인 염기서열을 갖는 tRNA가 형성됨

⇒ ex) CAG → UAG 변화시, 억제 tRNA (안티코돈 CUA 有)로 넌센스 돌연변이 억제

⇒ 부작용 : 진짜 종결될 위치에서 종결이 안된다.

*유전자 서열분석과 인간 돌연변이의 이해

① ABO식 혈액형 ⇒ Glycosyltransferase 돌연변이의 결과.

- I^A : N-AG 붙이는 Glycosyltransferase.
- I^B : Galactose ″
- I^O : 기능을 못하는 ″

② 근이영양증 (Muscular Dystrophy) : X 열성질환

Type 1 (DMD) : 틀변환돌연변이 ⇒ 심각

Type 2 (BMD) : 3염기서열의 돌연변이 ⇒ mild.

6. Ames Test : 살모넬라 이용 (→ 돌연변이원에 민감) → 돌연변이 유발여부 검사.

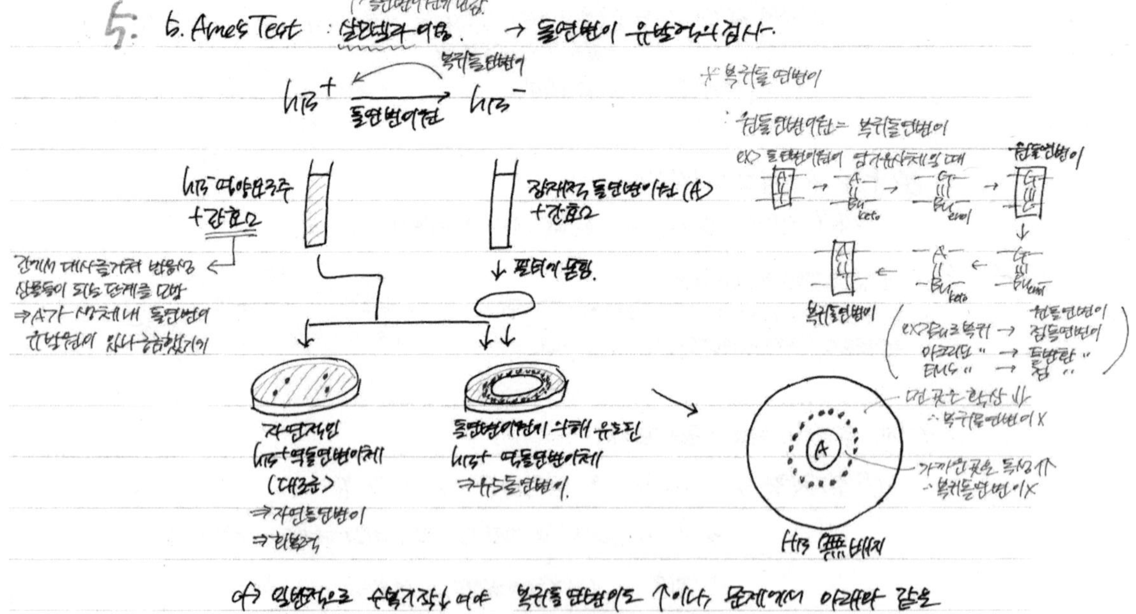

ex) 일반적으로 수복기작 ↓ 여야 복귀돌연변이도 ↑ 이나, 문제에서 아래와 같은 상황으로 제시 될 때도 있다. 문제상황보고 판단할것.

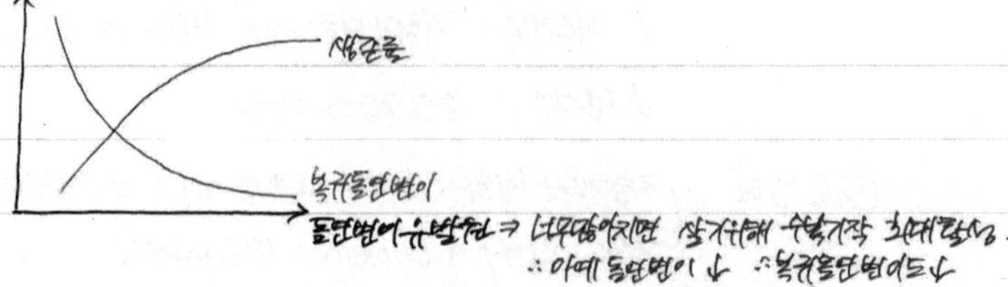

돌연변이 유발원 ⇒ 너무많아지면 살기위해 수복기작 최대활성. ∴ 아예 돌연변이 ↓ ∴ 복귀돌연변이도 ↓

*DNA 수리기구 *밑줄친 포인트만 기억

1) 절제수리기구

a. 염기절제수리기작 : 하나의 NT 절제수리

탈아미노화 C/G → U/G → 잘못된염기 제거 → Endonuclease → DNA pol I & ligase가 메꿈 → C/G

① 잘못된 염기(U) 절제 first by DNA glycosylase

→ 안그럼 반보존복제되어 돌이킬수 X

② AP endonuclease (AP site : Apurinic, Apyrimidine)

③ DNA pol I & ligase

b. 뉴클레오티드 절제 수리

Endonuclease, T–T, Helicase

티민이합체형성

잘못된 구조형성 넓은범위 절제수리. Endonuclease

2) 미스매치 수리

5' —CH3 A— 3' 주형
3' —T— 5' 복제됨

: 미스매치 수리 시, 메틸화된 부분을 주형으로 인식. 메틸화되지 않은 부분을 수리

DNA 메틸화효소는 대장균의 5'GATC3' 서열의 아데닌을 메틸화 시킴.

3) 복제후 수리와 SOS 수리

a. 복제후수리

손상부위

손상부위 제외 복제진행

새로운틈형성

복모가닥의 비손상 상보영역이 재조합된다

상보적인 올바른영역을 갖는분이므로 mRS가 있을수가 없다

⇒ 정확성.(mistake X)

새로운틈이 중합효소와 리가아제에 의해 채워진다.

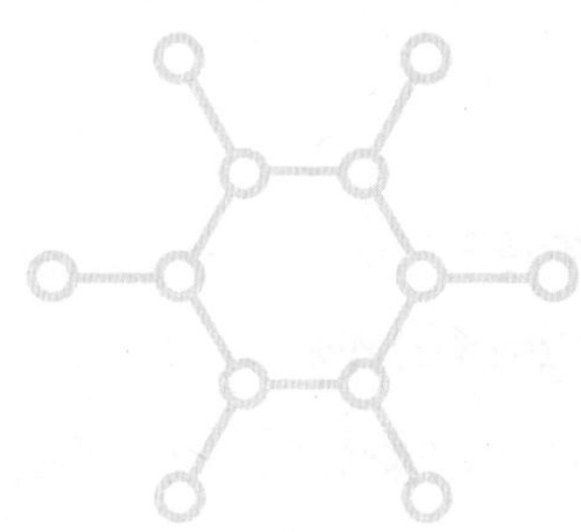

생물 1타강사 **노용관**

메디컬 편입 생물
전범위 기출주제
손글씨 필기노트

한권으로 끝내는 메디컬(의치한약수) 편입 나만의 祕密兵器

유전자 발현조절 ~ 바이오 테크놀로지

PART 22. 원핵생명체 유전자 발현조절.

<출제포인트>

1. 항시발현 조건들 – I^-, O^c, IPTG / I^s
2. Cis / Trans 요소
3. 이배체

1. 오페론

1) 오페론

: 집단유전자 발현체계 (폴리시스트론) ⇒ 동시 발현조절 필요한 유전자를 집단체로 구성.

⇒ 알로스테릭 피드백 (개개의 효소를 억제 or 활성) 보다 효율적

↳ 유전자를 근본적으로 억제하므로

: 원핵의 유전자발현 조절 시스템

↳ 스위치의 역할 : 프로모터 내 or 프로모터와 구조유전자 사이에 有
프로모터가 RNA 중합효소와 결합을 조절

Promoter Operator

조절자	프로모터	작동자	구조유전자 A B C D …

프로모터부터 오페론

↳ 효소를 암호화.

항시발현다 : 오페론으로 취급X.
⇒ 조절자 개별적인 프로모터 有 → 억제자(단백질) 지속 생산
알로스테릭 ptn.

2) 발현조절

전사인자

① 양성조절 : 활성자(activator) 사용. ex) lac 오페론의 CAP이 'cAMP'의 프로모터 결합촉진.
음성조절 : 억제자(repressor) 사용. ex) lac & trp 오페론은 억제자 有. 'cAMP' 결합방해.

② 억제성 오페론 : 특정물질이 전사억제 ex) trp 오페론 → trp이 억제자 활성 ⇒ 전사↓
(보조억제자(corepressor) = 공동억제자)
유도성 오페론 : 특정물질이 전사활성 ex) lac 오페론 → 알로락토오스가 억제자 불활성 ⇒ 전사↑
(유도자(inducer))

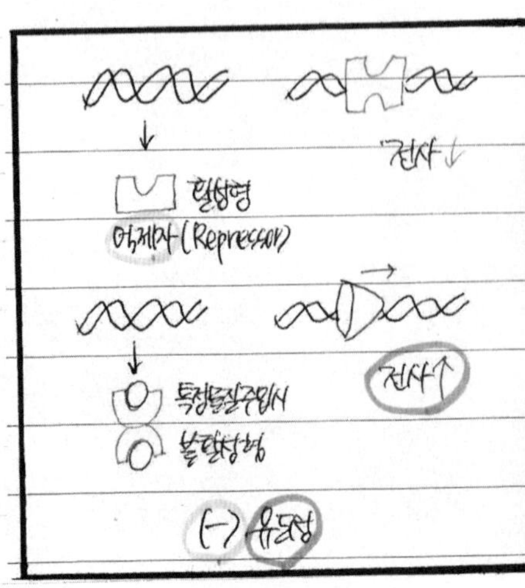

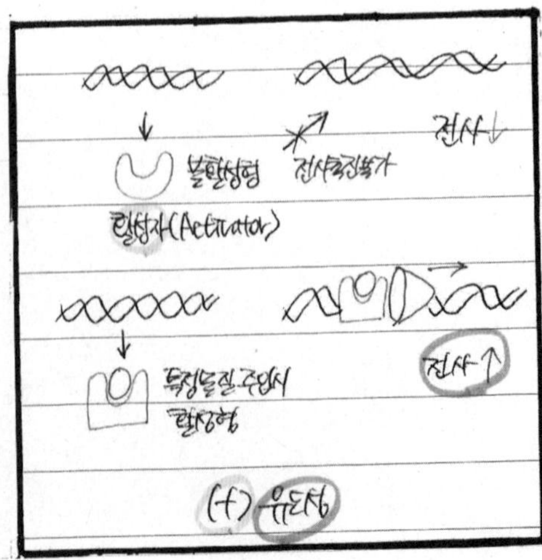

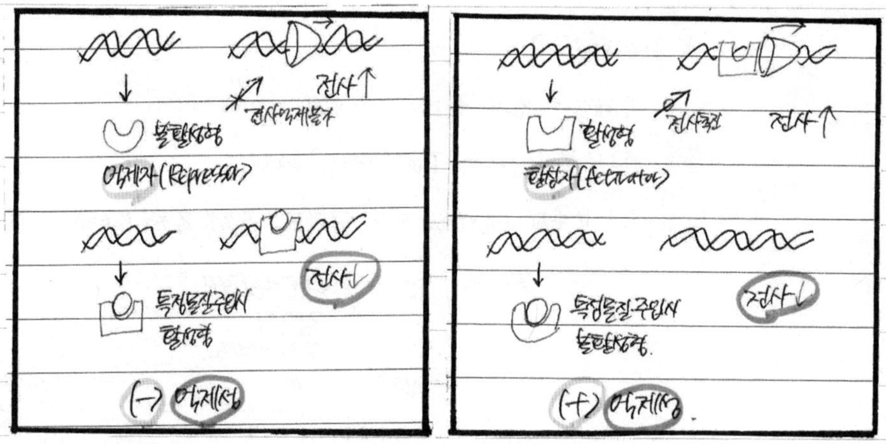

전사↑
전사억제불가
불활성형
억제자(Repressor)
전사↓
특정물질 주입시
활성형
(−) 억제성

활성형
전사촉진
전사↑
활성자(Activator)
전사↓
특정물질 주입시
불활성형
(+) 억제성

2. lac 오페론

(1) 기본개념

: (−) 유도성 / (+) 유도성 → 유발조절
억제자 알로젖당 CAP cAMP

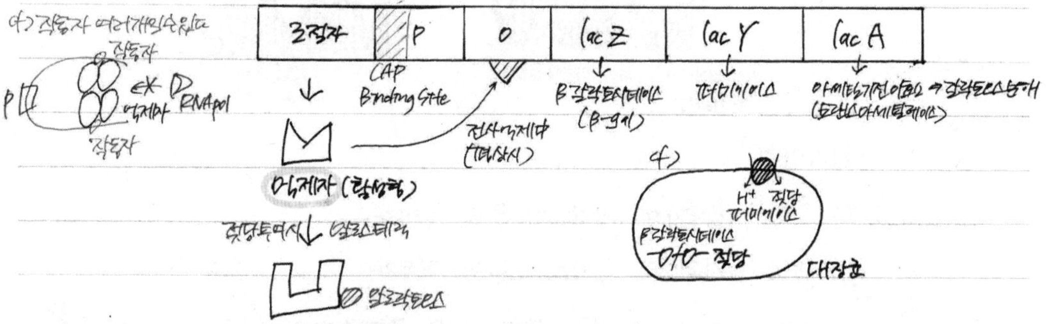

(+) 작동자 여러개일 수 있다
작동자
억제자 RNApol
작동자

조절자	P	O	lac Z	lac Y	lac A

CAP Binding Site
억제자 (활성형)
전사억제다 (비상시)
lac Z → β 갈락토시데이스 (β-gal)
lac Y → 퍼미에이스
lac A → 아세틸기전이효소 → 갈락토스 분해 (트랜스아세틸레이스)
젖당 투여시 ↓ 알로스테릭
알로락토스

H⁺ 젖당
퍼미에이스
β 갈락토시데이스
젖당
대장균

① 조절자 항시발현 → 활성형 억제자 有 → 작동자 결합 → 구조유전자 발현 X.

② 젖당 有일 때: 알로젖당 + 억제자 불활성화 → 작동자 결합 X → 전사 유도

③ 포도당 無일 때: A.C 활성 → cAMP ↑ → CAP+cAMP 활성형
→ CAP binding site 부착 → 전사촉진
→ 'σ인자'가 프로모터에 잘 붙도록 도움.
→ CTD 인산화로 RNA pol 활성화 ⟫ → CAP와 pol이 협동적으로 작용해야 전사 ↑.

* 포도당 vs 젖당 작용기작 ⇝ 대장균은 포도당 선호

포도당	젖당	CAP	억제자	전사
O	O	↓	↓	↓
O	X	↓	↑	↓↓
X	O	↑	↓	↑↑
X	X	↑	↑	↓

lac 오페론 활성화 조건.
젖당 분해 → 포도당 생성 시 다시 억제자 활성.

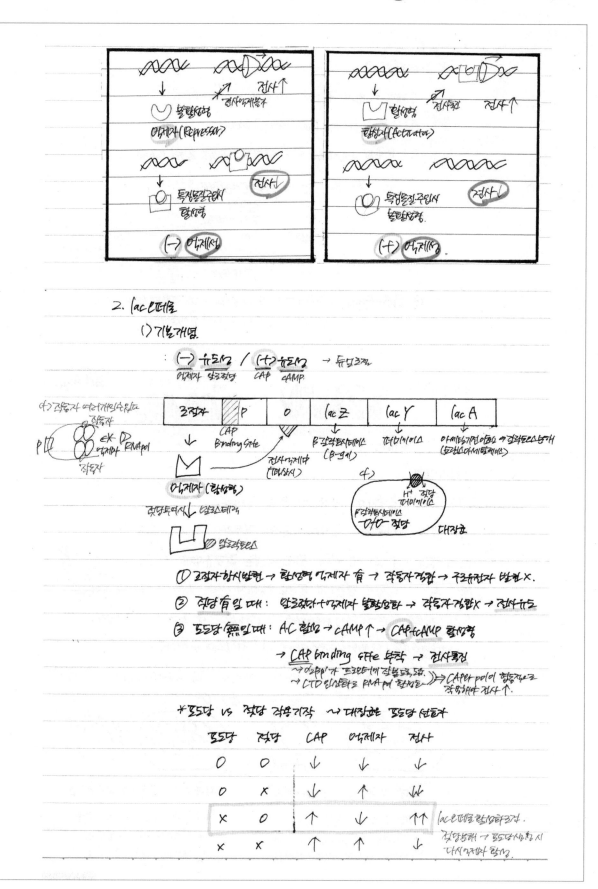

* Motif의 종류

: 도메인 = 인식 + 기능 → 인식 = motif.

① H-T-H (Helix Turn Helix) Motif

: 보존된 공통서열 인식 모티프. 주홈을 통해 인식서열결합.

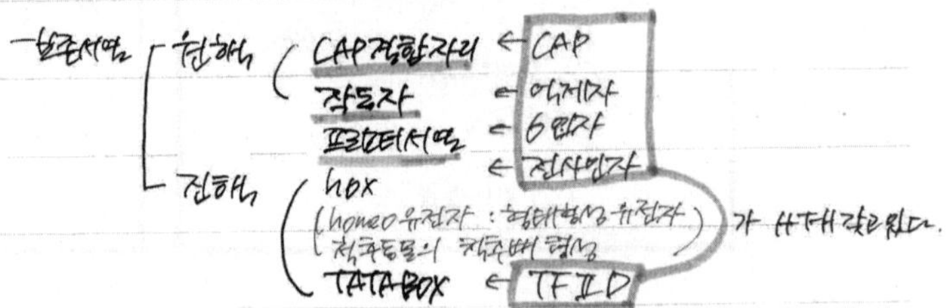

② Zinc finger : 스테로이드 호르몬 수용체의 DNA 결합도메인의 모티프
S.H.R은 전사인자이므로 DNA 인식해야함.

<H-T-H>

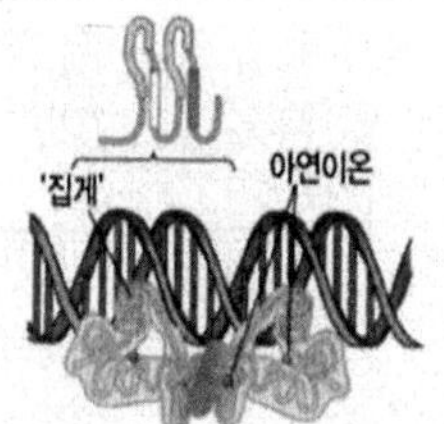

<Zinc finger>

① 2) 항시발현.

① I^- : 작동자에 결합하지 못하는 억제자

② O^c : 억제자가 결합하지 못하는 작동자

③ IPTG : β-gal에 의해 분해되지 않는 젖당유사체

→ 항시발현

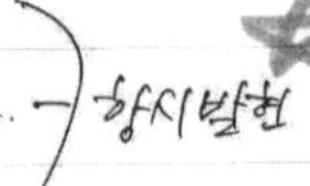

④ I^s : 젖당이 결합하지 못하는 억제자 — 항시억제.

② ⑤ cis요소 (cis-acting element) : 고정요소 ⇒ 프로모터와 작동자

trans요소 (trans-acting element) : 전달요소 ⇒ 억제자

* 이배체 ⇒ 이배체를 이용해 cis요소, trans요소 구분가능하여 해당유전자의 기능유추가능.

ex) I^-

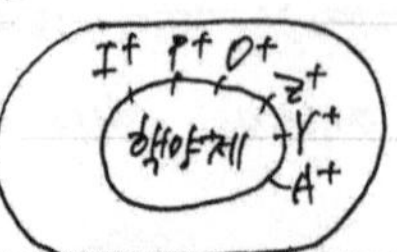

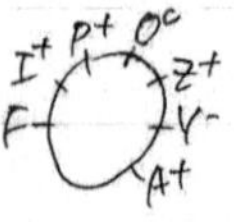

젖당 O ⇒ 2Z 1Y 2A 발현

젖당 X ⇒ 발현X

→ I는 전달요소이므로 plasmid I^-더라도 핵양체에서 생성된 억제자로 억제가능

ex) O^c

I+ P+ O+ Z+ Y+ A+ (핵양체)

I+ P+ O^c Z+ Y- A+ (F)

젖당 O ⇒ 2Z 1Y 2A 발현

젖당 X ⇒ 1Z X 1A 발현

→ O는 고정요소이므로 상호영향X.
F plasmid O^c이므로 억제자 작용불가.

ex) I^S

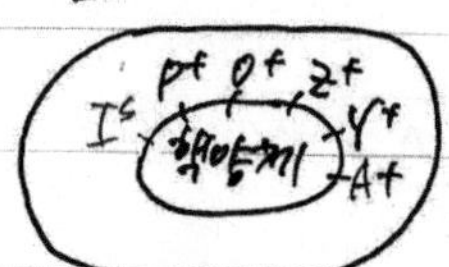

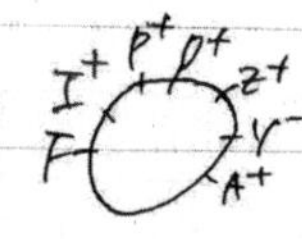

젖당O ⇒ 발현 X

젖당 X ⇒ 발현 X

⇒ I^S는 젖당이 결합하지 못하는 억제자로 알로스테릭 조절을 받지 못하므로 항시억제이다.

정상 I^+를 주입해도 영향 X.

| 다양한 *E. coli* 유전자형에서 락토오스 존재 혹은 부재 시의 유전자 활성(+나 -) 비교 |

		Presence of β-Galactosidase Activity	
	Genotype	Lactose Present	Lactose Absent
야생형	$I^+O^+Z^+$ (정상발현조절)	+	-
A.	$I^+O^+Z^-$	-	-
	$I^-O^+Z^+$	+	+
	$I^+O^cZ^+$	+	+
B.	$I^-O^+Z^+/F'\ I^+$	+	-
	$I^+O^cZ^+/F'\ O^+$	+	+
C.	$I^+O^+Z^+/F'\ I^-$	+	-
	$I^+O^+Z^+/F'\ O^c$	+	-
D.	$I^SO^+Z^+$	-	-
	$I^SO^+Z^+/F'\ I^+$	-	-

참고 : B에서 D까지는 대부분의 유전자형들이 부분이배체인데 F요소에 부착된 유전자들을 포함한다(F').

sol'n) A
- $I^+O^+Z^-$: 구조유전자 (-)이므로 항시발현 X.
- $I^-O^+Z^+$: 억제자 작용불가로 항시발현
- $I^+O^cZ^+$: 작동자에 억제자 결합불가로 항시발현

B
- $I^-O^+Z^+/F'I^+$: 부분이배체이며, I^+가 trans요소이므로 정상작동임
- $I^+O^cZ^+/F'O^+$: 〃 . O^c는 cis요소이므로 O^+ 영향 X. 항시발현

C
- $I^+O^+Z^+/F'I^-$: I^+ 정상작동하므로 I^- 넣어줘도 영향 X. 정상작동임
- $I^+O^+Z^+/F'O^c$: O^c cis요소이므로 영향 X, 정상작동임

D
- $I^SO^+Z^+$: 항상억제자 합성형이므로 항시억제
- $I^SO^+Z^+/F'I^+$: I^S가 작용하므로 정상 I^+ 넣어줘도 영향 X. 항시억제

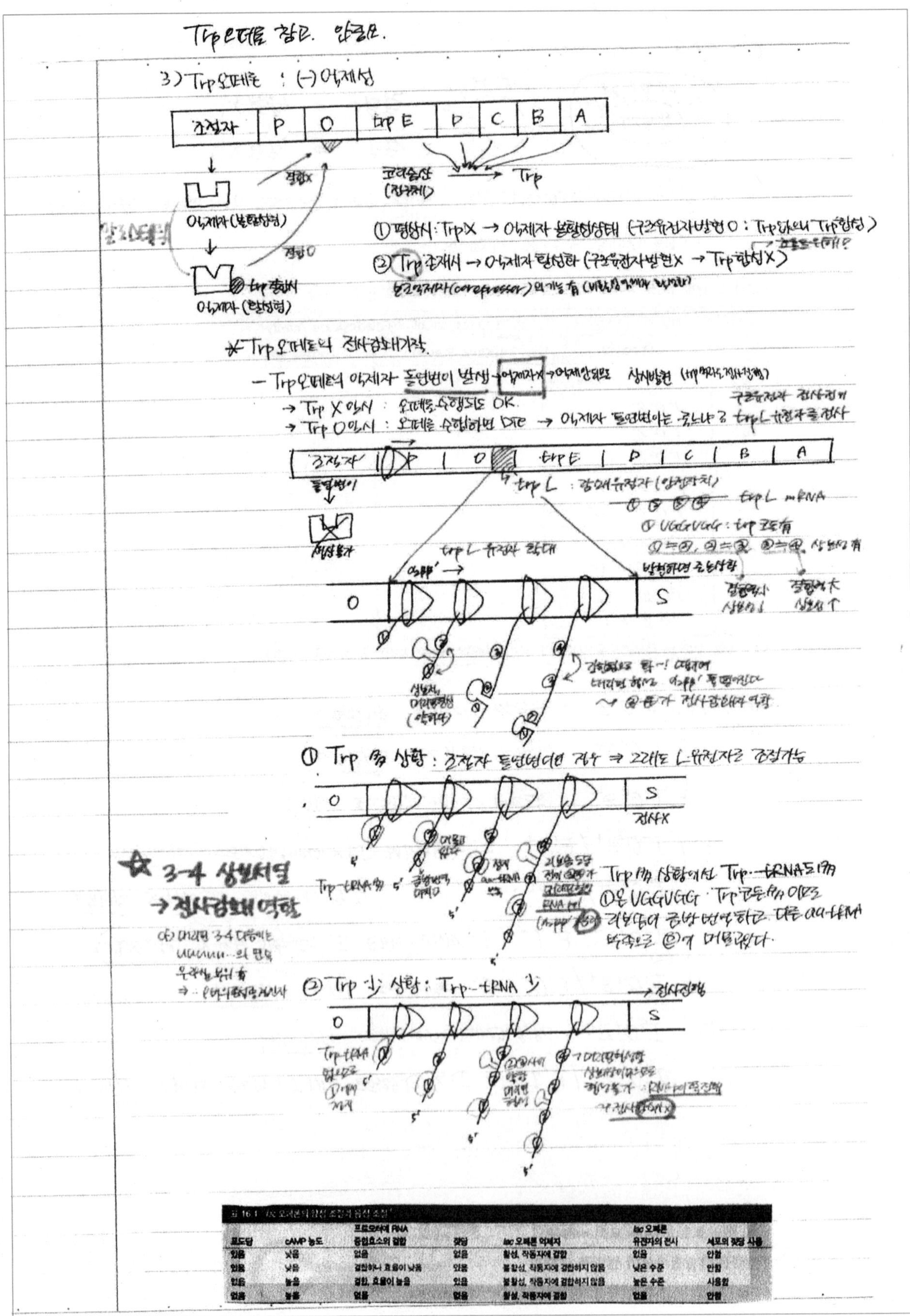

포도당	cAMP 농도	프로모터에 RNA 중합효소의 결합	젖당	lac 오페론 억제자	lac 오페론 유전자의 전사	세포의 젖당 사용
있음	낮음	없음	없음	활성, 작동자에 결합	없음	안함
있음	낮음	결합하나 효율이 낮음	있음	불활성, 작동자에 결합하지 않음	낮은 수준	안함
없음	높음	결합, 효율이 높음	있음	불활성, 작동자에 결합하지 않음	높은 수준	사용함
없음	높음	없음	없음	활성, 작동자에 결합	없음	안함

PART 23. 진핵생명체 유전자발현조절

<출제포인트>

1. 염색질 수준 - DNase 실험
2. 전사인자 수준 - DBD + AD
3. 대체가공
4. RNA 간섭.

1. 염색질수준

+ 진핵생명체 유전자 발현의 특징

: 다량의 유전정보 & 히스톤 및 다른 단백질들과의 복합체 형성 (응축 등)

: 전사와 번역이 시간, 공간적으로 분리됨.

: 하나생의 염색체들 → 유전적 동일 + 차별적발현 → 조직특이적 유전자발현.

<조직특이적 유전자 발현조절 실험>

유전자 탐침 ＋ DNase 처리시	발현 X → 단일절편으로 절편화	(띠) → 가수분해 안되어 탐침남아있음.
염색질수준	진정염색질	이질염색질
DNase	접근가능 ∴ 분해 O	접근불가 ∴ 분해 X
ex) β글로빈유전자	in 적혈구 → β글로빈 발현하는 세포이므로	in 림프구 → 유전자는 있으나 이질염색질로 有 ∴ 발현
알부민유전자	in 닭의 생식기관	in 적혈구

→ 조직특이적 유전자발현.

a. 아세틸화 → 탈응축

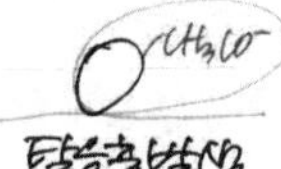

탈응축발생

b. 탈메틸화 → 탈응축

CH_3 → ⊖ CH_3 탈메틸화

강하게 응축 / 탈응축발생

HAT : 히스톤 아세틸화효소
→ Lys에 아세틸화로 DNA와 반발력작용
HDC (HDAC)
: 히스톤탈아세틸화 효소

HMT : 히스톤메틸화효소
HDM : 히스톤탈메틸화효소

염색질 응축 : by 히스톤의 탈아세틸화 & 메틸화 (CpG서열의 C)
⇒ 바소체 . 이질염색질
↳ 체세포분열시 바소체(X)는 X염색. 감수분열 시 관련.

염색질 탈응축 : by 히스톤의 아세틸화 & 탈메틸화
⇒ 초파리 침샘 다사염색체 (puff). 양서류 난자의 lampbrush.
진정염색질

* 염색질 수준조절 - 리모델링 기작

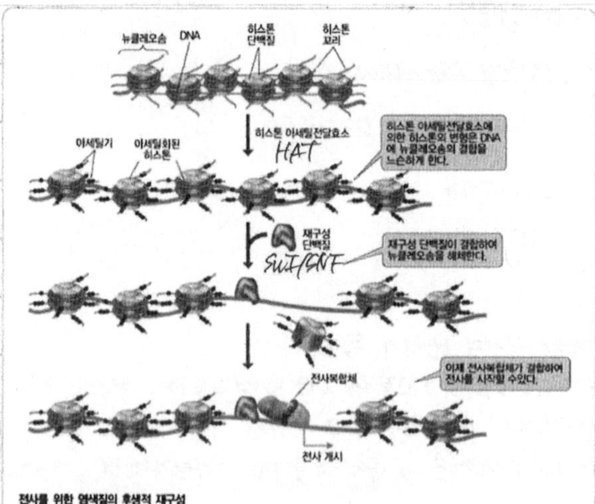

전사를 위한 염색질의 후생적 재구성
전사 개시는 뉴클레오솜의 구조가 바뀌어 덜 빽빽한 구조가 되는 것을 필요로 한다. 이러한 염색질 재구성은 DNA에 전사복합체를 쉽게 접근하도록 한다.

: 아세틸화(by HAT) → 재형성단백질 (SWI/SNF)

둘사이 상호시그널가 있어야한다.

(H) → (H)-CH_3CO → (H)-CH_3CO

느슨DNA노출 ∴전사인자 접근가능

↳재형성단백질
(a : 히스톤 pro 제거 → 개시복합체+RNA pol 프로모터결합도움. ATP 필요 ─ ↳∴이미개시된경우 ATP 필요X
(b : 히스톤 pro 위치변화 → RNA pol 이동가능. 전사진행도움. ATP 필요X.

2. 전사인자 수준

* 전사인자 ⇒ 트랜스조절요소. 조직이나 시기 특이적 방법으로 발현

(1) 보편전사인자 : TF Ⅱ D - TATA Box 인식
(=일반전사인자)
A.B
F - RNA pol Ⅱ를 DNA에 부착
E
H - RNA pol Ⅱ CTD 인산화. pol 출발.

같이 작용해야함.

② (2) 특수전사인자 : 전사활성자 → 프로모터부위에 RNA pol, 일반전사인자, HAT, 재형성 pro 등의 도입을 촉진하여 전사개시 촉진.

DBD와 AD사이 부착을 매개하는 단백질 '보조

┌ DBD (DNA Binding Domain)
: H-T-H / Zn²⁺ finger domain (S.H.R) 등 ⇒ 인핸서 인식&결합

└ AD (Activating Domain)
: 전사 활성화 기능 ⇒ AD에 TF Ⅱ D가 결합.

ex) 알부민 (간세포). 크리스탈린 (렌즈세포)

* 시스조절요소

(1) 인핸서 : 원거리 조절자. 접힘ptn & 매개자 ptn과의 복합체 형성으로
(enhancer)
(인핸서 + DBD + AD) 인핸소좀 형성. TFIID와
결합하여 목적유전자 프로모터 인식. 조직과 시기특이적 조절

(2) 프로모터 : -25~-30 TATA BOX.

(3) 사일런서 (silencer; 억제자) : 전사개시 억제 → 프로모터와 RNA pol의 결합을 막는다.
: 활성자에 인핸서와 경쟁적으로 결합.
: 활성자의 AD와 결합하여 활성억제
: 일반전사인자와 직접 결합하여 불활성화.
: HAT 또는 재형성단백질 억제

*전사인자 상호작용.

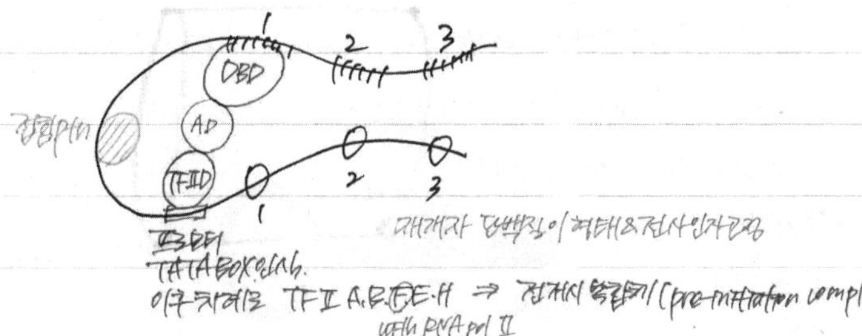
인핸서3
(조절부위)
2
1
접힘 ptn
유전자1
유전자2
유전자3
접힘 ptn에 의해
원거리지만 상호작용가능.
∴ 거리나 위치에 영향받지 X.
근거리 조절부위 : 프로모터 근방
원거리 조절부위 : 프로모터로부터 수천 NT 상류부위 등
→ 접힘 ptn, 매개자 ptn 필요
앞, 뒤 위치 상관X.
DBD
AD
TFIID
접힘ptn
매개자 단백질이 화해 & 전사인자 결합
프로모터
TATA BOX 인식.
이후 차례로 TFII A.B.F.E.H ⇒ 전개시 복합체 (pre-initiation complex. PIC) 형성.
with RNA pol II

③ 3. 대체가공 (alternative splicing)

: 엑손을 인트론인 것처럼 제거 → 엑손의 새로운 조합 발생

Exon1	Intron1	Exon2	Intron2
	GU A AG		GU A AG

U1 / U2 ⇒ 잘못결합.

: 대체가공을 통한 조직특이적 유전자 발현조절 (동일유전자 A를 이용하여)

ex) 유전자 A mRNA 전기영동결과. → 조직마다 대체가공발생. mRNA 길이 다르다.

간 심장 심장 뇌

노던블러팅

4. mRNA 분해 방지를 통한 조절

① mRNA의 분해 : poly A tail 짧아지거나, 3' 말단부 특정서열 존재시 5'cap 제거효소 활성화되고 nuclease에 의한 분해발생.

② mRNA의 수명 : 3' UTR의 조절단백질 결합이 mRNA 수명 결정.

③ 분해율조절 생성물

i) 생성물 ⇒ mRNA의 불안정성 가중

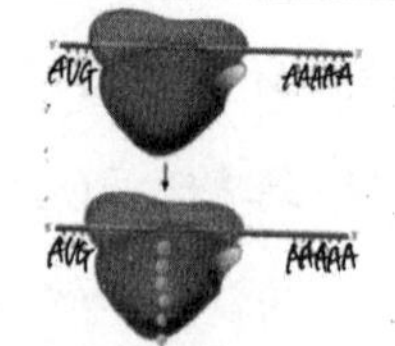

ex) 액틴, 튜불린
: mRNA를 분해시킴.
→ 과잉생성물이 mRNA 작용을 억제.

Alpha tubulin Beta tubulin

AUG AAAAA RNase

Alpha tubulin Beta tubulin ⇒ 튜불린 mRNA 안정성 조절을 통한 튜불린 생합성조절

ii) 5'cap, 3' poly A tail ⇒ 안정성 증가

④ 5. RNA 간섭 (RNA interference : RNAi) : ssRNA 절편에 의한 유전자발현억제

① miRNA → 발현조절 : 쓸모없는 단백질 합성을 제어. 고등진핵생물에 (3과이상)

DNA
RNA pol II ↓
pri-miRNA
드로샤 ↓
pre-miRNA

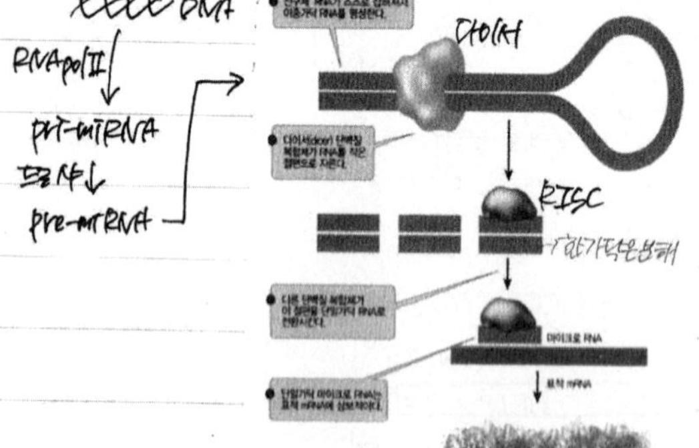

Dicer에 의한 절편화

ssRNA 절편 + RISC (RNA Inducing Silence Complex) 복합체로 표적 RNA에 작용.

→ 100% 상보결합시 → 완전분해
→ 부분상보 결합시 → 번역중지

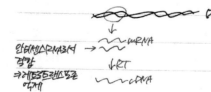

+ piwi RNA ⇒ 동물. 생식세포 ⇒ 전좌 (트랜스포존) 방지기작

DNA
↓
mRNA
안티센스RNA로서 결합 ⇒ 레트로트랜스포존 억제
↓ RT
cDNA

② siRNA (by dsRNA virus) → 방어역할

Dicer

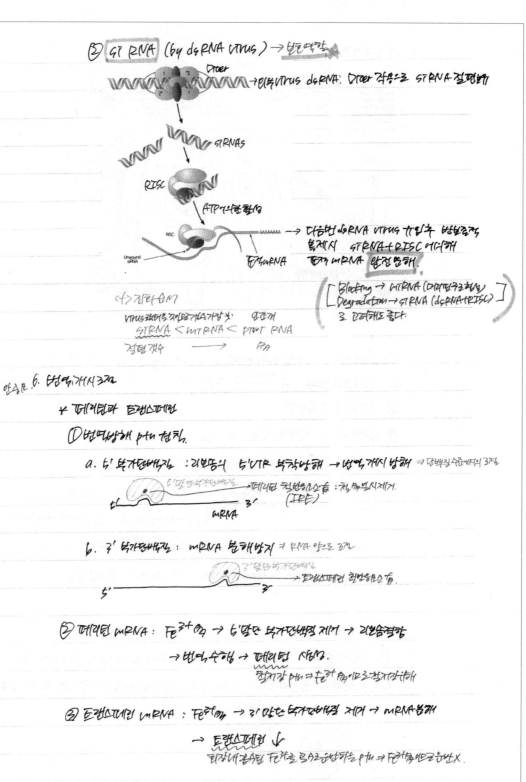

→ 외부 virus dsRNA: Dicer 작용으로 siRNA 절편화

siRNAs

RISC

ATP에 의한 활성

RISC

Unwound siRNA

표적 mRNA

→ 다음번 dsRNA virus 유입 후 반보존적 복제 시 siRNA + RISC에 의해 표적 mRNA 완전 분해.

[Blocking → miRNA (머리핀구조형성)
Degradation → siRNA (dsRNA + RISC)]
로 고려해도 좋다.

(+) 정리 요약

virus 크기 비교 작은 것부터 차례로 (크기)
siRNA < miRNA < piwi RNA

절편 개수 ——→ 많아

안승표 6. 번역 개시 조절

* 페리틴과 트랜스페린

① 번역방해 ptn 철칙.

a. 5' 부가단백질 : 리보솜의 5'UTR 부착방해 → 번역 개시 방해 ⇒ 단백질 수준에서의 조절

5' 말단 부가단백질 → 페리틴 철반응요소 (IRE) : 철 과다시 제거.

5' 3' mRNA

b. 3' 부가단백질 : mRNA 분해방지 ⇒ RNA 양으로 조절

3' 말단 부가단백질 → 트랜스페린 철반응요소 有.

5' 3'

② 페리틴 mRNA : Fe^{3+} 多 → 5' 말단 부가단백질 제거 → 리보솜 결합

→ 번역 수행 → 페리틴 생성.

철저장 ptn ⇒ Fe^{3+} 多이므로 철 저장 위해

③ 트랜스페린 mRNA : Fe^{3+} 多 → 3' 말단 부가단백질 제거 → mRNA 분해

→ 트랜스페린 ↓

혈장 내 흡수된 Fe^{3+}를 조직으로 운반하는 ptn ⇒ Fe^{3+} 多이므로 운반 X.

17. 번역후조절

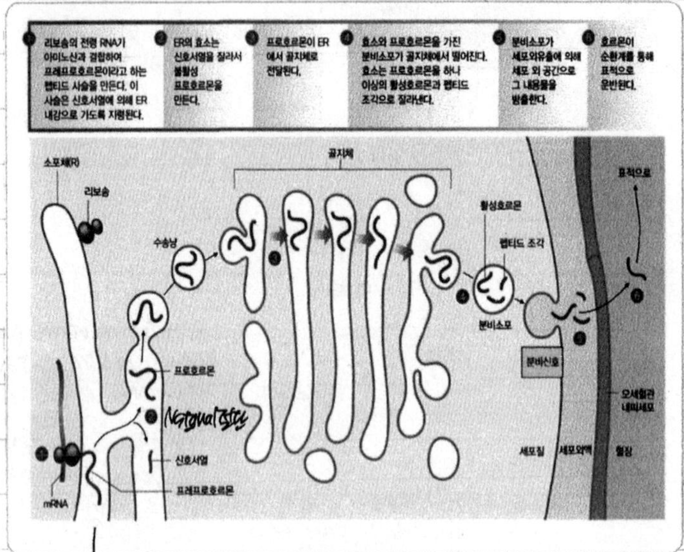

1 리보솜의 전령 RNA가 아미노산과 결합하여 프레프로호르몬이라고 하는 펩티드 사슬을 만든다. 이 사슬은 신호서열에 의해 ER 내강으로 가도록 지령된다.
2 ER의 효소는 신호서열을 잘라서 불활성 프로호르몬을 만든다.
3 프로호르몬이 ER에서 골지체로 전달된다.
4 효소와 프로호르몬을 가진 분비소포가 골지체에서 떨어진다. 효소는 프로호르몬을 하나 이상의 활성호르몬과 펩티드 조각으로 잘라낸다.
5 분비소포가 세포외유출에 의해 세포 외 공간으로 그 내용물을 방출한다.
6 호르몬이 순환계를 통해 표적으로 운반된다.
소포체(R)
리보솜
골지체
수송낭
활성호르몬
펩티드 조각
분비소포
표적으로
분비신호
프로호르몬
N signal절단
신호서열
프레프로호르몬
mRNA
모세혈관 내피세포
세포질
세포외액
혈장

① 리보소체 : 이황화결합 형성 및 1차당화과정. → 번역후변형 (post-translation modification)

② 프레프로호르몬 —N signal절단→ 프로호르몬

③ 골지체 : 2차당화

④ 분비소낭 : 절단활성화 및 co-secretion.

ex1) 저혈당 → 인슐린↓ → 포도당주사

→ 인슐린↑ → C-peptide↑ : 내인성 ⇒ 급성췌장염

→ C-peptide↓ : 외인성 ⇒ 당뇨주사.

⇒ 인슐린은 프로인슐린 —절단활성(in 골지체)→ 인슐린 + C-peptide.

ex2) pro-optomelanocortin → ACTH + 엔돌핀

8. 통합적 조절

① 조합적 조절 : 적은수의 조절단백질로 다양한 유전자의 전사조절가능

② 관련유전자의 통합적 조절 : 하나의 신호로 여러유전자들의 전사가 동시에 통제

ex)

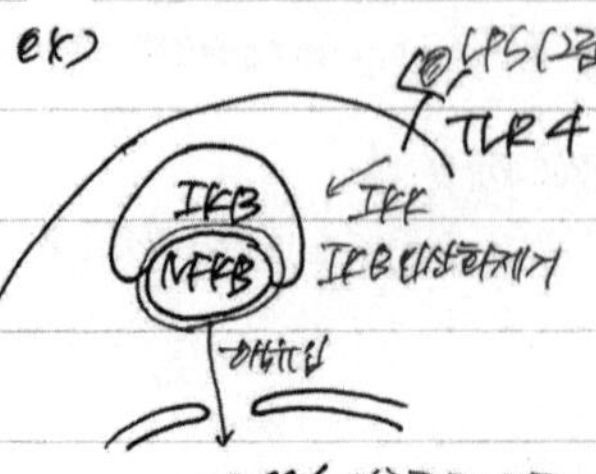

PART24. 세포주기 조절과 암

〈출제포인트〉

1. 암 – 체세포 수준의 유전질병
2. 유전체 안정성과 DNA 수리결함.
   – 예정세포사
3. 종양촉진유전자 / 종양억제유전자

1. 암.

1) 특징

① 세포분열↑ (억제X)

② 전이↑ (E/P – 카드헤린 작용↓ ⇒ 혈중 Ca^{2+} 농도↑ → Na^{+} ch close → 마비여증)

2) 암유전자와 암유발기작

: 개시자 (+) & 촉진자 최소역치값 이상 필요.

||||||| ex) 가족노출시 암. (유전자의문제 / 환경문제)

1 3) 체세포 수준의 유전질병.

⇒ 체세포에서 주로 발생하는 돌연변이 때문. (NT수준의 변화, 염색체 재배열, 유전물질첨가 · 소실, virus 유전자 도입 등)

⇒ 관련돌연변이 : DNA수리, 세포분열, 아폽토시스 등..

⇒ 체세포분열이므로 난모체 각인 동일

2 2. 유전체 안정성과 DNA 수리 결함

: 암세포는 기본적으로 DNA 수리기작 결함.

∴ 다른여러유전자의 돌연변이도 증가. ⇒ 암 발생.
전좌, 이수성염색체 소실, DNA증폭 (ex. c-myc), 염색체결실 등..

★ * 예정세포사 (apoptosis)

FasL → Fas ↗ Bax활성 → cyt c 방출 → Caspase 9 활성 → Nuclease, Protease로 분절화, 절편화
Fas ↘ Caspase 8 활성 → Caspase 3 활성 ↗

① Caspase : 단백질 분해효소, 절단활성 (pro-caspase → active caspase)
apoptosis, 자가소화 일으킴

② Bcl2, BAX

Bcl2 동형이합체 ↓ 아폽토시스 저해

Bcl2-BAX 이형이합체 ↓ 불활성복합체

BAX 동형이합체 ↓ 아폽토시스 촉진

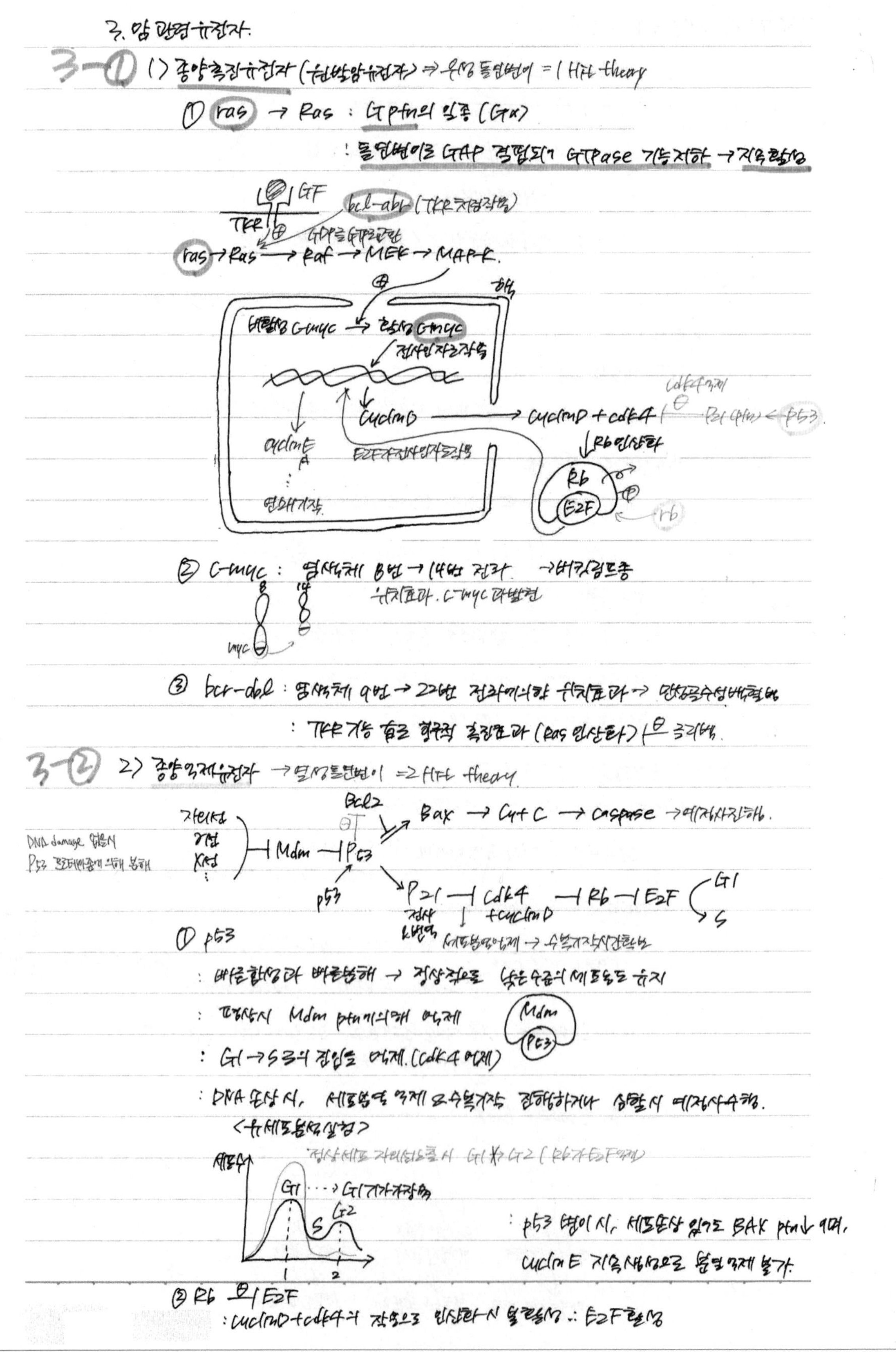

3. 암 관련 유전자

3-① 1) 종양촉진유전자 (원발암유전자) ⇒ 우성 돌연변이 = 1 Hit theory

① ras → Ras : G ptn의 일종 (Gα)

: 돌연변이로 GAP 결합되기 GTPase 기능저하 → 지속활성

② C-myc : 염색체 8번 → 14번 전좌 → 버킷림프종

위치효과. C-myc 과발현

③ bcr-abl : 염색체 9번 → 22번 전좌에의한 위치효과 → 만성골수성백혈병

: TKR 기능 함으로 항구적 촉진효과 (Ras 인산화) ⊢ 글리벡.

3-② 2) 종양억제유전자 → 열성돌연변이 ⇒ 2 Hit theory

① p53

: 빠른합성과 빠른분해 → 정상적으로 낮은수준의 세포농도 유지

: 평상시 Mdm ptn에의해 억제

: G1 → S 로의 진입을 억제. (cdk4 억제)

: DNA 손상 시, 세포분열 억제 & 수복기작 진행하거나 실패시 예정사수행.

<유세포분석실험>

: p53 변이 시, 세포손상 있어도 BAX ptn↓ 이며, cyclinE 지속생성으로 분열억제 불가.

② Rb 의 E2F

: cyclinD+cdk4의 작용으로 인산화 시 불활성 ∴ E2F 활성

* 예정사

① 예정사 vs 괴사

⇒ 리소좀 방출 X
a. 신호전달 → Caspase
b. 응축 → 주변세포 다 분리
□ ✿ □
c. 염증반응 X
d. 분절화, 절편화
↓
전기영동시 사다리패턴
e. ATP 사용.
f. 주변정상세포에게 탐식작용.
g. 세포질 Ca^{2+} ↑

a. 모든세포
b. 리소좀 방출 (그냥 터짐)
c. 염증반응
d. 막의 파괴.

둘다 LDH (젖산탈수소효소) 방출 (세포질에 有이므로)

② 초기예정사 : 막의 비대칭성 파괴
후기예정사 : 괴사와 유사 (막의 파괴가 발생)

③ 신호전달. – Caspase.

Tc, Fas Ligand, Fas 수용체 → Caspase 8 ↑ (pro-Caspase ⇆ active caspase) 절단활성.
→ caspase 9 → Protease ↑, Nuclease ↑

Bcl-2가 Bax 억제 ⊖
Mt, Bax 활성화 ⊕
→ 막간공간의 cytC 방출 ⊕ → caspase 9

☆ Caspase 자체가 Pro 절단효소의 기능 有.

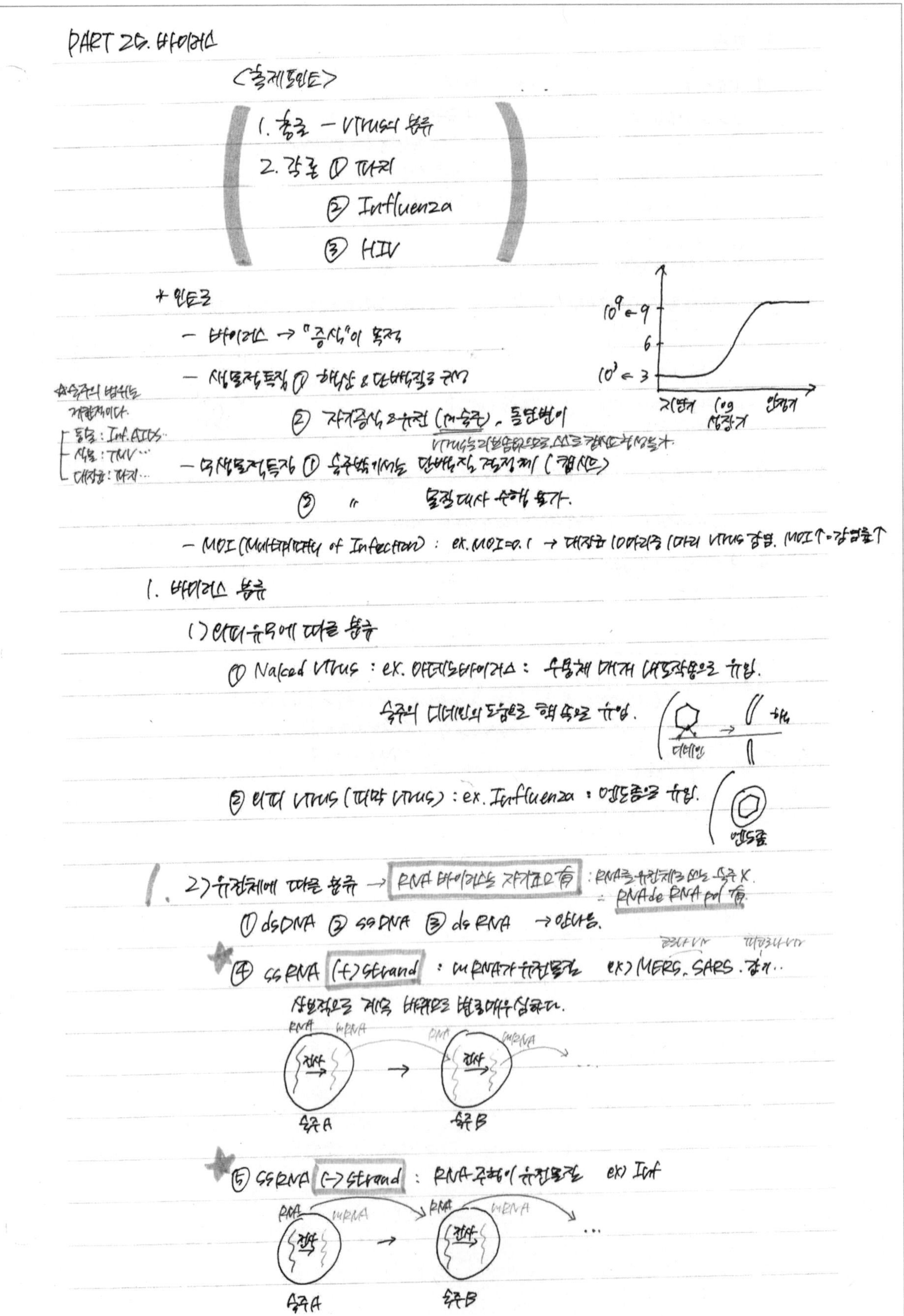

PART 26. 바이러스

<출제포인트>

1. 총론 - virus의 분류
2. 각론 ① 파지
   ② Influenza
   ③ HIV

* 인트로
  - 바이러스 → "증식"이 목적
  - 생물적 특징 ① 핵산 & 단백질로 구성
    ② 자기증식 & 유전 (in 숙주), 돌연변이
  - 무생물적 특징 ① 숙주밖에서는 단백질 결정체 (캡시드)
    (virus는 리보솜 없으므로 스스로 캡시드 합성 불가.)
    ② 〃 물질대사 수행 불가.
  - MOI (Multiplicity of Infection) : ex. MOI=0.1 → 대장균 10마리당 1마리 virus 감염. MOI↑ 감염률↑

숙주의 범위는 제한적이다.
- 동물 : Inf. AIDS…
- 식물 : TMV…
- 대장균 : 파지…

1. 바이러스 분류

1) 외피 유무에 따른 분류

① Naked virus : ex. 아데노바이러스 : 수용체 매개 내포작용으로 유입.
숙주의 디네인의 도움으로 핵 속으로 유입.

② 외피 virus (피막 virus) : ex. Influenza : 엔도좀으로 유입.

2) 유전체에 따른 분류 → RNA 바이러스는 자가교정 無 : RNA를 유전체로 하는 숙주 X. ∴ RNAde RNA pol 有

① dsDNA ② ssDNA ③ dsRNA → 안나옴.

④ ssRNA (+) strand : mRNA가 유전물질 ex) MERS, SARS, 감기.. (코로나virus, 피코나virus)
상보적으로 계속 바뀌므로 변화 매우 심하다.

⑤ ssRNA (-) strand : RNA 주형이 유전물질 ex) Inf

⑥ 레트로바이러스 : ssRNA (template for DNA synthesis) ex> AIDS.

: mRNA로 유전체로 사용, 역전사효소 有

2. 바이러스의 생활사.

2-① 1) 파지 (DNA virus. 숙주: 대장균) [독성파지 (T1, T2, T4...) : 용균성생활사 / 온건성파지 (λ) : 용원성생활사

(1) 용균성 생활사

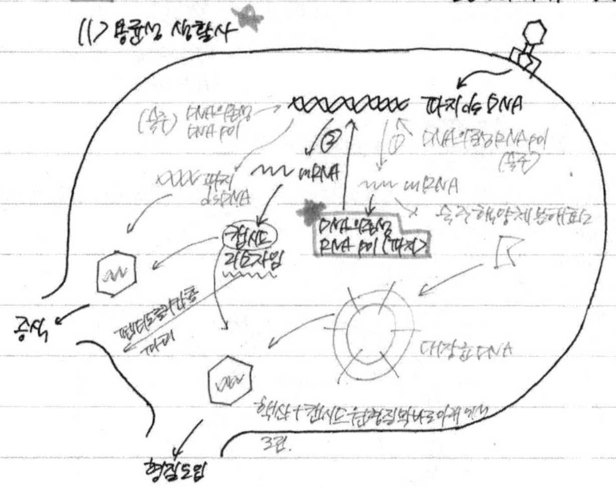

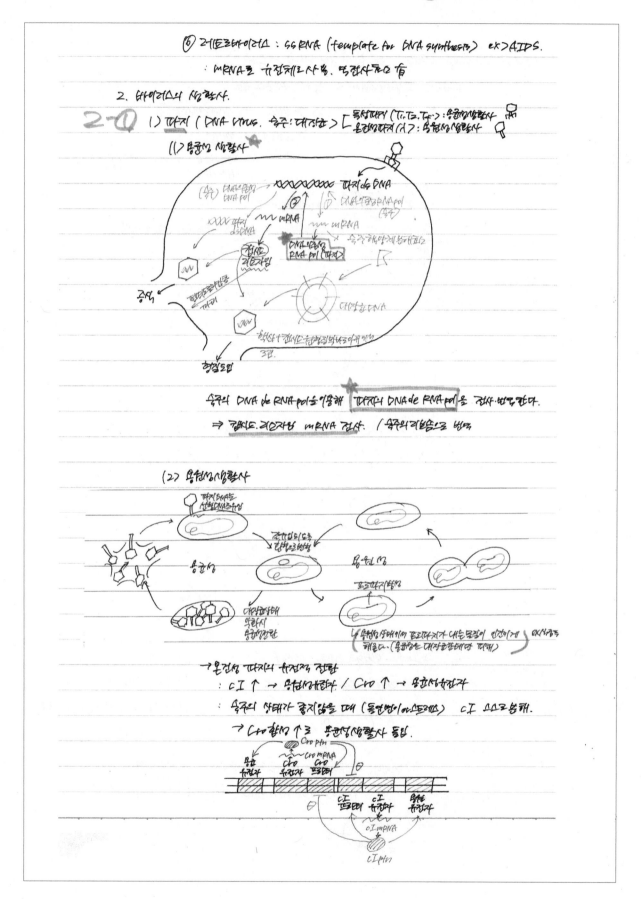

숙주의 DNA de RNA pol을 이용해 파지의 DNA de RNA pol을 전사·번역한다.

⇒ 캡시드, 리소자임 mRNA 전사. / 숙주의 리보솜으로 번역

(2) 용원성생활사

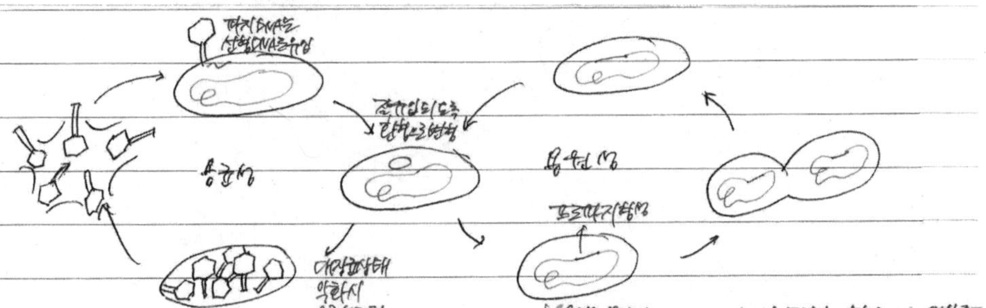

→ 온건성 파지의 유전적 전환

: CI ↑ → 용원성유전자 / Cro ↑ → 용균성유전자

: 숙주의 상태가 좋지않을 때 (돌연변이 or 스트레스) CI 스스로 분해.

→ Cro 합성 ↑로 용균성생활사 돌입.

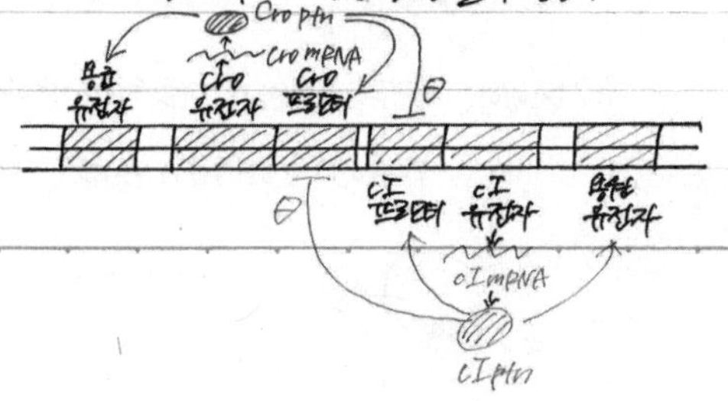

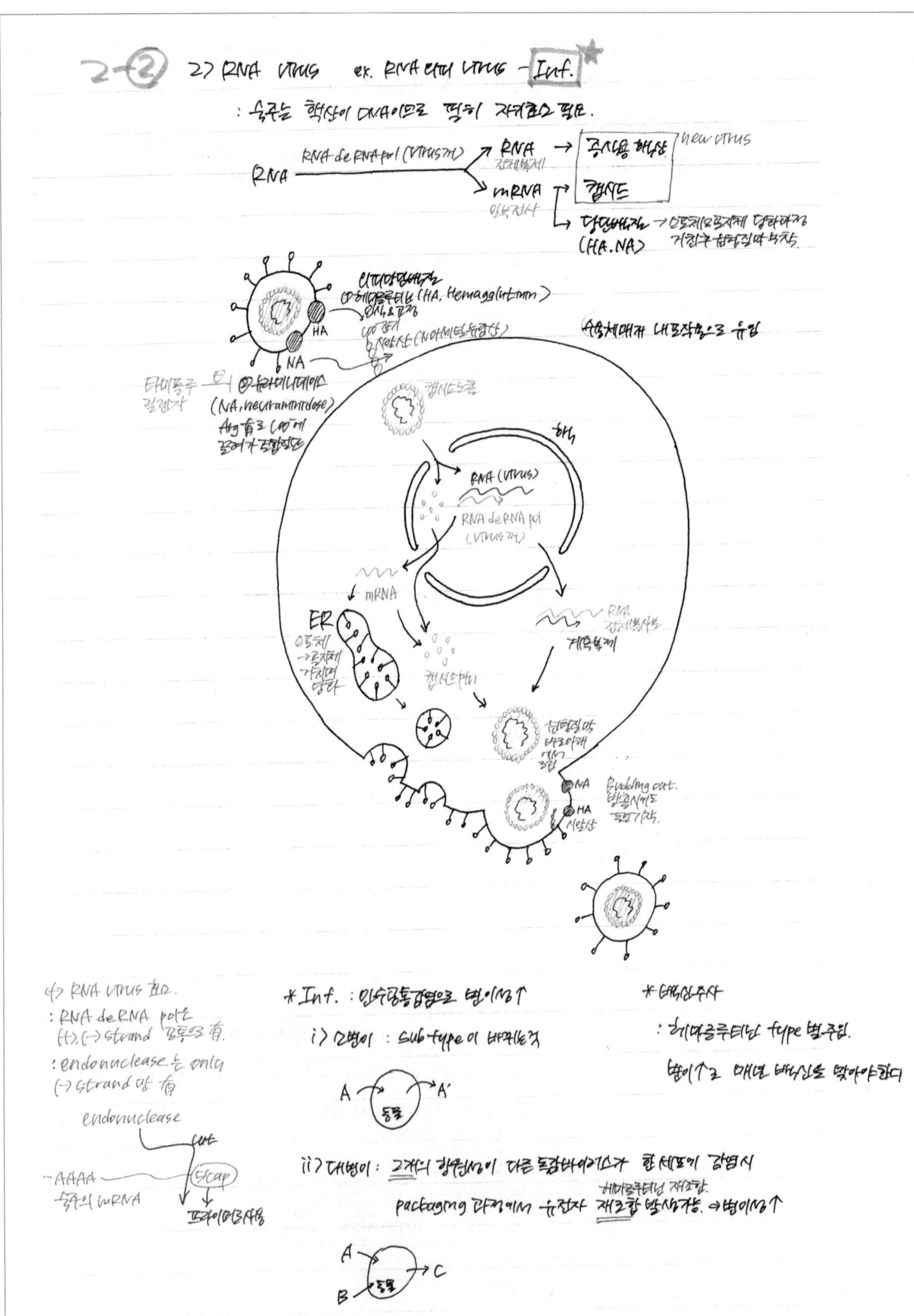

2-② 2) RNA virus ex. RNA 타미 virus - Inf.
: 숙주는 핵산이 DNA이므로 특히 자기효소 필요.
RNA
RNA de RNA pol (virus거)
RNA
전체복제
mRNA
일부전사
유전물질 핵산
캡시드
new virus
당단백질 (HA.NA)
헤마글루티닌 (HA, Hemagglutinin)
HA
NA
뉴라미니다아제 (NA, neuraminidase)
ER
mRNA
RNA (virus)
RNA de RNA pol (virus거)
캡시드 단백질
게놈복제
Budding out.
NA
HA
(-) RNA virus 효소.
: RNA de RNA pol은 (+),(-) strand 공통으로 有.
: endonuclease는 only (-) strand만 有
endonuclease
...AAAA
숙주의 mRNA
5'cap
프라이머로사용
* Inf. : 인수공통감염으로 변이성↑
i) 소변이 : sub type이 바뀌는것
A
A'
동물
ii) 대변이 : 2개의 항원성이 다른 독감바이러스가 한 세포에 감염시
헤마글루티닌 재조합.
packaging 과정에서 유전자 재조합 발생가능. ⇒ 변이성↑
A
B
C
동물
* 백신주사
: 헤마글루티닌 type 별 주입.
변이↑로 매년 백신을 맞아야한다

2-③ 3) 레트로바이러스 (ex. AIDS virus → HIV : ssRNA. 역전사효소 有)

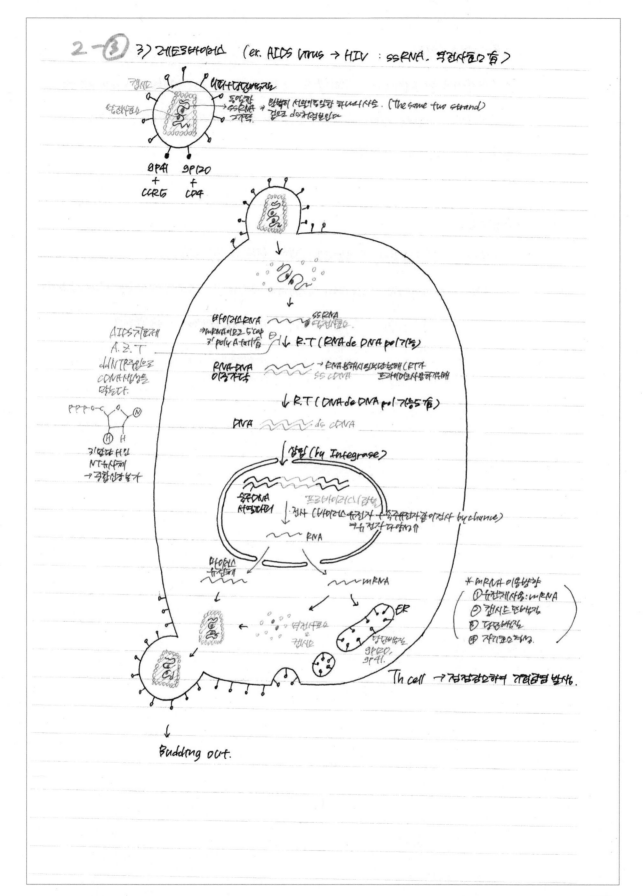

캡시드
지질+당단백질
역전사효소
동일한 ssRNA 2가닥 → 완벽히 서열이 동일한 하나의 사슬. (The same two strand) 겉으로 ds처럼 보인다

gp41 + CCR5
gp120 + CD4

바이러스RNA — ssRNA, 역전사효소
⇒mRNA이므로 5'cap 3' poly A tail 有
↓ R.T (RNA de DNA pol 기능)

RNA-DNA 이중가닥 → RNA 분해시킴(RNA분해 (RT가 프라이머로 사용하기위해)
ss cDNA

↓ R.T (DNA de DNA pol 기능도 有)

DNA — ds cDNA

↓ 삽입 (by Integrase)

숙주DNA 서열자리
프로바이러스(잠복)
↓ 전사 (바이러스 유전자 + 숙주유전자 같이 전사 by chance)
→ 유전자 다양성↑

RNA

바이러스 유전체
mRNA

역전사효소 & 캡시드
ER
당단백질 gp120, gp41.

* mRNA 이용방향
① 유전체사용: mRNA
② 캡시드 단백질
③ 당단백질
④ 자기효소 형성.

Th cell → 점점 감소하여 기회감염 발생.

Budding out.

AIDS 치료제 A.Z.T
ddNTP 구조로 cDNA 생성을 막는다.

PPP-O-C (N) H H

3' 말단 H인 NT 유사체 → 중합신장 불가

* 식물바이러스 (참고)

a. 수평적전파: 같은 세대 내에서 전파발생 → 외부로부터의 감염. 식물체가 손상을 입었을 시 바이러스 감염.

b. 수직적전파: 세대간 전파. → 주로 무성생식을 통해 발생, 유성생식 시 감염된 종자로도 전파가능.

c. 식물체 내 이동방식: 원형질연락사.

* 병원성물질

- 비로이드 : 감염성 입자. 식물만 감염. (참고 : 비리온은 바이러스)
- 프리온 : 입체적 질환 → 입체구조의 변화에 의해 질환발생. ex. 크로이츠펠트야콥병, 광우병, 알츠하이머

PrP^{C} (정상) ——당화과정을 통한 불용성 응집체 형성——→ PrP^{Sc} (이상 프리온 단백질) → 불용성응집체

α나선 / β병풍

⇒ 치밀구조: 응결핵으로 작용 → PrP^{Sc} 하나면 PrP^{C} → PrP^{Sc}로 변화

⇒ 단백질 분해효소 저항성 단백질

PART 26. 재조합 DNA 기술

<출제포인트>

1. 벡터 ① 클로닝벡터 (출제) ② 발현벡터 ③ Ti플라스미드
2. 제한효소 ① 1개사용 (출제) ② 2개사용
3. DNA library ① gDNA ② cDNA (출제)
4. PCR (출제)
5. 유전자발현저장 ① 전기영동 (출제) ② 혼성화 ③ 블러팅 ④ RFLP / SNP / STR ⑤ 사슬종결법 (출제)
6. 유전자 기능확인 ① RNA 간섭 (출제) ② Knock out mouse ③ EMSA ④ DNA 친화성 크로마토그래피 (출제) ⑤ GST ⑥ 효모이중잡종체계

*입문론

1) Counting : +, − 계산 안함. X. ÷만 진행.
Virus : ex. 파지 → Plaque / 대장균 → Colony) 하나의 Plaque, colony 대개 단일유전자 동일.
10^2 → ... → 10^6 이라도 방출량 $\frac{10^6}{10^2}$ 로 계산.

2) 계대 배양 : 배지교환으로 대를 계속 이어서 배양. 대장균수 (colony) – 항상이 좋아도 대장균 한계 有 – 계대배양횟수

3) 대장균의 특징 ① 제한효소 有 ② 플라스미드 有 ③ 외래유전자 함께 복제, 증식.

1. 벡터

: 대장균의 플라스미드나 파지 DNA 처럼 표적 DNA와 재조합되어 해당 유전자를 운반할 수 있는 DNA분자.

1) 종류 (참고)
- plasmid → 저장과 운반이 편리하다. But. 용량이 매우 작다. ex. pBR322
- YAC → 효모 (진핵) 이므로 진핵유전자 프로모터 그대로 사용 가능. 리보솜이 그대로 인식가능. 가공도 많이 하고 용량도 大. But. 교차발생으로 보관 불가.
- BAC → plasmid 기반 유전자 발현. 보관. 복제체제 빼고 모두 제거로 용량확보.
- 파지벡터 → 애도 유전체 보관 불가.
- Ti plasmid → 식물체에 유전자 도입용.

2) Plasmid → 세균의 세포내에 염색체와 별개로 존재. 독자적 증식 가능 DNA. 세균생존에 필수적인 유전자는 아니며, 다른 종의 세포 내에도 전달된다.

1-① (1) 클로닝벡터 : 목표유전자 복제의 목적.
구조
- 복제원점 (origin) → 외래 DNA 복제 가능.
- 항생제저항성유전자 → 대장균 수용능 존재. ☆
- MCS (제한효소인식부위) → 재조합 DNA를 형성하기 위해선 제한효소 MCS 반드시 필요.

↳ 클로닝부위 서열도 아미노산으로 해독된다.

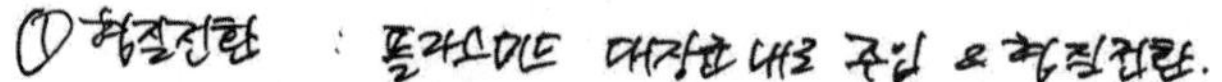

① 형질전환 : 플라스미드 대장균 내로 주입 & 형질전환.

i> Plasmid 분리 + 관심 대상 유전자 분리 (by 제한효소) → DNA ligase 사용 연결
ii> 고전압처리 : 대장균 인지질 이중층 약화
iii> 저온처리 (0℃) + 글리세롤 (생체막 동결방지) + $CaCl_2$ or $MgCl_2$ (생체막 안정화) ⇒ 수용능 상태
iv> 리포좀 : 친수성 DNA가 생체막을 쉽게 통과할 수 있게 도와줌.
v> 열충격, 42℃ → 형질전환↑
vi> 37℃ 유지 + LB 배지

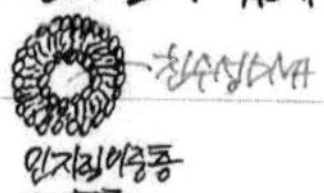

Ca²⁺ — 움직이지 못하게 함으로써 인지질 DNA 잡아줌.

② 선별표지자
- 벡터 삽입유무 선별 → 항생제 저항성 유전자 ex> Amp^r
- 목표유전자 삽입유무 선별

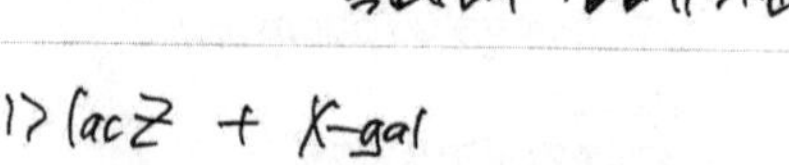

i> lacZ + X-gal

넓게 설정시 (MCS보다)
MCS 외에 삽입된 경우도 선별될수도 있다
lacZ 깨졌으므로 X-gal 처리시 흰색 콜로니. 증식지 했는데 목표 유전자 발현 X.
⇒ 미검출 한다

좁게 설정시
제대로 MCS 부위에 삽입됐음에도 제외될 수 있다.
⇒ 이건 안된다.

∴ 선별유전자는 MCS보다 넓게 처리해야한다.

ex. pUC19 플라스미드 : lacZ 유전자 내 MCS 포함.

> * Marker — 항생제저항성 유전자
>
> a. 항생제의 종류
> - 페니실린계열 – Amp
> - 스트렙토마이신, 테트라사이클린, 클로람페니콜
>
> b. Amp^r의 원리
> ⊖ 클라불란산 clavulanic acid.
> : Amp^r 유전자 → β-lactamase 발현.
> ↓
> β-lactam 고리 open
>
> : 페니실린은 트랜스펩티데이스의 β-lactam 부위에 비가역결합을 하는데, β-lactamase가 β-lactam 고리를 깨면서 페니실린계에 항생제가 트랜스펩티데이스에 결합불가
>
> c. β-lactam 계열 : 페니실린, 암피실린, 세팔로스포린
>
> ∴ Amp^r 보유시 β-lactam 계열 모두에 저항성 有

ii> Tet^r

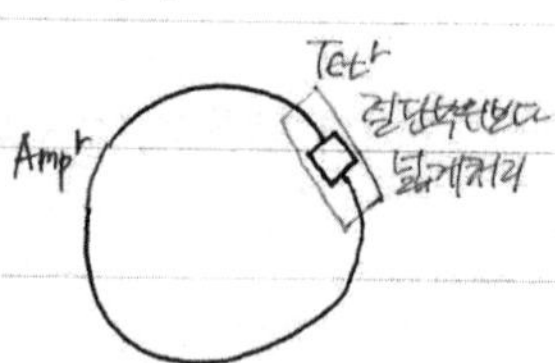

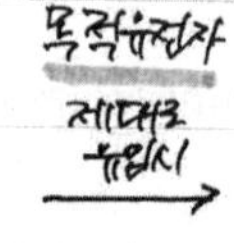

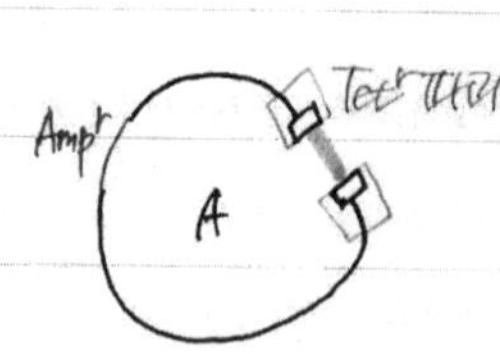

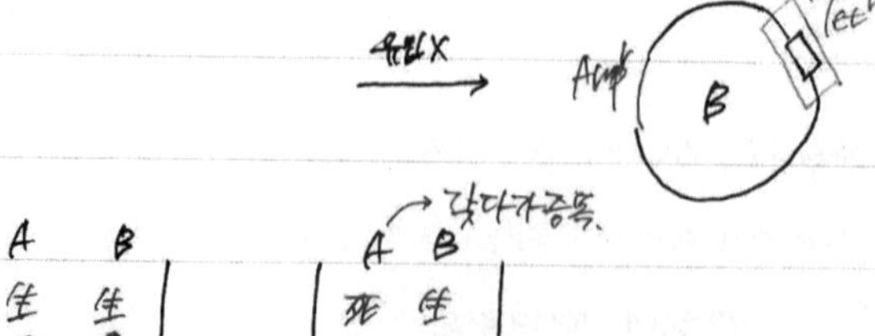

A	B
生	生
Amp 배지	

→ 갖다가 증폭.

A	B
死	生
Tet 배지	

1-② (2) 발현벡터 : 유전자발현이 목적 → 진핵유전자를 원핵에서 발현 ⇒ 시스템일치성

(1) ┌ 원핵의 프로모터 (-10 : TATAAT, -35 : TTGACA)
├ 원핵의 리보솜결합자리 (5'UTR. SD서열. 16S rRNA 인식자리)
└ cDNA로유입 (스플라이싱 된상태 - 인트론無)

1-③ (3) Ti plasmid : 식물 세포로의 유전자전달 → 원핵, 유래이므로 인트론無 ∴ splicing X.

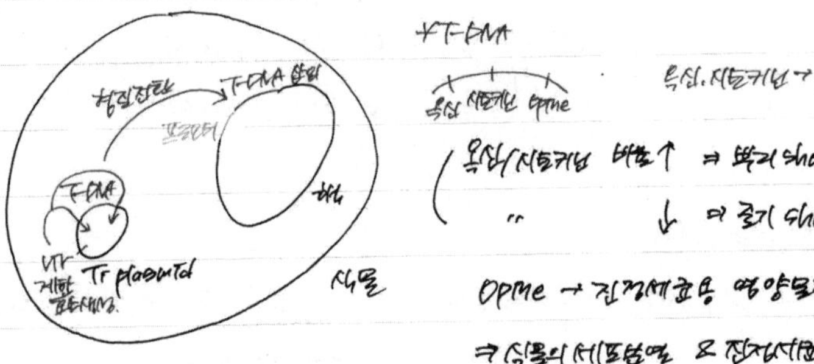

*T-DNA

옥신 사이토키닌 opine

옥신, 사이토키닌 → 캘러스(덩어리)형성.

옥신/사이토키닌 비율 ↑ ⇒ 뿌리 shooting

" ↓ ⇒ 줄기 shooting

opine → 진정세균용 영양물질 생성

⇒ 식물의 세포분열 & 진정세균의 증식을 초래

→ 목적유전자 T-DNA내 삽입시 종양유발없이 식물의 genome에 유전자주입가능.
(트랜스포존과 유사기작 : cut 방식)

2. 제한효소 → 대장균이 독성파지로부터 자기보호를 위해 생성하는 효소. 회문구조인식. 대장균 DNA는 메틸화 되어있으므로 절단X.

a. Blunt end 암기X.

ex) SmaI

5' GGG|CCC 3'
3' CCC|GGG 5'

b. Sticky end

ex) EcoRI

5' G|AATTC 3'
3' CTTAA|G 5'

BamHI

5' G|GATCC 3'
3' CCTAG|G 5'

BglII

5' A|GATCT 3'
3' TCTAG|A 5'

접합부위는 서로동일.

2-① 1) 제한효소 1개 사용시 문제점 → ∴ 2개사용.

: self ligation 형성 → Alkaline phosphatase 처리

: forward / inverse 삽입 가능

2-② 2) 제한효소 2개사용

① 회문구조 파괴 → 동일 효소 재사용시 절단 불가

ex)

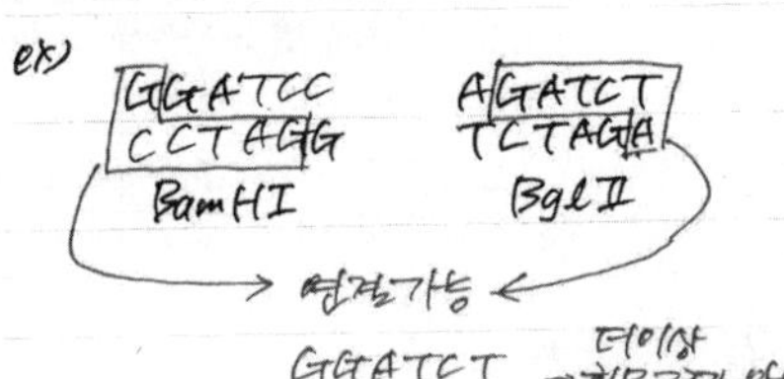

GGATCT
CCTAGA ⇒ 더이상 회문구조가 아니다! 다시절단불가.

② 정교한 재조합을 위해 사용.

i) Blunt end + Sticky end

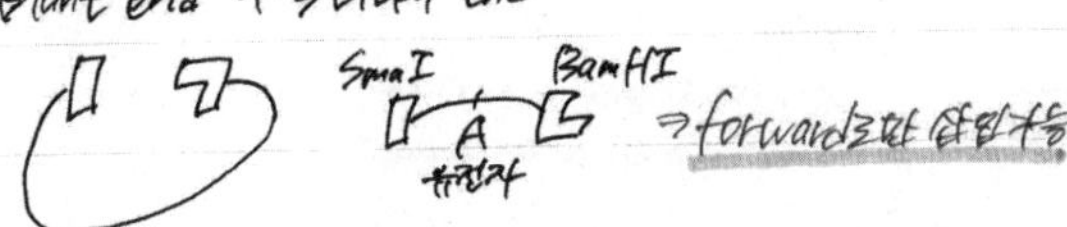

⇒ forward로만 삽입가능.

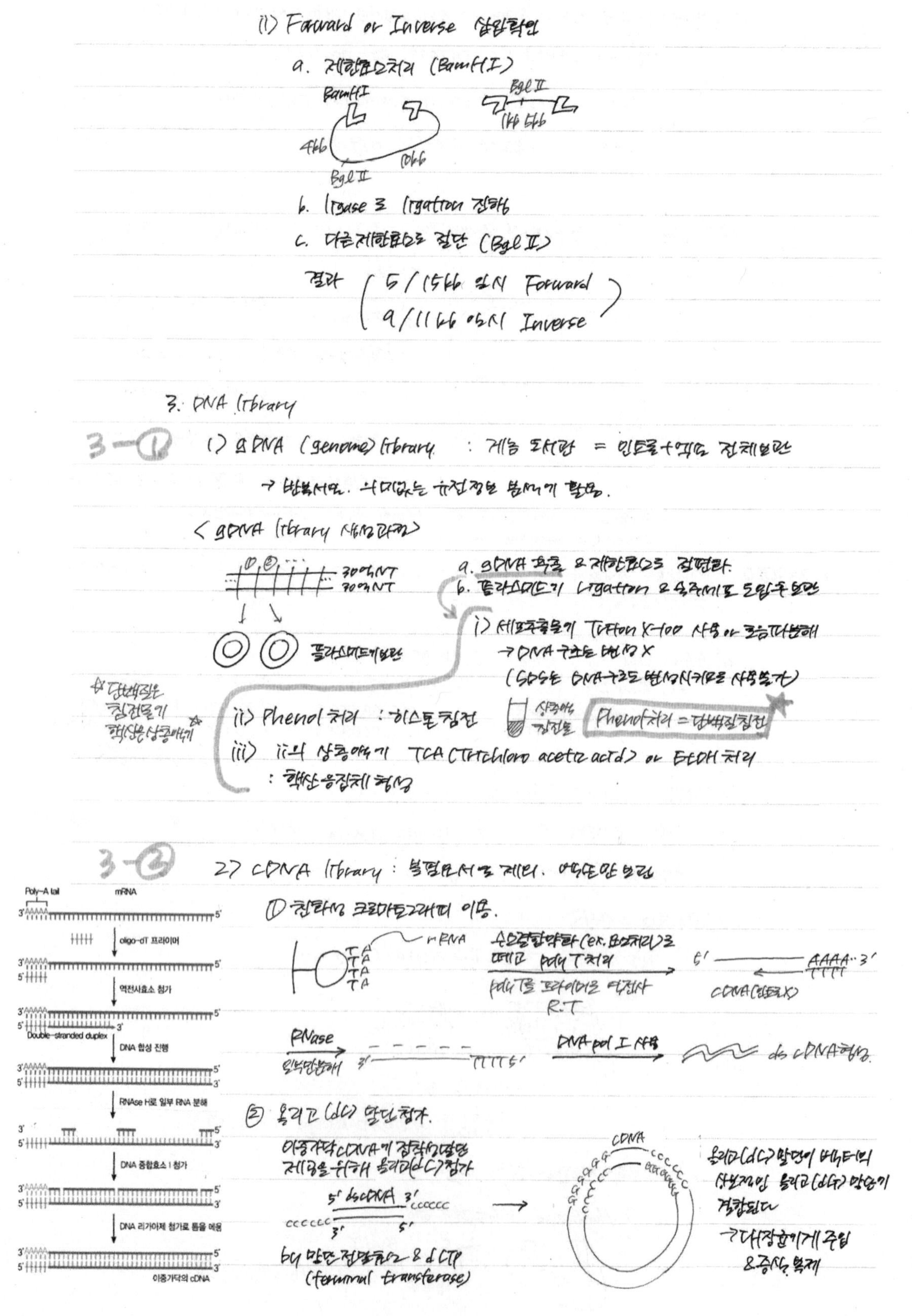
ii) Forward or Inverse 삽입확인
a. 제한효소처리 (BamHI)
b. ligase로 ligation 진행
c. 다른제한효소로 절단 (BglII)
결과 5/15kb 일시 Forward
9/11kb 일시 Inverse
3. DNA library
1) gDNA (genome) library : 게놈 도서관 = 인트론+엑손 전체보관
2) cDNA library : 불필요서열 제외. 엑손만 보관
Poly-A tail
mRNA
oligo-dT 프라이머
역전사효소 첨가
Double-stranded duplex
DNA 합성 진행
RNAse H로 일부 RNA 분해
DNA 중합효소 I 첨가
DNA 리가아제 첨가로 틈을 메움
이중가닥의 cDNA
① 친화성 크로마토그래피 이용.
② 올리고 (dC) 말단첨가.
→ 대장균에게 주입 & 증식, 복제

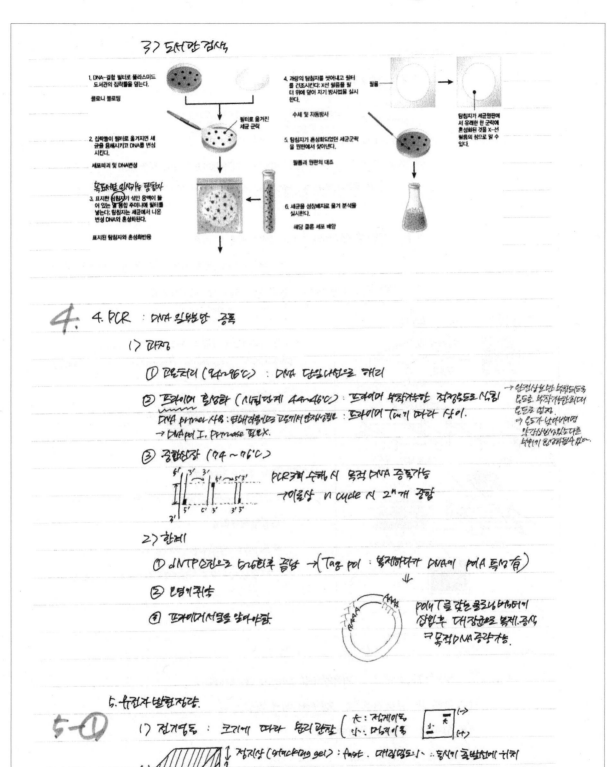

3) 도서관 검색

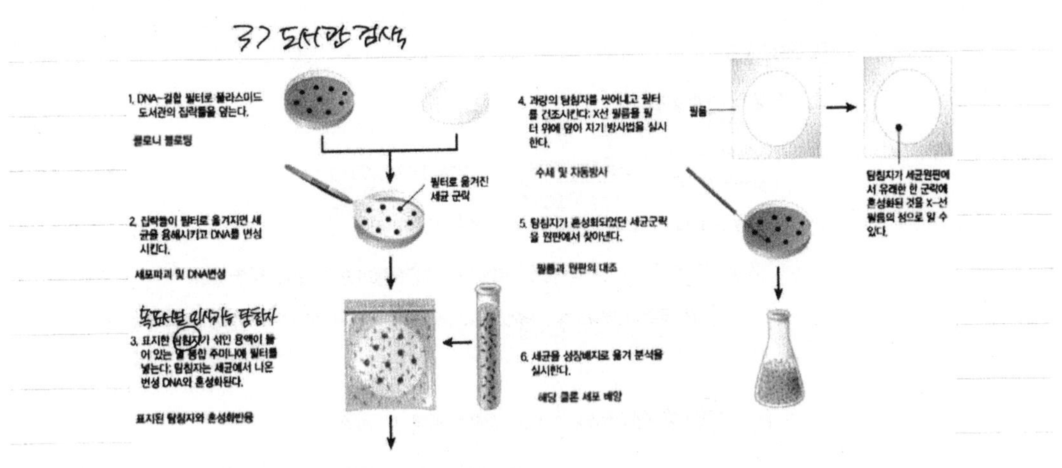
1. DNA-결합 필터로 플라스미드 도서관의 집락들을 얻는다.
콜로니 블로팅
필터로 옮겨진 세균 균락
2. 집락들이 필터로 옮겨지면 세균을 용해시키고 DNA를 변성시킨다.
세포파괴 및 DNA변성
혼합되면 인식가능 탐침자
3. 표지한 탐침자가 섞인 용액이 들어 있는 열 봉합 주머니에 필터를 넣는다: 탐침자는 세균에서 나온 변성 DNA와 혼성화된다.
표지된 탐침자와 혼성화반응
4. 과량의 탐침자를 씻어내고 필터를 건조시킨다: X선 필름을 필터 위에 덮어 자기 방사법을 실시한다.
수세 및 자동방사
필름
탐침자가 세균원판에서 유래한 한 군락에 혼성화된 것을 X-선 필름의 점으로 알 수 있다.
5. 탐침자가 혼성화되었던 세균군락을 원판에서 찾아낸다.
필름과 원판의 대조
6. 세균을 성장배지로 옮겨 분석을 실시한다.
해당 클론 세포 배양

4. 4. PCR : DNA 일부분만 증폭

1) 과정

① 고온처리 (94~96°C) : DNA 단일가닥으로 해리

② 프라이머 결합화 (시험단계 44~46°C) : 프라이머 부착가능한 적정온도로 식힘

→ 완전상보만 부착되도록 온도를 부착가능한최대 온도로 설정.
→ 온도가 낮아버리면 약간상보성있는다른 부위에 결합하게될수있다.

DNA primer 사용 : 단백질RNA보다 고온에서 안정성뛰어남 : 프라이머 Tm에 따라 상이.
→ DNA pol I, Primase 필요X.

③ 중합신장 (74~76°C)

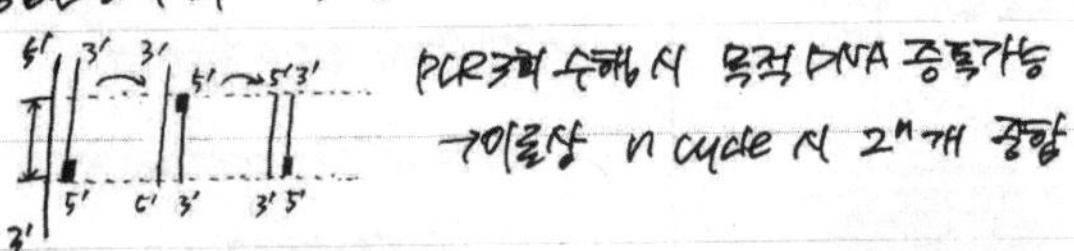
5' 3' 3' 5' 5' 3'
5' 5' 3' 3' 5'
3'

PCR3회 수행 시 목적 DNA 증폭가능
→ 이론상 n cycle 시 2^n개 증합

2) 한계

① dNTP소진으로 5~6회후 감소 → (Taq pol : 복제하다가 DNA에 polyA 특성有)

② 오염이 취약

③ 프라이머서열을 알아야함.

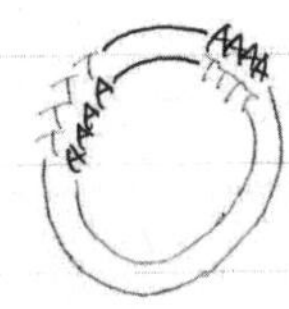
AAAA
AAAA

polyT를 갖는 클로닝벡터에 삽입후 대장균으로 복제.증식
→ 목적DNA증량가능.

5. 유전자 발현정량.

5-①

1) 전기영동 : 크기에 따라 분리 관찰 (大 : 적게이동 / 小 : 멀리이동)

(-)
大
小
(+)

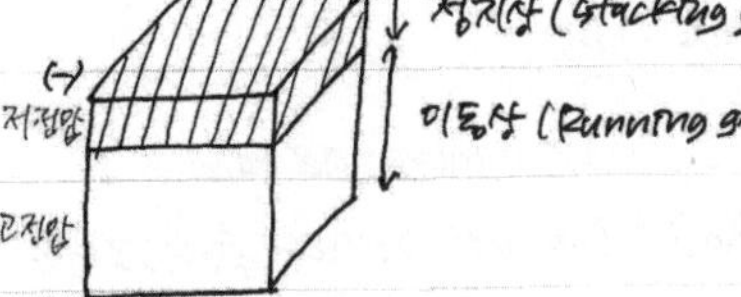
(-)
저전압
고전압
(+)

정지상 (stacking gel) : fast. 매질밀도↓ ∴ 동시에 출발선에 위치

이동상 (Running gel) : slow. 매질밀도
- 大 : 틈크기↓ 저항↑ ⇒ 크기가 작은 절편을 이동시킬때, 안그러면 다 통과해버림
- 小 : 틈크기↑ 저항↓ ⇒ 크기가 큰 절편을 이동시킬때, 안그러면 아예 전개 X.

→ 매질의 밀도조절 중요.

정전기적상호작용으로 전개

① 겔의 종류

* 겔 (탄수화물)

꼬아서 사용 → TEMED 처리 → Hole

ex. 한천(agar) → 교차된 결합이므로 Hole 형성 된다

a. 아가로스겔 → 분리능은 떨어지나 크기가 큰 DNA를 분리할 수 있다.

폴리아크릴아마이드겔, 비스아크릴아마이드겔 → 분리능↑ 이므로 아주 작은 DNA 분자나 Ptn 분리에 사용

PAGE (Poly acrylamide gel electrophoresis)

b. 비변성겔 (Nature) : ds DNA 분리 시 사용.

⇒ 처리없이 바로 전기영동 하므로 크기. 전하. 모양 모두 영향을 줌

변성겔 (Denature) : ss DNA, ss RNA 분리 시 사용.

(DNA 염기서열 sequencing / Northern Blotting)

⇒ 내부 수소결합에 의한 2차구조형성 억제 위해 겔에 DNA 변성제 (guanidine, formamide, formaldehyde, urea) 첨가 ⇒ 수소결합 파괴로 Tm 감소

: SDS-PAGE

⇒ Ptn 1차구조 / 전하밀도 균일 → 마이너스 전하 부여로 전하밀도 균일

1% 아가로오스
TAE 완충액,
전자레인지
젤 만들기
콤 (comb)
주형틀
젤 붓기
제한효소로 절단된 DNA
홈(well)
완충액 붓기
시료 넣기
표지자 DNA
DNA 방향
전압걸기
UV
자외선으로 비춰보기
사진 찍기

<아가로스겔 전기영동 과정>

② 겔 상에서 DNA 확인법

a. EtBr / Propidium Iodide / 아크리딘 오렌지 / 프로플라빈

: 삽입성 형광물질.

⇒ dsDNA 염기사이에 끼어들어가 UV 조사 시 형광 발생하므로 전기영동 후 DNA 단편 확인가능.

→ 강력한 돌연변이원이므로 취급주의

→ dsDNA / ssDNA / ssRNA 와 모두 결합하나, dsDNA에 가장 강하게 결합.

→ 민감성이 낮아 미량의 DNA 검출 X ⇒ 자동방사법 이용

b. 형광염료.

c. ^{32}P 방사성 표지 DNA의 자동방사법 (autoradiography)

cf) 단백질은 쿠마시블루를 겔에 처리하여 확인.

cf) 전기영동 종료시점 확인하기

⇒ 시료 + "loading dye + 글리세롤" 이용

(글리세롤: 비중이 크므로 DNA 시료를 well 바닥으로 가라앉힘.)

1% agarose gel 에서

BPB (Bromo Phenol Blue) : 500 bp의 DNA와 같은 속도로 이동

XC (Xylene Cyanol) : 4 kb의 DNA와 "

→ DNA의 이동정도 확인

(loading dye:) 색소일 뿐 → 전하물질이라 DNA 염색 기능은 X.

5-②

2) 혼성화 : 목적유전자와 상보적인 핵산탐침(Probe) 이용하여 되서(?) 검사.

: 엄격성이 높다 ⇒ 원하는 서열일 가능성 ↑

엄격성을 높이는 조건 → 완전상보만 결합가능.

① 고온
② 염처리 X (인산기간 (-)척력 有) → 염처리시 (+), (-) 중화로 (-)척력약해.
③ 탐침의 길이가 길때

5-③

3) 블러팅 (Blotting)

(1) 서던 블러팅 (Southern Blotting)

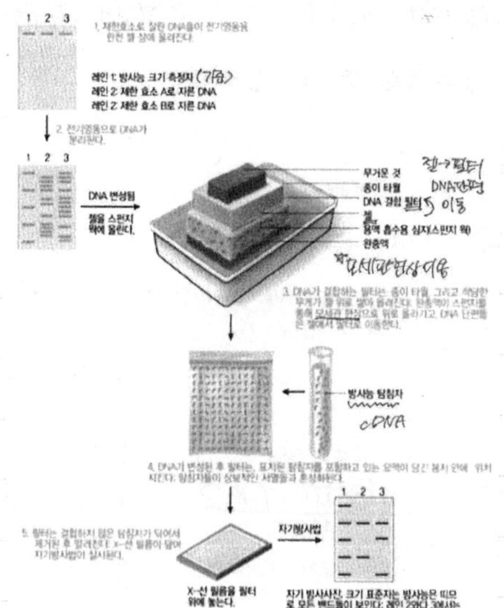

<서던 블러팅>

: DNA 규명. 지도작성. 유전자 재배열이나 중복등을 확인하는데 이용.

① 제한효소로 DNA 분자 절편화 & 전기영동

② DNA transfer : 모세관현상으로 DNA는 염기성용액을 따라 겔 → 나이트로셀룰로스 종이(필터)로 이동

⇒ 이때 전개액(염기성용액)에 의해 전개되면서 dsDNA → ssDNA로 변성시킴

⇝ cDNA 탐침사용가능

③ 방사능탐침과 혼성화 : 목적유전자와 상보적인 cDNA이용

④ 면역전자로 핵산과 탐침의 비특이적 결합 저해

⇒ Washing의 용도

cf) BSA (소혈청알부민) : 단백질과 항체의 비특이적결합 저해

블러팅	목적	탐침
서던	DNA	cDNA
노던	mRNA	cDNA
웨스턴	단백질	항체

(2) 노던 블러팅 (Northen blotting)

: mRNA 정량. 전사적 활성정도 판단에 사용.

: ssRNA는 전기영동시 변성되기 쉬우므로 2차구조형성 억제를 위해 포름아마이드 or 포름알데히드 사용

(3) 웨스턴 블러팅

: 조직 또는 세포추출물에서 특이적인 단백질 유무 검출. 탐침자로 표지된항체사용.

: 3차구조파괴를위해 SDS / βME or DTT 사용

SDS: 비공유결합만 분리가능

βME or DTT: 공유결합 분리가능 (-S-S-)

단순히 쿠마시블루 처리한 전기영동법보다 민감도(특이도)가 커서 소량의 단백질도 검출가능.

1차항체처리 : 특정단백질 인식 & 결합 항체 처리

2차항체처리 : 1차항체에 특이적이고 형광표지된 2차항체가 결합하여 특정단백질 검출된다.

1차 & 2차항체 사용시 서로다른종의 항체를 사용해야 특이성이 좋다. ex) ELISA

5-④ 4) RFLP / SNP / STR / VNTR

- RFLP (Restriction Fragment Length Polymorphism) : 제한효소절편 길이 다형성
- SNP (Single Nucleotide Polymorphism) : 단일염기 다형성
- STR (Short Tandem Repeat) : 짧은 직렬 반복서열
- VNTR (Variable Number of Tandem Repeat) : 가변서열 직렬반복서열

(1) RFLP / SNP

: 사람은 약 1000개 염기서열당 한 개씩 점돌연변이로 인해 염기가 다르며, 이를 SNP라 한다.

SNP로 인해 제한효소 절단 시 절편길이가 개인마다 다른 RFLP 현상이 나타난다.

⇒ 전기영동 시, 절편의 수, 크기, 상대적인 양 등을 판단가능.

i) 제한효소로 목적유전자 부위 절단

유전자 A (— —
돌연변이 a (= =
AA Aa aa

유전자 A: 제한효소 절단부위

돌연변이 a: 점돌연변이 발생으로 제한효소 절단부위 형성 (또는 그 반대)

ii) 목적 유전자 포함 절편 형성유무

GAATTC (A) / CTTAAG : 제한효소 절단부위 → SNP → 돌연변이 GGATTC (A) / CCTAAG : 점돌연변이로 안 잘림 : 절편형성 X.

A_ aa — 절편 X.

5-⑤ 5) 중합사슬 종결법

: DNA 중합을 이용해 염기서열을 결정하는 방법. → 첫사슬의 서열확인이 쉬워야 탐침구성 가능

dNTP (deoxy) — OH H

ddNTP (dideoxy) — H H

3'에 OH 없으므로 중합반응의 종결을 의미.
⇒ 합성 멈추지

ex) 3'-ATTGC-5'

프라이머 T / TA / TAA / TAAC / TAACG

전기영동 시 → (−) G C A A T (+), 3' ↑ 5' 거꾸로 읽어주면 된다

6. 유전자 기능확인

+ 마이크로어레이

: 서로 다른 유전자간의 발현정도 비교

① cDNA 형광 탐침 형성

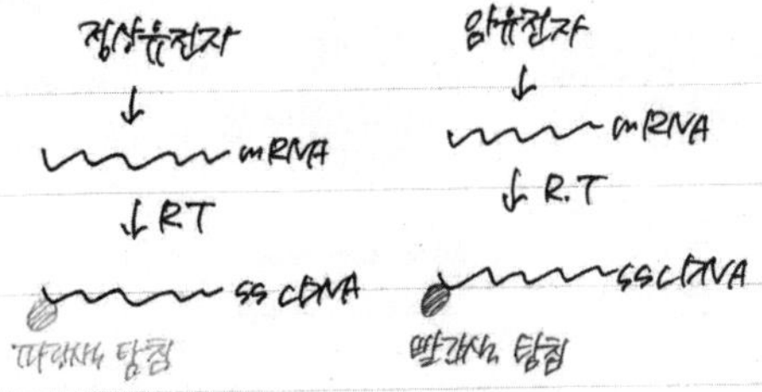

② 마이크로어레이칩에 탐침 처리.

파랑 → 정상유전자 발현↑ 빨강 → 암유전자 발현↑

1) RNA 간섭 (RNAi : RNA interference)

: 표적유전자에 상보적인 이중가닥 RNA 합성 후 세포도입시, 특정 RNA를 파괴 또는 해독을 저해하여 표적유전자의 기능을 멈추게 함 → 표적유전자의 기능추론가능.

2) 유전자 결실생쥐 (knockout mouse)

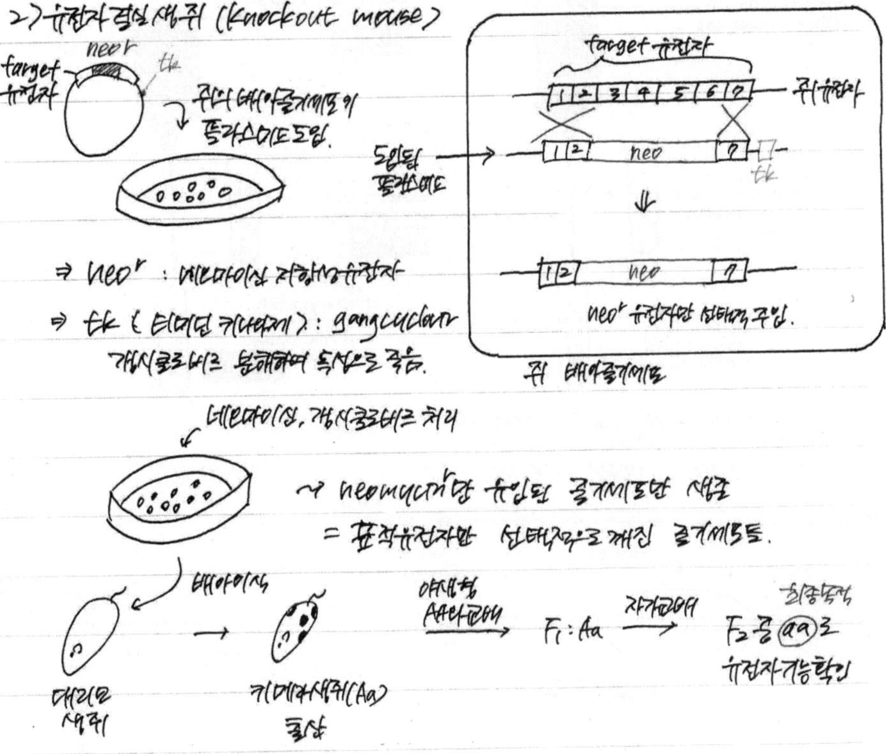

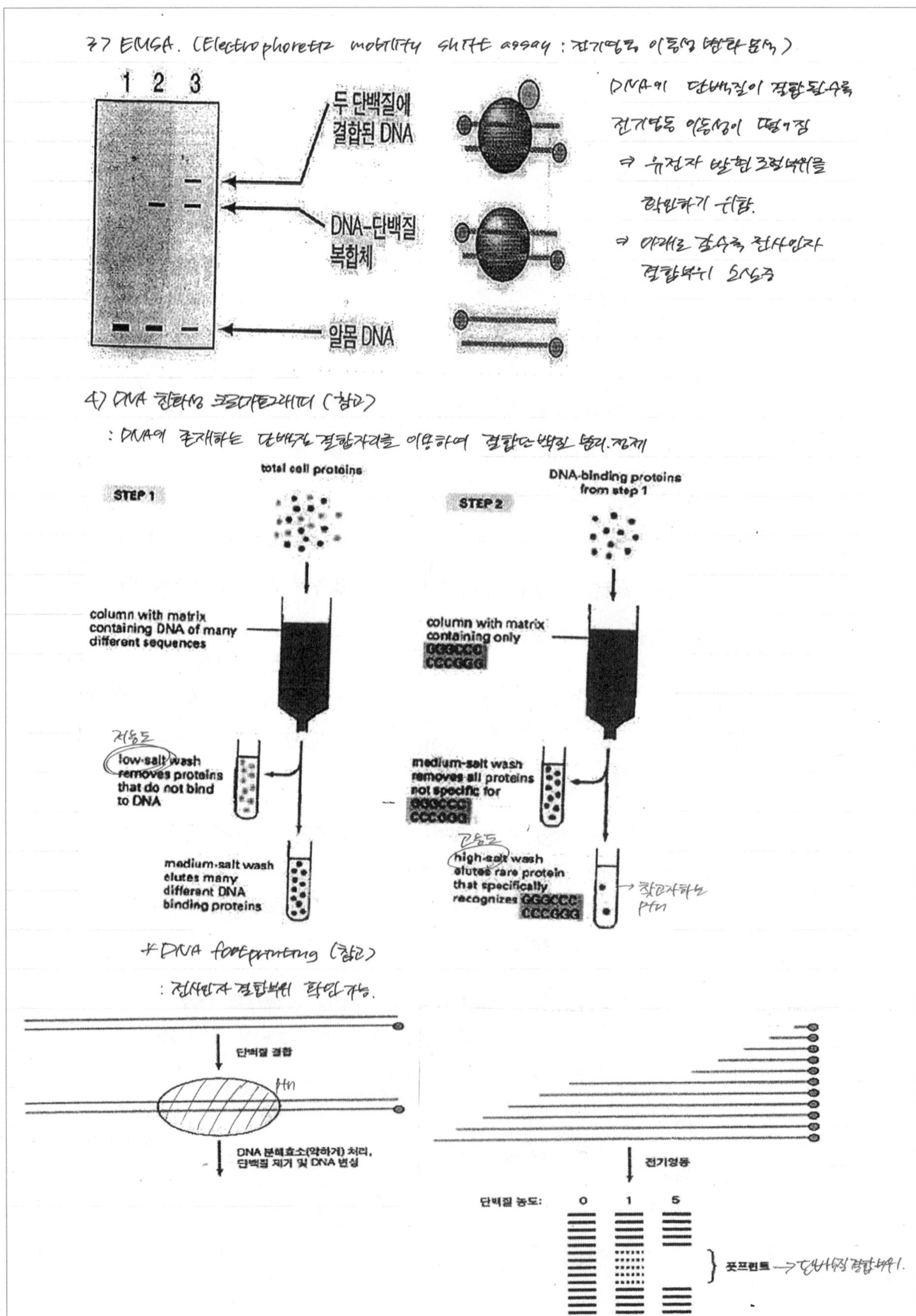
3) EMSA. (Electrophoretic mobility shift assay : 전기영동 이동성 변화 분석)
1 2 3
두 단백질에 결합된 DNA
DNA-단백질 복합체
알몸 DNA
DNA에 단백질이 결합될수록 전기영동 이동성이 떨어짐
⇒ 유전자 발현 조절부위를 확인하기 위함.
⇒ 아래로 갈수록 전사인자 결합부위 소실
4) DNA 친화성 크로마토그래피 (참고)
: DNA에 존재하는 단백질 결합자리를 이용하여 결합단백질 분리.정제
total cell proteins
STEP 1
DNA-binding proteins from step 1
STEP 2
column with matrix containing DNA of many different sequences
column with matrix containing only GGGCCC CCCGGG
저농도
low-salt wash removes proteins that do not bind to DNA
medium-salt wash removes all proteins not specific for GGGCCC CCCGGG
medium-salt wash elutes many different DNA binding proteins
고농도
high-salt wash elutes rare protein that specifically recognizes GGGCCC CCCGGG
찾고자하는 ptn
+DNA footprinting (참고)
: 전사인자 결합부위 확인 가능.
단백질 결합
ptn
DNA 분해효소(약하게) 처리, 단백질 제거 및 DNA 변성
전기영동
단백질 농도: 0 1 5
풋프린트 → 단백질 결합부위.

5) GST → PART 2. 참고

6) 효모이중잡종체계

예시(전사인자) Gal4 - DBD - bait ┐ bait와 prey 단백질 상호작용 있는 경우에만 Gal4 promoter 활성화
Gal4 - AD - prey ┘

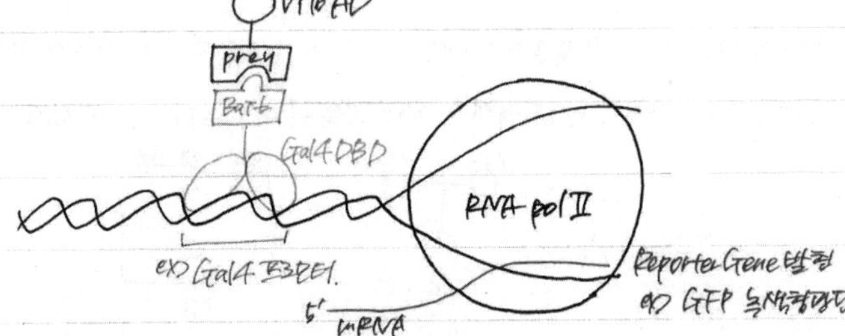

: 중요한 점은 DBD와 AD의 상호작용에 의해 전사활성이 일어나려면 매개하는 단백질간 상호작용력이 있어야 하므로 전사유무로 단백질간 상호작용 확인 가능.

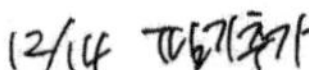

*** RFLP와 SNP** (RFLP : 제한효소 절편 길이 다형성 / SNP : 단일염기 다형성)

: 사람은 약 1000개의 염기서열마다 점돌연변이로 한 개씩 염기가 다르며, 이를 SNP라 한다.

SNP로 인해 제한효소로 절단 시 절편들의 길이가 개인마다 다른 RFLP 현상이 나타나게 된다.

⇒ 전기영동시 절편의 수, 크기, 상대적인 양 등을 판단 가능.

*** STR** (짧은 직렬 반복서열) : 반복염기 2~4개 ≈ V.N.T.R (variable number tandem repeat) : 반복염기

↳ 진핵생명체의 특징. 개인의 상동염색체에서조차 반복횟수 다르다. ∴ 변별력, 정확성 ↑ (유전자지문)

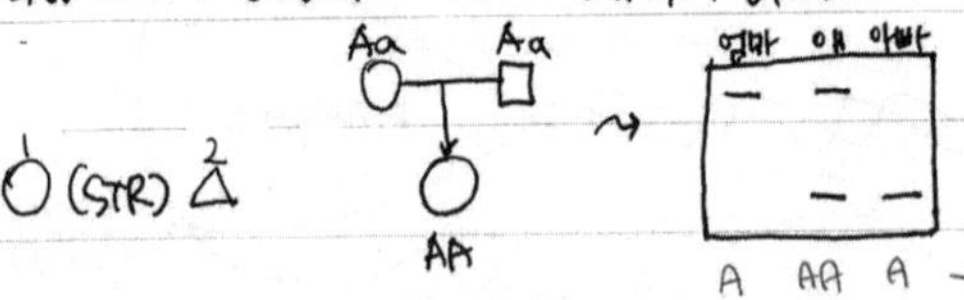

→ 유전자가 AA로 상동염색체 유전자형 같더라도 STR 절편 크기는 다를 수 있다.

출제예시) 반복서열 개수 (서열자체는 의미X. 개수가 의미.)

STR-1	15.16	15.16
STR-2	8.8	(7.10) → 상동염색체 내에서도 반복서열 개수 상이
STR-3	3.5	7.7
STR-4	12.13	12.12
STR-5	32.36	11.32

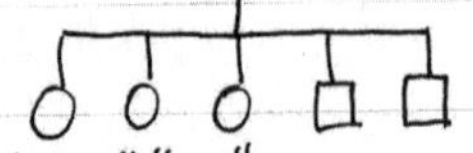

STR-1	15.16	15.16	15.16
STR-2	(8),(10)	(7)(8)	(8)(10)
STR-3	5.7	7.7	3.7
STR-4	12.13	12.13	12.13
STR-5	11.32	11.36	32.36

알렉산드라 / 니콜라스 누구로부터 받았는지 추측가능.

*** 제한효소와 전기영동을 이용한 유전병진단.**

가끔은 돌연변이로 인해 안 잘리게 되는 걸로 출제되기도 한다!

A대립유전자

—— G/AA TTC ——
—— CTTAA/G ——

a대립유전자 ⇒ 돌연변이로 인한 인식서열 변화.

인식서열이 없어 절단되지 X.

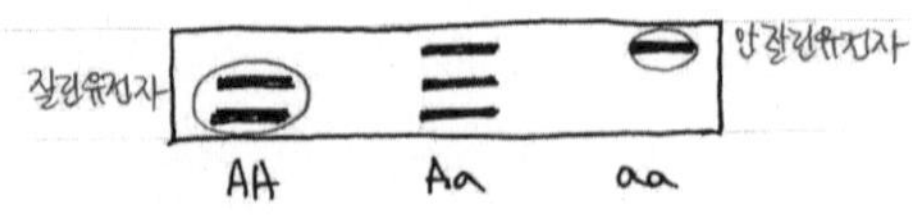

ex) 가계도

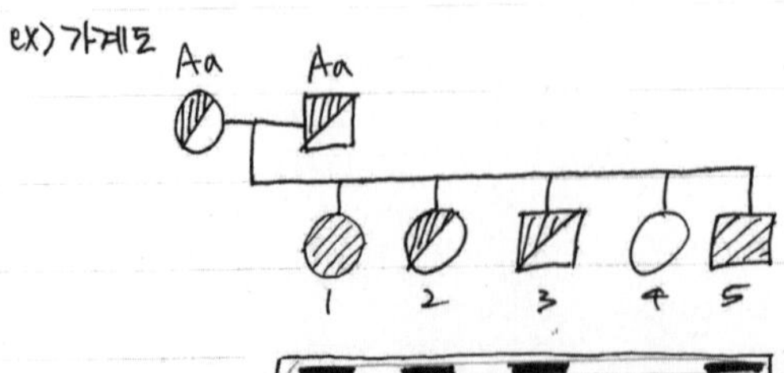

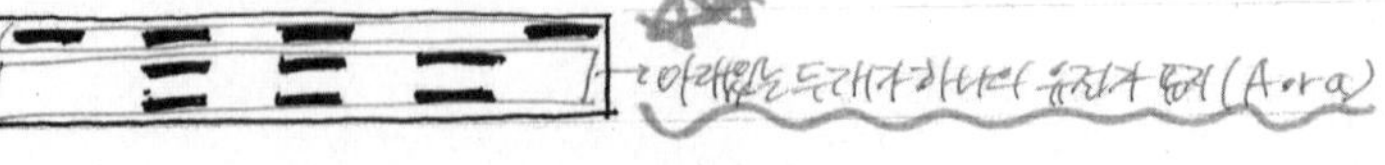

* 대립유전자 특이적 올리고뉴클레오타이드 잡종화를 이용한 DNA검사

: 정상유전자, 유전병유전자) ss DNA 탐침으로 염색 or 보인자 검출

	엄마	아빠	애1	애2
정상유전자 탐침	Aa	Aa	AA	Aa
유전병유전자 탐침	Aa	Aa	AA	Aa

[MD 기출]유전병 X는 열성 동형접합체에서 발생한다. 이는 유전자의 염기서열 중 단백질의 특정 아미노산을 지정하는 GTG가 GAG로 바뀌었기 때문이다. T → A로의 돌연변이는 그림 (나)와 같이 제한효소지도의 변화를 초래한다.

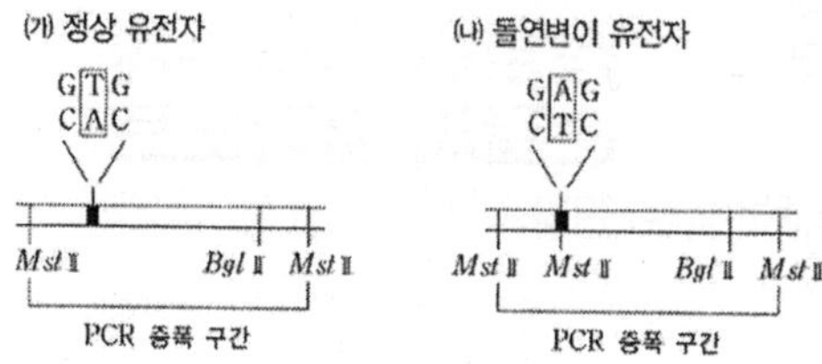

이형접합체인 사람의 유전자를 중합효소연쇄반응(PCR) 방법으로 증폭한 후, 제한효소 MstⅡ 또는 BglⅡ로 각각 절단한 유전자의 전기영동 패턴은 그림 (다)와 같다. 여러 사람으로부터 유전자를 얻어 PCR로 증폭한 단편을 MstⅡ와 BglⅡ로 동시에 절단하였을 때, 유전병 X 환자의 전기영동 패턴을 보기에서 있는 대로 고른 것은?

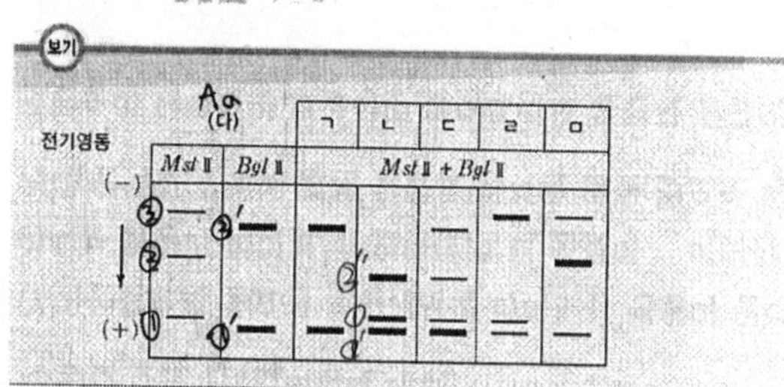

① ㄱ ② ㄴ ③ ㄷ ④ ㄹ ⑤ ㅁ

이형접합체(Aa) → MstⅡ ③ ① ②

→ BglⅡ ②' ①'

열성동형접합체 (aa)

MstⅡ + BglⅡ.

① ②'' ①'

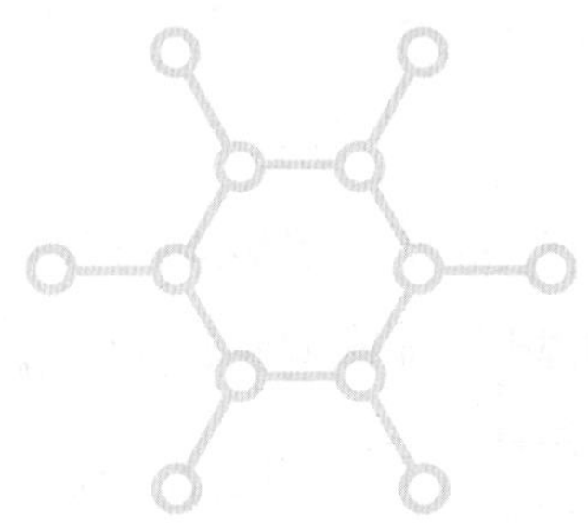

생물 1타강사 **노용관**

메디컬 편입 생물
전범위 기출주제
손글씨 필기노트

한권으로 끝내는 메디컬(의치한약수) 편입 나만의 祕密兵器

동물생리 서론 ~ 순환계

PART 27. 동물형태와 기능 기본원리
PART 28~29. 영양소와 소화
PART 30~31. 순환계

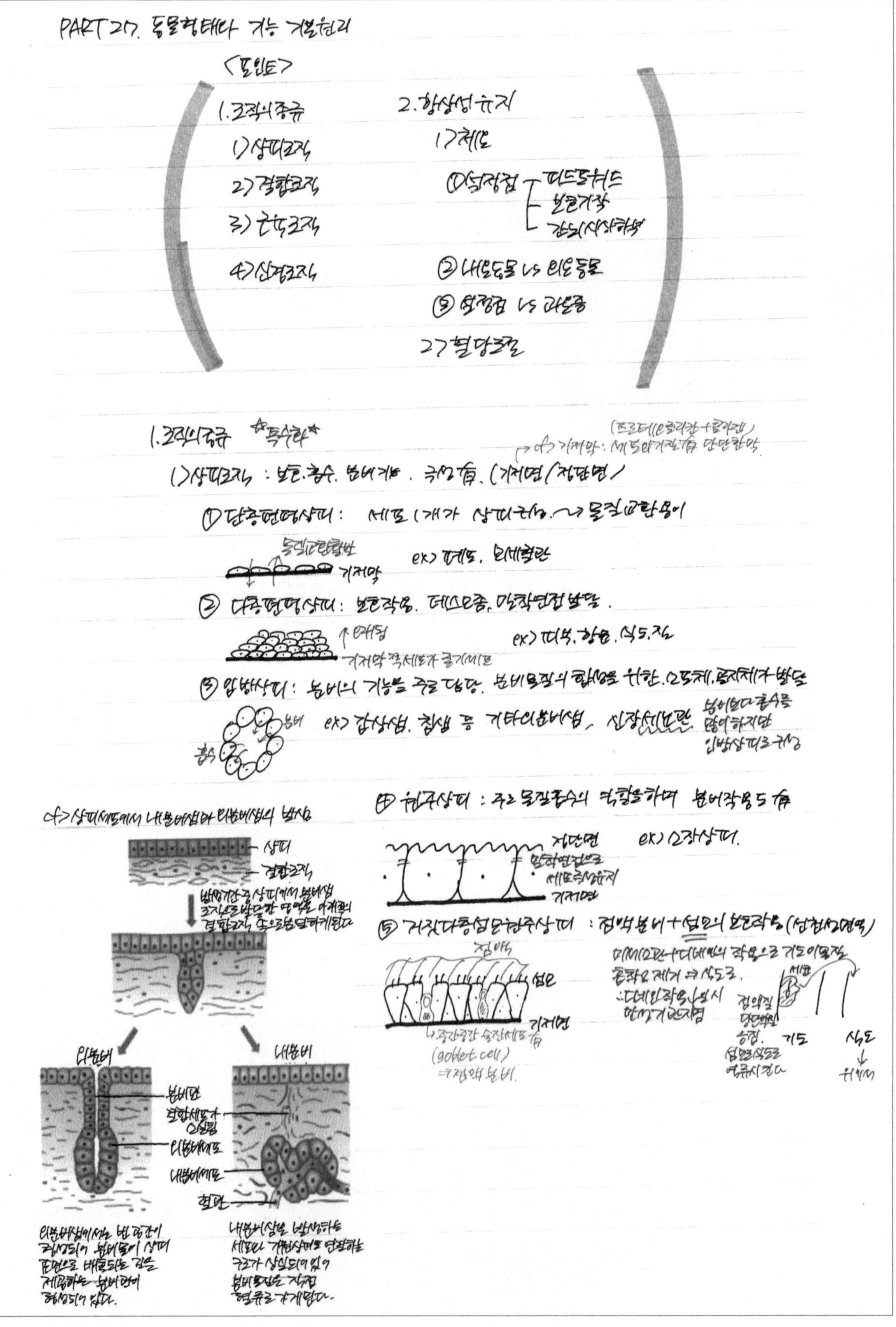
PART 27. 동물형태와 기능 기본원리
<포인트>
1. 조직의 종류
1) 상피조직
2) 결합조직
3) 근육조직
4) 신경조직
2. 항상성 유지
1) 체온
② 내온동물 vs 외온동물
2) 혈당조절
1. 조직의 종류 ☆특수화☆
1) 상피조직 : 보호, 흡수, 분비기능. 극성가짐. (기저면/정단면)
① 단층편평상피: 세포 1개가 상피구성. → 물질교환 용이
기저막
ex) 폐포, 모세혈관
② 다층편평상피: 보호작용. 데스모좀, 밀착연접 발달.
ex) 피부, 항문, 식도, 질
③ 입방상피: 분비의 기능을 주로 담당. 분비물질의 합성을 위한 소포체, 골지체가 발달
ex) 갑상샘, 침샘 등 기타 외분비샘, 신장 세뇨관
④ 원주상피 : 주로 물질흡수의 역할을 하며 분비작용도 함
정단면
기저면
ex) 소장상피.
⑤ 거짓다층섬모원주상피 : 점액분비 + 섬모의 보호작용
점액
섬모
기저면
(goblet cell)
기도
식도
cf) 상피세포에서 내분비샘과 외분비샘의 발생
상피
결합조직
외분비
내분비
분비관
혈관

2) 결합조직: 지지, 지탱 (콜라겐이 많). 세포가 분비한 물질에 섬유세포가 파묻혀있는구조.

① 섬유성결합조직 : 콜라겐 성분 매우 多. 딱딱 → 인장력 저항성 大

→ 파열되도 시간 지나면 재생.

섬유아세포(콜라겐사이 끼워있다) → 콜라겐 분비

힘줄(건): 근육과 뼈연결

인대: 뼈와 뼈사이연결

② 성긴결합조직 : 케라틴 + 엘라스틴 + 콜라겐이 성기게 결합된 조직. 유연성. 가동성 有 ex) 피부. 혈관벽 등 우리몸의 일반적인 결합조직.

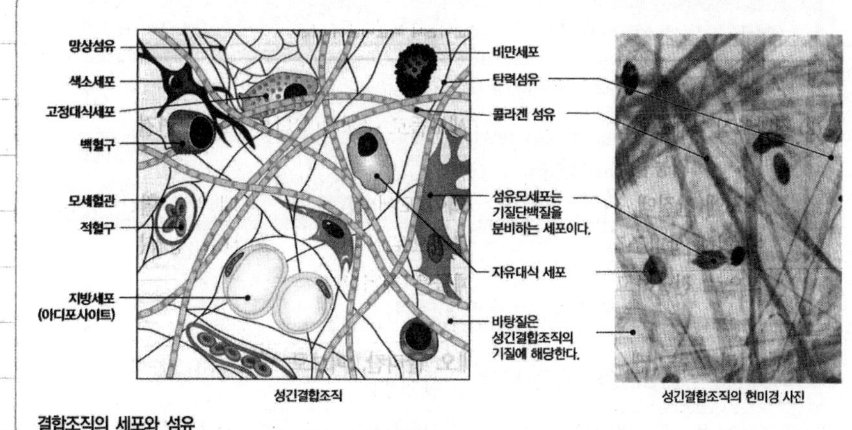

결합조직의 세포와 섬유

대식세포와 비만세포는 세균과 같은 외부 침입자로부터 자신을 방어하는 역할을 한다.

③ 혈액 ≒ 조직액 ≒ 림프액

④ 지방세포: 세포내 큰지방덩어리 (지방방울) 有. 지방저장역할맡

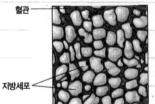

피하지방층에 존재

혈당량↑ → 인슐린 분비 → GLUT4 표면으로 → 지방저장.

혈관

지방세포

⑤ 연골 : 프로테오글리칸 有 (콘드로이틴 황산염 SO_4^{2-} 多) ⇒ 당성분이 물을 끌어와 스펀지 역할.

치밀뼈부위 (경골)

연골 : 뼈와뼈사이 충격완화

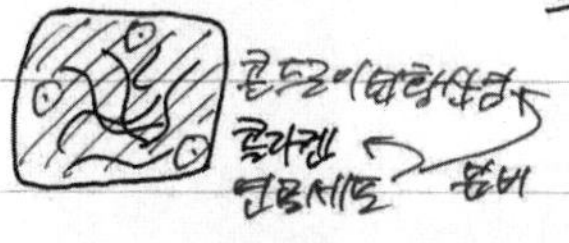

⑥ 뼈 :
- osteocyte : 골세포 : 뼈를 구성하는 세포. Ca^{2+}, PO_4^{3-} 이용 기질다량생성 후 휴면상태
- osteoblast : 조골세포
- osteoclast : 파골세포

콜라겐

하버스관 : 가운데 빈공간. 신경&혈액 지나감.

뼈세포 (osteocyte) : 휴면상태

하버스계 : 동심원구조

| 근섬유 유형들의 특징 |

	골격근	평활근	심근
광학현미경에서 모습	가로무늬	민무늬	가로무늬
섬유배열	근절	근절 없음	근절
위치	뼈에 부착되어 있음 ; 몇 개의 조임근은 속이 빈 기관을 닫는 데 사용됨	속이 빈 기관과 튜브의 벽을 구성함 ; 몇 개의 조임근	심근
조직의 모양	단핵이며 크고 원통형임	단핵이며 작고 원추형임	단핵이며 짧고 가지친 모양임
내부구조	T-소관과 근소포체	T-소관 없음 ; 근소포체가 적거나 없음	T-소관과 근소포체
섬유단백질	액틴, 미오신 ; 트로포닌과 트로포미오신	액틴, 미오신, 트로포미오신	액틴, 미오신 ; 트로포닌과 트로포미오신
조절	· Ca^{2+} 과 트로포닌 · 섬유들은 서로 독립적임	· Ca^{2+} 과 카모듈린 · 섬유들은 틈새이음으로 전기적으로 연결되어 있음	· Ca^{2+} 과 트로포닌 · 섬유들은 틈새이음으로 전기적으로 연결되어 있음
수축 속도	가장 빠름	가장 느림	중간
하나의 섬유 연속의 수축력	차등적 아님	차등적	차등적
수축의 시작	운동뉴런에서의 ACh가 필요	신경신호과 화학신호 ; 율동적일 수 있음	율동적임
수축의 신경조절	체성운동뉴런	자율신경뉴런	자율신경뉴런
수축의 호르몬 영향	없음	다중의 호르몬	에피네프린

핵
근섬유(세포)
줄무늬

(a)골격근

줄무늬
근섬유
사이원판
핵

(b)심근

근섬유
핵

(c)평활근

4) 신경조직

① 뉴런 (10%)

② 신경교세포 : 신경조직 지지. 지탱. (90%)

a. 성상세포 : 하는 역할 매우 多 아래 4가지 세포역할 외의 모두 성상세포

ex) 뉴런성장촉진. 노폐물제거. Neurotransmitter 조절 (신경전달물질)

당조절. B.B.B 형성

b. 뇌실내세포 : 뇌척수액 형성 → 뇌압. 혈수압유지

c. 희소돌기세포 : 중추신경의 수초형성.

d. 슈반세포 : 말초신경의 수초형성.

e. 미세교세포 : Macrophage (대식세포. 백혈구의 일종), 신경계의 노폐물제거

세포1개임.

축삭

(도약전도)

뇌까지 빠르게 전도

수초 : 지질성분덩어리(스핑고미엘린) ⇒ 절연.

2. 항상성유지 ···· 체온 36.5℃ 혈당 0.1% (200mg/ml) 삼투압 0.9% (300mOsM)

1) 체온

① 설정점 → 정상체온이라고 여기는 온도. 중심부수용기에서 체온 인지

a. 간뇌시상하부가 조절 ┬ 신경 : fast. 주로 보온작용
└ 호르몬 : slow. 항상성유지

b. 피드포워드 ┬ 극지방 (겨울) : 설정점 자체를 상승.
└ 적도 (여름) : 설정점 자체를 하강.

c. 발열기작

설정점올림

발열기작구간 : 세균번식↓

설정점떨어짐

세균침입

세균제거시

② 내온동물 vs 외온동물

s/v 체온조절방식 단위면적 자손수

내온동물도 행동으로 체온조절함.

물질대사에 의해 생성된 열로 체온을 유지하는 것 ← 내온성 ⇓ 스스로 ⇑ ⇓ → 항상성 조절자 내부≠외부

열을 외부환경으로부터 얻는 것 ← 외온성 ⇑ 행동 (주변환경) ⇓ ⇑ → 항상성 순응자 내부=외부

5마리의 대사율

생쥐의 대사율 (5마리이 훨씬 크다)

5 4 3 2 1

50 40 30 20 10

10 20 30 40

체온을 떨어트리기 위한 열발산기작

③ 발열 vs 과온증

- 발열 : 설정점 상승으로 스스로 열생산 ↑
- 과온증 : 열사병. 외부로부터의 열 과잉 공급.

④ 갈색지방 —NEPi→ 지방산 ——→ U.C.P 활성 : 짝풀림으로 유기물분해↑. 열생산↑.

지방세포에 Mt. & 혈액공급량 풍부

2) 혈당.

- 인슐린 작용기작

a. 혈당⇑ → 부교감신경⇑ → Ach 분비 → 이자 β세포 → 인슐린 분비

→ 효소에서 인산기 제거

ex) Glycogen synthase ※제거 ⇒ 활성화

Glycogen phosphorylase ※제거 ⇒ 비활성화.

> 인산기 탈부착에 따른 활성화는 효소마다 다르다

혈당⇓ → 교감신경⇑ → Epi 분비 → 이자 α세포 → 글루카곤 분비

→ 효소에서 인산기제거

Glycogen synthase Ⓟ ⇒ 비활성화

Glycogen phosphorylase Ⓟ ⇒ 활성화.

b. 포도당⇑ → GLUT2 → 이자 → 해당↑ → ATP↑ → ATP 의존성 K^+ ch. close

→ 탈분극 → 전기신호 → 전압의존성 Ca^{2+} open

→ Ca^{2+} 유입 → 소낭방출 (인슐린)

4) 체내 H_2O 구성비율

- 1/3 : 고체물질
- 2/3 : 물
  - 2/3 : 세포내액
  - 1/3 : 세포외액
    - 3/4 : 세포사이액, 세포간질액
    - 1/4 : 혈액, 림프액 (흐르는 액체)

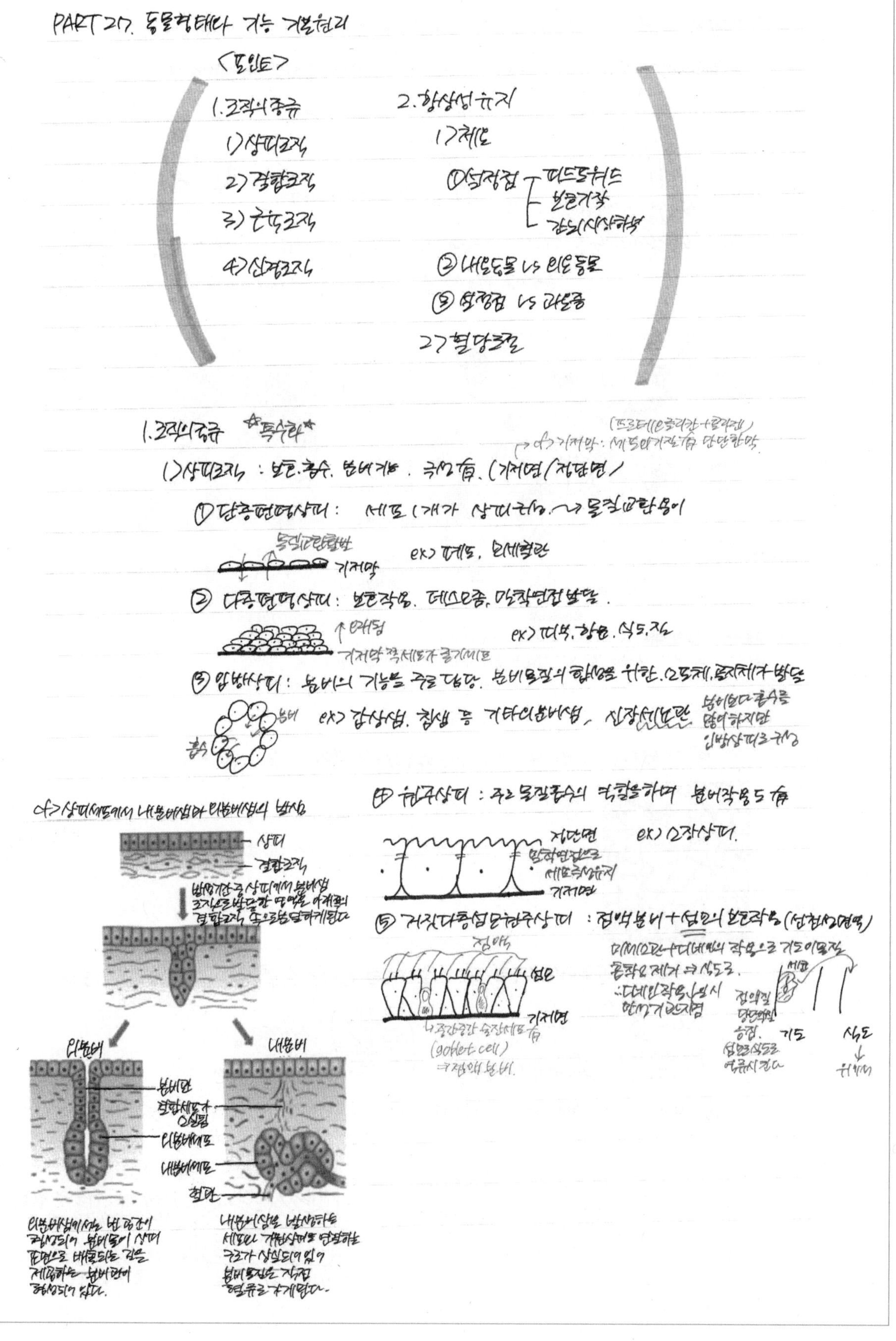
PART 27. 동물형태와 기능 기본원리
<포인트>
1. 조직의 종류
1) 상피조직
2) 결합조직
3) 근육조직
4) 신경조직
2. 항상성 유지
1) 체온
2) 혈당조절
1. 조직의 종류
1) 상피조직
① 단층편평상피
ex) 폐포, 모세혈관
기저막
② 다층편평상피
ex) 피부, 항문, 식도, 질
③ 입방상피
④ 원주상피
ex) 소장상피.
기저면
⑤ 거짓다층섬모원주상피
섬모
기저면
(goblet cell)
외분비
내분비
분비관
외분비세포
내분비세포
혈관
상피
결합조직
기도
식도

2) 결합조직: 지지, 지탱 (콜라겐이 多). 세포가 분비한 물질에 섬유세포가 파묻혀있는 구조.

① 섬유성결합조직 : 콜라겐 성분 매우 多. 딱딱 → 인장력 저항성 大

→ 파열되도 시간 지나면 재생.

섬유아세포(콜라겐사이 끼어있다) → 콜라겐 분비

힘줄(건): 근육과 뼈 연결

인대: 뼈와 뼈사이 연결

② 성긴결합조직 : 케라틴 + 엘라스틴 + 콜라겐이 성기게 결합된 조직. 유연성. 가동성 有 ex) 피부, 혈관벽 등 우리몸의 일반적인 결합조직.

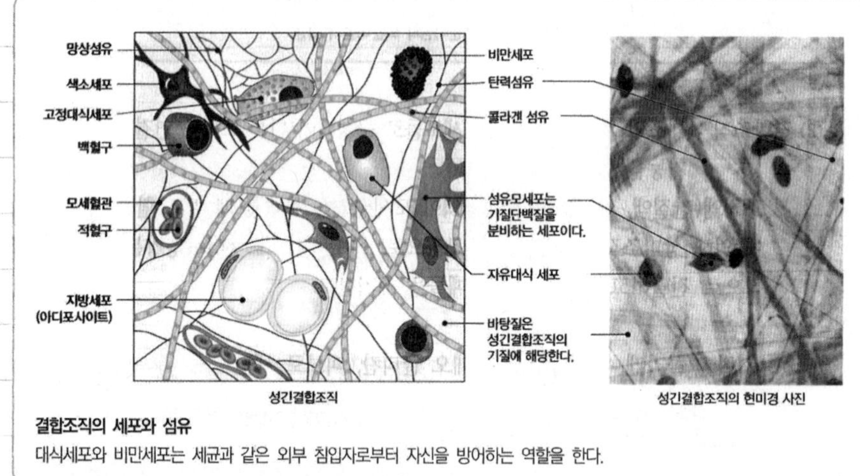

결합조직의 세포와 섬유

대식세포와 비만세포는 세균과 같은 외부 침입자로부터 자신을 방어하는 역할을 한다.

③ 혈액 ≒ 조직액 ≒ 림프액

④ 지방세포: 세포내 중성지방덩어리 (지방방울) 有. 지방저장역할맡

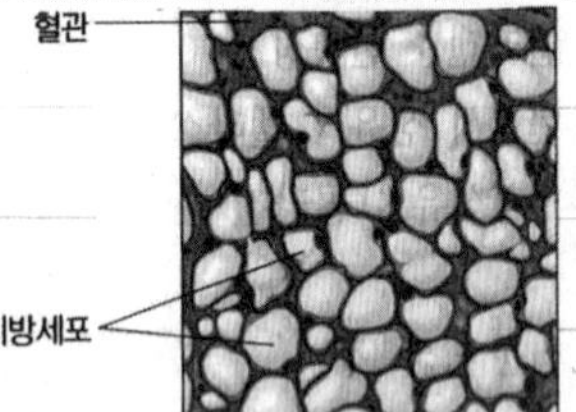

피하지방층에 존재

혈당량↑ → 인슐린 분비 → GLUT4 통로로 → 지방저장.

⑤ 연골 : 프로테오글리칸 有 (콘드로이틴 황산염 SO_4^{2-} 多) → 많은 물을 끌어당겨 스펀지 역할.

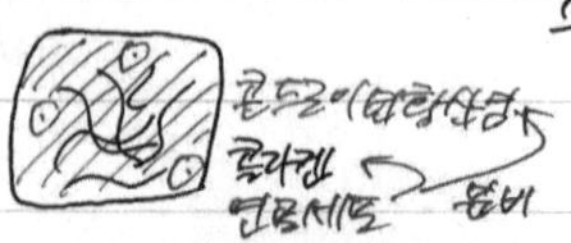

⑥ 뼈 :
- osteocyte : 골세포: 뼈를 구성하는 세포. Ca^{2+}, PO_4^{3-} 이용 기질 다량 생성 후 휴면상태
- osteoblast : 조골세포
- osteoclast : 파골세포

| 근섬유 유형들의 특징 |

	골격근	평활근	심근
광학현미경에서 모습	가로무늬	민무늬	가로무늬
섬유배열	근절	근절 없음	근절
위치	뼈에 부착되어 있음 ; 몇 개의 조임근은 속이 빈 기관을 닫는 데 사용됨	속이 빈 기관과 튜브의 벽을 구성함 ; 몇 개의 조임근	심근
조직의 모양	다핵이며 크고 원통형임	단핵이며 작고 원추형임	단핵이며 짧고 가지친 모양임
내부구조	T-소관과 근소포체	T-소관 없음 ; 근소포체가 적거나 없음	T-소관과 근소포체
섬유단백질	액틴, 미오신 ; 트로포닌과 트로포미오신	액틴, 미오신, 트로포미오신	액틴, 미오신 ; 트로포닌과 트로포미오신
조절	· Ca^{2+}과 트로포닌 · 섬유들은 서로 독립적임	· Ca^{2+}과 카모듈린 · 섬유들은 틈새이음으로 전기적으로 연결되어 있음	· Ca^{2+}과 트로포닌 · 섬유들은 틈새이음으로 전기적으로 연결되어 있음
수축 속도	가장 빠름	가장 느림	중간
하나의 섬유 연축의 수축력	차등적 아님	차등적	차등적
수축의 시작	운동뉴런에서의 ACh가 필요	신경신호과 화학신호 ; 율동적일 수 있음	율동적임
수축의 신경조절	체성운동뉴런	자율신경뉴런	자율신경뉴런
수축의 호르몬 영향	없음	다중의 호르몬	에피네프린

핵
근섬유(세포)
줄무늬

(a)골격근

줄무늬
근섬유
사이원판
핵

(b)심근

근섬유
핵

(c)평활근

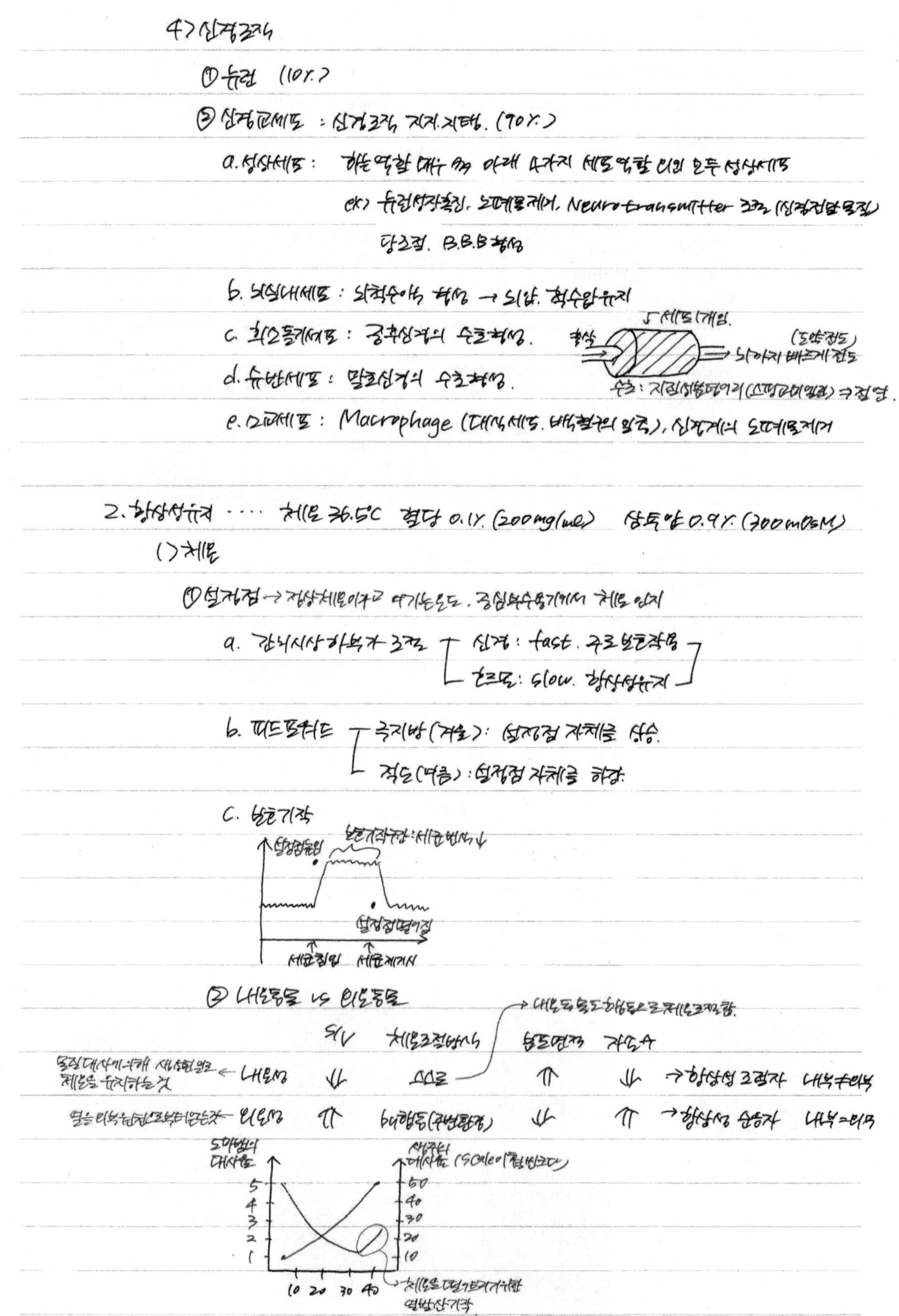

③발열 vs 과온증

- 발열 : 설정점 상승으로 스스로 열생산 ↑
- 과온증 : 열사병, 외부로부터의 열과잉 등등.

④ 갈색지방 —NEPi→ 지방산 ——→ U.C.P 활성 : 짝풀림으로 유기물분해↑, 열생산↑.
지방세포에 Mt 및 혈액공급량 풍부

2) 혈당.

- 인슐린 작용기작

a. 혈당⇑ → 부교감신경⇑ → Ach 분비 → 이자 β세포 → 인슐린분비
→ 효소에서 인산기 제거

ex) Glycogen synthase ℗제거 ⇒ 활성화
Glycogen phosphorylase ℗제거 ⇒ 비활성화.

인산기 탈부착에 따른 활성화는 효소마다 다르다.

혈당⇓ → 교감신경⇑ → EPi 분비 → 이자 α세포 → 글루카곤 분비
→ 효소에서 인산기제거

Glycogen synthase℗ ⇒ 비활성화
Glycogen phosphorylase℗ ⇒ 활성화.

b. 포도당⇑ → GLUT2 → 이자 → 해당↑ → ATP↑ → ATP의존성 K^+ ch close
→ 탈분극 → 전기신호 → 전압의존성 Ca^{2+} open
→ Ca^{2+} 유입 → 소낭방출 (인슐린)

4) 체내 H_2O 구성비율

- 1/3 : 고체물질
- 2/3 : 물
  - 2/3 : 세포내액
  - 1/3 : 세포외액
    - 3/4 : 세포사이액, 세포간질액
    - 1/4 : 혈액, 림프액 (흐르는 액체)

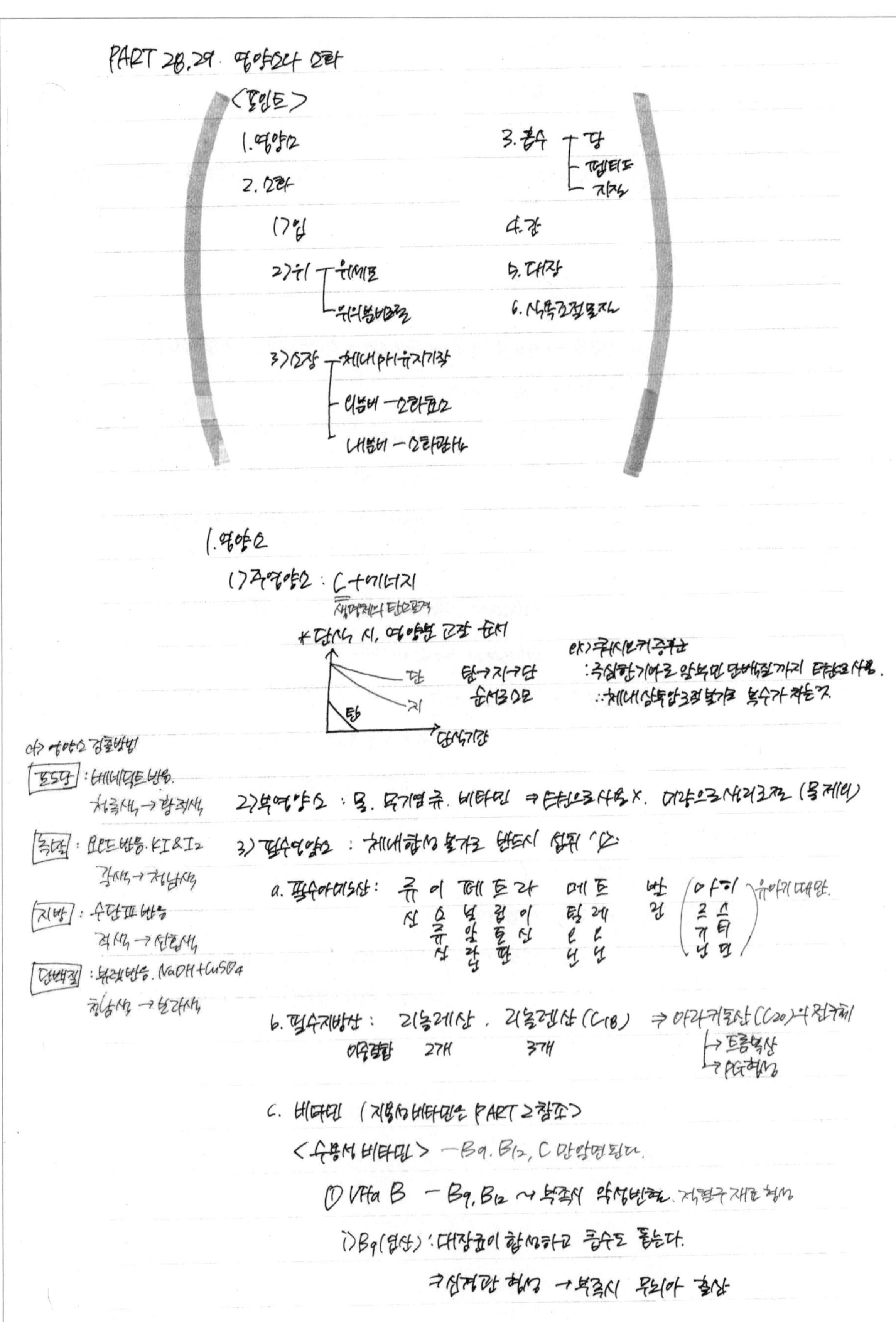

PART 28, 29. 영양소와 소화

<포인트>

1. 영양소
2. 소화
   1) 입
   2) 위 ┬ 위세포
         └ 위액분비조절
   3) 소장 ┬ 체내 pH 유지기작
           ├ 외분비 - 소화효소
           └ 내분비 - 소화관H
3. 흡수 ┬ 당
        ├ 펩티드
        └ 지질
4. 간
5. 대장
6. 식욕조절물질

1. 영양소

1) 주영양소 : C + 에너지 (세포체의 탄소골격)

* 단식 시, 영양분 고갈 순서

탄 → 지 → 단 순서로 소모

cf) 콰시오커증후군
: 극심한 기아로 알부민 단백질까지 다량으로 사용.
∴ 체내 삼투압 조절 불가로 복수가 차는 것.

cf) 영양소 검출방법

[포도당] : 베네딕트 반응.
청록색 → 황적색

[녹말] : 요오드 반응. KI & I_2
갈색 → 청남색

[지방] : 수단Ⅲ 반응
적색 → 선홍색

[단백질] : 뷰렛반응. $NaOH + CuSO_4$
청남색 → 보라색

2) 부영양소 : 물. 무기염류. 비타민 ⇒ 에너지원으로 사용 X. 미량으로 생리조절 (물 제외)

3) 필수영양소 : 체내합성 불가로 반드시 섭취 필요

a. 필수아미노산 : 류신 이소류신 페닐알라닌 트립토판 라이신 메티오닌 트레오닌 발린 (아르기닌 히스티딘) 유아기 때만.

b. 필수지방산 : 리놀레산 . 리놀렌산 (C_{18}) ⇒ 아라키돈산 (C_{20})의 전구체
이중결합 2개 3개
→ 트롬복산
→ PG 합성

c. 비타민 (지용성 비타민은 PART 2 참조)

<수용성 비타민> — B_9, B_{12}, C 만 알면 된다.

① Vita B — B_9, B_{12} → 부족시 악성빈혈. 적혈구 재료 형성

i) B_9 (엽산) : 대장균이 합성하고 흡수도 돕는다.
⇒ 신경관 형성 → 부족시 무뇌아 출산

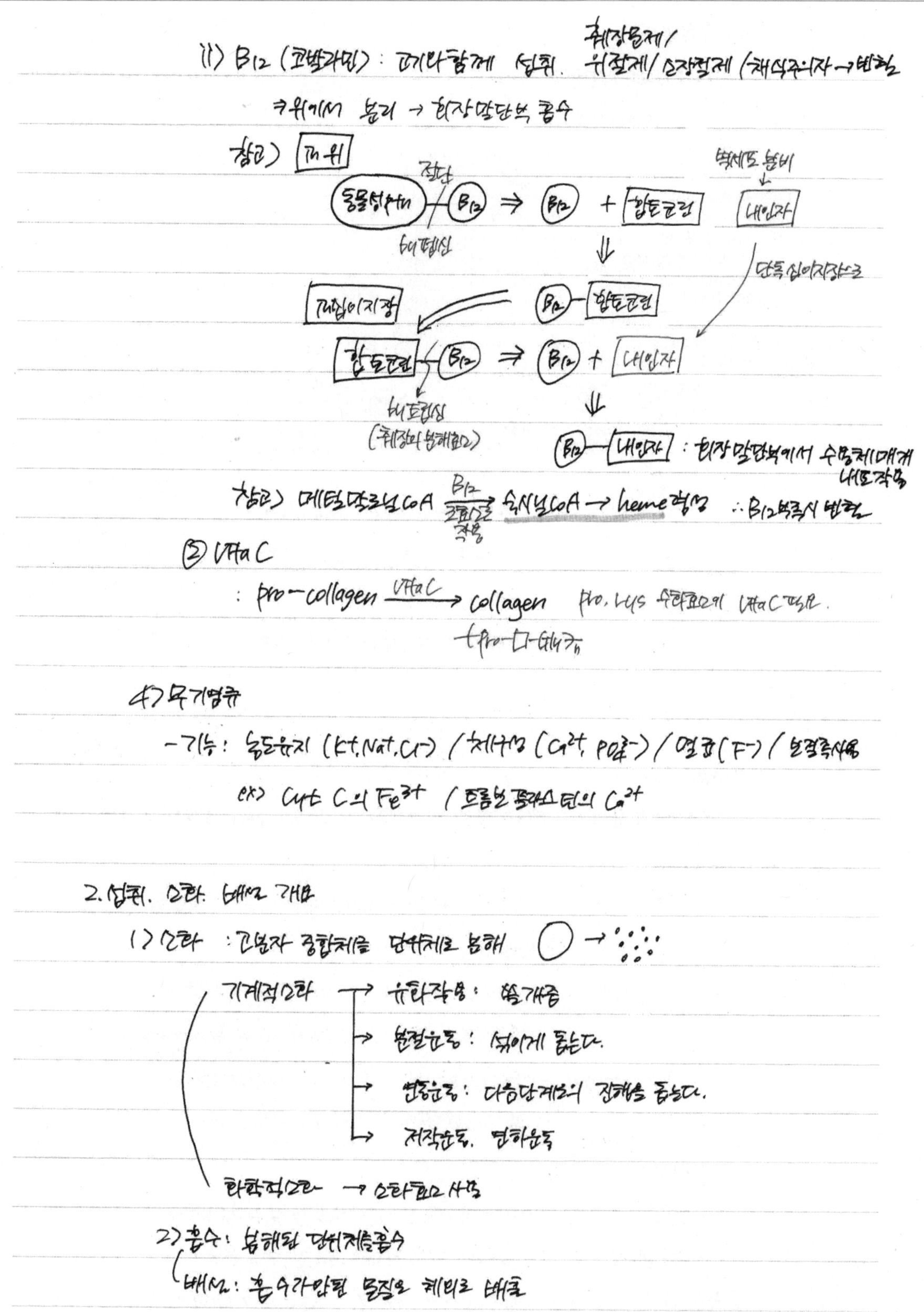

ii) B_{12} (코발라민) : 고기와 함께 섭취. 위절제/소장절제/췌장문제/채식주의자 → 빈혈

→ 위에서 분리 → 회장말단부 흡수

참고) [위]

(동물성단백) ─(절단: 펩신)─ (B_{12}) ⇒ (B_{12}) + [합토코린]　　[내인자] ← 벽세포 분비

⇓　　　　단독 십이지장으로

[십이지장]　(B_{12})─[합토코린]

[합토코린] ─ (B_{12}) ⇒ (B_{12}) + [내인자]

트립신 (췌장의 분해효소)

⇓

(B_{12})─[내인자] : 회장 말단부에서 수용체매개 내포작용

참고) 메틸말로닐 CoA $\xrightarrow[\text{조효소로 작용}]{B_{12}}$ 숙시닐 CoA → heme 합성 ∴ B_{12} 부족시 빈혈

③ 비타C

: pro-collagen $\xrightarrow{\text{비타C}}$ collagen　Pro, Lys 수산화효소에 비타C 필요.

-(Pro-□-Gly)n-

4) 무기염류

- 기능 : 농도유지 (K^+, Na^+, Cl^-) / 체구성 (Ca^{2+}, PO_4^{3-}) / 염료(F^-) / 보결족사용

ex) Cyt C의 Fe^{3+} / 트롬보플라스틴의 Ca^{2+}

2. 섭취. 소화. 배설 개요

1) 소화 : 고분자 중합체를 단위체로 분해 ○ → ∴∵

- 기계적소화
  - → 유화작용 : 쓸개즙
  - → 분절운동 : 섞이게 돕는다.
  - → 연동운동 : 다음단계로의 진행을 돕는다.
  - → 저작운동. 연하운동
- 화학적소화 → 소화효소 사용

2) 흡수 : 분해된 단위체를 흡수

배설 : 흡수가 안된 물질을 체외로 배출

3) 소화관 특성

<위장관의 세포층>

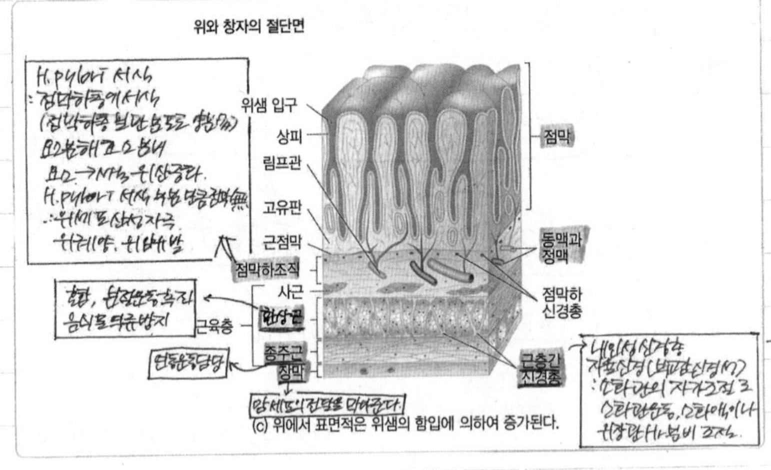

(c) 위에서 표면적은 위샘의 함입에 의하여 증가된다.

→ 감각신경을 통해 인식하여 음식이 앞으로 향하도록 평활근의 운동 유발

(†)

식도 / 상부식도괄약근 / 윗부분: 수의근 (골격근) / 음식물 / 자극 / 신경반사 의한 근수축 / 아랫부분: 불수의근 (평활근) / 하부식도괄약근 / 위

- 외인성 신경 : 소화관 밖에서 유래한 자율신경계
  (=장신경) 내인성 신경총의 활성을 조절.

- 위장관 Hr : 점막 내 내분비세포 有.
  적절한 자극에 의해 혈액으로 Hr 방출

3. 소화

1) 입에서의 소화

① 탄수화물 분해 : 아밀라아제 : 아밀로오스, 아밀로펙틴, 녹말을 엿당으로 분해

② 보호작용

i) 리소자임 : 타액, 눈물, 침 세균의 세포벽 파괴 (β1-4 결합 파괴)

ii) IgA : 중화반응 (죽이는 건 아님)

iii) 리파아제 : 지방산 생성으로 약산성 형성 ⇒ 세균증식 억제
  : 소화산물에 의해 십이지장에서 CCK 분비 자극됨.

iv) 당단백질 ┬ 약산성 당단백질 (뮤신) ⇒ 직접적 보호작용
  └ 염기성 당단백질 (완충역할) ⇒ 보호작용.

③ 침분비기작

┌ 교감신경 : 점액, 다당류 분비촉진 → 끈적끈적 침 ⇒ 침 분비↓
└ 부교감신경 : HCO_3^- 분비촉진 → 중화반응, 묽은침 ⇒ 침 분비↑.

④ 구개반사 (=연하반사) : 연수의 조절. 음식물이 식도를 타고 내려가도록 한다.
 : 음식물 → 인두자극 → 후두자극 → 기도상승 → 후두덮개 내려옴
 → 음식물이 후두덮개 close → 음식물이 식도로 진입

2) 위에서의 소화

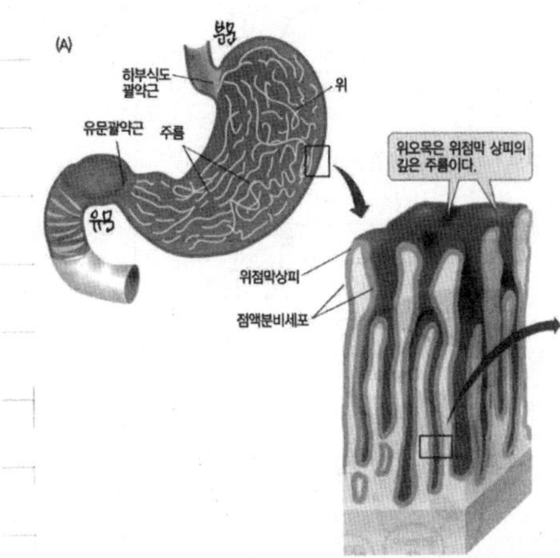

(1) 구조 및 특징

① 구조 : 분문, 유문 (괄약근), 체부 (주름↑, 표면적↑) (→ Body portion)

② 알코올만 흡수 가능. (cf> 수용액으면 점막코팅되어 알코올흡수↓. ∴잘 안취함.)

③ 위 저류시간 : 지질 > 단백질 > 탄수화물

④ 소화 미음-수축하여 chyme (유미즙) 형성

위 내강	세포형	분비물	분비자극인자	분비물의 기능
	점막 경부 세포	점액	긴장성 분비: 점막에 대한 자극	내강과 상피 사이의 물리적 차단벽
		중탄산염	점액과 동반 분비	위산을 중화시켜 상피에 대한 손상을 방지함
	벽세포	위산(HCl)	아세틸콜린, 가스트린, 히스타민	펩신 활성화; 세균 살해
		내인자		비타민 B_{12} 와 복합체를 형성하여 수를 도와줌
	장크롬친화성 유사세포	히스타민	아세틸콜린, 가스트린	위산 분비 촉진
	주세포	펩신 또는 펩시노겐	아세틸콜린, 산 분비	단백질 소화
		위 리파아제		지방 소화
	D 세포	소마토스타틴	위산	위산 분비 억제
	G 세포	가스트린	아세틸콜린, 펩티드와 아미노산 (음식물자극)	위산 분비 촉진

위샘입구

미주신경 : Ach분비로 벽세포자극 HCl분비↑

▲ 위 점막의 분비세포의 활동.

(2) 위 세포

음식물(위상) ⊕ ⊕ 미주신경(뇌상)

① G-cell : 유문부에 多. 가스트린 (위Hr) 분비 (cf> ∴유문부 가스트린↑로 위궤양발병률↑) →⊕ 장크롬친화유사세포 →⊕ 히스타민, →⊕ 벽세포(부세포) →⊕ HCl, →⊕ 주세포 →⊕ 펩신

② 장크롬친화세포 : 히스타민 분비 →⊕ 벽세포(부세포)

③ 주세포 : 펩시노겐 —HCl, 절단→ 펩신 (양성피드백)

④ 점액세포 : 위 내강 보호 (펩신 & 산성물질로부터)

⑤ D-Cell : 소마토스타틴 (다양한 내분비계에서 분비되어 억제작용 수행) → 과도한 펩신 & HCl 억제
ex> 랑게르한스섬 δ세포 분비되어 췌장분비억제

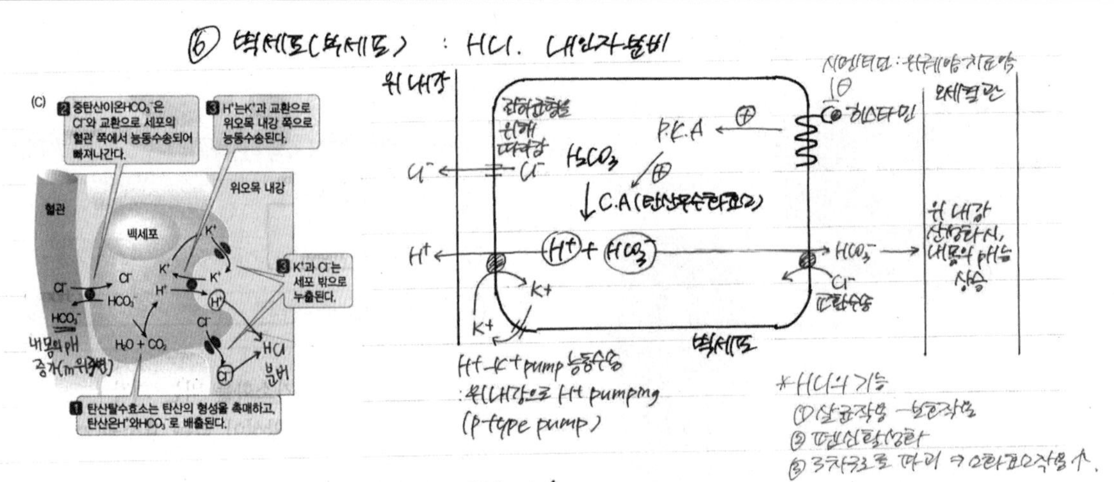

* 자가소화를 막는 기작

① 활성이 없는 효소원 (zymogen) 상태로 소화효소를 분비

② 점액층 속으로 가산성환경으로부터 상피 보호

③ 세포분열로 3일마다 위세포 완전교체

* 위의 분비조절. (위상 & 뇌상)

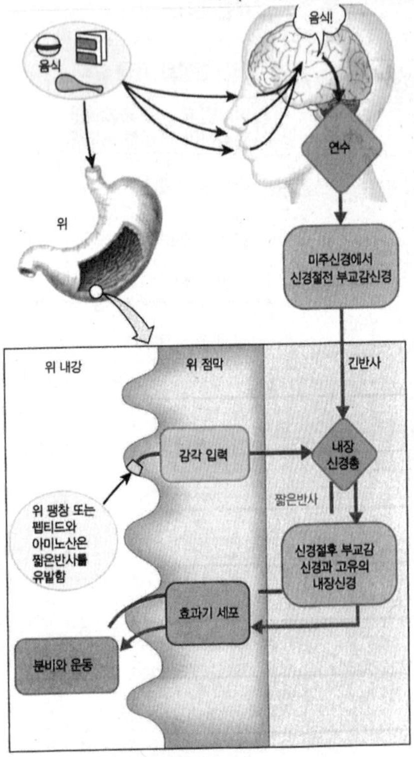

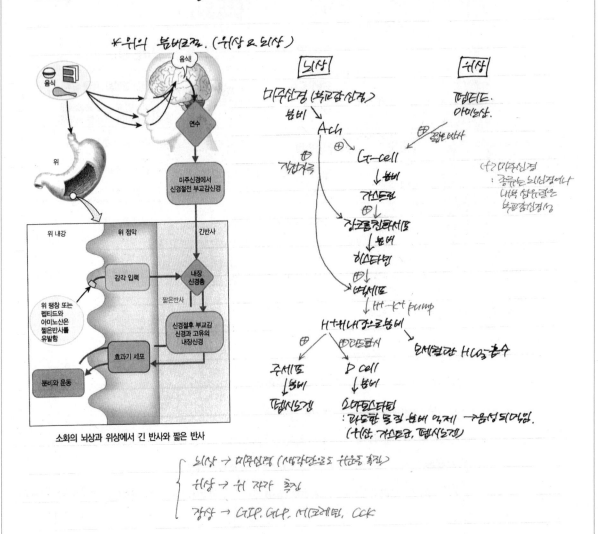

음식
음식!
연수
위
미주신경에서 신경절전 부교감신경
위 내강
위 점막
긴반사
감각 입력
내장 신경총
짧은반사
위 팽창 또는 펩티드와 아미노산은 짧은반사를 유발함
신경절후 부교감 신경과 고유의 내장신경
효과기 세포
분비와 운동

소화의 뇌상과 위상에서 긴 반사와 짧은 반사

뇌상

미주신경 (부교감신경) 분비 → Ach

⊕ 직접자극

⊕ → G-cell

↓ 분비

가스트린

⊕↓

장크롬친화세포

↓ 분비

히스타민

⊕↓

벽세포

↓ H^+-K^+ pump

H^+ 위내강으로 분비 → 모세혈관 HCO_3^- 흡수

⊕ → 주세포 ↓ 분비 → 펩시노겐

⊕ 과도할 시 → D cell ↓ 분비 → 소마토스타틴 : 과도한 물질 분비 억제 → 음성되먹임. (위산, 가스트린, 펩시노겐)

위상

펩티드.
아미노산.

⊕ 짧은반사 → G-cell

(+) 미주신경
: 종류는 뇌신경이나 내부 신호결은 부교감신경성

- 뇌상 → 미주신경 (생각만으로도 위운동 촉진)
- 위상 → 위 자가 촉진
- 장상 → GIP, GLP, 세크레틴, CCK

(나) 반추동물 이미출제

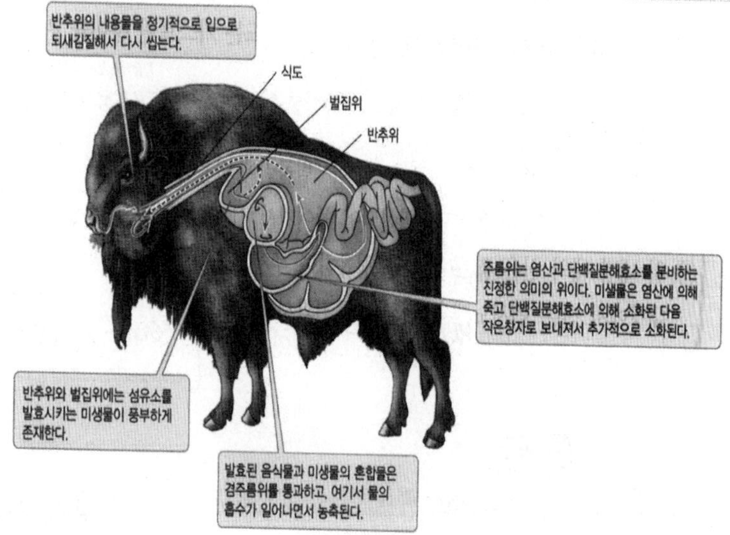
반추위의 내용물을 정기적으로 입으로
되새김질해서 다시 씹는다.
식도
벌집위
반추위
주름위는 염산과 단백질분해효소를 분비하는
진정한 의미의 위이다. 미생물은 염산에 의해
죽고 단백질분해효소에 의해 소화된 다음
작은창자로 보내져서 추가적으로 소화된다.
반추위와 벌집위에는 섬유소를
발효시키는 미생물이 풍부하게
존재한다.
발효된 음식물과 미생물의 혼합물은
겹주름위를 통과하고, 여기서 물의
흡수가 일어나면서 농축된다.

반추동물의 위

들소와 이들의 근연종은 4개의 구획으로 나누어진 특수화된 위를 가진다. 이는 원래 소화시킬 수 없는 세균 발효를 통해 거친 식물 물질에서 에너지를 얻게 해준다. 세균 자체도 중요한 영양소 공급원이 된다.

3강 소장에서의 소화

(1) 기본개념

a. 소장의 구조와 특징.

미세융모 (미세섬유+핍브린) : 표면적↑

: 십이지장 + 공장 + 회장으로 구성. 대부분의 소화와 흡수가 이루어짐.

① 십이지장

- 담즙과 이자액이 함께 분비됨 (by CCK)

- 대부분의 소화효소가 십이지장에 분비.

- 유문반사 : 유문의 십이지장측에 (산성화 - 유문괄약근 수축 (close) / 중화 - 유문괄약근 이완 (open))

② 공장.

- 소화효소가 활성형으로 (분비&소장상피에 붙어서 작용)

③ 회장

cf) 철분 - 회장말단부 흡수율 트랜스페린에 의해 조절

- Vit B12, 담즙염 (쓸개즙). 대부분 회장에서 흡수.

- 흡수는 십이지장, 공장, 회장 모두 일어나나 흡수=회장으로 motivation.

④ 소장 박동점 : 카할세포 (간질세포) 에 의해 분절운동 유도

간 / 위 / 쓸개 / 이자 / 십이지장 / H^+ / HCO_3^- / 쓸개즙(이자액)과 함께 분비

b. 체내 pH 유지기작.

: 위에서 H^+ 분비로 체내 HCO_3^- ↑ ∴ pH↑

: HCO_3^- 는 혈액을 타고 내려와 이자에서 CO_2의 형태로 HCO_3^- 제거 ∴ pH 정상복귀

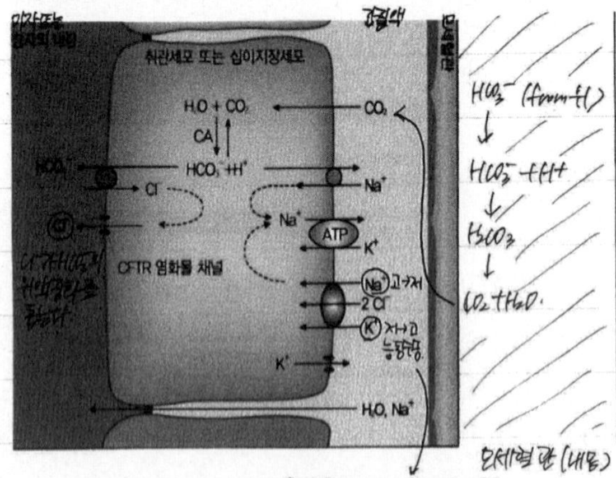

⇒ 전체적으로는 pH 일정. 국소적으로는 위 주변부 pH↑

이자 주변부 pH↓

(2) 외분비 – 소화효소

a. 소화효소

	소화효소	활성기작	기능	
이자액	트립시노겐	엔테로키나아제 트립시노겐 절단활성	트립신 ➲ 키모트립신 활성화, C-펩티다아제 활성화 Lys, Arg의 C-말단 자른다. 자가활성 (양성피드백)	endopeptidase
	키모트립시노겐	트립신에 의해 활성화	고리를 소유하는 아미노산 ➲ C말단 자름	endopeptidase Phe, Tyr, Trp
	C-펩티다아제	트립신에 의해 활성화	C-말단에 존재하는 아미노산 절단	exopeptidase
	아밀라제	활성형	녹말 → 엿당 + 덱스트린	
	lipase	활성형	중성지방질 → 지방산 + 글리세롤로 분해	
장액	이당류분해효소	×	엿당, 설탕, 젖당 분해	
	아미노펩티다아제	×	( )말단 절단	
	디펩티다아제	×	아미노산 2개 ➲ 단위체로 쪼갠다.	

b. 이자액

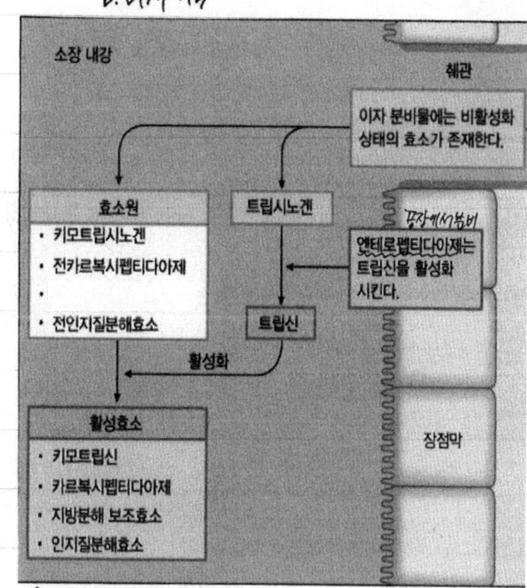

▲ 이자 효소의 활성화

: 이자는 내분비 (랑게르한스섬)
외분비 (아시나세포) 모두 작용

① HCO_3^- 분비 : 산성유미즙 중화

② 단백질가수분해효소 & 기타 효소 분비

c. 장액

: 공장에서 소화효소를 활성형으로 분비 or 소장상피에 붙어서 작용.

ex) 젖당불내성
: 락타아제 부족으로
장내 삼투압 ↑, 물 ↑ → 설사
대장균이 젖당분해로
CO_2, CH_4 생성 → 가스

① 이당류 분해효소
(소장상피에 붙어서 활성형으로 작용.)
- 수크라아제 : 수크로오스 (설탕) → 포 + 과 (α1→β2 분해)
- 말타아제 : 말토오스 (엿당) → 포 + 포 (α1→α4)
- 락타아제 : 락토오스 (젖당) → 포 + 갈 (β1→β4)

② 펩티다아제
활성형으로 분비
- 카르복시 펩티다아제 : N-O-O-O/O-C
- 아미노 〃 : N-O/O-O-O-C
- 디 〃 : N-O/O-C
→ aa

③ 엔테로펩티다아제 (=키나아제) 도 분비하나, 트립시노겐 활성의 역할이므로 소화효소에 포함 X.

(3) 내분비 - 소화계 Hr

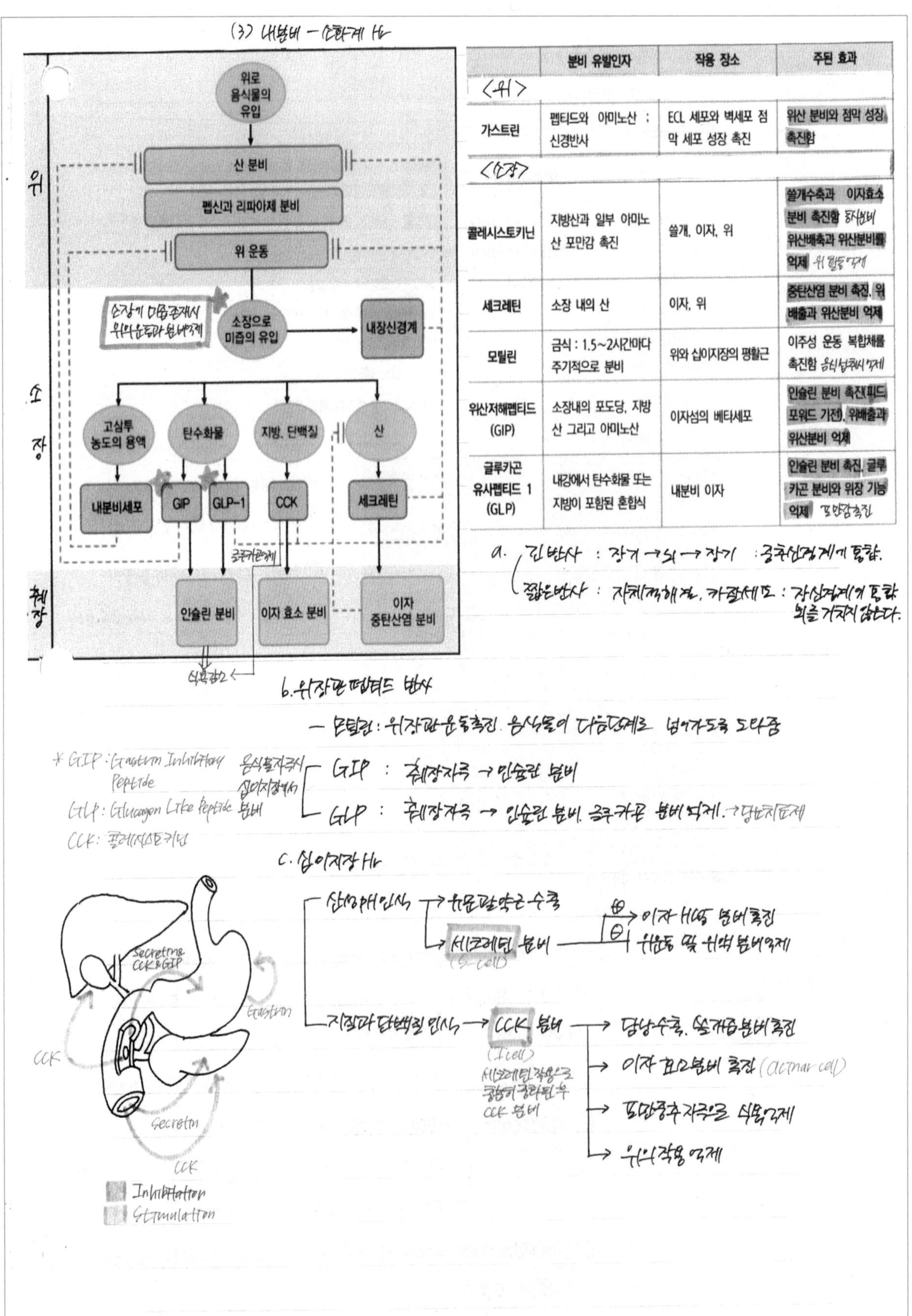

	분비 유발인자	작용 장소	주된 효과
<위>			
가스트린	펩티드와 아미노산 ; 신경반사	ECL 세포와 벽세포 점막 세포 성장 촉진	위산 분비와 점막 성장 촉진함
<소장>			
콜레시스토키닌	지방산과 일부 아미노산 포만감 촉진	쓸개, 이자, 위	쓸개수축과 이자효소 분비 촉진함 등시분비 위산배출과 위산분비를 억제 위 운동억제
세크레틴	소장 내의 산	이자, 위	중탄산염 분비 촉진, 위 배출과 위산분비 억제
모틸린	금식 : 1.5~2시간마다 주기적으로 분비	위와 십이지장의 평활근	이주성 운동 복합체를 촉진함 음식섭취시 억제
위산저해펩티드 (GIP)	소장내의 포도당, 지방산 그리고 아미노산	이자섬의 베타세포	인슐린 분비 촉진(피드 포워드 기전), 위배출과 위산분비 억제
글루카곤 유사펩티드 1 (GLP)	내강에서 탄수화물 또는 지방이 포함된 혼합식	내분비 이자	인슐린 분비 촉진, 글루카곤 분비와 위장 기능 억제 포만감촉진

a. 긴 반사 : 장기 → 뇌 → 장기 : 중추신경계에 포함.
짧은반사 : 자체제어계, 카할세포 : 장신경계에 포함. 뇌를 거치지 않는다.

b. 위장관 펩티드 반사

— 모틸린 : 위장관 운동촉진. 음식물이 다음단계로 넘어가도록 도와줌

* GIP : Gastric Inhibitory Peptide
GLP : Glucagon Like Peptide
CCK : 콜레시스토키닌

음식물자극시 십이지장에서 분비
- GIP : 췌장자극 → 인슐린 분비
- GLP : 췌장자극 → 인슐린 분비, 글루카곤 분비 억제 → 당뇨치료제

c. 십이지장 Hr

- 산성에 민감 → 유문괄약근 수축
  - → 세크레틴 분비 (S-cell) → ⊕ 이자 HCO3 분비촉진 / ⊖ 위운동 및 위액 분비억제
- 지질과 단백질 민감 → CCK 분비 (I cell) (세크레틴 작용으로 중화된 후 CCK 분비)
  - → 담낭수축, 쓸개즙분비촉진
  - → 이자 효소분비 촉진 (acinar cell)
  - → 포만중추 자극으로 식욕억제
  - → 위의작용 억제

4. 흡수

- 당 : 포도당, 갈락토스 → 정단부: 2차능동 (with Na+) / 기저부: 촉진확산
  - 과당 → 촉진확산
- 펩타이드 : 아미노산 → 2차능동 (with Na+)
  - 펩타이드 → 2차능동 (with H+)
- 지질 : 단순확산 / 콜레스테롤은 수용체 매개 내포작용.
- 물 : 대부분 소장에서 재흡수

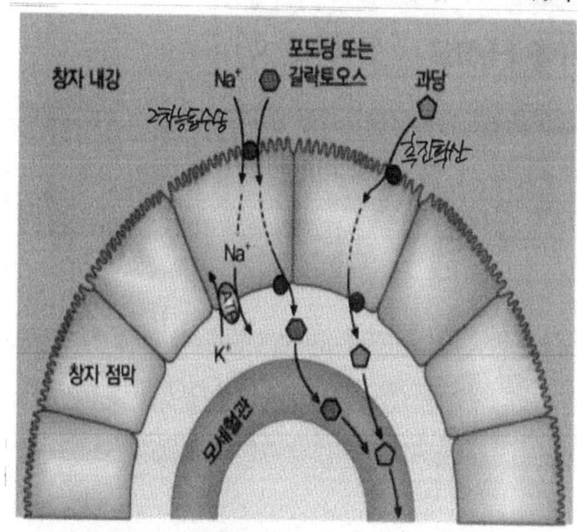

포도당은 SGLT 공동수송체에 의해서 나트륨 이온과 함께 세포 내로 들어가며 GLUT2 수송체를 통하여 세포에서 배출된다. 과당은 GLUT5 수송체를 통하여 세포에서 배출된다.
SGLT=Na+-포도당 2차 능동동반수송체
(Na+-glucose secondary active symoporter)

기호
SGLT
GLUT2
GLUT5

▲ 소장에서의 탄수화물 흡수

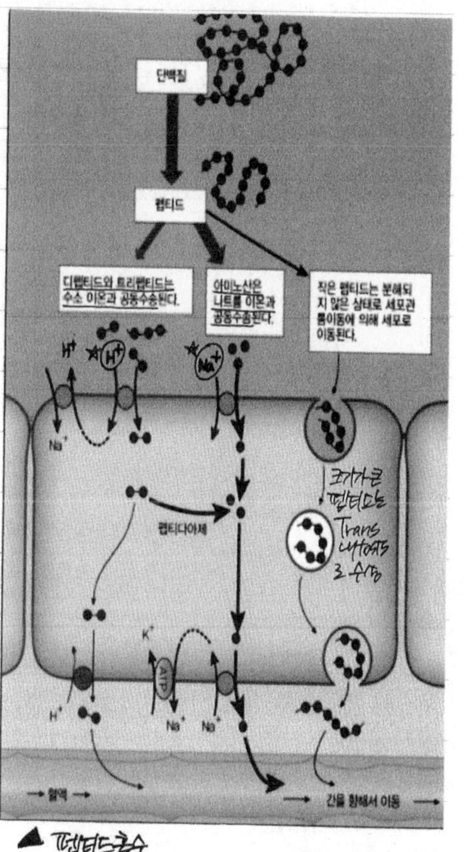

▲ 펩티드 흡수

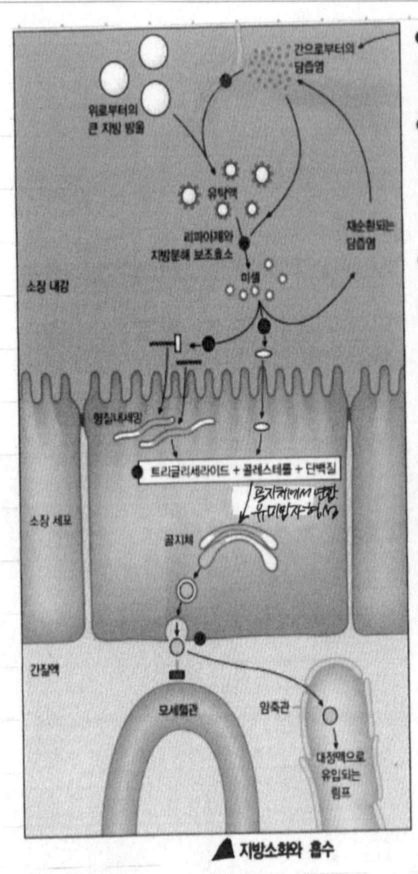
간에서 만든 담즙염은 지방 방울을 둘러싼다.
위로부터의 큰 지방 방울
간으로부터의 담즙염
이자에서 분비된 리파아제와 지방분해 보조효소는 지방을 모노글리세라이드와 지방산을 분해해서 미셀로 저장시킨다.
유탁액
리파아제와 지방분해 보조효소
재순환되는 담즙염
미셀
소장 내강
모노글리세라이드와 자유 지방산은 미셀에서 빠져나와 확산으로 세포내로 들어간다.
콜레스테롤은 막수송체에 의해서 세포 내로 수송된다.
활면소포체
트리글리세라이드 + 콜레스테롤 + 단백질
골지체에서 연합, 유미입자 형성
흡수된 지방은 창자 세포에서 콜레스테롤 및 단백질과 결합하여 유미미립을 형성한다.
소장 세포
골지체
유미미립은 림프계로 방출된다.
간질액
모세혈관
암죽관
대정맥으로 유입되는 림프

▲ 지방소화와 흡수

*지질의 흡수

: 트리글리세리드 → 모노글리세리드 + 지방산으로 흡수.

: SER에서 중성지방 재합성.

& 골지체에서 중성지방 + 인지질 + 콜레스테롤 + 단백질과 연합되어 유미입자(킬로미크론) 형성

*지단백질(Lipoprotein)
: APO B 48
→ 간에서는 APO B 100이나, 유전자 발현 시 편집으로 49번째 코돈 CAG → UAG (종결코돈)
∴ APO B 48 형성

cf> 간에서 APO B 100 + 지질류 = VLDL 형성.
밀도: KM < VLDL < LDL < HLDL

: 유미입자는 외포작용으로 간질액으로 분비 & 암죽관으로 흡수.

*흡수경로

수용성 물질 : 모세혈관 → 간문맥 → 간 → 간정맥 → 하대정맥 → 심장
지용성 물질 : 암죽관 → 림프관 → 가슴관 → 왼쪽 빗장밑 정맥 → 상대정맥 → 심장

(지용성 물질) 지용성 물질은 심장을 거치기 전까지 간을 안 거침
(가슴관) 흉관
(왼쪽 빗장밑 정맥) 혈액과 림프액이 섞이는 곳 (림프는 혈액의 조직순환, 완전한 순환은 X)

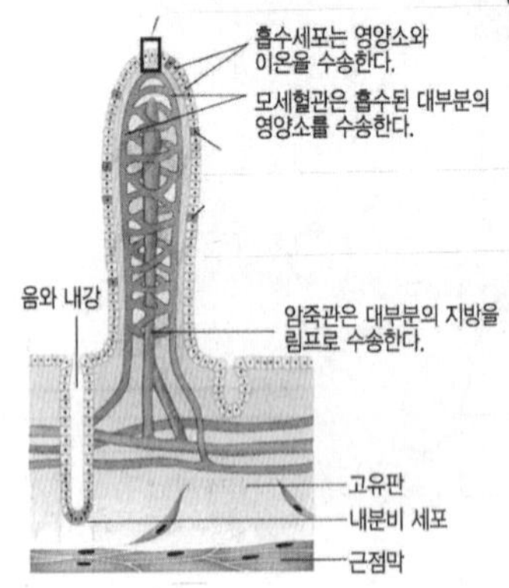
흡수세포는 영양소와 이온을 수송한다.
모세혈관은 흡수된 대부분의 영양소를 수송한다.
융와 내강
암죽관은 대부분의 지방을 림프로 수송한다.
고유판
내분비 세포
근점막

5. 간

1) 쓸개즙 형성 : 쓸개즙의 저장과 분비는 담낭에서.
→ 지방의 유화. 계면활성제에 표면적 증가: 소화를 돕는다
[illegible] or 세크레틴, CCK의 자극으로 분비 촉진

: 적혈구 파괴 → 빌리루빈 형성 → 5% 소변, 대변 방출
→ 95% 쓸개즙 형성에 사용.
→ 회장 말단부에서 재흡수
if> 재흡수 방해 안 할 시, 쓸개즙 형성을 위해 적혈구 또 파괴해야 함 → 빈혈

cf> 아이 대변색
흰색 → 소장에 균 침입 (대부분 소장은 무균)
→ 소장균 활성
→ 빌리루빈 100% 재흡수.

2) 혈류 : Dual supply

- 간문맥 : 소장과 연결. 영양풍부. 소장에서 흡수된 당 전달로 혈당량 조절
- 간동맥 : 유독물질 전달로 해독작용 진행 약물, 알코올..
  - ⇒ 포도당+항암제를 간동맥으로 투여시, 간암 선택적으로 치료가능.
  - → 간에서만 작용하고 해독 진행되버리므로

3) 혈당량조절 : GLUT2로 포도당 유입 후. 글리코겐으로 저장

- Glycogen synthase : by 인슐린 글리코겐합성
- Glycogen phosphorylase : by 글루카곤 글리코겐 가인산분해
- Glucose-6-phosphatase (in SER) : 포-6-p → 포도당 : 혈당증가

(4)

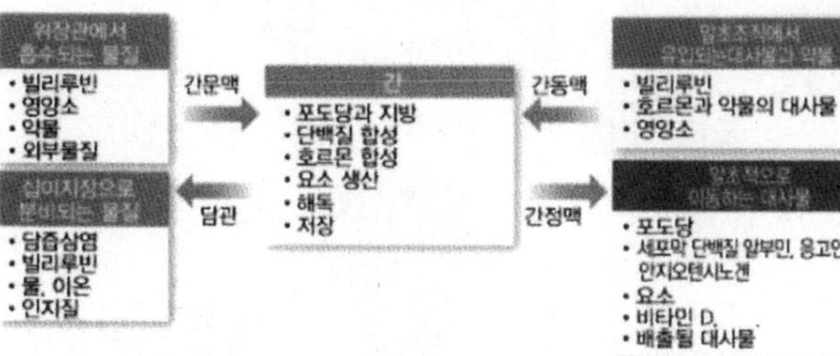

기능	작용
혈액의 해독	
	호르몬과 약물의 화학적 변화
	요소, 요산과 모체물질(mother molecule)보다 독성이 덜한 분자의 생성
	쓸개즙으로 분자 배설
탄수화물 대사	포도당을 글리코겐과 지방으로 전환
	간 글리코겐으로부터 포도당 생성과 포도당신합성에 의한 포도당 생성
	혈액으로 포도당 분비
지질 대사	트리글리세리드와 콜레스테롤 합성
	쓸개즙으로 콜레스테롤 배설
	지방산으로부터 케톤체 생성
단백질 합성	알부민 생성
	혈장 운반단백질 생성
	응고인자(피브리노겐, 프로트롬빈 및 기타) 생성
쓸개즙 분비	쓸개즙염 생성
	쓸개즙색소(빌리루빈)의 결합과 배설

6. 대장

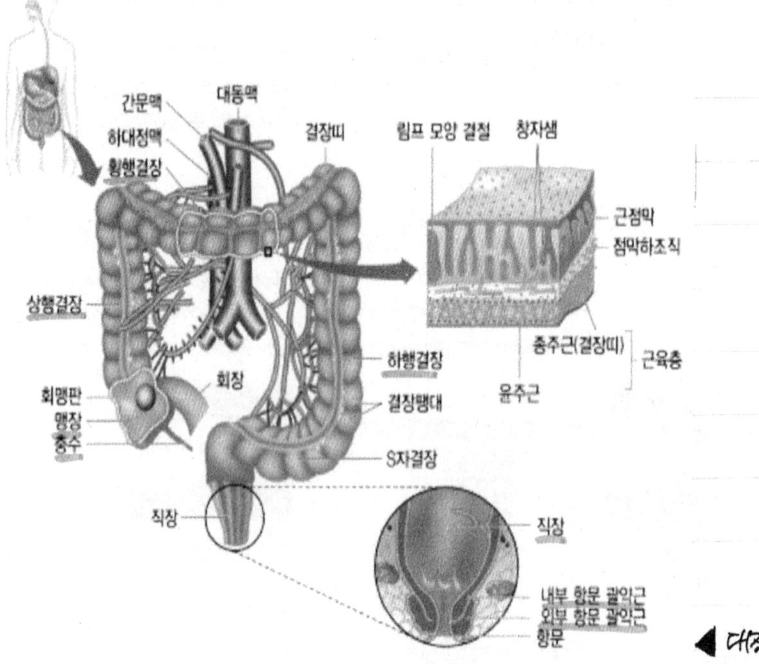

◀ 대장모식도

1) 대장균 : 상리공생관계. vit. K, B7(비오틴), B9(엽산) 합성.
다른 세균의 침입을 막는 생물장벽.

2) 수분흡수 : 남은 수분 흡수. 젖당분해X or 균 공생시 설사유발

* 콜레라 독소 작용기작

: 콜레라 독소 : ADP를 리보오스 5탄당의 1번에 연결.

⇒ ADPr → Gα에 결합 : GTPase 기능 비활성화

→ Gα 과활성 → cAMP ⇑ → PKA ⇑ →

→ CFTR ch 인산화로 지속 open.

∴ Cl^- 계속 방출되어 Na^+와 H_2O 끌려가므로 설사유발

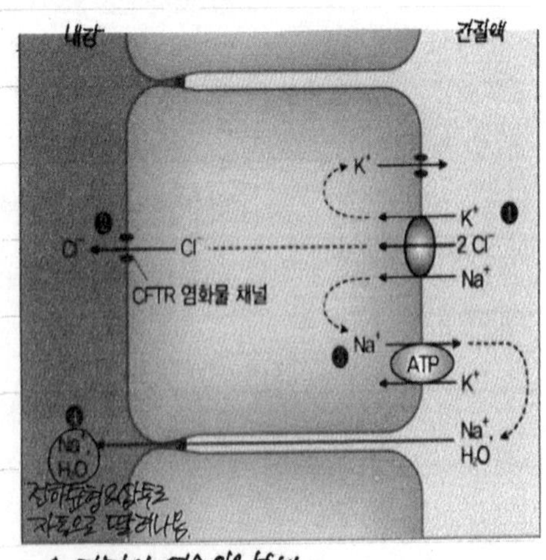

▲ 대장의 염소이온 분비.

17. 식욕조절물질

	분비장소	작용장소	결과 (+ : 식욕촉진, − : 식욕억제)
렙틴	지방세포	뇌	−
그렐린	위 (공복시)	뇌	+
인슐린	이자(β세포)	뇌	−
PYY	소장	뇌	−

<실험> ob렙틴유전자, db렙틴 수용체유전자 돌연변이 실험

유전자	표현형	시작몸무게(g)	최종몸무게(g)	
ob⁺, db⁺	정상	20.3	23.6	정상
ob⁺, db⁺	정상	20.8	21.4	
ob, db⁺	렙틴유전자 돌연변이	27.6	47.0	둘다 렙틴생성불가로 비만
ob, db⁺	렙틴유전자 돌연변이	26.6	44.0	
ob, db⁺	렙틴유전자 돌연변이	29.4	39.8	→ 정상생쥐에게 렙틴 받아다썼나, 정상 생쥐 역시 써야 하므로 약간 비만
ob⁺, db⁺	정상	22.5	25.5	
ob, db⁺	렙틴유전자 돌연변이	33.7	18.8	→ 정어를 대도한 렙틴으로 저체중
ob⁺, db	렙틴 수용체유전자 돌연변이	30.3	33.2	→ 렙틴수용체 고장으로 렙틴 미사용 (비만)

* 코흐의 가설

마샬과 워렌이 '코흐의 가설'을 만족시키기 위해 행한 실험

실험 1

미생물은 질병의 모든 사례에서 존재해야 한다. → 병원체는 병이 있는 경우 반드시 검출되어야 한다.

결과: 많은 환자의 위 생검에서 위에 염증이나 궤양이 있는 경우에는 항상 세균이 검출되었다.

실험 2

미생물은 아픈 환자로부터 배양되어야 한다. → 해당 병원균이 원인균이라면

결과: 생검 시료에서 세균이 분리되었고 궁극적으로 실험실에서 배양되었다.

실험 3

분리 배양된 세균이 질병을(→ 동일질병) 일으킬 수 있어야 한다.

결과: 마샬은 먼저 자신의 위를 검사하여 세균이나 염증이 없는 것을 확인하였다. 그는 세균 배양액을 마신 다음 위염에 걸렸다.

실험 4

세균은 감염된 환자에서 발견되어야 한다.

결과: 세균을 마신 후 2주 후 마샬의 감염된 위 조직에서 *Helicobacter pylori*로 명명된 세균의 존재가 밝혀졌다.

결론

항생제 처방 후 세균과 염증 증상은 없어졌다. 이후 건강한 지원자에게 같은 실험을 반복하였으며 항생제로 많은 위궤양 환자를 치료하였다. 이를 바탕으로 워렌과 마샬은 *H. pylori* 감염이 위염 그리고 위궤양을 일으킨다는 사실을 입증하였다. → 원인균 딱 맞다

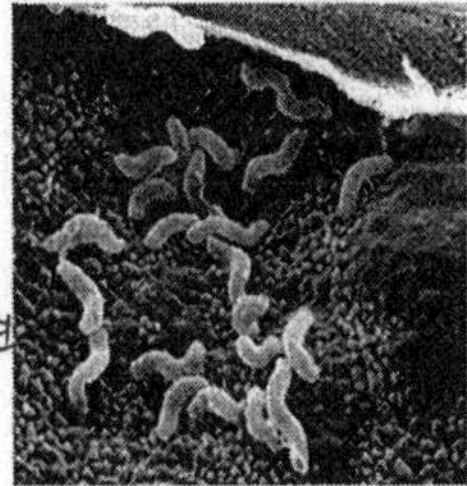

Helicobacter pylori

: 그 병원균이 원인균이라면 그 병에 걸린 사람은 그 병원균이 반드시 검출되어야 한다.

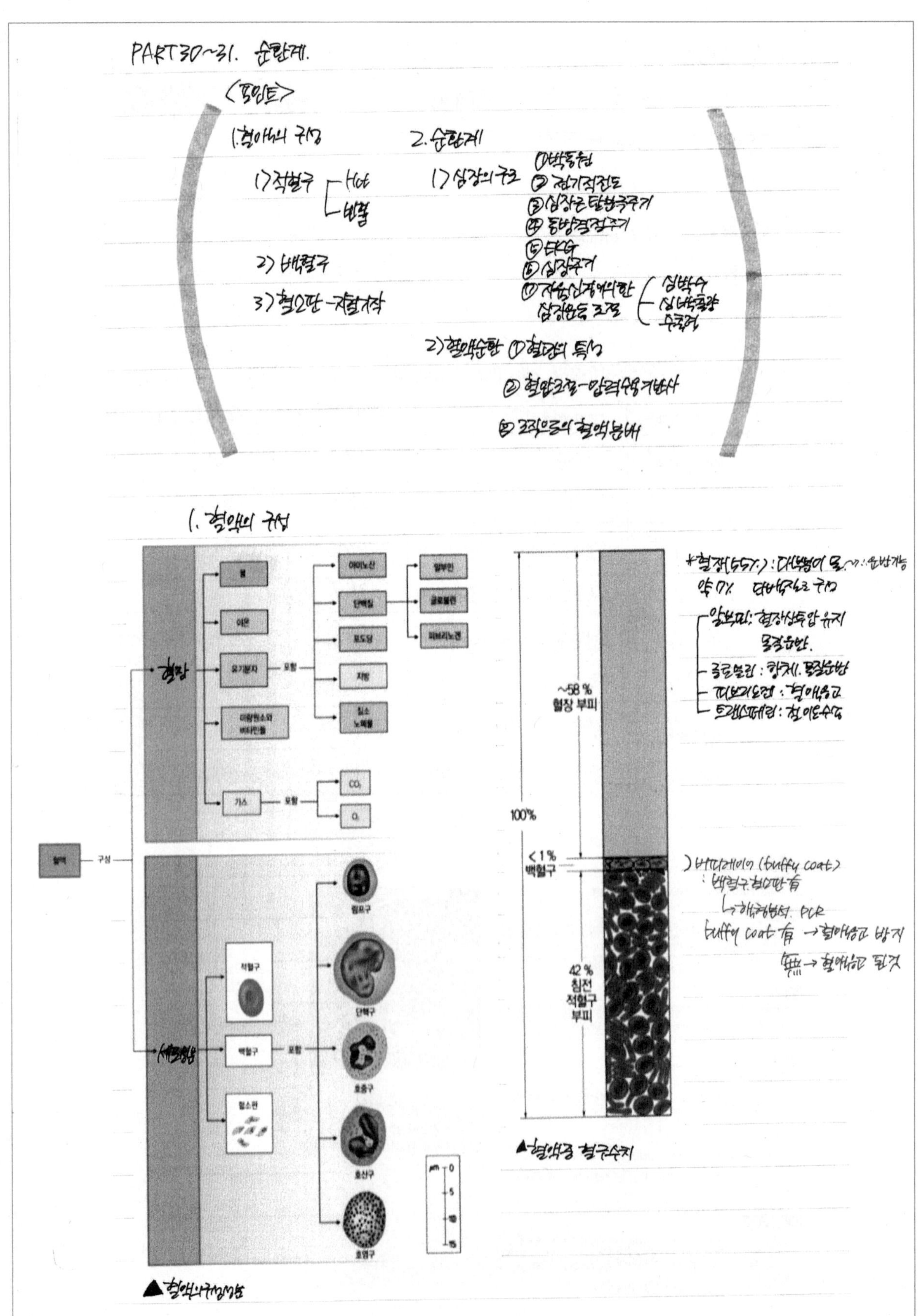

PART30~31. 순환계.
<포인트>
1. 혈액의 구성
1) 적혈구 - Hct, 빈혈
2) 백혈구
3) 혈소판 - 지혈기작
2. 순환계
1) 심장의 구조
2) 혈액순환
1. 혈액의 구성
물
이온
유기분자
미량원소와 비타민들
가스
아미노산
단백질
포도당
지방
질소 노폐물
알부민
글로불린
피브리노겐
CO_2
O_2
혈액
구성
혈장
세포성분
포함
적혈구
백혈구
혈소판
림프구
단핵구
호중구
호산구
호염구
~58 %
혈장 부피
100%
<1 %
백혈구
42 %
침전
적혈구
부피
버피코트 (buffy coat)
알부민: 혈장삼투압 유지
글로불린: 항체, 물질운반
피브리노겐: 혈액응고
트랜스페린: 철 이온수송
▲혈액의 구성성분
▲혈액중 혈구수치

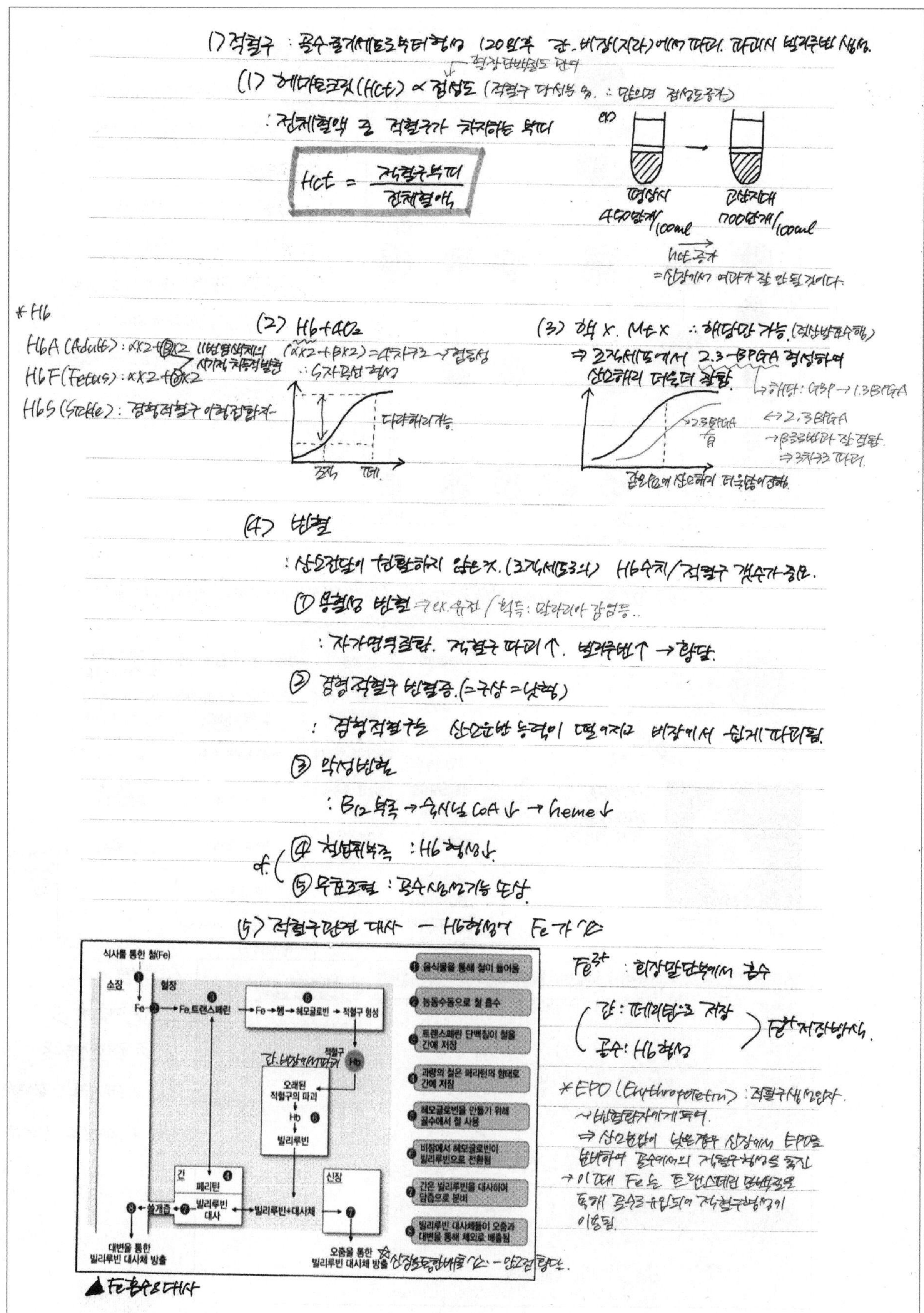

1) 적혈구 : 골수 줄기세포로부터 형성 120일 후 간, 비장(지라)에서 파괴. 파괴 시 빌리루빈 생성.
(1) 헤마토크릿(Hct) ∝ 점성도
: 전체혈액 중 적혈구가 차지하는 부피
Hct = 적혈구부피 / 전체혈액
평상시
고산지대
Hct 증가
*Hb
HbA (Adult)
HbF (Fetus)
HbS (Sickle)
(2) Hb + O2
S자곡선 형성
(3) 해부 X. MAX
2,3-BPG
(4) 빈혈
: 산소전달이 원활하지 않은 것.
① 용혈성 빈혈
: 자가면역결핍. 적혈구 파괴 ↑. 빌리루빈 ↑ → 황달.
② 겸형적혈구 빈혈증
: 겸형적혈구는 산소운반 능력이 떨어지고 비장에서 쉽게 파괴됨.
③ 악성빈혈
: B12 부족 → 숙시닐 CoA ↓ → heme ↓
④ 철분 부족 : Hb 형성 ↓.
⑤ 무균조혈 : 골수 생성기능 손상.
(5) 적혈구 관련 대사 — Hb 형성에 Fe가 필요
식사를 통한 철(Fe)
소장
혈장
Fe
Fe.트랜스페린
Fe → 헴 → 헤모글로빈 → 적혈구 형성
적혈구
Hb
오래된 적혈구의 파괴
Hb
빌리루빈
간
페리틴
빌리루빈 대사
쓸개즙
빌리루빈+대사체
신장
대변을 통한 빌리루빈 대사체 방출
오줌을 통한 빌리루빈 대사체 방출
① 음식물을 통해 철이 들어옴
② 능동수송으로 철 흡수
③ 트랜스페린 단백질이 철을 간에 저장
④ 과량의 철은 페리틴의 형태로 간에 저장
⑤ 헤모글로빈을 만들기 위해 골수에서 철 사용
⑥ 비장에서 헤모글로빈이 빌리루빈으로 전환됨
⑦ 간은 빌리루빈을 대사하여 담즙으로 분비
⑧ 빌리루빈 대사체들이 오줌과 대변을 통해 체외로 배출됨
▲ Fe 흡수 & 대사
Fe^{2+} : 회장 말단부에서 흡수
간 : 페리틴으로 저장
골수 : Hb 형성
*EPO (Erythropoietin) : 적혈구 생성인자.

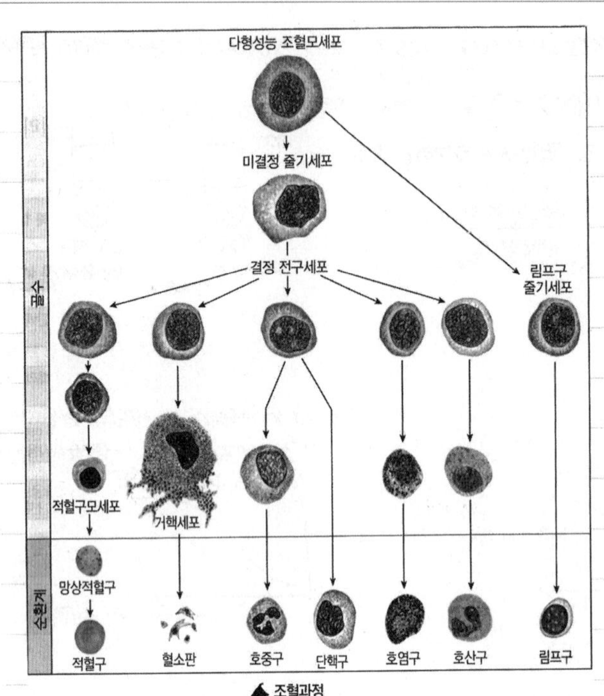

▲ 조혈과정

2) 백혈구

(1) 핵 有 → PCR 핵형분석에 이용

무정형 → 아메바 운동으로 모세혈관 통과를 이 저농도시키도 형태변화로 문제X.

(2) 과립구

- 호중구 : >60% 식균작용
- 호산구 : 1% , 기생충제거
- 호염기구 (혈액), 비만세포(조직) : <1% 히스타민 분비.

~기 2억, APC, B.T림프구 ⇒ 면역 PART

cf) CSF : 백혈구 생성, 백혈구 스스로 생성.

3) 혈소판 : 혈액중 항상 존재하나 순환계 벽에 손상이 생기기 전에는 활성화 X

*TPO (Thrombopoietin) : 혈소판 생성인자. 간에서 합성

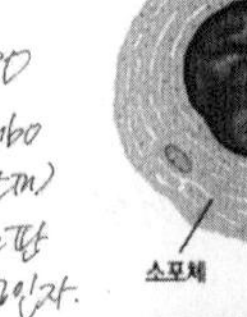

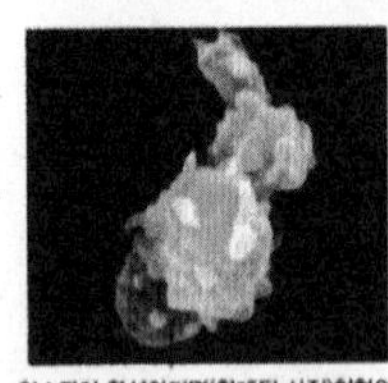
혈소판이 활성화되면(확대된 사진)첨형의 막 돌출물이 발달되고 서로 들러붙게 된다.

: 혈소판은 거핵세포로부터 형성, 핵 X.

| 혈소판 기능에 관련된 인자들 |

관련인자	기원	활성화 또는 방출되는 경우	혈소판 마개 형성에서의 역할
콜라겐	내피세포 기저부의 세포외기질	혈관 파괴되는 경우 혈소판이 콜라겐에 노출됨	혈소판 마개 형성을 위한 혈소판의 부착
아데노신 이인산(ADP)	혈소판 미토콘드리아	혈소판 활성화, 트롬빈	혈소판 응집
혈소판활성인자(PAF) (Platelet Activating Factor)	혈소판, 호중구, 단핵구	혈소판 활성화	혈소판유인 혈소판 응집
트롬복산 A_2	혈소판 세포막의 인산지질	혈소판 활성인자	혈관수축
혈소판유래성 장인자(PDGF)	혈소판	혈소판 활성화	–
프로스타사이클린, NO		혈관이완으로 혈소판 정체방지	

← 근거리 신호 전달자의 도움.

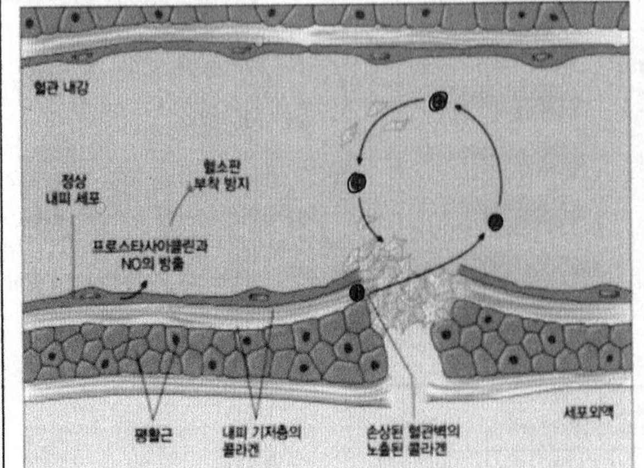

◀ 1차지혈

(1) 지혈

<기본 3단계>

1. 콜라겐 섬유 노출
2. 1차지혈 : 혈소판
3. 2차지혈 : 응고인자

a. 1차지혈

① 혈관 손상시 트롬복산에 의해 혈관 즉각 수축. 상처부위 혈액 흐름과 압력을 완화시켜 혈소판 마개 형성 도움.

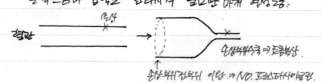

혈관 — 손상 → 손상부위수축 ⇒ 트롬복산. 손상부위 전부위 이완 ⇒ NO. 프로스타사이클린.

② 손상된 혈관벽의 노출된 콜라겐에 혈소판 부착되고(by 인테그린) 탈과립되어 다른 혈소판 유인. ⇒ PAF (Platelet Activating Factor)

b. 2차지혈 – 혈액응고 연쇄반응. : 내인성 / 외인성 → 혈소판 마개가 피브린 단백질 고정으로 혈병형성

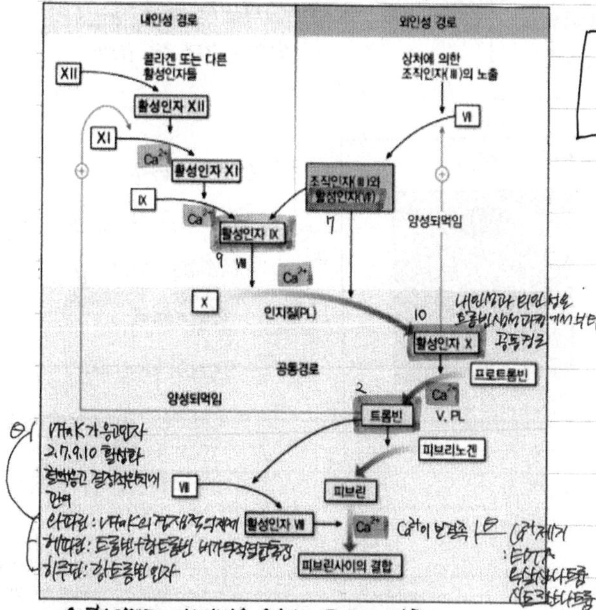

▲ 혈액응고 연쇄반응 (암기X. 문제제시해줌)

내인성 : 콜라겐 노출 → 혈장 단백질이온 → 응고인자 12 활성화

외인성 : 손상된 조직이 조직인자노출 → 응고인자 7활성화.

(+) 세포의 성장과 분열로 손상된 혈관이 수리되는데 이 때 혈병(딱지)은 떨어져나오고 플라스민 효소에 의해 분해

*혈액응고의 억제

① Vita K 부족 : 2,7,9,10 활성화 억제

② 와파린 : Vita K의 경쟁적 억제제

③ 헤파린 (프로테오글리칸. GAG) → 혈관내피세포. 혈전방지 : 트롬빈 + 항트롬빈 비가역적결합촉진

트롬빈 ⟩⟩ 항트롬빈 (헤파린)

④ 아스피린 (아세틸살리실산) : Cox 억제 트롬복산 형성 ↓

⑤ EDTA. 옥살산염. 시트르산염 : Ca^{2+} 제거

⑥ 히루딘 : 트롬빈의 작용을 억제

⑦ 유리막대로 피브린 제거

⑧ 저온상태 : 효소작용 억제 → 트롬보플라스틴. 트롬빈의 작용억제

(+) 혈우병은 응고인자 8의 유전자 돌연변이에 의한 질병. X염색체 열성질환

| 혈액응고에 관련된 인자들 |

관련인자들	기원	활성 또는 방출되는 경우	혈액응고에서의 역할
콜라겐	내피세포 기저부의 세포외기질	혈관이 파괴되는 경우 혈장 내 응고인자들에 콜라겐이 노출됨	내인성 경로의 시작
조직인자(조직 트롬보플라스틴 또는 인자 III)	혈소판을 제외한 대부분의 세포들	조직 손상	외인성 경로의 시작
프로트롬빈과 트롬빈(인자 II)	간과 혈장	혈소판 지질, Ca^{2+}, 인자V	피브린 생산
피브리노겐과 피브린(인자 I)	간과 혈장	트롬빈	혈소판 마개를 고정시키는 불용성 섬유의 형성
Ca^{2+}(인자IV)	혈장 이온	–	응고 연쇄반응의 여러 단계에서 필요
비타민 K	식사	–	인자, II, VII, IX, X의 생산에 필요

그냥 이렇게 있구나~

<순환계>

1. 심장의 구조

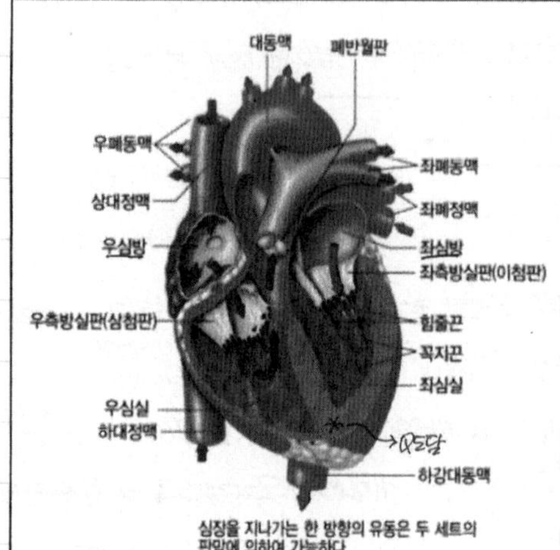

▲심장의 구조

- 우심방 : 동방결절 有
- 좌심방 : 우심방에서 부터 전도섬유로 연결 (→심근세포의 빠른 전류전달이 신경보다 빠르다.)
  ∴우심방, 좌심방 동시수축 가능.
- 심실 : 푸르키네 섬유 有 좌심실 근육두께 > 우심실
  ∴좌심실이 더 강력하게 수축하나, 내보내는 혈액의 양은 동일
- Q도달(심전도) : 좌심실, 우심실 동시수축.
  → 심크기 최소일 때 힘 최대로 되고, 심근에도 부담 덜 간다.

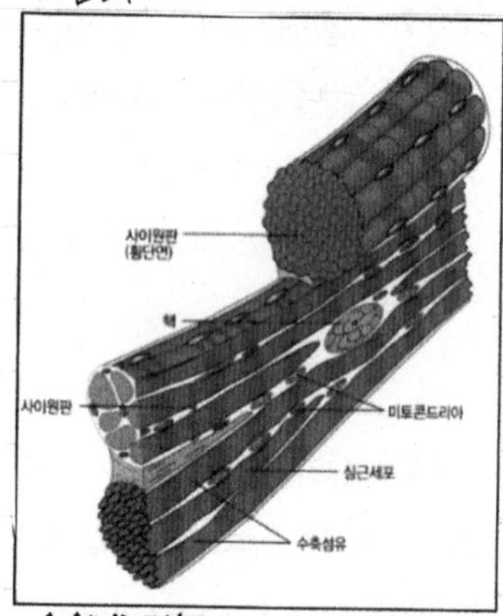

▲심장근세포

심장근 세포는 분지되어 있고, 하나의 핵을 가지며, 특수화된 이음구조인 사이원판에 의하여 서로 붙어있다.

*심근세포의 특징

- 개재판(=사이원판)
  : 데스모좀, 간극연접
  (강력한 결합 / 전기적 신호전달)
  : 한번에 수축
- 골격근 vs 심장근.
  : 골격근은 거대근소포체 有
  → Ca 내부에서 공급
  : 심장근은 거대 M.t 有
  (→신호전달속도)
  신호
  전기적신호 (거의동시, 매우 fa
  화학적 시냅스 (시간차 有,

1) 박동원 → 심근세포는 신경자극없이 수축.

a. 근발원성 : 근육 자체적으로 신호 생성.

b. 자율박동세포 : 동방결절, 방실결절, 푸르키네섬유

- 동방결절 → 방실결절 → 히스섬유 → 푸르키네 섬유
  전도속도 : 1700/mm, 50cm/mm, 200/mm, 1700cm/mm ⇒ 전도속도 가장 fast
  ∴심실근 한꺼번에 수축
- 방실지연현상 : 심방의 혈액을 충분히 심실로 보내기 위해 방실결절에서 지연현상 有

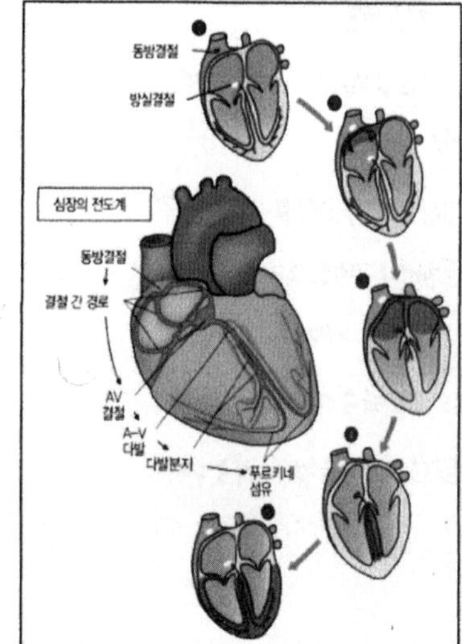

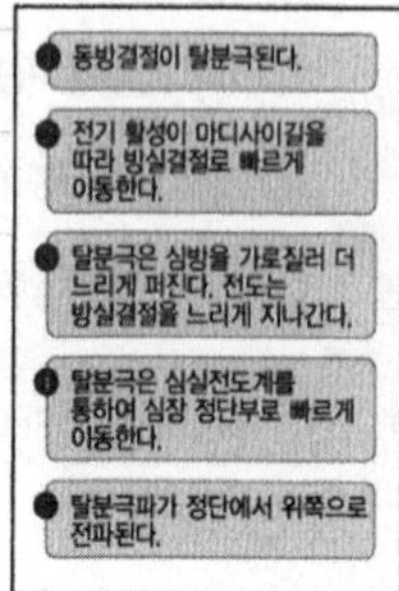

동방결절이 탈분극된다.
전기 활성이 마디사이길을 따라 방실결절로 빠르게 이동한다.
탈분극은 심방을 가로질러 더 느리게 퍼진다. 전도는 방실결절을 느리게 지나간다.
탈분극은 심실전도계를 통하여 심장 정단부로 빠르게 이동한다.
탈분극파가 정단에서 위쪽으로 전파된다.

2) 전기적 전도

세포외액
세포내액
리아노다인 수용체 채널 RyR
SR
Ca^{2+}
L-type Ca^{2+} 채널 전압의존성
Ca^{2+} 자극
Ca^{2+} 신호
T소관
근소포체(SR)
Ca^{2+} 저장
ATP
Ca^{2+} ATPase 활성화 Epi 作 → Ca^{2+} ATPase 활성화 더 빨리 순환을 일으켜 저장 ⇒ 강한 근수축.
2K⁺ → $2K^+$, $3Na^+$, NCX
액틴
미오신
수축
이완

근육이완기작.

1. 활동전위가 인접 세포로부터 들어온다. 전기신호, 간극연접.
2. 전압작동성 Ca^{2+} 채널이 열린다. Ca^{2+}이 세포 안으로 들어온다. from 세포질.
3. Ca^{2+}이 리아노다인 수용체 채널(RyR)을 통하여 Ca^{2+}의 유출을 유발한다.
4. 국소적 유출은 Ca^{2+} 자극을 일으킨다.
5. 합산된 Ca^{2+} 자극은 세포의 Ca^{2+} 신호를 생성한다.
6. Ca^{2+} 이온은 트로포닌에 결합하여 수축을 시작한다. ⇒ 액틴활주모로, 액틴과 미오신의 상호작용. Stroke. → 골격근과 유사
7. Ca^{2+}이 트로포닌으로부터 떨어지면 이완이 일어난다.
8. Ca^{2+}이 저장을 위해 근소포체로 펌프되어 들어간다.
9. Ca^{2+}이 Na^+과 교환된다.
10. Na^+ 기울기는 Na^+-K^+ ATPase에 의해서 유지된다.

* T소관 : 외부의 전기신호를 내부로 전도

* 심근 vs 골격근 수축곡선
장력, 골격근, 수축, 이완, 생리범위
심근 : 장력의 큰 변화 → 수축 ↔ 이완 간 차이 大

* 질량보존의 법칙 → 세포질의 Ca^{2+}는 일정

3) 심장근 탈분극주기.

심실 근육세포 활동전위의 '상승기'는 전압개폐성 Na^+ 통로의 열림과 전압개폐성 K^+ 통로의 닫힘에 의해 시작된다.

'안정기'는 전압개폐성 Ca^{2+} 통로의 길어진 개방에 기인한다.
Ca^{2+} 유입이 평탄화 유지의 비결★

10.0
1.0
0.1
상대적 막투과성 (——)
0
-50
-100
심실 근육세포의 막전위(mV) (——)
활동전위
Na^+ 통로
K^+ 통로
Ca^{2+} 통로
0
0.15
0.30
시간(초)

심실 근육세포 활동전위의 '하강기'는 전압개폐성 Ca^{2+} 통로의 닫힘과 전압개폐성 K^+ 통로의 개방으로 시작된다.

mV
20
-90
Na^+ ch close & 빠른 K^+ ch open
1단계 close
0단계
2단계★
3단계 재분극
4단계 휴지기
4단계

0단계 : Na^+의 급속한 유입 (동방결절과 비교. 동방결절은 Ca^{2+} 유입)
→ 활동전위 유발

1단계 : 빠른 K^+ ch에 의한 재분극 발생 곧 close.
이미 기존에 열려있었던 K^+ ch

2단계 : K^+ leak / Ca^{2+} 유입 = 평형유지 → 평탄전위★★
⇒ 불응기 유발. ∴ 강축 발생 X. 안정과 이완

3단계 : 느린 K^+ ch open ⇒ 재분극

* 강축이 발생하지 않아야 하는 이유.
: 심장근의 수축목적은 혈류방출을 통한 혈액순환에 있는데, 이완시기를 거쳐야 혈액을 공급받을 수 있다.
∴ 심장근이 계속 수축만 할 시, 혈액순환 효율 ↓↓↓

한권으로 끝내는 메디컬(의치한약수) 편입 나만의 秘密兵器

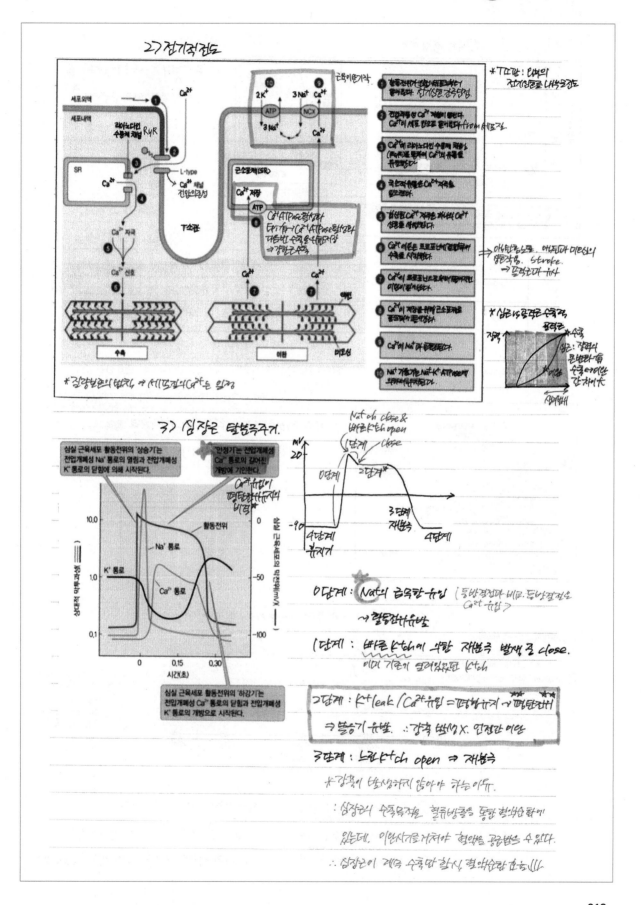

4) 동방결절주기

(a) 박동원전위는 역치에 도달하여 활동전위가 시작할 때까지 점진적으로 음의 값이 작아진다.
(b) 하나의 박동원 활동전위 기간 내 이온들의 이동
(c) 여러 이온 채널의 상태

: 휴지전위 X → 박동원전위 有.

Ca^{2+}이 활동전위를 유발한다.

① K^+ ch 과 Na^+ If ch open 되어있음.

② 음성 막전위에서 Na^+ 유입이 K^+ 방출보다 크므로 서서히 탈분극 진행

③ (일시적) 전압의존성 Ca^{2+} 통로 open 으로 역치도달

④ (지속적) 전압의존성 Ca^{2+} 통로 open으로 활동전위 급상승

☆ Ca^{2+}에 의한 활동전위발생이 일반흥분성세포와의 차이점 (Na^+) ☆

⑤ 이후 재분극과정은 K^+ ch에 의한 것으로 동일.

→ 동방결절 재분극 시 심방이완 / 심실 수축&이완

자율박동세포의 탈분극은 틈새이음을 지나서 근처의 수축세포로 빠르게 전파된다.

5) EKG (심전도) : 체표면 전류변화로 심장 이상 판정

P: 동방결절 흥분 → 심방수축

PR interval: 방실결절 지연기 ☆ → 심방수축이 끝날때까지 심실수축 X.

QT interval: 심실수축기 → 절대적불응기.

T: 심실이완기

* QT interval 길어지면 수축만 하고 있으므로 혈액방출 불가. ∴ 제세동기 사용

* PR interval 심실부정맥 증가

① 심방수축, 심실이완 0.1s → 심방 혈액 충분히 심실로 전달.

② 심방이완, 심실수축 (등용적심실수축) 0.3s → 심방: 다음주기 준비 / 심실: 혈류방출

③ 심방이완, 심실이완 (등용적심실이완) 0.4s → 저항최소화하여 혈액 심실에 채움 "심실충만기"

0.8s / cycle

* 2심음 (반월판 닫힐 때) : 흡기 시, 폐때문 → 폐저항↓ → 우심실 혈류방출량↑ → 우심실 잔존량 감소 ∴ 폐동맥 판막이 늦게 닫힘 → 정맥환류량↑

* Blocking

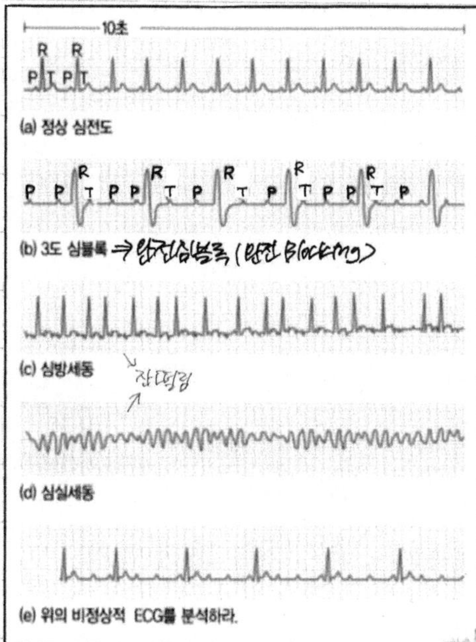

- 3도심블록 (=완전심블록 = 제3도 방실블록)

  : 완전한 심방블록으로 동방결절신호가 방실결절에서 차단되고, 심방과 심실이 독립적으로 수축하는 상태

  QRS 탈락.

- 심근경색 : 관상동맥 O_2 공급 안될 시 생김.

  심근경색 / 정상

6) 심장주기

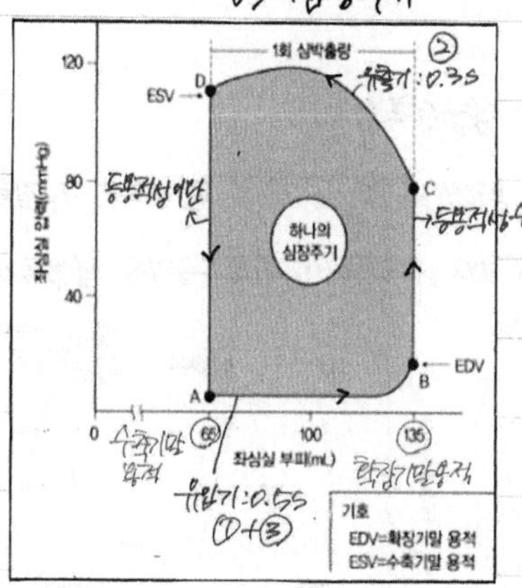

① A→B : 심실충만기

⇒ 좌심실압 < 좌심방압 되어 방실판막(이첨판)이 열리고 좌심방의 혈액이 좌심실로 이동하게 됨.

② B→C : 등용적성 수축

⇒ 확장기말용적 (135mL)을 유지하며 수축하며 심실압이 커지는 단계. 모든 판막이 닫혀있는 상태이므로 혈액유출 X. → 대동맥의 압력이 더 높아서 아직 이기지 못한 상태.

③ C→D : 심실유출기

⇒ 좌심실압 > 대동맥압 되어 반월판이 열리고 혈액이 대동맥으로 유출.

④ D→A : 등용적성 이완

⇒ 수축기말용적 (65mL)을 유지하며 이완하며 심실압이 낮아지는 단계. 심실압 < 대동맥압이므로 반월판 닫혀있는 상태. → 심방에서 심실로 혈류를 받기위한 목적.

일회박출량 = 확장기말용적 − 수축기말용적

* 확장기말용적 : 최대 심실부피.
  수축기말용적 : 최대수축시 심실에 남은 혈액.
  → 남지않고 다 짜면 심장 찌그러져서 정력을 다시 이겨내는데 힘이 더 많이 든다.

* 등장성 수축 : 무게 = 근력 (들어올리기 성공)
  등척성 수축 (=등용적성 수축) : 힘은 주나, 들어올려지는 못하는 상태

* 심장주기 요약도

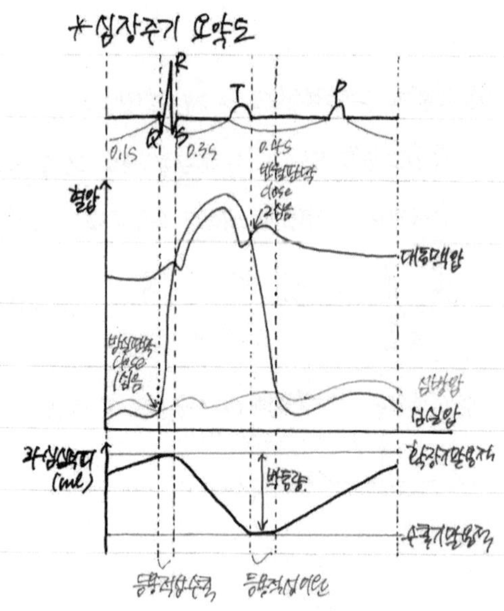

7) 자율신경계에 의한 심장 순환 조절

(1) 심장박동수 조절 → 교감신경(EPi.NEPi)과 부교감신경(Ach)에 의해 조절됨.

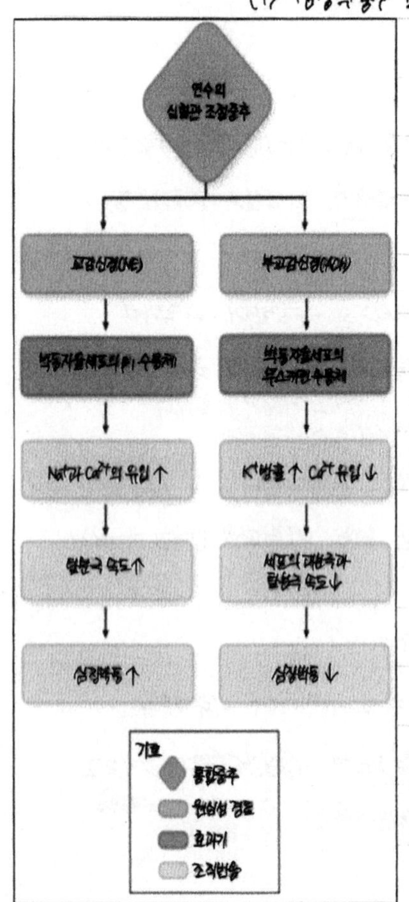

① 심장박동수 결정요인

: 박동원세포의 탈분극속도 = 심장수축 속도

: 박동원세포의 (Na^+과 Ca^{2+} 투과성(유입) 증가시 탈분극↑ ∴ 심장박동

(Ca^{2+} 투과성 감소, K^+ 투과성(유출) 증가시 탈분극↓ ∴

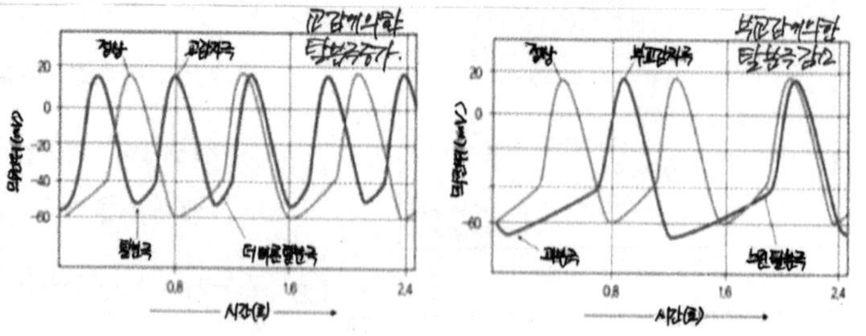

② 교감신경계의 영향 : NEPi. EPi → 동방결절 β_1 수용체.

Na^+ If ch & Ca^{2+} ch 수송↑ → 박동수↑. 이완기↓ → 1회박출량 감소효과

③ 부교감신경계의 영향 : Ach → 동방결절 α수용체 (무스카린 수용체)

K^+ ch 수송↑, Ca^{2+} ch 수송↓ → 박동수↓, 이완기↑ → 1회박출량 증
효과

* 박동수로 총박출량은 예상불가. 1회박출량은 가능.

(2) 심박출량 조절

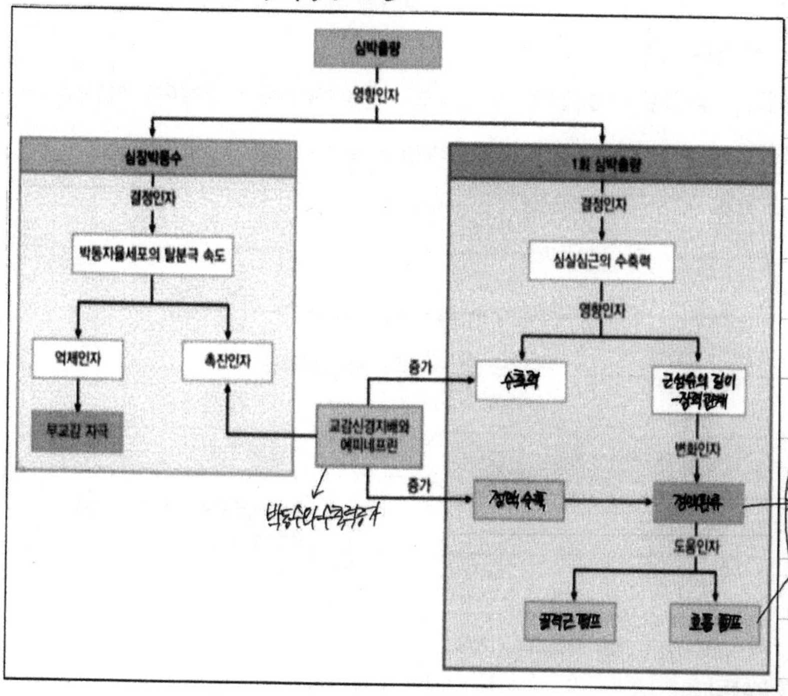

심박출량
영향인자
심장박동수
결정인자
박동자율세포의 탈분극 속도
억제인자
촉진인자
부교감 자극
교감신경자극와 에피네프린
증가
박동수와 수축력 증가
1회 심박출량
결정인자
심실심근의 수축력
영향인자
수축력
근섬유의 길이-장력 관계
변화인자
정맥 수축
정맥환류
도움인자
골격근 펌프
호흡 펌프

※흡기시 흉강압 & 폐내압 감소로 폐저항↓ ⇒ 우심실 혈류 방출량 증가
→ 우심실 잔존량 감소
∴ 정맥환류량 증가
⇒ 1회 심박출량↑

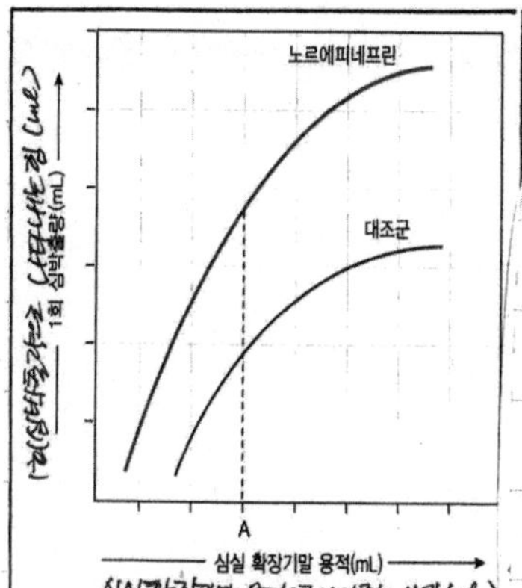

노르에피네프린
대조군
1회 심박출량(mL)
A
심실 확장기말 용적(mL)
심실 확장기말 용적으로 보여주는 심장(mL)

▲교감에 의한 1회 박출량 증가

※ Frank Starling 법칙
: 혈류량↑ (심실확장기말 용적) 되면
→ 1회 박출량↑

교감의 ▶ 수축력 조절기작

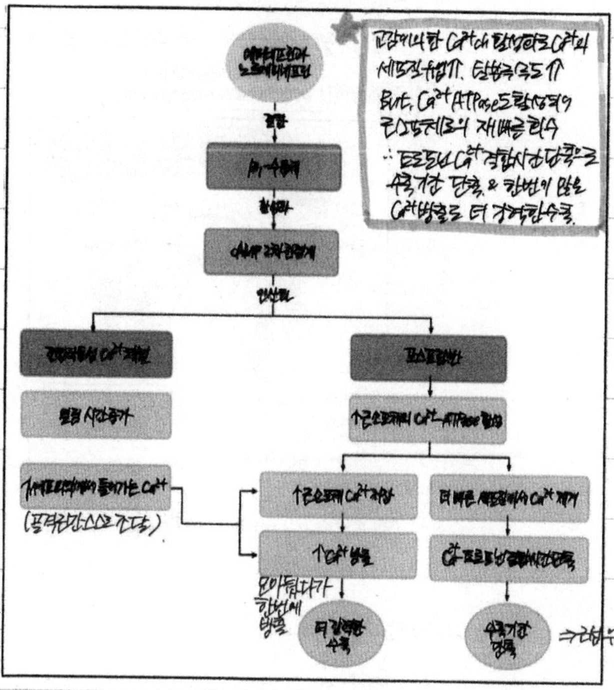

교감에 의한 Ca²⁺의 탈분극으로 Ca²⁺의 세포질 유입↑, 탈분극 속도↑
But, Ca²⁺ ATPase도 활성되어 근소포체로의 재빠른 회수
∴ 트로포닌 Ca²⁺ 결합시간 단축으로 수축기간 단축 & 한번에 많은 Ca²⁺ 방출로 더 강력한 수축.

에피네프린과 노르에피네프린
결합
β1 수용체
활성화
cAMP 2차 전령계
인산화
전압개폐성 Ca²⁺ 채널
열림 시간 증가
세포외액에서 들어가는 Ca²⁺
포스포람반
근소포체 Ca²⁺-ATPase 활성
근소포체 Ca²⁺ 저장
Ca²⁺ 방출
더 빠른 세포질에서 Ca²⁺ 제거
Ca²⁺ 트로포닌 결합시간 단축
모아뒀다가 한번에 방출
더 강력한 수축
수축기간 단축
⇒ 근섬유 길이 장력 상관관계.

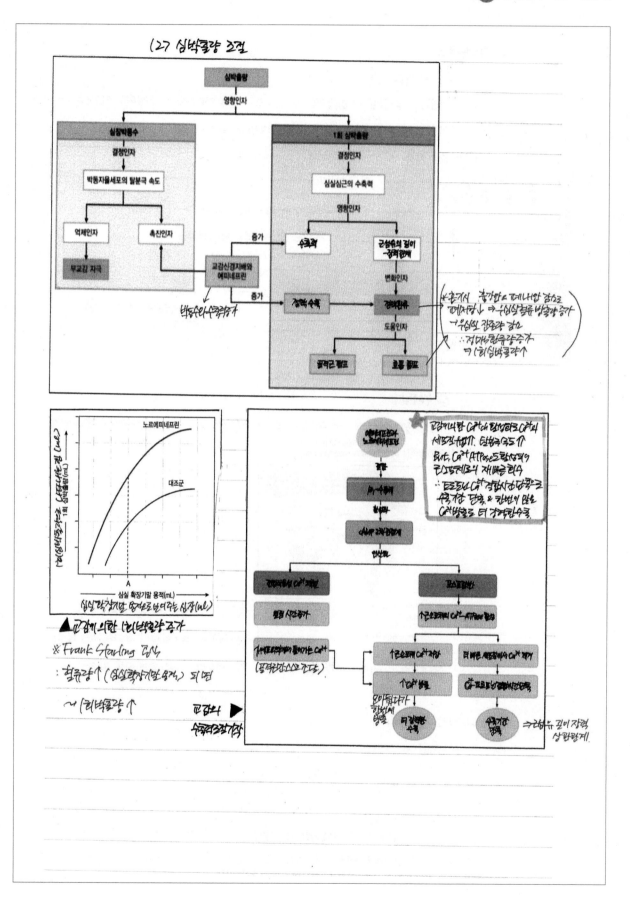

2. 혈액순환

* 인간의 혈액순환경로

- 체순환: 좌심실 → 대동맥 → 소동맥 → 온몸(모세혈관) → 소정맥 → 대정맥 → 우심방
  - (→ 상대정맥: 뇌 / → 하대정맥: 온몸)
- 폐순환: 우심실 → 폐동맥 → 폐 모세혈관 → 폐정맥 → 좌심방

P ↑ 좌심실 / ΔP / 우심방
ΔP > 0 이어야 혈액흐름有.
ΔP = 0 이면 혈액흐르지 X. 정지상태

1) 혈관의 특성

	혈관지름	혈관벽두께	내피세포	탄성조직	평활근	섬유조직	
동맥	4.0 mm	1.0 mm					
모세혈관	8.0 μm	0.5 μm					
정맥	5.0 mm	0.5 mm					

① 동맥

- 탄력성 ↑↑ (콜라겐, 엘라스틴 섬유 ↑) → 높은 압력을 견디기위해
- 평활근 有 → 스스로 혈류조절 가능.
  - 심장수축 시
  - 심장이완 시
  - 동맥이 원래상태로 돌아오면서 높은혈압 유지가능.

대동맥은 신호물질 (EPI, NEPI) 작용 X
소동맥은 〃 작용 O

*유체기류: 반경↓배 → 저항 ↑

② 모세혈관

- 단층편평상피 → 반경매우 ⇓ → 저항 ↑배 ∴ 매우느리게흐르므로 물질교환용이

i) 전체혈류조절 — 모세혈관 전체로는 소동맥의 평활근의 수축과 이완을 통해조절

ii) 지역적 조절 — 모세혈관전괄약근은 국부적 저산소증 또는 pH저하 등에의해 열려 혈류공급하거나 / 닫힘으로써 이 근육으로 가는 혈액공급을 차단.

- 능동적충혈: 물질대사 활성화 시 이완
- 반응적충혈: 묶기앞전에 산소억제해서 괄약근 이완됨

③ 정맥: 반경이 가장 넓어 저항을 작게받는다. 주위 골격근과 판막에 의한 음압조절 수행.
순환계 혈액의 절반이상보유.
동맥보다 신전성 (팽창성)이 커서 잘 늘어난다. (동맥은 탄성력으로 팽창)

2) 혈압조절

(1) 혈압 = 전부하 × 후부하

- 전부하: 물의양 ↑, 부하 ↑ → 장기적조절 (배신장) slow
- 후부하: 혈관저항 ↑, 부하 ↑ → 단기적조절 fast
  - by EPI, NEPI 혈압 ↑ → 말초혈관 수축
  - by Ach 혈압 ↓ → 모세혈관수용체 혈관이완유지 (ex. 비아그라)

*중력과 혈압
: 몸의 말단부 혈압 > 심장근처 혈압
⇒ 중력에 저항, 심장 혈액 되돌아가기위해

ex) 심박출량 ↑ 말초저항 변하지 않을 시 : 전부하 ↑ 후부하 - ⇒ 혈압 ↑
심박출량 변하지 않고 말초저항 ↑ 일 시 : 전부하 - 후부하 ↑ ⇒ 혈압 ↑

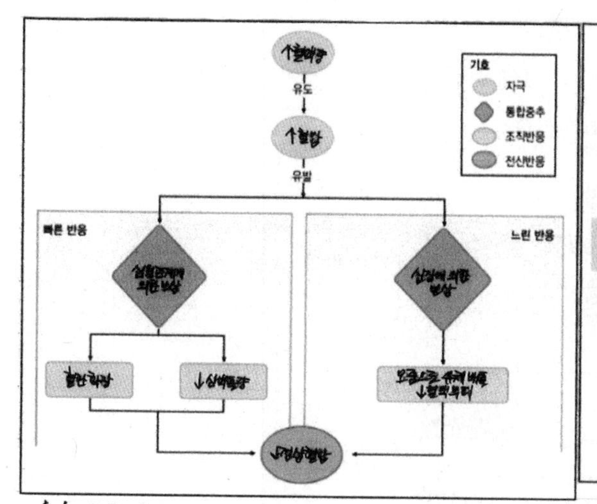

▲ 혈압조절기작.

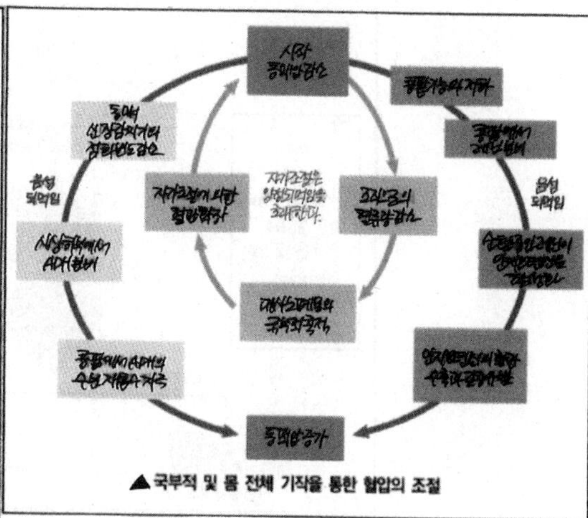
▲ 국부적 및 몸 전체 기작을 통한 혈압의 조절

(2) 압력수용 기반사 → 혈압에 대한 1차항상성조절

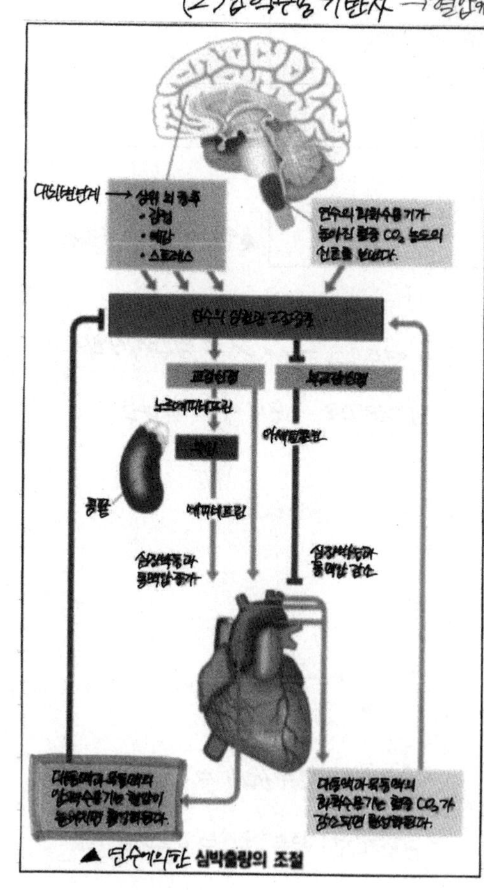

▲ 연수에 의한 심박출량의 조절

- 압력수용기 ┬ 경동맥압력수용기 ┐ 평균동맥압 변화에 민감.
  └ 대동맥압력수용기 ┘

귀심성신호.

[혈압상승 → 압수용체 활동전위 발화빈도 ↑] → 연수
[혈압하강 → 압수용체 활동전위 발화빈도 ↓]

연수 ┬→ 부교감신경 ↑
 └→ 억제성뉴런 ↑ → 교감신경 ↓

원심성신호 (혈압높을시)

* 연수 : 호흡, 심장박동, 혈압 조절의 중추
(호흡: 비중추화학수용체에 의해 자극. 심장박동, 혈압: 대비 압수용체에 의해자극.)

뇌간: 중뇌, 뇌교, 연수
- 경추 – 부교감 (연수, 천추)
- 사이뉴런 (억제성뉴런) → 연수가 척수를 경유하여 교감을 억제조절
- 흉추 – 교감 (흉추, 요추)
- 사이뉴런 (척수)
- 운동뉴런
- 요추
- 천추

→ 연수는 부교감신경만 직접지배 가능하므로 척수를 통해 교감신경을 조절한다. 단, 심장박동 조절시에만 억제성 뉴런 사용. 호흡조절시엔 척수를 통해 운동뉴런으로 조절

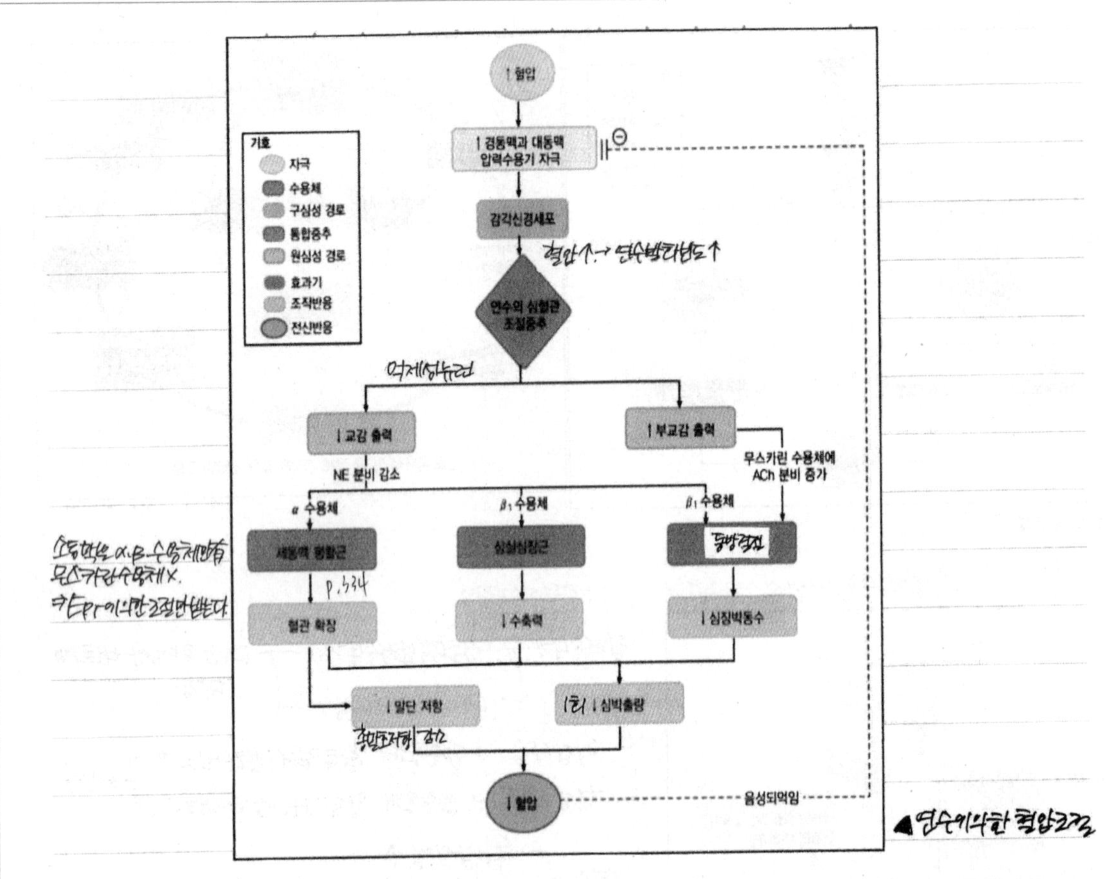

▲연수에 의한 혈압조절

나> 기립성 저혈압. : 기립시 평균동맥압↓ → 연수 → 부교감↓, 교감↑ → 혈압정상화.

다> 운동에 의해서 중력X. ∴ 전신에 혈액 퍼지므로 물의 양이 많다고 인지하여 소변으로 배출

3> 조직으로의 혈액 분배

(1> 기관별 혈류분포

: 뇌는 언제나 혈류량 일정.

* EPi. NEPi

α 소동맥 / β 소동맥

EPi → 소화계 : 혈류량감소↓ ⇒ 소동맥 수축

EPi → 근골격계 : 혈류량증가↑ ⇒ 소동맥 이완

EPi. NEPi 자극시
- α_1 : 위장관계 소동맥 수축
- β_1 : 심장
- β_2 : 근골격계 소동맥 이완

(2) 벌크유동 : 압력기울기에 의한 유체의 질량이동.

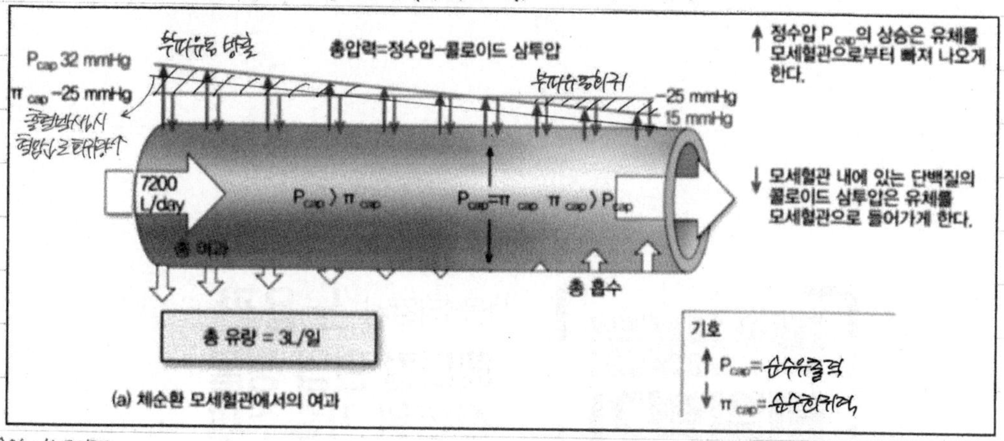

벌크유동 방출

총압력=정수압–콜로이드 삼투압

P_{cap} 32 mmHg

π_{cap} –25 mmHg

출혈발생시 혈압↓으로 회귀량↑

벌크유동회귀

–25 mmHg

15 mmHg

7200 L/day

$P_{cap} > \pi_{cap}$

$P_{cap} = \pi_{cap}$

$\pi_{cap} > P_{cap}$

총 여과

총 흡수

총 유량 = 3L/일

(a) 체순환 모세혈관에서의 여과

↑ 정수압 P_{cap}의 상승은 유체를 모세혈관으로부터 빠져 나오게 한다.

↓ 모세혈관 내에 있는 단백질의 콜로이드 삼투압은 유체를 모세혈관으로 들어가게 한다.

기호

↑ P_{cap}= 순수유출력

↓ π_{cap}= 순수회귀력

*정수압 : H_2O 압력

삼투압 : 콜로이드삼투압에 의해 물을 당긴다.

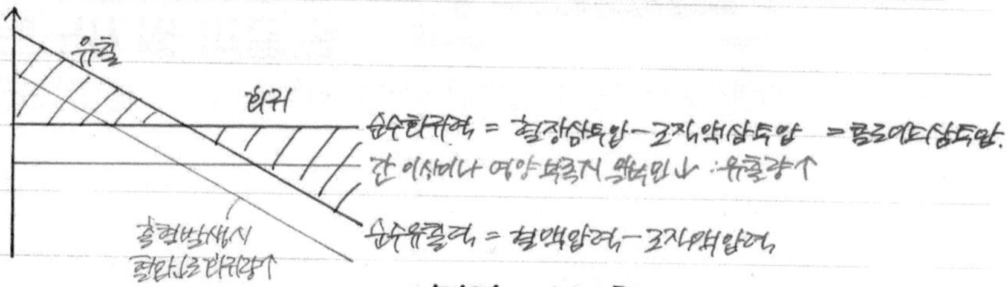

유출

회귀

순수회귀력 = 혈장삼투압 – 조직액삼투압 = 콜로이드삼투압.

간 이상이나 영양 부족시 알부민↓ ∴유출량↑

순수유출력 = 혈액압력 – 조직액압력

출혈발생시 혈압↓으로 회귀량↑

여과력 = 순수유출력 – 순수회귀력.

유출량 > 회귀량 ⇒ 차이만큼 조직액 → 림프로 회귀하여 쇄골하정맥에서 합류

림프관은 스스로 수축이 불가.
주변 골격근의 수축작용 (↓)
단방향성 판막 有

* 부종의 원인

① 혈압↑ 여과↑

② 회귀 불가 : 간경화, 굶주림… 혈장단백질(알부민) 부족

③ 판막문제 : 판막 문제 시 역류로 정맥 저류. ∴정맥환류량 감소로 모세혈관 혈류 축적 → 조직유출↑

(4) 모세혈관 물질교환방식

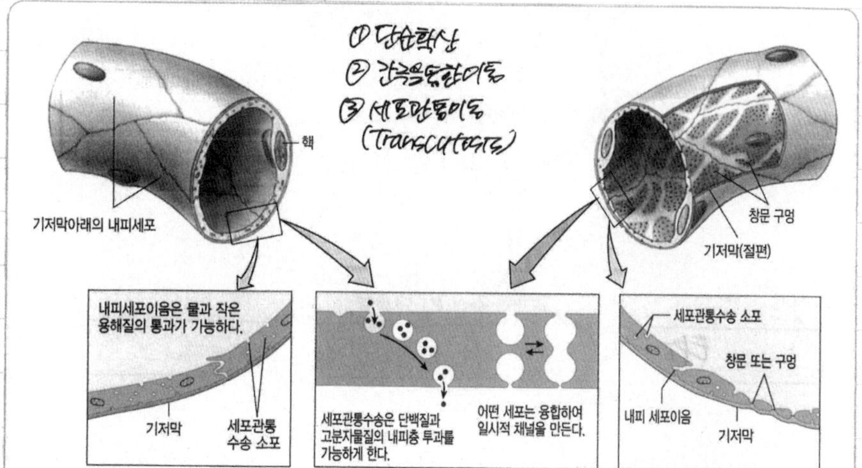

① 단순확산

② 간극을 통한 이동

③ 세포막통이동 (Transcytosis)

핵

기저막아래의 내피세포

창문 구멍

기저막(절편)

내피세포이음은 물과 작은 용해질의 통과가 가능하다.

기저막

세포관통 수송 소포

세포관통수송은 단백질과 고분자물질의 내피층 투과를 가능하게 한다.

어떤 세포는 융합하여 일시적 채널을 만든다.

세포관통수송 소포

창문 또는 구멍

내피 세포이음

기저막

(a) 연속모세포혈관은 누출 이음을 갖고 있다.

① 단순확산

(b) 창문모세포혈관은 문커다란 구멍이 있다.

② 간극을통한 이동

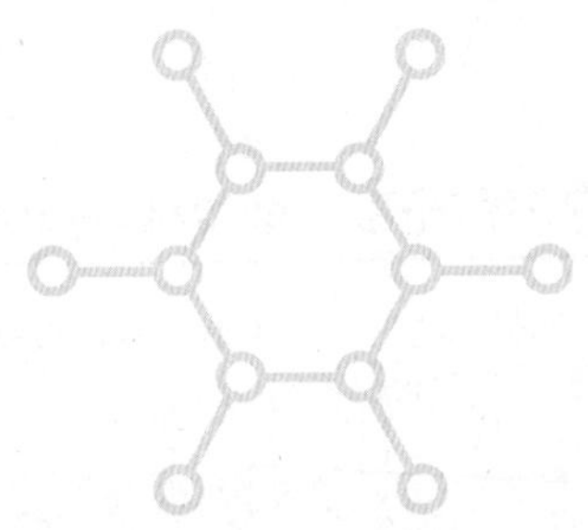

생물 1타강사 **노용관**

메디컬 편입 생물
전범위 기출주제
손글씨 필기노트

한권으로 끝내는 메디컬(의치한약수) 편입 나만의 祕密兵器

호흡계 ~ 배설계

PART. 32. 호흡계

<포인트>

1. 호흡계의 구조
- 1) 폐포의 구조와 특성
- 2) 폐 환기/관류비율
- 3) 보호작용.

2. 호흡운동
- 1) 음압호흡.
- 2) 폐활량곡선 - 폐활량계
- 3) 사강 - 폐환기량/폐포환기량
- 4) 폐질환

3. 기체교환
- 1) 협동효과
- 2) 보어효과와 할데인효과

4. 호흡조절의 중추

*고산지대/변화

1. 호흡계의 구조

1) 폐포의 구조와 특성

① 수동적 호흡.

: 자기근육 X. 단층편평상피로 구성. ⇒ 기체교환효율↑

: 작은 구멍이 뚫려있어서 4억개가 통합적으로 연결 ⇒ 한번에 조절

② 물로 둘러싸여있다. → 기체 손실 X.

세기관지

$P=\frac{2T}{r}$ 로 찌그러트린다.

(+) 모세혈관 있는 부분에는 물 없어서 기체교환가능

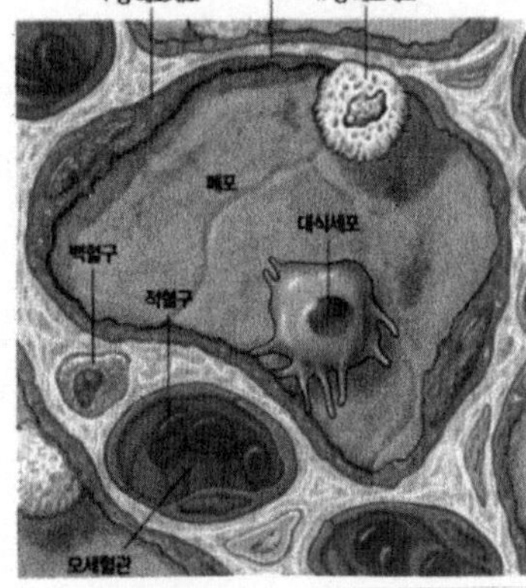

* 흡기와 호기시 PV 관계

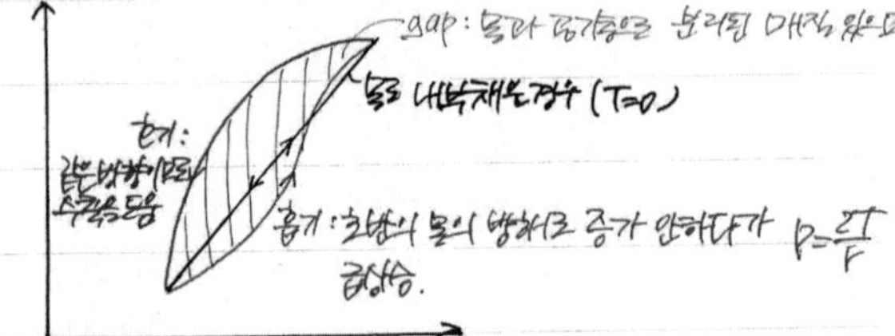

③ Fick의 확산법칙.

$$Q = D\frac{A}{l}\Delta P$$

폐포의 작용 Hb의 작용

기류량 Q는 호흡표면의 면적(A)이 넓을수록, 두께(l)가 얇을수록 분압차(ΔP)가 클수록 크다
= 기체교환속도가 빠르다.
→ Hb와 폐포에 의한 최적화.

④ type I cell - 폐를 직접 구성
type II cell - 계면활성제 분비.
MΦ 有 - 폐는 무균공간

⑤ 계면활성제: 물분자간 표면장력 감소로 호흡을 도움.

*RDS: 34주후에 태어나야 폐에 충분한 계면활성제 형성 가능

표면장력 T / 영아의 체중(kg)
RDS로 사망
다른 요인으로 사망

체중 작은 아이는 아직 계면활성제 형성 안된 시기의 아이들이므로 T는 높으나, 다른 요인으로 사망할 요인 有 ↔ 일정 이상 큰 아이는 정상이면 T 낮으므로 T 높은 아이는 RDS로 사망 확증 가능.

	신생아		성인
폐포크기		<	
표면장력		>	
계면활성제 효과		>	

표면장력 많이 줄임. 계면활성제 effect 큰만큼 넓을 시 effect도 크다.

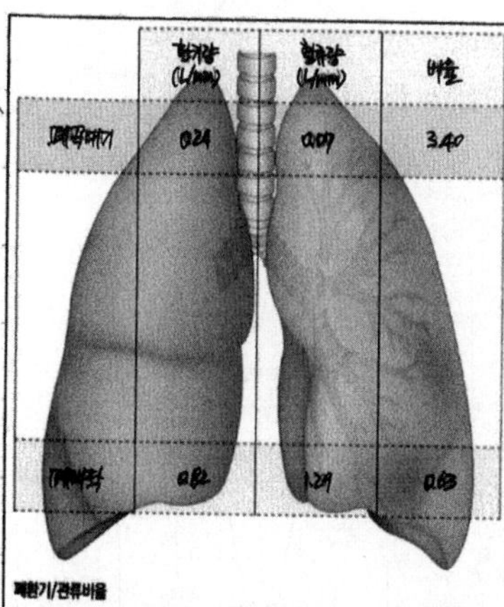

폐환기/관류비율

환기, 혈류 및 환기/관류비율을 폐꼭대기와 폐바닥에 나타냈다. 이 비율은 폐꼭대기는 혈류에 비해 환기가 비교적 과잉이었고, 폐바닥은 환기가 부족했음을 나타낸다. 이처럼 일정하지 않은 환기/관류비율로 인해 폐에서 나가는 혈액의 P_{O_2}는 폐포 공기의 P_{O_2}보다 약간 더 낮다.

2) 폐환기/관류비율

: 폐의 크기는 커서 폐의 부위별 V/Q mismatch → match로 바꿔야하나, 근본적으로 모든 부위는 mismatch.

3) 보호작용

: 고의적과 수분에 의한 가온 습윤

: 점액질과 기관지섬모의 작용으로 이물질 제거

ex) 니코틴 작용저하시, 만성기관지염

ex) 낭포성섬유증 - CFTR 결함으로 Cl⁻ 유입 X ∴ 점액질 점성↑ ∴ 섬모운동 원활 X. 감염율↑

2. 호흡운동

1) 음압호흡 : 흉강 압력 변화를 이용한 비자발적 호흡운동

(1) 폐 > 흉강 (4~6mmHg 정도 크다)

ex) 기흉발생시 흉강압↑로 폐 찌그러짐.

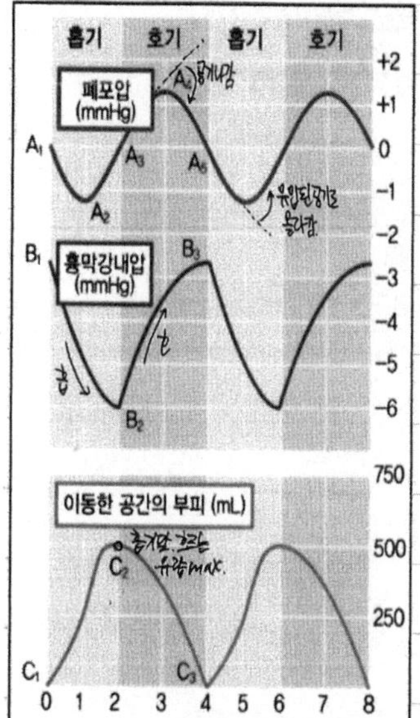

(2) 음압호흡

	폐의 압력	폐 부피	흉강의 압력	흉강 부피	늑골	횡격막	외늑간근	내늑간근
호기	⇑	⇓	⇑	⇓	하강	상승(이완)	이완	수축
흡기	⇓	⇑	⇓	⇑	상승	하강(수축)	수축	이완

☆ 외늑간근, 내늑간근 ⇒ 연수가 조절

(연수는 복합적인 조절하나, 척수의 사이뉴런을 통해 운동뉴런 조절)

* 경폐압 = 폐내압 − 흉막내압

⇒ 흉막내강압은 항상 760mmHg 보다 작고, 폐내압보다 작다.

폐내압과 흉막내압의 차를 경폐압이라 하며, 경폐압이 폐를 팽창시키게 한다.

정상적인 안정 호흡 시의 압력 변화		
	들숨	날숨
폐내압(mmHg)	-3	+3
흉막내강압(mmHg)	-6	-3
경폐압(mmHg)	+3	+6

정상의 안정 환기와 강제 환기에 포함된 기전		
	들숨	날숨
정상, 안정 호흡	횡격막과 외늑간근의 수축으로 인하여 흉강과 폐용적이 상승한다. 폐내압은 약 -3mmHg가 감소한다.	횡격막과 외늑간근의 이완에 더하여 폐의 탄성반동에 의해 폐용적이 감소하고, 폐내압은 약 +3mmHg 상승한다.
강제 환기	사각근 및 흉쇄유돌근 같은 보조근의 도움에 의해 폐내압은 -20mmHg 또는 그 이하로 폐포내압을 감소시킨다.	복근과 내늑간근의 수축 도움으로 폐내압이 +30mmHg 또는 그 이상으로 상승한다.

∴ 흡기시 폐용적변화 ≈ 흉강용적변화

2) 폐활량곡선

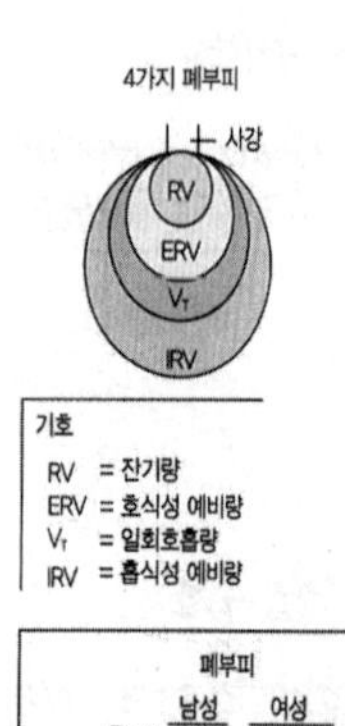

기호
RV = 잔기량
ERV = 호식성 예비량
V_T = 일회호흡량
IRV = 흡식성 예비량

폐부피

		남성	여성	
폐활량	IRV	3000	1900	흡식용량
	V	500	500	
	ERV	1100	700	기능적
잔기량		1200	1100	잔기량
		5800 mL	4200 mL	

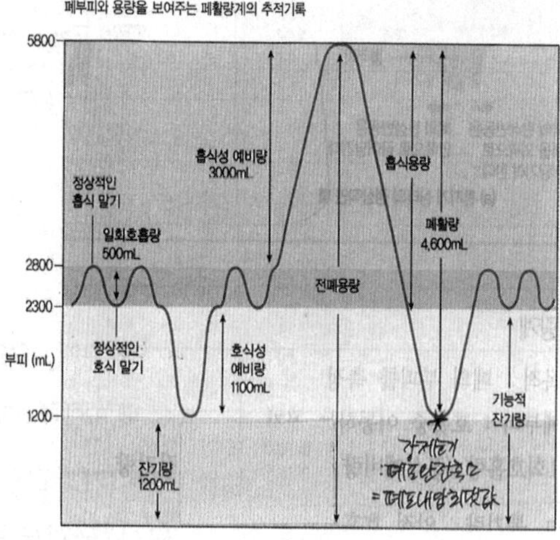

폐용적과 폐용량을 나타낸 호흡곡선

폐용량은 둘 또는 그 이상의 폐용적을 합한 것이다. 예를 들어 폐활량은 일회호흡량(일회환기량), 예비 들숨량 및 예비 날숨량을 합한 것이다. 잔기량은 폐활량계로 측정할 수 없다. 따라서 총 폐용량 또한 폐활량계로 측정할 수 없다.

* 잔기량 : 폐 내 남은 공기량

| 정상적인 안정 호흡 시의 압력 변화 |

용어	정의
폐용적	총 폐용량에서 네 가지의 중복되지 않은 성분
일회호흡량	비강제 호흡주기에서 들이마신 또는 내쉰 공기량
흡식성 예비량	일회호흡량에 더하여 강제 호흡을 통해 들이마실 수 있는 최대 공기량
호식성 예비량	일회호흡량에 더하여 강제 호흡을 통해 내쉴 수 있는 최대 공기량
잔기량	최대 날숨 후에 폐에 남아 있는 공기량
전폐용량	최대 들숨 후에 폐에 존재하는 공기량
폐활량	최대 들숨 후에 내쉴 수 있는 최대 공기량 = 일회호흡량+흡식성 예비량+호식성 예비량
흡식용량	정상 일회호흡 날숨 후에 들이마실 수 있는 최대 공기량
기능적 잔기량	정상 일회호흡 날숨 후에 폐에 남아 있는 공기량 = 평상시 잔기량

3) 생리학적 사강 - 폐환기량과 폐포환기량

| 폐포환기량에 미치는 호흡양식의 영향 |

1회 호흡량 (mL)	환기율 (호흡/분)	총 폐환기량 (Ml/분)	폐포에 도달하는 신선한 공기의 양(mL) (1회 호흡량-사강부피*)	폐포 환기량 (mL/분)
500(정상)	12(정상)	6,000	350	4,200
300(얕은 호흡)	20(빠름)	6,000	150	3,000
750(깊은 호흡)	8(느림)	6,000	600	4,800

*사강 부피는 150mL로 가정한다.

: 생리학적사강 → 끝기로 초기에 유입된 공기가 ... 일부 ...를 일으킨다
= 150ml 의 결과

① 정상일 시, 1회호흡량 500ml×12회 = 6000ml 총폐환기량. 분당상 근접
(500−150)×12 = 4200ml 폐포환기량

② 얕은호흡 (ex. 과산지대 과호흡) 300ml×20회 = 6000ml 총폐환기량
(300−150)×20 = 3000ml 폐포환기량 — 폐포환기량 감소 CO_2의 충분한 배출 불가 ⇒ 호흡성산증 발생

③ 깊은호흡 750ml×8회 = 6000ml
(750−150)×8 = 4800ml 폐포환기량 — 폐포환기량 증가. 사강효과를 줄여서 환기량을 증가시킨 것. → 과환기 호흡성 알칼리증 발생

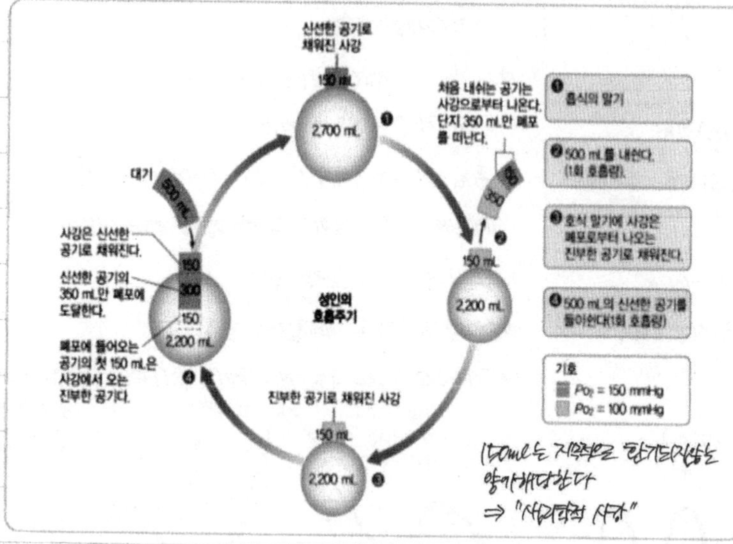

◀ 생리학적 사강 모식도
cf) 폐포

cf) 폐포 기체조성의 변화.
: 과환기시 P_{O_2} = 120mmHg로 증가
P_{CO_2} = 20mmHg로 떨어짐
: 저환기시 반대로
P_{O_2} 감소 P_{CO_2} 증가

폐포 기체분압 — 저산소호흡 / 과다호흡 — P_{O_2}, P_{CO_2} — 폐포환기량 — 정상폐포 4.2L/min

* V/Q match 기작

(a) 정상적으로 폐포를 지나는 관 혈류는 기체 교환을 최대화하기 위해 폐포 환기와 조화된다.

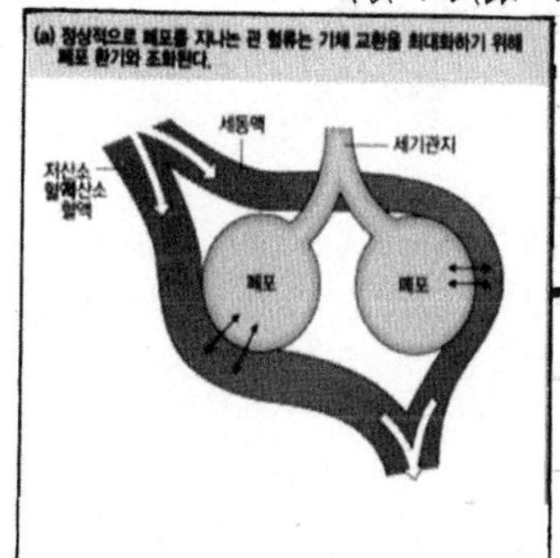

(b) 환기-관 혈류의 부조화

만일 환기가 하나의 폐포 군(청색)에서 감소하면, 이산화탄소분압은 증가하고 산소분압은 감소한다. 이러한 폐포를 지나는 혈액은 산소와 결합되지 못한다.

(c) 지엽적 조절기전은 환기와 관 혈류의 조화를 유지하려고 한다.

환기가 낮은 폐포 주위의 감소된 조직 산소분압은 그들의 세동맥을 수축시켜, 혈액을 환기가 더 잘된 폐포로 이동시킨다.

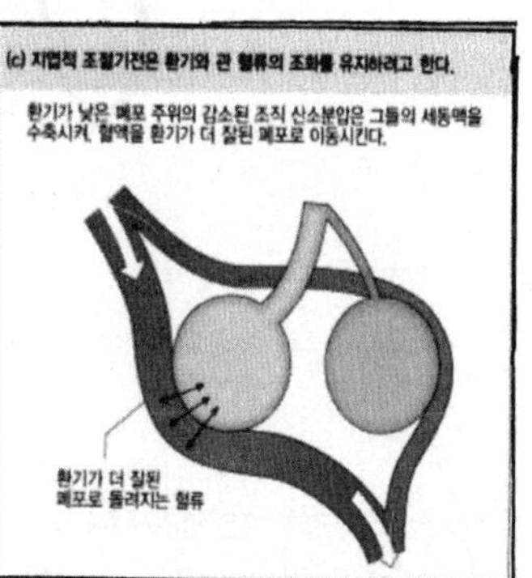

| 산소와 이산화탄소에 의한 세동맥과 세기관지의 지엽적 조절 |

기체조성	세기관지	폐세동맥	체세동맥
이산화탄소분압의 증가	확장 (기체교환↑)	(수축)*	확장 → 조직의 CO_2 빠른 제거
이산화탄소분압의 감소	수축 (기체교환↓)	(확장)	수축 → CO_2 줄어 제거할 필요X
산소분압의 증가	(수축)	(확장)	수축 → O_2 충분히 공급할 필요X
산소분압의 감소	(확장)	수축	확장 → 조직에 O_2 빠른 공급

( ), *은 약한 반응을 뜻한다.

- 기류와 혈류의 조절
: V/Q match가 목적 (V: 기류량, 환기량 / Q: 혈류량, 관류량)

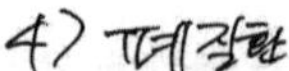

4) 폐질환

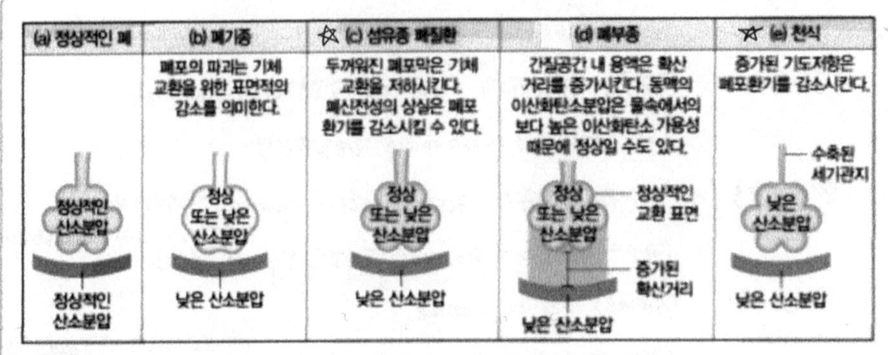

*제한성폐질환

ex> 진폐증, 폐결핵

: 폐조직 섬유화로 폐신전성 감소질환

⇒ 폐가 정상만큼 신장할 수 없으므로 총폐용량, 흡기용량, 폐활량 감소

⇒ 기도는 자유로우므로 FEV_1은 이상 X

∴ 잔기용량은 정상. But, 시간지날수록 폐가 굳어 잔기량↑

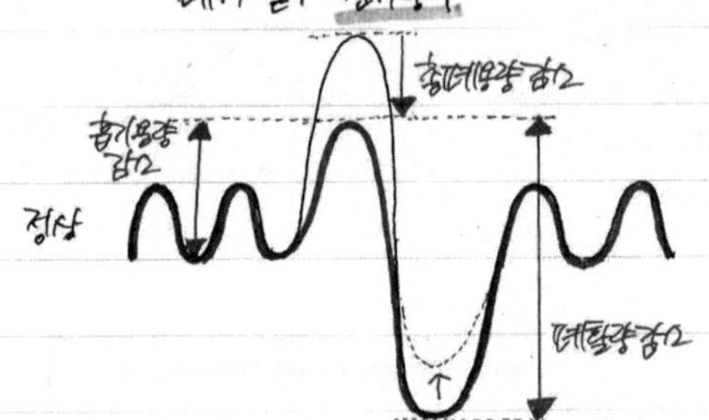

*폐쇄성폐질환

ex> 천식 ← 히스타민이 강력한 기관지 수축제로 작용

기도저항↑ = 기류속도 감소

⇒ 흡기, 호기 모두 문제이나, 호기시 더 큰 영향을 받음. (∵ 호기시 폐 누르는 압력이 기도도 눌러 효과 有)

폐를 빠져나가지 못하고 갇히는 공기로 인해 기능적 잔기용량과 잔기용량 증가

⇒ 잔기용량 증가로 폐활량도 감소

⇒ 기류속도 감소로 1초 강제호기용량(FEV_1) 현저히 감소

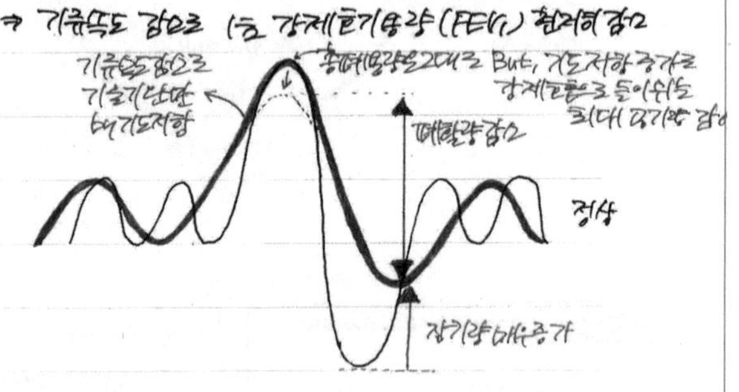

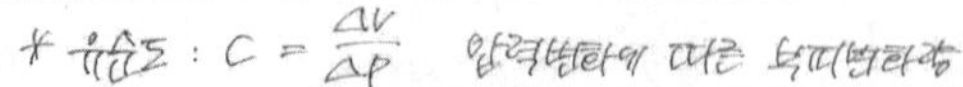

* 유순도 : $C = \frac{\Delta V}{\Delta P}$ 압력변화에 따른 부피변화량

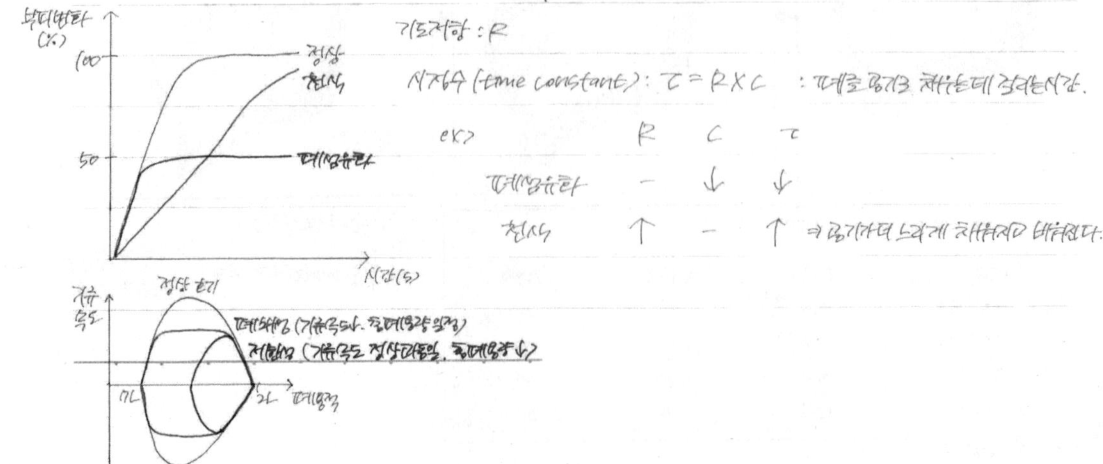

기도저항 : R

시정수(time constant) : $\tau = R \times C$: 폐를 공기로 채우는데 걸리는 시간.

ex>	R	C	τ
폐섬유화	-	↓	↓
천식	↑	-	↑

(천식) ⇒ 공기가 더 느리게 채워지고 비워진다.

3. 기체교환.

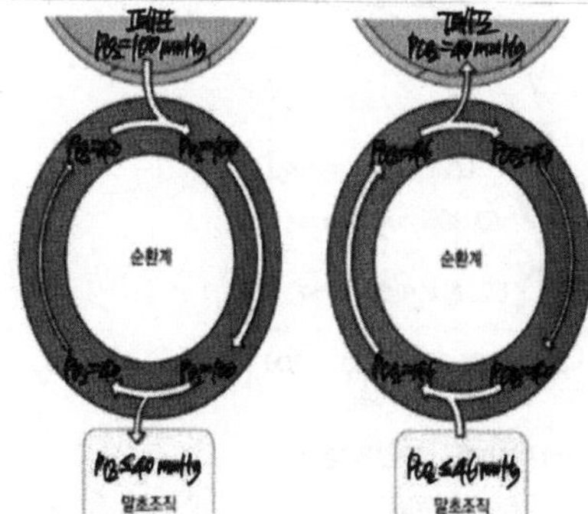

(a) 산소의 확산 (b) 이산화탄소의 확산

* 정상 기체분압

P_{O_2} : 정맥혈 40mmHg 동맥혈 80~100mmHg

P_{CO_2} : 정맥혈 46mmHg 동맥혈 40mmHg

* 기체교환의 원리

: 각 기체의 분압차에 의한 확산

* 호흡률 = 호흡계수 (RQ)

= 내쉰 CO_2 / 들이마신 O_2

1) Hb의 특징

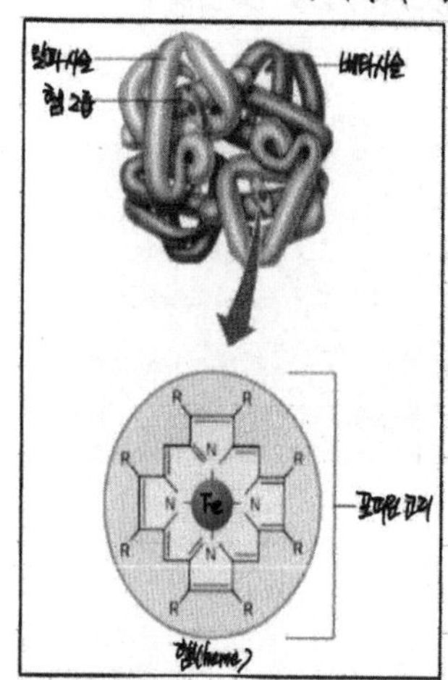

① α×2 + β×2로 구성.

↳ 각 ptn : heme ptn 有 (→Fe^{2+}) [Fe^{3+} + O^{2-} → Fe_2O_3 (붉은색)]

: 16번 염색체 α, β, γ 유전자 有

→ 태아시기 α, γ 발현 (α×2 + γ×2)
→ 출생후 α, β 발현 (α×2 + β×2)] → 유전적 동가성 + 차별적 발현

* O_2 친화도 : β < γ → β는 2,3BPG와의 친화도↑. ∴ 3차/4차 구조 따라로 O_2 친화도 떨어짐.

* Hb 유사구조 : 포피린 고리

(Hb : 보결족 Fe^{2+} 560nm 흡광
(엽록소 : 보결족 Mg^{2+} 670nm 흡광

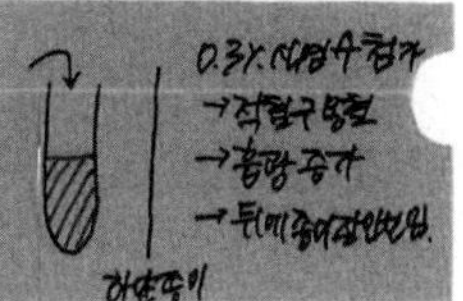

② Hb + $4O_2$ ⇌ $Hb(O_2)_4$ 산화헤모글로빈

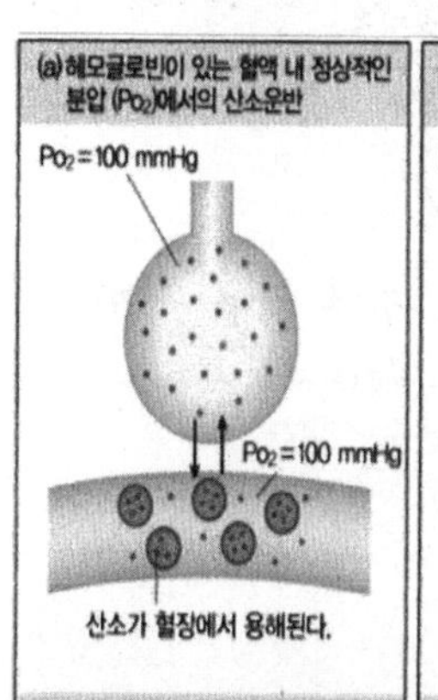

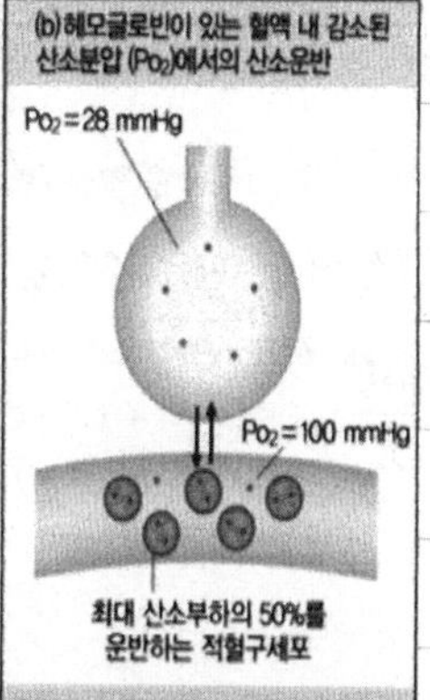

* 혈액 속 산소운반양상

: 총 혈액 속 산소함량은 200ml/L

⇒ (혈장속 용해 : 3ml/L
(Hb와 결합 : 197ml/L

* $Hb(O_2)_4$ 양에 영향을 미치는 요인

: Hb 산소친화도↑ / Hb 양↑.

→ Hb 포화도의 정의는 $\frac{Hb(O_2)_4}{\text{전체 Hb}}$ 의 비율이나, 넓은 뜻으로는 실제 혈액 속 산소함량과 혈액의 최대 산소함량에 대한 백분율이다.

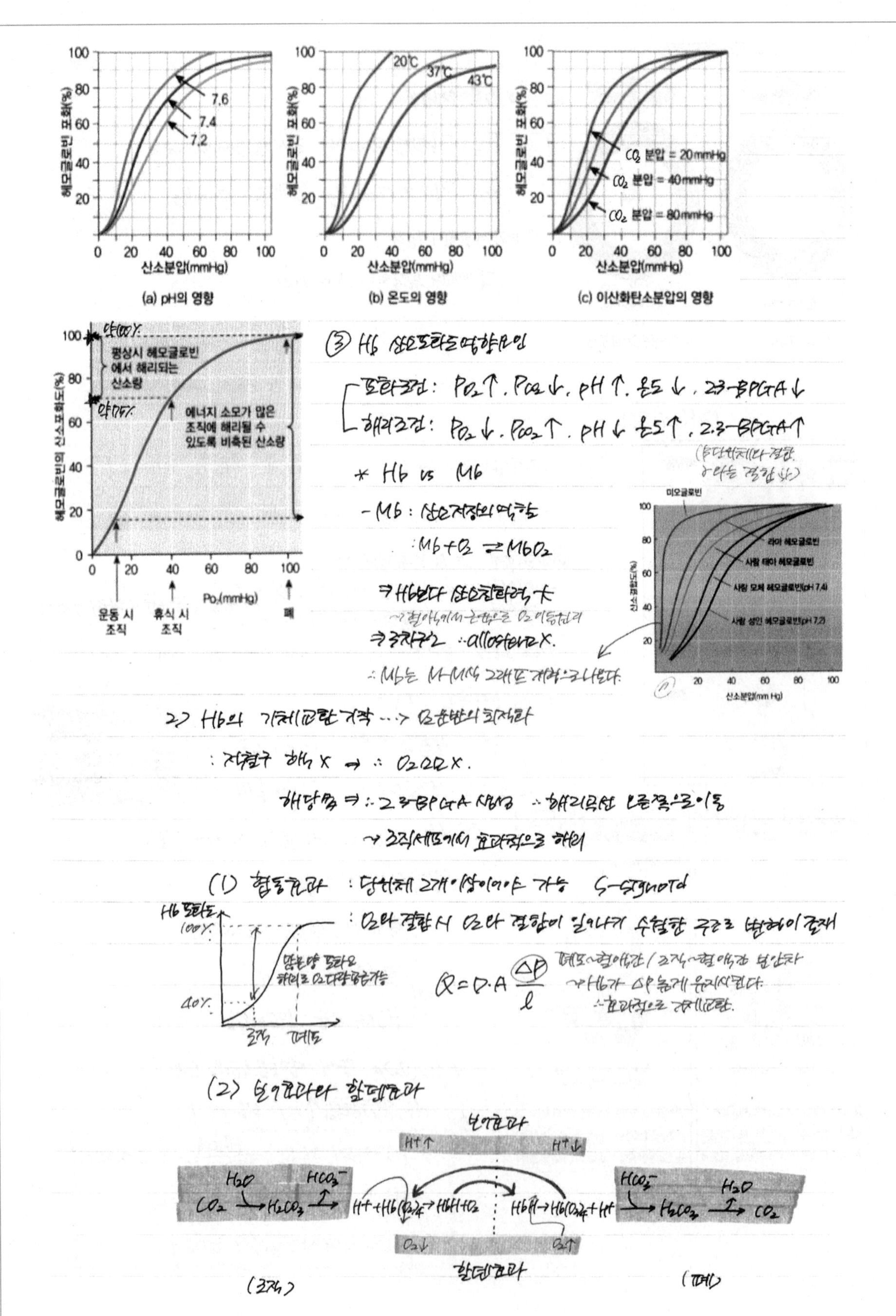

(a) pH의 영향
(b) 온도의 영향
(c) 이산화탄소분압의 영향
산소분압(mmHg)
헤모글로빈 포화(%)
CO_2 분압 = 20mmHg
CO_2 분압 = 40mmHg
CO_2 분압 = 80mmHg
평상시 헤모글로빈에서 해리되는 산소량
에너지 소모가 많은 조직에 해리될 수 있도록 비축된 산소량
헤모글로빈의 산소포화도(%)
운동 시 조직
휴식 시 조직
폐
미오글로빈
라마 헤모글로빈
사람 태아 헤모글로빈
사람 모체 헤모글로빈(pH 7.4)
사람 성인 헤모글로빈(pH 7.2)
산소분압(mm Hg)
보어효과
할데인효과
(조직)
(폐)

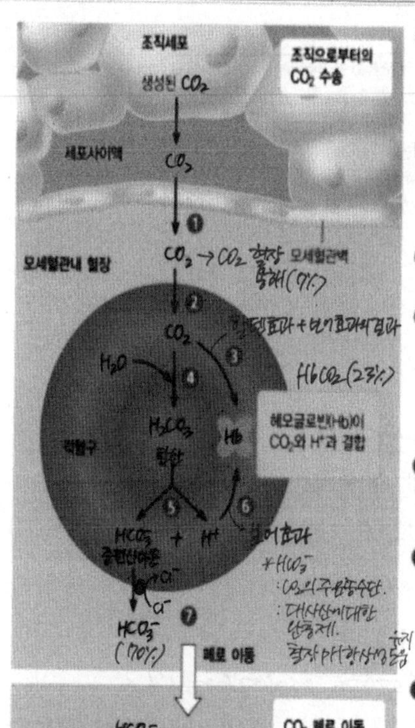

CO_2 폐로 이동

CO_2와 H^+가 헤모글로빈으로부터 해리됨

폐포내 공간

혈액에 의한 이산화탄소의 수송

1. 조직에서 생성된 CO_2가 세포사이액이나 혈장에 확산되어 들어간다.
2. 90% 이상의 CO_2가 적혈구 내로 이동하고, 혈장에는 7% 정도만이 남아 있다.
3. CO_2 중 일부는 헤모글로빈과 결합하여 이동한다.
4. 나머지 대부분의 CO_2는 적혈구내 탄산탈수효소의 작용으로 물과 결합하여 탄산을 형성한다.
5. 탄산은 중탄산(HCO_3^-)과 수소이온(H^+)으로 해리된다.
6. 헤모글로빈은 H_2CO_3에서 나온 H^+와 결합하여, 혈장이 산성화되는 것을 방지한다. 즉, 보어 변위가 일어나지 않도록 한다.
7. 대부분의 HCO_3^-는 혈장으로 빠져나가 혈류를 따라 폐로 이동한다.
8. 폐에서 혈장의 HCO_3^-는 적혈구로 이동하여 헤모글로빈에서 나온 H^+와 결합 다시 H_2CO_3를 형성한다.
9. H_2CO_3에서 CO_2와 물로 전환된다. 헤모글로빈에서도 CO_2가 떨어져 나온다.
10. CO_2가 혈장과 세포사이액으로 확산되어 나온다.
11. CO_2는 폐포내 공간으로 확산되어 날숨을 쉴 때 밖으로 배출된다. 혈장내 CO_2 분압이 떨어지면 적혈구에서 H_2CO_3가 CO_2와 물로 분해되는 반응이 일어난다(9). 조직에서는 반대 방향으로 일어난다(4).

(나) CO_2 더 많이 제거

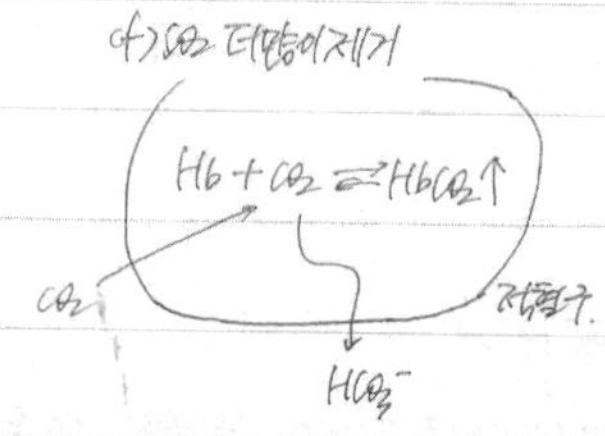

Hb가 CO_2를 잡아줌으로서 HCO_3^-도 더 잘 방출시킬 수 있다.

① 보어효과 정의 및 원리

: $[H^+]$ (pH)가 Hb의 산소결합력에 미치는 효과.

- $[H^+]$↑ Hb 산소결합력↓ (조직)
- $[H^+]$↓ Hb 산소결합력↑ (폐)

$Hb(O_2)_4 + H^+ \rightarrow HbH + O_2$

보어효과로 예상보다 더 많은 O_2 공급

② 할데인효과 정의 및 원리

: P_{O_2}가 Hb의 CO_2 결합력에 미치는 효과

- P_{O_2}↑ Hb CO_2 결합력↓ (폐)
- P_{O_2}↓ Hb CO_2 결합력↑ (조직)

→ 예상보다 더 많은 CO_2 제거 가능

$Hb(O_2)_4$가 $[H^+]$로 O_2 해리 잘하여 CO_2 결합가능 Hb 형성되므로 보어효과의 결과로 볼 수도 있다.

③ 종합.

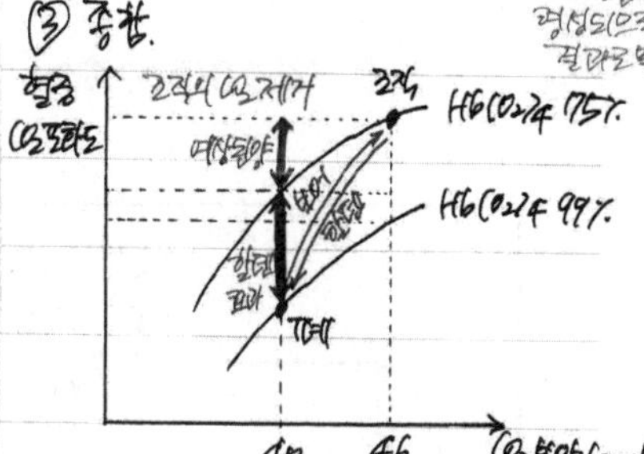

- 예상됨양 → 단지 CO_2 분압차 46→40 (조직과 폐 간)
- 할데인효과 → 폐의 P_{O_2}↑로 더 많은 CO_2 제거

조직에서: 세포대사로 $[H^+]$↑ → 보어효과
⇒ Hb의 O_2 결합력 약화로 O_2 더 많이 해리
O_2 으므로 P_{O_2}↓ → 할데인효과
⇒ Hb의 CO_2 결합력 강화로 CO_2 더 많이 제거

폐에서: 조직에 비해 $[H^+]$↓ → 보어효과
⇒ Hb의 O_2 결합력 강화로 $Hb(O_2)_4$ 더 많이 형성
P_{O_2}↑ → 할데인효과
⇒ Hb의 CO_2 결합력 약화로 CO_2 더 많이 배출

4. 호흡조절의 중추 ⋯→ 호흡조절방식 ↗ 불수의적 : 연수에 의한 조절 ↘ 수의적 : 대뇌조절

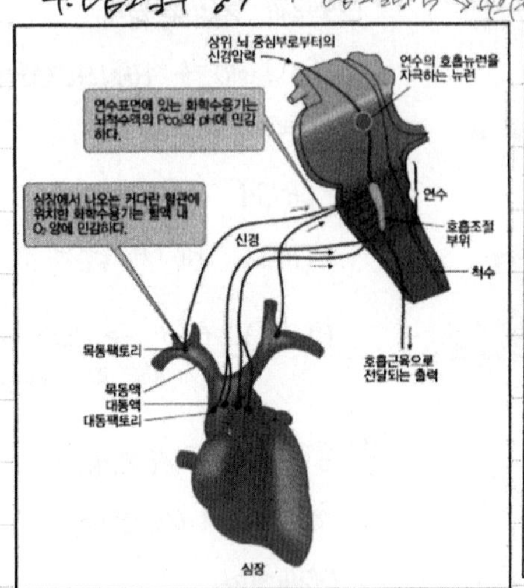

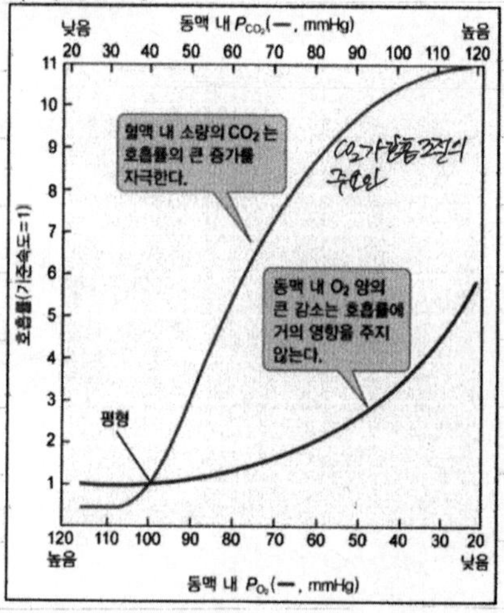

a. 중추화학수용체 : 연수 → 압수용체 : 혈압조절. / → 화학수용체 : 호흡조절. (CO_2 농도인지. by H^+)
주로 혈기관여.

→ 혈압조절시 연수가 억제성뉴런 사용 O
→ 호흡조절시 연수가 억제성뉴런 사용 X 척수를 통해 운동뉴런조절.

b. 말초화학수용체 → 대동맥 소체 / → 경동맥 소체] CO_2. O_2. pH (대사성 산성물질)

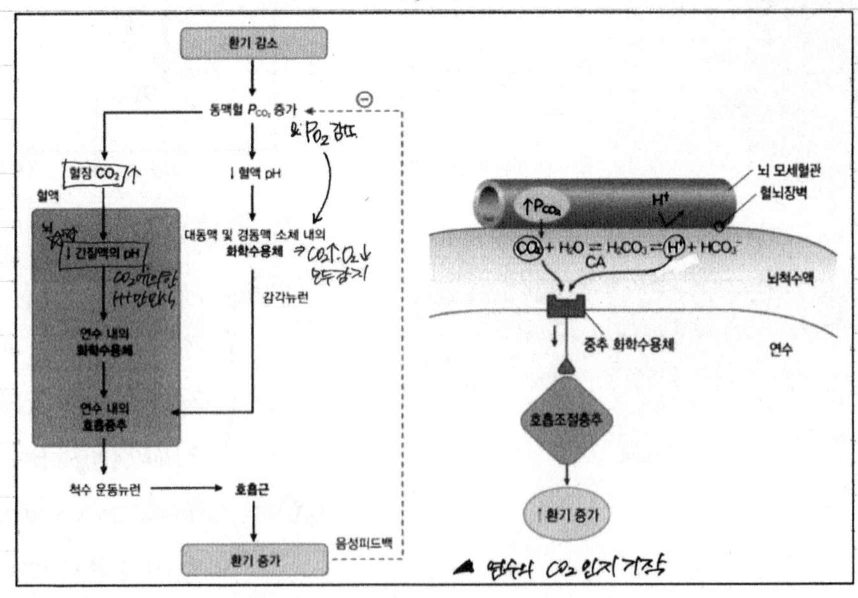

▲ 연수의 CO_2 인지 기작

c. 화학수용체

- 연수 : CO_2 변화에 의한 뇌척수액의 pH 변화 인지.
  B.B.B (뇌혈관장벽)로 인해 H^+는 개우느리게 통과하므로 영향X. CO_2는 단순확산.
  뇌척수액에서 CO_2는 HCO_3^-와 H^+로 전환된다.

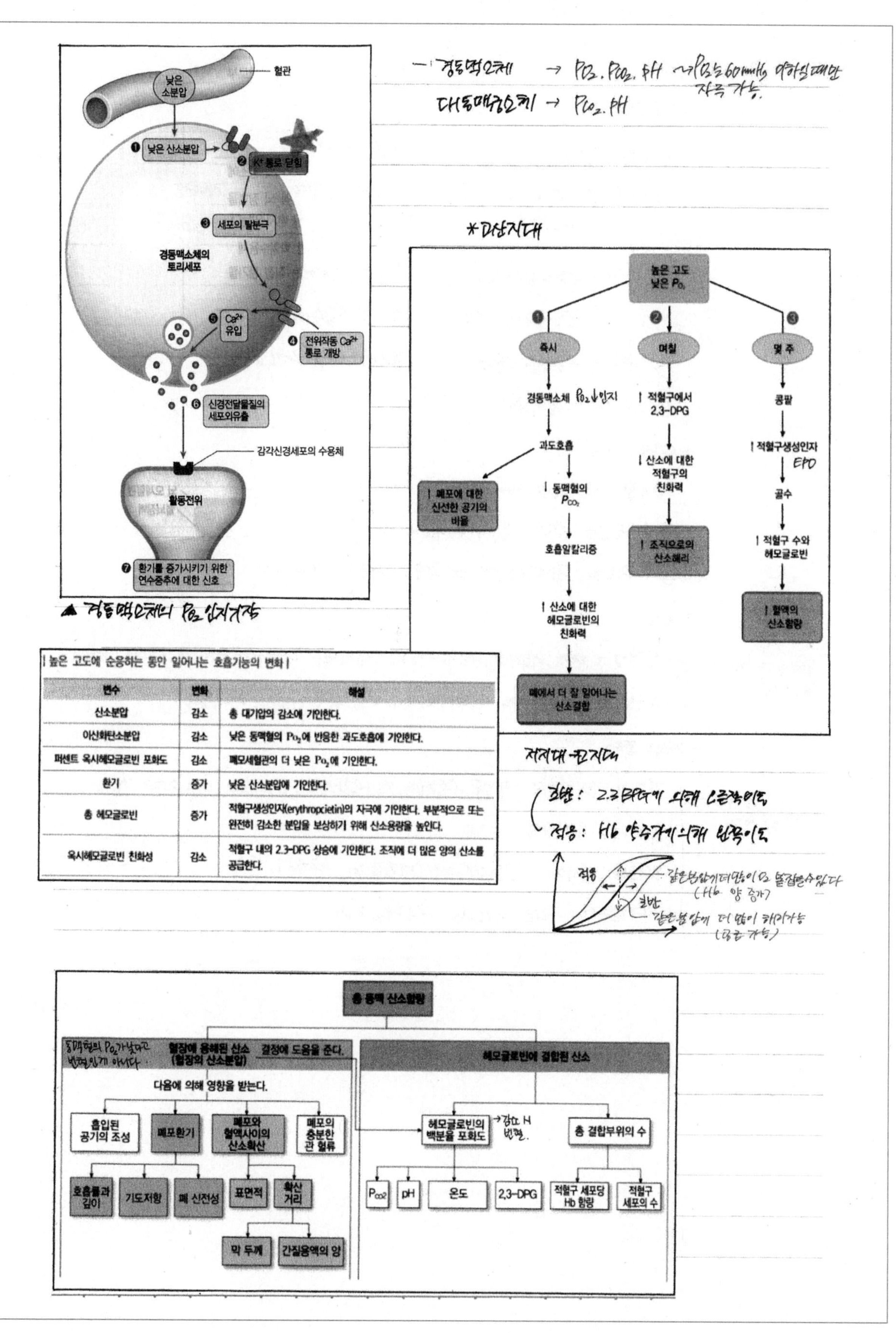

높은 고도에 순응하는 동안 일어나는 호흡기능의 변화		
변수	변화	해설
산소분압	감소	총 대기압의 감소에 기인한다.
이산화탄소분압	감소	낮은 동맥혈의 P_{O_2}에 반응한 과도호흡에 기인한다.
퍼센트 옥시헤모글로빈 포화도	감소	폐모세혈관의 더 낮은 P_{O_2}에 기인한다.
환기	증가	낮은 산소분압에 기인한다.
총 헤모글로빈	증가	적혈구생성인자(erythropcietin)의 자극에 기인한다. 부분적으로 또는 완전히 감소한 분압을 보상하기 위해 산소용량을 높인다.
옥시헤모글로빈 친화성	감소	적혈구 내의 2.3-DPG 상승에 기인한다. 조직에 더 많은 양의 산소를 공급한다.

PART 33~35. 면역계

<포인트>

1. 선천성 4가지
   - ① 식세포작용
     - TLR
     - 과립구
   - ② 보체
     - 보체의 염증유발
     - 보체-항체 상호작용
   - ③ 염증반응 – 백혈구 작용순서
   - ④ NK cell – 면역회피

2. 후천성 4가지
   - ① 체액성면역
     - 대립유전자배제
     - class switching
   - ② 세포성면역
   - ③ 장기·골수이식
   - ④ 면역이상, 과민반응

* 생물방어기작

① 세균 : 제한효소로 방어

② 원생생물, 방선균 : 항생제 분비로 방어

③ 척추동물 : 면역작용 → ex. 곤충은 절지동물. 면역계 X.

* 면역

같이 상호작용해야 면역가능.
- 선천성 → fast, 비특이적, 선천적형질, 우선적반응, 광범위한 방어작용, 대부분의 동물
- 후천성 → slow, 특이적, 획득형질, 오래지속, 특정병원체, 척추동물

* 면역의 특성

모든 수용체를 사용함으로 인해 갖는 특성.
- 기억성 : 1차침입시, 활성화된 수용체를 재사용함으로써 더 빠르고 많은 림프구 활성.
- 특이성 : 수용체사용.
- 다양성 : 수용체 / 항원 인식부위(에피토프)의 다양성.
- 자기관용성 : 나를 인식하는 수용체는 제거

1. 선천성면역

*선천성면역의 예.

| 사람의 비특이적 방어 |

방어기작	기능
표면 장벽	
피부	병원체와 외부물질이 들어오는 것을 방지한다.
산 분비	피부에서 세균성장을 억제한다.
점막	병원체의 침투를 방지한다 ; 병원체를 죽이는 디펜신을 생산한다.
점액분비	소화관과 호흡기도 벽에 있는 세포가 세균과 다른 병원체를 잡아낸다.
코털	코로 통과하는 세균을 걸러낸다.
섬모	호흡기도에서 점액과 붙잡힌 물질을 배출시킨다.
위액	농축된 위산(HCl)과 단백질분해효소는 위에 있는 병원체를 파괴한다.
질 속의 산	여성 생식관에서 균류와 세균의 증식을 억제한다.
눈물, 침	윤활작용과 청소작용 ; 세균을 파괴하는 리소자임 효소를 가진다.
비특이적인 세포적, 화학적 및 일치된 방어체계들	
정상세균총	병원체와 경쟁한다 ; 병원체에 독성이 있는 물질을 생산하기도 한다.
발열	몸 전체 반응으로서 미생물 증식을 억제하고 몸의 회복을 빠르게 한다.
기침, 재채기	호흡기도에 있는 병원체를 밖으로 배출한다.
염증반응 (혈관에서 혈장과 식세포의 누출을 수반)	병원체가 주변 조직으로 퍼지는 것을 제한한다 ; 방어작용을 집중시킨다. 병원체와 죽은 조직세포를 소화한다 ; 식세포와 특이적 림프구를 유인하는 화학매개물질을 분비한다.
식세포 (대식세포와 호중구)	몸에 들어오는 병원체를 삼키고 파괴한다.
자연살생세포	바이러스 감염세포 또는 암세포를 공격하여 용해시킨다.
항미생물 단백질 인터페론	바이러스에 감염된 세포에서 분비되어 바이러스 감염으로부터 조직을 보호한다 ; 특이적 방어를 촉진한다.
보체단백질	미생물을 용해하고, 식세포작용을 증가시키며 그리고 염증반응과 항체반응을 도와준다.

(+) 인터페론(IFN) : 대식세포 증가
항미생물 물질 : 균의 증식 억제

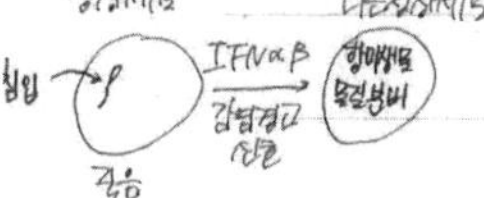

1) 식세포작용 : 세포작용후 리소좀과 결합

(1) 식세포

① 대식세포 (MΦ : Macrophage)

② 호중구 – 과립구

(2) 수용체 → Toll Like Receptor ⇒ IKB 기작이 출제!!

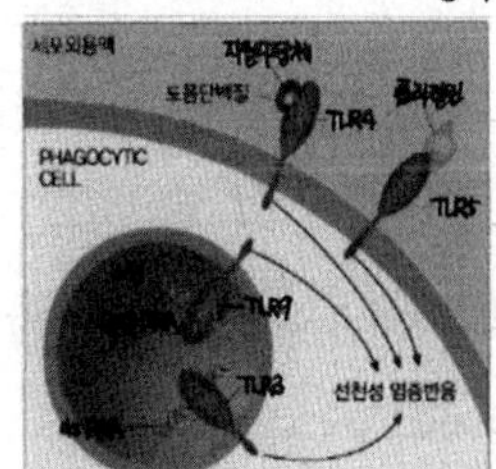

TLR3 – dsRNA → 나는 RNA인데 넌 누구니?

TLR4 – LPS → 그람음성균 전체인식

TLR5 – 플라젤린 → 세균의 편모

TLR9 – CpG → 메틸화되지않은 CG서열 (척추동물은 메틸화된 CG서열 有)

⇒ 3과 9는 RNA/DNA 인식해야하므로 안쪽에 들어있다.

*TLR은 미생물이 공유하는 구조 (Pathogen-associated molecular pattern, PAMPs)를 인식하는 "패턴인식수용체 (Pattern recognition receptors)"이다

ex) LPS – TLR4 → IKB제거신호 → IKB / NFKB (평상시 NFKB) → 핵 → NFKB 전사인자로사용 → ptn → TNF-α (Tumor Necrosis Factor) : 혈관투과성↑ 염증반응유발 → 선천성면역 강화 / 식세포(ex:호중구) 아폽토시스 억제

(3) 혈구의 기능

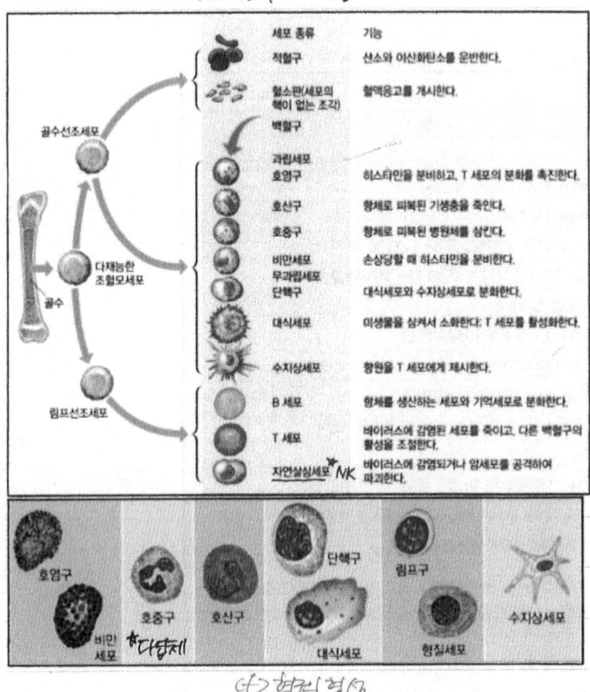

골수선조세포
다재능한 조혈모세포
골수
림프선조세포
세포 종류 | 기능
적혈구 | 산소와 이산화탄소를 운반한다.
혈소판(세포의 핵이 없는 조각) | 혈액응고를 개시한다.
백혈구
과립세포
호염구 | 히스타민을 분비하고, T 세포의 분화를 촉진한다.
호산구 | 항체로 피복된 기생충을 죽인다.
호중구 | 항체로 피복된 병원체를 삼킨다.
비만세포 | 손상당할 때 히스타민을 분비한다.
무과립세포
단핵구 | 대식세포와 수지상세포로 분화한다.
대식세포 | 미생물을 삼켜서 소화한다; T 세포를 활성화한다.
수지상세포 | 항원을 T 세포에게 제시한다.
B 세포 | 항체를 생산하는 세포와 기억세포로 분화한다.
T 세포 | 바이러스에 감염된 세포를 죽이고, 다른 백혈구의 활성을 조절한다.
자연살상세포 NK | 바이러스에 감염되거나 암세포를 공격하여 파괴한다.
호염구
비만세포
호중구
다엽체
호산구
단핵구
대식세포
림프구
형질세포
수지상세포

a. 골수계 : 다능조혈모세포에서 비롯된 골수전구세포로부터 형성된 백혈구집단.

① 호중구 : 식세포작용, >60%

② 호산구 : 기생충방어, (장기적) 과민반응 ex) 천식

③ 호염구 (in 혈액) 비만세포 (in 조직) : 헤파린 + 히스타민 有 → 염증반응 알레르기 (급성)

④ 단핵구 : 대식세포의 전구세포

⑤ 대식세포, 수지상세포 : APC 항원제시세포

b. 림프계 : 다능조혈모세포에서 비롯된 림프전구세포로부터 형성된 백혈구집단.

① B, T 림프구

② NK cell (자연살해세포)

(4) 혈구의 형성

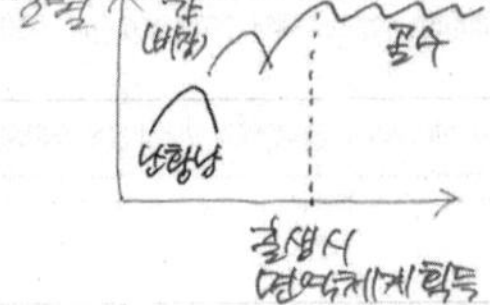

2) 보체

① 보체는 단백질 : 열과 pH에 약하다. 50℃ 이상일 때 보체 변성. 항체는 크기도 크고 이황화결합도 있어서 65℃ 이상일 때 변성.

② 옵소닌화 : 일반적으로 보체가 항체활성화 IgG → 항체의 식세포작용 활성화를 돕는다

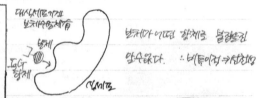

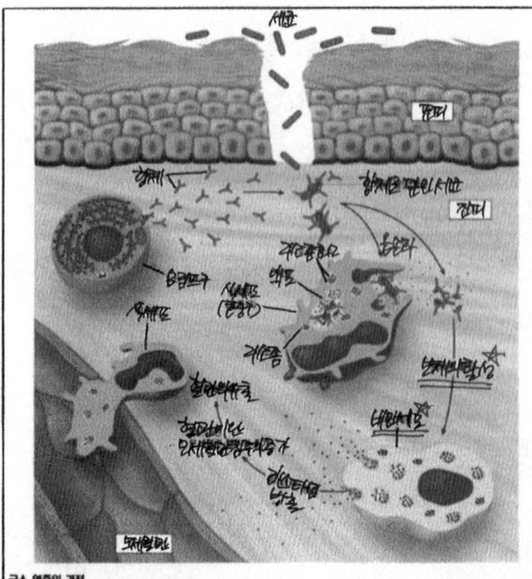

국소 염증의 과정
세균 표면에 있는 항원은 항체로 덮여 있고 식세포에 의해 섭취된다. 염증의 증상은 리소좀 효소의 방출과 히스타민 및 조직 비만세포의 화학물질 등의 분비에 의해 생성된다.

대식세포에게 보체수용체 有

보체

IgG 항체

식세포

보체가 어떤 항체로 붙잡을지 알 수 없다. ∴ 비특이적 → 선천성

②-2. 항체의 보체활성화 : IgE와 염증반응유발

→ 비만세포 터트려서 히스타민 방출

→ 국소염증 일으킴.

실험) 항체 + 보체 가열후첨가 ① 보체 → 염증반응 ↑ or ② 항체 → 염증반응 ↓

결론) 보체는 열에 약하여 가열시 파괴되며, 보체 + 항체 상호작용해야 염증반응 有

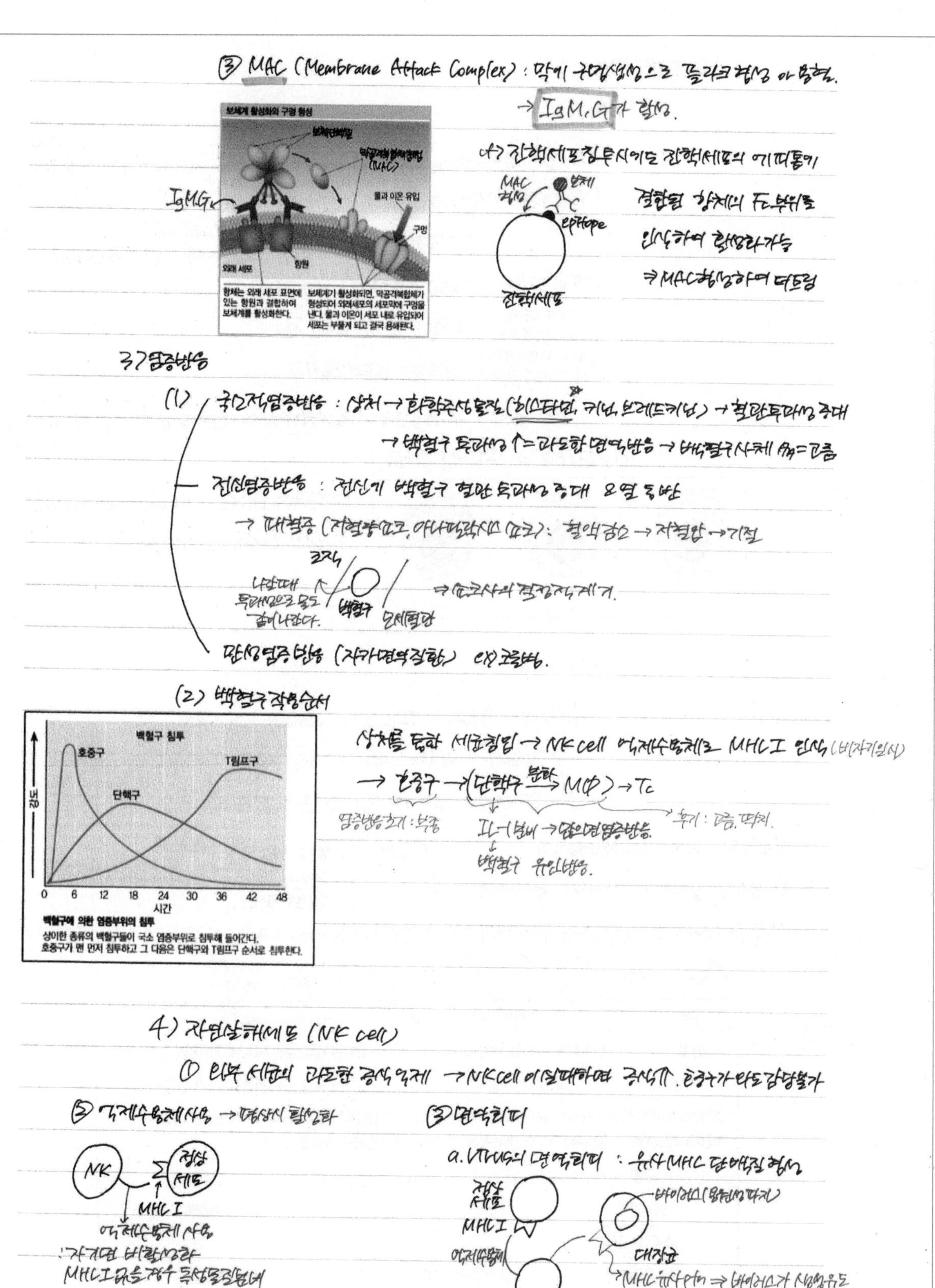
보체계 활성화와 구멍 형성
보체단백질
막공격복합체
물과 이온 유입
구멍
외래 세포
항원
항체는 외래 세포 표면에 있는 항원과 결합하여 보체계를 활성화한다.
보체계가 활성화되면, 막공격복합체가 형성되어 외래세포의 세포막에 구멍을 낸다. 물과 이온이 세포 내로 유입되어 세포는 부풀게 되고 결국 용해된다.
백혈구 침투
호중구
단핵구
T림프구
강도
0 6 12 18 24 30 36 42 48
시간
백혈구에 의한 염증부위의 침투
상이한 종류의 백혈구들이 국소 염증부위로 침투해 들어간다. 호중구가 맨 먼저 침투하고 그 다음은 단핵구와 T림프구 순서로 침투한다.

2. 후천성 면역

1) 개요

- 조혈기관 : 골수 (Bone marrow) 면역에 관여하는 방어세포 형성 < 골수계 / 림프계
- 1차림프기관 : 수용체 부착장소

  면역세포가 교육성을 띄는 장소 < B cell : 골수 / T cell : 흉선(Thymus)
- 2차림프기관 : 성숙된 림프구들의 집결장소

효율적인 방어를 위해 교통의 요지에 있어야 하며, 림프조직이고 혈액도 잘 통한다.
- 비장 : 혈액의 흐름이 주
- 림프절 : 림프의 흐름이 주

cf) 문제에 비장, 림프구 적출하였다 하면 활성화된 B/T 림프구 투여한 것.

(1) 다양성 = 수용체의 다양성

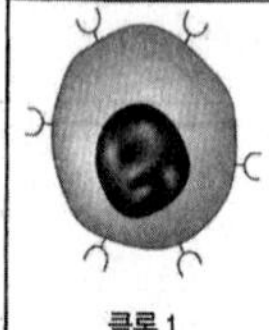
클론 1

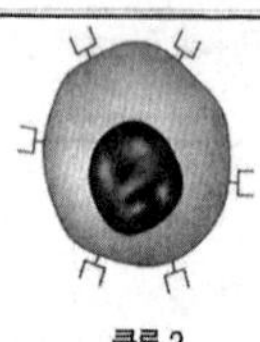
클론 2

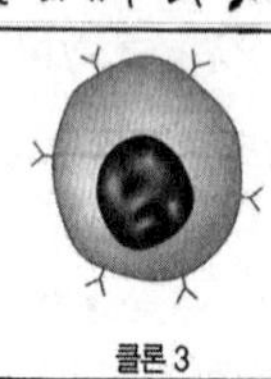
클론 3

대립유전자 배제로 one cell = one receptor
B cell의 다양성으로 다양성 결정

(2) 항원인식

① 항원 : 항원성이 있는 물질, nonself 비자기 물질
- 항원성 : 항체에 의해 인지되는 정도
- 면역원성 : 림프구의 활성을 유발할 수 있는 정도

- 완전항원 : 면역원성 & 반응원성 有
- 불완전항원 (합텐) : 면역원성 X, 반응원성 有
- 에피톱 (epitope) : 항원결정부위. 항체가 결합하는 부위
  하나의 항원에 여러가지 에피톱 有 ∴ 체내 유입시 다중항체 형성

- 합텐 : 항원성 유발물질
  ex) 방향족, 당류 등. 독자적 항원이 될 수 없는 저분자물질
- 운반체 (carrier) : 합텐에게 결합시켜 항원반응 가능하게 하는 ptn
- 보강제 : 면역반응 증가

* 항원성 : 탄수화물 ≒ 단백질
  면역원성 : 탄수화물 < 단백질
  - 단백질은 MHC에 의해 제시되므로 면역원성이 크다.

구분	항원성 (면역원성도 고려하여)	설명
물질	단백질>탄수화물>핵산>지방	단백질 외의 경우 MHC에 항원제시가 불가능
분자량	고분자 > 저분자	고분자의 경우 항원결정소가 안정화됨

* 합텐(hapten)의 경우 저분자성 유기물로 항원성은 높지만 면역원성이 낮기 때문에 Th의 활성을 유발시키는 보강제(adjuvant)와 공동주입시키면 면역원성이 증가되어 면역반응을 유발할 수 있다.

구분	B 림프구	T 림프구
항원인식	입체구조의 항원결정소 인식	MHC-선형펩티드 인식
MHC 요구성	×	o
인식 기능항원	단백질>탄수화물> 지질, 핵산	선형 펩티드(8~12a.a)
hapten-carrier 인지	주로 hapten 인지	carrier 인지

* hapten-carrier를 주입 시 주로 활성화되는 B림프구와 항체는 hapten에 특이적인 것이며, 활성화되는 Th림프구는 주로 carrier 특이적인 것이다.

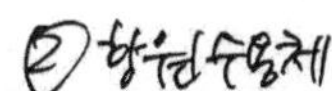

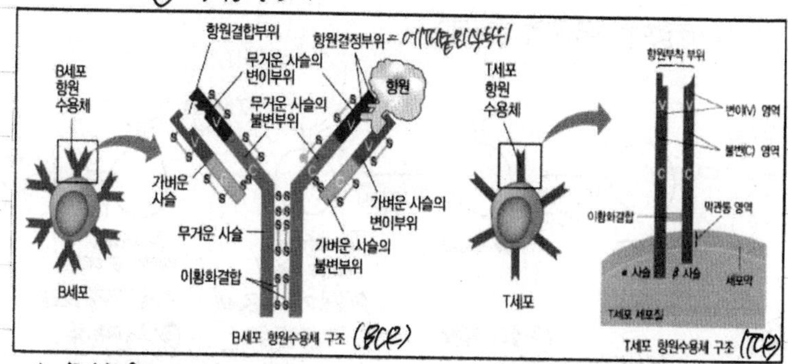

B세포 항원수용체 구조 (BCR)
T세포 항원수용체 구조 (TCR)

a. BCR (B cell Receptor)

-형태 (부착형 → 고정항체 (M.D) 막단백질
 (분비형 → A.G.E

b. TCR (T cell Receptor)

-형태 : 여러 막단백질

③ 항체 : BCR의 분비형태

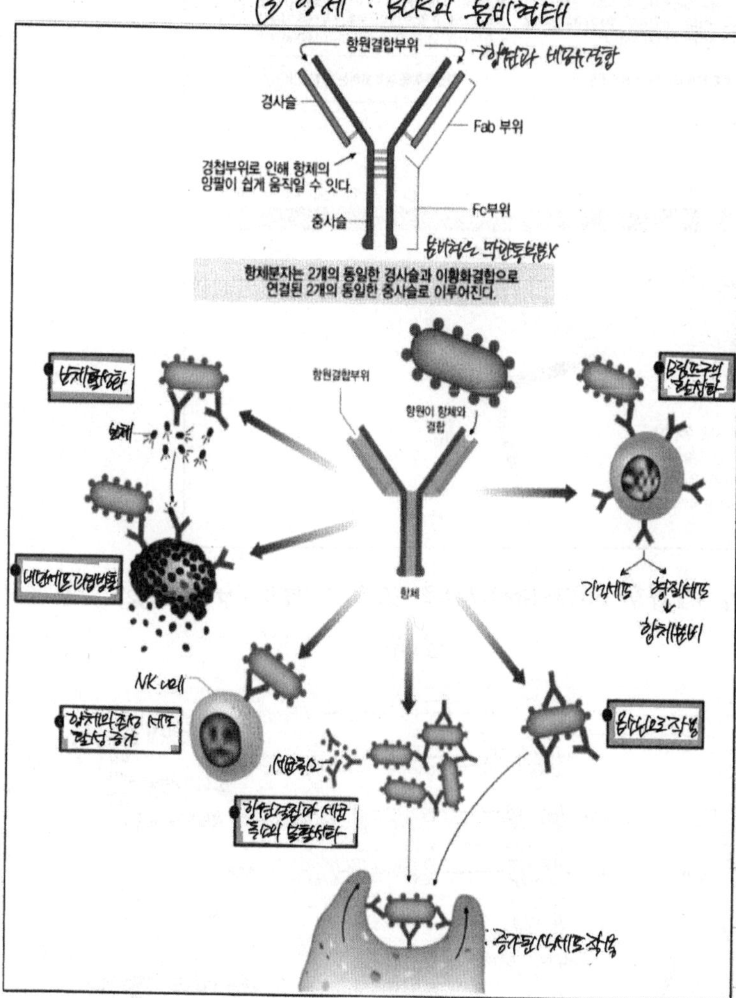

항체분자는 2개의 동일한 경사슬과 이황화결합으로 연결된 2개의 동일한 중사슬로 이루어진다.

a. 항원의 독성 중화 (Masking)

b. 응집 & 침전 } 대식세포의 식세포작용 도움

c. 옵소닌화 → Fc 부위 대식세포가 인식

d. 보체활성화

e. NK cell 활성화

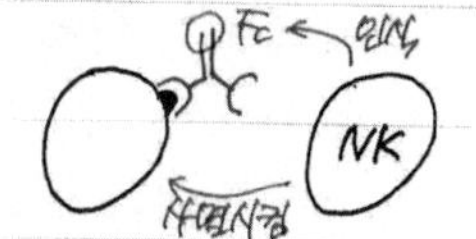

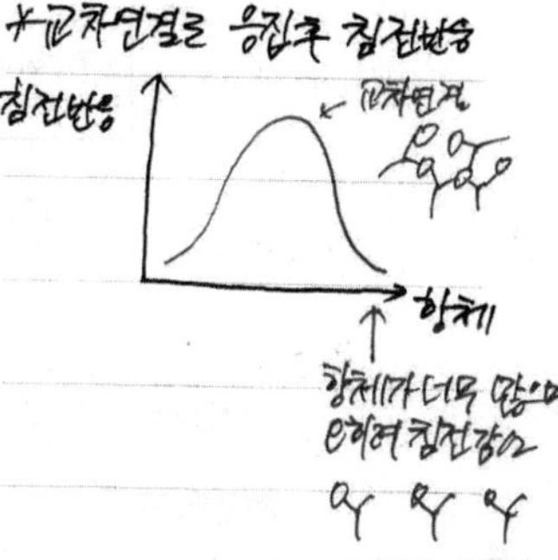

2) 체액성 면역

(1) B림프구 성숙과정 (in 골수)

줄기세포 → 체성재조합 (VDJ) → pro-Bcell → 체성재조합 (VJ) → Immature naive Bcell → Mature naive B cell → IgD부착시 Mature → 2차림프기관 이동

무조건 처음엔 IgM class

줄기세포	pro-Bcell	Immature naive Bcell	Mature naive B cell
		미성숙, 미감작 Bcell	성숙, 미감작 Bcell
	① 중쇄부착	② 경쇄부착	③ IgD부착

골수

나가기전 자기항원성 획득.

(2) 유전자재조합

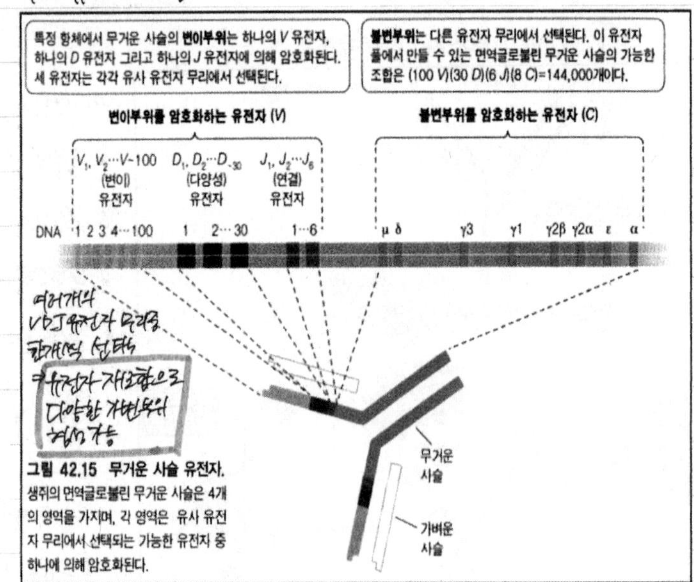

특정 항체에서 무거운 사슬의 **변이부위**는 하나의 V 유전자, 하나의 D 유전자 그리고 하나의 J 유전자에 의해 암호화된다. 세 유전자는 각각 유사 유전자 무리에서 선택된다.
불변부위는 다른 유전자 무리에서 선택된다. 이 유전자들에서 만들 수 있는 면역글로불린 무거운 사슬의 가능한 조합은 (100 V)(30 D)(6 J)(8 C)=144,000개이다.
변이부위를 암호화하는 유전자 (V)
불변부위를 암호화하는 유전자 (C)
$V_1, V_2 \cdots V\text{-}100$ (변이) 유전자
$D_1, D_2 \cdots D_{-30}$ (다양성) 유전자
$J_1, J_2 \cdots J_6$ (연결) 유전자
DNA 1 2 3 4⋯100 1 2⋯30 1⋯6 μ δ γ3 γ1 γ2β γ2α ε α
무거운 사슬
가벼운 사슬
여러개의 VDJ유전자 무리중 한개씩 선택
→ 유전자 재조합으로 다양한 가변부위 형성 가능

그림 42.15 무거운 사슬 유전자. 생쥐의 면역글로불린 무거운 사슬은 4개의 영역을 가지며, 각 영역은 유사 유전자 무리에서 선택되는 가능한 유전자 중 하나에 의해 암호화된다.

① 체성재조합후 mRNA 대체가공으로 IgM, D 형성 (첫번째 BCR)

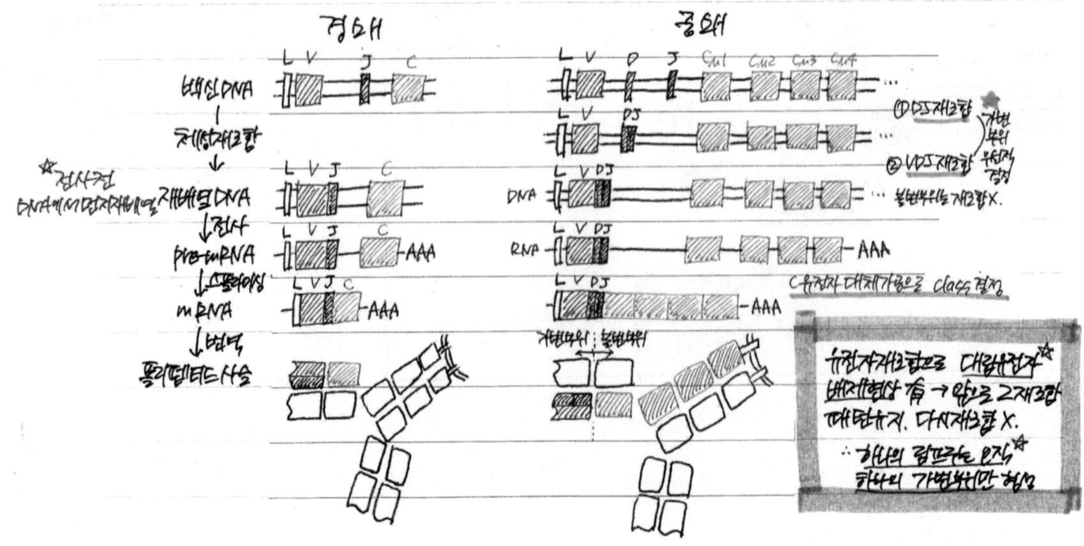

② IgM 결정후 DNA 재조합으로 불변부위 class switching

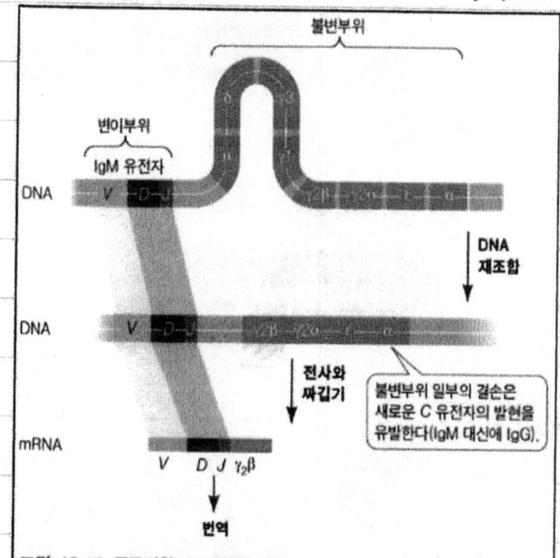

그림 42.17 종류전환: C 부위의 교환. *V, D, J* 그리고 *C* 유전자가 연결되어 형성된 초유전자(그림 42.16 참고)는 나중에 변형되어 다른 C 부위가 전사되도록 한다. 종류전환으로 알려진 이 변형은 불변부위의 유전자 무리 일부가 결손되면서 일어난다. 여기서 보여주는 것은 IgM에서 IgG로 종류전환이다.

∴ 한번 결정된 class는 바뀌지 않는다

IgM, D → IgA (점막) / IgG (혈액) / IgE (조직) 단일 class 결정

⇒ Fc유전자 삭제되도 Fv유전자는 영향X. ∴ 항원특이성은 동일

* 항체형성 기작

B,T cell 모두수행 ← a. 유전자재조합(=체성재조합) : 집합적 다양성 획득가능.

B cell만 수행 {
b. 체성과변이 = 친화도성숙
: B cell 항원접촉시 VJ or VDJ 개개 뉴클레오티드 중 일부교체
: 더욱 결합력 높은 항체만들어짐 → B cell 증식 활성
c. 클래스변환

* 자기관용성 획득기작.

- 자기항원인식 림프구 배제 → 자가면역 질환방지 { ① 편집 ② 무력화 → 수용체제거 ③ 예정사

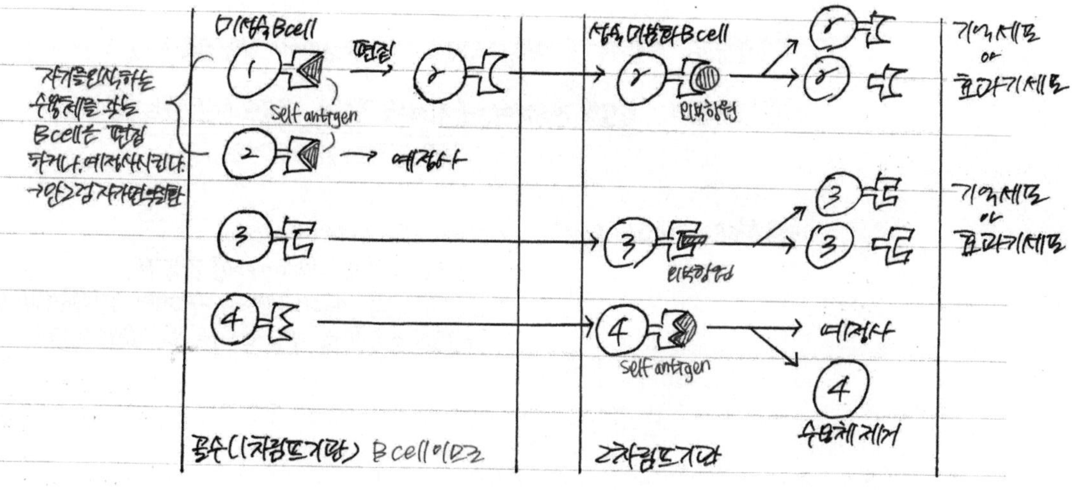

(3) 클론선택

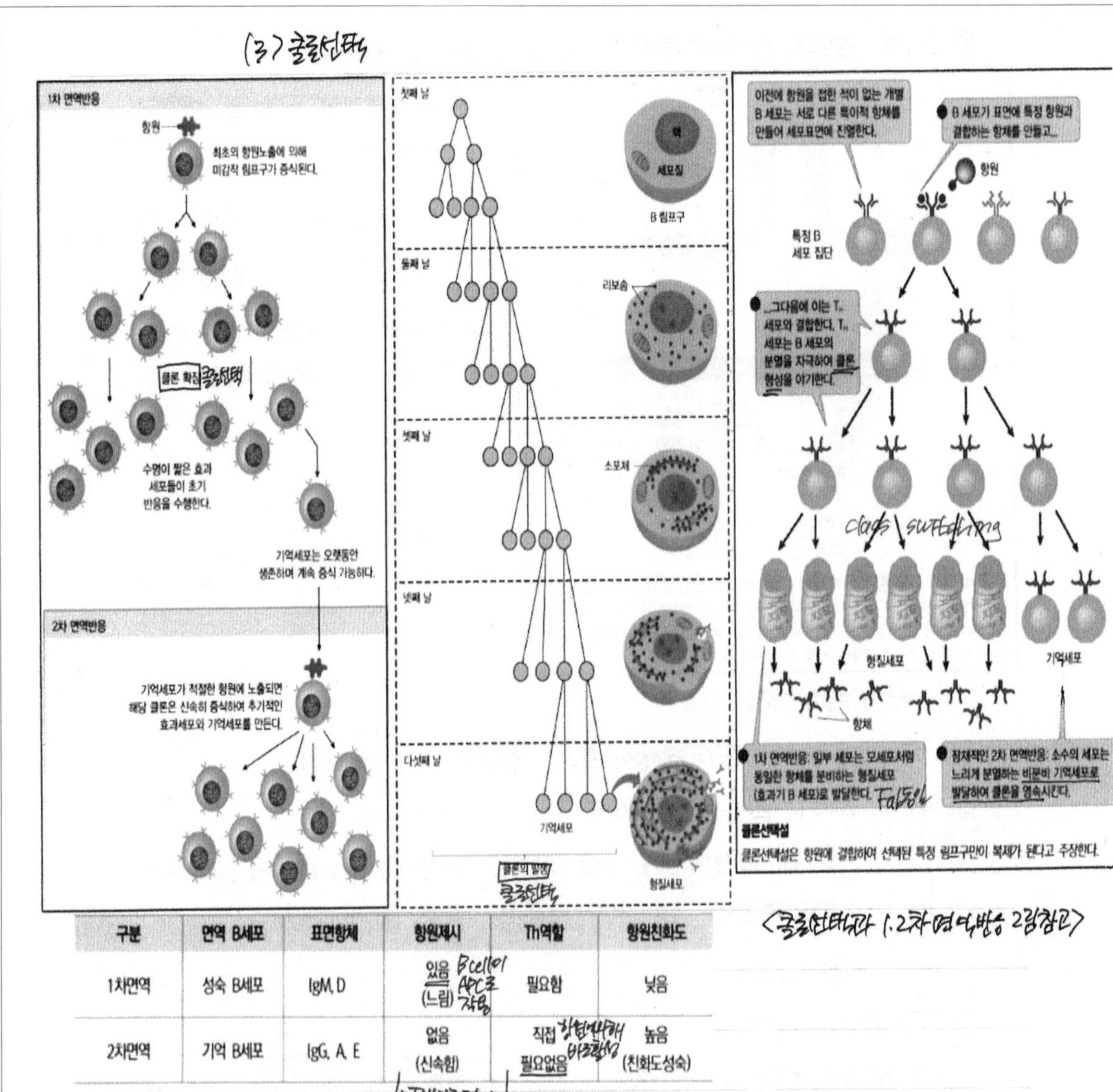

<클론선택과 1.2차 면역반응 그림참고>

구분	면역 B세포	표면항체	항원제시	Th역할	항원친화도
1차면역	성숙 B세포	IgM, D	있음 (느림) B cell이 APC로 작용	필요함	낮음
2차면역	기억 B세포	IgG, A, E	없음 (신속함)	직접 항원에 의해 바로활성 필요없음	높음 (친화도성숙)

↳ T비의존적 ↵

: 특정항원과 결합가능한 항원수용체를 지닌 B cell이 항원결합 시 해당 B cell의 분열을 자극하여 유전적으로 동일한 클론을 생성하는 것.
↳ 필요한 림프구만 선택적 증식가능.

: 클론선택 가설의 4원칙
- one cell = one receptor
- 수용체가 항원부착되어야만 작동가능.
- 효과기 세포는 원래 림프구의 수용체와 동일한 수용체(항체)가
- 자기인식 수용체를 가진 림프구는 초기단계에서 파괴

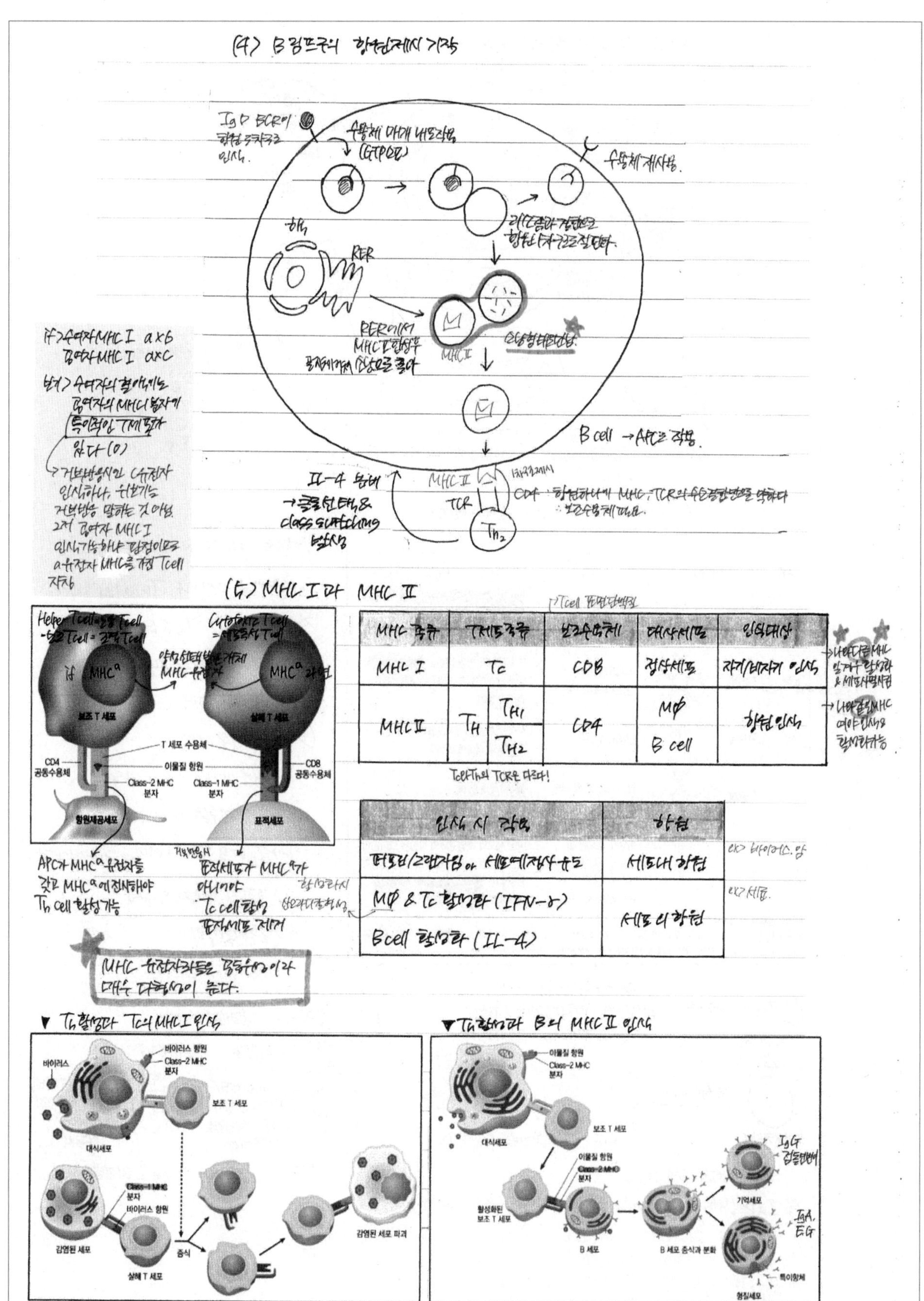
(4) B림프구의 항원제시 기작
RER
B cell → APC로 작용.
IL-4 분비
TCR
CD4
MHCⅡ
(5) MHC Ⅰ과 MHC Ⅱ
MHC 종류 | T세포 종류 | 보조수용체 | 대상세포 | 인식대상
MHC Ⅰ | Tc | CD8 | 정상세포 | 자기/비자기 인식
MHCⅡ | TH (TH1, TH2) | CD4 | Mφ, B cell | 항원 인식
인식 시 작용 | 항원
퍼포린/그랜자임 or 세포예정사 유도 | 세포내 항원
Mφ & Tc 활성화 (IFN-γ) | 세포 외 항원
B cell 활성화 (IL-4) | 세포 외 항원
MHC 유전자좌들은 공동우성이라 매우 다형성이 높다.
보조 T 세포
살해 T 세포
T 세포 수용체
이물질 항원
CD4 공동수용체
CD8 공동수용체
Class-2 MHC 분자
Class-1 MHC 분자
항원제공세포
표적세포
▼ Th 활성화 Tc의 MHCⅠ인식
바이러스
바이러스 항원
대식세포
감염된 세포
증식
감염된 세포 파괴
▼ Th 활성화 B의 MHCⅡ 인식
활성화된 보조 T 세포
B 세포
B 세포 증식과 분화
기억세포
형질세포
특이항체
IgG

*MHC I과 II의 항원결합장소

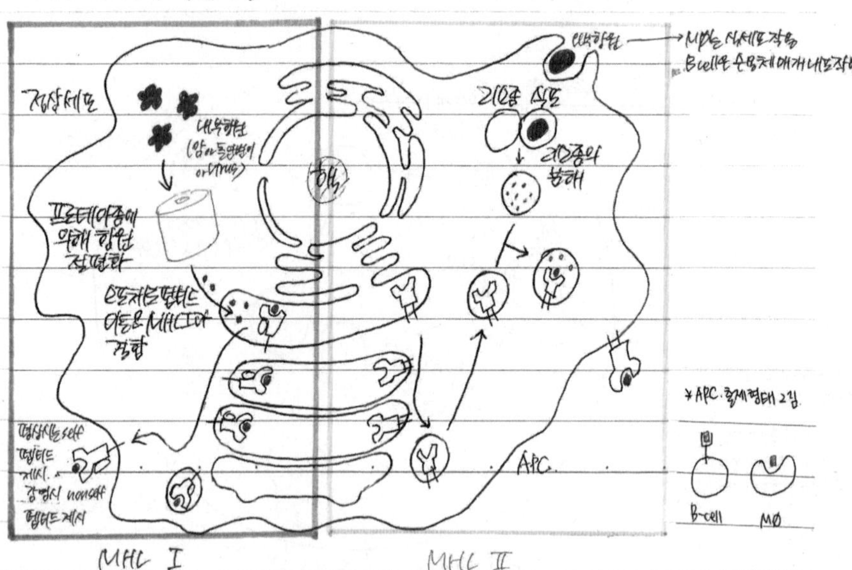

외부항원 → MØ는 식세포작용, B cell은 수용체매개내포작용

*APC: 총세형태 2종.

B-cell MØ

MHC I MHC II

(6) class switching. 클래스변환.

| 항체의 종류 |

종류	일반구조		위치	기능
IgG	단량체		혈장에 녹아 있음, 순환하는 항체의 80%	1차 및 2차 면역반응에서 가장 풍부한 항체, 태반을 통과하여 태아에게 수동면역을 제공
IgM	오량체		B 세포의 표면, 혈장에 녹아 있음	B 세포막의 항원수용체, 1차 면역반응 동안 B 세포에서 방출되는 첫 번째 종류의 항체
IgD	단량체		B 세포의 표면	성숙한 B 세포의 세포표면 수용체 B 세포의 활성화에 중요
IgA	이량체		침, 눈물, 젖 및 다른 몸의 분비물	점막 표면을 보호. (상피세포에 병원체가 붙는 것을 차단) 중화만 가능
IgE	단량체		피부와 소화관 및 호흡기에 나열된 조직에 있는 형질세포에서 분비	비만 세포와 호염구와의 결합은 그다음의 항원 결합을 민감하게 하고, 이는 염증과 일부 다른 알레르기 반응에 기여하는, 히스타민의 분비를 촉발한다.

항체의 종류와 특징
항체의 불변부위(Fc)는 B세포의 세포막에 결합되어 항원수용체(BCR)로 작용하거나 체액 또는 체외로 분비되어 항원을 제거하거나 응집시키는 기능에 따라 크게 5가지 class로 구분된다.

M.G class만 항체로서 면역작용이 D→부착형 A→중화 E→알레르기 이므로

: B세포는 초기분화시 발현항체는 IgM.D이나 항체나 Th cell의 자극으로 (IL-4) Ig A.G.E의 다른 클래스로 발현가능.

* class별 추가설명

① Ig G.(분비형)

i) 태아기에게 항체발현시

→ IgM일 경우 → 아기꺼

→ Ig G일 경우 → 아기 or 엄마꺼 넘어감?

ii) 축적시 만성면역 유발

iii) 보체활성화

- MAC형성 & 옵소닌화

② IgM (부착형) : 급성면역 (선천성면역) 담당

(→ 그람음성균 일차방어의 의지)

→ T cell 비의존적 ∴ IL-4와 무관

항원의 직접인식

ex) LPS

항원인식시 → 방사 → J-chain으로 5량체형성 → 고효율. 중화.

초기부착형

- 보체활성화 MAC형성

③ IgD (부착형) : only 부착형. BCR (수용체매개내포)

④ IgE (분비형) : 알레르기유발

i) 첫번째 알레르겐노출 ii) 두번째

allergen

IgE 비만세포/ 호염구가 쥐어준다 → 그다음항원결합을 민감하게함

비만세포

이합체로 비만세포! 알레르기 반응촉진 ex) 알레르기 아토피

"감작" "Type I 과민반응"

cf) 기억세포 : B cell = 돌연변이 IgG / T cell = 골수 & 장기이식에서만 발생

→ 항원결합시 이미 class 결정되어있으므로 Th와의 상호작용 필요X

IgG부착형 바로 자가활성화되어 면역가능.

B cell

3) 세포성 면역

(1) T림프구의 성숙과정

[T cell 전구체 (in 골수)] —검출X, 수용체X이므로 그냥통과→ [TCR α, β / CD4, 8 모두부착 (in 흉선)] CD4+ CD8+ 상태 → 면역교육 (+) 양성선택, (−) 음성선택 → 자가면역을 방지하기 위한 최적한 통제

(+)선택: 흉선상피세포에 어떠한 MHC분자가 발현되는지가 중요 ⇒ 선택받아야 산다

① 양성선택 (in 흉선피질 by 상피세포)

: T cell의 특정클론을 선택하여 세포사멸에서 벗어나게 하는 것.

: 클론선택은 CD4+ CD8+ 세포단계에서 획득한 TCR 특이성(MHC I/II)에 기초하여 시행

⇒ TCR이 흉선상피세포의 자가 MHC와 결합활성이 있는경우 양성선택

TCR → MHC I 인식 → CD4억제, CD8선택 → CD4− CD8+ → Tc

TCR → MHC II 인식 → CD4선택, CD8억제 → CD4+ CD8− → Th

추가검증단계가 없다면 자가면역질환

(−)선택: MHC자극에도 반응 → 더욱더 적합한 검출 ⇒ 선택받으면 죽는다.

② 음성선택 (in 흉선수질 by 수지상세포 → MHC I & II 존재)

⇒ 자가 MHC에 너무 강하게 결합할 경우 apoptosis

Positive selection	Negative selection
T 약하게 결합X → 세포사 T 약하고 강한결합 → Tc, Th 생존	T 강한결합 → 세포사 T 약한결합 → 생존

ex) (+)선택: 방사선조사된 MHC^a 쥐에게 MHC$^{a\times b}$의 골수를 이식.

흉선상피세포 MHC a 만 발현 / 흉선에서 (+)선택시 MHC a 인식 T cell만 생존

(−)선택: 방사선조사된 MHC^a 쥐에게 MHC$^{a\times b}$의 골수를 이식.

수지상세포는 MHC a & b 모두발현 ∴ MHC a, b와 강하게 반응하는 것 모두제거

ex) 세포분석

CD8 ↑ / CD4 →: Tc (CD8+), ++ 흉선피질 내의 T cell (CD4+ CD8+), DN (CD4− CD8−), Th (CD4+)

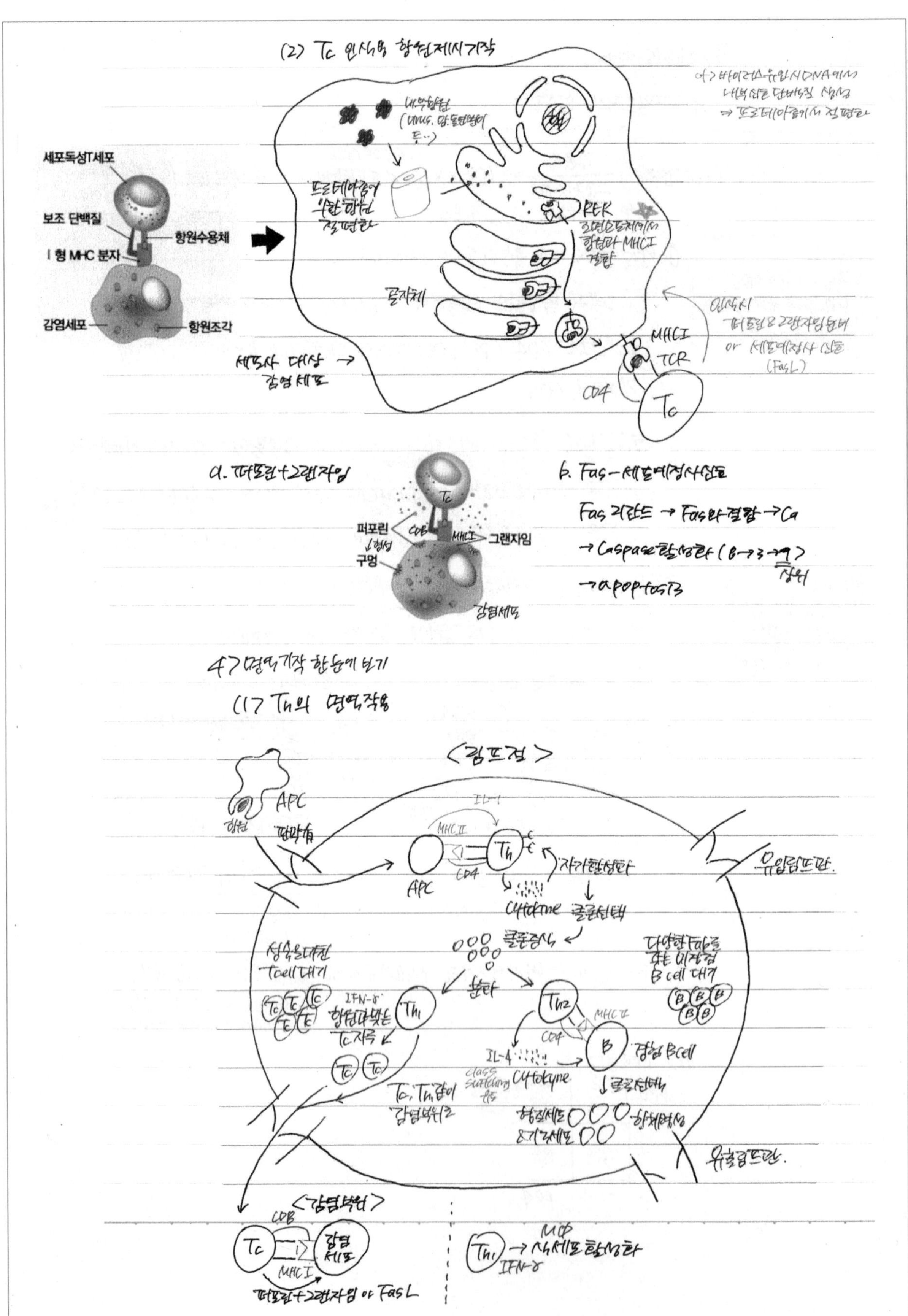

(2) Tc 인식용 항원제시기작
세포독성T세포
보조 단백질
항원수용체
Ⅰ형 MHC 분자
감염세포
항원조각
RER
골지체
MHCI
TCR
CD4
Tc
a. 퍼포린+그랜자임
퍼포린
형성
구멍
그랜자임
감염세포
b. Fas-세포예정사신호
Fas 리간드 → Fas와 결합 → Ca
→ Caspase 활성화
4) 면역기작 한눈에 보기
(1) Th의 면역작용
<림프절>
APC
IL-1
MHC II
CD4
Th
자기활성화
cytokine
클론선택
클론증식
분화
Th1
Th2
IFN-γ
IL-4
B
유입림프관
유출림프관
<감염부위>
CD8
MHC I
감염세포
퍼포린+그랜자임 or FasL
Th1 → 식세포 활성화
IFN-γ

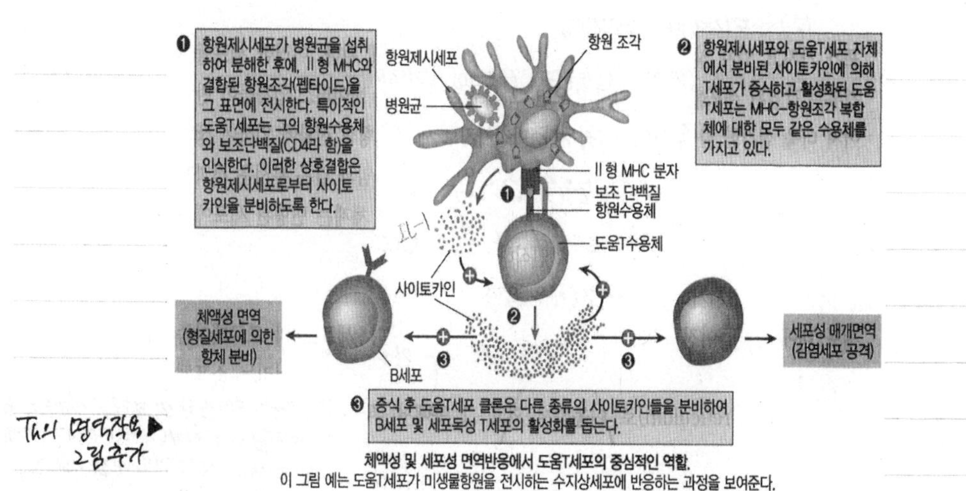

체액성 및 세포성 면역반응에서 도움T세포의 중심적인 역할.
이 그림 예는 도움T세포가 미생물항원을 전시하는 수지상세포에 반응하는 과정을 보여준다.

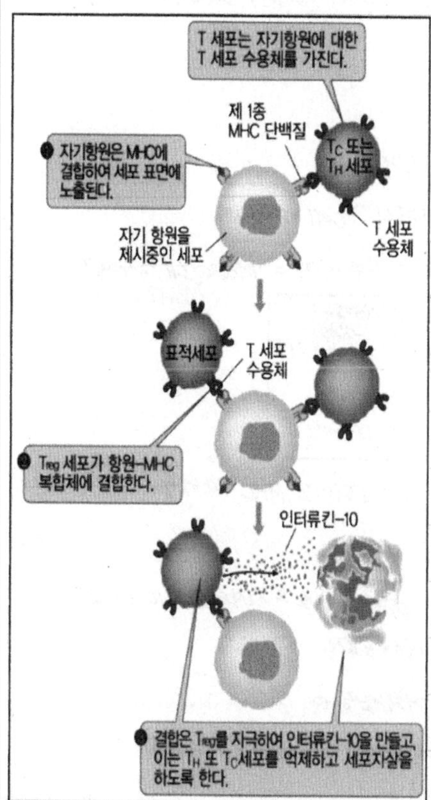

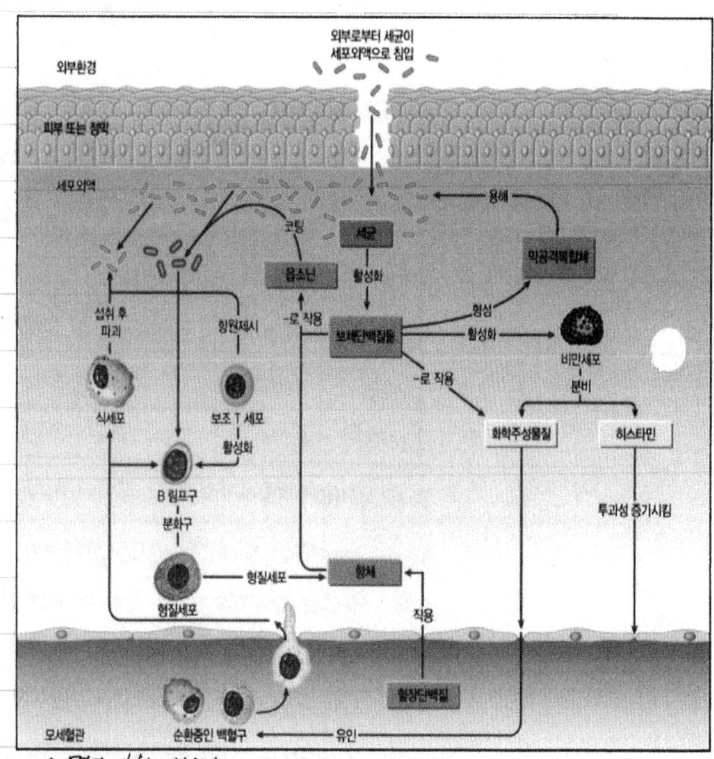

조절 T 세포(regulatory T cells (Tregs))는 면역계를 조절하는T 세포 들 중 한 집단으로, 자가항원에 대한 관용을 유지하고 자가면역 질병을 없앤다. 과거에는 억제 T 세포(suppressor T cell (Ts))라 알려졌다. 이 세포들은 일반적으로 효과 T 세포(effector T cell)의 유도와 확산을 억제하거나 하향조절한다. 추가적인 조절 T 세포인 Treg17 세포가 최근에 확인되었다. 생쥐 모델 실험에서 조절 T 세포의 조절은 자가면역질환과 암을 치료할 수 있으며, 장기이식을 용이하게 할 수 있다고 제안되었다.

5) 능동면역과 수동면역

① 능동면역 : 약독화된 생백신, 기억세포

② 수동면역 : 항체직접주입.

ex) 모유를 통한 IgA공급, 면역혈청주사

ex) 태반을 통한 IgG전달

→ 적아세포증

엄마 Rh⁻ ─ 아빠 Rh⁺

첫째 Rh⁺ : 적혈구는 태반 통과불가 ∴ 첫째는 문제X.
첫째 출산시 혈액이 섞이면서 모체에 Rh+항체 형성 기억세포 형성

둘째 Rh+ 일시 IgG 다량체 태반통과하여 공격

cf) 약 Rhogam → Rh+(D항원) 제거

6) 이식과 거부반응.

a. 장기이식거부

: 수여자의 Tcell이 주체

⇒ 공여된 장기를 공격 = "이식거부"

b. 골수이식거부

: 공여자의 Tcell이 주체

⇒ 수여자를 공격 = "이식편대 숙주병" (GVH : Graft verses Host dz)

공여자	수여자	거부반응		거부반응의 주체
		골수이식	장기이식	
$MHC^{a \times b}$	MHC^{a}	① X	② O	Th₁ (IFN-γ 분비)
MHC^{a}	$MHC^{a \times b}$	③ O	④ X	

cf) NK cell → MHC I의 유무만 확인 ∴ GVH 관여X

Tc cell → MHC I의 유무 및 종류까지 확인 ∴ GVH의 주체.

⇒ ① MHC a, b 인식가능 Tcell 골수에서 형성 → 혈관상피세포 MHC a만 발현

∴ MHC a 인식 Tcell만 영향선택. ∴ 거부 X.

⇒ ② MHC a 인식가능 Tcell 골수에서 형성 → 혈관상피세포 & 정상세포 MHC a, b 발현

∴ MHC a 인식 Tcell이 MHC b를 가진 정상세포공격 ∴ 거부 O

⇒ ③ 내몸에 없던 MHC b를 가진 장기가 들어오므로 거부반응 O

⇒ ④ 내몸에 있는 MHC a만 발현하는 장기가 들어오므로 거부반응 X.

* 동종이형 이식편 거부반응 실험.

MHC에 불일치가 있는 마우스들 사이에서 피부이식편의 생존곡선을 통하여, 동종이식편 거부반응에서 CD4+ T 림프구와 CD8+T 림프구의 역할을 볼 수 있다.

피부생존률 / 대조군(정상면역) / CD4, CD8 모두 제거시 생존기간 극적 연장 / 15일, 30일, 60일 / 일수 / CD8(Tc) 없는건 차이 X / CD4(Th) 제거시 30일까지 증가

결론 ① Th₁이 거부반응의 major

② Th₁와 Tc의 상호협력 有

→ Th₁이 Tc를 활성화시킨다는 도출가능

Th₁ —IFN-γ→ Tc

■ 일차 및 이차 동종이식편 거부

1) B품종 생쥐는 A품종 생쥐의 이식편을 일차반응 양상으로 거부한다.
2) 이전에 A품종 생쥐의 이식편을 받아 감작된 B품종 생쥐가 A품종 생쥐의 이식편을 재차 받을 경우 이차 반응 양상으로 이식편을 거부하며, 이는 기억현상을 의미한다.
3) A품종 생쥐의 이식편을 거부한 B품종 생쥐의 림프구를 취하여 다른 B품종 생쥐에게 주사할 경우 이 생쥐는 A품종의 이식편을 이차반응 양상으로 거부한다.
4) 이 실험 결과는 이식거부가 기억현상 및 적응면역의 특징을 가지고 있음을 나타낸다. 이 현상은 이식거부 매개와 기억현상에 있어서 림프구의 역할이 중요함을 나타낸다.
5) 이전에 A품종 생쥐의 이식편을 받은 B품종 생쥐가 다른 품종생쥐의 이식편을 받으면 일차반응 양상으로 거부를 일으킨다. 따라서 이것은 적응면역성의 또 다른 특징인 특이성을 의미한다.
6) 동계이식편은 전혀 거부되지 않는다.

(7) 면역이상

(1) 과민반응

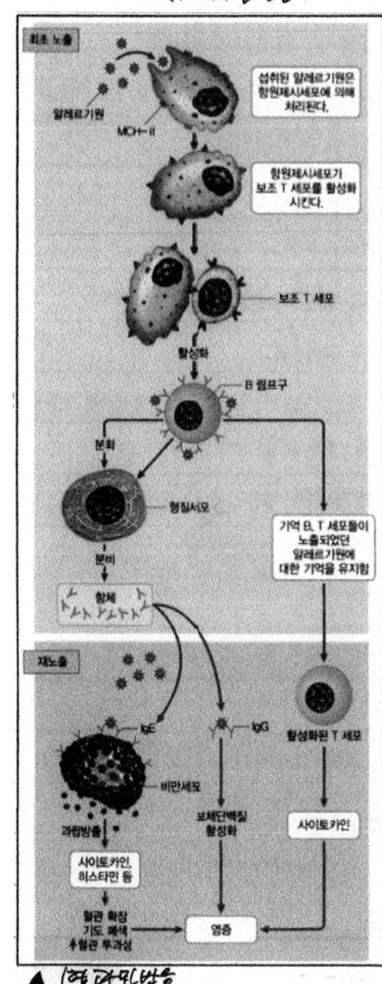

▲ 1형 과민반응

과민반응의 유형	원인	증상
제1형 즉시형 과민반응	IgE 매개성 알레르기 반응	호염구 및 비만세포의 과다활성화로 히스타민, 지질매개자, 사이토카인의 과다분비
제2형 항체 매개성 과민반응	자가항원에 대한 IgG의 반응	자기 세포의 손상 (항체 매개성 자가면역 질환)
제3형 면역복합체 매개성 과민반응	항원-항체 복합체의 과다한 형성	보체의 과다활성의 호중구 및 대식세포의 비특이적 방어기전에 의해 조직의 염증유발
제4형 세포 매개성 과민반응	자가항원에 대한 T세포의 반응	식세포의 화학주성, 자기세포 용해, 염증 등 (T세포 매개성 자가면역 질환)

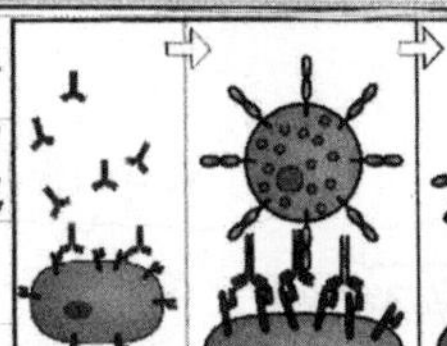

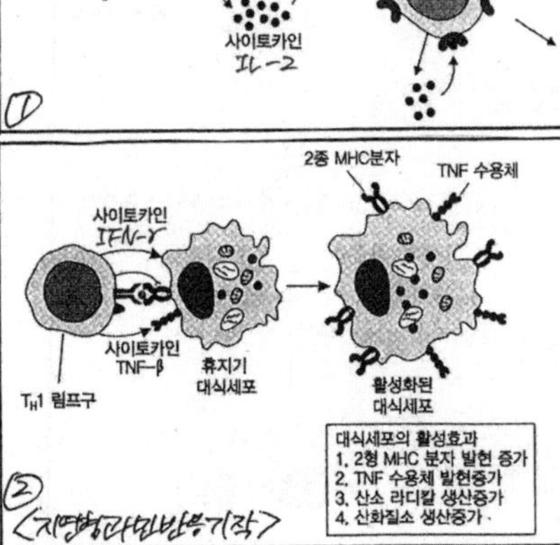

2종 MHC분자
TNF 수용체
사이토카인
사이토카인
TNF-β
TH1 림프구
휴지기
대식세포
활성화된
대식세포

대식세포의 활성효과
1. 2형 MHC 분자 발현 증가
2. TNF 수용체 발현증가
3. 산소 라디칼 생산증가
4. 산화질소 생산증가

(2) 자가면역질환.

질병	항체와 표적
그레이브스병(갑상샘항증증)	갑상샘 세포상의 갑상샘자극호르몬 수용체
중증근무력증	운동신경 말단의 아세틸콜린 수용체
류머티즘성 관절염	콜라겐
전신홍반루푸스	세포 내부 핵산-단백질 복합체

항체매개성 → 자가항체 생산으로 발생되는 만성염증성질환.

질병	항체와 표적
인슐린 의존성 당뇨병	이자 베타세포의 항원
다발성 경화증	중추신경계 뉴런의 미엘린

T세포매개성 → T가 수초파괴 ∴전류누출. 근수축X.

(3) 면역결핍.

① 선천성
- SCID 마우스 → 골수조혈모세포 이상
  - ↳ ex) BCR·TCR생성에 관여하는 recombinase 유전 이상으로 VJ, VDJ 재조합 불가. ∴ 그렇게 항체가 X.
- Nude 마우스 → 흉선이상
  - ↳ ex) 흉선이상으로 T cell 정상 발달불가

→ 흉선, 조혈모세포 전달 시 각각 정상화 가능.

② 후천성. → AIDS

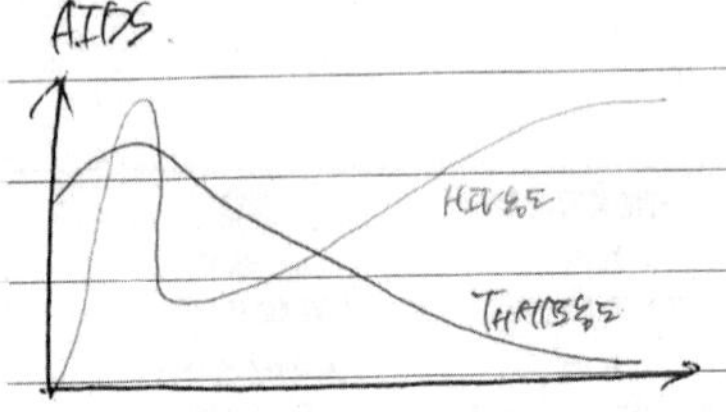

AIDS
HIV농도
TH세포농도

면역세포 감소 → 면역결핍

(4) 면역관련 실험법

① 면역분석법 : 적은농도의 미지시료 농도측정가능

항체와 결합한 표지된 Hr 양
표지되지않은 Hr 첨가농도
방사성 표지된 Hr
혈액내 Hr
시험관에 항체부착

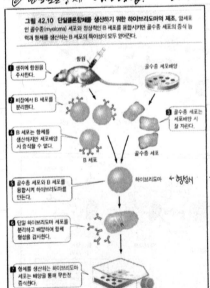

미지시료농도클수록 표지량↓. 방사성량↓ 정량가능

② 단일클론항체 형성 방법. : B세포 + 골수종세포 융합 = 하이브리도마 세포 → 항체 형성 & 무한증식.

그림 42.10 단일클론항체를 생산하기 위한 하이브리도마의 제조. 암세포인 골수종(myeloma) 세포와 정상적인 B 세포를 융합시키면 골수종 세포의 증식 능력과 항체를 생산하는 B 세포의 특이성이 모두 얻어진다.

항원
골수종 세포배양
1 생쥐에 항원을 주사한다.
2 비장에서 B 세포를 분리한다.
3 골수종 세포는 세포배양 시 잘 자란다.
4 B 세포는 항체를 생산하지만 세포배양 시 증식할 수 없다.
B 세포
골수종 세포
5 골수종 세포와 B 세포를 융합시켜 하이브리도마를 만든다.
하이브리도마
6 단일 하이브리도마 세포를 분리하고 배양하여 항체 형성을 검사한다.
7 항체를 생산하는 하이브리도마 세포는 배양을 통해 무한정 증식한다.

하이브리도마 ← 형성시 폴리에틸렌 글리콜 처리

추가) Cytokines.

IFN-γ
CD4
대식 — MHC II TCR — Th1 → Tc
IL-1
↓ IL-2
B 증식, 분열.

IL-4 : B cell class switching
CD4
B — MHC II TCR — Th2
cytokine
: B cell 증식, 분열.

i) 병원체 침입 시, 단핵구(대식세포) —IL-1→ NK cell, 백혈구 유입, Mφ 자극.

ii) Th_2 —IL-4→ B cell 분화 (class switching) 활성화.
  —□→ B cell 분열 자극

iii) Mφ —IFN-α,β (→ IFN-I형)→ 백혈구 유입 (antivirus)

iv) Th_1 —IFN-γ (→ IFN-II형)→ Mφ 자극 ⇒ [illegible] 형성 & [illegible] 면역 (염증반응)/활성화
  —IL-2→ B cell 분열 자극.

PART 36~37. 배설계

<포인트>.

1. 배설계의 구조
2. 오줌형성과정
  - 근위세뇨관 - 삼투기평형
  - 헨레고리 상하행지
  - 원위세뇨관 - 알도스테론
  - 집합관 - 삼투기평형
3. 여과
  - GFR 조절 *출혈과 탈수
  - GFR 구하기 *신역치
  - GFR vs 청소율
4. 배뇨
5. 배설 H
  - ADH
  - RAAS
  - ANP

1. 개요. (그냥 읽고 넘기기)

(1) 배설계의 역할
- 노폐물제거
- 삼투압조절 (농도조절)
  - ADH : H_2O 조절, 없으면 아쿠아포린 형성
  - 알도스테론 : 무기염류조절, Na^+K^+ pump 활성
- 혈압조절의 기능
  - 수입세동맥
  - 수출세동맥
- 조혈 - EPO (적혈구). cf) TPO (간에서생성) CSF (백혈구도소로생성)

cf) 물이 희박한 곳에 사는 캥거루쥐는 주로 대사수 이용.

(2) 영양소별 노폐물
① 탄수화물 : CO_2, H_2O
② 지질 : CO_2, H_2O
③ 단백질 : CO_2, H_2O, NH_3
  - CO_2, H_2O: 호흡을 통해 방출
  - NH_3: 오르니틴 회로를 통해 방출

(3) 신장의 역할 : 후복막에 위치 (등쪽) [피질 / 수질]
- 오줌을 통한 요소제거, H_2O, Na^+를 이용한 삼투조절, 혈압조절 (레닌, RAAS)

(4) 환경별 배설조절
해수어 : 농축된 소량의 오줌
담수어 : 희석된 다량의 오줌
알바트로스 (바닷물 마시는 갈매기) : 농축된 염곳을 분비

(5) 질소노폐물
① 단백질 섭취로 인해 NH_3 생성.
② 처리 :
  - 어류 : NH_3로 배설
  - 포유류 : NH_3 →(ATP → AMP, 오르니틴회로) 요소 (친수성) $H_2N-CO-NH_2$
  - 조류 : 요산 (소수성) → PART 8 참고

cf) 요산은 구아닌과 비슷. → 인간도 다량의 구아닌 (맥주) 섭취로 체내 요산농도↑, 관절에 결정형태로 쌓고 통풍유발

(6) 배설계 구조

: 2동맥 사이에 모세혈관 有

⇒ "사구체" (방경↓ 혈압↑ / 단층편평상피) ∴여과↑

사구체

여과

수입소동맥 수출소동맥

2. 네프론 (=신단위)

1) 구성: 사구체 + 보먼주머니 + 세뇨관

피질네프론 : 필터기

수질네프론 : H_2O보존 → 소변농축

2) 소변 형성과정 : 여과 → 재흡수, 분비 → 배설

① 혈관을 통한 흐름

: 신동맥 → 수입세동맥 → 사구체(여과) → 수출세동맥 → 신정맥

② 요관을 통한 흐름 → 점점농축

: 보먼주머니 → 근위세뇨관 → 헨레고리 → 원위세뇨관 → 집합관 → 신우 → 수뇨관 → 방광

| 네프론을 따른 부피와 삼투몰 농도의 변화 |

네프론에서의 위치	액체의 부피	액체의 삼투몰 농도
사구체낭	180L/일	300 mOsM
근위세뇨관 말단	54L/일	300 mOsM
헨레고리 말단	18L/일	100 mOsM
집합관 말단(최종 오줌)	1.5L/일(평균)	50~1,200 mOsM

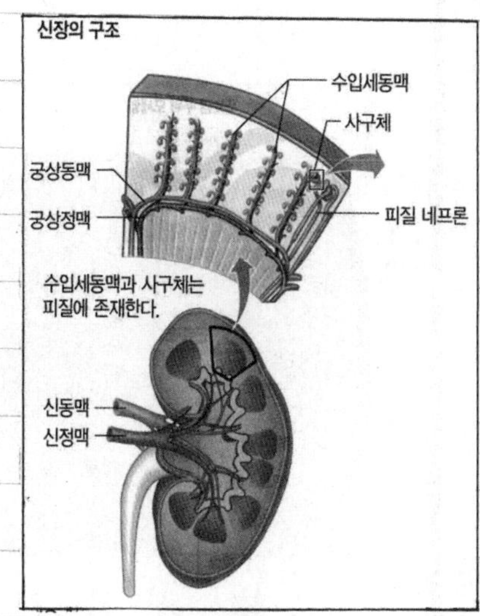

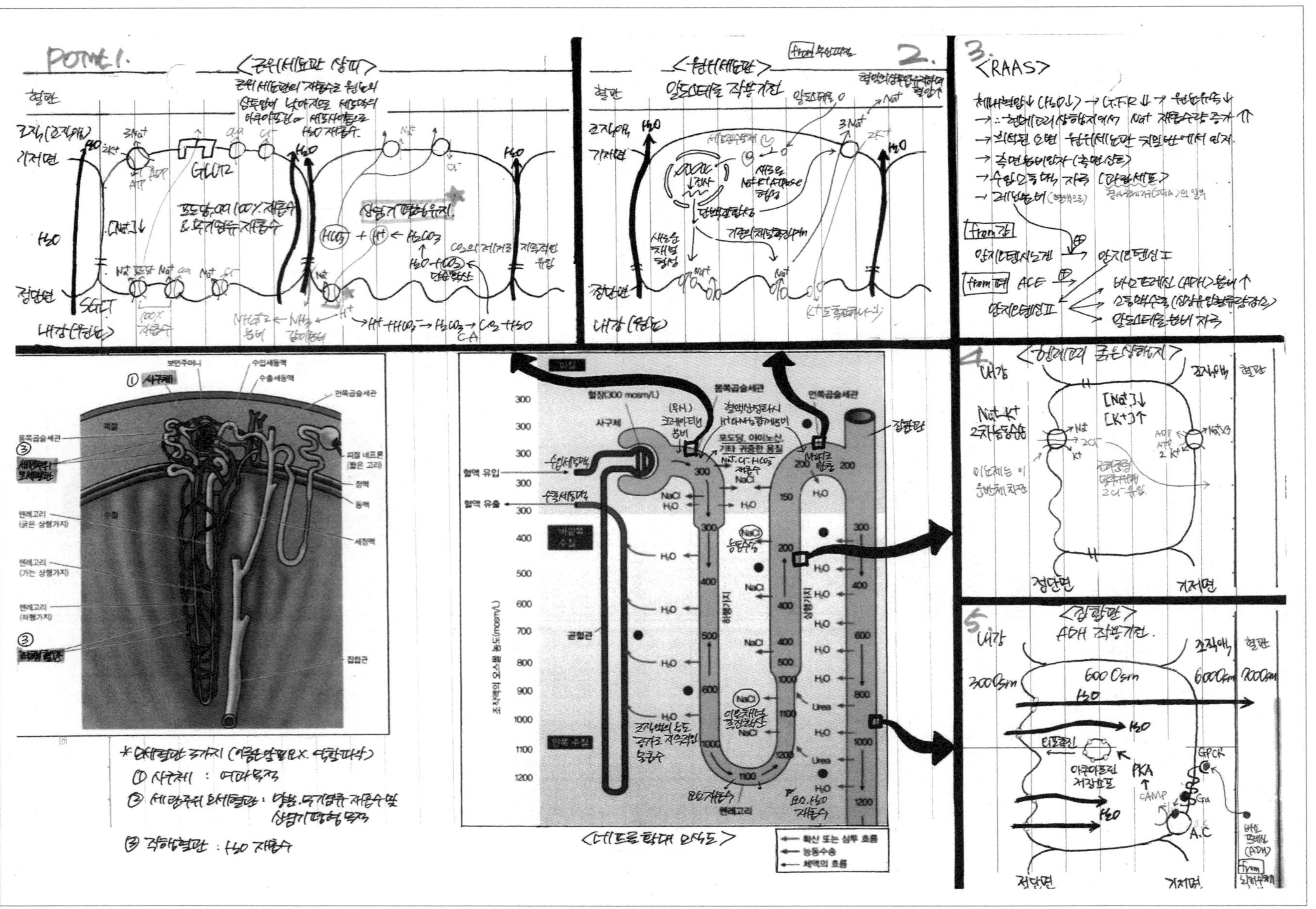

POINT 1.
<근위세뇨관 상피>
2.
<원위세뇨관>
알도스테론 작용기전
3.
<RAAS>
4.
<헨레고리 굵은상행지>
5.
<집합관>
ADH 작용기전.
<네프론 확대 모식도>
확산 또는 삼투 흐름
능동수송
체액의 흐름
사구체
몸쪽곱슬세관
먼쪽곱슬세관
헨레고리
집합관
혈액 유입
혈액 유출
피질
바깥쪽 수질
안쪽 수질
조직액의 오스몰 농도(mosm/L)
혈장(300 mosm/L)
포도당, 아미노산, 기타 귀중한 물질
보먼주머니
수입세동맥
수출세동맥
피질 네프론 (짧은 고리)
정맥
동맥
세정맥
헨레고리 (굵은 상행가지)
헨레고리 (가는 상행가지)
헨레고리 (하행가지)
직혈관
* 모세혈관 3가지
① 사구체
③ 직하혈관 : H₂O 재흡수

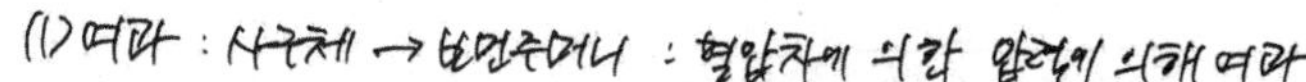

(1) 여과 : 사구체 → 보먼주머니 : 혈압차에 의한 압력에 의해 여과

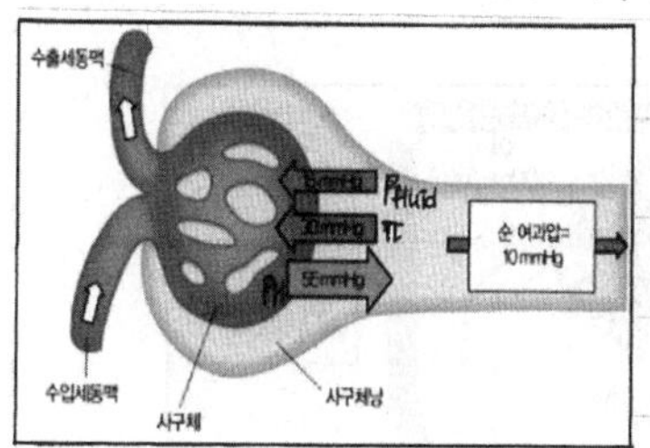

⇒ 북파유동에 의해 밀려감. (단사용X)

①

GFP = P_H − π − P_{Hutd}

사구체 여과압 = 사구체 혈압 − (혈장 삼투압) − 보먼주머니 정수압

10mmHg = 55mmHg − 30mmHg − 15mmHg

↳ bu 적혈구 & 혈장단백질 → 크기 大 ∴ 여과불가) 콜로이드삼투압

⇒ 물질 특이성 X, 크기 ↓, 혈압차 ↑, (+)전하 입자 일수록 여과잘됨.

↳ 보먼주머니 내부 단백질 (−)전하

⇒ 투과물질의 농도는 혈장과 동일

*사구체 여과량의 자동조절
: 필요이상 여과시 유용한 물질 재흡수과정에서 에너지 낭비가 심하므로 사구체 여과량은 수입소동맥의 조절로 자동조절 된다.

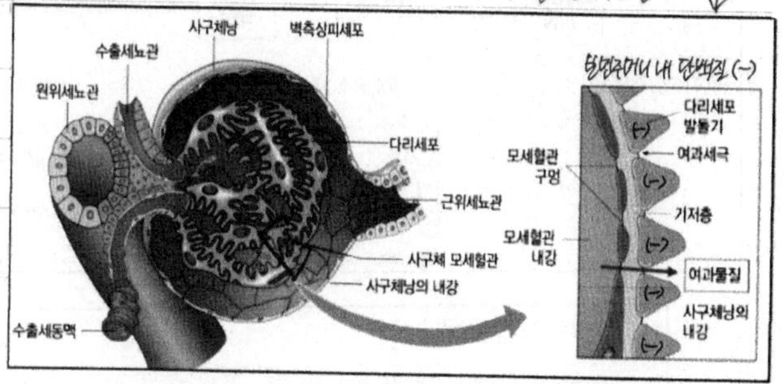

② GFR (사구체여과율) [ml/min]

i) GFR : 1분동안 여과된 사구체 여과액 총량

→ 평균 120ml/min 여과발생 → 충분한 노폐물 배설 가능

⇒ 근위세뇨관에서 80% 이상 재흡수.

- 혈압의 영향 : 정상수치 80~180 내에서 GFR 거의 일정.
- 신혈류량의 영향 :
  - 수입세동맥의 수축 → 저항↑ 신혈류. 모세혈관압, GFR↓
  - 수출세동맥의 수축 → 저항↑ 신혈류↓ 모세혈관압 GFR↑

*크레아티닌
: 근육에서 크레아틴인산 → (ADP ↓ ATP) 작용 후 형성되는 노폐물.
세뇨관에서 분비되긴 하나 그 양이 거의 없으므로 신장청소율 검사시 이용

ii) GFR 구하기 (bu 이눌린, 크레아티닌 ⇒ 재흡수도 재분비도 X)

GFR × 혈중이눌린의 농도 = 분당소변생성량 × 소변의 이눌린 농도 = 이눌린의 분당 여과량.

(ml/min) (mg/ml) (ml/min) (mg/ml)

혈액이나 혈액에서나 여과되는 특정물질의 농도는 같으므로 혈중농도 넣어도 됨.

청소율 [ml/min] Clearance : 신장에서 어떤 물질 X가 단위시간 내 몇 ml의 혈액이나 혈장으로부터 제거되는가를 나타내는 것.

$$청소율 = \frac{해당물질의\ 소변\ 배설률\ (mg/min)}{해당물질의\ 혈장\ 내\ 농도\ (mg/ml\ 혈장)}$$

⇒ 신장청소율이 작다? 단위시간당 적은양의 혈액으로부터 제거되므로 뇨 중 물질X가 적은 것 = 조금 배출된다.

⇒ 재흡수도 재분비도 안되는 물질은 GFR = 청소율이다.

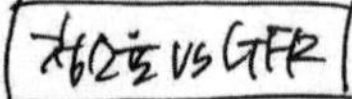

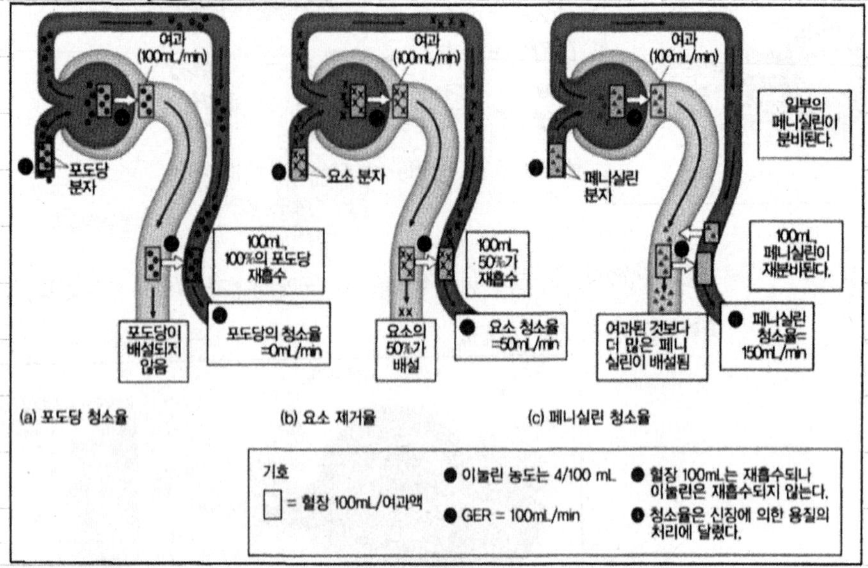

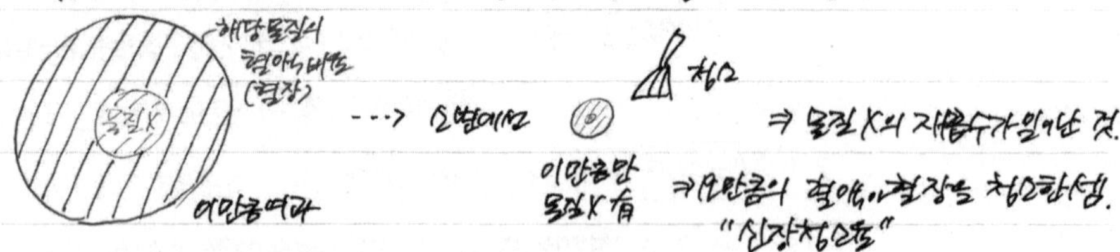
| 신장에서의 용질의 처리 |

사구체에서 자유롭게 여과되는 물질 X의 경우	X의 신처리는
여과율이 배설률보다 크다면	물질 X의 순 재흡수가 있다.
배설률이 여과율보다 크다면	물질의 순 분비가 있다.
여과율과 배설률이 같다면	순 분비나 순 흡수가 없다.
물질 X의 청소율이 이눌린 제거보다 작다면	물질 X의 순 재흡수가 있다.
물질 X의 청소율이 이눌린 제거와 같다면	물질 X는 재흡수되거나 분비되지 않음.
물질 X의 청소율이 이눌린 제거보다 크다면	물질 X의 순 분비가 있다.

ex) GFR >> 신장청소율 = 여과가 일어나며, 재흡수가 일어났다.

해당물질의 혈액 내 비율 (혈장)

물질X

이만큼여과

---> 소변에서 이만큼만 물질X 有

청소

⇒ 물질 X의 재흡수가 일어난 것.

⇒ 이만큼의 혈액 내 혈장을 청소한 셈. "신장청소율"

물질	여과	재흡수	분비
혈구, 혈장단백질, 지용성비타민	×	×	×
포도당, 아미노산, 수용성비타민	O	O(100%)	×
Na^+, 수분, HCO_3^-	O	일부 재흡수	O
요소	O	((O(50%)	O)) ⇒ 집합관
H^+, NH_4^+	O	×	O
이눌린	O	×	×
유기산, 페니실린	O	×	O

cf) K^+ 는 근위세뇨관에서 거의 100% 재흡수되지만 알도스테론에 의해 집합관, 원위세뇨관으로 분비 촉진된다.

iii) GFR 조절기작.

a. 신혈류량의 의한 조절 → 수입,수출세동맥을 통한 자동조절 → GFR 변화 없도록 조절.

정상압력 80~180mmHg 하에 있을때

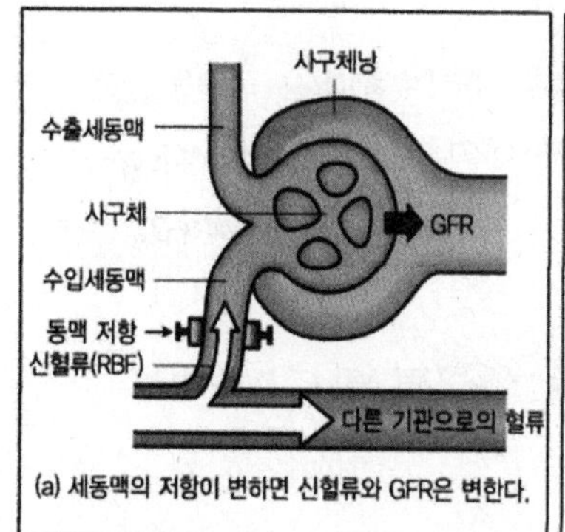

(a) 세동맥의 저항이 변하면 신혈류와 GFR은 변한다.

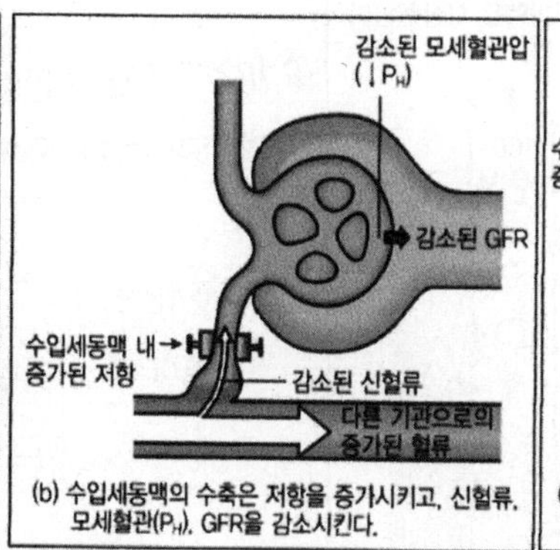

(b) 수입세동맥의 수축은 저항을 증가시키고, 신혈류, 모세혈관(P_H), GFR을 감소시킨다.

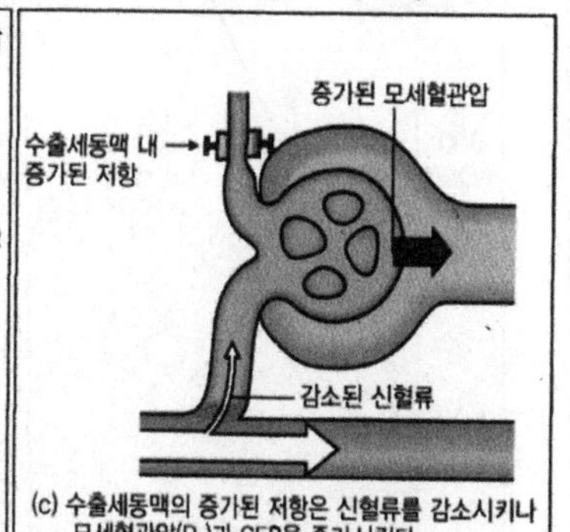

(c) 수출세동맥의 증가된 저항은 신혈류를 감소시키나 모세혈관압(P_H)과 GFR을 증가시킨다.

(+) H_2O↑일때 수입세동맥, 측면분비인자 수입세동맥 수축 → 신혈류↓

수입세동맥 수축 → 저항↑ 신혈류량, 모세혈관압, GFR↓

수출세동맥 수축 → 저항↑ 신혈류량↓ 모세혈관압, GFR↑

b. 교감신경에 의한조절 → 단기적, 혈압조절. 탈수현상시 발생기작

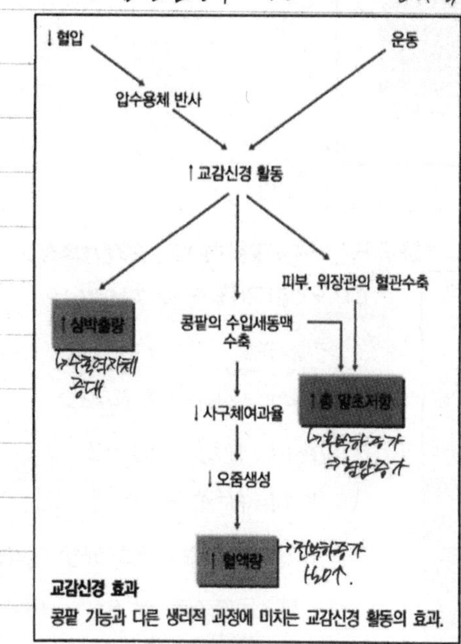

↳수축력저체 증대

↳후부하증가 ⇒ 혈압증가

→전부하증가 H_2O↑.

교감신경 효과

콩팥 기능과 다른 생리적 과정에 미치는 교감신경 활동의 효과.

(2) 재흡수·분비.

① 근위세뇨관 : 대부분의 물질재흡수 → 농도균형유지. Na^+-H^+ 교환수송체

(물질별분비기작은 세번째 페이지 참고)

② 헨레고리하행지 : 집합관... 아쿠아포린을 통한 H_2O 촉진확산

300 피질

600

900 AQP1

1200 수질

피질→수질 갈수록 농도 ... 삼투압

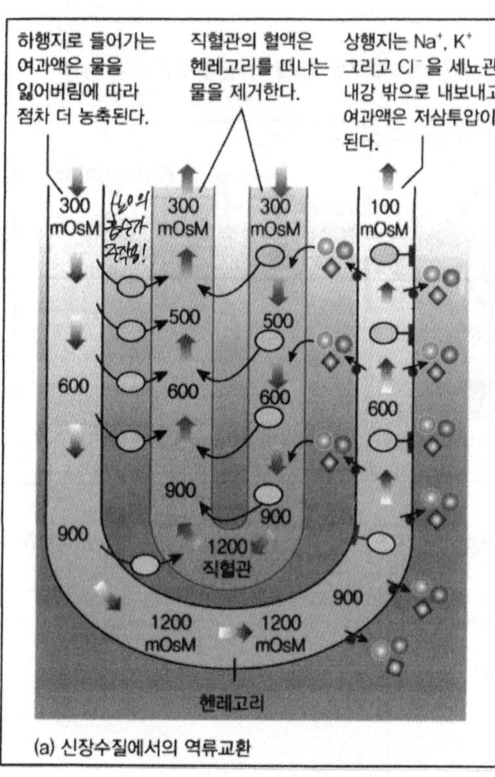

(a) 신장수질에서의 역류교환

③ 헨레고리 얇은상행지 : Na^+의 촉진확산. 말단원집합
④ 헨레고리 굵은상행지 : Na^+의 능동수송. 원위세뇨관과
→ 뒤에서 H_2O 더 흡수하라고.

⑤ 원위세뇨관
- ☆알도스테론의 작용 → 암호화된 Na^+, K^+ pump 형성 전사인자로 작용.
집합관에서도 작용하긴하나, 원위세뇨관이 주.

⑥ 집합관.
- ADH의 작용 → 암호화된 아쿠아포린 형성 (소낭외포촉진)

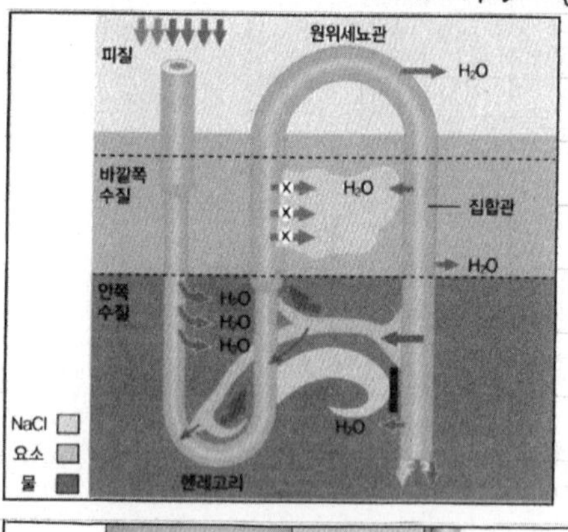

- 요소 50% 재흡수 → 단순확산 ∴수질 고장에서 고농도유지가능.
☆집합관에서의 산염기평형☆ → 원위세뇨관도 가능.
: H^+-K^+ pump (P-type)
pH↑ H^+↓ → K^+↓ H^+가 낮아 H^+를 받고 K^+를 버리다보니 저칼륨혈증
pH↓ H^+↑ → K^+↑ H^+가 높아 H^+를 버리다보니 K^+ 높아져 고칼륨혈증
⇒ H^+와 K^+는 변화방향 동일하다 두고 풀자!
ex) 케토산증 → H^+↑ → K^+↑ 고칼륨혈증. 활동전위↑
ex) 고알도스테론혈증 → K^+↓ → H^+↓ 대사성알칼리증.

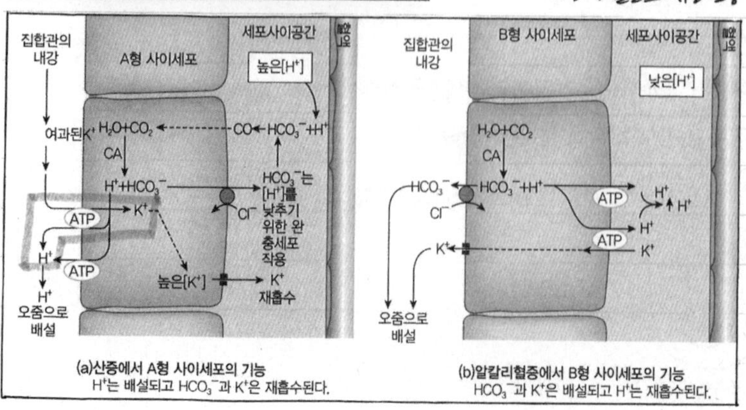

(a)산증에서 A형 사이세포의 기능
H^+는 배설되고 HCO_3^-과 K^+은 재흡수된다.
(b)알칼리혈증에서 B형 사이세포의 기능
HCO_3^-과 K^+은 배설되고 H^+는 재흡수된다.

* 재흡수/재분비는 포화된다

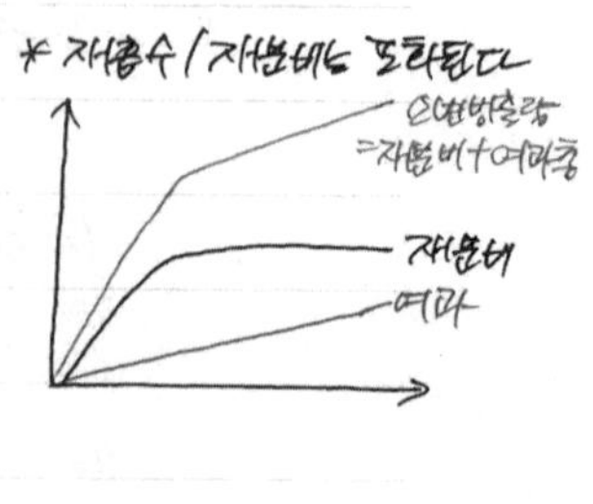

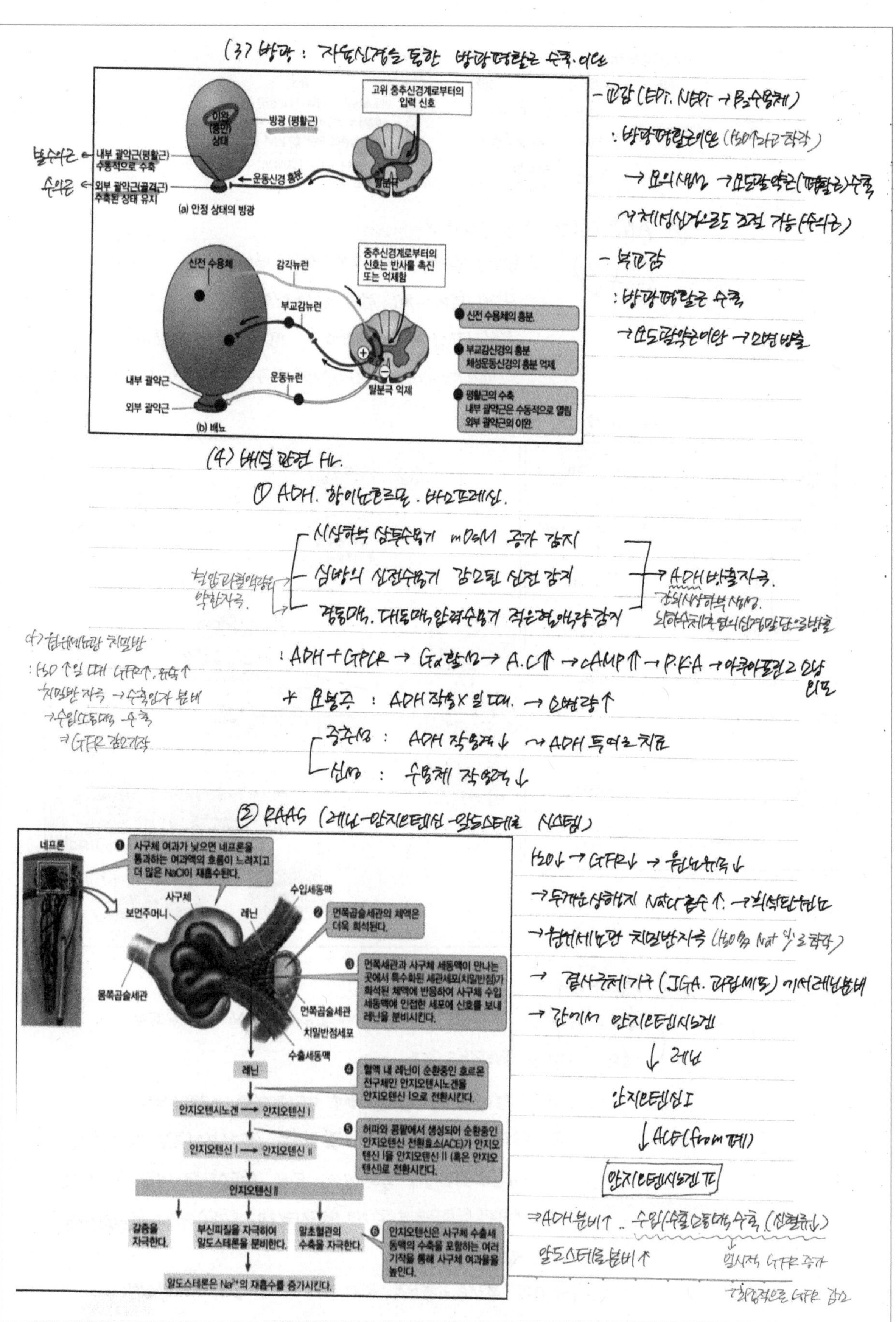
고위 중추신경계로부터의 입력 신호
이완 (충만) 상태
방광 (평활근)
내부 괄약근(평활근) 수동적으로 수축
외부 괄약근(골격근) 수축된 상태 유지
운동신경 흥분
(a) 안정 상태의 방광
신전 수용체
감각뉴런
중추신경계로부터의 신호는 반사를 촉진 또는 억제함
부교감뉴런
신전 수용체의 흥분
부교감신경의 흥분 체성운동신경의 흥분 억제
내부 괄약근
운동뉴런
외부 괄약근
탈분극 억제
평활근의 수축 내부 괄약근은 수동적으로 열림 외부 괄약근의 이완
(b) 배뇨
네프론
사구체 여과가 낮으면 네프론을 통과하는 여과액의 흐름이 느려지고 더 많은 NaCl이 재흡수된다.
사구체
보먼주머니
레닌
수입세동맥
먼쪽곱슬세관의 체액은 더욱 희석된다.
먼쪽세관과 사구체 세동맥이 만나는 곳에서 특수화된 세관세포(치밀반점)가 희석된 체액에 반응하여 사구체 수입 세동맥에 인접한 세포에 신호를 보내 레닌을 분비시킨다.
몸쪽곱슬세관
먼쪽곱슬세관
치밀반점세포
수출세동맥
레닌
혈액 내 레닌이 순환중인 호르몬 전구체인 안지오텐시노겐을 안지오텐신 I으로 전환시킨다.
안지오텐시노겐 → 안지오텐신 I
허파와 콩팥에서 생성되어 순환중인 안지오텐신 전환효소(ACE)가 안지오텐신 I을 안지오텐신 II (혹은 안지오텐신)로 전환시킨다.
안지오텐신 I → 안지오텐신 II
안지오텐신 II
갈증을 자극한다.
부신피질을 자극하여 알도스테론을 분비한다.
말초혈관의 수축을 자극한다.
안지오텐신은 사구체 수출세동맥의 수축을 포함하는 여러 기작을 통해 사구체 여과율을 높인다.
알도스테론은 Na⁺의 재흡수를 증가시킨다.

여기 알도스테론증.

구분	종류	질환	증상
고알도스테론증	원발성	부신피질 종양	알도스테론 ↑ → Na^+ ↑(고혈압) → K^+ ↓, H^+ ↓(대사성 알칼리증) 근수축 약화 (저칼륨혈증에 의한 휴지전위 감소)
	속발성	renin 분비 증가	
저알도스테론증	원발성	에디슨병 (자가면역으로 부신피질 억제)	알도스테론 ↓ → Na^+ ↓(저혈압) → K^+ ↑, H^+ ↑(대사성 산증)

③ ANP (심방나트륨 이뇨 Hr.)

심방 / 심방 / 심실 / 심실 → 혈압↑일 시 심방벽에서 합성 & 분비.

ADH 분비억제. 레닌분비억제로 GFR↑.

부신피질알도스테론 합성↓. 연수자극으로 혈압↓

∴ 심장기능 저하 시, 혈액 & Na^+양 증가 (정상성이 시에도 Na^+배설 원활X)

* Na^+에 의한 항상성기전

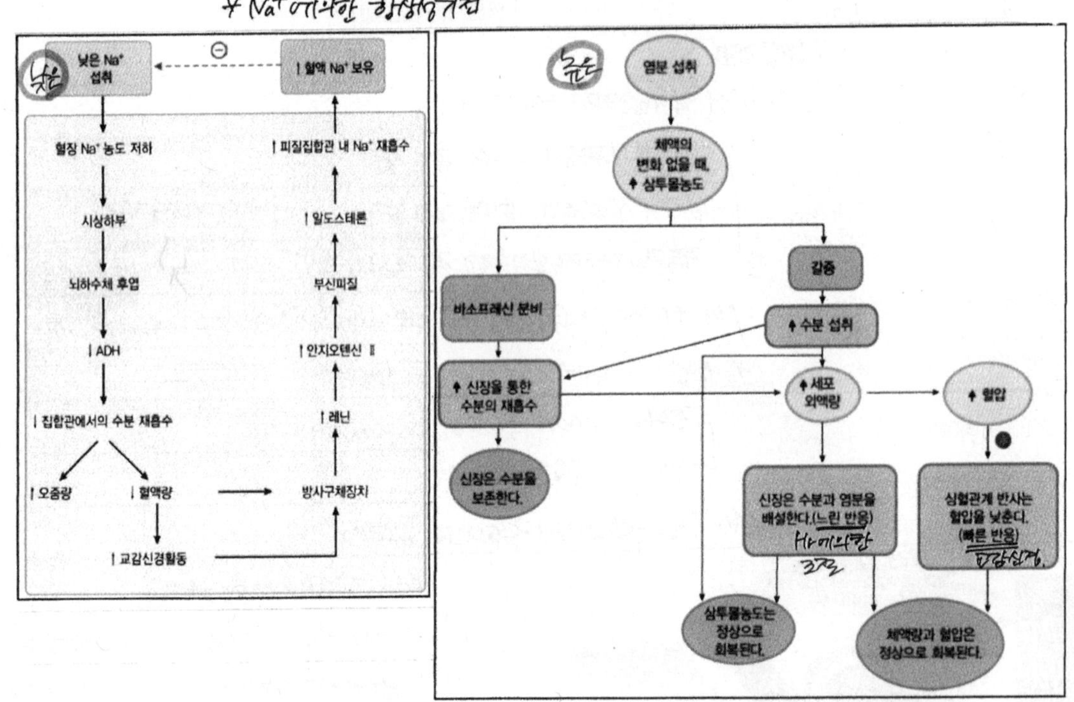

* 출혈과 탈수.

출혈: 부피↓ 삼투몰농도 일정. ---> 수혈 or 등장성 NaCl 용액 투여

탈수: 부피↓ 삼투몰농도 증가 --->

---> ① 심혈관반응 : 심박출량↑ 말초혈압↑ → 혈압상승

② 안지오텐신 Ⅱ에 의해 갈증자극, ADH분비촉진, 혈관수축.

심혈관조절중추 출력강화 But, 알도스테론에 의한 Na^+흡수는 오히려 삼투몰농도 증가로 악화시키므로 알도스테론을 분비촉진시키는 역할은 억제됨.

③ ADH 분비로 수분보존 But, 정상회복은 불가. ~> 수분섭취 必

*신역치

: 소변속에 배설되는 어느 한 물질의 최소 혈장농도.

→ 포도당 재흡수는 2차능동수송이므로 운반체에 한계有.

⇒ 포도당 신역치 : 300~350mg → 신장은 농도가 높아지므로 당뇨 정상 혈당과 기준보다 높은 수치.

⇒ if 혈장포도당(mg/ml) > 신역치 일시, 당뇨발생

→ 당으로 인해 오줌 삼투압↑, 물 재흡수↓, 소변량↑.

다갈. 다음. 다뇨.

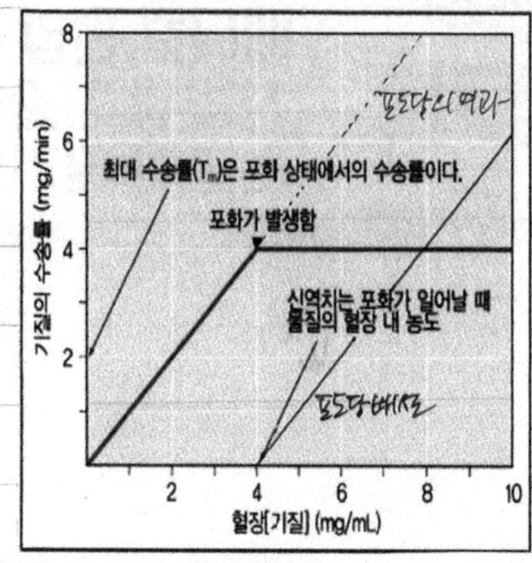

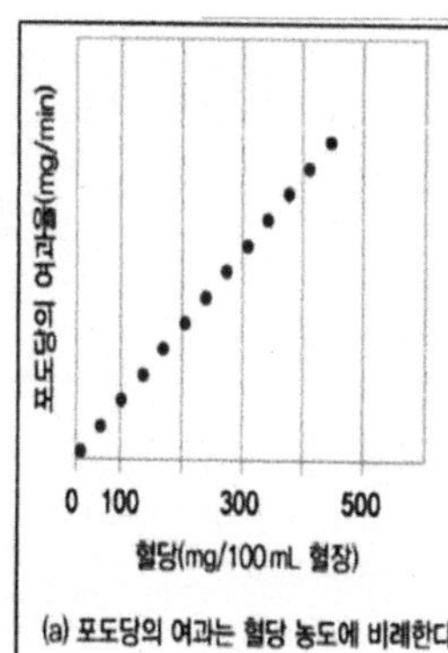

(a) 포도당의 여과는 혈당 농도에 비례한다.

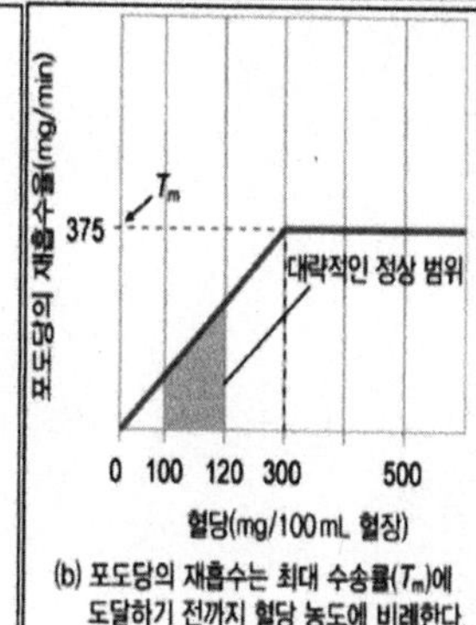

(b) 포도당의 재흡수는 최대 수송률(T_m)에 도달하기 전까지 혈당 농도에 비례한다.

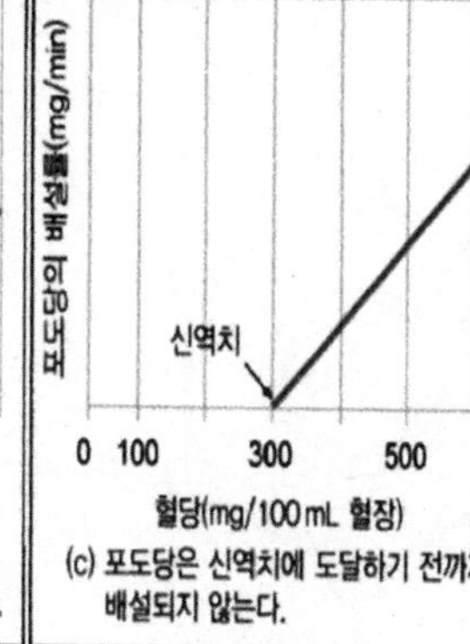

(c) 포도당은 신역치에 도달하기 전까지 배설되지 않는다.

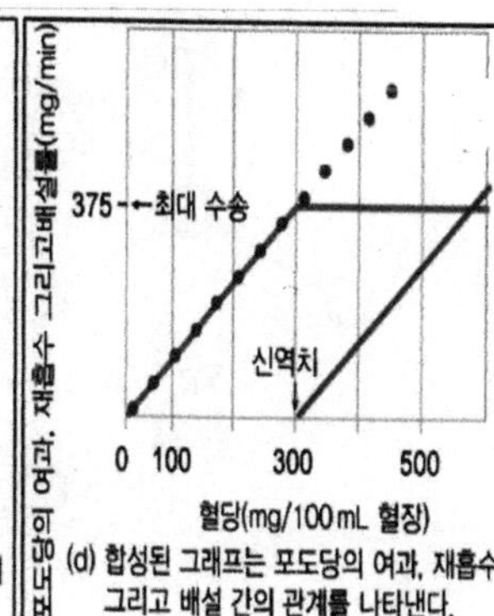

(d) 합성된 그래프는 포도당의 여과, 재흡수 그리고 배설 간의 관계를 나타낸다.

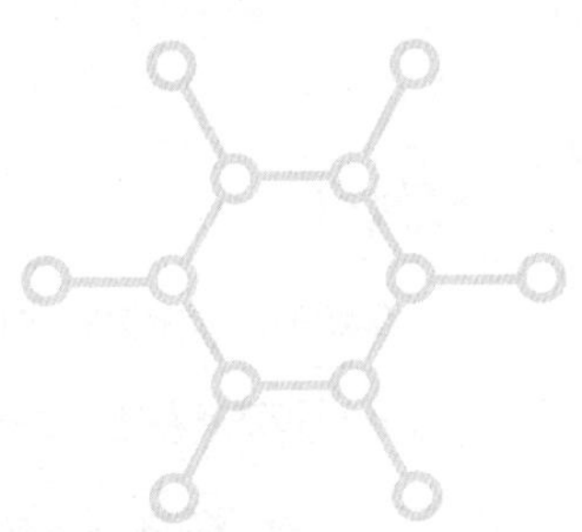

생물 1타강사 **노용관**

메디컬 편입 생물 전범위 기출주제 손글씨 필기노트

한권으로 끝내는 메디컬(의치한약수) 편입 나만의 祕密兵器

신호전달 ~ 동물의 발생

PART.38. 신호전달

<출제포인트>

1. 수용
- GPCR
  - Gptn
  - Gptn 연관단백질
  - EPI vs Ach - 무스카린성
- TKR - Ras 연쇄기작
- SHR

2. 저해
- 콜레라독소
- 아트로핀

※ 앞부분 - 가볍게 읽고 넘어 갈 것.

*신호전달의 진화

a. 효모세포 사이 신호전달

반수체 a신호, α수용체, 소돌기 (액틴섬유 미세섬유), C, α신호, a세포, α수용체, α세포, 융합체&접합.

b. 정족수감지

c. 생물막형성 : 불리한 환경일시, 자실체형성

독소 가려짐, 항생제, 생물막.

* 신호전달의 종류

a. 세포 간 직접전달

i) 세포연접
- 식물 : 원형질연락사
- 동물 : 간극연접

ii) 직접접촉

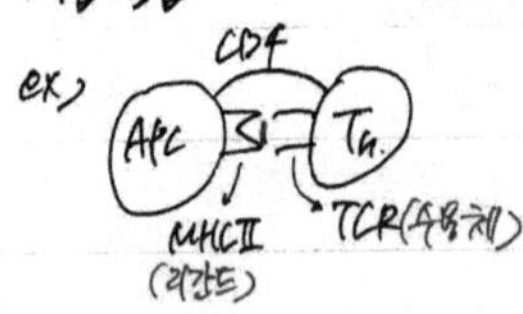

b. 신호물질 분비 → 표적세포 & 수용체 필요

i) 근거리 신호전달 (확산에 의한 신호전달)
- 자가분비 : 분비하는세포가 수용체 가짐 ex. 암세포 -GF.
- 측면분비 : 분비 지역 내 단순확산으로 이동하는 국소조절자 ex) P.G → 통증유발 (아스피린 ⊥ ⊖)
- 시냅스신호전달 : 기질의 존재 Na^+ch.

ii) 원거리 신호전달
- 신경 : 신경에 의한 신호전달 fast.
- Hr : 혈류에 의한 신호전달 slow.

cf) 헨더슨 하셀바흐식

$pH = pKa + \log\frac{[A^-]}{[HA]}$

위액 2 3.5 (아스피린)

⇒ ∴ 위에서 아스피린은 주로 HA form으로존재

⇒ 아스피린은 지용성인데다 전하안띠는 form이 多 이므로 위에서 아스피린 단순확산 가장잘됨. (표면적도 고려시엔 소장)

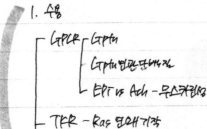

⇒ ∴ 위에서 P.G 억제 ↑ → 위점막형성 ↓ 위염·위암 발병률 ↑

*신호전달 특징

① 특이성 : 신호-수용체 간 정교한 상보성 有

② 순응 : 일정자극지속시 수용체가 민감성 상실. ex) 당뇨2형

③ 통합 : 여러개의 신호 받아들일 시, 상황에 맞게 다양한 신호전달경로로 상호작용.

④ 신호증폭 : 연쇄반응.

* 신호전달의 3단계 (수용 → 전달 → 반응)
특이성, 순응 / 증폭 / 다양성

i) 친수성

ii) 소수성

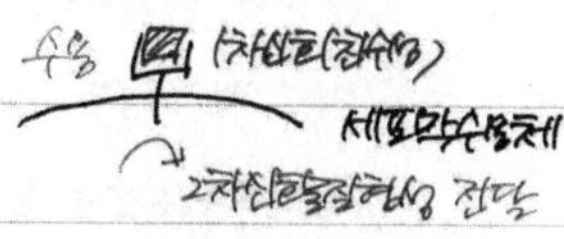

단순확산 스테로이드호르몬
세포질수용체.
SHR
수용

반응
- 핵 : 전사인자로 작용
⇒ slow, 새로운 단백질합성
- 세포질 : fast. 기존효소활성화

- 전달
- 인산화연쇄반응 : Kinase / Phosphatase : 인산화를 통한 물질 활성화 → 인산기전달 : 단백질활성 변경
- 1차신호전달자 : 리간드(기질)
- 2차신호전달자 : 간접적으로 1차신호전달자 대신 반응유발

ex) 신호전달의 효율

: 연쇄반응으로 증폭가능

: 골격단백질 (K1, K2, K3, 연관된 키나아제가 골격단백질에 같이 붙어있다)

1. 수용

*수용체 종류

- 막 수용체
  - → GPCR : 가장 多
  - → TKR : GF(성장인자)
  - → 이온채널 수용체 : 신경, 신경근육접합부에 有
  - → 인테그린 수용체 : 리간드가 인테그린 수용체에 결합시 세포골격 변화 (인테그린, 세포골격)
- 세포질 수용체 → SHR : 지용성신호수용체 (부신피질 : 코티솔, 알도스테론/성Hr)
- 핵 수용체 → 티록신

1) GPCR

(1) 구조 및 기능

a. 구조 : 세포막 7회관통

친수성신호

외

막

내

Gptn

5.6번째 막관통부위

↑ 구조변화

활성화 후 막 아래 이동

구조변화 5.6 부위에 Gptn부착

막에 결합된 2차신호형성효소 활성화

Gptn : 2차 신호형성의 매개자

2차신호형성

연쇄작용 ⇒ 증폭기작

b. 기능 : G ptn 활성화 → 2차신호 형성 효소 활성화 / 직접 이온통로 open or close

(2) G ptn 연관 단백질

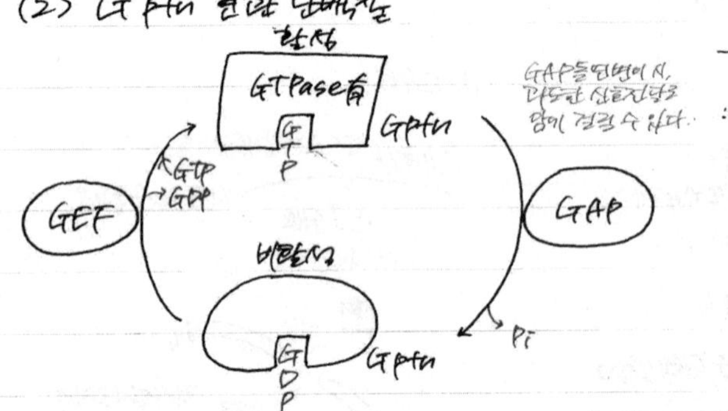

- GAP (GTPase Activating Ptn)

: Gptn의 GTPase를 활성화 시켜서 활성화된 Gα단위체가 비활성화되는것을 돕는다.

단, Gα도 GTPase 有로 GAP 없이도 스스로 비활성화 가능.
→ 빨리되도록 도움뿐이다.

- GEF or GEP (GTP Exchanging Factor or Ptn)

: Gα의 GDP → GTP. 활성화를 돕는다.

(3) G ptn → 친수성 신호와 2차신호 형성효소를 매개하는 단백질

a. 구조 : 삼량체. Gα / Gβγ. β와 γ는 붙어다니며 α는 분리될 수 있다.

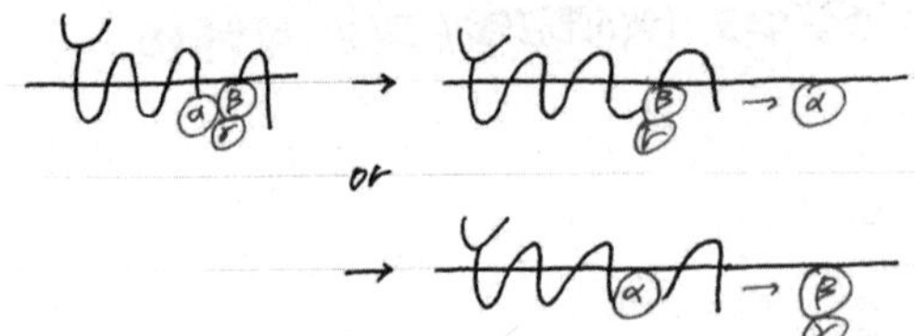

or

b. 기능

Gα : GTP 결합시 활성형. GTPase 기능 소유 → 스스로 비활성 가능

① Gα,s (stimulate) → A.C 활성 → cAMP ↑ → PKA 활성

: 흥분성 GTP 결합단백질. Adenylate cyclase 활성화.

② Gα,q → PLC → IP_3 ↑ → Ca^{2+} ↑ (by SER) ⇢ PKC 활성
　　　　　　　→ DAG ↑ ⇢

: Phospholipase 활성화 GTP 결합단백질. PLC 활성화

③ Gα,i (inhibitory) : 억제성 GTP 결합 단백질

억 A.C → cAMP ↓ (일반적)

(in 간상세포) 트랜스듀신 (Gi) → PDE ↑ → cGMP 분해 → Na^+ ch close

(무스카린성 GPCR) → PLC ↑ → IP_3 ↑ → Ca^{2+} ↑ + 칼모듈린
→ NO synthase → NO → G.C ↑ → cGMP ↑
→ PKG → Ca^{2+} ch close, K^+ ch open ⇒ 이완

 : Gβr도 Gi (억제성 GTP 결합 단백질)

Ach GPCR결합 시 발생되어 K^+통로 직접 open.

K^+방출 ⇒ 억압의 특징. 혈관이완. 긴장↓. 심장박동↓

⇒ 부교감신경 항진증상 (ex. 사린가스, 농약)

(4) 전달

* glycogen phosphorylase
  → glycogen 사슬만 분해가능
  → 글루카곤. EPI. NEPI에 의해 인산화활성.
  → glycogen → g-1-p로 분해

a. A.C (아데닐산 고리화효소) : ATP → cAMP → PKA (cAMP와 PKA가 결합. → FRET으로 검출)

⇒ 기질효소의 Ser, Thr의 -OH에 인산화 / PKA가 핵으로 이동하여 전사활성화도 가능하긴 하다.

ex) EPI → Gα,s → A.C↑ → cAMP↑ → PKA 활성화

* 신호가 사라질 경우 PDE (phosphodiesterase)에 의해 cAMP가 AMP로 전환됨.

inactive phosphorylase kinase → (인산화) active phosphorylase kinase

inactive glycogen phosphorylase → (인산화) active glycogen phosphorylase

글리코겐 → (작용) 포도당-1-P : 혈당 증가목적

b. PLC (Phospholipase C) : PIP_2 분해 → IP_3 + DAG 매우 다양한 리간드 작용가능

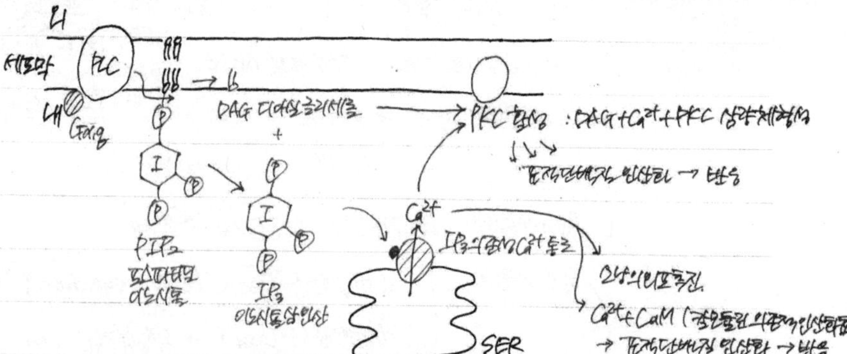

ex> 반응

◀ cAMP에 의해 매개되는 반응

세포외 신호물질	표적조직	주요반응
아드레날린	심장	심장수축 속도와 수축력 증가
아드레날린	근육	글리코겐 분해
아드레날린, ACTH, 글루카곤	지방조직	지방분해
ACTH	부신피질	코티솔 분비
TSH	갑상선	갑상선 호르몬 분비
LH	난소	프로게스테론 분비
파라토르몬	뼈	뼈 용해
바소프레신	신장	수분 재흡수

▶ IP_3에 의해 매개되는 반응.

세포의 신호물질	표적조직	주요반응
아세틸콜린	이자	아밀라아제 분비
아세틸콜린	평활근	근육 수축
바소프레신	간	글리코겐 분해
트롬빈	혈소판	응집

c. 무스카린성 수용체

Ach → Gβγ에 의해 K^+ch 직접 open

↳ $G_{\alpha,i}$ → PLC↑ → IP_3↑ → Ca^{2+}↑ → Ca^{2+}-칼모듈린 복합체

→ NO synthase↑ → NO↑ → NO + G.C와 결합 (반감기가 짧아서 국소적 / G.C: NO의 세포내 수용체)

→ cGMP↑ → cGMP + PKG 활성 → K^+ch open

⇒ K^+ 방출 : 이완 (재분극)

PLC 활성화
Gpt
IP_3 → Ca^{2+} + 칼모듈린
Ach.
NO synthase↑ → NO 분비 + G.C
cGMP↑ + PKG
PDE 분해
K^+ch open
K^+ 방출
비아그라
∴ K^+ 지속방출, 혈관이완
혈관내피세포 혈관평활근

(5) GPCR 작용 (빈출 포인트) : EPI vs Ach

a. EPI 수용체 : 아드레날린성 수용체

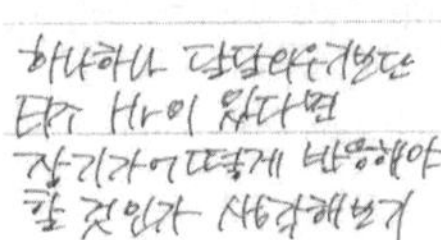

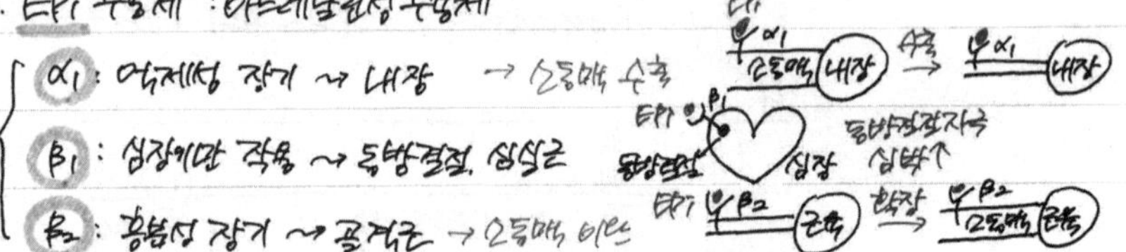

α1 : 억제성 장기 → 내장 → 소동맥 수축
β1 : 심장에만 작용 → 동방결절, 심실근
β2 : 흥분성 장기 → 골격근 → 소동맥 이완
EPI
α1
소동맥
내장
수축
β1
심장
동방결절자극
심박↑
β2
근육
확장

간세포 → 글리코겐 가인산 분해효소 활성화.

b. Ach 수용체: 무스카린성 / 니코틴성 수용체

무스카린성
- 간접변환 : $G_{\alpha,i}$ → NO synthase↑ → K^+ch open
- 직접변환 : Gβγ → K^+ch 직접 open

니코틴성 : 리간드 개폐성 이온 ch (in 시냅스)

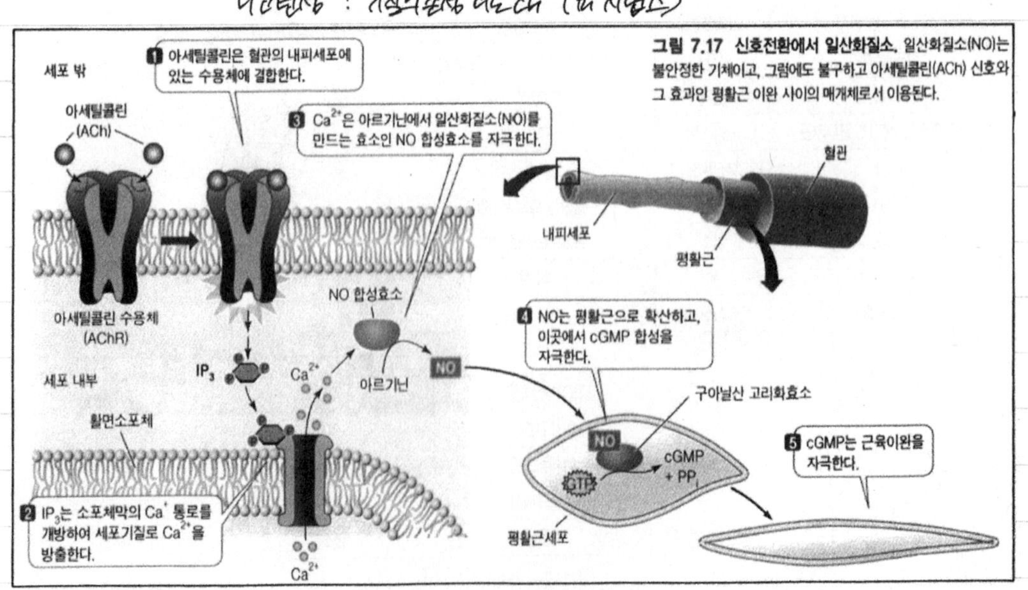

그림 7.17 신호전환에서 일산화질소. 일산화질소(NO)는 불안정한 기체이고, 그럼에도 불구하고 아세틸콜린(ACh) 신호와 그 효과인 평활근 이완 사이의 매개체로서 이용된다.

2) TKR (Tyrosine Kinase Receptor)

(1) 구조

세포밖부분 → 기질결합영역 → 성장인자와만 결합

막관통부분

Kinase / Tyr

세포질부분
- Kinase 부분 : 인산기 부착됨
- Tyr 부분 : -OH → -O-Ⓟ로 부착.

(2) 기능

: 인산화 연쇄반응의 시작점. GF에 의해 이합체형성시 발생. 작용시 반드시 이합체형성

세포 밖

성장인자

Kinase

Tyr

Kinase와 Tyr 교차로 인산화 (자가인산화)

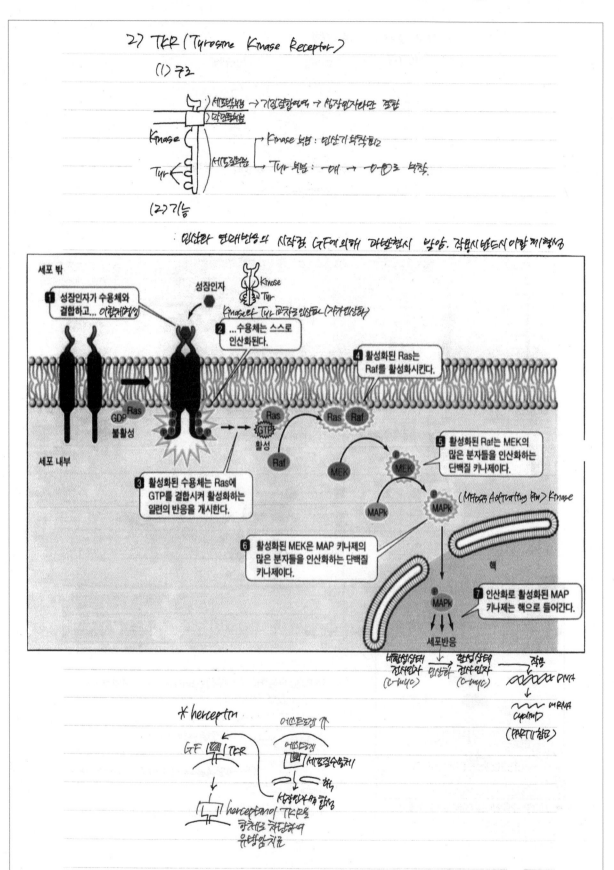

1 성장인자가 수용체와 결합하고... 이합체형성

2 ...수용체는 스스로 인산화된다.

4 활성화된 Ras는 Raf를 활성화시킨다.

GDP Ras 불활성

Ras GTP 활성

Ras Raf

세포 내부

3 활성화된 수용체는 Ras에 GTP를 결합시켜 활성화하는 일련의 반응을 개시한다.

Raf

MEK

5 활성화된 Raf는 MEK의 많은 분자들을 인산화하는 단백질 키나제이다.

MAPk (Mitogen Activating Pro) Kinase

6 활성화된 MEK은 MAP 키나제의 많은 분자들을 인산화하는 단백질 키나제이다.

핵

7 인산화로 활성화된 MAP 키나제는 핵으로 들어간다.

세포반응

비활성상태 전사인자 (c-myc) → 인산화 → 활성상태 전사인자 (c-myc) → 작용

DNA → mRNA → cyclin D

(PART II 참고)

* herceptin

GF TKR

에스트로겐 ↑

에스트로겐 세포질수용체

핵

성장인자와 합성

herceptin이 TKR을 항체로 차단하여 유방암치료

* TKR 출제시 주의사항

TKR 1번유형 / 2번유형 / 3번유형

K / T (1번유형), K (2번유형), T (3번유형)

다음의 조합으로 막 존재시 TKR 인산화 여부따진다

조합	인산화가능 수용체	
1+1	1	
2+2	X	
3+3	X	인산화가능 TKR 표시.
1+2	1	1+2조합이란건 (1+1), 1+2, 2+2 다있다는뜻.
1+3	1.3	(1+1), (1+3), 3+3
2+3	3	2+2, (2+3), 3+3

3) 이온 ch 수용체 : 결과 → 탈분극 (흥분) 발생

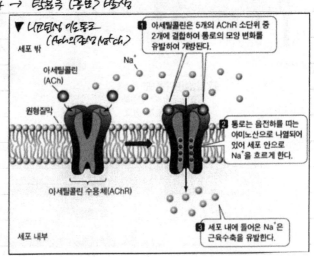

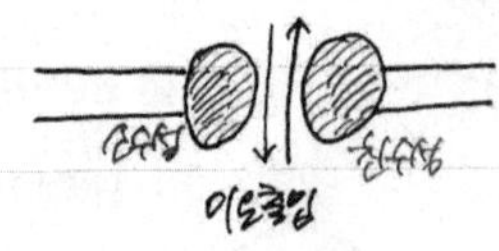

▼ 니코틴성 이온통로 (ACh의 결합 Na⁺ ch)

세포 밖

1 아세틸콜린은 5개의 AChR 소단위 중 2개에 결합하여 통로의 모양 변화를 유발하여 개방된다.

Na^+

아세틸콜린 (ACh)

원형질막

2 통로는 음전하를 띠는 아미노산으로 나열되어 있어 세포 안으로 Na^+을 흐르게 한다.

아세틸콜린 수용체(AChR)

세포 내부

3 세포 내에 들어온 Na^+은 근육수축을 유발한다.

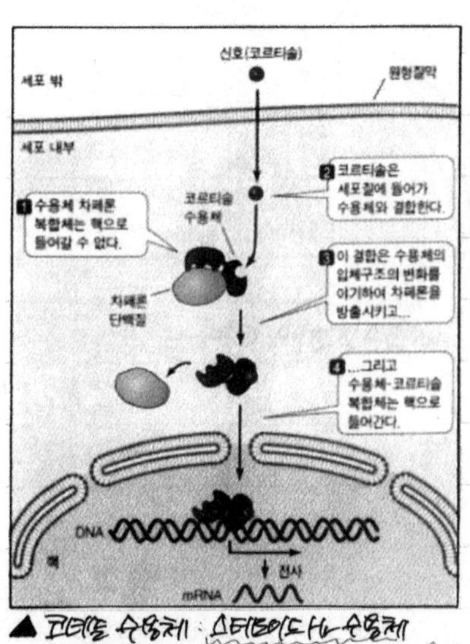

▲ 코르티솔 수용체 : 스테로이드 Hr 수용체

⇒ 평상시 샤페론시 작용은 ptn 3차구조 유지

→ 리간드결합 결합 시 샤페론 분리

→ 핵 내에서 전사인자로 작용.

→ 새 ptn 합성 = 유전체 반응

4) 세포질 수용체 (SHR : 스테로이드 Hr 수용체)

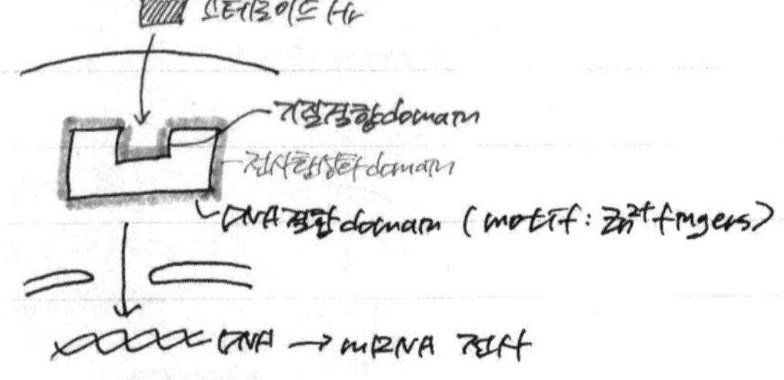

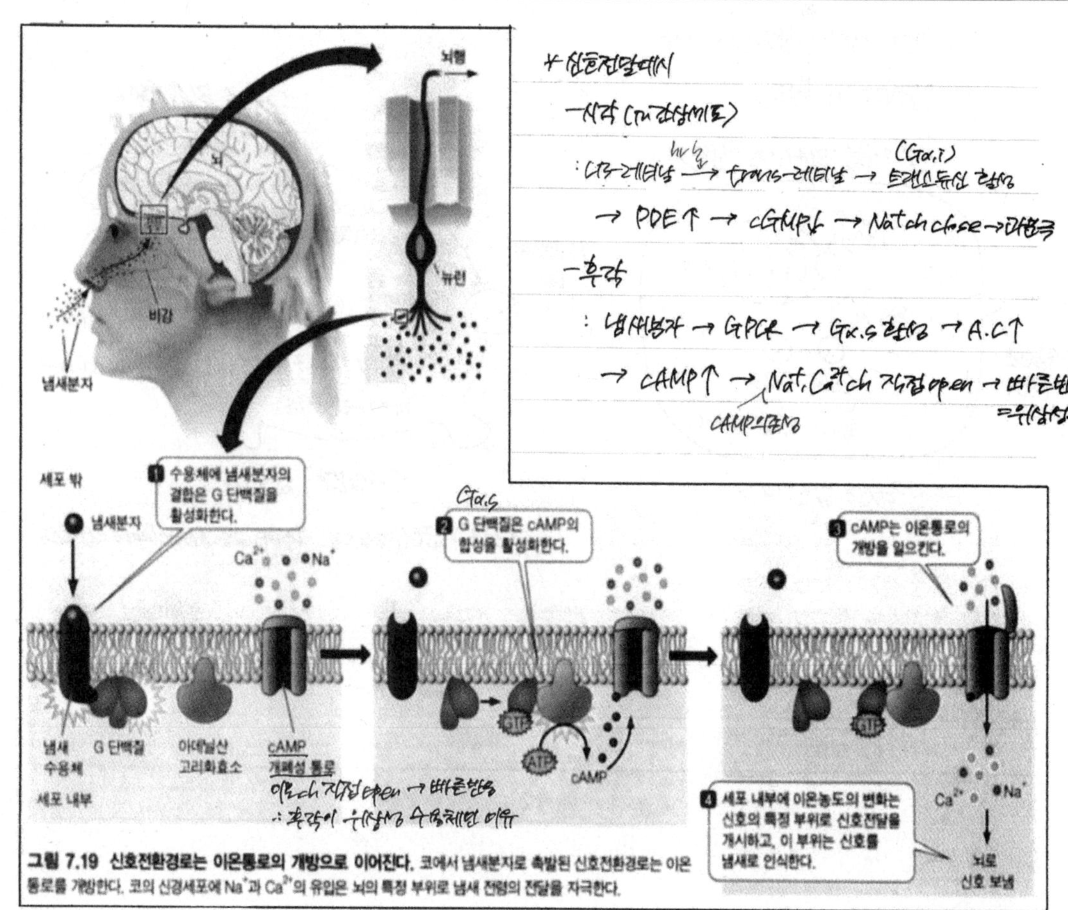

그림 7.19 신호전환경로는 이온통로의 개방으로 이어진다. 코에서 냄새분자로 촉발된 신호전환경로는 이온통로를 개방한다. 코의 신경세포에 Na^{+}과 Ca^{2+}의 유입은 뇌의 특정 부위로 냄새 전령의 전달을 자극한다.

+ 신호전달예시

- 시각 (rod 간상세포)

: 시스-레티날 →(빛) trans-레티날 → 트랜스듀신 활성 (Gα.i)

→ PDE↑ → cGMP↓ → Na^{+}ch close → 과분극

- 후각

: 냄새분자 → GPCR → Gα.s 활성 → A.C↑

→ cAMP↑ → Na^{+}, Ca^{2+}ch 직접 open → 빠른반응 = 위상성수용체

(cAMP의존성)

2. 저해

1) Gptn 기능억제.

① 콜레라 독소 : ADP-ribose + Gα.s = Gα-ADPR 형성 : GTPase 활성감소

→ A.C 과활성 → cAMP↑ → PKA↑ → CFTR ch 인산화로 지속 open

→ Cl^{-} 유출 따라 Na^{+}도 유출 따라 물도 유출

⇒ 설사. 탈수로 사망

(Cl^{-} 다량유출, P, PKA, 대장세포)

② 백일해독소 : ADP-ribose + Gi → Gi 활성 감소

→ A-C 과활성 → cAMP↑ → 감염세포에서 화학주성물질 분비감소

→ 면역세포 유인감소 → 감염증가 → 천공기여.

2) 부교감항진증상 : 무스카린성 수용체 Ach 작용 후 아세틸콜린에스터라아제로 Ach 분해하여 신호전달 중지시켜야함. 대부분의 독은 아세틸콜린에스터라아제 억제로 Ach↑ ⇒ 부교감항진증상.

아트로핀 (해독제) : Ach의 경쟁적억제제. Ach결합자리에 아트로핀 결합. ∴ 교감신경처럼 작용.

3. 세포예정사 신호전달 기작.

(PART 24 참고)

* 예쁜 꼬마선충 (참고)

Ced-9 (활성)

mt

Ced4 활성저제 ⊖

죽음신호 수용체

Ced4 Ced3

불활성화된 단백질

<죽음신호 없을 때>

Bleb 형성

죽음신호분자

Ced-9 (불활성)

mt

⊖ Ced-9 불활성화

Ced4 Ced3

활성화 연쇄반응

→ Protease ⇑

→ Nuclease ⇑

<죽음신호 있을 때>

Ced3가 연쇄반응으로 Protease/Nuclease 활성화.

※ 그림참고

세포 밖
1 에피네프린
에피네프린 수용체
활성화된 G 단백질 소단위
원형질막
활성화된 아데닐산 고리화효소
GTP
ATP
20 cAMP
불활성 단백질 카나제 A
20 활성 단백질 카나제 A
활성 글리코겐 합성효소
불활성 글리코겐 합성효소
불활성 인산화효소 카나제
100 활성 인산화효소 카나제
불활성 글리코겐 인산화효소
1,000 활성 글리코겐 인산화효소
글리코겐
10,000 포도당-1-인산
포도당
세포 내부
10,000 혈당
세포 밖

그림 7.20 반응물의 연쇄반응은 변화된 효소활성으로 이어진다. 간세포는 에피네프린에 반응하여 G 단백질을 활성화하고, 이는 2차 전령인 cAMP의 합성을 활성화한다. cAMP는 단백질 카나제 연쇄반응을 개시하여 청색으로 표시된 것처럼, 에피네프린 신호를 크게 증폭시킨다. 연쇄반응은 글리코겐으로 포도당의 전환을 억제하고 이미 저장된 포도당의 방출을 자극한다.

1 에피네프린 결합으로 유도된 인산화는 글리코겐 합성효소를 불활성화하여 포도당이 글리코겐으로 저장되는 것을 억제한다.

2 단백질 카나제 연쇄반응은 신호를 증폭한다. 여기서 에피네프린이 한 분자 결합할 때마다 20분자의 cAMP가 만들어지고, 한 분자의 cAMP는 한 분자의 단백질 카나제 A를 활성화한다.

3 인산화는 글리코겐 인산화효소를 활성화하여 글리코겐에서 포도당을 방출시킨다.

4 포도당의 방출은 '싸움도피반응'에 연료를 공급한다.

◀ PKA 작용

◀ PLC 작용

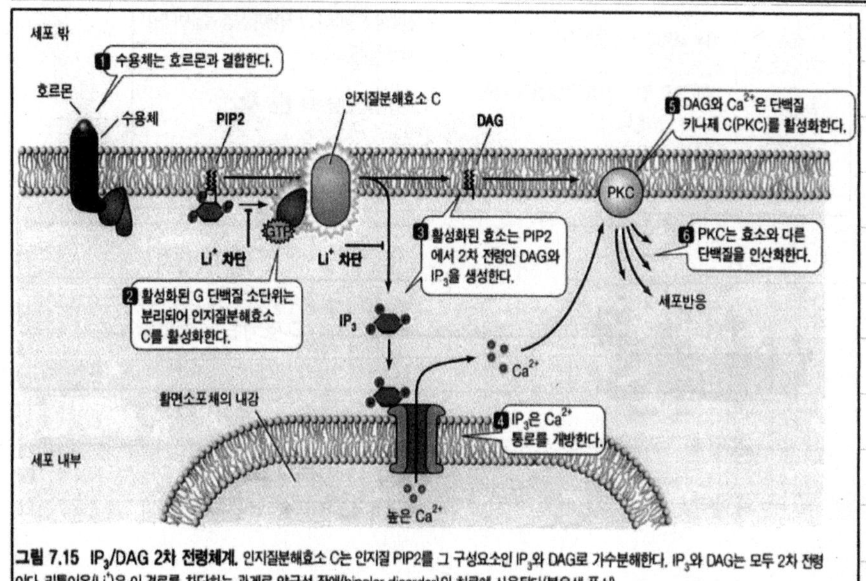
세포 밖
1 수용체는 호르몬과 결합한다.
호르몬
수용체
PIP2
인지질분해효소 C
DAG
5 DAG와 Ca2+은 단백질 카나제 C(PKC)를 활성화한다.
PKC
GTP
Li+ 차단
Li+ 차단
3 활성화된 효소는 PIP2에서 2차 전령인 DAG와 IP3을 생성한다.
6 PKC는 효소와 다른 단백질을 인산화한다.
세포반응
2 활성화된 G 단백질 소단위는 분리되어 인지질분해효소 C를 활성화한다.
IP3
Ca2+
활면소포체의 내강
4 IP3은 Ca2+ 통로를 개방한다.
세포 내부
높은 Ca2+

그림 7.15 IP_3/DAG 2차 전령체계. 인지질분해효소 C는 인지질 PIP2를 그 구성요소인 IP_3와 DAG로 가수분해한다. IP_3와 DAG는 모두 2차 전령이다. 리튬이온(Li^+)은 이 경로를 차단하는 관계로 양극성 장애(bipolar disorder)의 치료에 사용된다(붉은색 표시).

PART 39. 내분비계

<포인트>

1. 총론 : Hr이란 이런것이다.

1) Hr의 종류 및 특징

2) 수용체의 종류와 작용

3) 펩티드 Hr의 작용기작

- Pro-Hr

4) 국소분비

2. 각론

1) Hr분비기작 - hierachy / by self / 자율신경

2) 갑상선 / 부갑상선 ← hierachy

- 티록신
- Ca^{2+}수치조절
- 기능항진증 / 저하증

3) 부신 ← hierachy

4) 이자 ← by self

* 화학적 신호

- 근거리 : 자가분비 / 측면분비 (국소조절자) / 시냅스
- 원거리 : 내분비선 / 신경

특징	신경반사	내분비반사
특이성	각 뉴런은 하나의 표적세포 또는 표적세포 주변의 한정된 몇몇 세포에서 종결된다.	우리 몸의 모든 세포는 호르몬의 표적이 될 수 있다. 단지 응답은 그 호르몬 수용체를 가지고 있느냐에 달렸다.
신호의 특징	먼저 뉴런을 통한 전기신호 후에 화학적 신경전달물질 신호가 세포에서 세포로 분포된다. 일부의 경우에는 세포-세포 소통이 틈새이음을 통해서 일어나기도 한다.	화학신호가 혈액으로 분비되어 전신을 통해 전달된다.
속도	매우 빠르다. → 날트작용	신호의 전달이나 그 작용이 신경 응답보다는 훨씬 느리다.
작용시간	대개 매우 짧다. 신경조절물질의 경우는 느리게 응답한다.	보통 신경전달보다 훨씬 길다.
자극강도	각 신호는 그 힘에 있어서 같다. 자극강도는 신호빈도의 증가와 관련되어 있다.	자극강도는 분비되는 호르몬의 양에 달렸다.

* 호르몬의 특성

- 내분비성 : 혈관 내부로 분비조절 → 멀리까지 도달가능 (∵안정한 분자)
  세포외액으로 Hr 분비되므로 체액항상성 유지안될시 펩티드 Hr의 3차구조 변형 될수있다.
- 생리작용조절 : 미량으로 조절
- 결핍증, 과다증 有
- 종특이성 X : 서로 다른 종의 Hr을 교차투여가능 ex. 돼지인슐린

1. 총론

1) Hr의 종류

Tyr (aa. 티로신) : Phe로부터 PAH에 의해 합성 가능.
→ 티록신 : 지용성 아민
→ EPi, NEPi, 도파민 : 카테콜아민

	친수성		지용성	
	펩티드	카테콜아민 (친수성 아민)	지용성 아민	스테로이드 계열
생성	미리 생성해서 소낭에 저장		소낭에 미리 저장	필요시 형성
운반	직접 혈액에 녹아서 운반		운반체 사용	
반감기	짧다.		길다.	
수용체	막수용체 face → 2차신호 → 핵 or 세포질		핵수용체	세포질수용체 → 일반적 / 세포막수용체 → ex. 근육강화제 (fast) / 핵수용체
반응	기존 효소의 변형 (단백질체 반응)		새로운 효소의 합성 (유전체 반응)	
예시	나머지 3종류 빼고 all	EPi, NEPi, 도파민	오직 티록신	에스트로겐, 프로게스테론, 테스토스테론, 코티솔. 알도스테론
분비	소낭을 통해		확산을 통해	

★ Motif : SHR → Zn^{2+} finger 有

때에 따라 장소에 따라 다르다.

→ 2차 신호로 이온 ch open/close 가능 ex) 부교감신경

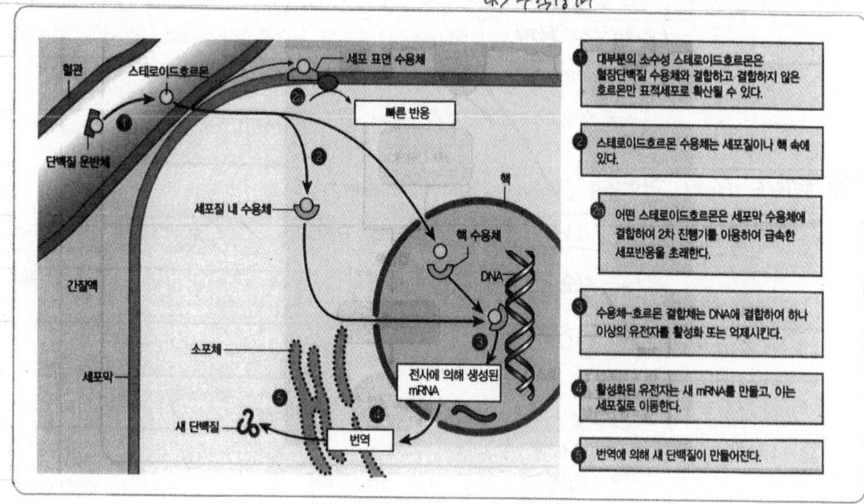

혈관
스테로이드호르몬
세포 표면 수용체
빠른 반응
단백질 운반체
세포질 내 수용체
핵
핵 수용체
DNA
간질액
소포체
세포막
전사에 의해 생성된 mRNA
새 단백질
번역
① 대부분의 소수성 스테로이드호르몬은 혈장단백질 수용체와 결합하고 결합하지 않은 호르몬만 표적세포로 확산될 수 있다.
② 스테로이드호르몬 수용체는 세포질이나 핵 속에 있다.
②b 어떤 스테로이드호르몬은 세포막 수용체에 결합하여 2차 전령기를 이용하여 급속한 세포반응을 초래한다.
③ 수용체-호르몬 결합체는 DNA에 결합하여 하나 이상의 유전자를 활성화 또는 억제시킨다.
④ 활성화된 유전자는 새 mRNA를 만들고, 이는 세포질로 이동한다.
⑤ 번역에 의해 새 단백질이 만들어진다.

2) 수용체의 종류와 작용

(1) 수용체 특이성 (자세한 건 PART. 7B 신호전달 참고)

① 아드레날린성 수용체 → 카테콜아민 Hr (EPi, NEPi)

- α수용체 → α_1 → 장혈관 : EPi이 α_1 수용체에 결합하여 세포 내 신호전달을 통해 장 혈관의 평활근을 수축시켜 (소동맥만 신호로 조절가능) 장으로의 혈류량을 감소시킴.
- β수용체 → β_1 → 심장에만 有 → (동방결절 O / 심실근 O)
  → β_2 → 근골격계 PKA활성으로 소동맥 확장 · 혈류량 증가 / 간 PKA 활성으로 글리코겐 분해 촉진.

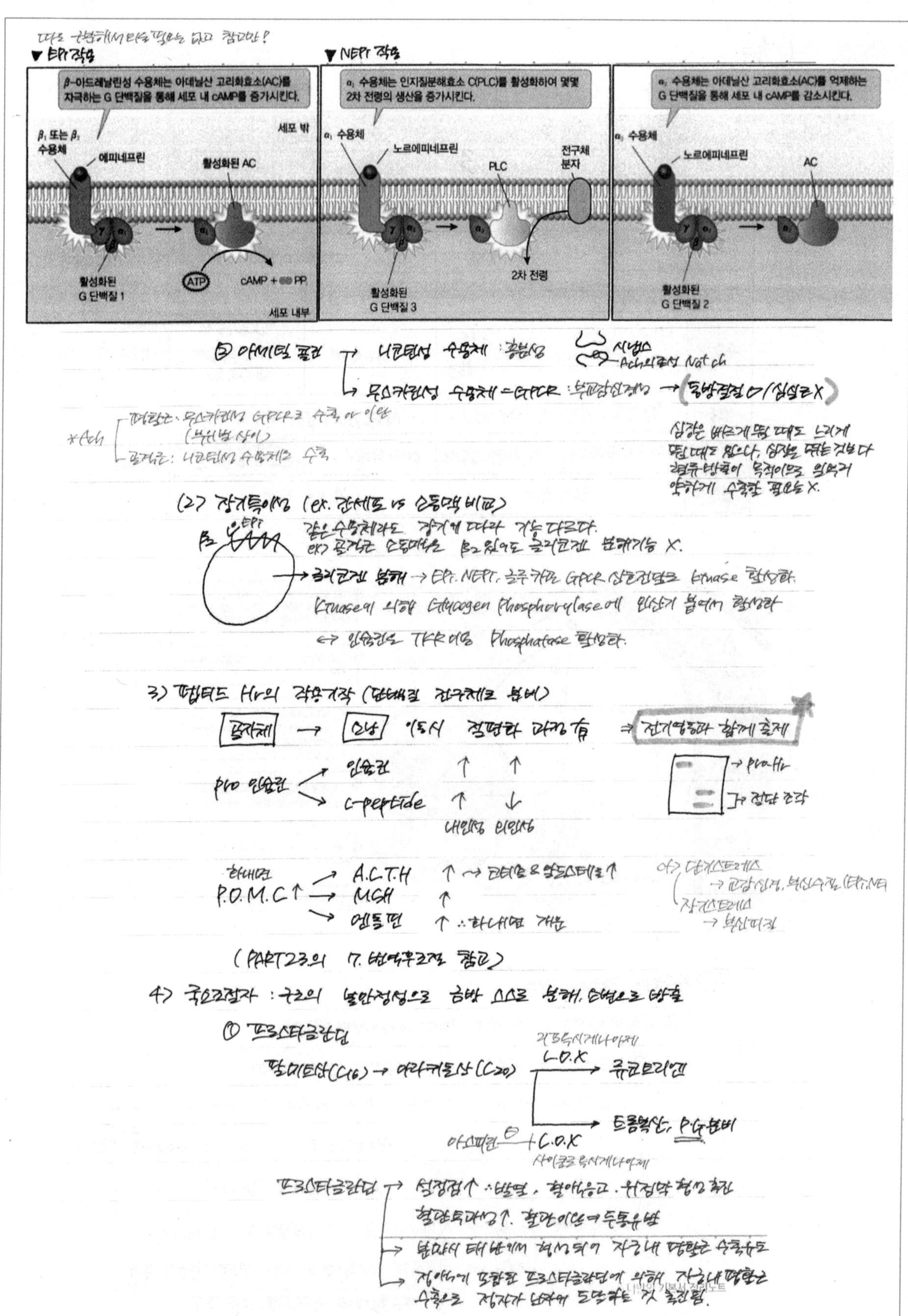
β-아드레날린성 수용체는 아데닐산 고리화효소(AC)를 자극하는 G 단백질을 통해 세포 내 cAMP를 증가시킨다.
세포 밖
β1 또는 β2 수용체
에피네프린
활성화된 AC
활성화된 G 단백질 1
ATP
cAMP + PPi
세포 내부
α1 수용체는 인지질분해효소 C(PLC)를 활성화하여 몇몇 2차 전령의 생산을 증가시킨다.
α1 수용체
노르에피네프린
PLC
전구체 분자
2차 전령
활성화된 G 단백질 3
α2 수용체는 아데닐산 고리화효소(AC)를 억제하는 G 단백질을 통해 세포 내 cAMP를 감소시킨다.
α2 수용체
노르에피네프린
AC
활성화된 G 단백질 2
▼ EPI 작용
▼ NEPI 작용
⑤ 아세틸콜린
니코틴성 수용체 : 흥분성
무스카린성 수용체 = GPCR : 부교감신경
(2) 장기특이성 (ex. 간세포 vs 근육세포 비교)
3) 펩티드 Hr의 작용기작 (단백질 전구체로 분비)
골지체 → 소낭
pro 인슐린 → 인슐린 / C-peptide
A.C.T.H
MSH
엔돌핀
P.O.M.C
(PART 23의 7. 번역후조절 참고)
4) 국소조절자
① 프로스타글란딘
팔미트산(C16) → 아라키돈산(C20)
L.O.X
류코트리엔
트롬복산, P.G 분비
아스피린
C.O.X

2. 각론

1) Hr 분비기작

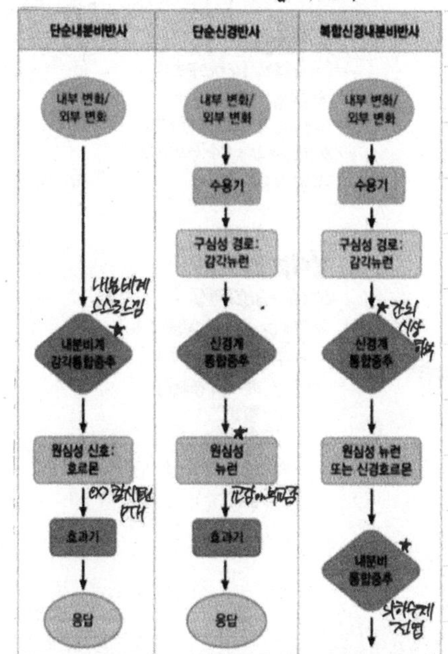

▲ by self ▲ 자율신경 ▲ hierachy

(1) hierachy : 체계성

감각시상하부 → 뇌하수체 → 장기 → Hr

~RH

- 전엽 : 스스로 Hr 형성 ~SH (내분비선)
  - 자극성 : ACTH . TSH. FSH. LH (ACTH → 부신피질 → 알도스테론·코티솔, TSH → 갑상선 → 티록신)
  - 비자극성 : MSH. 프로락틴
- 후엽 : 감각시상하부 형성 Hr 분비 (신경분비)
  - 옥시토신, ADH

ex) GHRH → GH → IgF1 → 성장판 open시 : 성장 / close시 : 말단비대증

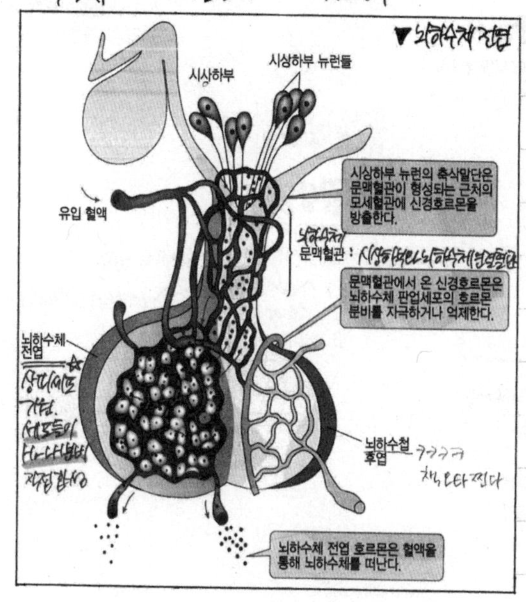

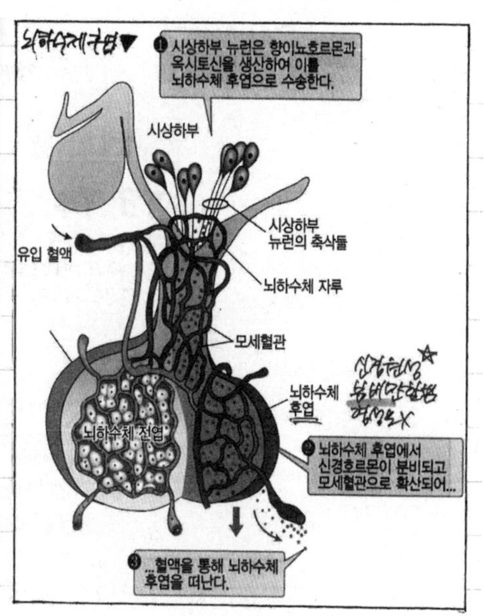

인슐린은 둘다 가능

(2) by self : 분비세포가 스스로 변화를 인지하고 Hr 분비

ex) 갑상선세포 - 칼시토닌 (혈중 Ca^{2+}↑ 직접인지) 부갑상선세포 - PTH (혈중 Ca^{2+}↓ 인지)

(3) 자율신경 : 교감/부교감으로 Hr 조절 → 길항작용

ex) 식사후 혈당↑일 때, 부교감 : 인슐린 분비자극

공복시 혈당↓일 때, 교감: 글루카곤, EPI 분비자극

1) by self : 포도당↑ → GLUT2로 췌장에 포도당 유입 → ATP↑ → K^+ 통로 close → 탈분극 발생 → 전압의존성 Ca^{2+} 통로 open → Ca^{2+} 유입 → 인슐린↑
2) 자율신경.

<Hr 정리>

시상하부	뇌하수체 전엽	뇌하수체 후엽
TRH 갑상샘자극H 방출H	**TSH** 갑상샘 자극 Hr	**옥시토신** → 양성피드백, 베 에스트로겐 ⇒ 옥시토신 수용체 증가 → 자궁수축 증가 ⇒ 분만유도 → 태반자극으로 PG 분비촉진 → 젖분비자극
CRH 부신피질자극H 방출H	**ACTH** 부신피질 자극 Hr	
GnRH 고나도트로핀 방출H 생식소 자극Hr	**FSH** 여포자극 Hr / **LH** 황체형성 Hr ↳ 여성은 황체형성, 남성은 테스토스테론분비자극 (레이디그 세포)	**항이뇨 H** =ADH =바소프레신 → 집합관에서 수분재흡수 촉진 ⇒ 아쿠아포린 발현 촉진 (체액의 삼투압↓, 혈압↑, 소변량↓) → 체내삼투압↑(민감), 혈압↓(둔감) 일 때 분비자극
GHRH 성장H방출H	**GH** 분비 자극	
GHIH 성장H억제H 소마토스타틴	**GH** 분비억제 성장Hr	
(안나옴. 참고.) **프로락틴RH** 프로락틴 방출H	**프로락틴** 젖분비자극 Hr	
MSHRH 멜라닌세포자극H 방출H	**MSH** 멜라닌세포자극Hr	

* 옥시토신 양성피드백
에스트로겐 ↓ 옥시토신수용체↑ ↓ 옥시토신↑ ↓ PG (태반분비)
(연쇄 반응: 양성 피드백)

* 옥시토신 & ADH는 신경에서 분비되는 신경Hr

* GH vs 인슐린 : 둘다 합성촉진
GH ↓ 혈당& 지방산⇑
인슐린 ↓ 혈당& 지방산⇓

* GH
→ 자극호르몬으로 기능시 : 간 자극. IGF-1 분비촉 IGF-1은 GH대신 작용하여 뼈와 연골 성장 자극. GH에 음성 피드백.
→ 비자극호르몬으로 기능시 : 직접 단백질합성, 뼈성장 촉진. 간의 포도당 방출유도 혈당&지방산 농도↑
→ 과다시 : 유년기엔 거인증. 성인시 말단비대
과소시 : 난쟁이

갑상샘	부갑상샘
T3, T4 → 세포호흡 관여 호르몬 → 생성자극 시, 세포호흡률↑ ⇒ 체온상승* : 주목적	**부갑상샘H** =파라토르몬 = PTH → 혈중 $[Ca^{2+}]$ 낮을 때 높여주는 역할 (osteoblast 활성화, osteoclast 활성화 → 뼈로부터 Ca^{2+} 회득 & 뼈파괴율↑; 신장 → Ca^{2+} 재흡수↑, PO_4^{3-} 재흡수↓; vit D 활성화 → Ca^{2+} 재흡수↑, PO_4^{3-} 재흡수↑ (in 소장))
칼시토닌 → 혈중 $[Ca^{2+}]$ 높을 때 낮춰주는 역할 (osteoblast 활성화, osteoclast 억제, 신장 → Ca^{2+} 재흡수↓, PO_4^{3-} 재흡수↑)	

(칼시토닌 ↔ 부갑상샘H : 길항작용)

부신 피질	부신 수질
코티졸 =당질코르티코이드 =글루코코르티코이드 → 장기적 스트레스 (저혈당자극) → 혈당↑ 역할 - 간에서 당신생 촉진 → for 뇌 - 지방조직 분해촉진 → 혈중 지방산↑ - 면역억제 → APC, Tcell 억제 - 성장억제 → 세포내 단백질 합성 억제	**EPi > < NEPi** 부신수질 교감신경 말단 → 단기적 스트레스 (싸움-도망) - 심장박동수/min↑, 1회심박출량↑ → 혈압상승 - 간에서 글리코겐 분해 촉진 → 혈당상승 - 호흡속도 증가 - 소화/배뇨 억제
알도스테론 =미네랄코르티코이드 =무기질코르티코이드 PART 36~37. 배설계 참고	

2) 갑상선/부갑상선

(1) 티록신 (T_3, T_4)

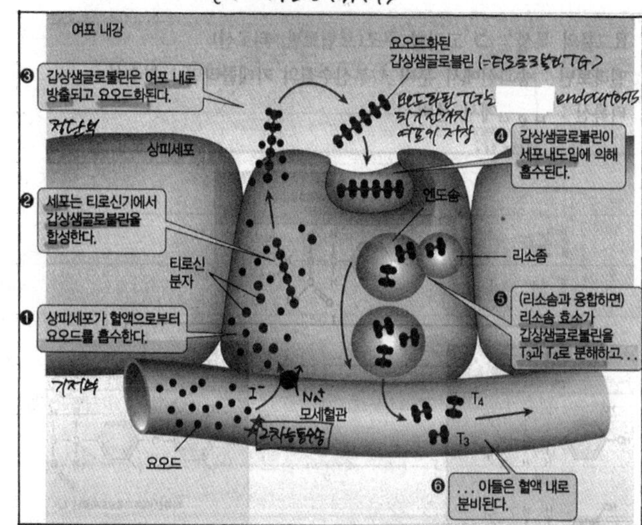

a. 티록신 합성기작 : 갑상샘글로불린 + I (7개)

⇒ 갑상선 세포 내 리소좀에 의해 절편화

b. T_3 / T_4

(구조식: HO–(I, I 치환 벤젠고리)–O–(I, ⓘ 치환 벤젠고리)–CH_2–C($^+NH_3$)(H)–COOH)

有 : T_4 → 티록신으로 불리는 형태.
無 : T_3

T_3 : 트리요오드티로닌 ⟩ → 기능동일
T_4 : 테트라요오드티로닌
갑상샘 분비 시; T_3 < T_4
수용체 결합 시; T_3 > T_4 (∵ I 하나 떼고 T_3로 작용)
⇒ why?
혈액 내 운반체 ⟷ T_4와 반응성↑
표적세포 세포질 운반체 ⟷ T_3와 반응성↑ (T_4와는 비활성)

혈액

T_4 운반체단백질 (혈액) → I^- → T_3 운반체단백질 (세포질) → T_3

→ T_3가 핵수용체에 결합하여 DNA에 있던 억제수용체를 날리고 DNA의 특정부위에 결합하여 유전자 활성화
⇒ 물질대사 필요효소 합성.

* 갑상선 기능 항진증/저하증

i) 그레이브스병 (기능항진증)

: TSH 수용체에 대한 자가항체에 의해 갑상선 지극 활성화

시상하부 : TRH↓ ⊖
* 자극
뇌하수체전엽 : TSH↓ ⊖
* 자극
자극항체 ⊕ → 갑상선 : 티록신↑↑ — 강한음성피드백

TSH ⟨ 자극항체 : 티록신분비자극
TSH수용체
여포세포 (=갑상선세포)
티록신 분비↑

* 갑상선 파괴항체로 인한 기능저하증
파괴항체 → 파괴
TSH수용체
⇒ 티록신↓↓

⇒ 갑상선 비대해짐. (∵과활성으로)

ii) 갑상선종 (기능저하증)

요오드섭취↓로 T_3, T_4↓
↓⊕
시상하부 : TRH↑ ⊢ X
↓⊕
뇌하수체전엽 : TSH↑ ⊢ X — 음성피드백 불가
↓⊕ 자극해도
갑상선 : 티록신↓↓ (요오드 없음)
⇒ 갑상선 비대해짐 (∵음성피드백으로 인해)

	기능저하증	기능항진증
성장과 발달	↓	↑
활동과 수면	↓	↑
온도반응	추위	더위
피부	건조	촉촉
발한	↓	↑
맥박	↓	↑
위장증상	↓	↑
반사	↓	↑
심리상태	우울	조증
혈장 T_4 수준	↓	↑

(2) Ca^{2+} level 조절 (by self)

① Ca^{2+} 고농도 시, 갑상선 인식

: 칼시토닌 분비 → osteoblast 활성 / osteoclast 억제

: 조골작용. 뼈에 Ca 축적

→ 신장 : Ca^{2+} 재흡수 억제. PO_4^{3-} 재흡수 촉진

② Ca^{2+} 저농도 시, 부갑상선 인식

~~→ 뼈흡수작용으로는 Ca^{2+}↑ PO_4^{3-}↑~~

: 파라토르몬 분비 → osteoclast 활성 / osteoblast 감소

: 파골작용. 뼈로부터 Ca^{2+} 획득. 뼈교체도↑

→ 신장: Ca^{2+} 재흡수 촉진 PO_4^{3-} 재흡수 억제

→ vitaD 활성

* 세포외액 level 조절

	Ca^{2+}	PO_4^{3-}	
칼시토닌	⇓	⇑	신장
PTH	⇑	⇓	신장
vitaD	⇑	⇑	소장

) 에 작용하여 조절

⇒ vitaD는 소장, PTH는 신장, 칼시토닌은 뼈로 주로 조절

* PTH ⊕→ vitaD 활성 (in 신장) → 소장에 Ca^{2+} pump 형성, Ca^{2+} 결합ptn 형성

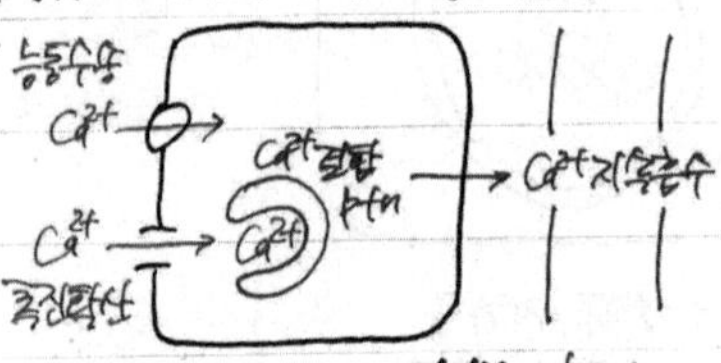

* 코티졸 : Ca^{2+} 균형에 음성적으로 작용함. 소장 Ca^{2+} 흡수↓ 신장 Ca^{2+} 흡수↓ → 체내 Ca^{2+} 낮춤.

* Ca^{2+}의 여러 생리학적 기능

(Ca^{2+} 고농도 시 : Ca^{2+} → Na^+ ch close → 신호전달↓ → 무기력증 ex) 소화능력↓
(Ca^{2+} 저농도 시 : 과흥분 ex. 손떨림

- 신호분자
- 카드헤린 안정화
- 혈액응고관여 : 트롬보키나아제의 보결족

3) 부신

(1) 부신피질 : ACTH / RAAS에 의해 자극. 스테로이드 Hr 합성 (콜레스테롤 전구체)

부신수질
부신피질
망상대 ↑안쪽
속상대
사구대 바깥쪽

- 사구대 : 알도스테론 (무기질코르티코이드) < ACTH RAAS 에 의해 분비자극
- 속상대 : 코티졸 → ACTH에 의해 분비자극
⇒ 혈당량↑ ┬ 아미노산 → 탈아미노산 → TCA
└ 간에서 당신생
- 망상대 : 성 Hr 부신에서 성Hr 생성도 된다냐!☆

(2) 부신수질 : 교감신경 절후뉴런의 변형

참고 (부신수질 : EPI > NEPI 2:1
교감신경 : EPI < NEPI 1:2)

* 단기스트레스 vs 장기스트레스
: 자율신경사용 : 대뇌변연계의 감뇌시상하부 CRH 분비
In 부신수질 → 뇌하수체 전엽 A.C.T.H 분비
(코티졸 : 혈당↑ → 당뇨환자 위험
알도스테론 : 혈압↑ → 고혈압환자 위험
스트레스 받지 마세요 화이팅

* 카테콜아민 (참고)
- 도파민
- NEPI
- EPI

시상하부, CRH, 뇌하수체 전엽, ACTH, 후엽, 장기, 혈관, 단기, 척수, 코티졸, 알도스테론, EPI, NEPI

(3) 쿠싱질환 : 코티졸 분비과잉증 → 단백질 분해 (aa → 탈aa)
↓ 살이 물러짐 ↓ 축적으로 H_2O유입. 달덩이 같은 얼굴

* 부신위기 (부신 다이크리시스)
1. dexamethason (코티졸유사체) 면역억제제로 투여시 CRH↓, ACTH↓ (⊖피드백) ⇒ 부신 자극↓로 부신위축
→ 투여중단시 갑자기 CRH↑, ACTH↑ ∴ 부신위기. 부신세포 파괴됨.

* 원인 찾기 (1st (원발성) : 부신종양 → 종양세포 과잉증식으로 코티졸 분비과잉
2nd (속발성) : 간뇌시상하부 or 뇌하수체종양
CRH과잉 or ACTH과잉

- 현상

	간뇌시상하부	뇌하수체	부신피질	
1st 1차병리현상	CRH⇓ →	ACTH⇓ →	코티졸⇑	···> 부신종양
2nd 2차병리현상	CRH⇑ →	ACTH⇑ →	코티졸⇑	···> 시상하부종양
	CRH⇓ →	ACTH⇑ →	코티졸⇑	···> 뇌하수체종양

쿠싱 syn

* dexamethason (코티졸유사체) 억제검사

코티졸⇑ ① 저용도(2mg) 투여 → 정상화시 : 정상 / 정상화 X 시 : 정밀검사 (병 有)
② 고용도(8mg) 투여 → 정상화시 : 뇌종양 / 정상화 X시 : 부신 CT
①은 병의 유무판단, ②는 위치판단.

4) 이자

: 자율신경에 의한 조절
- 혈당⇓ → 교감신경⇑ → α세포 → 글루카곤 분비
- 혈당⇑ → 부교감신경⇑ → β세포 → 인슐린 분비

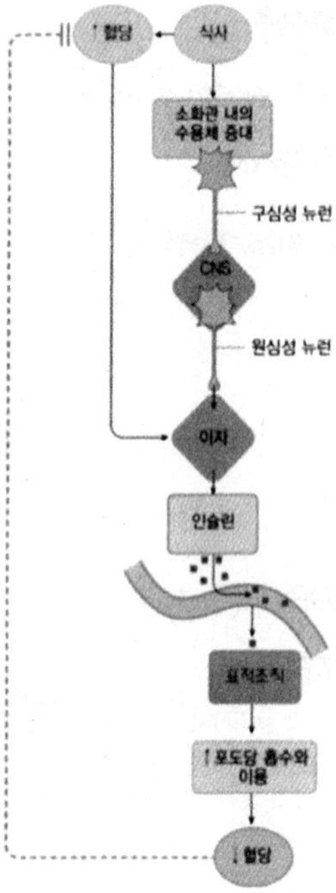

① 인슐린 → 수용체(TKR) ⇒ Phosphatase 활성화 : 인산기 제거 역할.
& PDE 활성화 : cAMP↓ → phosphorylase 억제

- Glycogen synthase^(P) : 활성
- Glycogen phosphorylase^(P) : 비활성

② EPI. NEPI. 글루카곤 → 수용체(GPCR) ⇒ kinase 활성 : 인산기 붙이는 역할
(+) 글루카곤의 지방세포 자극시, lipase 작용 촉진.

- Glycogen synthase^(P) : 비활성
- Glycogen phosphorylase^(P) : 활성 → 글루카곤은 간에서만 글리코겐 분해 활성화. EPI. NEPI는 간, 근육 모두

③ 당뇨 : 혈당량 200mg/ml 이상. 인슐린 작용↓인 것.

다음. 다갈. 다뇨.

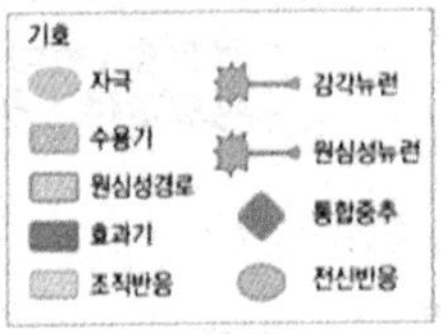

〈I형〉 인슐린 의존성 당뇨

: 어린나이. 유전자들인 병이

: 자가면역으로 β세포 X

↑ 당AA → 당활용 불가 (아CoA, O.A.A ↓ 당신생) → 케톤체 형성
1500~2000mg/ml

간세포
: 혈당사용불가로 계속 당신생
→ O.A.A 고갈
→ 케톤체⇑
→ 케톤산증 O

〈II형〉 인슐린 비의존성 당뇨

: 중년이상. 생활습관문제

: 인슐린 저항성 ↑
= 순응으로 인해 수용체 내성 ↑ (둔감화)
∴ 인슐린 분비는 ⇑

: 케톤산증 X.

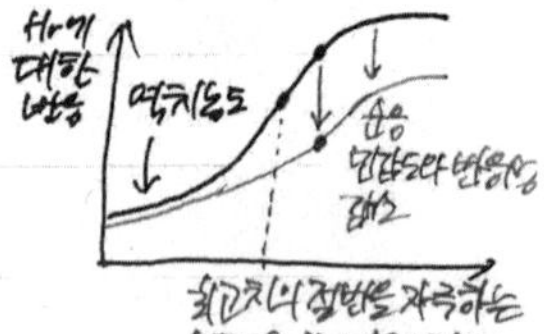

* 인슐린의 혈당량 조절 추가

- PFK-1 : F-6-P → F-1.6-BP로 해당촉진. 알로스테릭 조절효소

인슐린 작용 시 인산기 제거로 PFK-2 활성 → F-2.6-BP ↑

→ PFK-1 활성으로 해당촉진

PFK-2	FBPase -2

Ⓟ 인산기 붙으면 FBPase-2 활성
떨어지면 PFK-2 활성

$$\text{F-6-P} \underset{\text{분해 (FBPase-2)}}{\overset{\text{PFK-2 인산화}}{\rightleftarrows}} \text{F-2.6-BP} \xrightarrow{\oplus} \text{PFK-1}$$

* 멜라토닌 : 일주기 Hr. 송과샘에서 분비. 시상하부 시신경교차상핵의 주기적 활동에 의해 조절. 밤에 분비되며 빛 노출시 억제된다. 일부동물에선 극적인 생리적 변화가 계절적으로 유도.

* Hr의 기타 상호작용 (참고)

i) 협동작용 : 글루카곤 + 코티솔 + 에피네프린

→ 원인: 2차 신호전달자 공유로 활성급증.

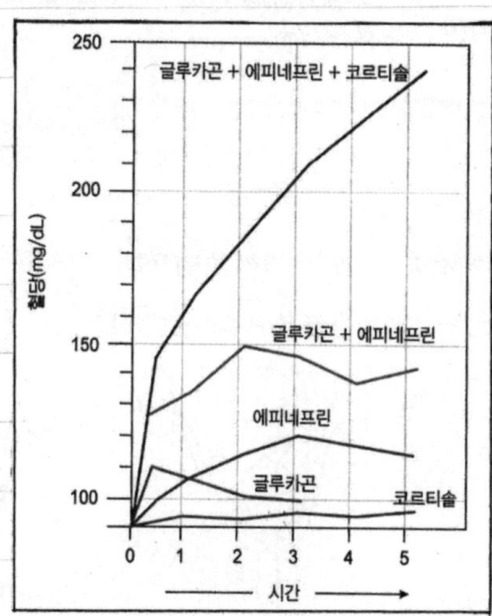

ii) 허용효과 : 티록신 있어야 테스토스테론, 에스트로겐 효과 有

iii) 길항작용 : 두 Hr이 반대효과 → 경쟁적 억제제

ex) GH vs 인슐린 / 인슐린 vs 글루카곤

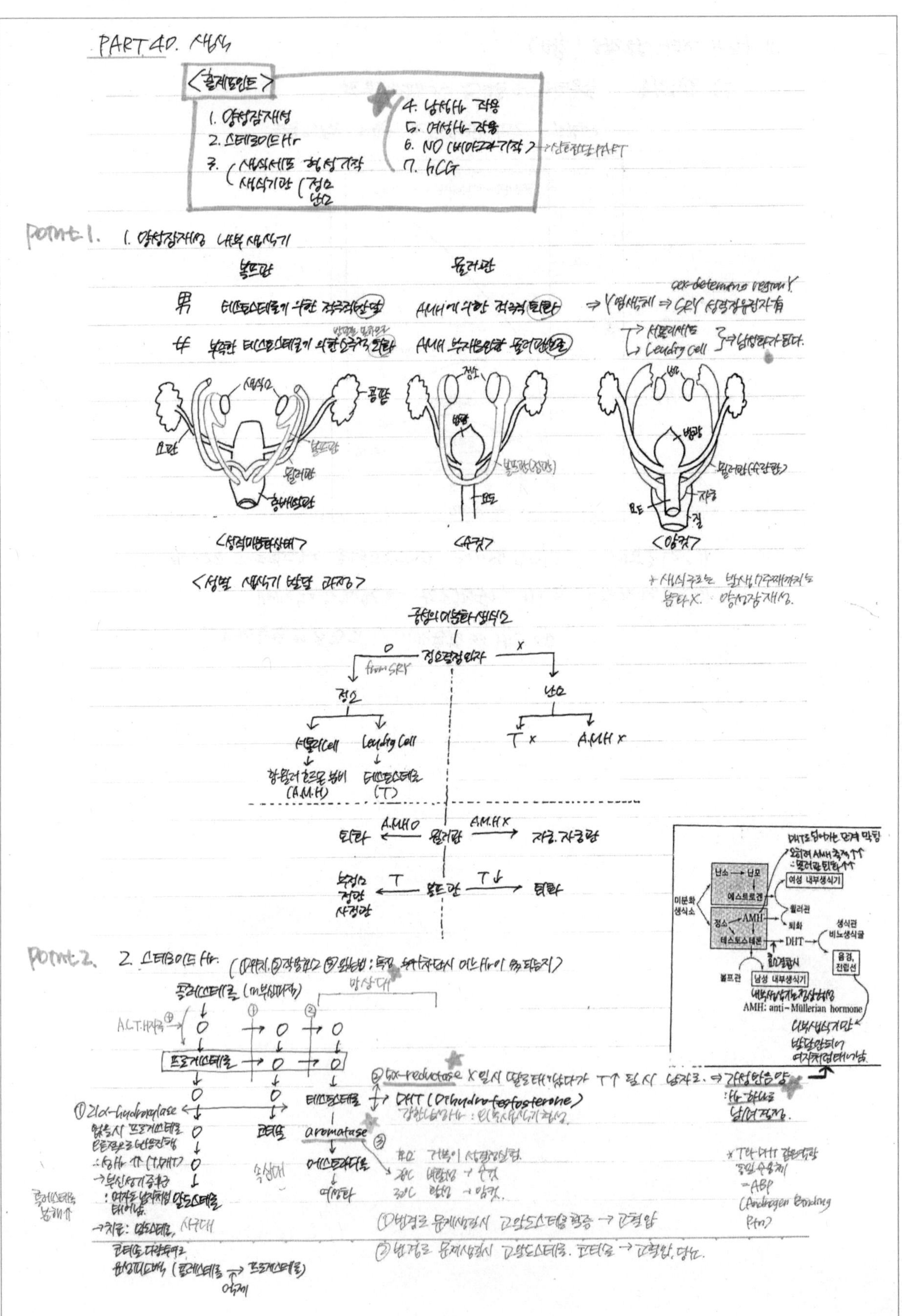

point 3. 3. 생식세포 형성기작

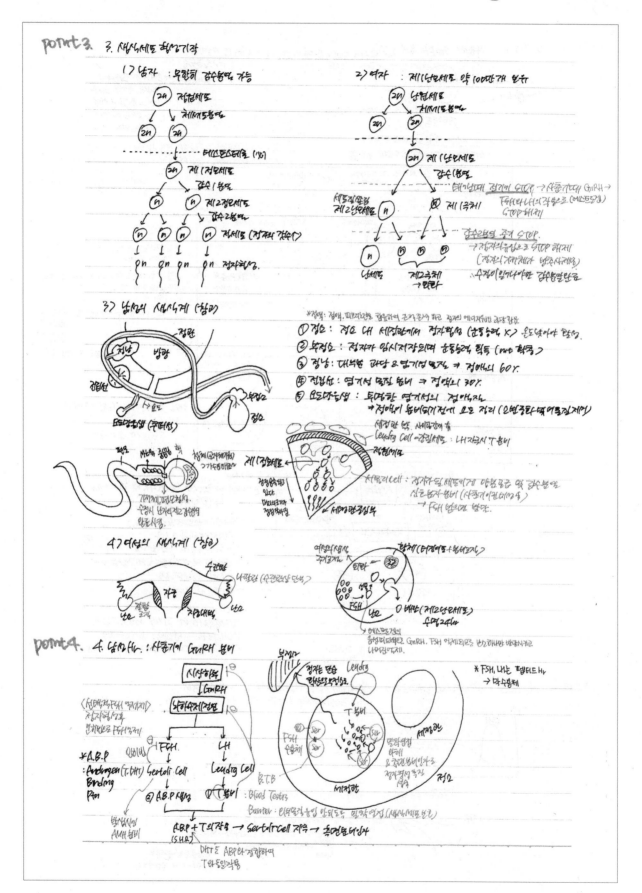

1) 남자 : 무한히 감수분열 가능

2n 정원세포 → 체세포분열 → 2n, 2n → 테스토스테론 → 2n 제1정모세포 → 감수1분열 → n, n 제2정모세포 → 감수2분열 → n n n n 정세포 (정자의 감수↓) → 정자형성.

2) 여자 : 제1난모세포 약 100만개 보유

2n 난원세포 → 체세포분열 → 2n, 2n → 2n 제1난모세포 → 감수1분열 (태아일때 전기에 STOP → 사춘기때 GnRH → FSH의 나비의 작용으로 (에스트로겐) STOP 해제) → 세포질불균등 제2난모세포 n, 제1극체 → 감수2분열 중기 STOP → 정자의 유입으로 STOP 해제 (정자의 가위체가 방추사 해체) ∴ 수정이 일어나야만 감수분열 완료 → n 난세포, 제2극체 → 퇴화

3) 남성의 생식계 (참고)

*정액: 정액, 피브리노겐을 함유하여 곤죽, 곤자 하고 정자의 에너지원인 과당 함유.

① 정소 : 정소 내 세정관에서 정자형성 (운동능력 X) 온도 낮아야 활성.
② 부정소 : 정자가 임시저장되며 운동능력 획득 (mt 확충)
③ 정낭 : 대부분 과당 & 염기성 물질 ⇒ 정액의 60%.
④ 전립선 : 염기성 물질 분비 ⇒ 정액의 30%.
⑤ 요도구선 : 투명한 염기성의 점액질.
→ 정액이 분비되기전에 요도 정리 (오줌중화 및 이물질제거)

4) 여성의 생식계 (참고)

point 4. 4. 남성 Hr. : 사춘기에 GnRH 분비

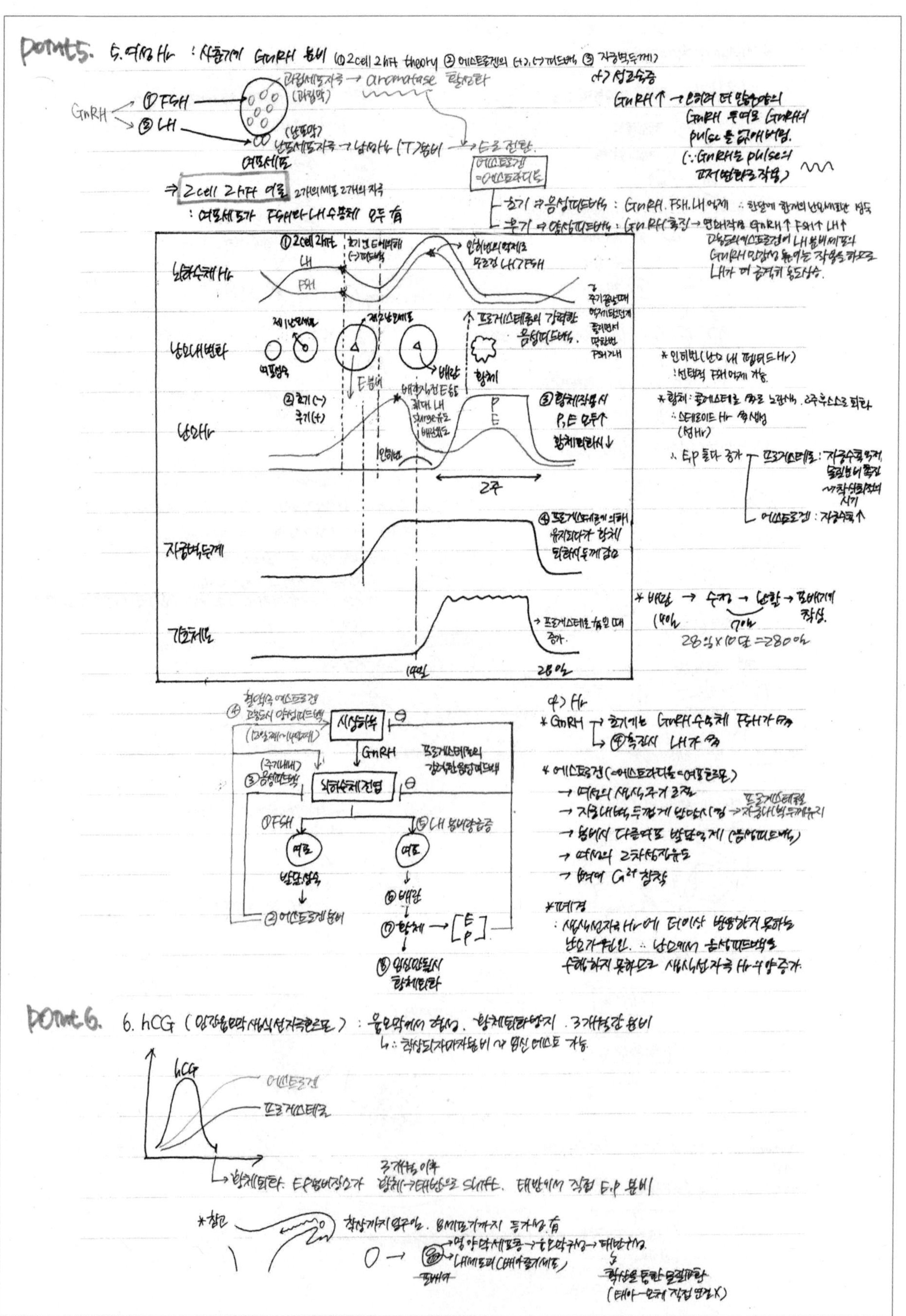

① hcG 항체

임신진단키트

소변 뿌리면 항체제거 → 라텍스 / hcG

↗ 임신이면 라텍스응집X. 띠 안나타남.
↘ 임신X면 라텍스응집. 띠 나타남.

외우지말고 그림그려~ 이해

② Direct

라텍스에 hcG항체

소변 뿌리면 →
↗ 임신이면 응집. 띠나타남 → 유사 단백질로 인해 mistake↑
↘ 임신X면 응집X. 띠 X

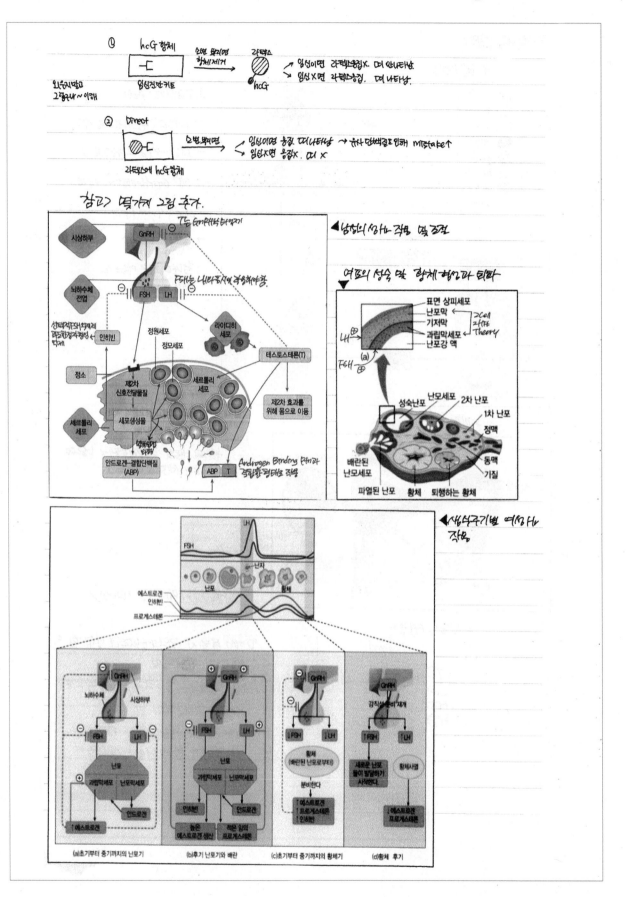

참고> 몇가지 그림 추가.

◀남성의 성Hr 작용 및 조절

시상하부
GnRH
T는 GnRH분비 억제
뇌하수체 전엽
FSH
LH
FSH는 내버려둬야 작용해야함.
선택적FSH분비제 피드백억제 억제
인히빈
라이디히 세포
정원세포
정모세포
테스토스테론(T)
정소
제2차 신호전달물질
세르톨리 세포
제2차 효과를 위해 몸으로 이동
세르톨리 세포
세포생성물
안드로겐-결합단백질 (ABP)
ABP T
Androgen Binding Protein과 결합한 형태로 작용

여포의 성숙 및 황체 형성과 퇴화

표면 상피세포
난포막
기저막
과립막세포
난포강 액
2cell 2가지 Theory
LH
FSH
(a)
성숙난포
난모세포
2차 난포
1차 난포
정맥
배란된 난모세포
동맥
기질
파열된 난포
황체
퇴행하는 황체

◀생식주기별 여성Hr 작용

LH
FSH
난지
난포
황체
에스트로겐
인히빈
프로게스테론

GnRH
뇌하수체
시상하부
FSH
LH
난포
과립막세포
난포막세포
안드로겐
↑에스트로겐

(a)초기부터 중기까지의 난포기

GnRH
FSH
LH
난포
과립막세포
난포막세포
인히빈
안드로겐
높은 에스트로겐 생산
적은 양의 프로게스테론

(b)후기 난포기와 배란

GnRH
↓FSH
↓LH
황체 (파열된 난포로부터)
분비한다
↑에스트로겐
↑프로게스테론
↑인히빈

(c)초기부터 중기까지의 황체기

GnRH
감직성 분비 재개
↑FSH
↑LH
새로운 난포들이 발달하기 시작한다
황체사멸
↓에스트로겐 프로게스테론

(d)황체 후기

자투리들(참고)

* 발기반사

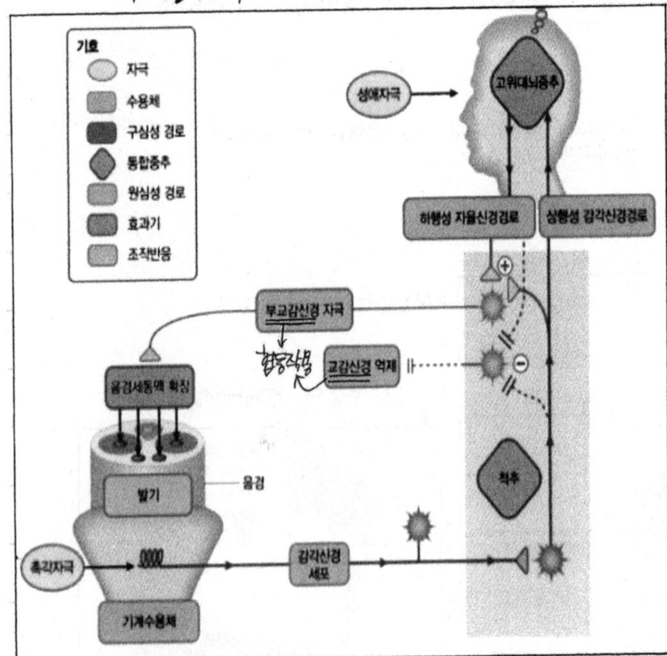

◀ 발기반사

부교감신경 : Ach
→ GPCR (무스카린수용체)
→ IP_3 → Ca^{2+} – 칼모듈린
→ NO synthase ↑ → NO
→ cGMP↑ → PKG↑ (⊖ PDE ⊢ 비아그라)
→ Ca^{2+}, K^+ 방출↑
∴ 혈관평활근 이완으로 혈류쏠림.

* 임신

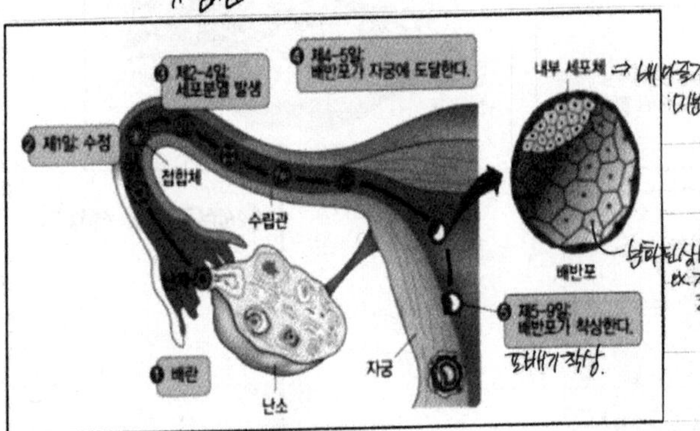

내부 세포체 ⇒ 배아줄기세포 : 미분화상태

분화된세포로 내부세포체에 넣으면 미분화된 세포들의 분화불가.

분화된상태. ex. 자궁막분해하고 형성.

포배가 착상.

(융모막 → 영양막세포층 → 태반)

* 일란성 쌍둥이

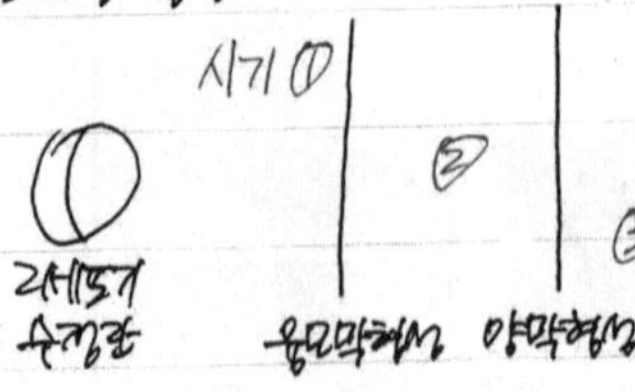

① 에서 분할 시 각각의 융모막과 양막 有
⇒ 각각 개체 형성
② 에서 분할 시 융모막 하나에 양막 2개
⇒ 각각 개체 형성
③ 에서 분할시 융모막 하나 양막 하나
⇒ 개체가 붙어서 나옴 = 샴쌍둥이.

*출산

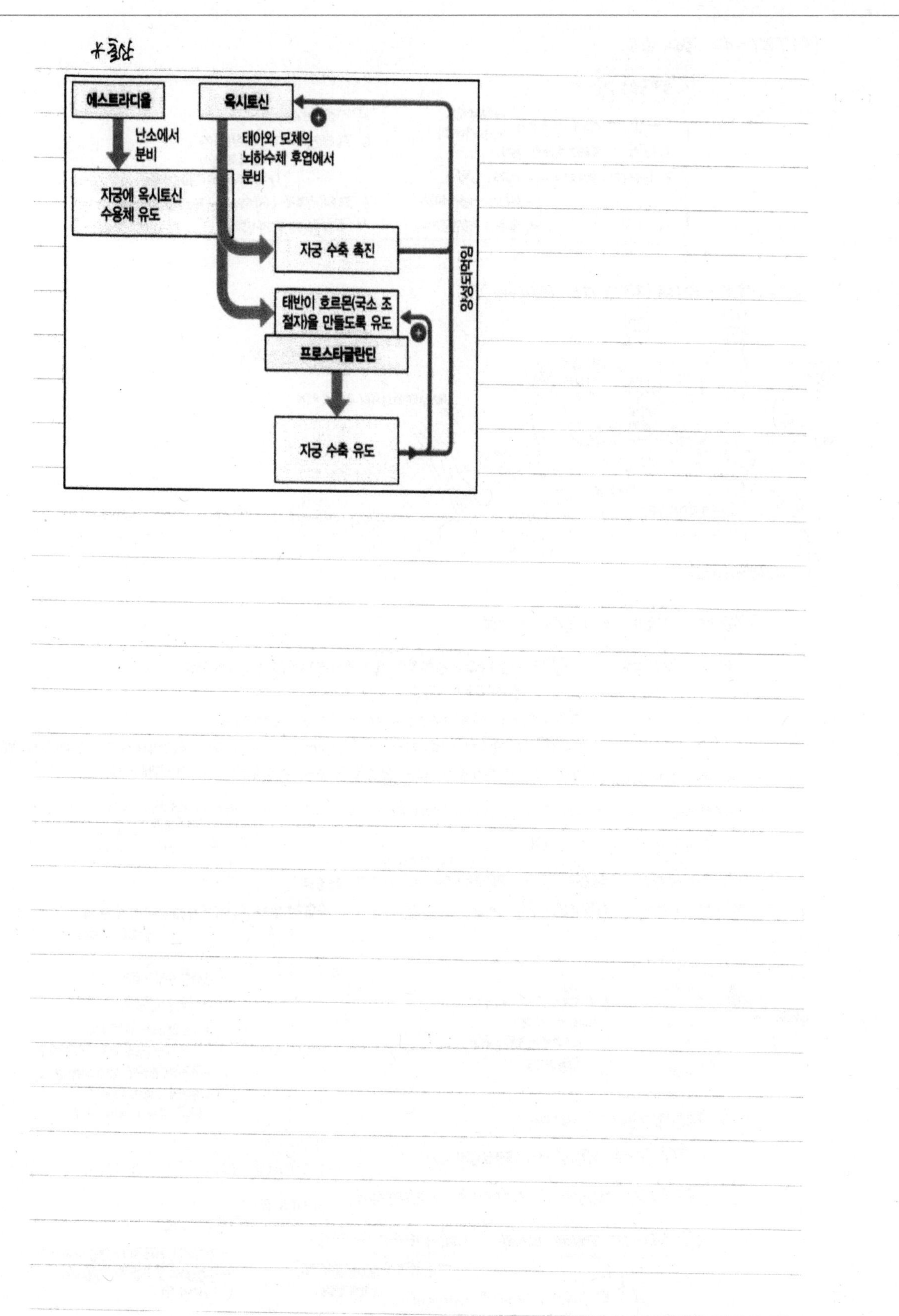
에스트라디올
옥시토신
난소에서
분비
태아와 모체의
뇌하수체 후엽에서
분비
자궁에 옥시토신
수용체 유도
자궁 수축 촉진
태반이 호르몬(국소 조
절자)을 만들도록 유도
프로스타글란딘
자궁 수축 유도
양성되먹임

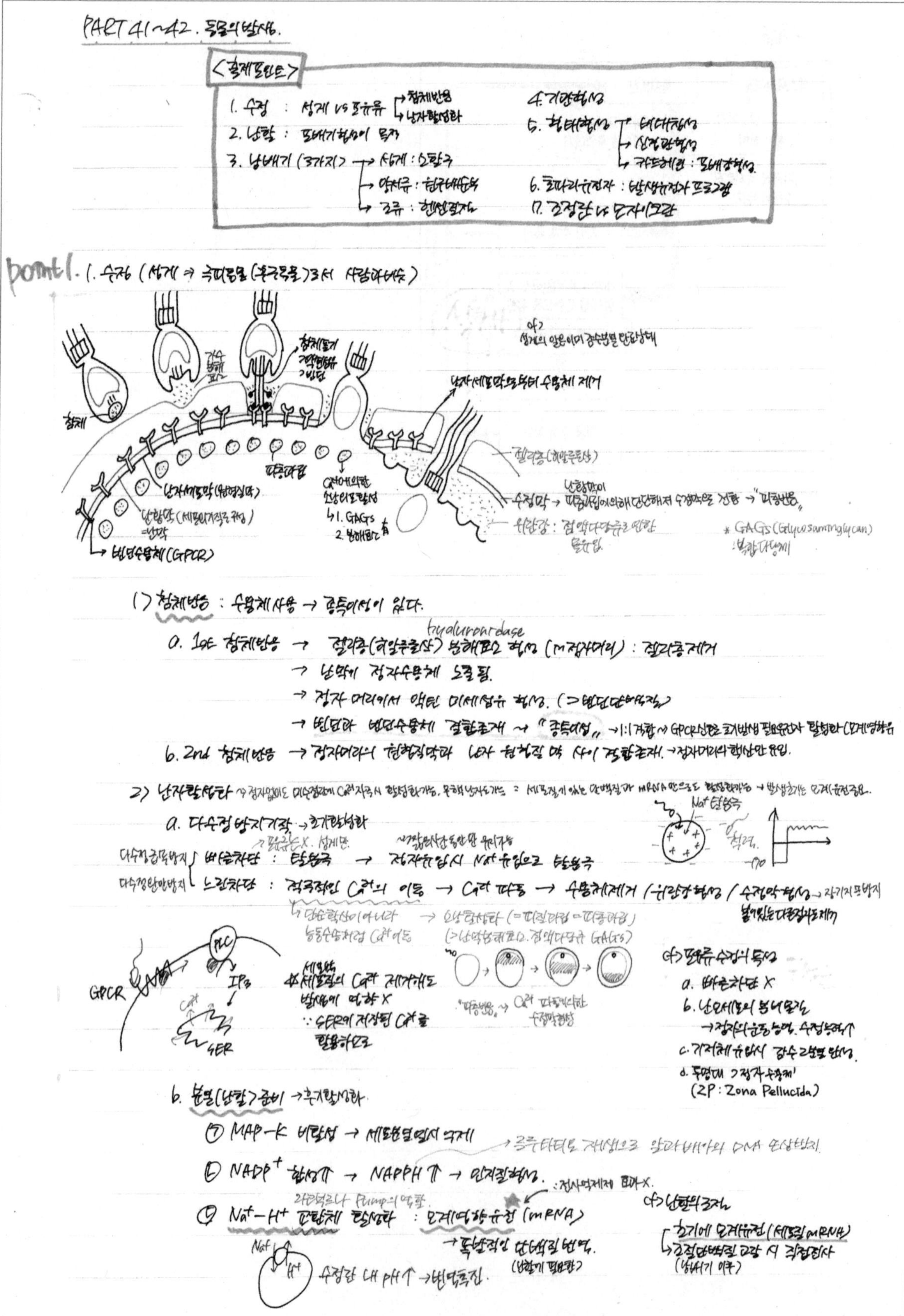
PART 41~42. 동물의 발생.
<출제포인트>
1. 수정 : 성게 vs 포유류 → 첨체반응 → 난자활성화
2. 난할 : 포배기형성이 목적
3. 낭배기 (3가지) → 성게 : 오함극 → 양서류 → 조류
4. 기관형성
5. 형태형성 → 세포분화 → 신경관형성 → 카드헤린 : 포배강형성
6. 호미리유전자 : 발생유전자 프로그램
7. 조절란 vs 모자이크란
point 1. 1. 수정 (성게 → 극피동물(후구동물)로서 사람과 비슷)
첨체
난자세포막(원형질막)
난황막(세포외기질로 구성) =난막
빈딘수용체(GPCR)
피층과립
GAGs
1. GAGs
2. 분해효소 有
난자세포막으로부터 수용체 제거
젤리층(히알루론산)
수정막
위란강 : 점액다당류로 인한 물유입
* GAGs (Glycosaminoglycan) : 복합다당체
1) 첨체반응 : 수용체사용 → 종특이성이 있다.
hyaluronidase
a. 1st 첨체반응 → 젤리층(히알루론산) 분해효소 함유 (in 정자머리) : 젤리층제거
→ 난막에 정자수용체 노출됨.
→ 정자 머리에서 액틴 미세섬유 형성. (⊃ 빈딘단백질)
→ 빈딘과 빈딘수용체 결합존재 → "종특이성" → 1:1 결합 → GPCR신호로 초기발생 필요유전자 활성화 (모계영향유전)
b. 2nd 첨체반응 → 정자머리의 원형질막과 난자 원형질 막 사이 결합존재. → 정자머리의 핵만 유입.
2) 난자활성화
a. 다수정 방지기작 → 초기활성화
Na⁺ 탈분극
빠른차단 : 탈분극 → 정자유입시 Na⁺ 유입으로 탈분극
느린차단 : 적극적인 Ca²⁺의 이동 → Ca²⁺ 파동 → 수용체제거 / 위란강형성 / 수정막형성 → 자기지표방지
다수정방지
다수정완만방지
GPCR
PLC
IP₃
SER
Ca²⁺
* 세포질의 Ca²⁺ 제거해도 발생에 영향 X
∵ SER에 저장된 Ca²⁺를 활용하므로
"피층반응" → Ca²⁺ 파동에 의한 수정막형성
cf) 포유류 수정의 특성
a. 빠른차단 X
b. 난모세포의 분비물질 → 정자의 운동능력, 수정능력↑
c. 기저체 유입시 감수 2분열 완성.
d. 투명대 → 정자 수용체
(ZP : Zona Pellucida)
b. 분열(난할) 준비 → 후기활성화
㉠ MAP-K 비활성 → 세포분열 일시 억제
㉡ NADP⁺ 합성↑ → NADPH↑ → 인지질형성.
㉢ Na⁺-H⁺ 교환체 활성화 : 모계영향유전 (mRNA)
→ 폭발적인 단백질 번역.
(난할에 필요한)
Na⁺
H⁺
수정란 내 pH↑ → 번역촉진.
cf) 난할의 조절
초기에 모계유전 (세포질 mRNA)
조절단백질 고갈 시 직접전사
(낭배기 이후)

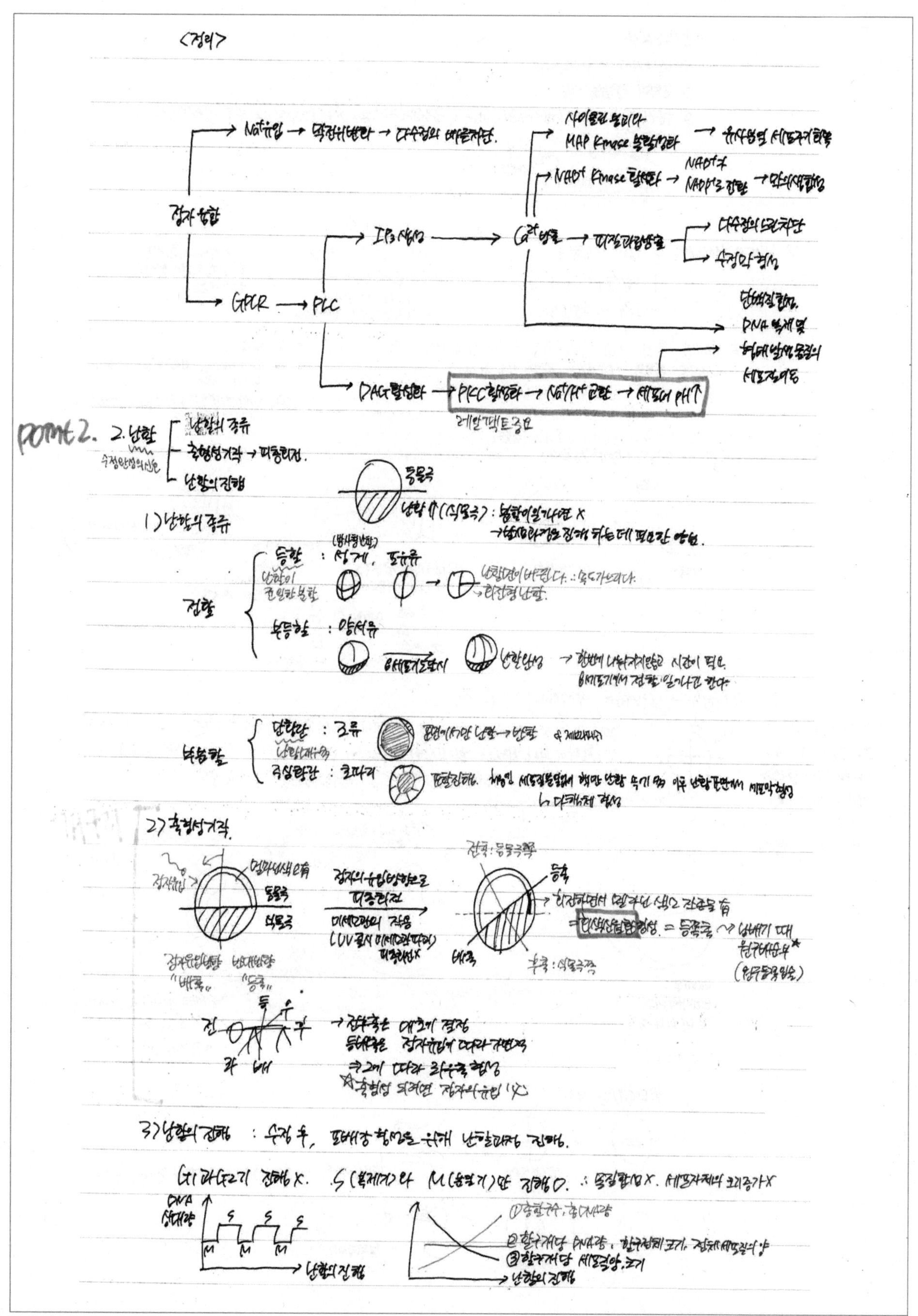

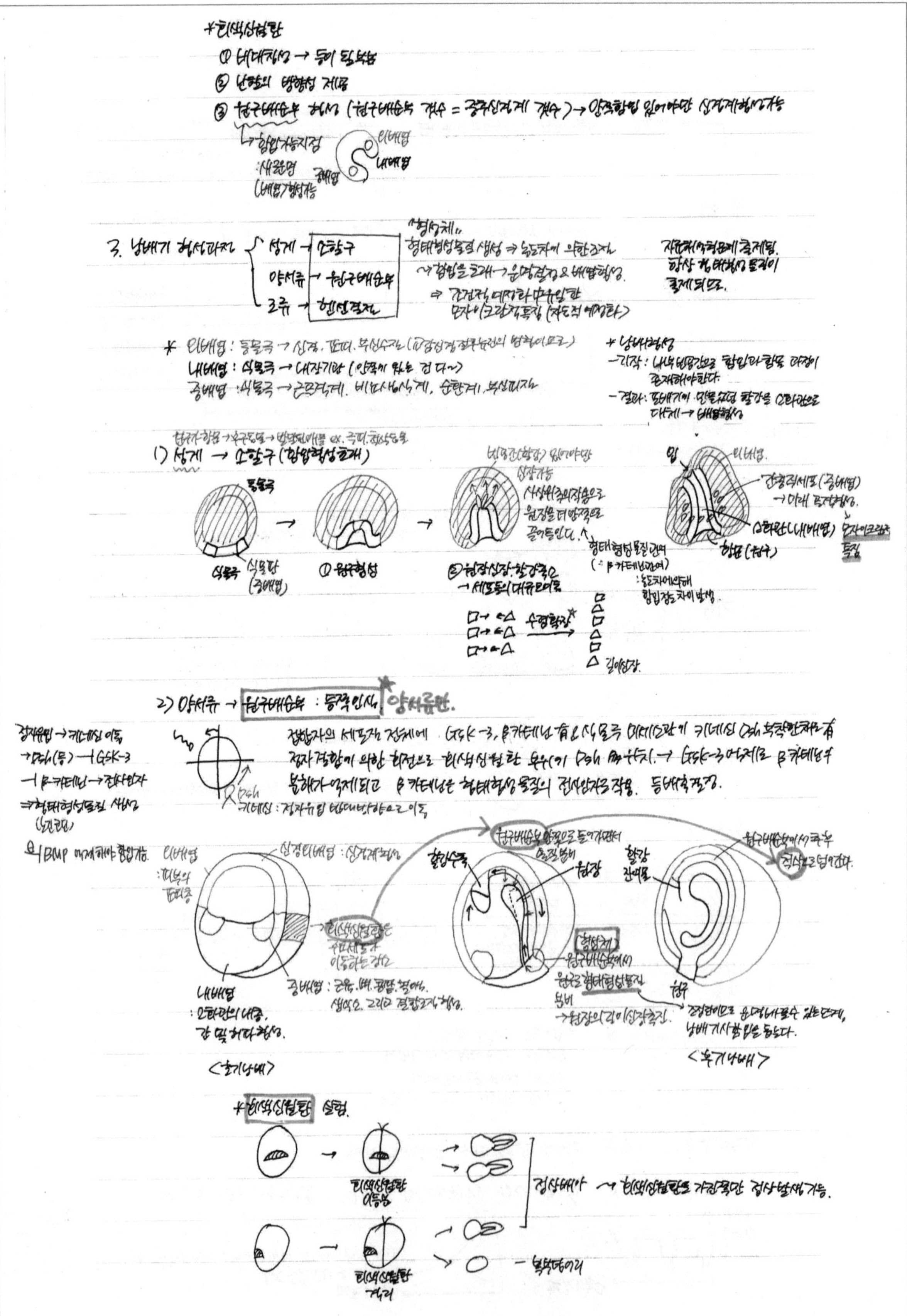

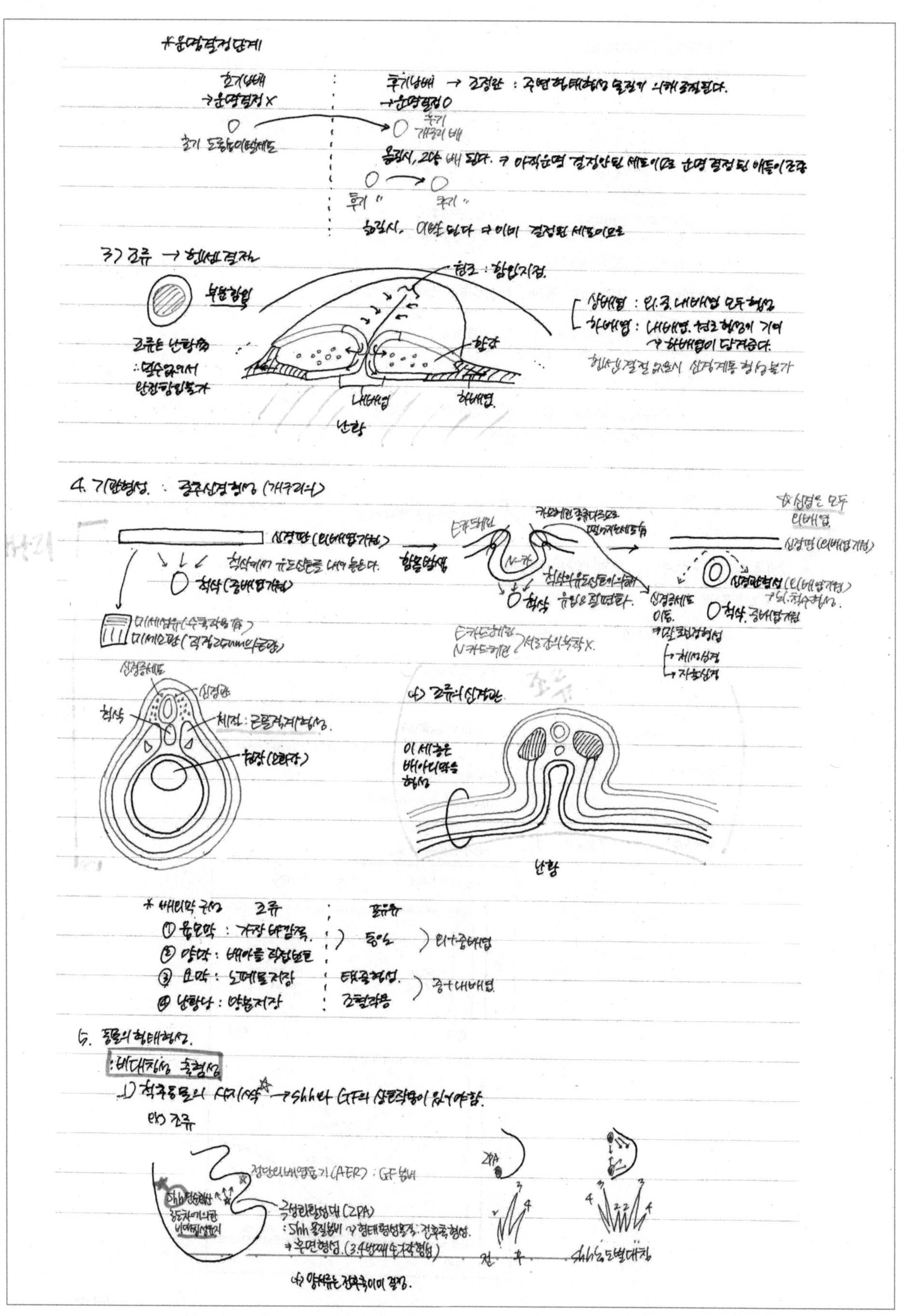

2) 세포외기질 - 피브로넥틴

: 양서류, 포유류의 길이신장

포배강

피브로넥틴

인테그린

세포외기질인 피브로넥틴에 잡아당긴다.
(성게의 사상위족과 동일효과)

→ 함입과정발생
(원장의 길이신장)

3) 세포부착분자 - 카드헤린 분자 (데스모좀 : 밀착적인 연접)

→ 내세포괴 (데스모좀에 의한 응축)
∴ 할강형성가능

if. 카드헤린 분자가 없을 시 포배강 형성불가
∴ 상실기상태로 그대로 유지

4) 세포골격

미세섬유
미세소관 → 소매기형 구조 형성가능.

이거 출제 안됐습니다!

6. 체축형성 유전자 : 모체영향 유전자

ex> 초파리.

bicoid mRNA
전축결정
3'UTR+미세소관결합으로
전축방향으로 이동

nanos mRNA
후축결정
3'UTR+ 키네신결합으로
후축방향으로 이동.

(-) (+)
bicoid nanos
전 후

bicoid (mRNA) —번역→ Bicoid (Ptn) ⟶ caudal mRNA ⊥ 번역 Caudal Ptn   간접적촉진으로 Hunchback 발현↑ (억제X이므로)

nanos (mRNA) —번역→ Nanos (Ptn) ⟶ hunchback mRNA ⊥ 번역 Hunchback Ptn   간접적촉진으로 Caudal 발현↑ (억제X이므로)

즉,

Bicoid Nanos
Hunchback Caudal

전축 후축

(A) 난자 mRNA
hunchback mRNA
caudal mRNA
bicoid mRNA
nanos mRNA
농도
앞쪽 뒤쪽

(B) 초기 난할 배아의 단백질
Hunchback
Caudal
Bicoid
Nanos
농도
앞쪽 뒤쪽

7. 조절란 vs 모자이크란

(예정화 : 특정환경에서 어떤 정해진 형태로 분화할 수 있을때 그 조직의 운명은 예정되었다고 말하며 이시기의 운명은 바뀔수가 있음.

결정 : 환경이 바뀌어도 정해진 형태로만 분화하게 될 때 세포와 조직의 운명은 결정되었다고 함.

1) 모자이크란 – 자동적예정화

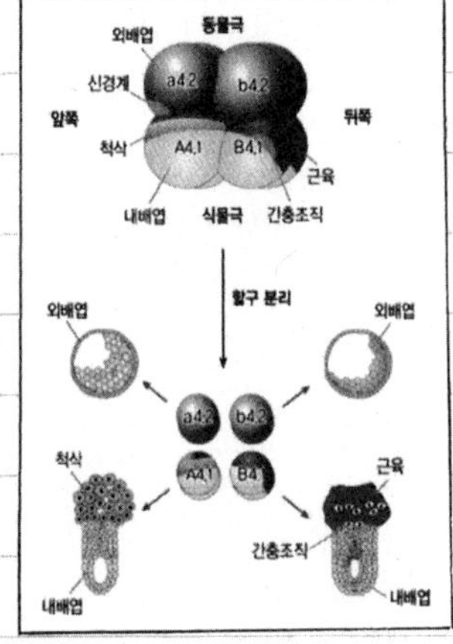

: 난할이 정해져있으며 할구의 운명은 바뀌지 않음. "모자이크발생"

: 알에 분포하는 세포질 분자의 선택적 획득과정

: 세포종류는 대규모세포이동 전에 미리 결정.

→ 단독으로 떼어내도 예정된 부분으로 분화됨

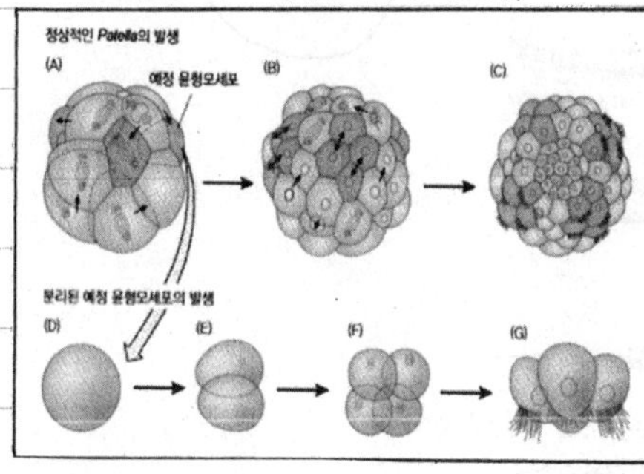

ex) 유색피하낭류. 연체동물

2번제거시 2번부위가 형성하는 것 결손

2) 조절란 – 조건부예정화

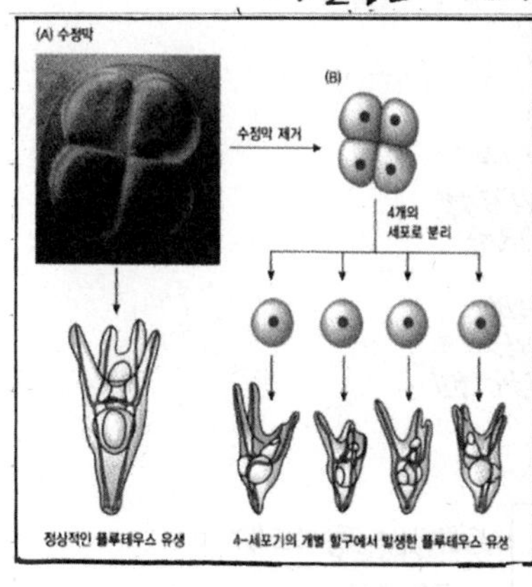

: 발생초기엔 운명이 결정되지 않았으며 발생을 해나가며 세포간의 상호작용으로 운명결정.

: 대규모세포 재배열과 이동이 먼저 일어나고 이후운명결정.

: 조절발생능력有. 세포는 다른기능 획득가능.(낭배초기)

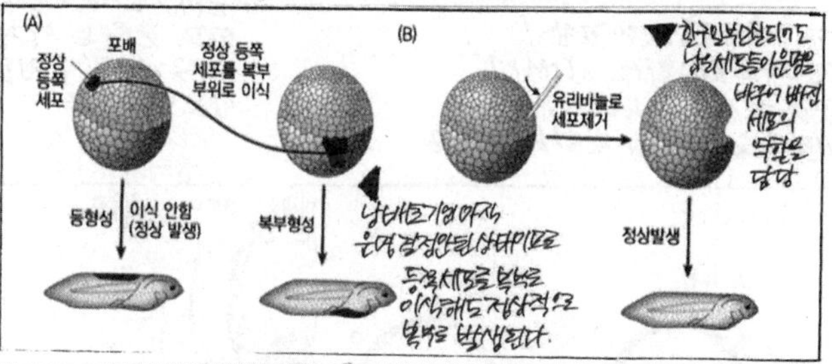

* 분할시 개체 형성 양상

① 성게 : 4세포초기 까지 개별발생가능. 4세포후기 세포질 특성 발생

② 양서류 : 2세포기 까지 회색신월환 이등분으로 개별 개체 형성가능. 4세포기 부터 회색신월환 없는 부위는 개체형성불가

③ 포유류 : 8세포기까지 개별 개체 형성가능 (8쌍둥이)

* 조절란 내의 모자이크란적 특성

① 성게 : (간충직세포 : 근골격계, 중배엽으로결정
소할구 : 형태형성물질 분비

② 양서류 : 회색신월환 : 등쪽원구배순부, 척삭

③ 조류 : 혈액결정

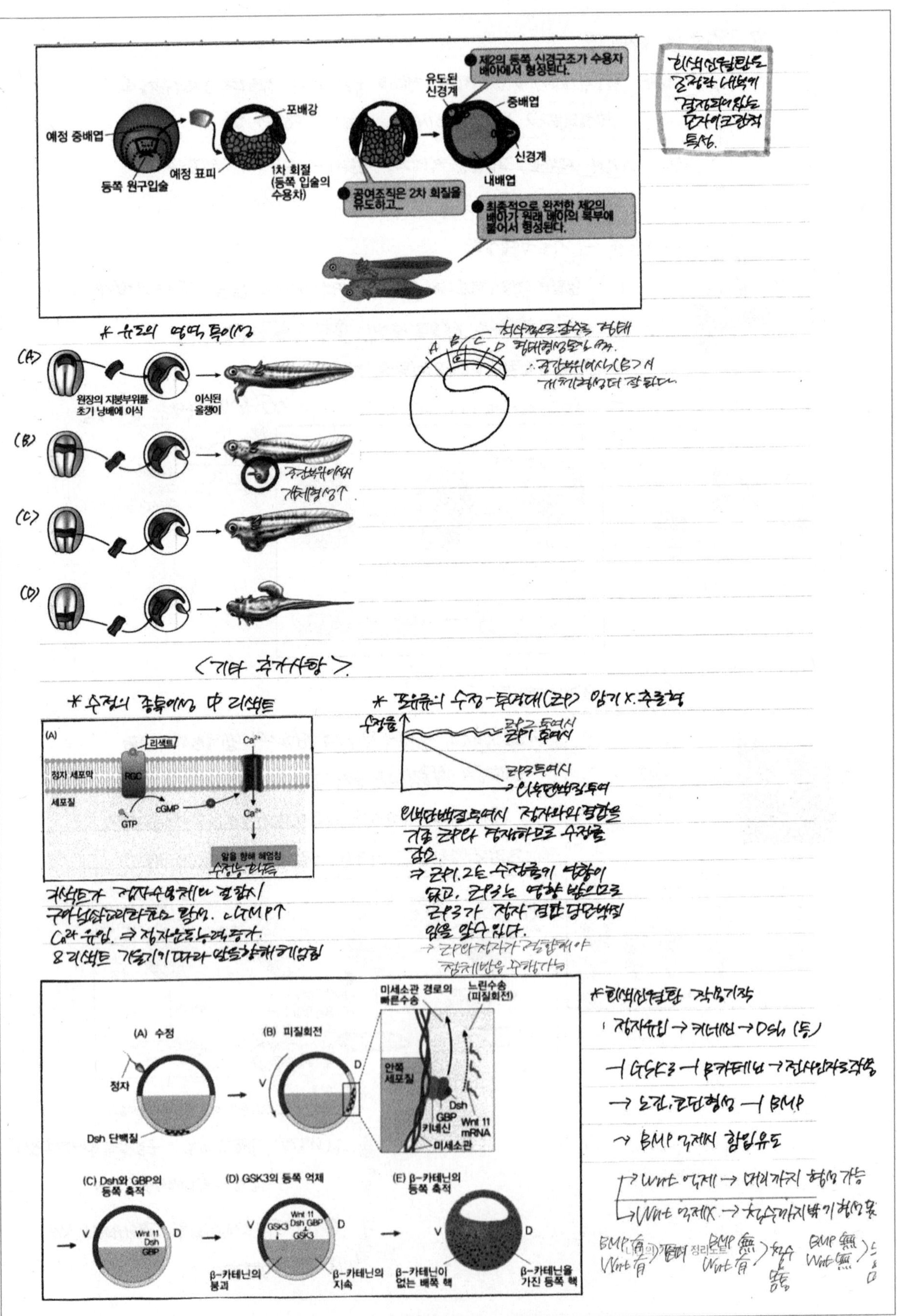
제2의 등쪽 신경구조가 수용자 배아에서 형성된다.
유도된 신경계
중배엽
포배강
예정 중배엽
예정 표피
등쪽 원구입술
1차 회절 (등쪽 입술의 수용자)
중배엽
신경계
내배엽
곁연조직은 2차 회절을 유도하고...
최종적으로 완전한 제2의 배아가 원래 배아의 복부에 붙어서 형성된다.
원장의 지붕부위를 초기 낭배에 이식
이식된 올챙이
(A)
정자 세포막
세포질
리색트
RGC
GTP
cGMP
Ca^{2+}
알을 향해 헤엄침
(A) 수정
(B) 피질회전
미세소관 경로의 빠른수송
느린수송 (피질회전)
정자
Dsh 단백질
안쪽 세포질
Dsh
GBP
키네신
Wnt 11 mRNA
미세소관
(C) Dsh와 GBP의 등쪽 축적
(D) GSK3의 등쪽 억제
(E) β-카테닌의 등쪽 축적
Wnt 11
Dsh
GBP
GSK3
β-카테닌의 붕괴
β-카테닌의 지속
β-카테닌이 없는 배쪽 핵
β-카테닌을 가진 등쪽 핵

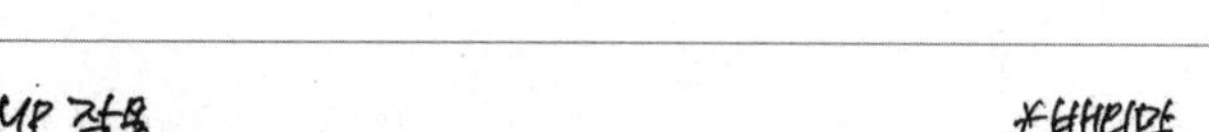

* BMP 작용

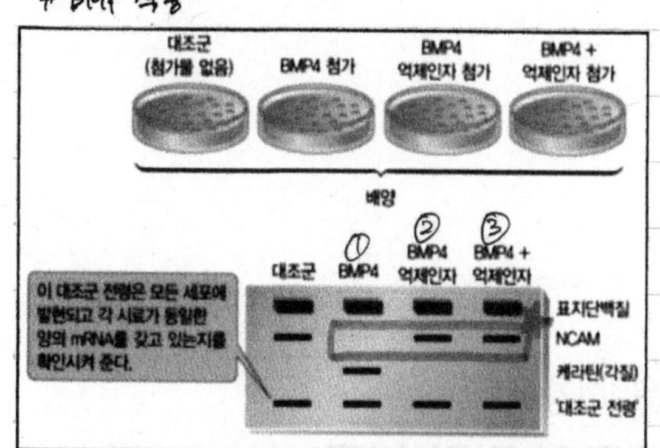

① BMP4는 함입억제시키는 물질이므로 BMP있을시 신경판 형성 X (NCAM ⇒ 신경물질) ∴NCAM 無

② BMP4 없고 BMP4 억제인자만 넣은것이므로 의미X.

③ BMP4 + 억제인자 ⇒ BMP4 억제되므로 정상함입

* 배외막

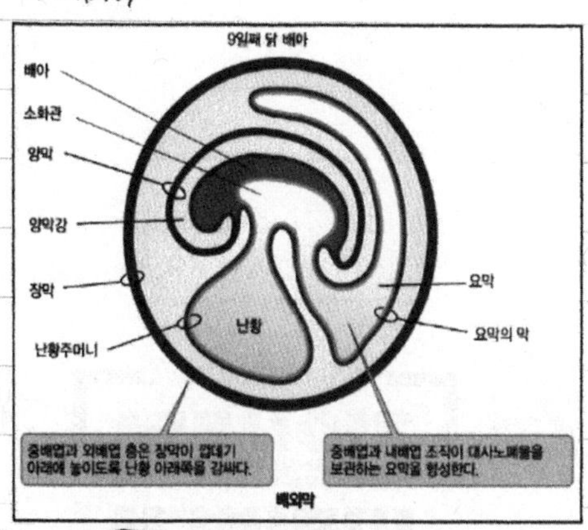

① 요막 : 노폐물 저장 → 포유류는 탯줄형성 } 중+내배엽

② 난황낭 : 양분 저장 → 조혈

③ 장막 : 배아 전체를 감싼다. (수분상실방지) } 외+중배엽

④ 양막 : 배 직접 보호 H₂O보호

* homeo 유전자 – Hox (체절형성유전자)

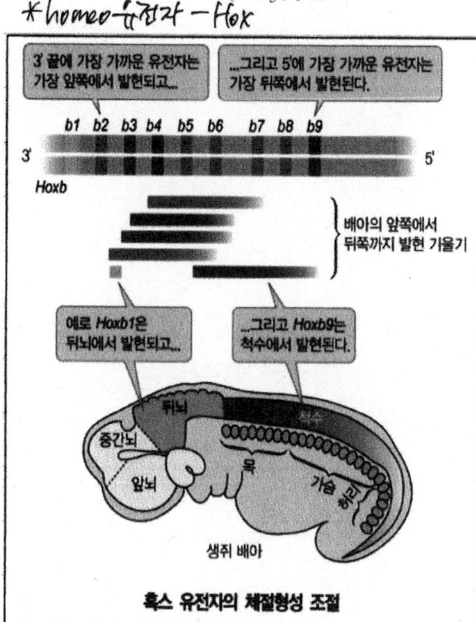

* 기관형성

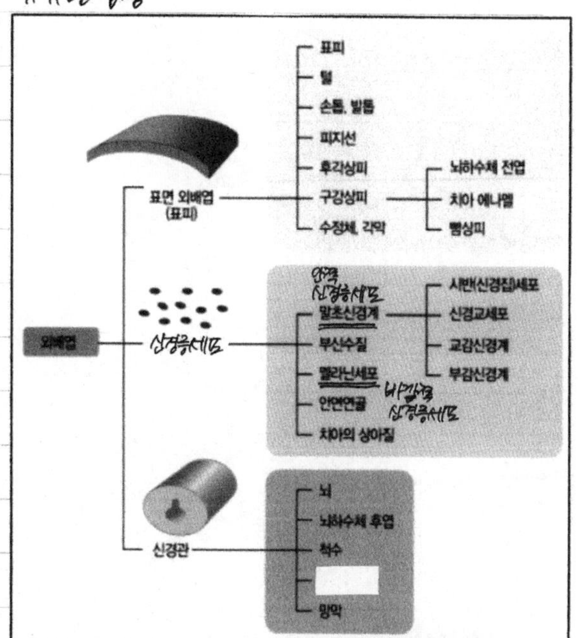

7일째 닭 배아

① 보존된 유전자 ⇒ Homeo 유전자

→ 모든 척추동물에서 척추형성기작 동일

② 결정적 형태형성유전자 : 한유전자 고장시 인접한 다른 Hox가 밀고들어와 형태형성

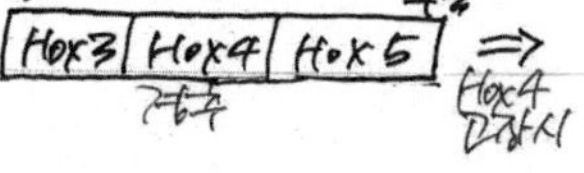

Hox3 < Hox4 < Hox5 with 인상태

③ 결정부 Hox ⇒ 형태형성

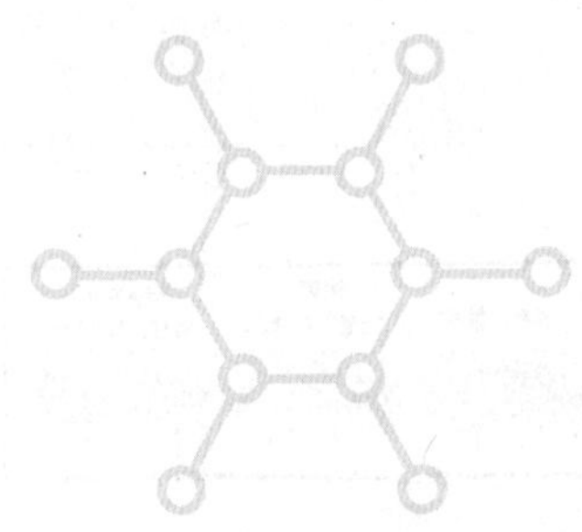

생물 1타강사 **노용관**

메디컬 편입 생물
전범위 기출주제
손글씨 필기노트

한권으로 끝내는 메디컬(의치한약수) 편입 나만의 秘密兵器

신경세포(뉴런) ~ 감각과 운동기관

PART 43~45. 신경세포, 시냅스, 신경전달

〈출제포인트〉

1. 뉴런의 구조, 종류, 수송
2. 신경교세포
3. 전기적신호전도
   + 네른스트 평형전위
4. 뉴런 간 전달 – 시냅스
5. 신호의 합
6. 전기화학적 상태에 영향을 미치는 인자
   - 고칼륨혈증 / 저칼륨혈증
   - 신경전달물질
   - 시냅스 가소성 조절

1. 뉴런의 구조, 종류, 수송

1) 뉴런의 신호 전도

자극
차등성 전위
① 전기적신호전달
활동전위
축삭둔덕 : all or none
② 화학적신호전달

① 전기적신호전도 : 이온의 흐름 (by 탈분극)

② 화학적신호전달 : 시냅스틈 (by 신경전달물질)

2) 구조

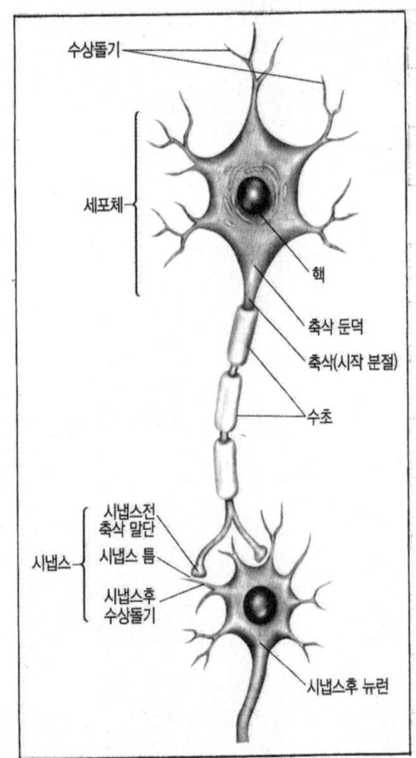

▲뉴런의구조(연합뉴런)

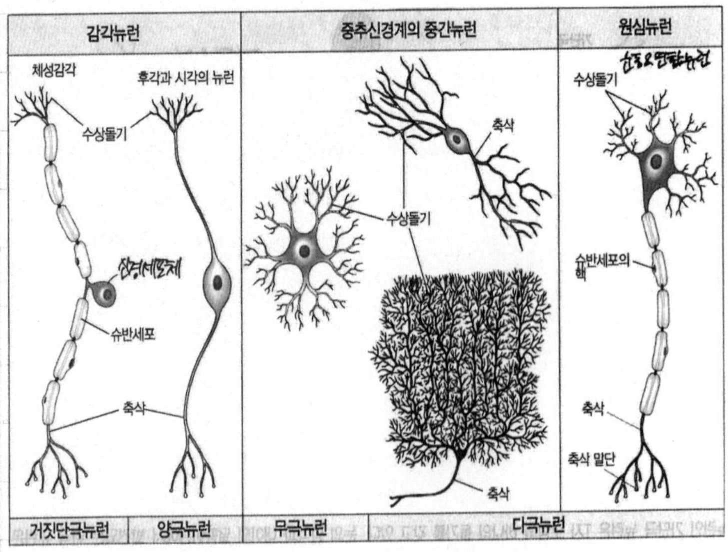

- 감각뉴런 : 구심성뉴런. 감각수용기로부터 중추신경계로 전도.
- 연합뉴런 : 중추신경계에 有. 연합 또는 통합기능.
- 운동뉴런 : 원심성뉴런. 중추신경계로부터 효과기세포로 정보전달

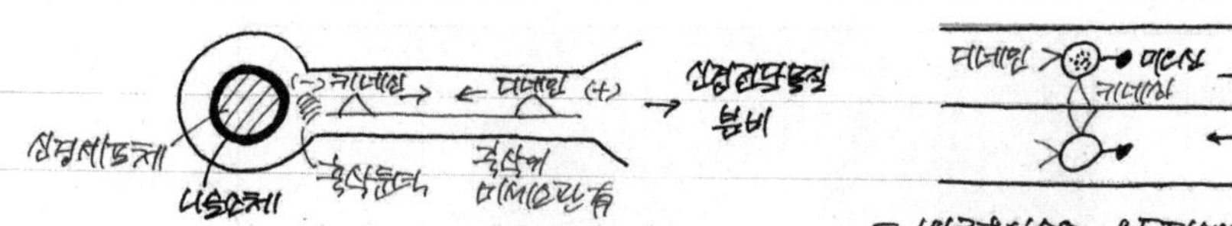

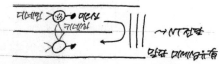

- 빠른축삭수송 : 운동단백질의 도움 → NT 수송
- 느린축삭수송 : 세포질흐름 → 축삭 구성 pt 나 빨리 요구되지 않는 것들.

a. 수상돌기 : 화학전달물질 수용. 뉴런 표면적 ↑으로 다른 뉴런과 상호작용

b. 신경세포체 : 뉴런의 물질대사 ⇒ 핵 有 = 니슬소체 ⊃ 리보솜 有 ∴ 단백질 합성 有
신경전달물질 & 세포구조 형성 단백질

c. 축삭둔덕(기준점) → 전 : 차등성전위
→ 후 : 활동전위 – 실무율 (all or none)을 따른다.

d. 축삭 : 미세소관 有

e. 운동단백질 : 디네인, 키네신

f. 축삭말단 : NT 분비

3) 뉴런의 종류

① 무수신경 → ex) 무척추동물 / 자율신경

자극
기계적 or 리간드
의존성 ch로
Na^+ 유입

축삭돌기내 전압의존성 Na^+ ch
Na^+ Na^+ Na^+
축삭둔덕
$[Na^+]$ 역치 이상일 시
활동전위 최초발생

② 유수신경 → ex) 포유류

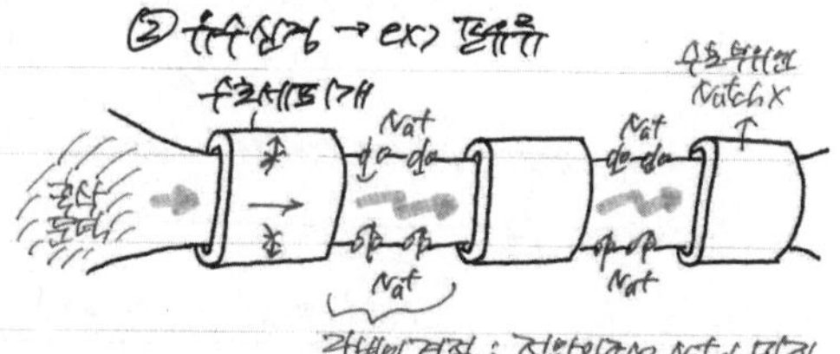

랑비에 결절 : 전압의존성 Na^+ ch 밀집

∴ 무수신경은 확산하는 동안 Na^+ 누출됨.
→ 신호소멸 될수도

∴ 수초 → 절연체 역할. 점핑전도로 속도 ⇑
수초의 상실은 활동전위의 전도를 느려지게 하며, 전류누출로 전도중단됨 ⇒ 다발성경화증
수초파괴 자가면역질환

* 활동전위속도 : 무수신경 < 유수신경

축삭지름 ↑일수록 활동전위 전도속도 ↑

2. 신경교세포

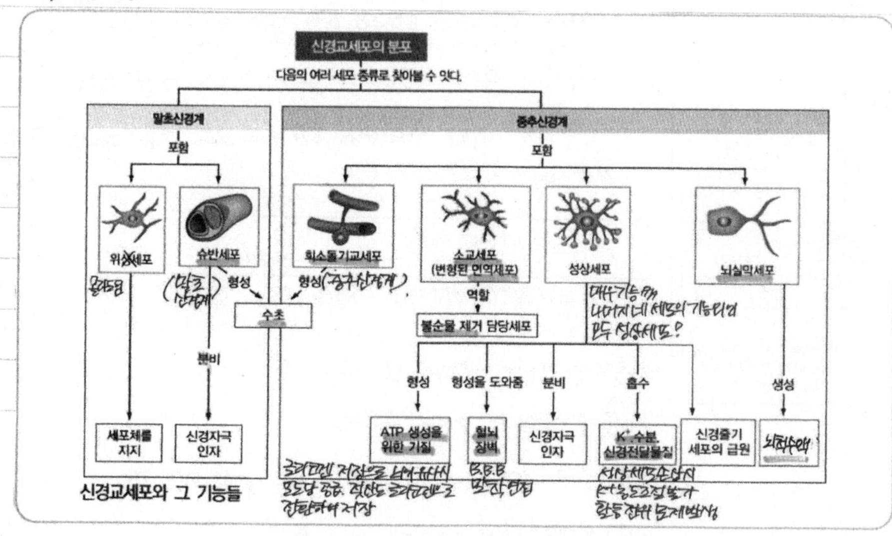

신경교세포와 그 기능들

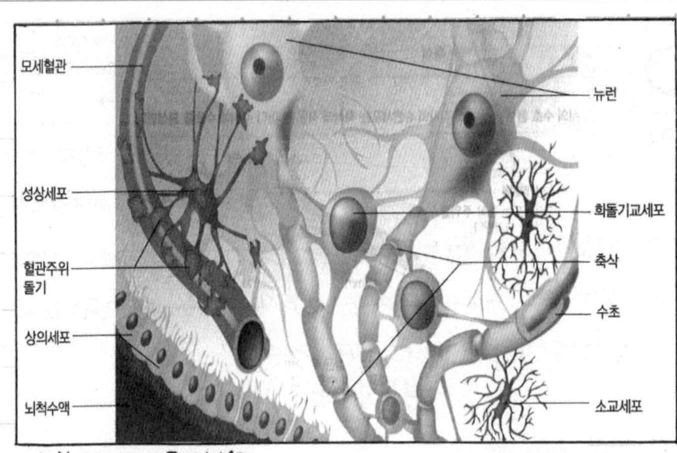

▲ 신경교세포 종류별 모식도

3. 전기적 신호전도

1) 휴지(전위) Energy : 축삭내부(+)전하 = E↑ → 흥분 / 축삭내부 (−)전하 = E↓ → 안정.

① 평형전위 : 전기화학적 평형상태에서의 막전압의 세기

하나의 이온의 순수한 흐름을 없게 해주는 전위차

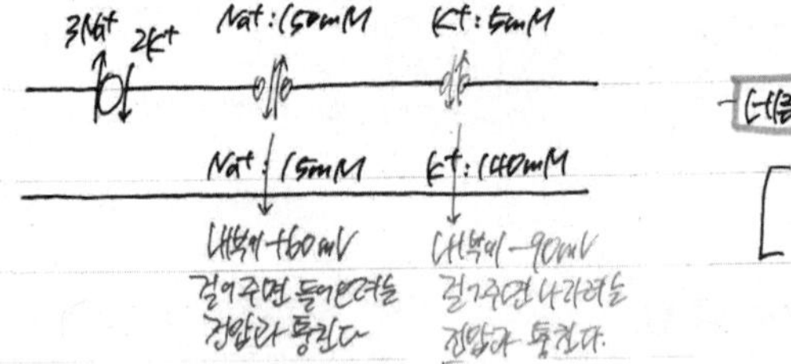

네른스트 평형전위 : $62\log\frac{\text{외부이온의 총합}}{\text{내부이온의 총합}}$ (또는 60)

- Na^+ : $62\log\frac{150}{15} \doteq 60mV$
- K^+ : $62\log\frac{5}{140} \doteq -90mV$

+ 네른스트식으로 평형전위 구하고 휴지전위와 비교시, 어떤 이온이 영향력이 더 큰지 확인가능.
→ 휴지전위와 유사할수록 막에 대한 영향력이 크다.

② 휴지전위 : (총합) 순수한 이온의 흐름을 없게 해주는 전위차

: −70mV

	Na^+	K^+	Ca^{2+}
영향	135	3.5	1.2

∴ 전체적으로 Na^+/K^+에 의존

↳ Na^+/K^+ 이온의 불균등 분포로 인해 형성

↳ Na^+는 더 들어오도록 도와주고 K^+는 나가지 못하게 잡는다.

그래야 들어오는 양(Na^+) = 나가는 양(K^+) → 휴지상태

전위가 (−)이므로 막투과성은 K^+가 더 크다 → K^+ ch open 되게 더 많다.

3Na⁺ 2K⁺

K^+ leak ch 有 (항상 open)

+ + + 불안정

− − − 안정

= 휴지전위

능동수송에 비해 작은 효과이긴 하나, 존재하므로 휴지전위 −70mV

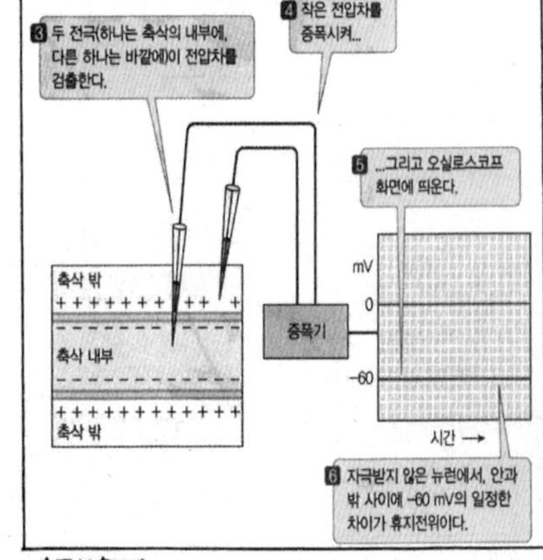

▲ 전위측정

*휴지막전위가 −70mV인 이유

① K^+ 투과성 > Na^+ 투과성

② Na^+-K^+ pump의 작용 : 내부 양이온 지속 감소

③ 세포질 내부 (−)전하 ptn 多

2) 활동전위 : +30mV ⇒ E↑, 불안정

* 분극현상 : +/−로 분리되는것.

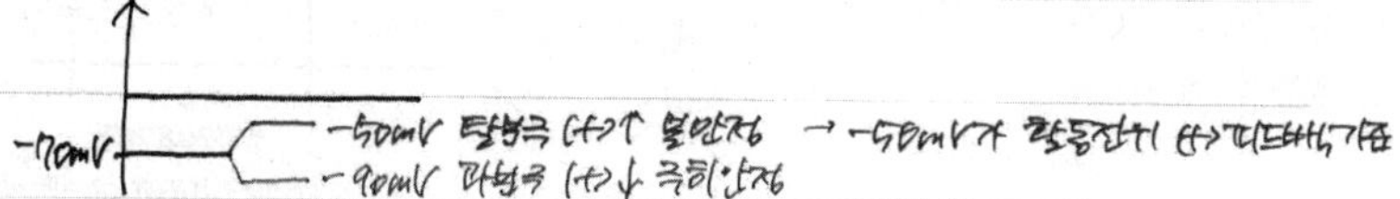

* 활동전위 vs 차등성전위

	차등전위	활동전위
신호의 형태	화학, 기계, 전기적 신호	전기적신호
일어나는 장소	일반적으로 수상돌기나 세포체	축삭돌기
관여하는 이온채널의 형태	기계적, 화학적 또는 전압작동채널	전압작동채널
관여하는 이온들	일반적으로 Na^+, Cl^-, Ca^{2+}	Na^+과 K^+
신호의 형태	탈분극성(Na^+의 경우) 또는 과분극성(Cl^-의 경우)	탈분극성
신호의 강도	초기 자극성에 의존 ; 합해질 수 있다. (축삭둔덕)	항상 같다(실무율) ; 합해질 수 없다.
신호를 유발하는 것	이온들이 채널을 통해 들어온다.	유발 영역에서 역치보다 높은 차등전위

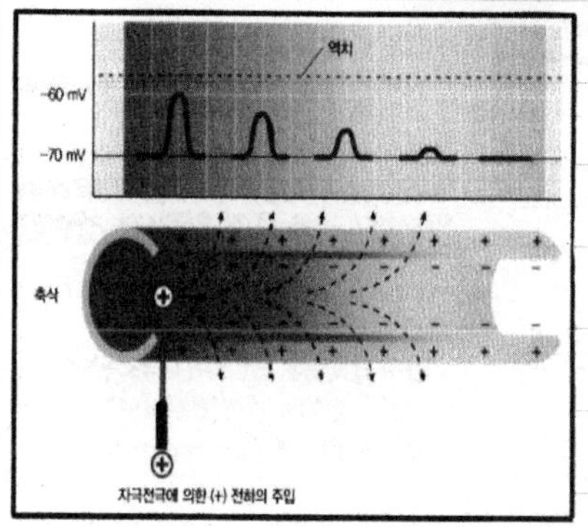

⇒ 수상돌기 자극으로 유입된 Na^+에 의한 전위
⇒ by Na^+ leak ch & Na^+ 확산
Na^+ 유출로 전위소멸가능
유출될수있다 합도가능
⇒ 약해지고 단거리이동 (신경세포체 내)

⇒ 축삭둔덕에서 [Na^+] 합한 것이 역치값을 넘었을 때 형성
Na^+ch (개 open할정도)
⇒ 전압의존성 Na^+ch open으로 전도
⇒ 약해지지 않고 장거리이동 (실무율)

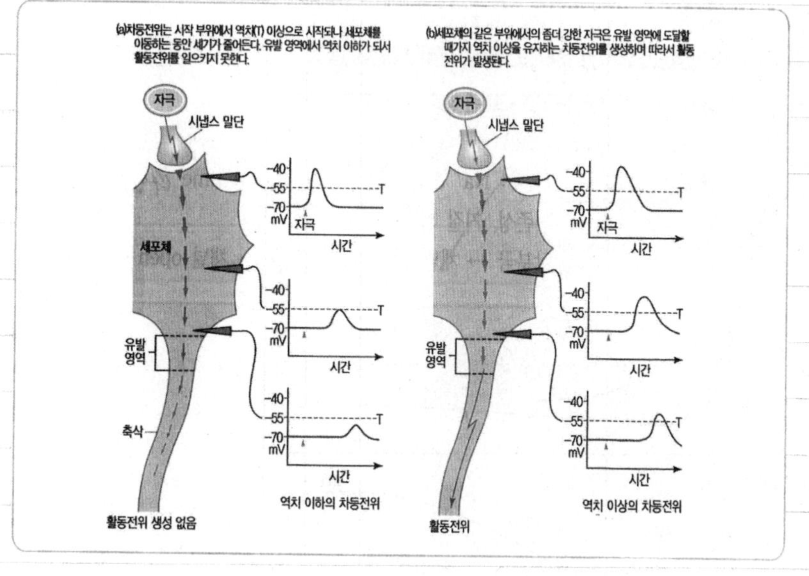

(a)차등전위는 시작 부위에서 역치(T) 이상으로 시작되나 세포체를 이동하는 동안 세기가 줄어든다. 유발 영역에서 역치 이하가 되어 활동전위를 일으키지 못한다.
(b)세포체의 같은 부위에서의 좀더 강한 자극은 유발 영역에 도달할 때가지 역치 이상을 유지하는 차등전위를 생성하며 따라서 활동전위가 발생된다.
자극
시냅스 말단
세포체
유발 영역
축삭
-40
-55
-70 mV
T
자극
시간
역치 이하의 차등전위
활동전위 생성 없음
역치 이상의 차등전위
활동전위

* 니코틴성 ch

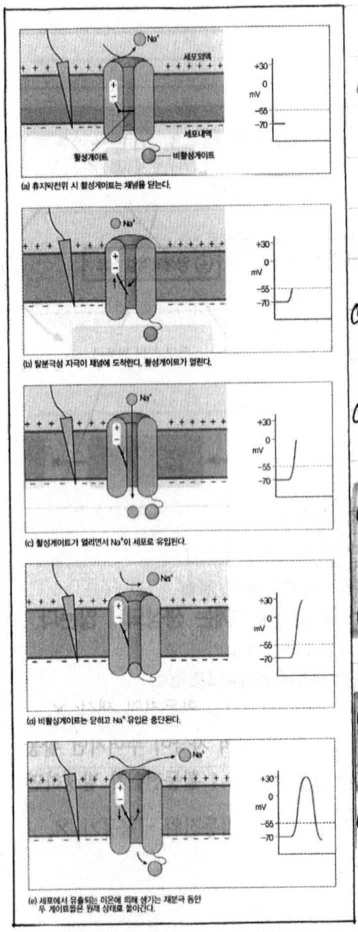

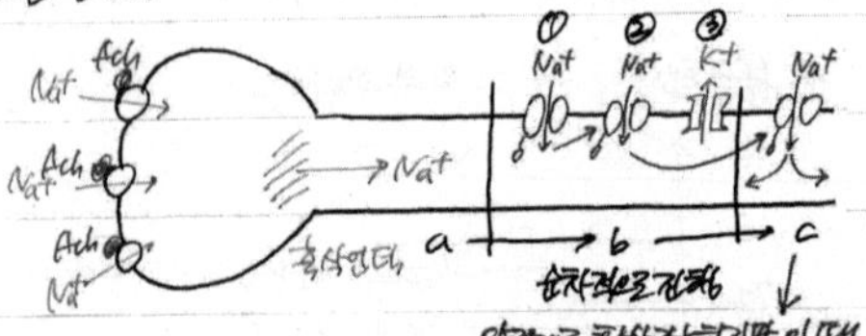

양쪽으로 확산가능하지만 이때
b영역은 불응기이므로 b로의 확산은 의미가 없다
→ 전류의 직진가능 → 되돌아오는상황 방지가능

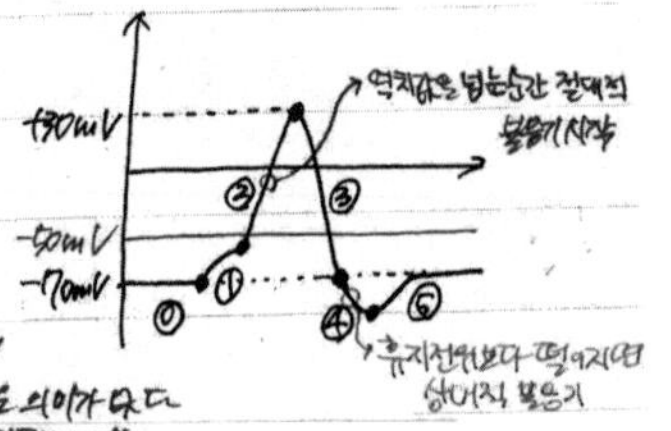

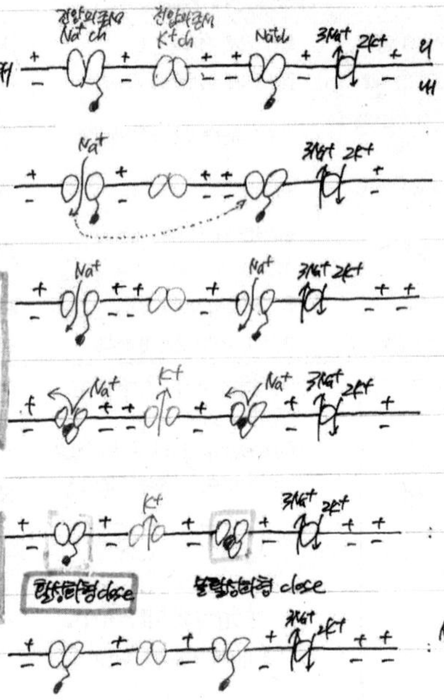

⓪ 휴지상태 : −70mV 유지

① 탈분극 : 전압의존성 Na^+ ch open으로 탈분극발생 (+)피드백 진행

② 활동전위 절대적 불응기 : (+)피드백으로 다른 Na^+ ch open. 활동전위 형성. → 모든 Na^+ ch open으로 활동전위는 maximum

③ 재분극 : 뒤늦게 전압의존성 K^+ ch open. Na^+ ch open time < K^+ ch open time.

④ 과분극 상대적 불응기 : 일부 Na^+ ch 이 불활성화가 풀린상태로 close 역치이상의 자극을 주면 활동전위가 재발생가능

⑤ 현상 복귀 : Na^+-K^+ pump에 의한 현상 복귀. 밖에 존재하는 K^+ 다시 내부로 위치 → Na^+은 안팎에 이미 많으므로 (100억→100억+1) K^+로 민감히 조절 (100 → 100+1)

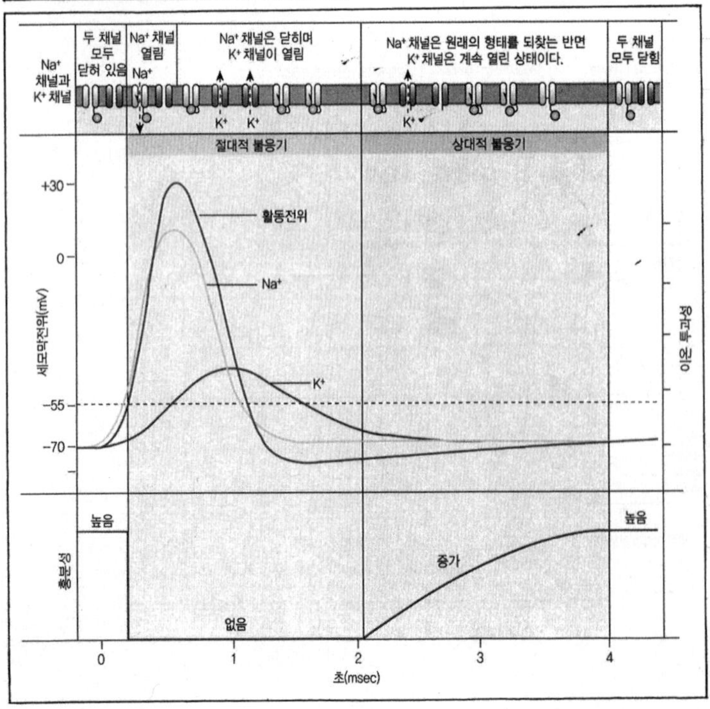

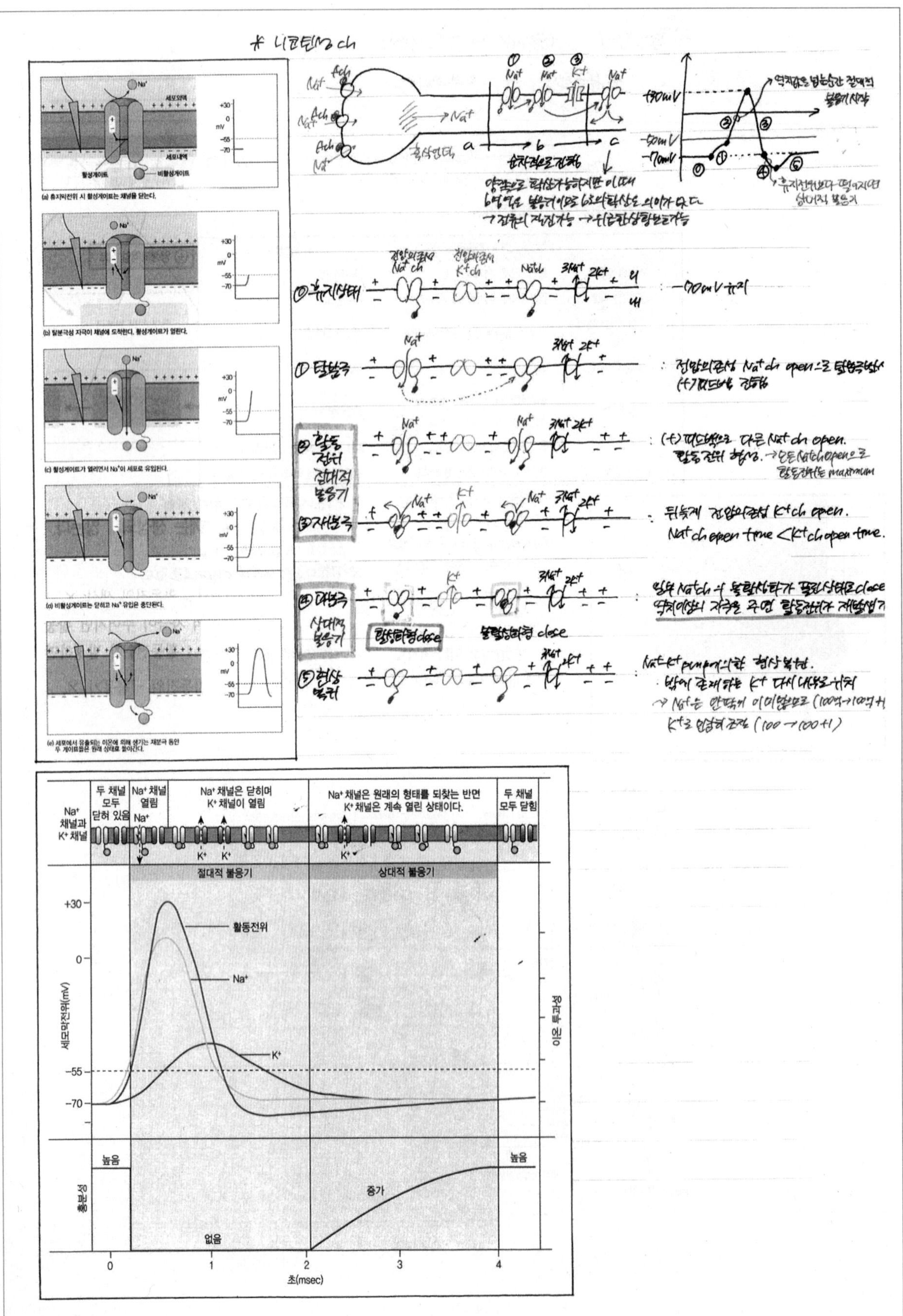

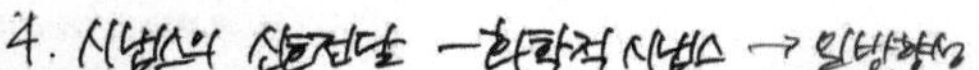

4. 시냅스의 신호전달 —화학적 시냅스 → 일방향성

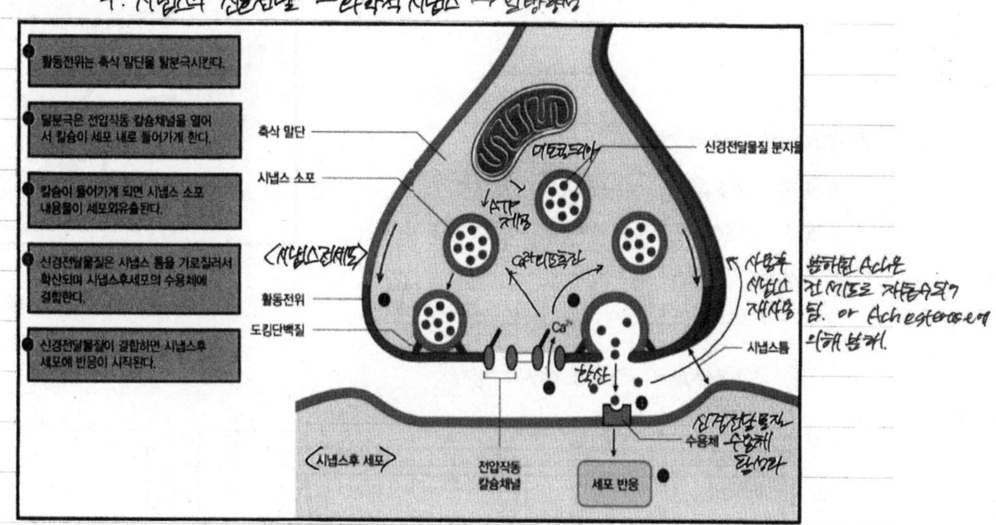

∵축삭말단 전압의존성 Ca^{2+} ch 유入

: SER의 Ca^{2+} ATPase 작용으로 축삭말단 $[Ca^{2+}]$ ↓ ∴촉진확산가능

① 세포질 Ca^{2+} 유입

② 으당활성화 이도작용

③ NT 분비 → 신호전달

* 전기적시냅스 : 간극연접 ex) 심장근의 connexin Na^+ 전도 → 양방향성

5. 신호의 합

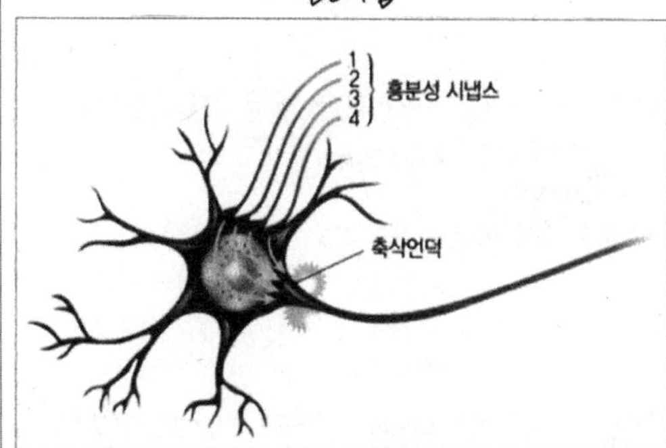

- 시간합 : 시간차를 두고 뉴런 한개의 작용(빈도)
- 공간합 : 뉴런여러개가 동시에 작용

- EPSP : 흥분성 시냅스 후 전위 → 시냅스후 Na^+ ↑
- IPSP : 억제성 시냅스후 전위 → 시냅스후 K^+ ↑ or Cl^- ↑

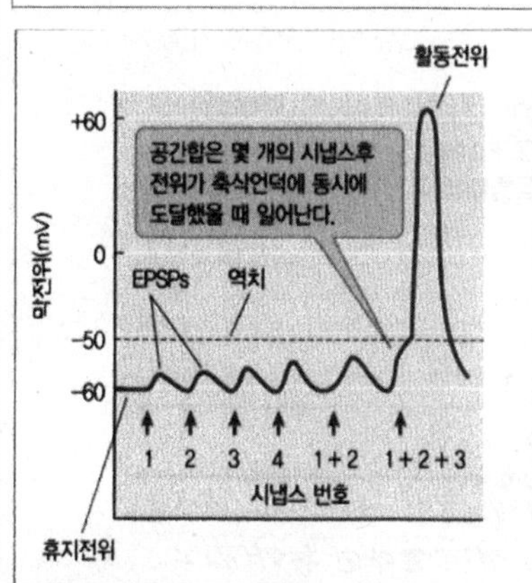

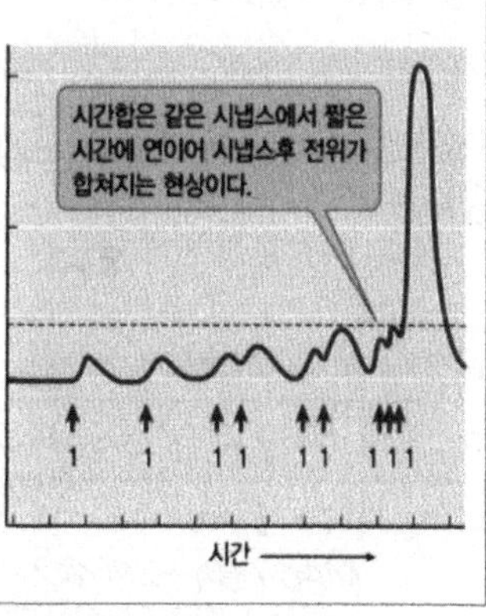

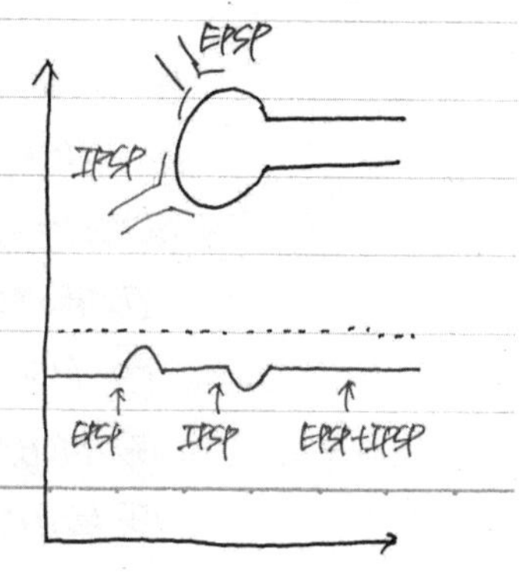

▲ 축삭둔덕에서의 자극성전위의 합

* 척수에서의 전도속도 (통증)

1. 촉각 : Aβ섬유 ⇒ 수초 O 척수반응 ↑
2. 통증 : Aδ섬유 ⇒ 수초 O 척수반응 ↓
3. 욱신거림 : C섬유 ⇒ 수초 X

↑ 빠름

↳ 통증유발물질 : substance P ↕ Met-enkephalin, Endorphine

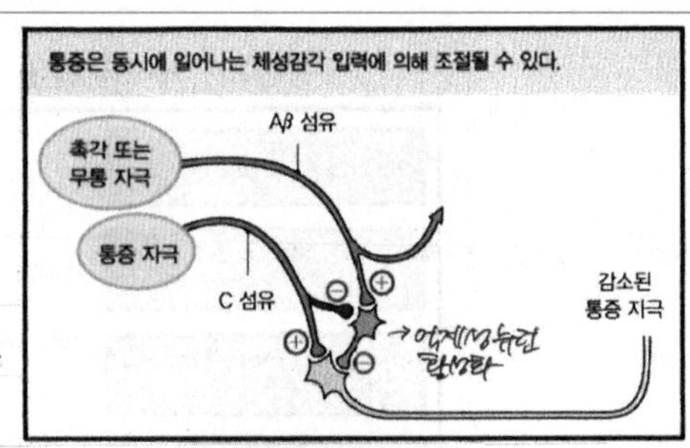

↳ 통각억제성경로 ▲
: 촉각에 의해 통증억제 가능
: 억제성뉴런 활성 → 통증완화

6. 전기활성도에 영향을 미치는 인자

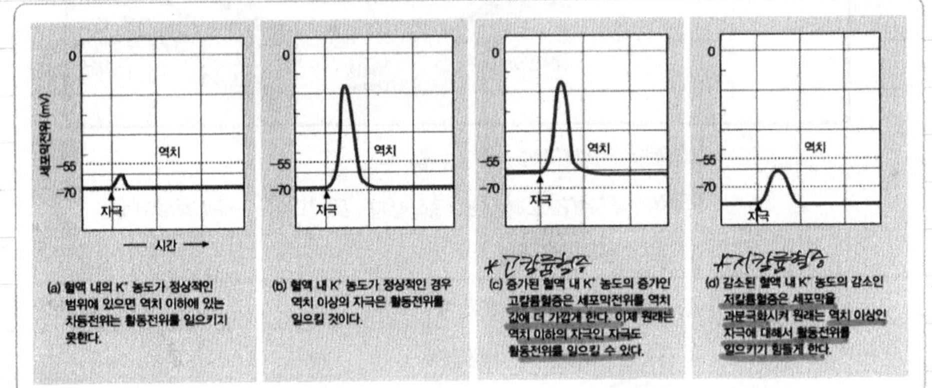

(a) 혈액 내의 K^+ 농도가 정상적인 범위에 있으면 역치 이하에 있는 차등전위는 활동전위를 일으키지 못한다.

(b) 혈액 내 K^+ 농도가 정상적인 경우 역치 이상의 자극은 활동전위를 일으킬 것이다.

* 고칼륨혈증
(c) 증가된 혈액 내 K^+ 농도의 증가인 고칼륨혈증은 세포막전위를 역치 값에 더 가깝게 한다. 이제 원래는 역치 이하의 자극인 자극도 활동전위를 일으킬 수 있다.

* 저칼륨혈증
(d) 감소된 혈액 내 K^+ 농도의 감소인 저칼륨혈증은 세포막을 과분극화시켜 원래는 역치 이상인 자극에 대해서 활동전위를 일으키기 힘들게 한다.

▲ K^+가 활동전위에 미치는 영향

* 신경독소 : 복어독(테트로도톡신) : 전압의존성 Na^+ ch close
보툴리눔톡신 : 전압의존성 Ca^{2+} ch close

1) 신경전달물질

미토콘드리아
아세틸 CoA
CoA
효소
아세틸콜린
시냅스 소포
콜린
아세트산
콜린 수용체
아세틸콜린 에스테라아제(AChE)
시냅스 후 세포
축삭 말단
콜린재흡수

① Ach ┌ 니코틴성
└ 무스카린성 ← 길항제 : 아트로핀 → 무스카린성 수용체에 결합 (해독제)
아트로핀 ← • Ach 작용 X
→ 아트로핀 : 교감신경성 동공확장, 심장박동 ↑.

② 카테콜아민 : EPI, NEPI, 도파민 (부신수질 교감신경)
↳ 기저핵자극 → 억제성호
↳ 고장시 파킨슨 dz

③ 아미노산 : 글리신, GABA : 억제성 → Cl^- 통로 open. IPSP 생성을 유발함.
글루탐산 : 흥분성. ← AchE. NMDA, AMPA 글루탐산의존성이온ch

④ 기체성 신경전달물질 : NO → cGMP. ∴ cGMP 저하↑.

⑤ 지질성 신경전달물질 : 아라키돈산 → 프로스타글란딘
→ 트롬복산.

2) 신경전달물질의 제거

① 단순확산
② MΦ (대식세포)에 의한 제거
③ 시냅스 전 뉴런 재흡수 (reuptake) (80%)
④ 분해효소 : Ach Esterase → 아세틸콜린 → 아세틸CoA + 콜린. (후뉴런 쪽에 가깝)
MAO (말단부근에 가깝) → 카테콜아민 분해효소.
↳ 시냅스전뉴런 쪽에 가깝

PART 46~49 참고
* MAO (Monoamine Oxidase)

3) 시냅스의 활성조절

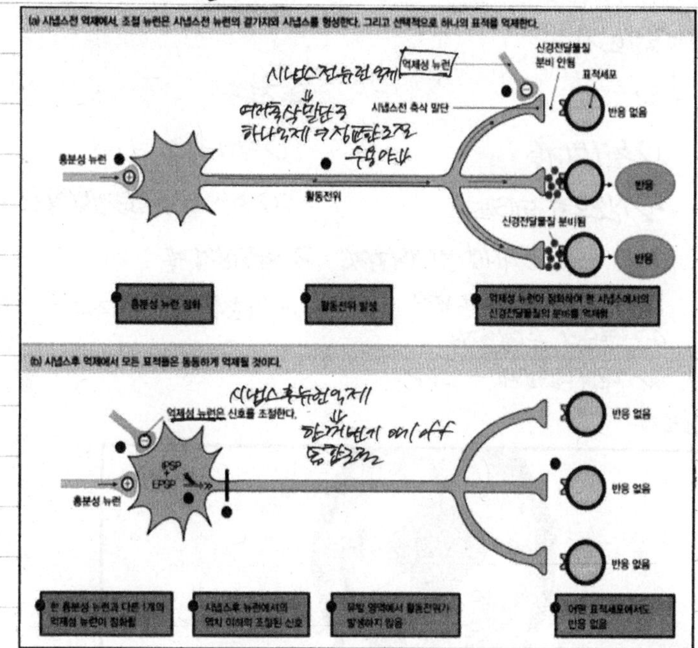

- 흥분성뉴런 : Ach. 글루탐산 분비뉴런
- 억제성뉴런 : GABA. 글리신 분비뉴런

* 시냅스의 가중 : 1차감각뉴런이 2차 감각뉴런과 동시에 시냅스함으로 인해 발생

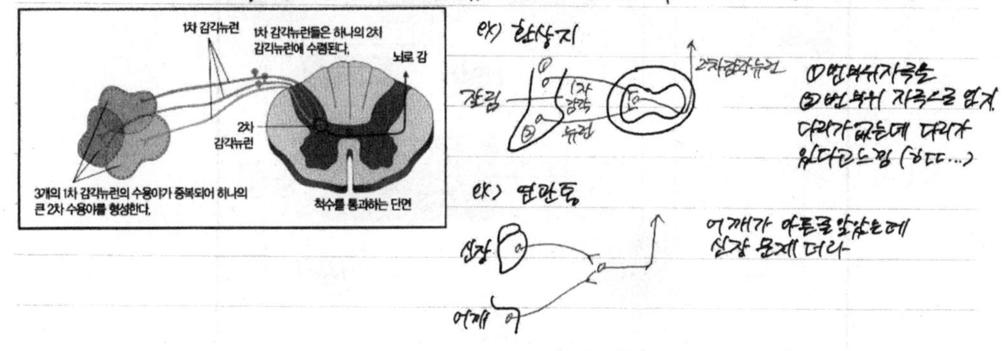

PART 46~49. 신경계

〈출제포인트〉

1. 뇌

1) 부위별기능

2) 신호통합 테크트리

→ 중뇌 → 간뇌시상 → 대뇌피질

3) 대뇌피질의 영역분화

4) 연수의 수면조절

5) 대뇌변연계 – LTP

2. 척수

1) 반사경로

2) 체성감각 신호전달경로

3. 말초신경계

– 자율신경계 : 연접구조

* 신경계

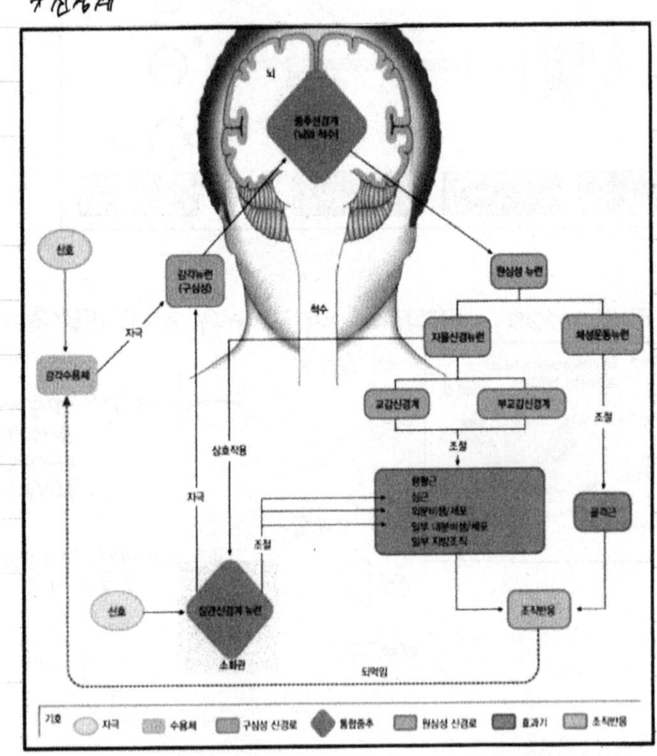

[중추] → 뇌
→ 척수

[말초] → 체성신경 → 뇌신경 : 12쌍 → 특수신경 ⊃ 감각기관
(↳ 감각신경과 연결된 신경으로, 척수를 경유하지 않고 뇌로 바로 연결된 신경 (얼굴 부위))
→ 척수신경 : 31쌍 → 감각신경 ⊃ 피부 어깨아래 몸 부위
→ 자율신경 → 교감신경 ○—〈Ach ○—〈EPI. NEPI (아드레날린 수용체)
→ 부교감신경 ○—〈Ach ○—〈Ach (무스카린성 수용체)
(니코틴성 수용체)

[감각] → 특수감각 : 감각기관을 이용한 적합자극 수용 → 중뇌 → 간뇌시상 (후각은 안거치고 바로 측두엽으로) → 대뇌피질
→ 체성감각 : 피부를 통한 통각, 온각, 고유감각 (위대는 느끼는 것), 촉각 → 피부 → 중뇌 → 간뇌
(고유감각: 가장 빠름)
☆ 척수의 신호교차로 ☆

1. 뇌

1) 특징

(1) 뇌의 특징(참고)

① 뇌척수액(CSF) 내에 떠 있다. ⇒ 뇌압일정유지. 영양공급. 무기이온농도유지

* 뇌척수액 vs 혈장액

: 뇌척수액은 혈장액보다

- K^+, Ca^{2+}, HCO_3^-, 포도당… : ↓ ~ 농도↑이면 PS↑ 되므로 뇌부종
- H^+ : ↑ → 약산성 pH 7.33으로 고정
- Na^+ : 삼투압 변화 X 혈장과 등농도

ex) 물 많이 마시면 뇌부종 → 뇌압상승 → 두통, 시력상실

② 혈뇌장벽(B.B.B : Blood-Brain Barrier)

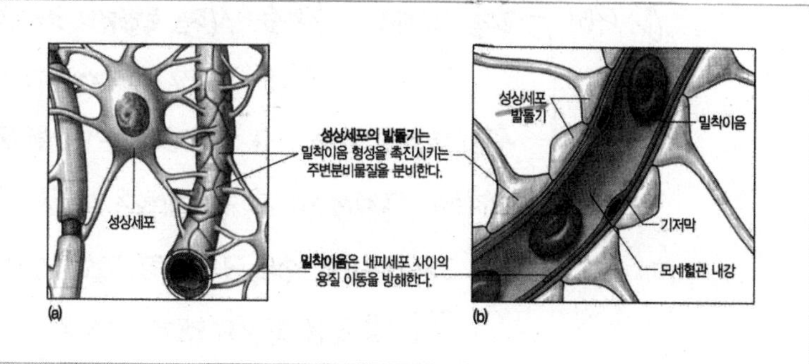

: 독성물질 투과 방지. 삼투압일정유지.

: 선택적 투과성 → 수용체 : 친수성물질 이동 ex) L-dopa

③ 뇌의 대사작용

: 산소요구량 15% (다른 기관보다 높다)

: 포도당 소비 ~ 저혈당시 케톤체 이용

(2) 뇌의 발생

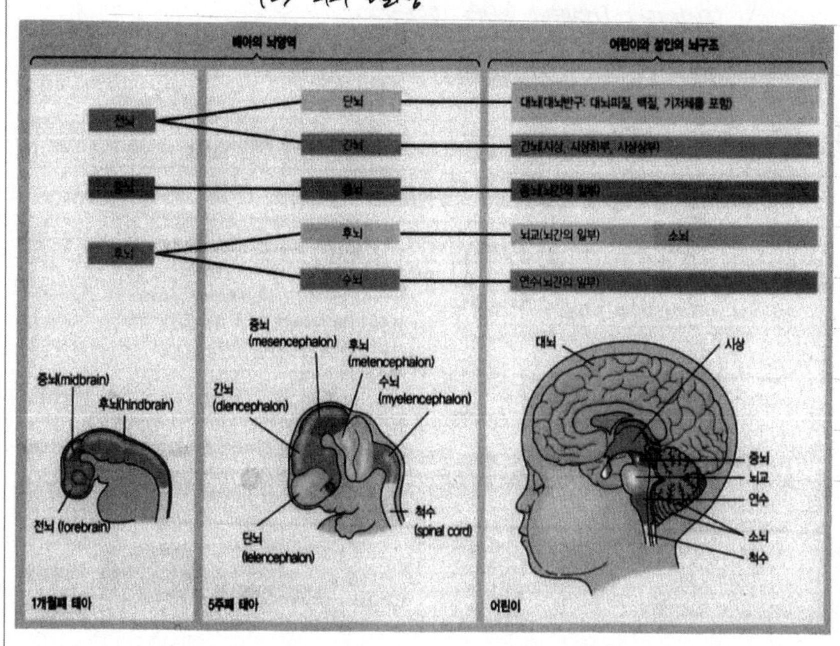

전뇌 → 대뇌, 간뇌
중뇌 → 중뇌
후뇌 → 뇌교, 연수
} 세세히 알 필요 없이 이정도만 알아두자

2) 부위별 기능

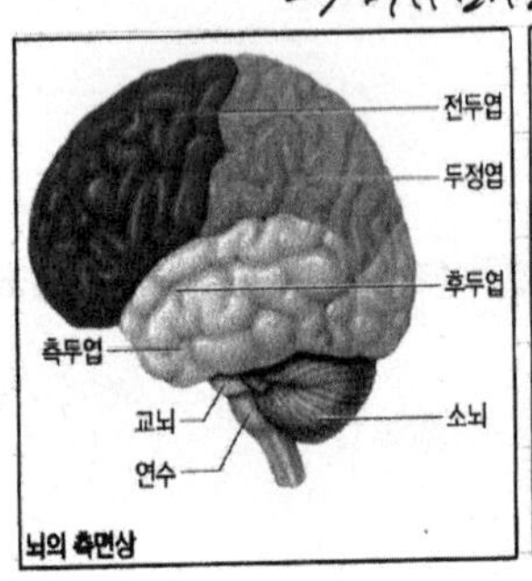

뇌의 측면상

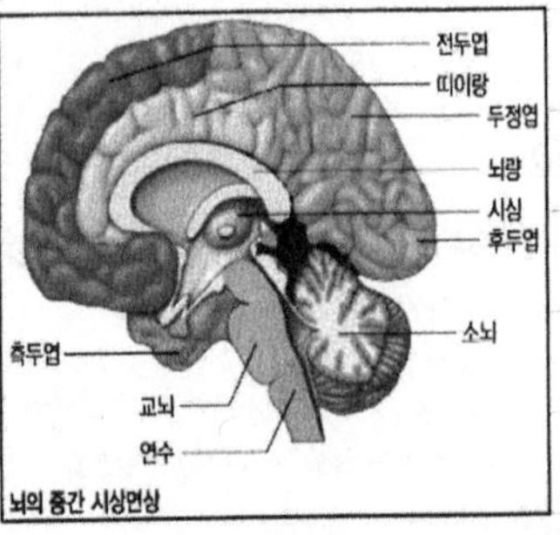

뇌의 중간 시상면상

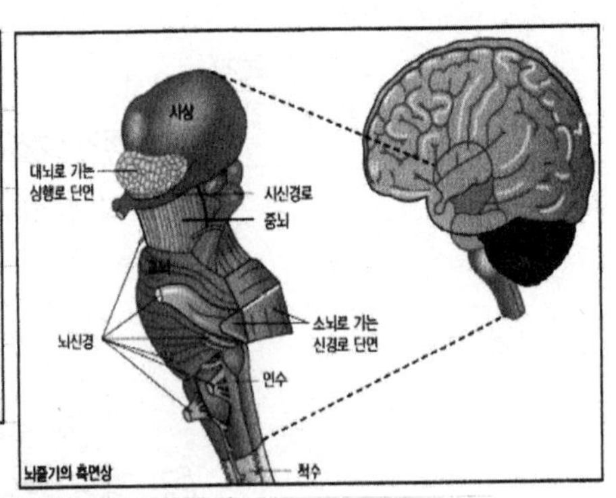

뇌줄기의 측면상

① 대뇌 ─ 피질(회백질) : 기능有. 사고를 통합하고 조절하는 역할
기억의 저장고 (단기기억 & 장기기억)
─ 수질(백질) : 수초가 多, 신호전달의 역할만 有
─ 기저핵 : 억제성뉴런 有, 운동계획 & 학습중추

*회백질
① 대뇌피질
② 간뇌시상
③ 기저핵

+ 뇌량 : 좌우반구사이 소통, 중재역할. 절단시, 관점이 분화되나
좌우소통 불가. 좌우뇌 모든정보공유하나, 자기에게 맞는정보만 해석.
ex) 왼쪽시야를 통해 들어온 단어를 읽지 못하는 경우
→ 우반구로 들어오나, 뇌량을 통해 좌반구로 투사되어야 함. ⇒ 정보공유X

체성신경의 기시부 → 뇌교 ↔ ② 소뇌 : 균형, 평형, 자세유지, 운동조절
발생학적 기원 동일로
운동정보 공유가능.

③ 간뇌 : ┌ 시상 : 감각기관으로부터 들어온 정보통합 후 각 담당영역으로 보냄. (후각제외)
├ 시상하부 : 항상성 조절 (H. & 간뇌시상)
└ 시상상부 : 멜라토닌 분비로 일주기조절
Trp으로부터 합성, 빛받으면 분해됨. 밤에 분비

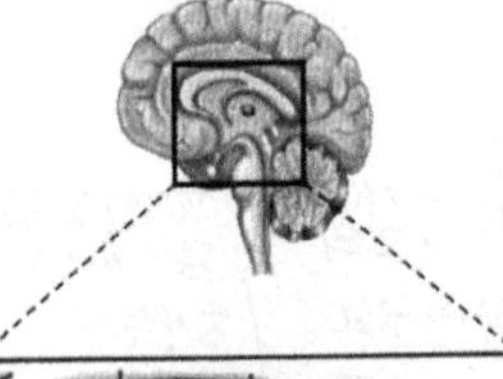

④ 뇌간(뇌줄기) : 중뇌, 뇌교, 연수로 구성. 생명활동의 근본
a. 중뇌 : "눈"을 관장 (동공반사, 안구운동..)
"각성중추" → 동공반사 소실시 중뇌손상이므로 회복불가
모든 신호신경이 지나가는 자리
대뇌 망상계 : 중뇌 → 간뇌시상 → 대뇌피질
: 그물처럼 여러갈래로 신호 정보통합 & 방출 (후각제외)
b. 연수 : 숨쉬기, 심장박동의 중추. 신호교차지점. 자율신경의 기시부. 수면중추

3) 대뇌피질의 영역분화

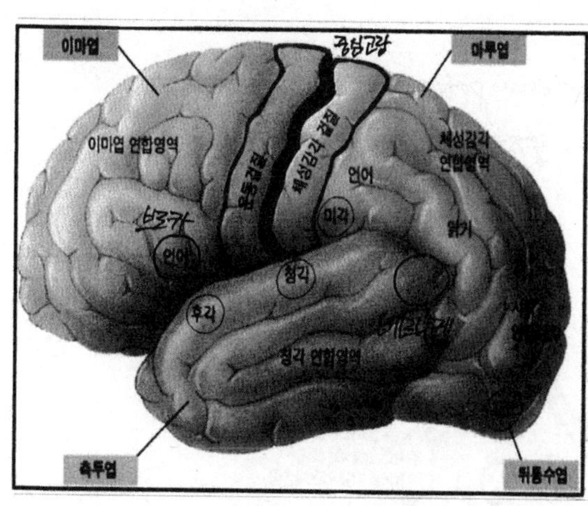

① ┌ 전두엽 : 억제작용, 사고의 중추. 운동피질 有으로 의식적인 움직임조절 (PMC)
├ 측두엽 : 청각, 후각의 중추
├ 두정엽 : 위치나 자세감각, 미각의 중추
│ 체감각피질 有으로 감각정보처리 (PSC)
└ 후두엽 : 시각의 중추

② ┌ 1차 운동피질영역 (PMC, Primary Motor Cortex)
└ 1차 체감각피질영역 (PSC, Primary Sensory Cortex)
↳ Pain, Temperature, Proprioception, Touch 수용
→ 넓을수록 예민. = 수용야↓ 자극 2개인지 피오거거

③ ┌ 브로카영역 (전두엽) : 문법적으로 말을 구성.
│ 손상시, 표현언어상실증. 이해는 가능
└ 베르니케영역 (측두엽) : 의복자극을 이해
손상 시, 수용언어 상실증.

④ ┌ 체성감각자극 ⇒ 척수신경 31쌍

*자유신경종말
: 피부감각을 뉴런이 직접 자극 받는다.

ex) Pain

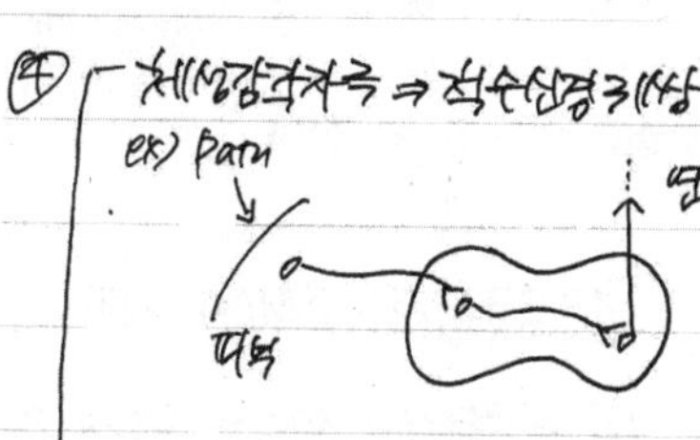

연수 → 뇌교 → 중뇌 → 간뇌 (자극 수용) → (PSC → 베르니케 → 브로카 → PMC) → 반응 "아야!"
통합

└ 특수감각자극 ⇒ 뇌신경 12쌍
ex) 미각 → 미신경(뇌신경) → 중뇌 → 간뇌시상 (자극 수용) → (두정엽 → 베르니케 → 브로카 → PMC) → 반응 "맛있다~"
통합

4) 연수의 수면조절 *망상활성계 (연수 : 수면중추, 중뇌 : 각성중추) 수면과 각성을 조절.

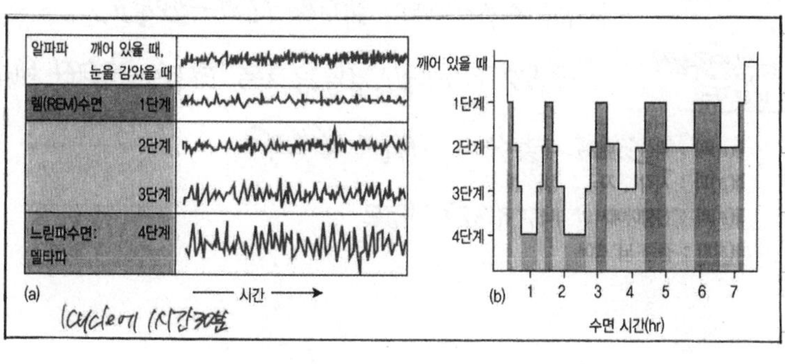

① REM수면 : 수면으로 유입되는 순간
: 억제성 有 → 가만히 자는 상황, 꿈 발생
ex) 가위눌리기 : EEG 베타↑ 뇌혈류량↑

② NREM수면 (Non-REM)
: 깊은수면. 파형이 크다.
억제성 X → 뒤척뒤척
ex) 몽유병

5) 대뇌변연계 : 뇌간주변의 고리상 구조

(1) 역할 : 감정, 동기유발

(2) 장기강화 (LTP. Long-term potentiation)

⇒ 해마에서 단기기억→장기기억 대뇌피질에 저장

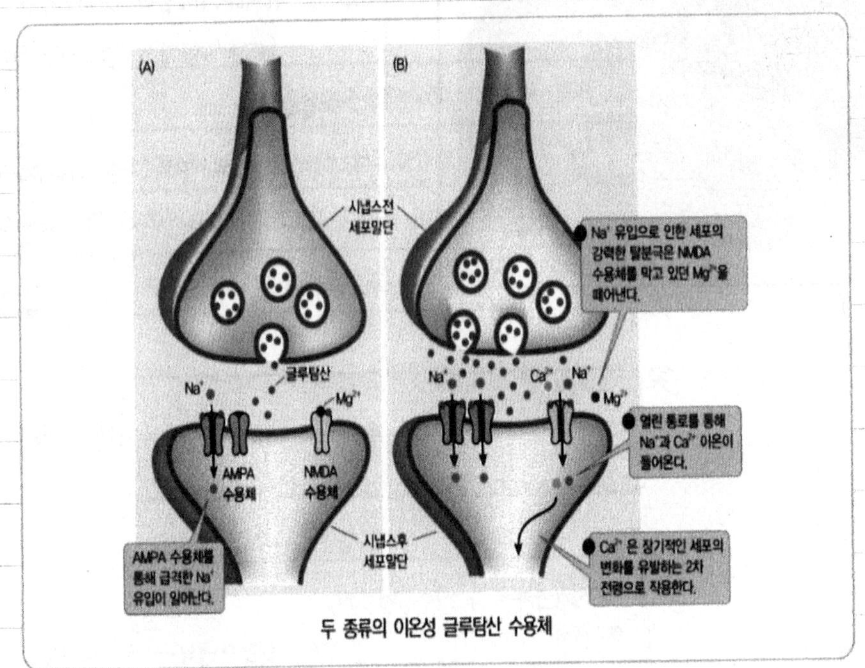

두 종류의 이온성 글루탐산 수용체

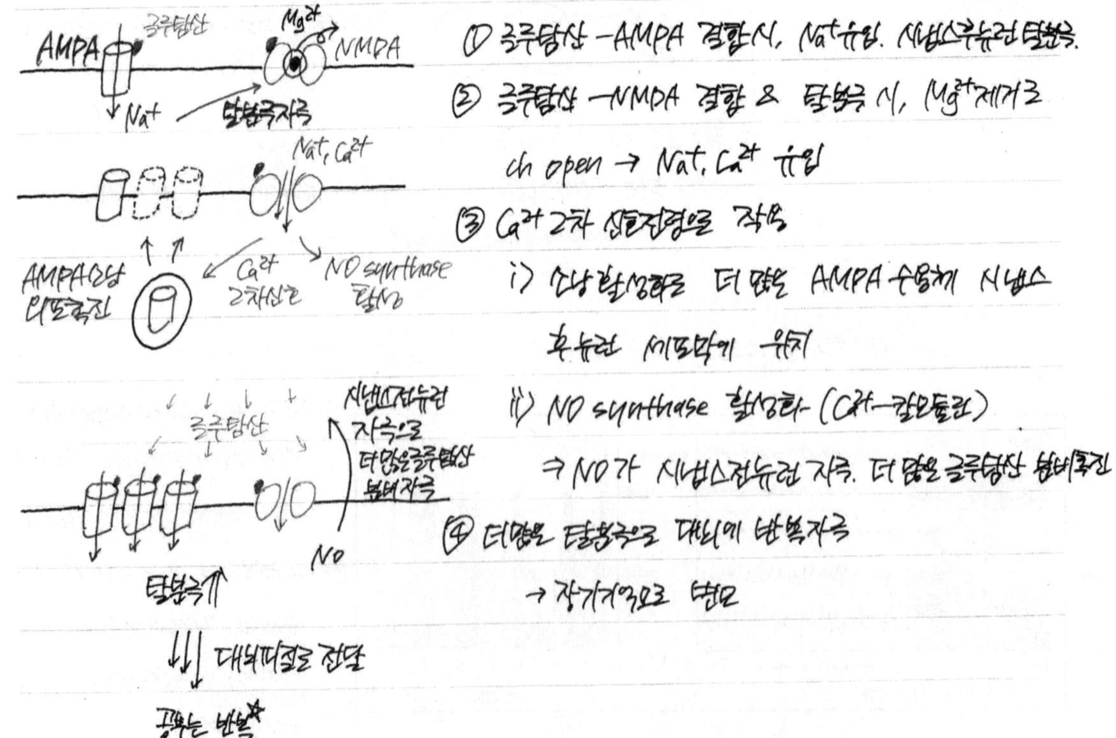

① 글루탐산 -AMPA 결합시, Na^+유입. 시냅스후뉴런 탈분극.

② 글루탐산 -NMDA 결합 & 탈분극 시, Mg^{2+}제거로 ch open → Na^+, Ca^{2+} 유입

③ Ca^{2+} 2차 신호전령으로 작용

i) 신호 활성화로 더 많은 AMPA 수용체 시냅스 후뉴런 세포막에 유지

ii) NO synthase 활성화 (Ca^{2+}-칼모듈린)

⇒ NO가 시냅스전뉴런 자극. 더 많은 글루탐산 분비촉진

④ 더 많은 탈분극으로 대뇌에 반복자극

→ 장기기억으로 변모

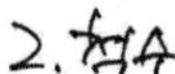
2. 척수

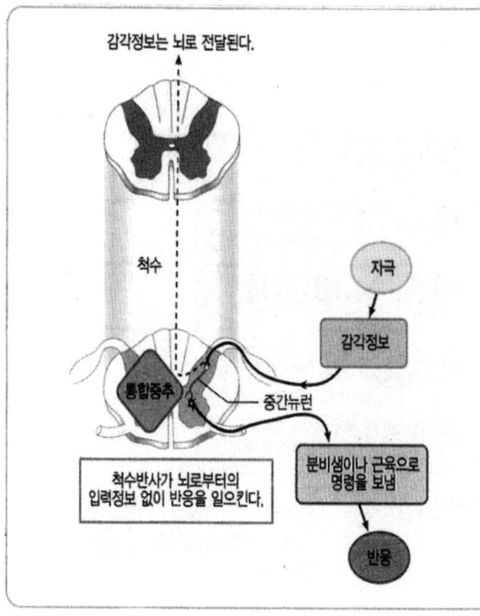

1) 척수의 특징 (참고)

(1) 주요기능 : 신호전달로, 무릎건반사

(2) 후근 : 감각신경
전근 : 운동신경, 자율신경.

(3) 백색질 (피질) → 상행로 : 피부자극을 뇌로 전달
→ 하행로 : 뇌의 신호를 척수를 통해 반응기로 전달
(수초때문 하얀색)

회백색질 (수질) → 연합뉴런 有 (신경세포체로 인해 회색으로 보임)

2) 반사

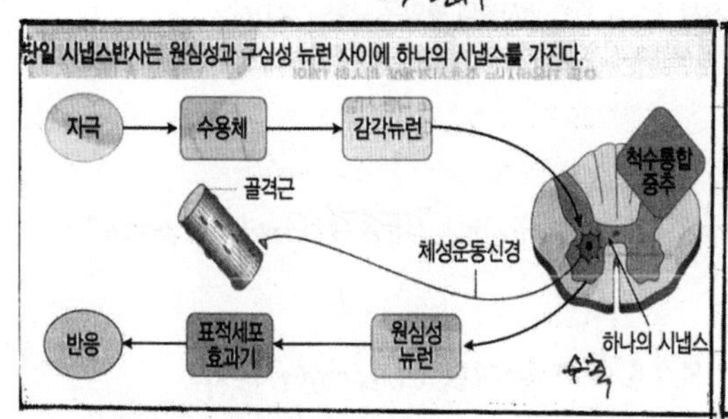

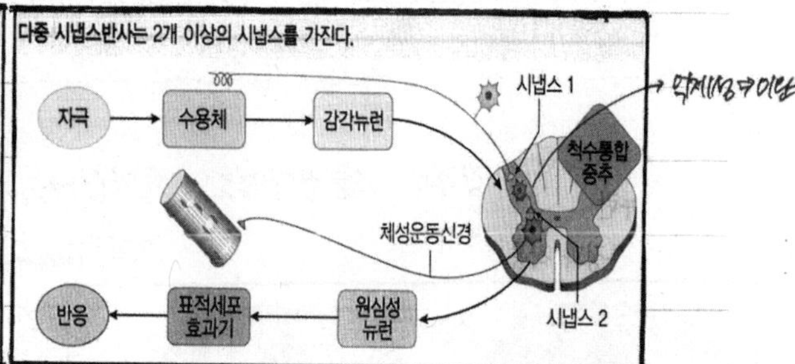

▲단일시냅스와 다중시냅스 체성운동 반사

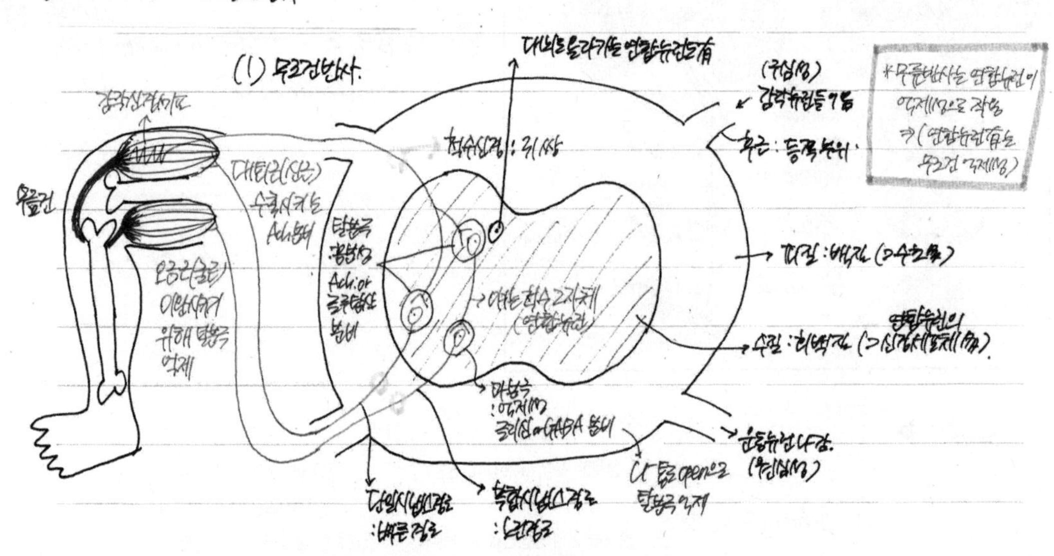

*굴근 : 관절을 펼치기위해 수축(탈분극) 시켜야 하는 근육
신근 : 관절을 구부릴때 수축 시켜야 하는 근육.

(2) 굽힘반사와 교차폄근반사

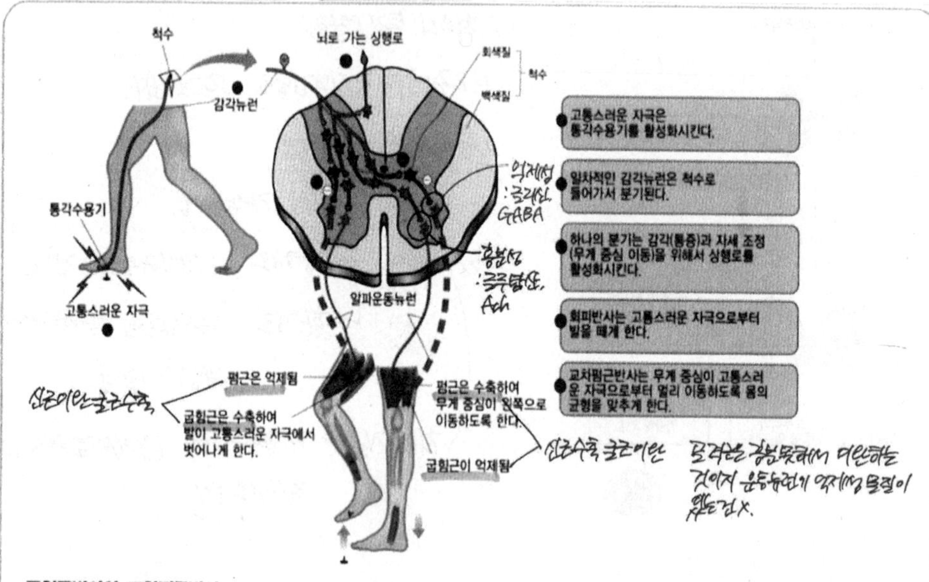

척수
뇌로 가는 상행로
회색질
척수
백색질
감각뉴런
통각수용기
고통스러운 자극
알파운동뉴런
억제성: 글리신, GABA
흥분성: 글루탐산, Ach
고통스러운 자극은 통각수용기를 활성화시킨다.
일차적인 감각뉴런은 척수로 들어가서 분기된다.
하나의 분기는 감각(통증)과 자세 조정(무게 중심 이동)을 위해서 상행로를 활성화시킨다.
회피반사는 고통스러운 자극으로부터 발을 떼게 한다.
교차폄근반사는 무게 중심이 고통스러운 자극으로부터 멀리 이동하도록 몸의 균형을 맞추게 한다.
폄근은 억제됨
굽힘근은 수축하여 발이 고통스러운 자극에서 벗어나게 한다.
신근이완 굴근수축
폄근은 수축하여 무게 중심이 왼쪽으로 이동하도록 한다.
굽힘근이 억제됨
신근수축 굴근이완
모터뉴런을 공급못해서 이완하는 것이지 운동뉴런이 억제성 물질이 있는건 X.

굽힘근반사와 교차폄근반사

한쪽 다리에서의 굽힘은동시적으로 다른 쪽 다리의 신장을 야기시킨다. 자세 조정을 위한 반사들의 통합은 균형을 유지하는 데 필수적이다.

3) 체성감각의 신호전달경로 : 통각(Pain), 온각(Temperature), 고유감각(Proprioception) 촉각(Touch)

체표면의 위치

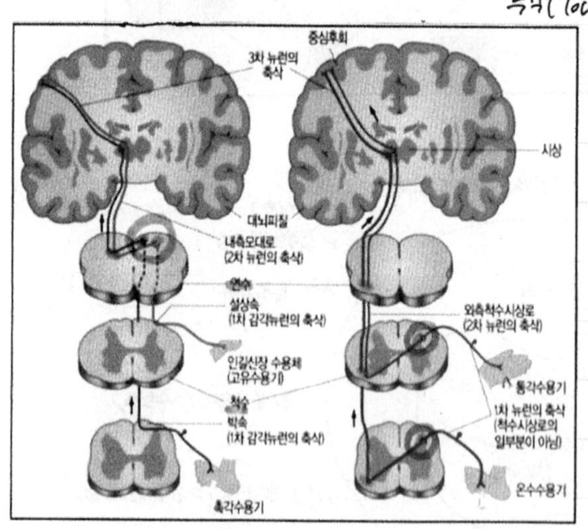

① 통각, 온각 → 들어오는 level에서 교차

☆척수에서 교차☆

② 고유감각, 촉각 → 연수에서 교차

☆연수에서 교차☆

(1차와 2차 뉴런의 시냅스 위치에 따라 구분 (척수 or 연수))

척수는 회백질이 연합뉴런이므로 교차는 회백질에서. 백질이 수초이므로 전도는 수초에서

→ 감각시상 → 두정엽 (PSC)

감각로 ▶

	자극	
	섬세한 촉각, 고유감각, 진동	자극물, 온도, 거친 촉각
1차 감각뉴런이 끝나는 곳	연수 경로는 몸의 중앙선을 교차한다.	척수의 후각 경로는 몸의 중앙선을 교차한다.
2차 감각뉴런이 끝나는 곳	시상	시상
3차 감각뉴런이 끝나는 곳	체성감각 피질	체성감각 피질

3. 말초신경계

* 체성신경계 & 자율신경계

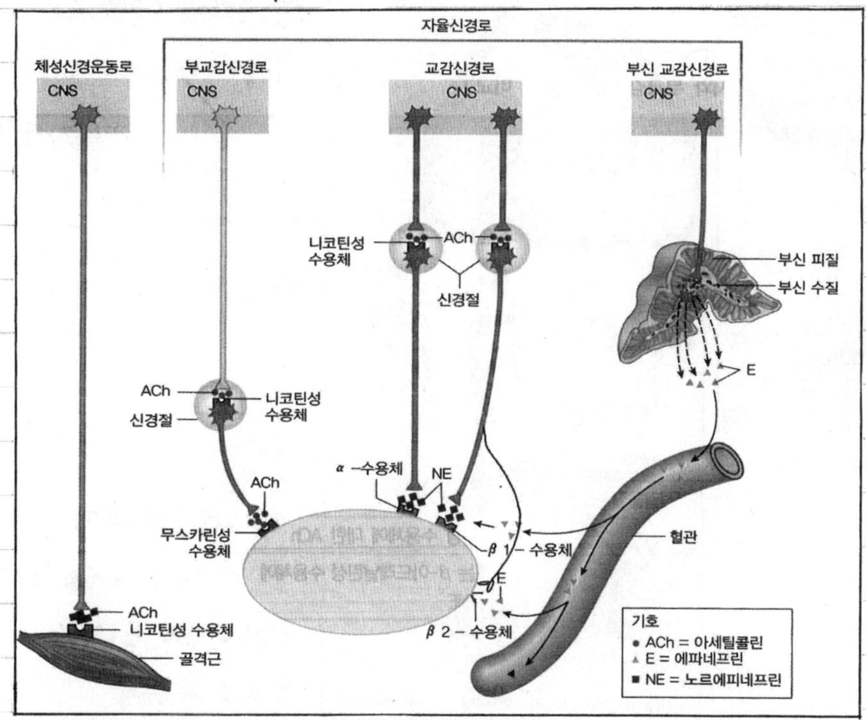

	체성신경계	자율신경계
원심성 경로에서 뉴런의 수	1 단일신경섬유	2 o-<o-<
뉴런-표적 시냅스에서 신경전달물질/수용체	ACh/니코틴성	ACh/무스카린성 NE/α, β-아드레날린성
표적조직	골격근	평활근과 심근, 일부 내분비샘과 외분비샘, 일부 지방조직
신경전달물질이 방출되는 곳	축삭말단	염주와 축삭말단
표적조직에 대한 효과	오로지 흥분성 : 근 수축	흥분성 또는 억제성
CNS 밖에서 발견되는 말초 구성요소	오로지 축삭	신경절전 축삭, 신경절, 신경절후뉴런
기능의 요약	자세와 움직임	내장기관의 운동과 분비를 포함하는 내장 기능, 대사의 제어

1) 체성신경계.

- 구심성 (감각뉴런)
  - 뇌신경 12쌍 → 특수감각신경
  - 척수신경 31쌍 → 체성감각신경
- 원심성 - 운동신경.
  - : 척수의 전근에 위치 골격근을 표적으로 뻗어있는 하나의 긴 축삭
  - : 운동뉴런과 근섬유간 시냅스는 신경근육이음부 (neuromuscular junction)이라하며 시냅스후 근세포막은 운동종판 (motor end plate)으로 불려짐.

*운동종판

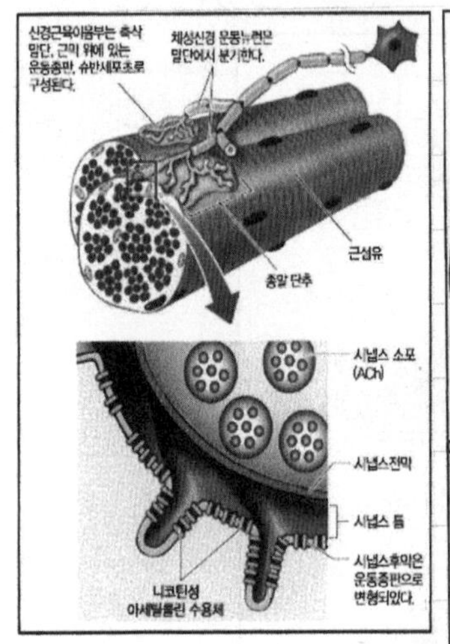

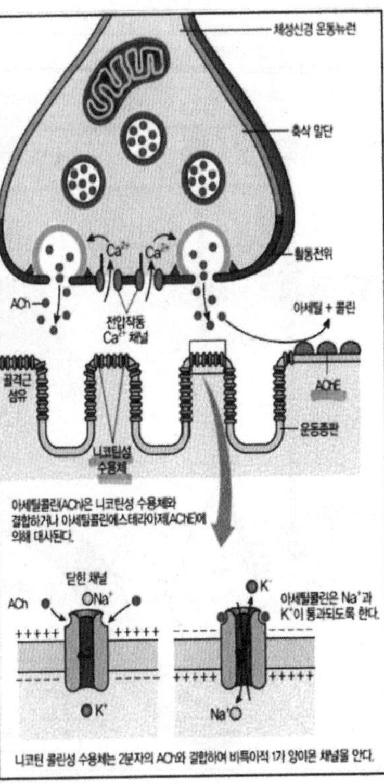

: 운동종판에는 니코틴성 Ach 수용체가 활성영역 내 有

: Ach 분해효소 (Ach esterase) 有

: Ach 2개 결합자리 有.

: 결합 시, 1가 양이온 유입으로 근섬유 탈분극, 활동전위 형성으로 수축유발.

27 자율신경계

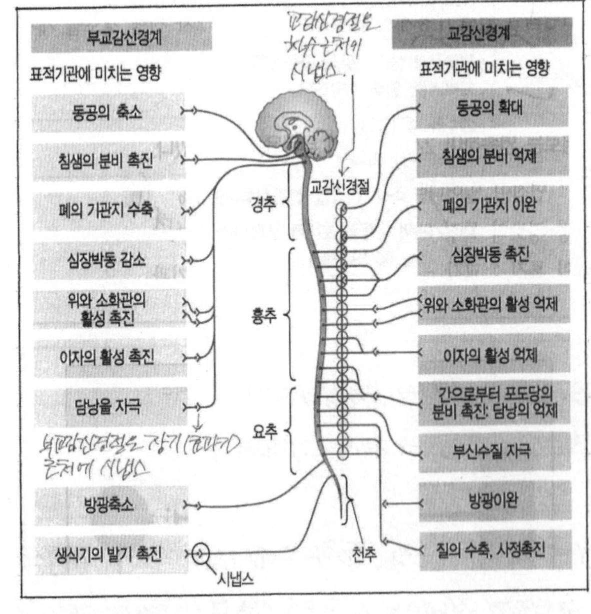

: 자율신경계는 체내 항상성 유지를 위해 길항적으로 작용. 예외) 땀샘 및 대부분의 평활근은 교감신경계에 의해서만 자극되며 교감신경 말단에서 Ach 분비(특.

: 간뇌 시상하부의 삼투수용기와 온도수용기로 인지하여 자율신경으로 조절

: 대뇌변연계에서 통합된 감정으로 자율신경이 영향을 미치기도함.

: 일부 자율신경 반사는 뇌의 입력신호 없이 일어날 수 있음.

ex) 배변, 배뇨, 발기

: 부교감신경은 연수와 천추(=위추=꼬리뼈)에서, 교감신경은 흉추와 요추에서 뻗어나온다.

: 운동뉴런은 척수 전체에 존재.

⇒ 기시부가 다르므로 길항적 길항작용 가능

	교감신경	부교감신경
CNS 유래 지점	첫 번째 가슴 분절에서 두 번째 허리 분절까지	중뇌, 연수, 두 번째~네 번째 천골 분절
말초신경절의 위치	척추 주위	표적기관 또는 그 근처
신경전달물질이 방출되는 영역의 구조 평활근 사이사이 분포	염주	염주
표적 시냅스에서의 신경전달물질	노르에피네프린(아드레날린성 뉴런) 티로신으로부터 합성	ACh(콜린성 뉴런) 아세틸CoA + 콜린
시냅스에서 신경전달물질의 불활성화	염주 안으로 흡수, 확산 MT 내의 MAO	효소적 분해, 확산 시냅스틈의 AChesterase
표적세포 상의 신경전달물질 수용체	α, β-아드레날린성	무스카린성
신경절 시냅스	니코틴성 수용체에 대한 ACh	니코틴성 수용체에 대한 ACh
뉴런-표적 시냅스	α 또는 β-아드레날린성 수용체에 대한 NE	무스카린성 수용체에 대한 ACh

① 교감신경

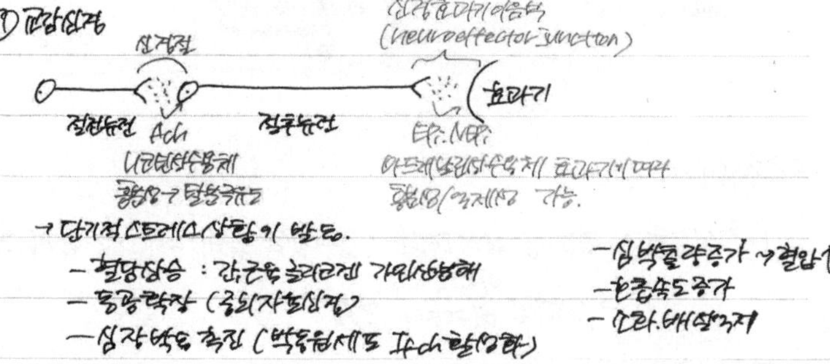

② 부교감신경

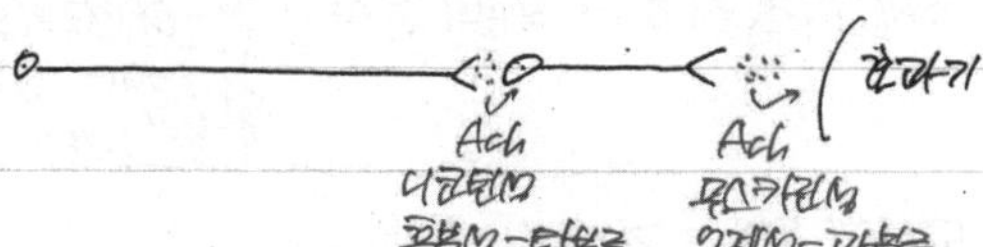

→ 안정상태
- 혈당저하 : 간, 근육, 글리코겐 합성
- 동공축소
- 심장박동↓, 심박출량↓ → 혈압↓
- 호흡속도↓
- 소화, 배설촉진.

③ 신경전달 구조 – 염주

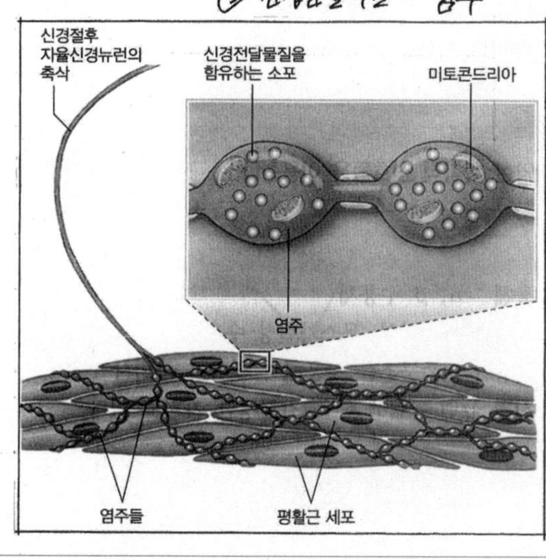

: 자율신경 말단은 예외적으로 염주가 달리는 팽창된 부분을 갖는다. 염주내에 MT와 소포로 채워져 있다.

: 체성신경과 골격근 사이 1:1 신호전달과는 달리 염주구조는 간질액으로 신경전달물질을 분비하여 수용체를 가진세포는 모두 작용 가능

⇒ 평활근 사이사이 확산으로 분포시켜 통합조절이 가능함.

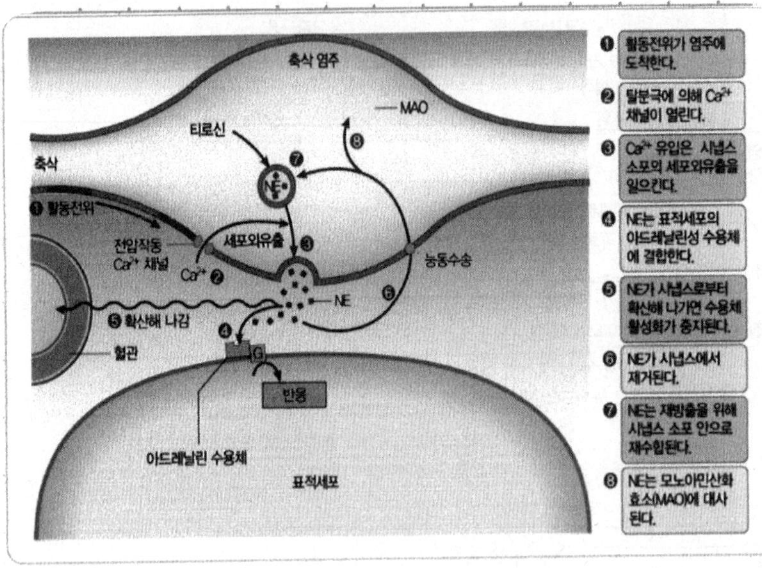

: 신경전달물질은 염주가 직접 합성하여 분비, 재흡수, 분해 모두 수행.

: mt의 ATP로 소낭 외포. 재흡수 후 mt 내의 산화효소(MAO, Mono-amine Oxidase)로 분해하거나, 소포에 다시 채워 넣음으로써 신호종결

* 중추신경계 질환

① 정신분열증 : 도파민 분비과다. 글루탐산 분비억제 → 환청, 환시, 환각

⇒ 도파민 Blocker 복용 (수용체억제)

② 우울증 : M.D.S 무기력증 / 조증: 갑상선기능항진증

③ 알츠하이머 : 대뇌피질위축 → 뇌실의 확장 : β-아밀로이드판, 타우 (ptn)

β-아밀로이드판: 정상 ptn의 분해 산물이 plaque 형성 / 타우: 응집체형성

④ 파킨슨병 : 도파민 부족, 기저핵 자극 X

(도파민→기저핵 억제성으로 운동계획 → 과도한 움직임 억제)

→ 상지 : 떨림 (과흥분)
→ 하지 : 다리꼬기 (과안정) → 수축이완 잘 안됨
→ 운동계획장애.

PART 50. 감각과 운동의 기작

<출제포인트>

1. 수용
   1) 차등성전위 vs 활동전위
   2) 수용기
      - 긴장성수용기 vs 위상성수용기
      - 기계적수용기
2. 감각
   1) 청각
   2) 시각
   3) 미각
   4) 후각
   — 자극의 신호변환 ☆
3. 근육
   1) 기본단위 - 근절의 구조
   2) 근수축기작
   3) 수축력 조절
      - 근장력과 섬유길이
      - 운동단위
      - 연축, 강축
   4) 에너지원
   5) 적색근, 백색근
   6) 등장성수축, 등척성수축

1. 수용

1) 수용기 전위

차등성전위 vs 활동전위

자극의 세기 진폭으로 결정 / 빈도수로 결정

a. 순응 : 계속된 자극 → 역치값 증가

b. 실무율 : all or none

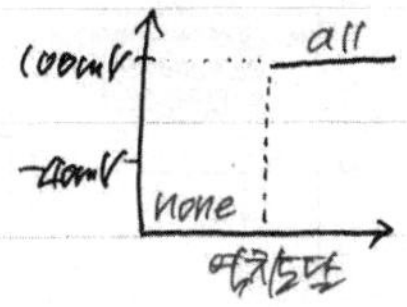

100mV, -70mV, all, none, 역치도달

역치가 작을수록 예민

ex) 단일근섬유(최소단위) ← 근원섬유 ← 근절

→ 역치이상 자극시, 단독 수축/이완

→ 근육은 자극에 따라 수축 단위근섬유 수 상이

장력, 근육, 근섬유한개(all or none), 자극

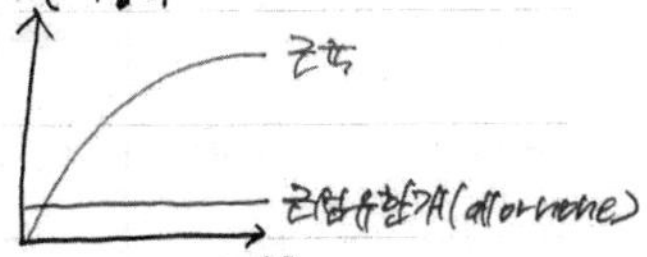

2) 수용기

(1) 인트로

① 감각수용기 : 자극을 받아들일 수 있는 세포
- 1차 수용기 : 자극직접인지 가능(보통, 뉴런말단)
- 2차 수용기 : 자극의 변환 필요

감각점: 자극을 직접 수용가능한 뉴런, 말단부

감각기관: 외부자극을 받아들일 수 있도록 수용기가 분화되어 있는 기관.

② 적합자극 : 수용기에 알맞은 자극

– 감각의 변환 : 적합자극 → 전기적신호 : 탈분극으로 뇌에 전달
- 귀 : 후각, 청각
- 눈 : 시각
- 혀 : 미각

③ 증폭 : 2차신호전달자. 연쇄적 기작
(감각적응 : 역치값 상승 → 순응 , 수용기의 기능저하

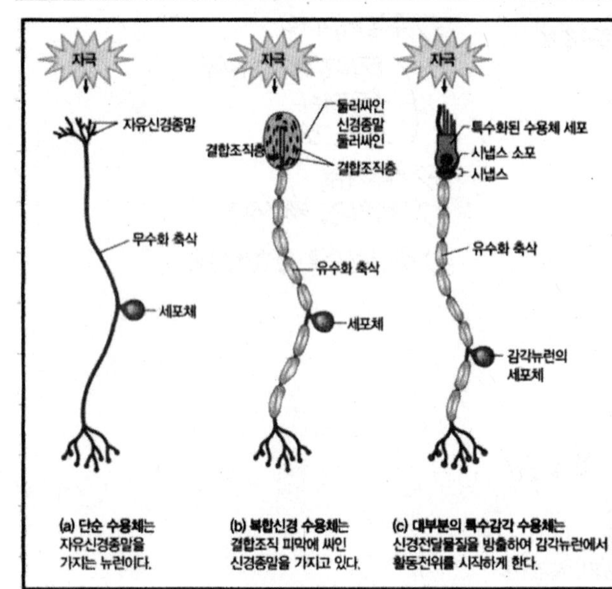

(a) 단순 수용체는 자유신경종말을 가지는 뉴런이다.
(b) 복합신경 수용체는 결합조직 피막에 싸인 신경종말을 가지고 있다.
(c) 대부분의 특수감각 수용체는 신경전달물질을 방출하여 감각뉴런에서 활동전위를 시작하게 한다.

◀ 감각수용체 종류

a) 단순수용체 : 신경말단이 직접 자극수용

b) 복합신경수용체 : 감각점이 자극수용

c) 특수감각 수용체 : 감각기관이 자극수용.

* 자극전달경로

1차 2차 3차

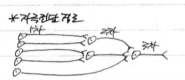

- 1차뉴런 : 피부, 감각기관 ~ 척수
- 2차뉴런 : 척수 ~ 간뇌시상
- 3차뉴런 : 간뇌시상 ~ 제1차체감각피질 (PSC)

(2) 수용기

① 긴장성 수용기 vs 위상성 수용기

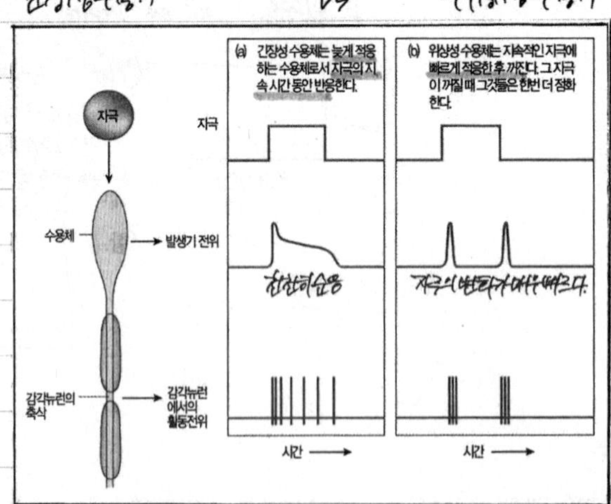

: 수용기 자체의 반응이 느리다.

: 수용기 자체의 반응이 빠르다.

→ 자극 수용시 Cl^- 통로도 open ∴ 흥분상쇄

ex) 감각점 - 파치니소체 ⇒ (원형) → (타원형)
촉각 (진피층 압력감지) 콜라겐 콜라겐에 의해 Na통로 open

⇒ 엘라스틴, 콜라겐 섬유로 형태변화 매우 빠르게 작동 open 됐다가 빠른 close

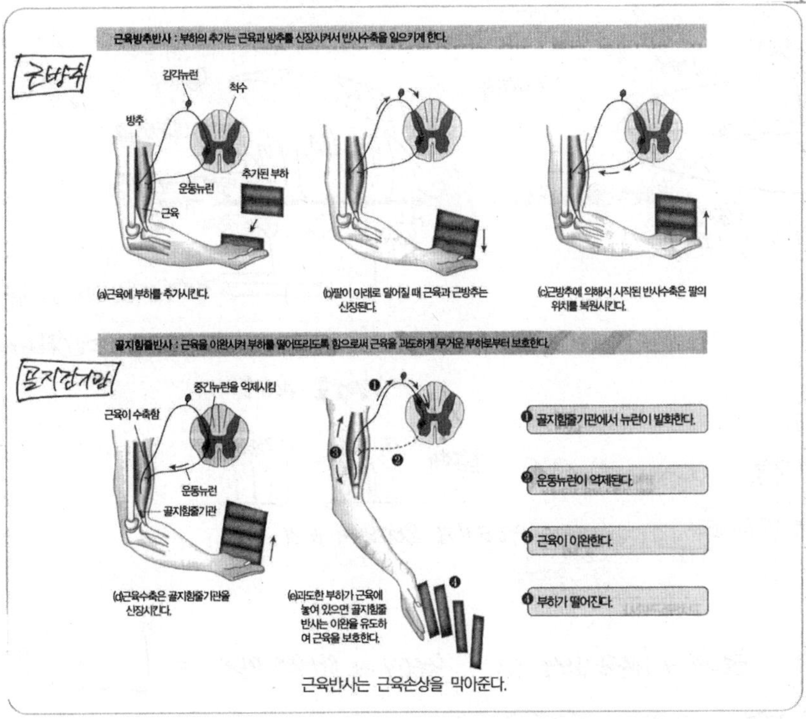

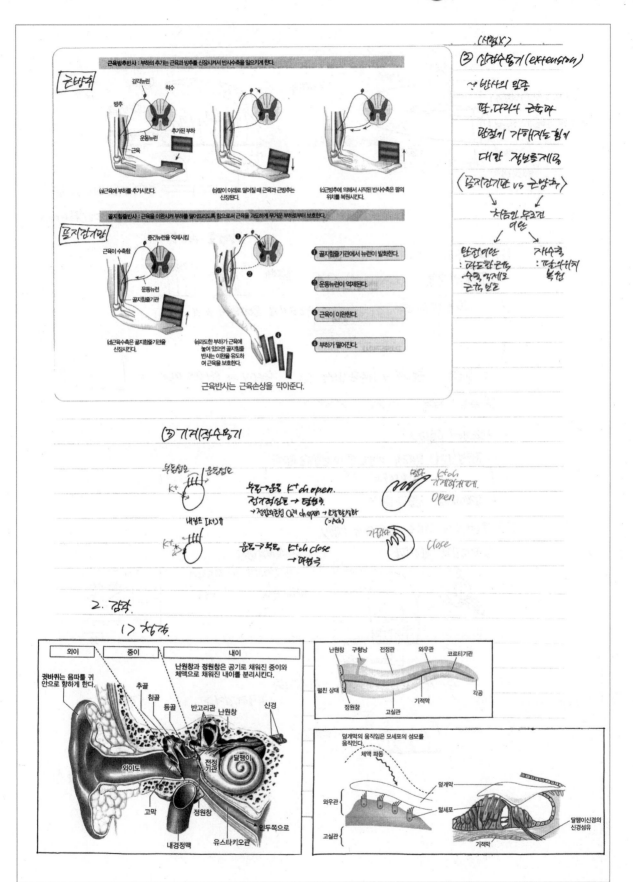

근방추
근육방추반사 : 부하의 추가는 근육과 방추를 신장시켜서 반사수축을 일으키게 한다.
감각뉴런
척수
방추
추가된 부하
운동뉴런
근육
(a)근육에 부하를 추가시킨다.
(b)팔이 아래로 떨어질 때 근육과 근방추는 신장된다.
(c)근방추에 의해서 시작된 반사수축은 팔의 위치를 복원시킨다.
골지건기관
골지힘줄반사 : 근육을 이완시켜 부하를 떨어뜨리도록 함으로써 근육을 과도하게 무거운 부하로부터 보호한다.
중간뉴런을 억제시킴
근육이 수축함
운동뉴런
골지힘줄기관
(d)근육수축은 골지힘줄기관을 신장시킨다.
(e)과도한 부하가 근육에 놓여 있으면 골지힘줄 반사는 이완을 유도하여 근육을 보호한다.
❶ 골지힘줄기관에서 뉴런이 발화한다.
❷ 운동뉴런이 억제된다.
❸ 근육이 이완한다.
❹ 부하가 떨어진다.

근육반사는 근육손상을 막아준다.

(시험X)
② 신전수용기(extension)
→ 반사의 일종
팔, 다리의 근육과
관절에 가해지는 힘에
대한 정보를 제공
<골지건기관 vs 근방추>
처음엔 무조건
이완
완전 이완 : 과도한 근육 수축 억제로 근육 보호
재수축 : 팔의 위치 복원

③ 기계적수용기

부동섬모 운동섬모 K+
부동→운동 K+ch open.
전기적신호 → 탈분극.
→ 전압의존성 Ca2+ ch open → 신경전달물질 (=Ach)
내림프 [K+]↑
벌어 K+ch 기계적개폐 open

운동→부동 K+ch close
→ 과분극
가까워 close

2. 감각.

1) 청각.

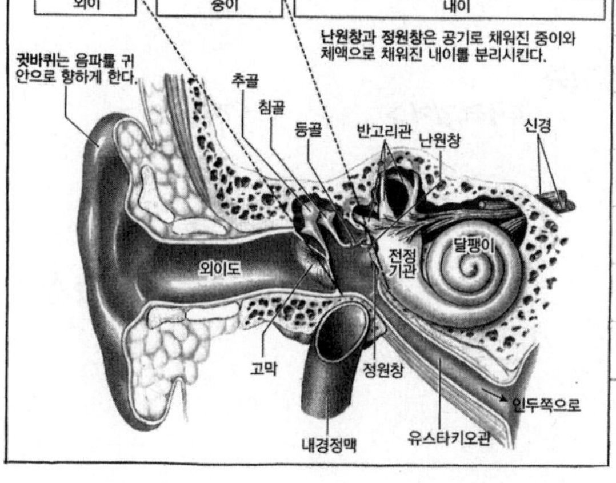

외이
중이
내이
난원창과 정원창은 공기로 채워진 중이와 체액으로 채워진 내이를 분리시킨다.
귓바퀴는 음파를 귀 안으로 향하게 한다.
추골
침골
등골
반고리관
난원창
신경
외이도
전정기관
달팽이
고막
정원창
인두쪽으로
내경정맥
유스타키오관

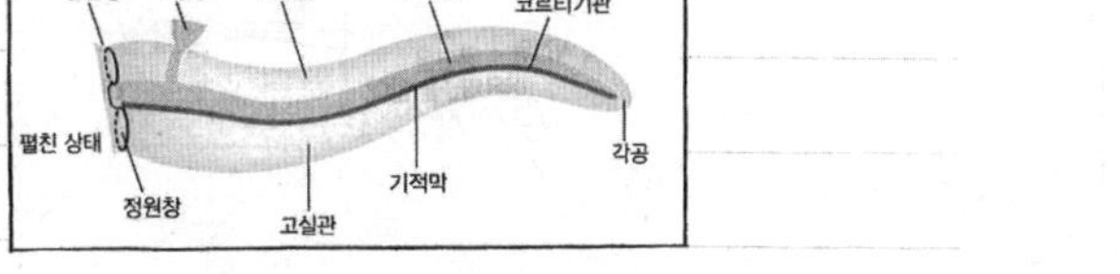

난원창
구형낭
전정관
와우관
코르티기관
펼친 상태
각공
기저막
정원창
고실관

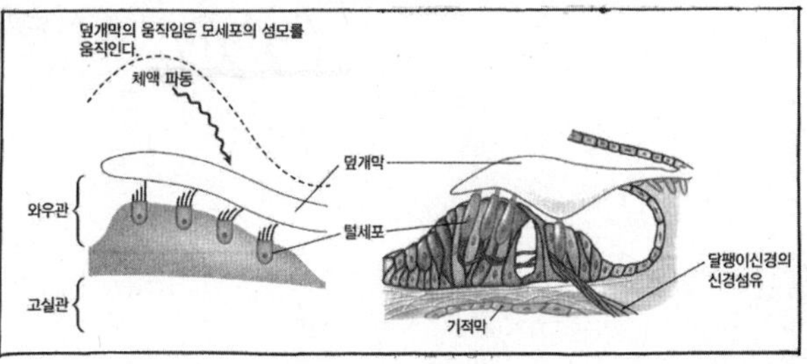

덮개막의 움직임은 모세포의 섬모를 움직인다.
체액 파동
덮개막
와우관
털세포
고실관
달팽이신경의 신경섬유
기저막

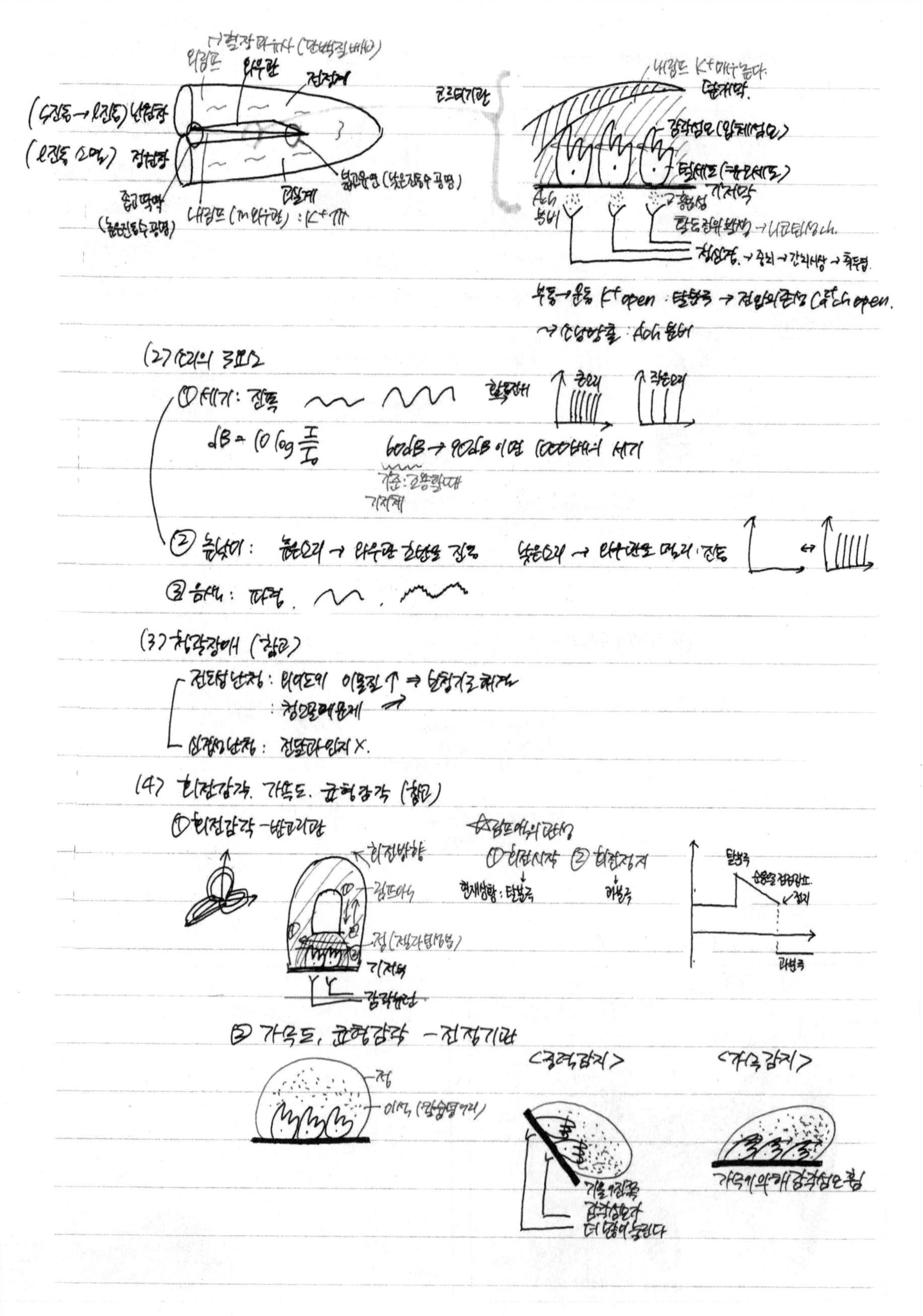

2) 시각

(1) 눈의 구조 (참고)

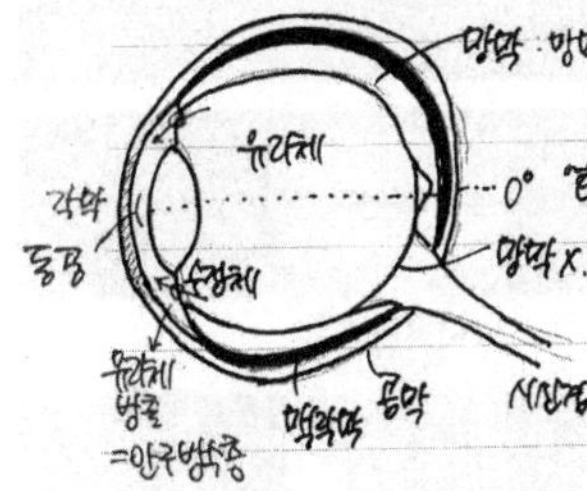

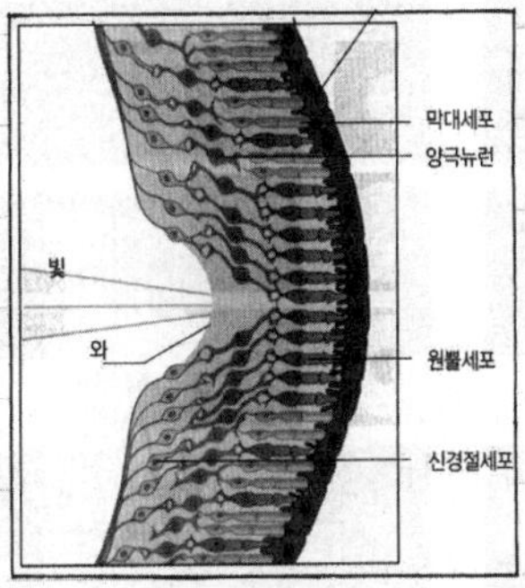

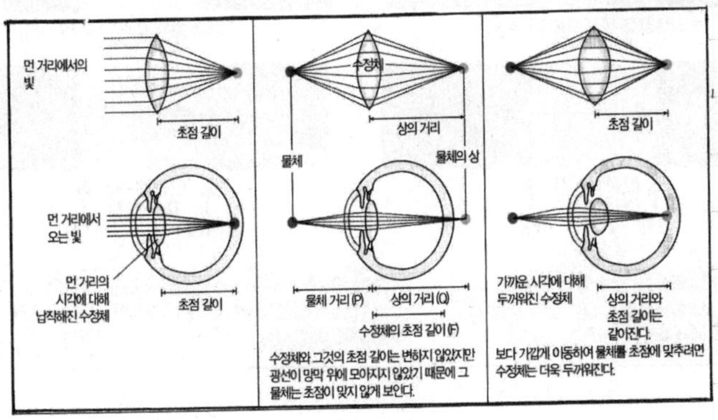

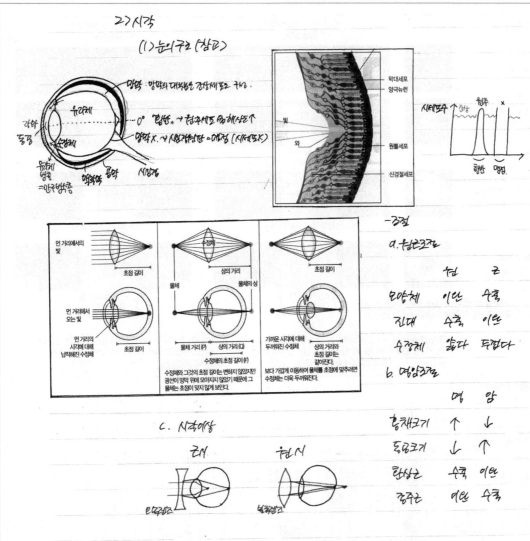

망막 : 망막의 대부분은 간상세포로 구성.
유리체
0° "황반" → 원추세포 多 해상도↑
각막
망막 X. → 시신경통과 ○맹점 (시세포X)
동공
수정체
유리체 방출 =안구방수종
맥락막
공막
시신경

막대세포
양극뉴런
빛
와
원뿔세포
신경절세포

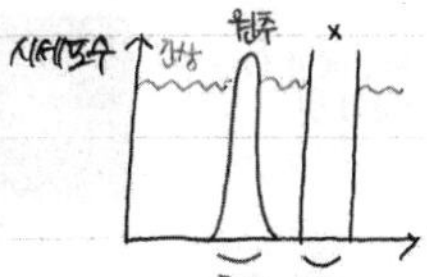

시세포수
간상
원추
X
황반
맹점

먼 거리에서의 빛
초점 길이
수정체
상의 거리
물체
물체의 상
초점 길이
먼 거리에서 오는 빛
먼 거리의 시각에 대해 납작해진 수정체
초점 길이
물체 거리 (P)
상의 거리 (Q)
수정체의 초점 길이 (F)
수정체와 그것의 초점 길이는 변하지 않았지만 광선이 망막 위에 모아지지 않았기 때문에 그 물체는 초점이 맞지 않게 보인다.
가까운 시각에 대해 두꺼워진 수정체
상의 거리와 초점 길이는 같아진다.
보다 가깝게 이동하여 물체를 초점에 맞추려면 수정체는 더욱 두꺼워진다.

-조절

a. 원근조절

	원	근
모양체	이완	수축
진대	수축	이완
수정체	얇다	두껍다

b. 명암조절

	명	암
홍채크기	↑	↓
동공크기	↓	↑
환상근	수축	이완
종주근	이완	수축

c. 시각이상

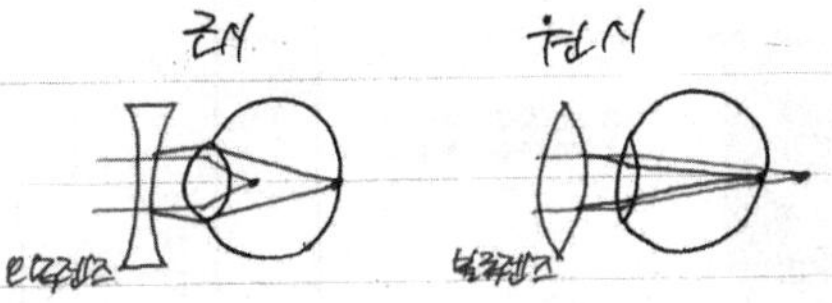

근시
원시
오목렌즈
볼록렌즈

(2) 광수용체 : 빛 → 전기적 신호

① 망막의 구성.

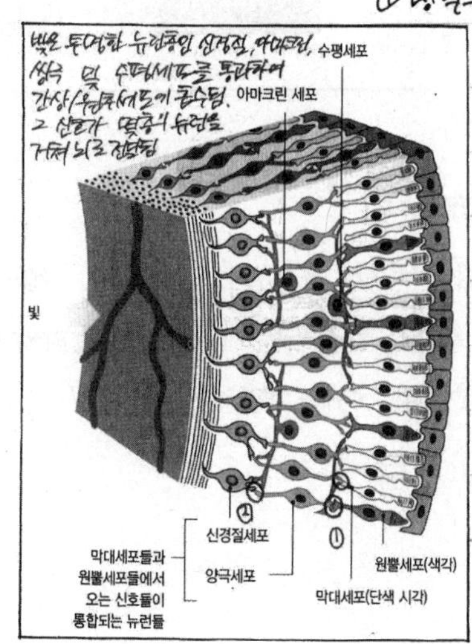

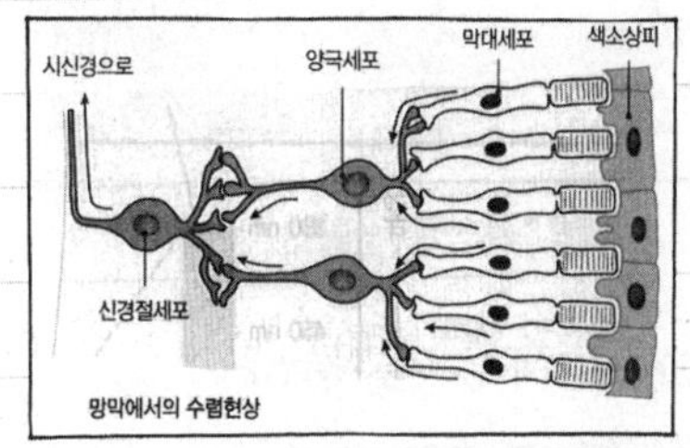

빛은 투명한 뉴런층인 신경절, 아마크린, 양극 및 수평세포를 통과하여 간상/원뿔세포에 흡수됨. 그 신호가 몇층의 뉴런을 거쳐 뇌로 전달됨
수평세포
아마크린 세포
빛
신경절세포
양극세포
원뿔세포(색각)
막대세포(단색 시각)
막대세포들과 원뿔세포들에서 오는 신호들이 통합되는 뉴런들

시신경으로
양극세포
막대세포
색소상피
신경절세포
망막에서의 수렴현상

황반—원추세포(多)

① 양극세포 : 시세포와 시신경 간 연결
- 시세포 → 양극세포 : 억제성(원추세포) or 흥분성(간상세포)
- 양극세포 → 시신경 : 모두 흥분성

② 무축삭세포(아마크린세포) : 양극세포 ~ 시신경 간 시냅스를 돕는다.

③ 수평세포 : 양극세포 사이를 억제 하나를 억제 시 다른쪽으로 신호전달

→ 측면억제 즉, 수평세포는 신호전달로만 지나하고 나머지 세포 off.

⇒ 밝은부분 더 밝게 어두운부분은 더 어둡게하는 효과가 있음 (대비효과, 이를, 측면억제라 함.

나만의 기본서 정리노트

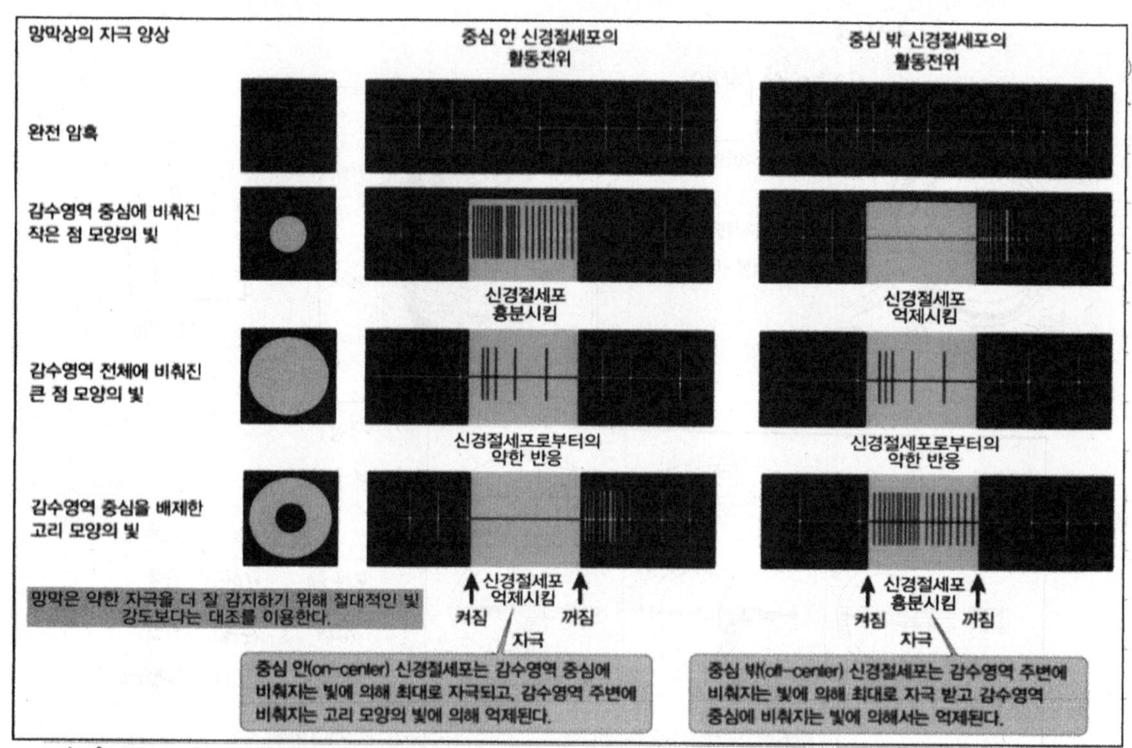

▲측면억제

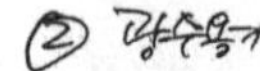

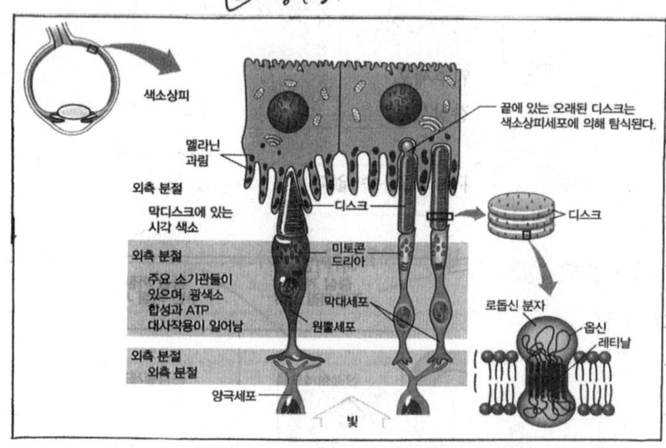

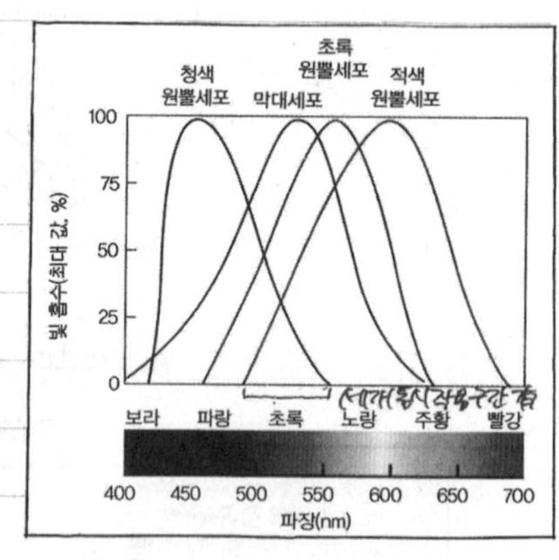

a. 원추세포

: 감광색소로 포돕신이 존재하며, 빛 역치가 매우 높아서 밝은 빛에만 형태, 명암, 색 분별을 수행함. 서로 다른 3종류의 원추세포로 적색, 녹색, 청색 빛을 가장 잘 흡수함. X 염색체에 위치한 시각색소유전자 결핍시 적록색맹 발생 황반에 多 위치

b. 간상세포

: 감광색소로 로돕신이 존재하며, 빛에 대단히 민감하여 어두울 때 형태와 명암을 구분함. 망막 가장자리 주로 위치

☆ 명순응과 암순응 수행 ☆

③ 시각의 변환

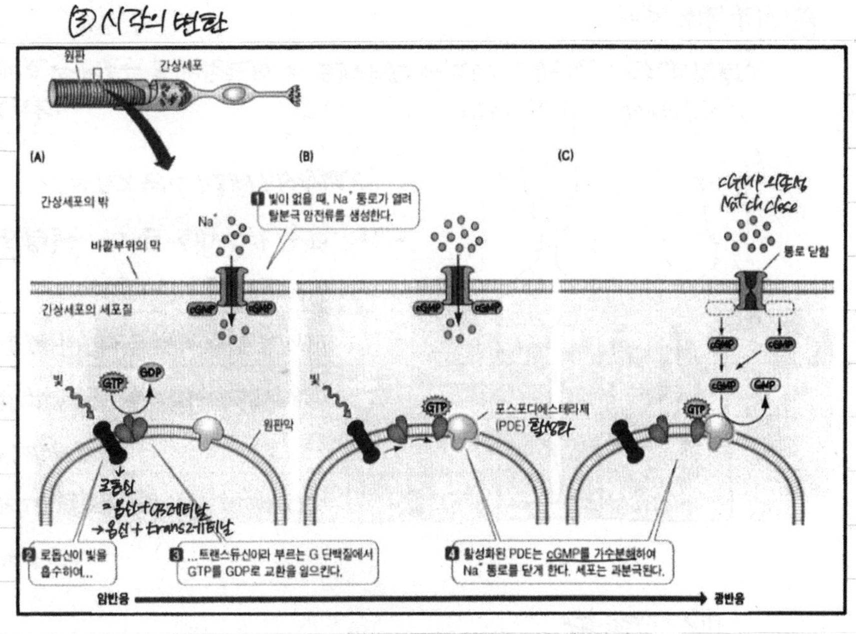
원판
간상세포
(A)
(B)
(C)
간상세포의 밖
바깥부위의 막
간상세포의 세포질
1 빛이 없을 때, Na⁺ 통로가 열려 탈분극 암전류를 생성한다.
Na⁺
cGMP
cGMP 의존성 Na⁺ch close
통로 닫힘
빛
GTP
GDP
원판막
포스포디에스테라제 (PDE) 활성화
로돕신 = 옵신+cis레티날 → 옵신 + trans레티날
2 로돕신이 빛을 흡수하여...
3 ...트랜스듀신이라 부르는 G 단백질에서 GTP를 GDP로 교환을 일으킨다.
4 활성화된 PDE는 cGMP를 가수분해하여 Na⁺ 통로를 닫게 한다. 세포는 과분극된다.
암반응
광반응

암순응(어두울때) : 효소작용 + 비타민A.

명순응(밝을때)

cis레티날 + 옵신 —hν→ trans레티날 . 옵신분리

로돕신

E방출

↓

트랜스듀신(G protein) 활성화 → P.D.E↑ → cGMP ↓ GMP ∴ cGMP 의존성 Na⁺ch close → 과분극

* 원추세포도 유사기작

간상세포는 로돕신(cis레티날+옵신) 형태로 갖고 있고,
원추세포는 cis레티날 형태로 갖고있다.

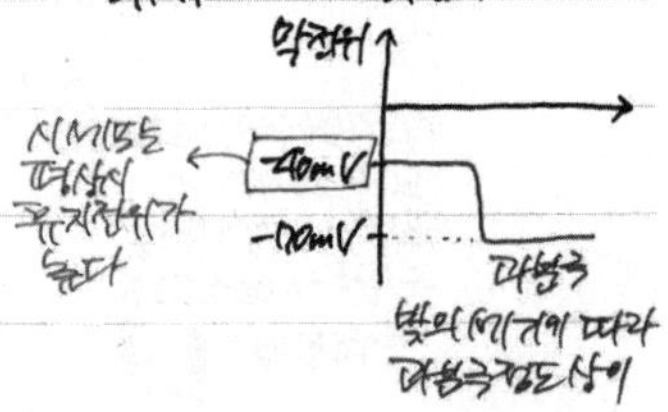
막전위
시세포는 평상시 유지전위가 높다
-40mV
-70mV
과분극
빛의 세기에 따라 과분극 정도 상이

* 명순응과 암순응

- 명순응 : 어두운 곳에서 밝은 곳으로 가게 된 경우, 강한 빛에 의해 로돕신이 한꺼번에 분해가 되어 눈이 부시지만 시간이 지나 차츰 잘보이게 되는 현상
- 암순응 : 밝은 곳에서 어두운 곳으로 가게 된 경우, 로돕신이 생성되면서 차츰 잘보이게 되는 현상

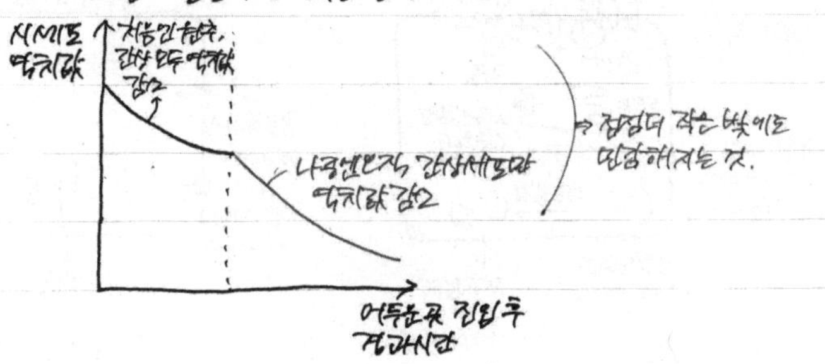
시세포 역치값
처음엔 급격히, 간상·원추 역치값 감소
나중엔 간상세포만 역치값 감소
→ 점점더 작은 빛에도 민감해지는 것.
어두운곳 진입 후 경과시간

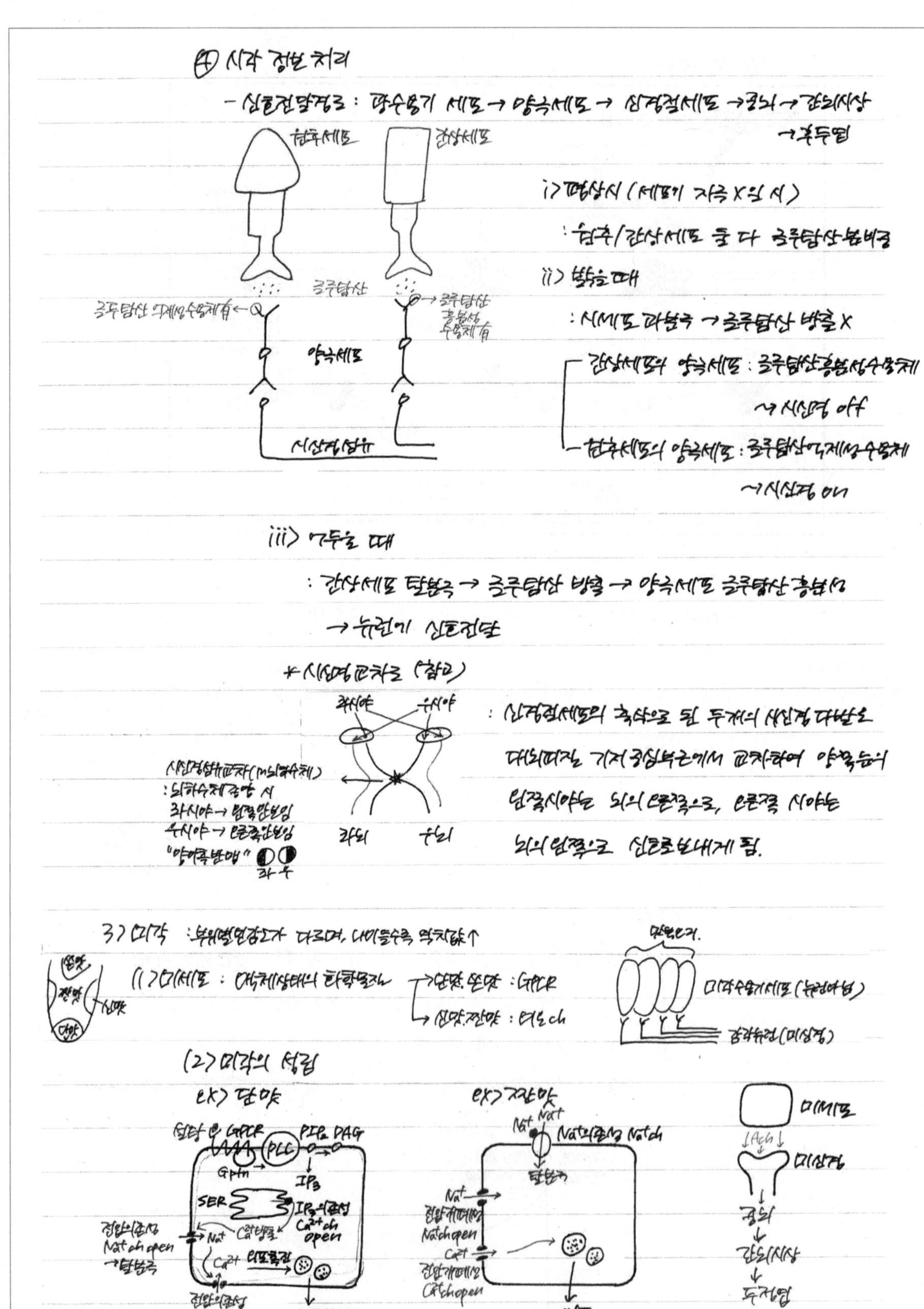
④ 시각 정보 처리
- 신호전달경로 : 광수용기 세포 → 양극세포 → 신경절세포 → 중뇌 → 간뇌시상 → 후두엽
원추세포
간상세포
글루탐산
글루탐산 억제성수용체有
글루탐산 흥분성 수용체有
양극세포
시신경섬유
i) 평상시 (세포가 자극 X일 시)
: 원추/간상세포 둘 다 글루탐산 분비함
ii) 밝을 때
: 시세포 과분극 → 글루탐산 방출 X
간상세포의 양극세포 : 글루탐산흥분성수용체 → 시신경 off
원추세포의 양극세포 : 글루탐산억제성수용체 → 시신경 on
iii) 어두울 때
: 간상세포 탈분극 → 글루탐산 방출 → 양극세포 글루탐산 흥분성 → 뉴런이 신호전달
* 시신경교차로 (참고)
좌시야
우시야
좌뇌
우뇌
시신경교차 (뇌하수체)
: 뇌하수체 종양 시
좌시야 → 왼쪽만 보임
우시야 → 오른쪽만 보임
"양이측반맹"
좌 우
: 신경절세포의 축삭으로 된 두 개의 시신경 다발로 대뇌피질 기저 정중부근에서 교차하여 양쪽 눈의 왼쪽 시야는 뇌의 오른쪽으로, 오른쪽 시야는 뇌의 왼쪽으로 신호로 보내게 됨.
3) 미각 : 부위별 민감도가 다르며, 나이 들수록 역치값↑
쓴맛
짠맛
신맛
단맛
(1) 미세포 : 액체상태의 화학물질
단맛, 쓴맛 : GPCR
신맛, 짠맛 : 이온 ch
맛봉오리
미각수용기세포 (뉴런아님)
감각뉴런 (미신경)
(2) 미각의 성립
ex) 단맛
설탕 GPCR
PLC
PIP2 DAG
Gptn
IP3
SER
IP3의존성 Ca2+ ch open
Ca2+ 방출
Na+
전압의존성 Na+ ch open → 탈분극
Ca2+
다포融합
전압의존성 Ca2+ ch open
NT 분비
미신경
ex) 짠맛
Na+
Na+의존성 Na+ ch
탈분극
Na+
전압개폐성 Na+ ch open
Ca2+
전압개폐성 Ca2+ ch open
다포
미세포
Ach
미신경
중뇌
간뇌시상
두정엽

4) 후각

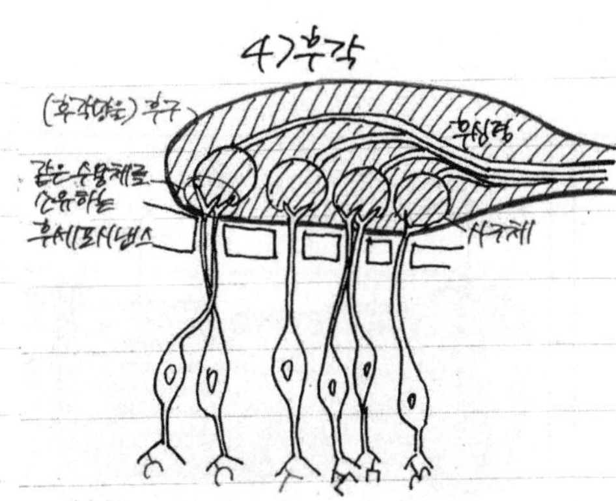

수용체 한 종류당 사구체 하나 차지.
후세포 갯수는 무한.
⇒ 수용체 300 종류 → 사구체도 300개

① 후각은 가장 예민하다 ⇒ 위상성 수용기

GPCR → 기질의존성 Na⁺ch open → 전압의존성 Na⁺ch open → 활동전위 형성

하나의 후세포는 한 종류의 수용체만 有

cAMP → PKA → Na⁺ch open

↳ 쉽게 탈감작 Na⁺ch 금방 close & PKA가 Cl⁻ch도 open하여 금방 분극상태 ⇒ 금세 피로

② 후세포는 1차 감각뉴런으로 활동전위 발생

(vs 미세포, 시세포, 청세포는 차등성 전위)

③ 적은 수용체(약 300개)로 많은 냄새 구별(약 3000개)

i) 한 기질이 여러 수용체 결합 가능.

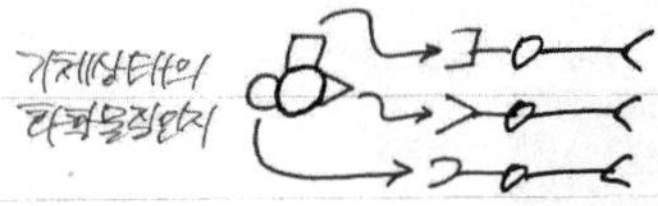

ii) 후각구의 다양한 시냅스 조합.

④ 간뇌 시상을 거치지 않는다

후신경 → 측두엽 (primary)

3. 근육

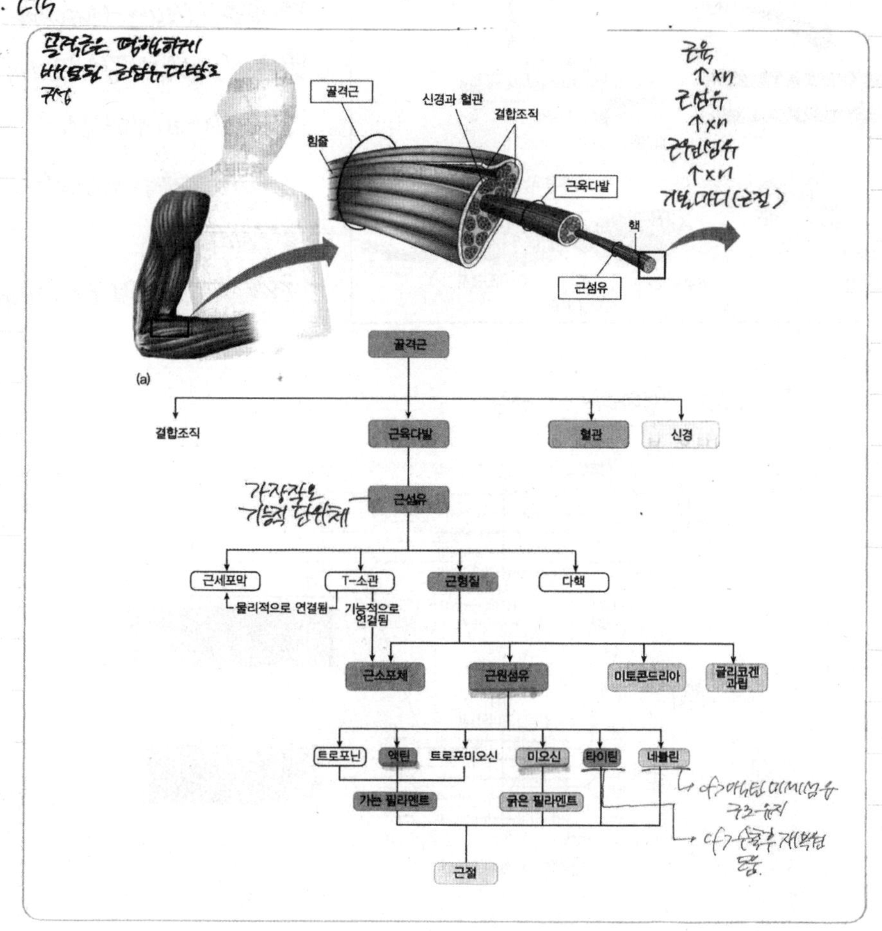

1) 구조

(1) 근섬유의 구조

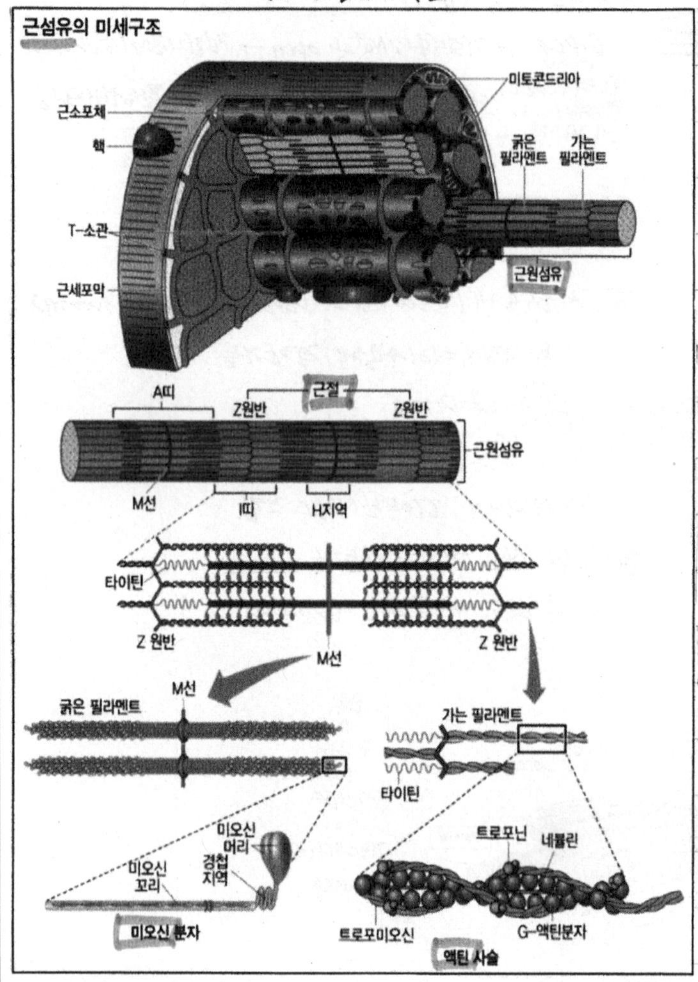

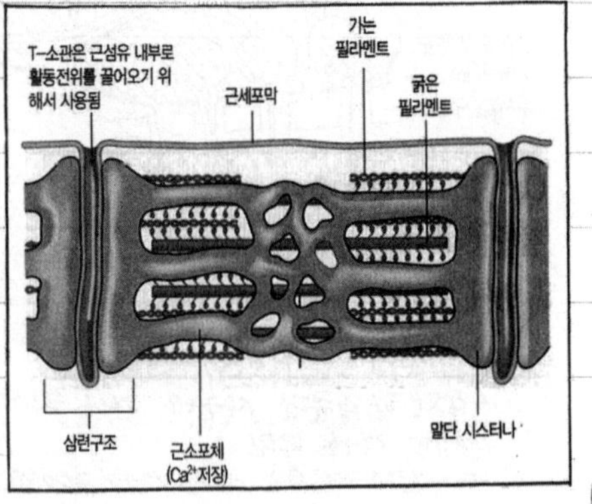

- 근원섬유 (⊃ 액틴, 미오신)
  : 수축이 발생하는 기본단위
  ⇒ 근섬유의 구성성분
- T소관 :
  : NM접합부(Neuro-Muscular Junction) 탈분극 시, 근육의 깊은 곳까지 활동전위 전도 → D.H.P (전압의존성 ch) 활성
  → RyR (기계적의존성 Ca^{2+} ch) open
- 말단시스터나
  : 근소포체가 변형된 구조 (⊃ RyR 수용체)

(2) 기본마디 – 근절

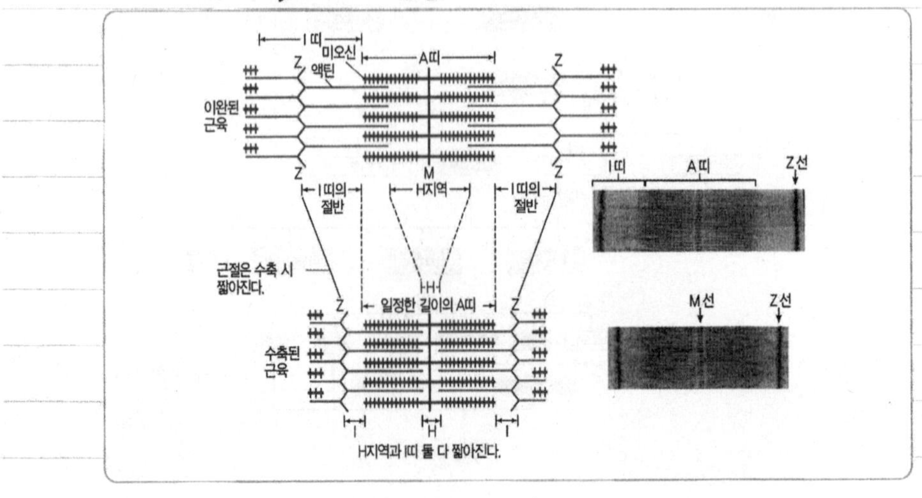

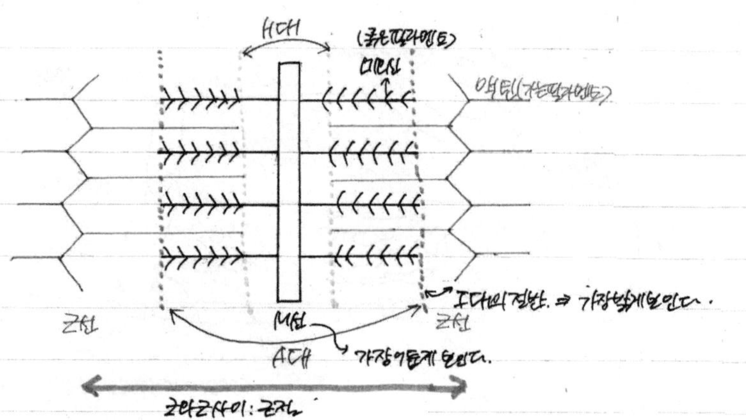
H대
(굵은필라멘트)
미오신
액틴(가는필라멘트)
I대의 절반. ⇒ 가장 밝게 보인다.
Z선
M선
Z선
A대
가장 어둡게 보인다.

Z선과 Z선 사이 : 근절

① 근절(=근원섬유마디) : Z~Z

★ A대 : 수축해도 길이 일정

- I대 : 액틴 필라멘트만 존재하는 구간
- M선 : 미오신 필라멘트가 부착되어 있는 선
- H대 : 미오신 필라멘트만 존재하는 구간

⇒ I대와 H대는 수축시 짧아짐.

② 근원섬유 구성 단백질

- 수축성단백질
  - 미오신 : 미오신머리 ATPase 有 ⇒ 머리가 액틴과 가교결합
  - 액틴 : 미오신 머리 or 트로포미오신 결합부위
- 조절단백질 : 트로포닌, 트로포미오신 액틴을 막음으로써 미오신과 액틴미세섬유간 결합차단

cf> 보조단백질 : 타이틴, 네불린

2) 근수축기작.

: 흥분 → 탈분극 → 전기적신호 → RyR → Ca^{2+} → 근수축발생

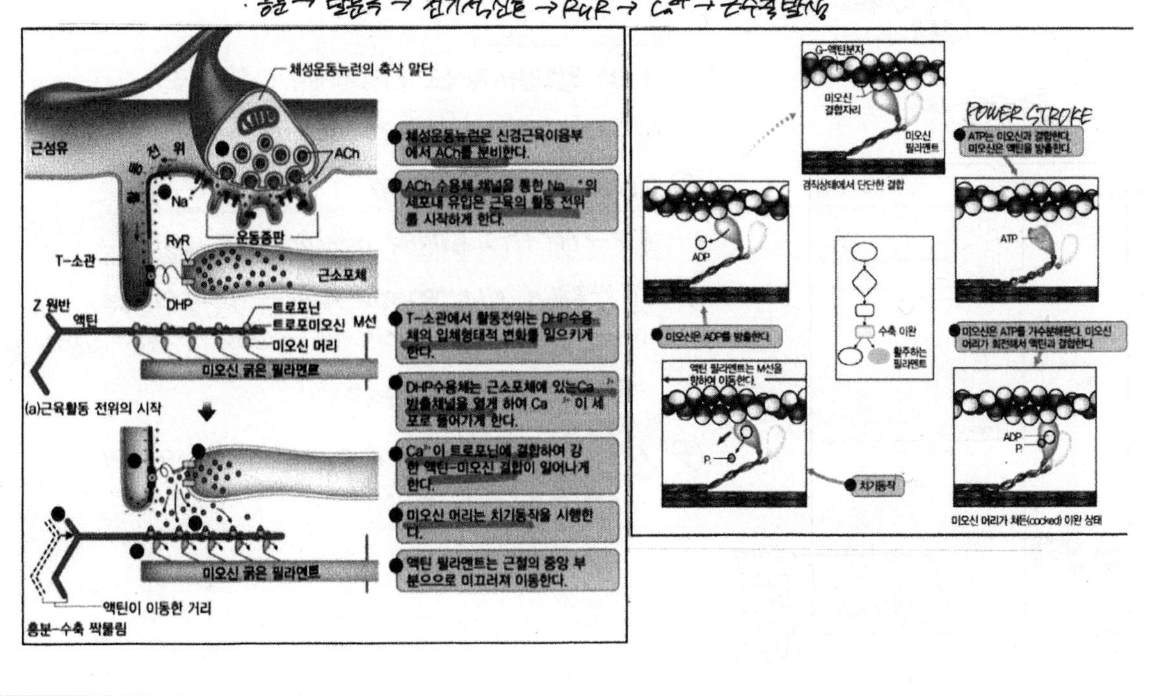
체성운동뉴런의 축삭 말단
근섬유
활동 전위
ACh
Na⁺
RyR
운동종판
T-소관
근소포체
DHP
Z 원반
액틴
트로포닌
트로포미오신
M선
미오신 머리
미오신 굵은 필라멘트
(a)근육활동 전위의 시작
액틴이 이동한 거리
흥분-수축 짝물림
체성운동뉴런은 신경근육이음부에서 ACh를 분비한다.
ACh 수용체 채널을 통한 Na⁺의 세포내 유입은 근육의 활동 전위를 시작하게 한다.
T-소관에서 활동전위는 DHP수용체의 입체형태적 변화를 일으키게 한다.
DHP수용체는 근소포체에 있는 Ca²⁺ 방출채널을 열게 하여 Ca²⁺이 세포로 들어가게 한다.
Ca²⁺이 트로포닌에 결합하여 강한 액틴-미오신 결합이 일어나게 한다.
미오신 머리는 치기동작을 시행한다.
액틴 필라멘트는 근절의 중앙 부분으로 미끄러져 이동한다.
G-액틴분자
미오신 결합자리
미오신 필라멘트
경직상태에서 단단한 결합
POWER STROKE
ATP는 미오신과 결합한다. 미오신은 액틴을 방출한다.
ADP
ATP
수축 이완
활주하는 필라멘트
미오신은 ADP를 방출한다.
미오신은 ATP를 가수분해한다. 미오신 머리가 회전해서 액틴과 결합한다.
액틴 필라멘트는 M선을 향하여 이동한다.
Pᵢ
치기동작
미오신 머리가 세튼(cocked) 이완 상태

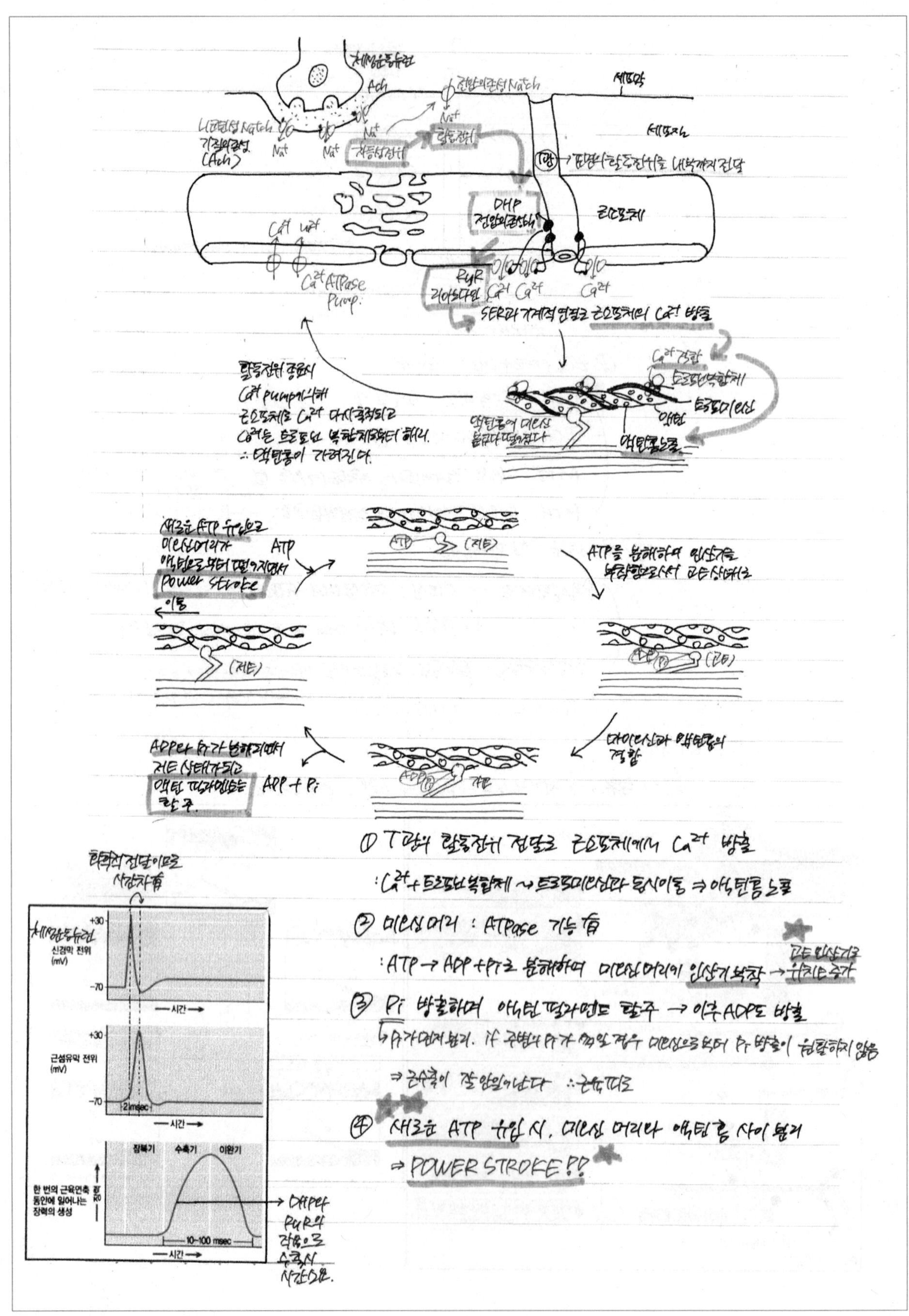

체성운동뉴런
세포막
세포질
근소포체
DHP
Ca²⁺ ATPase Pump
SER과 기계적 연결로 근소포체의 Ca²⁺ 방출
트로포미오신
액틴
ATP
ADP + Pi
POWER STROKE
① T관의 활동전위 전달로 근소포체에서 Ca²⁺ 방출
: Ca²⁺ + 트로포닌복합체 → 트로포미오신과 동시이동 ⇒ 액틴홈 노출
② 미오신 머리 : ATPase 기능 有
: ATP → ADP + Pi로 분해하며 미오신 머리이 입상기 복착 → 고E 입상기로 위치E 증가
③ Pi 방출하며 액틴 필라멘트 탈주 → 이후 ADP도 방출
⇒ 근수축이 잘 안일어난다
④ 새로운 ATP 유입 시, 미오신 머리와 액틴홈 사이 분리
⇒ POWER STROKE!!
+30
-70
신경막 전위 (mV)
시간
근섬유막 전위 (mV)
2 msec
잠복기
수축기
이완기
한 번의 근육연축 동안에 일어나는 장력의 생성
장력
10~100 msec

3) 수축력 조절

(1) 근장력과 섬유길이

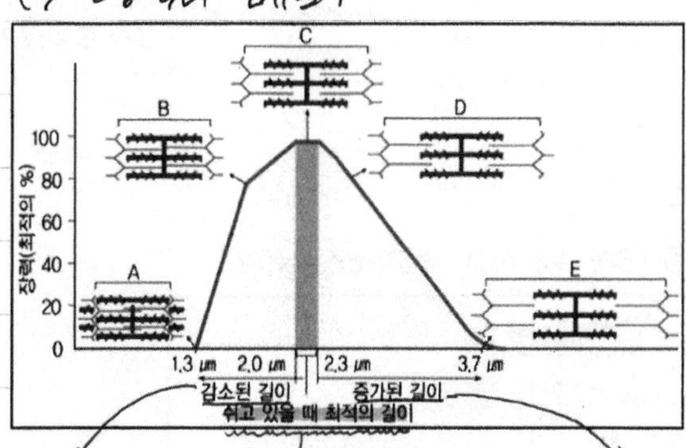

짧은 근절길이일 경우 수축할 여유공간이 없고 필라멘트들이 너무 많이 겹쳐있어서 교차다리 형성 방해

적당히 겹치는 부위 ↑ 이며 수축할 여유공간 有 일 때 장력 최대.

긴 근절길이일 경우 액틴과 미오신 필라멘트는 적게 겹치므로 드문 교차다리를 갖게되어 필라멘트간 상호작용 감소로 장력 감소

(2) 운동단위

= 하나의 체성운동뉴런이 지배하고 있는 근섬유의 수

① 뉴런 : 근섬유 = 1 : 多 단, 근섬유 하나는 하나의 뉴런에만 연결

② 운동단위 小일수록 정교한 운동
- 大 : 조대운동 (큰) → 대뇌
- 小 : 미세운동 → 소뇌

③ 운동단위 하나의 수축은 실무율 (all or none)

자극이 커짐에 따라 역치가 낮은 운동단위부터 순차적 수축

⇒ 강축 지속시 쉽게 피로해지므로 필요한 만큼 하나씩 차근차근 사용하여 점점세게

(3) 연축 · 강축

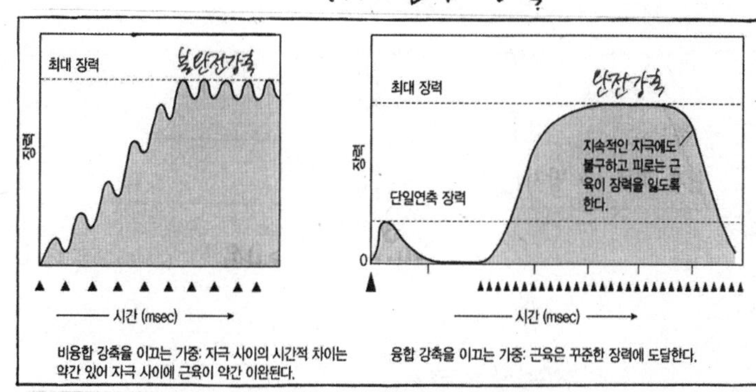

비융합 강축을 이끄는 가중: 자극 사이의 시간적 차이는 약간 있어 자극 사이에 근육이 약간 이완된다.

융합 강축을 이끄는 가중: 근육은 꾸준한 장력에 도달한다.

① 연축

: 한번의 자극에 의한 한번의 수축

② 강축

: 단일연축 유발 후, 근섬유가 완전히 이완되기 전 (기존의 자극으로 유출된 Ca^{2+}가 제거되기 전)에 두번째 활동전위 도달 시, 근수축 합에 의한 강축이 유발됨

4) 에너지원 ⇒ Power Stroke에 필요.

① 기존의 ATP 사용 → ADP

② 크레아틴 인산 ⟶ ↓ 크레아틴인산의 E로 ATP 재생 (∵ E : 크레아틴인산 > ATP)

휴식시 전환 ↑ 세포호흡을 크레아틴 → ATP

③ 무산소호흡

④ 유산소호흡 (오래 운동 시) → 지방산 분해

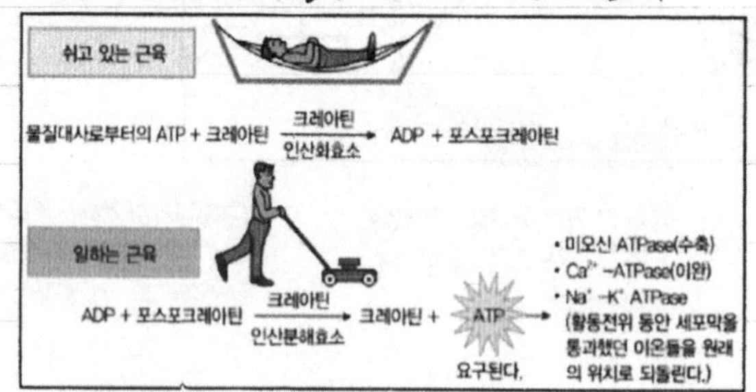

5) 백색근 vs 적색근

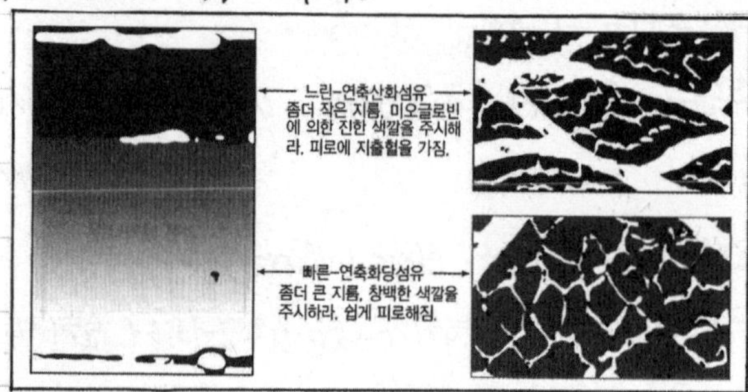

	속근 (백색근)	지근 (적색근)
미오글로빈	↓	↑ → O₂ 저장능
혈관분포	↓	↑
미토콘드리아 수	↓	↑
최대장력	↑	↓
근섬유 굵기	↑ (단시간 큰 파워)	↓
피로저항력	↓	↑
주에너지원	글리코겐	지방산 산화
에너지 생성 방식	해당과정 무산소호흡	세포호흡
미오신 ATPase 활성	↑ 폭발적인 운동	↓

(+) 노력으로 백색근 → 적색근은 될 수 있으나, 적색근 → 백색근은 불가.

6) 등장성수축 / 등척성수축

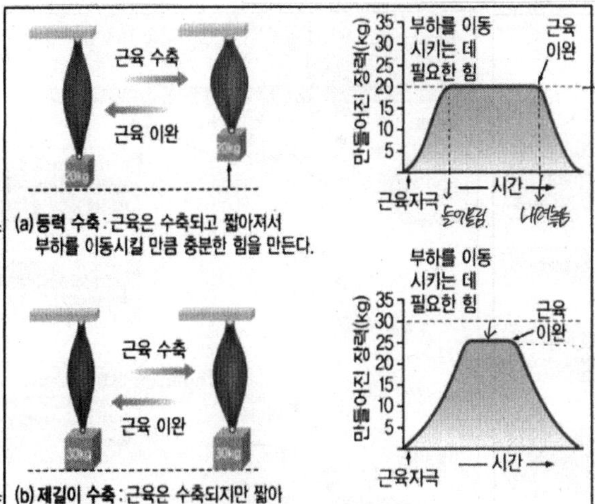

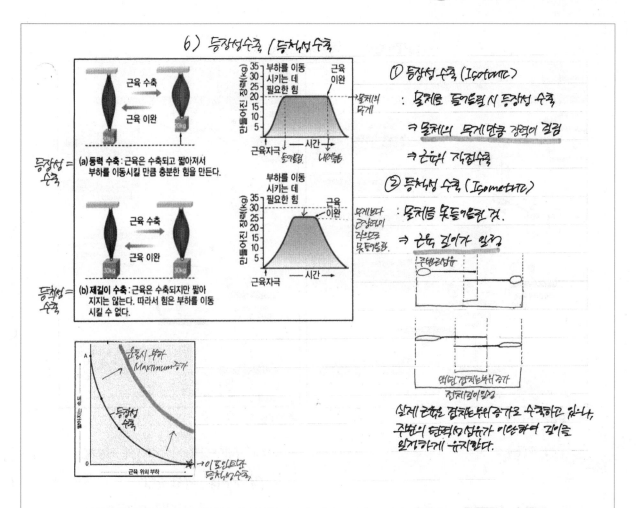

근육 수축

근육 이완

20kg

(a) 동력 수축 : 근육은 수축되고 짧아져서 부하를 이동시킬 만큼 충분한 힘을 만든다.

등장성 = 수축

35 30 25 20 15 10 5

만들어진 장력(kg)

부하를 이동 시키는 데 필요한 힘

근육 이완

물체의 무게

근육자극

— 시간 →

들어올림 / 내려놓음

부하를 이동 시키는 데 필요한 힘

근육 수축

근육 이완

30kg

(b) 제길이 수축 : 근육은 수축되지만 짧아 지지는 않는다. 따라서 힘은 부하를 이동 시킬 수 없다.

등척성 = 수축

35 30 25 20 15 10 5

만들어진 장력(kg)

근육 이완

무게보다 근장력이 작으므로 못들어올림.

근육자극

— 시간 →

① 등장성 수축 (Isotonic)

: 물체를 들어올릴 시 등장성 수축

⇒ 물체의 무게만큼 장력이 걸림

⇒ 근육의 자연수축

② 등척성 수축 (Isometric)

: 물체를 못들어올린 것.

⇒ 근육 길이가 일정

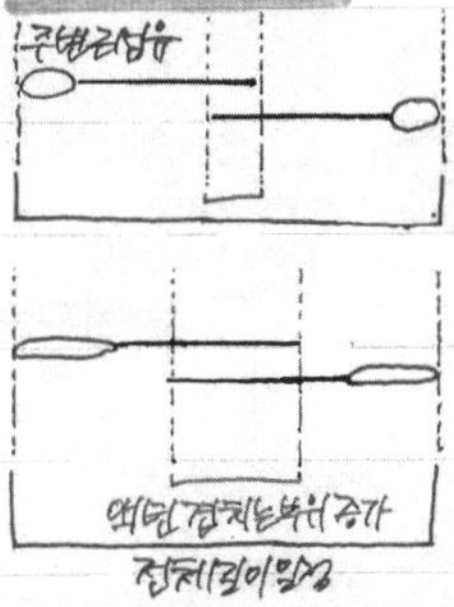

근섬유

액틴 겹치는부위 증가

전체길이 일정

실제 근육은 겹치는부위 증가로 수축하고 있으나, 주변의 탄력성섬유가 이완하여 길이를 일정하게 유지한다.

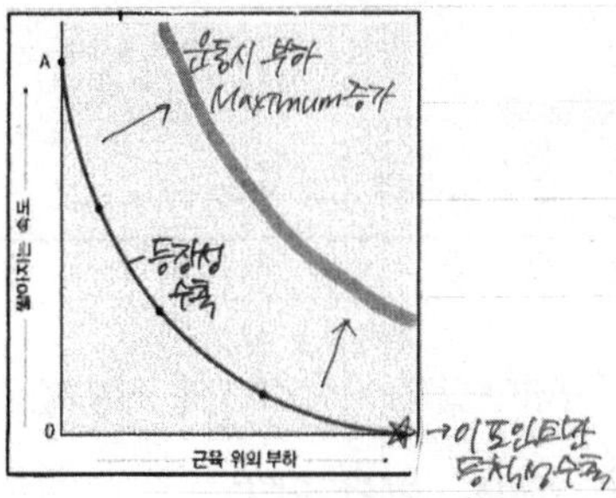

A

짧아지는 속도

근육 위의 부하

0

운동시 부하 Maximum 증가

등장성 수축

→ 이 포인트는 등척성수축

7) 평활근

1.1) 평활근 종류 (참고)

한번 눈으로 읽고 넘어가기

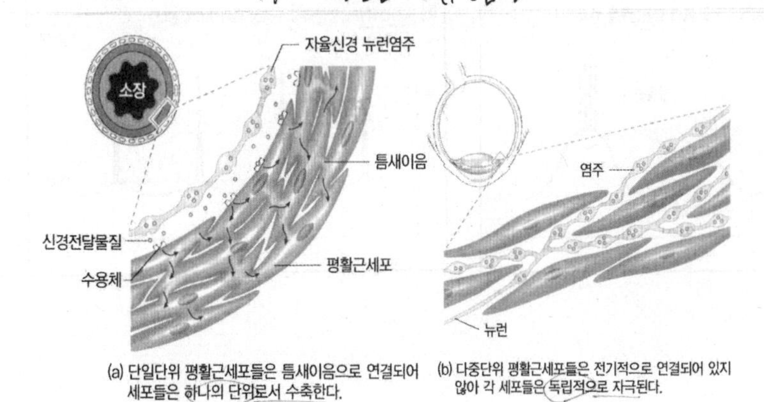

(a) 단일단위 평활근세포들은 틈새이음으로 연결되어 세포들은 하나의 단위로서 수축한다.

(b) 다중단위 평활근세포들은 전기적으로 연결되어 있지 않아 각 세포들은 독립적으로 자극된다.

(2) 평활근 수축 / 이완 기작

세포외액 / Ca²⁺ / 근소포체 / CaM / 비활성화된 MLCK / 활성화된 MLCK / ATP / ADP+ / 비활성화된 미오신 경사슬 / 활성화된 미오신 경사슬 ATPase / 액틴 / 증가된 근육장력

평활근은 외부로부터의 Ca^{2+} 유입 필수.

- Ca^{2+}이 세포 안으로 들어가고 근소포체에서 방출되기 때문에 세포 내 Ca^{2+}농도는 증가한다.
- Ca^{2+}이 칼모듈린(CaM)과 결합한다.
- Ca^{2+}-칼모듈린은 미오신 경사슬 인산화효소(MLCK)를 활성화시킨다.
- MLCK는 미오신 머리의 경사슬을 인산화시켜서 미오신 ATPase활성을 증가시킨다.
- 활성화된 미오신 교차다리는 액틴을 따라서 미끄러져서 근육장력을 만든다.

▲ 평활근 수축기작

세포외액 / Ca^{2+} / Na^+ / ATP / 근소포체 / CaM / 미오신 탈인산화효소 / 불활성화된 미오신 / 미오신 ATPase 활성이 감소한다. / ADP+ / 감소된 근육장력

Ca^{2+}-Na^+ 역교환수송체 / Na^+ / K^+

MLCP (Phosphatase)

- Ca^{2+}이 세포 밖으로 또는 근소포체로 이동하기 때문에 세포질의 온 Ca^{2+}감소한다.
- Ca^{2+}이 칼모듈린(CaM)으로부터 해리된다.
- 미오신 탈인산화효소는 미오신에서 인산을 제거하여 미오신 ATPase 활성도를 떨어뜨린다.
- 활성도가 떨어진 미오신 ATPase는 근육장력을 감소시킨다.

▲ 평활근 이완기작

: 평활근의 경우

직접 인산기 제거는 불가하고 MLCK (미오신 경사슬 인산화효소)를 이용해 인산기 탈부착 한다.

⇒ MLCK 활성조절로 수축조절

: Ca^{2+}-Na^+ 역교환수송체 이용 세포질 Ca^{2+} 제거로 이완 유발

⇒ MLCP 활성조절로 이완조절

장력 / 대조구 / ⊕ / ⊖ / $[Ca^{2+}]$

⊕일 때 MLCK 활성 / MLCP 비활성 ⇒ 미오신 +P 잘된다.

⊖일 때 MLCK 비활성 / MLCP 활성 ⇒ 미오신 −P 잘된다.

cf) (a) 느린파동전위는 역치에 도달할 때만 활동전위를 발화한다. (평활근)

막전위 / 활동전위 / 역치 / 느린파동전위 / 시간

(b) 박동원전위는 탈분극하여 항상 역치에 다다른다. (심장근)

막전위 / 역치 / 박동원전위 / 시간

저 자 약 력

노용관

1998년 인하대학교 전체수석 (의과대학 의예과 전체수석)
인하대학교 의학과 학사, 석사
연세대학교 과학교육과 석사

2011년~ 2023년 마지막 PEET시험까지 생물 1타강사
2011년~ 현재 MEETDEET 생물 1타강사

사교육 강사중 전영역 유일
생물학 대학교과서 생명생물의과학 8,9,10,11,12판 번역자
전 메가스터디 고등 인터넷 강사

현 메가엠디 인터넷강사
현 메가변리사 인터넷강사
현 김영편입 인터넷강사

메디컬 편입 생물
전범위 기출주제 손글씨 필기노트

2023년 8월 10일 초판 발행
2024년 7월 20일 2쇄 발행

저　　자 노용관
발 행 인 김은영
발 행 처 오스틴북스
주　　소 경기도 고양시 일산동구 백석동 1351번지
전　　화 070)4123-5716
팩　　스 031)902-5716
등록번호 제396-2010-000009호
e-mail ssung7805@hanmail.net
홈페이지 www.austinbooks.co.kr

ISBN 979-11-88426-79-9 (13470)
정가 26,000원